仪器分析原理

何金兰　杨克让　李小戈　编著

科学出版社
北　京

内 容 简 介

本书根据教育部“仪器分析教学大纲”及素质教育的要求，将仪器分析的内容分为四篇，22 章：光学分析篇；电化学分析篇；分离分析篇；数据处理与分析应用篇. 在编排方式上，打破了单个分析仪器逐一描述的格局，将分析仪器从方法原理到仪器结构，从数据处理到信息应用进行归类综述. 在强调综合对比的同时，突出仪器方法之间的联系与区别.

在数据处理部分增加了模式识别基础，综合应用部分增加了剖析基础等方面的内容.

本书的特点是打破仪器分析教材的传统写法，按分析仪器的光、电、色三大物理属性，按方法原理、仪器结构、操作数据处理和综合应用的次序编写；融合共性、对比个性，删去重复、减少篇幅；结构合理、逻辑性强、信息量大、内涵丰富，有突破、有创新.

本书可作为综合大学、师范院校化学化工专业及相关专业的教材或教学参考书，也可供有关的科技及分析工作者参考.

图书在版编目(CIP)数据

仪器分析原理/何金兰，杨克让，李小戈 编著. —北京：科学出版社，2002. 8

ISBN 978-7-03-010575-2

Ⅰ. 仪…　Ⅱ. ①何…　②杨…　③李…　Ⅲ. 仪器分析-高等学校-教材　Ⅳ. O657

中国版本图书馆 CIP 数据核字(2002)第 051949 号

责任编辑：操时杰　丁　里／责任校对：陈丽珠
责任印制：赵　博／封面设计：王　浩

科 学 出 版 社 出版
北京东黄城根北街 16 号
邮政编码：100717
http://www.sciencep.com
三河市骏杰印刷有限公司印刷
科学出版社发行　各地新华书店经销
*
2002 年 8 月第　一　版　开本：720×1000　1/16
2025 年 1 月第十五次印刷　印张：33 1/2
字数：640 000

定价：88.00 元

（如有印装质量问题，我社负责调换）

前　言

20世纪80年代初期，仪器分析已作为综合大学化学专业的基础课程. 20多年来，随着分析仪器的逐渐普及，仪器分析技术不断地发展更新，它在经济建设中的作用日见突出，在分析化学中的地位已与当年不可同日而语. 与此同时，仪器分析教材的内容也在不断地丰富扩充.

作为本科学生基础课教材，仪器分析教材在内容上必须保证学生对主要的、常用的分析仪器的方法原理、性能特点、操作应用有基本的掌握，还必须让学生对仪器分析方法的总体有全面的认识，让学生对各类仪器分析方法之间的联系与区别有透彻地了解. 作为本科基础课教材必须引导学生既见树木又见森林，既能牢固掌握细节，又能充分了解整体.

实际上，各种分析仪器在方法原理、仪器结构以及信号处理等方面有很多相同或相似之处. 如光学分析方法中的选频技术、光电转换技术、信号放大技术等等，几乎在现有的各种光谱技术中都是相似或相同的. 只有让学生全面了解各分析仪器之间的共性与联系，才有助于学生从整体上认识仪器分析方法的本质，加深学生对分析仪器个体的掌握；提高学生综合运用分析仪器的能力. 本书正是从这一点入手，打破单个分析仪器逐一描述的格局，将分析仪器从方法原理到仪器结构，从数据处理到信息应用等都进行了归类综述. 同类分析技术，将方法原理归并在一起讨论，突出了方法原理上的联系与区别；仪器结构归类描述，可以删去各仪器结构相同部分的赘述；所有仪器方法的应用归并在一起讨论，便于培养学生综合运用分析仪器的能力，避免学生对分析仪器的应用只停留在“单打一”的水平上. 这样做，在形式上好像使各种仪器分析方法的完整性受到损害；但实际上，却使学生在综合对比的教学过程中，在全面掌握仪器分析方法总体的同时，对分析仪器个体的掌握更为透彻.

另外，为了训练和培养学生的综合归纳能力，对青年学生的创新能力进行理性化引导，本书习题部分增加了少量总结归纳、设计想象类思考题. 这类思考题多是引导学生对已学过的知识进行对比总结的基础上，充分发挥其科学的想象能力；其答案不是惟一的，但却有科学与否，合理与否之分.

由于编者水平有限，缺点错误在所难免，恳请读者批评指正！

编　者
2001年11月

目　　录

一、光学分析篇

二、电化学分析篇

三、分离分析篇

四、数据处理与分析应用篇

第0章 绪　　论[1~9]

§0.1 分析化学中的仪器分析方法

分析化学是研究物质的组成、状态和结构的科学，是人们认识物质世界的重要手段之一，它包括化学分析和仪器分析两大部分. 化学分析是根据物质的化学反应和物质的溶液理论的基础上建立和发展起来的，天平和玻璃器皿等是其主要的分析工具；仪器分析是在物质的物理和物理化学性质的基础上建立发展起来的，掌握、运用各种复杂的分析仪器是仪器分析的基础. 但是，经典的化学分析技术，如称量、络合、萃取、显色等等在仪器分析中是不可缺少的基本操作. 仪器分析是化学分析的发展，化学分析是仪器分析的基础. 在现代分析化学中，两者相辅相成、缺一不可. 所以，可以说仪器分析是化学分析中的一种分析方法.

但是，20 世纪 60 年代分析仪器的崛起，使分析化学对物质世界的"认知"产生了一个飞跃，解决了传统的化学分析不能解决的种种难题，如状态分析、结构分析、单细胞分析、表面分析、形貌分析甚至动态分析等等. 使自然科学的其他领域如生命科学、环境科学、材料科学、电子科学等得到前所未有的发展. 仪器分析在认知物质世界、为其他学科服务的同时，不仅完善更新了仪器分析自身，而且大大丰富完善了分析化学，为现代分析化学奠定了雄厚的学科理论基础——信息理论，使分析化学从"技艺"走向了"科学"，使分析工作者已不仅仅是分析数据的提供者，而是化学信息的提供者.

众所周知，物理学、光学、电子学、计算机科学的发展导致了仪器分析的发生与发展. 可以说仪器分析水平在一定程度上能反映科学技术的发展水平. 这句话包括了两层含义：其一是说分析仪器是化学、光学、电学、磁学、机械及计算机科学等现代科学综合发展的产物，仪器本身就是科技水平的标志；其二是说能充分利用现代仪器分析技术，全面、准确地认识物质世界，从而进一步促进科学技术的纵深发展. 这种对物质世界的认知能力从另一方面反映了科学技术的发展水平. 因此，仪器分析作为化学专业本科学生必修的基础课程是十分必要的.

§0.2　仪器分析的类型

原则上讲，能精确测试的、能表征物质的物理或物理化学性质的参数，都能作为该物质仪器分析的测量依据. 按照仪器分析方法的探测信号和接受信号的性质和类别，仪器分析可以分为下列几大类：光学分析法、电化学分析法、分离分析方法.

1. 光学分析法

光学分析法包括光谱法和非光谱法. 光谱法是根据待测物质经电磁辐射激励后产生辐射波长和强度的变化而建立起来的分析方法；非光谱法测量的是波长特征以外的光子信息，如光的传播方向、光的偏振特性等等.

不同波长的光子具有不同的能量，与物质作用后，原子或分子内的电子将产生能级跃迁，跃迁能级与光子的能量一一对应，据此而建立的一系列重要的光谱分析方法有：原子发射光谱法、原子吸收光谱法、紫外-可见分光光度法、分子磷光光度法、化学发光法，X 射线荧光光谱法、核磁共振和顺磁共振光谱法等等.

波长特征以外的光子信息有光的反射、光的折射、光的干涉、光的衍射、光的偏振等等，据此建立的非光谱分析方法有：折射法、干涉法、散射浊度法，旋光法和 X 射线衍射法、电子衍射法等.

物质与光的作用产生光电子，测量光电子的特征而建立的分析方法是电子能谱法. 由于探测源信号是光信号，广义地讲，它也属于光学分析法.

2. 电化学分析法

电化学分析方法是根据物质在溶液中的电化学性质及其变化建立的分析方法. 测量时待测物质必须是化学电池的一部分，探测该电池的某些电化学参数，如电导（电阻）、电极电位、电流、电量等变化来对物质进行分析. 根据检测信号不同，又可以细分为电导分析法、电位分析法、电解和库仑分析法以及伏安和极谱等法.

3. 分离分析方法

仪器分析的分离分析方法主要包括色谱分析法、质谱法和电泳法.

（1）色谱分析法是根据混合物各组分在互不相溶的流动相和固定相中的吸附能力、分配系数或其他亲和力的差异而建立的分离、测定方法. 流动相为气体则为气相色谱法，流动相是液体则为液相色谱法.

（2）质谱法是将待测物质置于离子源中被电离而形成带电离子，让离子加速并通过磁场或电场后，离子将按质荷比(m/z)大小而被分离，形成质谱图. 依据质谱线的位置和质谱线的相对强度建立的分析方法称为质谱法. 质谱法可以单独使用，也可以和其他分析技术联合使用，如常常和气相色谱法或液相色谱法联用.

(3)电泳法是利用荷电离子(或粒子)的淌度差异建立起来的分离分析技术. 在外加电场下，在同一缓冲体系或同一电泳介质中，荷电物质淌度的差异将产生不同的泳动速率，收集并记录不同时间的组分，达到对待测物质分离分析的目的. 显然，电泳的检测技术可以根据待测物质的物理化学性质来选择，但目前应用最多的是光学检测技术和电化学检测技术.

§0.3 仪器分析的一般过程与基本特点

仪器分析的基本任务是通过表征物质的某些物理和物理化学参数来确证其化学组成、含量或结构. 尽管各种分析仪器在测量、表征物质的物理或物理化学参数的形式和方法上各不相同，但仪器分析在信号的获取、信号分析、信号处理等方面有很多相似或相同之处. 如图 0.1 所示的分析测试的基本过程对所有的分析仪器都是适用的.

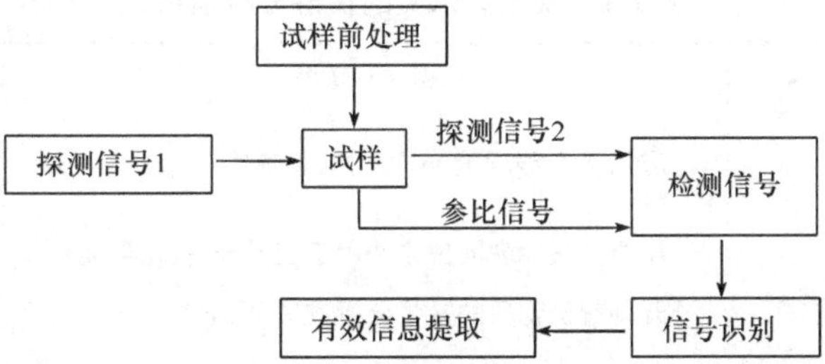

图 0.1 分析测试的一般过程

直接信号的获取仅仅只是分析测试的第一步，对信号的识别与处理，能正确地将检测信号转换为有效的分析信息则是仪器分析的关键，也是仪器分析的最终目的. 仪器分析与化学分析除在方法原理上的差异外，最大的差异在于信息量的获取有着质的区别. 传统的分析化学采集的数据是极有限的，而现代分析仪器在自动化与计算机控制的基础上，获得的数据是传统的化学分析方法所不能比拟的！但是，对大量的、不同类型的实验数据若不进行科学、系统的分析处理，将不可能获得准确可靠的有效信息！所以仪器分析的自动化与计算机化这两大特点，使分析化学在揭示物质世界的本质上有了质的飞跃. 如生命科学中对多肽、蛋白质结构的识别，单细胞生物活体的分析，超导材料的微区分析等，用传统的化学手段是无法对上述过程有着深刻的认识的. 所以,现代仪器分析技术要求现代分析工作者在正确获取分析数据的同时,还应具有正确地认识数据、分析数据、处理数据和利用数据的能力.

§0.4 仪器分析的发展

众所周知,分析化学是在人们认识自然、改造自然的过程中发生与发展的. 同样,仪器分析也是社会生产力发展的产物. 今后,分析仪器的发展将仍与社会生产力的发展同步.

第二次世界大战后,物理学和电子技术的发展逐渐渗透到分析化学中;原子能工业,半导体工业以及其他新兴产业的出现,对分析化学提出了新的分析要求;同时,科学技术的进步,特别是重大的科学发现,为许多新的仪器分析方法的建立和发展提供了良好的基础. 在这一时期内,有不少与现代仪器分析技术建立有关的科学家受到国际社会的尊敬,他们中的代表人物因对科学发展作出重大贡献而荣膺诺贝尔奖(见表 0.1).

表 0.1 获诺贝尔奖的仪器分析项目

获奖人	项目内容	获奖年份
W. H. Bragg[英] W. L. Bragg[英]	应用 X 射线研究晶体结构(物理奖)	1915
F. W. Aston[英]	用质谱法发现同位素并用于定量分析(化学奖)	1922
F. Pregl[奥地利]	开创有机物质的微量分析方法(化学奖)	1923
F. Bloch[美] E. M. Purcell[美]	发明核磁的测定方法(物理奖)	1952
A. J. P. Martin[英] R. L. M. Synge[英]	开创气相色谱分析法(化学奖)	1952
J. Heyrovský[捷克]	开创极谱分析法(化学奖)	1959
R. Yalow[美]	开创放射免疫分析法(生理医学奖)	1977
K. M. Siegbahn[瑞典]	发展高分辨率电子光谱学(物理奖)	1981

现代仪器分析已成为分析化学极其重要的组成部分. 20 世纪 80 年代以来,材料科学、环境科学、生命科学和微电子技术、计算机技术的发展,使作为化学分析的主体的仪器分析正在经历一次又一次飞跃发展. 自然科学的进步不仅对分析化学提出大量的新课题,而且科技的飞速发展,相邻学科之间的相互渗透,为仪器分析

中的老方法的不断更新、新方法的不断建立提供了物质和技术基础.

生命科学研究的发展,需要对多肽、蛋白质、核酸等生物大分子进行分析,对生物制药进行分析,对微量生物活性物质,如单个细胞内神经传递物质的分析,对生物活体进行分析等.质谱在扩大质量范围、提高灵敏度、软电离技术方面的发展,越来越适用与生物分子及热不稳定化合物的测定.电化学微电极的出现,产生了电化学探针,可以用来检测细胞内的物质,如动物脑神经传递物质的扩散过程,进行活性分析等.高效液相色谱和毛细管电泳的发展为多肽、蛋白质、核酸等生物大分子的分离制备、提纯提供了可能.

材料科学的发展,需要对组成该材料的各类原子的微观层次的特定排列,空间分布进行分析.表面分析和微量分析当今已日益显得重要.X射线荧光分析、电子能谱分析等是这种分析的重要手段.

红外遥感技术在环境检测(大气污染、烟尘排放),流量监控,导弹与火箭飞行的尾气的组分测定方面具有独特的作用.对河流水体质量进行周期性的监测控制中,电化学的pH计,电导仪,溶解氧及氧化还原的在线传感器起着重大的作用.

仪器的联用技术成为当今仪器分析的重要发展方向.将几种仪器方法结合起来,特别是分离技术(色谱法)和检测方法(红外光谱、质谱、核磁共振)的结合,汇集了各自的优点,弥补了各自的不足,可以更好地完成试样的分析任务.

信息科学的重要方面是信息的采集和处理.信息的采集转换主要依靠各类传感器.各类信息传感器的发展带动了仪器分析的(传感器)的发展,出现了光导纤维化学传感器和各种生物传感器.信息处理、计算机与分析仪器相结合,出现了分析仪器的智能化.计算机的超强度的记忆和再生性的运算能力,大大加快了分析信息采集和数据处理的速度,使过去许多人工难以完成的任务,如实验自动化、图谱的快速检索、复杂的数学运算与统计处理可以轻而易举地完成.如傅里叶变换技术已经在仪器分析中得到广泛的运用,大大地提高了测量的信号比,使分析测试方法更加灵敏、更加精确.

应当指出,计算机的超强度的记忆和再生性的运算能力,使复杂的计算数学和统计数学的运算成为可能.从而使分析化学的矛盾不完全局限在测试样品的组成、含量与结构上,还可以从分析数据中提取隐含在其中的重要的科学信息,直接参与生产和科研工作,解决实际问题,使仪器分析不再仅仅是一种分析测试方法,而成为相关领域研究工作的有力手段.分析仪器智能化可以让分析工作者摆脱复杂的、重复的、冗长而枯燥的数理运算劳动,能集中精力开展创造性的工作.仪器分析从它的出现到现在,一直处在不断发展的过程中,开始了它在分析化学中处于举足轻重地位.随着科学技术的发展和各学科领域的渗透,新的方法和新的分析技术将不断出现,将为人类认识自然、利用自然,更好地与自然相处作出新的贡献.

参考文献

[1] 北京大学化学系 仪器分析教学组. 仪器分析教程. 北京:北京大学出版社,1997
[2] 赵藻藩,周性尧,张悟铭,赵文宽. 仪器分析. 北京:高等教育出版社,1990
[3] Robert D Braun 著,北京大学化学系,清华大学分析中心,南开大学测试中心译. 最新仪器分析技术全书. 北京:化学工业出版社,1990
[4] 林守麟. 原子吸收光谱分析. 北京:地质出版社,1985
[5] 寿曼立. 发射光谱分析. 北京:地质出版社,1985
[6] 汪尔康主编. 21 世纪的分析化学. 北京:科学出版社,2000
[7] 邓勃,宁永成,刘密斯. 仪器分析. 北京:清华大学出版社,1991
[8] 高鸿主编:分析化学前沿. 北京:科学出版社,1991
[9] 朱明华,施文赵主编. 近代分析化学. 北京:高等教育出版社,1991

一、光学分析篇

第 1 章　光学分析引论[1~4]

光学分析方法是建立在光与物质的相互作用的基础上的分析方法. 光与物质的作用过程展现了光的粒子性(光量子)和波动性(光波). 光量子的波段从不足 1Å(X 射线区)到大于 100μm(或 10^6 Å,远红外区). 由于其作用波段宽,与物质作用后能提供物质的组成和结构信息. 因此,在研究和描述物质的性质方面,光分析方法是重要的、使用广泛的一种仪器分析方法.

自从赫兹应用电磁振荡的方法产生电磁波,并证明光波的性质与电磁波的性质相同后,光学和电磁学这两个彼此独立的领域,从此联系在一起了. 为了更好地认识光分析的本质,下面将讨论电磁辐射的基本性质以及电磁辐射与物质作用的主要过程.

§1.1　电磁辐射的基本性质

§1.1.1　电磁辐射的波动性

根据麦克斯韦(Maxwell)的观点,电磁波是在空间传播的变化的电场和磁场. 可以用电场矢量 $\boldsymbol{E}$ 和磁场矢量 $\boldsymbol{H}$ 来描写,如图 1.1 所示. 这是最简单的、单一频率的平面偏振电磁波. 平面偏振是指它的电场矢量在一个平面内振动,而磁场矢量在另一个与电场矢量相垂直的平面内振动. 这两个矢量都是正弦波形,并垂直于波的传播方向. 所以,电磁波是一种横波. 当电磁波穿过物质时,它可以和带有电荷和磁矩的任何质点相互作用,并产生能量交换,光谱分析就是建立在这种能量交换的基础之上的.

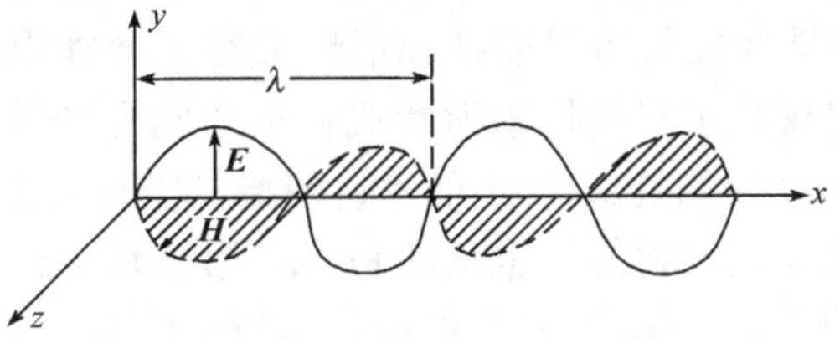

图 1.1　单一频率的平面偏振电磁波

$\boldsymbol{E}$=电场矢量;$\boldsymbol{H}$=磁场矢量.

电磁波在真空的传播速度为光速($c=10^{10}$ cm/s).其反射、衍射、干涉、折射和散射等现象都表现出电磁辐射具有波的性质,可以用如下的波参数来描述.

1. 波长(λ)

相邻两个波峰或波谷之间的直线距离,单位为米(m)、厘米(cm)、微米(μm)、纳米(nm)或埃(Å).这些单位之间的换算关系为 $1\text{m}=10^2\text{cm}=10^6\mu\text{m}=10^9\text{nm}=10^{12}\text{pm}=10^{10}$Å.不同波长的电磁波,在同一介质中其传播速度不同(真空除外).

2. 频率(ν)

单位时间内通过传播方向某一点的波峰或波谷的数目,即单位时间内电磁场振动的次数称为频率,单位为赫兹(Hz,即 s^{-1}).频率和波长的关系为

$$\nu = v/\lambda \tag{1.1}$$

式中,v 为传播速度.和波长相比,电磁波的频率是更为基本的性质.当一定频率的电磁波通过不同介质时,其频率不变,但波长则随介质而变(因为速度随着介质而变化).在常用的紫外、可见和红外波段,电磁辐射在空气中的传播速度和在真空中的传播速度相近,可用 $\lambda=c/\nu$ 表示它们的关系.

3. 波数($\widetilde{v}$ 或 σ)

每厘米长度内所含的波长的数目,它是波长的倒数,即

$$\widetilde{v} = 1/\lambda \tag{1.2}$$

波数单位常用 K(kayser, 即 cm^{-1})来表示.

4. 传播速度(v)

辐射传播速度 v 等于频率 ν 乘以波长 λ,即 $v=\lambda\nu$.在真空中辐射传播速度与频率无关,并达到最大数值,用 c 表示,c 值准确测定为 2.99792×10^{10} cm/s.

5. 周期(T)

相邻两个波峰或波谷通过空间某固定点所需要的时间间隔,单位为秒(s).

§1.1.2 电磁辐射的微粒性

光的干涉和衍射现象,可用波动性来解释,但另外一些现象,如光电效应,康普顿(Compton)效应和黑体辐射等只能把辐射看成粒子才能得到满意的解释;物质对辐射的吸收或发射现象也只能把辐射看成粒子才能得到满意的解释.光的粒子性表现为光的能量不是均匀连续地分布在它传播的空间,而是集中在被称为"光子"的微粒上.物质吸收或发射能量也只能是"量子化"地一份一份地吸收或发射."光子"是这种能量的最基本单位.光子的能量 ε 与它的频率 ν 成正比,或与波长 λ 成反比,而与光的强度无关.

$$\varepsilon = hc/\lambda = hc\widetilde{v} \tag{1.3}$$

式中,h 为普朗克(Plank)常量,$h=6.626\times10^{-34}\,\text{J}\cdot\text{s}$.

光子的能量常用 J(焦耳)或 eV(电子伏特)表示. 1eV 表示一个电子通过电位差为 1V(伏)的电场时所获取的能量. $1eV=1.602\times10^{-19}J$, $1J=6.24\times10^{18}eV$. 能量之间的换算见表 1.1.

表 1.1　能量单位的换算

	J	cal	erg	eV
1 焦(J)	1	0.2390	10^{7}	6.241×10^{18}
1 卡(cal)	4.184	1	4.184×10^{7}	2.612×10^{19}
1 尔格(erg)	10^{-7}	2.390×10^{-8}	1	6.241×10^{11}
1 电子伏(eV)	1.602×10^{-19}	3.829×10^{-20}	1.602×10^{-12}	1

在化学中常用 $J\cdot mol^{-1}$ 为单位表示 1mol 物质所发射或吸收的能量:

$$E = h\nu N_A = hc\tilde{\nu}N_A \tag{1.4}$$

式中, N_A 为阿伏伽德罗(Avogadro)常量,其值为 6.022×10^{23}. 将光速、普朗克常量和阿伏伽德罗常量代入式(1.4),得

$$\begin{aligned}E &= (6.626\times10^{-34}\times2.998\times10^{10}\times6.022\times10^{23}\times\tilde{\nu})\cdot J\cdot mol^{-1}\\ &= (11.96\tilde{\nu})\cdot J\cdot mol^{-1}\end{aligned}$$

当光子的能量等于 1eV 时,其波数为

$$\begin{aligned}\tilde{\nu} &= (1\times1.60\times10^{-19})/(6.62\times10^{-34}\times3\times10^{10})\cdot cm^{-1}\\ &= 8065.8\ cm^{-1}\end{aligned}$$

§1.2　电磁波谱

将电磁辐射按波长或频率的大小顺序排列起来称为电磁波谱. 表 1.2 列出了用于不同分析目的的电磁波的有关参数. 波长短者,能量大;γ 射线区的波长最短,能量最大,接着依次是 X 射线区、紫外光区、可见光区、红外光区. 无线电波区波长最长,其能量最小. 物质粒子吸收或发射光子的过程称为能级跃迁;由低能级跃迁到高能级,是物质吸收光子的过程,称为激发. 由式(1.3)可计算出在各电磁波区产生各种跃迁所需要的能量;同样,根据激发能也能求出相应的辐射波长. 例如,激发能量为 20eV 时,该能量相应的电磁波波长为

$$\begin{aligned}\lambda &= hc/E\\ &= \frac{6.626\times10^{-34}\times3.0\times10^{10}}{20\times1.602\times10^{-19}}\times10^{7}\,\frac{J\cdot s\cdot cm\cdot s^{-1}}{J} = 62nm\end{aligned}$$

表 1.2 电磁波谱的有关参数

光子能量 ε/eV	频率范围 ν/Hz	波长 λ/nm	电磁波区	跃迁类型
$>2.5\times10^{5}$	$>6.0\times10^{19}$	<0.005nm	γ射线区	核能级
$2.5\times10^{5}\sim1.2\times10^{2}$	$6.0\times10^{19}\sim3.0\times10^{16}$	0.005～10nm	X射线区	K,L层电子能级
$1.2\times10^{2}\sim6.2$	$3.0\times10^{16}\sim1.5\times10^{15}$	10～200nm	真空紫外光区	K,L层电子能级
6.2～3.1	$1.5\times10^{15}\sim7.5\times10^{14}$	200～400nm	近紫外光区	外层电子能级
3.1～1.6	$7.5\times10^{14}\sim3.8\times10^{14}$	400～800nm	可见光区	外层电子能级
1.6～0.50	$3.8\times10^{14}\sim1.2\times10^{14}$	0.8～2.5μm	近红外光区	分子振动能级
$0.50\sim2.5\times10^{-2}$	$1.2\times10^{14}\sim6.0\times10^{12}$	2.5～50μm	中红外光区	分子振动能级
$2.5\times10^{-2}\sim1.2\times10^{-3}$	$6.0\times10^{12}\sim3.0\times10^{11}$	50～1000μm	远红外光区	分子转动能级
$1.2\times10^{-3}\sim4.1\times10^{-6}$	$3.0\times10^{11}\sim1.0\times10^{9}$	1～300mm	微波区	分子转动能级
$<4.1\times10^{-6}$	$<1.0\times10^{9}$	>300mm	无线电波区	电子和核的自旋

§1.3 电磁辐射与物质的作用过程

§1.3.1 吸收过程

不同波长的电磁辐射都具有相应的能量，它作用于粒子（原子、离子或分子）时，如果粒子的低能态（基态，M）与高能态（激发态，M^*）之间的能量差与电磁辐射的能量相同，则该光子将被粒子选择性地吸收；粒子自身的状态由基态跃迁到激发态. 这个过程称为吸收过程. 物质吸收辐射的过程可以表示为 $M+光子\longrightarrow M^*$. 以波长为横坐标，被吸收辐射的相对强度（透光率或吸光度）为纵坐标绘制成的谱图，称为吸收光谱图. 基于光的吸收过程建立起来的分析方法称为吸收光谱法. 在图 1.2 描述的吸收过程中，一束单色光通过均匀介质时，入射光强度为 I_o，透过一定厚度（l）的样品后其强度为 I，单位距离内光的强度减弱为 $d(I_o-I)/dl$，$d(I_o-I)/dl$ 与入射光强度 I_o 及吸光样品的浓度 N（即单位体积内吸收光波的粒子数目）成正比：

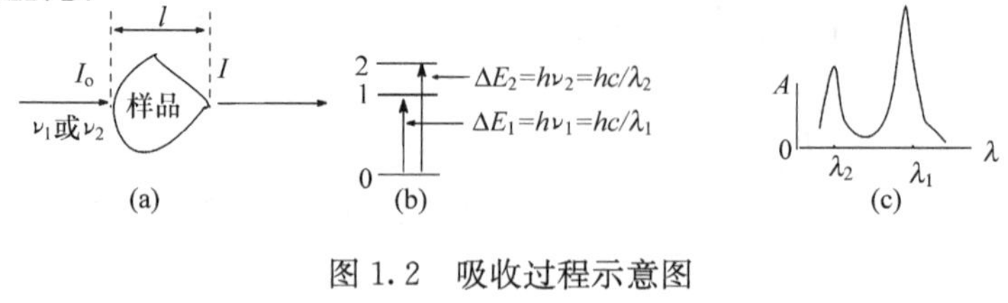

图 1.2 吸收过程示意图

(a) 强度为 I_o 的入射光通过样品后其强度减小为 I；(b) 频率为 ν_1 或 ν_2 的入射光的能量相当于两能级的能量差；(c) 吸收光谱图.

$$d(I_o - I)/dl = kNI_o \tag{1.5}$$

上式重排后，得

$$d(I_o - I)/I = kN\,dl \tag{1.6}$$

积分上式有

$$-\int_{I_o}^{1} d\ln I = \int_0^1 kN\,dx$$

则

$$\ln(I_o/I) = kNl$$

或

$$I = I_o e^{-kNl} \tag{1.7}$$

或

$$\log(I_o/I) = kNl \tag{1.8}$$

将透光率 T 定义为 I/I_o，吸光度 A 定义为 $-\log T$，则

$$A = -\log T = \log 1/T = \log(I_o/I) \tag{1.9}$$

故式(1.8)可以写作

$$A = -\log T = \log(I_o/I) = klN \tag{1.10}$$

式中，k 为样品的光吸收系数. 式(1.10)是吸光定律，即比尔定律的数学表达式；比尔定律是吸收光谱定量分析的基础.

当样品浓度 N 的单位分别为 $g \cdot L^{-1}$ 或 $mol \cdot L^{-1}$ 时，光吸收系数 k 的单位分别为 $L \cdot g^{-1} \cdot cm^{-1}$ 和 $L \cdot mol^{-1} \cdot cm^{-1}$；当 k 的单位为 $L \cdot mol^{-1} \cdot cm^{-1}$ 时，k 常写作 ε，ε 又称为物质的摩尔吸光系数. 在特定的波长和介质条件下，ε 是光吸收物质的一个特征常数，是物质光吸收能力的量度.

§1.3.2　发射过程

在激发过程中，粒子获得能量，变成激发状态 M^*，处在激发状态的粒子 M^* 是不稳定的，在短暂的时间(约 10^{-8} s)内，又从高能态回到低能状态，将所吸收的能量以光子的形式释放出来，$M^* \longrightarrow M +$ 光子. 各种元素的原子、离子和不同物质的分子的能级分布是特征的，那么，从高能态回到低能态时发出光子的能量也是特征的；显然，利用特征光谱可以进行定性分析；依据特征谱线的相对强度可以进行定量分析.

§1.3.3　散射过程

当光与物质作用后，光的传播方向发生了改变，这种现象叫做光的散射.

丁铎尔(Tyndall) 效应是指光通过含有质点大小与光的波长相当的介质时，光的传播方向发生了改变，即产生了散射. 乳状液、悬浮液、胶体溶液等引起的光散射均属于这一类型. 以此为基础建立的分析方法称为散射浊度分析法.

光与分子相互作用形成的光散射现象可以分为两种情况：弹性碰撞和非弹性

碰撞.弹性碰撞,没有能量的交换,与物质作用后,仅仅改变了光子的运动方向.此时,处于基态的分子受到能量较低的光子的激发,由于激发能低,不足以使分子中的电子跃迁到激发状态,只能跃迁到受激虚态.这种受激虚态的寿命只有 10^{-15}～10^{-12}s,很不稳定,很快又回到基态;释放的光子的能量没有改变,这种弹性碰撞也称为瑞利散射.另一种是非弹性碰撞.在非弹性碰撞中,与物质作用后,光子的能量发生了改变;这种改变可以是能量的增加,也可以是能量的减少.散射光能量减少,即波长变长,这种散射光谱线称为斯托克斯线.散射光能量增加,即波长变短,这种散射光谱线称为反斯托克斯线.两种非弹性碰撞产生的散射统称为拉曼散射.

拉曼散射光与瑞利散射光之间的频率差称为拉曼位移.拉曼位移与分子的振动和转动能级有关.不同物质的分子有各自不同的拉曼位移;拉曼位移是表征物质分子振动、转动能级特性的物理量.所以可以利用拉曼散射进行物质结构分析.

§1.3.4 折射与反射

光线由介质 1 射至与介质 2 交界的界面上,一部分进入介质 2,在介质 2 中,光的传播方向发生了偏转,这种现象叫做光的折射,另一部分光返回到介质 1,并改变其传播方向,这种现象叫做光的反射,如图 1.3 所示.

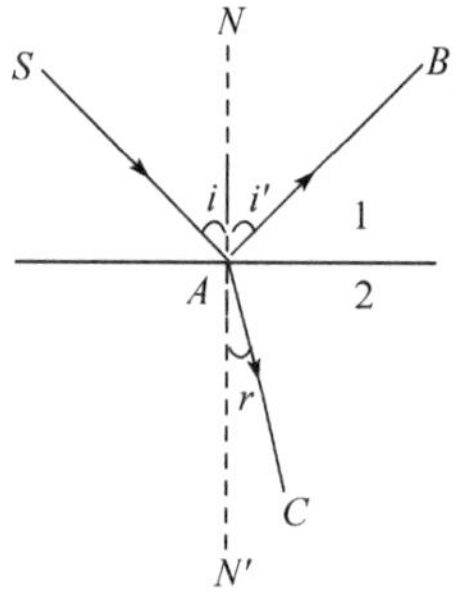

图 1.3 光的折射与反射

光的折射是因光在两种介质中的传播速度不同所引起的.入射角 i 和折射角 r 的正弦比称为这两种介质的相对折射率.

$$n=\frac{\sin i}{\sin r}=\frac{v_1}{v_2} \tag{1.11}$$

式中,v_1,v_2 分别表示光在介质 1,2 中的传播速度.任何介质对于真空的折射率称为绝对折射率.空气中的绝对折射率为 1.000 28(20℃),因此,介质对空气的折射率近似地等于它的绝对折射率.部分物质的折射率列于表 1.3;同一物质对不同波长的折射率也是不同的,见表 1.4.棱镜的分光作用就是基于物质对光的折射作用,如图 1.3 所示.光的反射角 i' 和光的入射角 i 是相等的.利用光的反射现象可以制成许多重要的光学元件.

表 1.3 部分物质的折射率(钠 D 线作光源)

物质名称	折射率	物质名称	折射率
空气	1.000 27	晶体石英	1.544 00
玻璃	1.5～1.9	甘油	1.47290
金刚石	2.417 30	乙醇	1.358 85(24℃)
熔凝石英	1.458 43	水	1.332 62(24℃)

表 1.4 玻璃对不同波长光的折射率

λ/nm	颜色	折射率
400	紫	1.532
450	蓝	1.528
550	绿	1.519
590	黄	1.517
620	橙	1.514
750	红	1.513

§1.3.5 干涉

我们常见的水面油膜为五光十色,就是光的干涉造成的. 当频率相同,振动方向相同,位相恒定的波源所发射的两束波在传播过程中,由于存在着光程差,致使两束波在相遇时会产生波的叠加,波的叠加会出现光的加强和削弱,呈现明暗相间的条纹,这种现象叫做光的干涉.

若两束波的光程差 δ 等于波长 λ 的整数倍,叠加波加强到最大,即当

$$\delta = \pm K\lambda \qquad (K = 0,1,2,3,\cdots) \tag{1.12}$$

此时,干涉出现明亮条纹.

当光程差等于半波长的奇数倍时,相反,叠加波的强度受到最大的减弱,即

$$\delta = \pm (2K+1) \cdot \lambda/2 \qquad (K = 0,1,2,3,\cdots) \tag{1.13}$$

此时,干涉出现暗条纹.

§1.3.6 衍射

光绕过障碍物将偏离直线传播的现象,称为衍射现象. 图 1.4 为单缝衍射示意图. 平行光束通过狭缝 AB,狭缝宽度为 a,部分光将偏离入射方向,以 φ 角方向传播,经聚焦后,入射线聚焦于 P_0,衍射光聚焦于 P. 由于通过狭缝聚焦于 P 的光束的光波之间存在着光程差,因此,在聚焦点产生光的干涉现象.

当光程差 $\Delta(AC) = a\sin\varphi = 2K \cdot \lambda/2$ $(K=0,1,2,3,\cdots)$时,即为半波长的偶数倍,波长的整数倍时,则 P 点出现明亮条纹.

当光程差 $\Delta(AC) = a\sin\varphi = (2K+1) \cdot \lambda/2$ $(K=0,1,2,3,\cdots)$时,即为半波长的奇数倍时,则 P 点出现暗条纹.

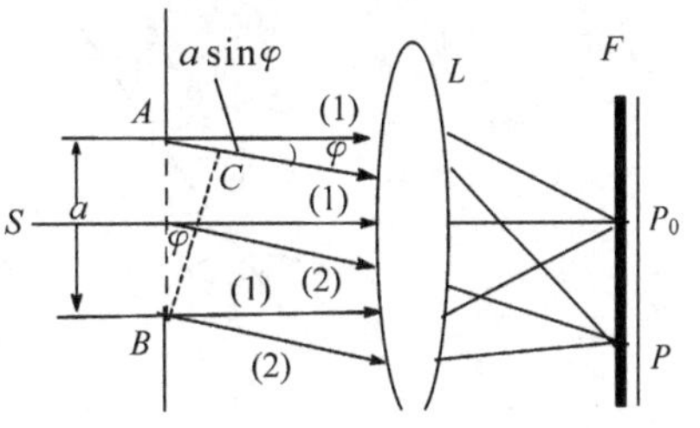

图 1.4 单缝衍射

$\varphi=0$ 时的条纹称为零级明亮条纹；随着 $K=\pm1,\pm2,\pm3,\cdots$，将出现第一级、第二级、……明暗条纹. 图 1.5 为其示意图. 衍射现象是光栅分光的基础；晶体衍射是 X 射线衍射分析的基础.

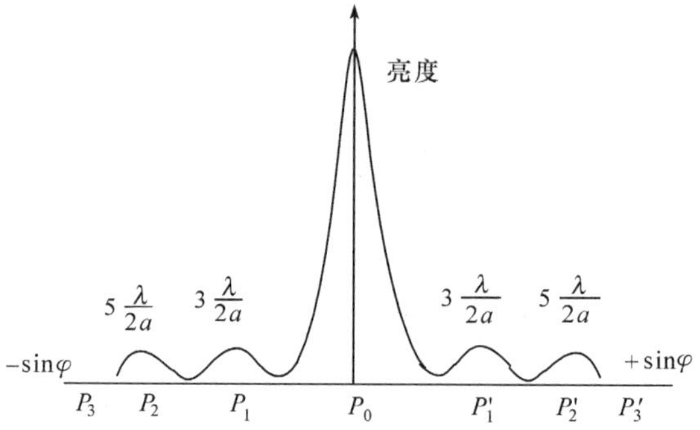

图 1.5　单缝衍射条纹中亮度的分布

§1.3.7　偏振

天然光是一种混合波，电磁辐射的电场矢量和磁场矢量分布在垂直传播方向的平面上的任何方向. 天然光通过某些物质后，某一方向的振动保留下来，另一方向的振动被消除. 这种只在某一固定方向有电场矢量或磁场矢量的光称为平面偏振光. 平面偏振光可以看成为两个振幅相同、速度相同、螺旋前进的、旋转方向相反的圆偏振光叠加而成，如图 1.6 所示. 对着光的传播方向观察，电场矢量振动方向沿着反时针方向旋转的称为左旋圆偏振；顺时针方向旋转的称为右旋圆偏振. 当平面偏振光进入非旋光物质时，左、右圆偏振光的传播速度一样，任何时刻它们的矢量叠加形成的平面振动方向始终不变. 但是，当平面偏振光进入旋光物质时，由于其折射率不同，导致左、右圆偏振光的传播速度不一致，使叠加形成的平面振动光的振动方向发生变化，旋转了一个角度 α，这种现象称为旋光；产生旋光的物质称

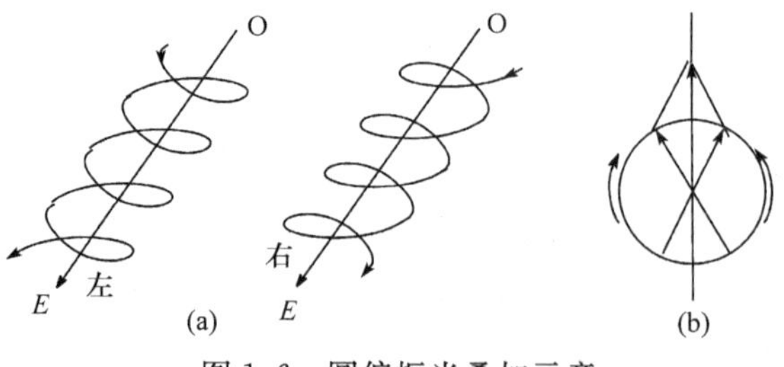

图 1.6　圆偏振光叠加示意

(a)左、右圆偏振光螺旋前进的方向；(b)左、右圆偏振光叠加而成的平面偏振光.

为旋光活性物质；角度 α 称为旋光度. 基于旋光原理建立的分析方法是旋光色散法.

另一种情况是平面偏振光与物质作用后，物质对左、右圆偏振光的吸收程度不一样，导致左、右圆偏振光的振幅不同；两个振幅不同的、并沿着相反方向旋转前进的圆偏振光的合成矢量是一种椭圆旋转，形成椭圆偏振光. 用椭圆率 θ 表示两种圆偏振吸收系数的差别而建立的分析方法称为圆二色法.

参考文献

[1]　北京大学化学系仪器分析教学组. 仪器分析教程. 北京：北京大学出版社，1997
[2]　赵藻藩，周性尧，张悟铭，赵文宽. 仪器分析. 北京：高等教育出版社，1990
[3]　赵凯华，钟锡华. 光学(上，下). 北京：北京大学出版社，1984
[4]　寿曼立. 发射光谱分析. 北京：地质出版社，1985

习题与思考题

习　题

1. 为什么说光波是一种横波？
2. 计算下列辐射的频率，波数及辐射中一个光子的能量
   (1)钠线(D 线)589.0nm；
   (2)波长为 200cm 的射频辐射；
   (3)波长为 900pm 的 X 射线.
3. 吸光度与透光率的换算
   (1)将吸光度为 0.01，0.30，1.50 换算为透光率；
   (2)透光率为 10.0%，75.0%，85.5%换算为吸光度.
4. 填表：

频率	能量		波数	光谱区
	J	eV	cm^{-1}	
3×10^{10}				
	1.6×10^{-9}			
		0.01		
			25 000	

5. 在 765 nm 波长下，水溶液中的某化合物的摩尔吸光系数为 1.54×10^3 ($L\cdot mol^{-1}\cdot cm^{-1}$)，该化合物溶液在 1 cm 的吸收池中的透光率为 43.2%. 问该溶液的浓度为多少？
6. 某化合物的标准溶液浓度为 2.5×10^{-4} $mol\cdot L^{-1}$，在 5 cm 长的吸收池中，在 347nm 波长处，测得其透光率为 58.6%. 试确定其摩尔吸光系数.

7. 以丁二酮肟光度法测镍配制镍和丁二酮肟配合物的标准溶液浓度为 1.70×10^{-5} mol · L^{-1}，在 2.00 cm 长的吸收池中，在 470nm 波长处，测得其透光率为 30.0%. 试确定其摩尔吸光系数.
8. 以邻二氮菲光度法测二价铁，称取试样 0.500g，经过处理后，配成试液加入显色剂，最后定容为 50.0mL. 用 1.0cm 的吸收池，在 510nm 波长下测得吸光度 $A=0.430$. 计算试样中二价铁的质量分数($\varepsilon_{510}=1.1\times10^4$). 当溶液稀释 1 倍后，其透光率为多少？
9. 有两份不同浓度的同一溶液，当吸收池长为 1.00 cm 时，对某一波长的透光率分别为(a) 65.0%和(b)41.8%，求：
   (1)两份溶液的吸光度；
   (2)如果溶液(a)的浓度为 6.50×10^{-4} mol · L^{-1}，求溶液(b)的浓度；
   (3)计算在该波长下，此物质的摩尔吸光系数.
10. 浓度为 1.00×10^{-3} mol · L^{-1} 的 $K_2Cr_2O_7$ 溶液在波长 450nm 和 530nm 处的吸光度分别为 0.200 和 0.050；1.00×10^{-4} mol · L^{-1} 的 $KMnO_4$ 溶液在波长 450nm 处无吸收，在 530nm 处的吸光度为 0.420. 今测得某 $K_2Cr_2O_7$ 和 $KMnO_4$ 混合溶液在 450nm 和 530nm 处的吸光度分别为 0.380 和 0.710. 计算该混合溶液中 $K_2Cr_2O_7$ 和 $KMnO_4$ 的浓度.
11. 试液中 Ca 的浓度为 3μg/mL，测得的吸光度值为 0.319，问产生 1%吸收信号对应的浓度为多少？
12. 写出下列各种跃迁的能量和波长范围：
    (1)原子内层电子跃迁；
    (2)原子外层价电子跃迁；
    (3)分子的电子能级跃迁；
    (4)分子的振动能级跃迁；
    (5)分子的转动能级跃迁.
13. 某种玻璃的折射率为 1.7000，求光在此玻璃中的传播速度.
14. 计算辐射的频率为 4.708×10^{14} Hz 在结晶石英和熔凝石英中的波长.
15. 轻质遂石玻璃的折射率为 1.594，计算波长为 434nm 的辐射穿过该玻璃时每个光子的能量.
16. 阐述光的干涉和光的衍射的本质与区别.

思考题

1. 请给出光谱分析法和非光谱分析法的定义.
2. 光度分析是基于光的吸收，测定入射光和透射光的强度变化而建立的分析方法. 有些物体因存在光吸收而呈现各种不同颜色，颜色有深浅变化，能否基于入射光和散射光的强度变化而建立散射光度分析方法？
3. 非透明的有色物质能用光度法直接进行定量分析吗？为什么？若你认为可行，请设计一种直接光度定量分析非透明有色物质的方法.

第 2 章　原子光谱分析[1~3]

原子核外电子在原子能级之间的跃迁所产生的光谱称为原子光谱. 它包括:原子核外价电子(即外层电子)吸收光子能量形成的光谱称为原子吸收光谱;原子核外价电子发射光子形成的光谱称为原子发射光谱;原子核外内层电子跃迁发射的光子因其能量较高,发出的谱线在 X 射线区,所以,又称为 X 射线荧光光谱;原子荧光也属于原子光谱,也是原子的外层电子跃迁产生的光谱. 但所谓 X 射线荧光和原子荧光是一种光致发光,激发光源停止工作后,原子荧光的二次发光过程也就停止.

原子光谱的产生,是原子核外电子发生能级跃迁的结果. 而跃迁概率的大小决定于跃迁规则并影响谱线强度. 至于谱线的精细结构及超精细结构,也是能级的精细结构及超精细结构的必然结果. 所以欲对原子光谱规律有深刻了解,首先必须清楚地了解原子的能级结构.

§2.1　原子光谱基础

§2.1.1　原子能级与原子光谱项

在普通化学中,描述原子核外电子的运动状态可用四个量子数 n, l, m, m_s 来规定. 主量子数 n 决定电子的能量和电子离核的远近;角量子数 l 决定电子角动量的大小及电子轨道的形状,在多电子原子中它还影响电子的能量;磁量子数 m 决定磁场中电子轨道在空间伸展的方向,电子轨道在空间伸展的方向不同时,影响电子运动角动量分量的大小;自旋量子数 m_s 决定电子自旋的方向. 四个量子数的取值是 $n=1,2,3,\cdots,n$;$l=0,1,2,3,\cdots,(n-1)$;与其相应的符号为 s,p,d,f,…;$m=0,\pm1,\pm2,\cdots,\pm l$;$m_s=\pm1/2$.

根据泡利(Pauli)不相容原理、能量最低原理和洪德(Hund)规则,可对核外电子进行排布. 如,钠原子:

核外电子构型为 $(1s)^2(2s)^2(2p)^6(3s)^1$;

价电子构型为 $(3s)^1$;

价电子运动状态的量子数表示为 $n=3, l=0, m=0, m_s=+1/2$ 或$(-1/2)$.

有多个价电子的原子,它的每一个价电子都可能跃迁而产生光谱,同时各个价电子之间还存在着相互作用. 原子的能级通常用光谱项来描述：

$$n^{2S+1}L_J$$

其中：n 为主量子数；L 为总角量子数，其数值为外层价电子角量子数 l 的矢量和，即

$$L = \sum l_i$$

两个价电子耦合所得的总角量子数 L 与单个价电子的角量子数 l_1，l_2 有如下的关系：$L=(l_1+l_2)$，(l_1+l_2-1)，(l_1+l_2-2)，…. $|l_1-l_2|$ 的值可能为 $L=0,1,2,3,\cdots$，相应的谱项符号为 S，P，D，F，…. 若价电子数为 3 时，应先把 2 个价电子的角量子数的矢量和求出后，再与第三个价电子求出其矢量和，就是 3 个价电子的总角量子数，依此类推.

S 为总自旋量子数，自旋与自旋之间的作用也是比较强的，多个价电子总自旋量子数是单个价电子自旋量子数 m_s 的矢量和，即

$$S = \sum m_{s,i}$$

其值可取 $0,\pm 1/2,\pm 1,\pm 3/2,\pm 2,\cdots$.

J 为内量子数，是由于轨道运动与自旋运动的相互作用，即轨道磁距与自旋磁距的相互作用影响而得出的，它是原子中各个价电子组合得到的总角量子数 L 与总自旋量子数 S 的矢量和，即

$$J = L + S$$

J 的求法为：$J=(L+S)$，$(L+S-1)$，$(L+S-2)$，…. $|L-S|$ 若 $L\geqslant S$，则 J 值从 $J=L+S$ 到 $L-S$，可有 $(2S+1)$ 个值；若 $L<S$，则 J 值从 $J=S+L$ 到 $S-L$，可有 $(2L+1)$ 个值. 例如，$L=2$，$S=1$，则 $J=3,2,1$，$L>S$，$2S+1=3$，有 3 个 J 值可取. $L=0$，$S=1/2$，则 J 值仅可取一个值 $J=1/2$.

光谱项符号上左上角的 $(2S+1)$ 称为光谱项的多重性，代表电子组态，是不同状态电子的组合；显然，电子组态不同，能级之间的差别不同. 而同一电子组态中，不同电子的相互作用又可以形成不同的原子态及相应的能级. J 代表不同的原子态，J 值不同的光谱项称为光谱支项. 例如，Zn 原子的最外层价电子 $(4s)^2$（即 $n=4$，$L=0$，$S=0$，$J=0$），这时 $2S+1=1$，只有一个 J 值 $(J=0)$，光谱项为：4^1S_0. 当 Zn 由激发态 4^3D 向 4^3P_2 跃迁时要发射光谱. 4^3D（即 $n=4$，$L=2$，$S=1$，$L>S$，$2S+1=3$）则有 3 个 J 值 $(J=3,2,1)$，即三个光谱项 4^3D_3，4^3D_2，4^3D_1，这三个光谱项由于 J 值不同，它们的能量差别极小，由此产生的光谱线波长极为相近，4^3D 向 4^3P_2 跃迁时产生的三条谱线的波长分别为：334.50nm（$4^3D_3\rightarrow 4^3P_2$），334.56nm（$4^3D_2\rightarrow 4^3P_2$），334.59nm（$4^3D_1\rightarrow 4^3P_1$），这三重线系称为谱线的多重线系或精细结构. 当 $L<S$ 时，

光谱项虽然只有$(2L+1)$个支项，但$(2S+1)$仍然叫做多重性，"多重性"的定义是$(2S+1)$，不完全代表光谱支项的数目.

§2.1.2 在磁场中的原子

在外磁场的作用下，光谱支项会进一步分裂. 每个光谱支项包括$(2J+1)$个能量状态. 在没有外磁场的作用下，它们的能级是相同的；有外磁场的作用时，由于原子磁距与外加磁场的作用，简并的能级分裂为$(2J+1)$个能级，一条谱线分裂为$(2J+1)$条谱线，这种现象称为塞曼(Zeeman)效应. 塞曼效应已被成功地应用到原子吸收光谱分析.

我们知道一个光谱支项在磁场中可以分裂为$(2J+1)$个能量不同的状态. 在无外磁场时，这些状态对应于同一个支能级的能量，因此，每一个支能级是$(2J+1)$状态简并的. 通常用$g=(2J+1)$表示支能级的简并度，又叫做统计权重. 当有外磁场时，支能级的简并被解除，分裂为$(2J+1)$个独立的状态.

所以，在多电子原子中，电子的能级与n,l有关；原子的能级与电子组态有关；一种组态表示原子的一种能量. 当组态是有简并度的，L-S 耦合使某一L值所代表的谱项分裂为$(2S+1)$个J值不同的光谱支项，在磁场中光谱支项又进一步分裂为$(2J+1)$个不同的状态. 至此，简并完全解除，谱线更为复杂.

§2.1.3 能级图

把原子中所有可能存在状态的光谱项——能级及能级跃迁用图的形式表示出来，称为能级图. 通常纵坐标表示能量E/eV，基态原子能量$E=0$；横坐标标出实际存在的光谱项. 图 2.1 为钠原子能级图. 钠原子的基态光谱项为$3^2S_{1/2}$，第一激发态的光谱项为$3^2P_{3/2}$和$3^2P_{1/2}$，因此，钠的最强光谱线为双重线，用光谱项表示为

Na 588.996 nm $3^2S_{1/2}$—$3^2P_{3/2}$ D_2线

Na 589.592 nm $3^2S_{1/2}$—$3^2P_{1/2}$ D_1线

一般将低能级光谱项符号写在前面，高能级写在后面. 这两条谱线为共振线. 必须指出，不是任何两个能级之间都能产生跃迁，跃迁必须遵守一定的选择定则，这些定则是：

(1)$\Delta n=0$ 或任意整数；

(2)$\Delta L=\pm1$，即跃迁只允许在 S 项和 P 项、P 项和 D 项、D 项和 F 项等之间进行；

(3)$\Delta S=0$，单重项只能跃迁到单重项，三重项只能跃迁到三重项.

(4)$\Delta J=0,\pm1$，但是当$J=0$时，$\Delta J=0$的跃迁是禁戒的.

但是有个别情况不遵守选择定则，不符合光谱选择定则的谱线称为禁戒线. 例

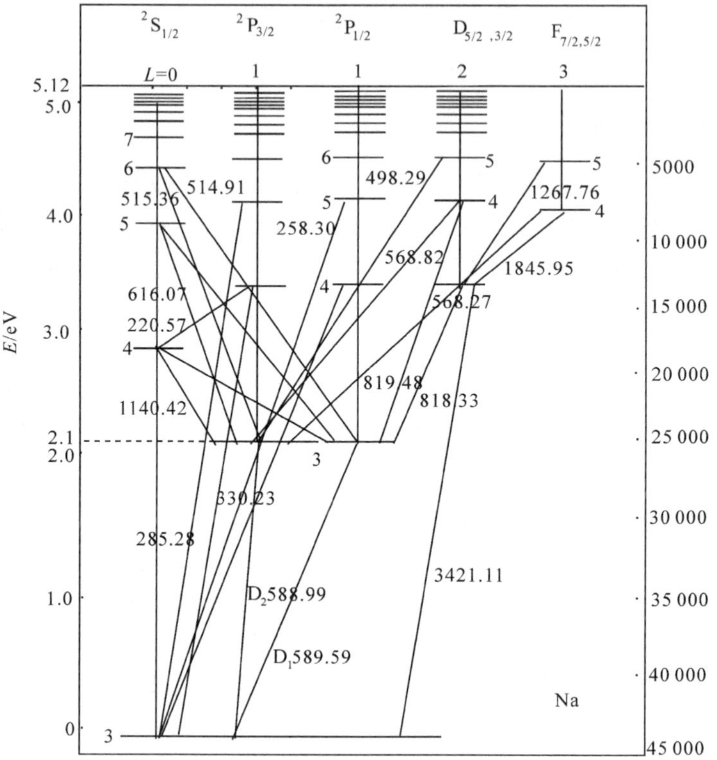

图 2.1　钠原子能级图

如 Zn 307.59nm 是一条由光谱项 4^3P_1 向 4^1S_0 跃迁的谱线，因为 $\Delta S\neq 0$，这是一条禁戒跃迁线. 禁戒线产生的机会很少，谱线的强度也很弱.

电子在激发态和基态之间跃迁产生的谱线称为共振线；第一激发态与基态之间跃迁产生的谱线属于第一共振线，或主共振线. 主共振线是原子光谱中强度最大的谱线，通常被选作分析测试线.

§2.2　原子发射光谱分析原理

§2.2.1　原子线和离子线

原子核外层电子从激发源获得能量，从稳定的基态（最低能级）跃迁到不稳定的激发态（高能级），大约在 10^{-8} s 内，它将从激发态跃迁回到基态，同时以光子的形式释放出能量 $h\nu$. 光子能量 $h\nu$ 与电子所在能级的关系为

$$h\nu = E_2 - E_1 = \Delta E = hc/\lambda \tag{2.1}$$

式中，E_2，E_1 分别为电子所在的激发态能级的能量和基态能级的能量. 所以，此时

发射光谱线的波长为

$$\lambda = hc/\Delta E \tag{2.2}$$

式中：h 为普朗克常量；c 为光速.

原子外层电子由低能级跃迁到高能级所需要的能量称为激发能，以电子伏特表示；每条原子光谱线具有相应的激发能，这些激发电位可以从元素谱线表中查得.

原子的外层电子在获得足够大的能量后，将会脱离原子，原子失去电子后成为离子，此过程称为电离. 使原子电离所需要的最低能量称为电离能；原子失去一个电子称为一次电离；一价离子再失去一个电子称为二次电离，依此类推. 元素的电离电位可以从手册中查到.

离子的外层电子从高能态跃迁到低能态所发射的谱线称为离子线；每条离子光谱线具有相应的激发能. 离子线激发能的大小与离子的电离能无关. 通常用罗马数字Ⅰ表示原子线；Ⅱ表示一次电离离子线；Ⅲ表示二次电离离子线；例如，NaⅠ 5895.923 表示钠的原子线，MgⅡ 2802.700 表示镁的一次电离离子线.

外层电子数目相同的原子或离子具有相似的光谱，如，NaⅠ，MgⅡ和 AlⅢ 的光谱十分相似. 同理，周期表中同族元素也具有相似的光谱.

§2.2.2　谱线强度

当体系在一定温度下达到热平衡时，原子在不同状态的分布也达到平衡. 玻耳兹曼(Boltzman)用统计热力学方法证明，体系处在热力学平衡状态，单位体积内处于激发态的原子数目 N_i 和处于基态的原子数目 N_o 应遵守如下分布：

$$N_i = N_o(g_i/g_o) \cdot e^{-E_i/kT} \tag{2.3}$$

式中：g_i，g_o 为激发态和基态的统计权重；E_i 为谱线的激发电位；k 为玻耳兹曼常量(1.38×10^{-23} J/K)；T 为激发的绝对温度(K).

原子外层电子在 i，j 两个能级跃迁所产生的谱线强度以 I_{ij} 表示，它正比于处在激发态的原子数目 N_i，即

$$I_{ij} = N_i \cdot A_{ij} \cdot h\nu_{ij} \tag{2.4}$$

式中：A_{ij} 为两个能级之间跃迁的概率；h 为普朗克常量；ν_{ij} 为跃迁产生谱线的频率. 联合式(2.3)有

$$I_{ij} = \frac{g_i}{g_o} \cdot A_{ij} \cdot h\nu_{ij} \cdot N_o \cdot e^{-E_i/kT} \tag{2.5}$$

从式(2.5)可知，下列因素影响谱线强度：

(1)统计权重，谱线强度与统计权重成正比；

(2)激发电位，谱线强度与激发电位是负指数关系，激发电位愈高，谱线强度愈

小，因为激发电位愈高，处在相应激发态的原子数目愈少.

(3)跃迁概率，电子从高能级向低能级跃迁时，在符合选择定则的情况下，可向不同的低能级跃迁而发射出不同频率的谱线；两能级之间的跃迁概率愈大，该频率谱线强度愈大. 所以，谱线强度与跃迁概率成正比. 跃迁概率可以从实验中测定.

(4)激发温度，由式(2.5)可以看出，温度升高，一方面可以增加谱线的强度，另一方面使单位体积内处于基态的原子数目减少. 原子电离是减少基态原子数的重要因素. 萨哈(Saha)指出，电离度 x 和激发温度 T 的关系为

$$\lg \frac{x^2}{1-x^2} = \frac{5}{2}\lg T - \frac{5039}{T}V - 6.5 \tag{2.6}$$

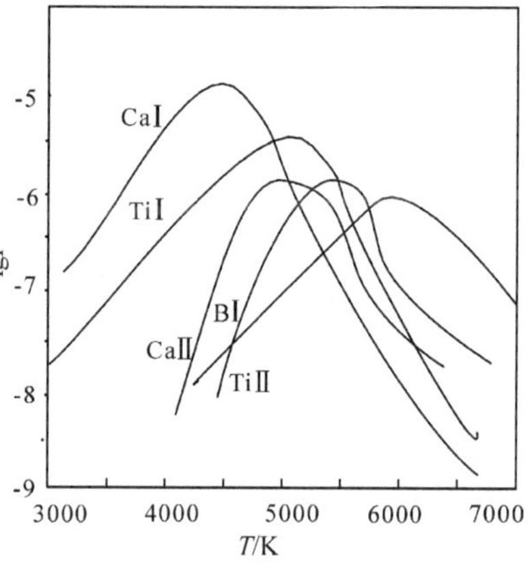

图 2.2　谱线强度与温度的关系

式中，V 为元素的电离电位. 显然，电离度与元素的电离电位有关. 温度一定时，元素的电离电位愈大，电离度愈小. 所以，对电离电位比较高的元素，激发温度的变化对原子线强度的影响不会很大. 综合激发温度的正反两方面的效应，要获得最大强度的谱线，应选择最适合的激发温度. 图 2.2 为部分元素谱线强度与温度的关系图.

(5)基态原子数，单位体积内基态原子的数目和试样中的元素浓度有关. 在一定的试验条件下，谱线强度与被测元素浓度成正比，这是发射光谱定量分析的依据.

§2.2.3　谱线的自吸与自蚀

样品中的元素产生发射谱线，首先必须让试样蒸发为气体. 在高温激发源的激发下，气体处在高度电离状态，所形成的空间电荷密度大体相等，使得整个气体呈现电中性，这种气体在物理学中称为等离子体. 在光谱学中，等离子体是指包含有分子、原子、离子、电子等各种粒子电中性的集合体.

等离子体有一定的体积，温度分布是不均匀的. 中心部位温度高；边缘部位温度低. 中心区域激发态原子多；边缘区域基态原子、低能态原子比较多. 这样，元素原子从中心发射一定波长的电磁辐射时，必须通过有一定厚度的原子蒸气，在边缘区域，同元素的基态原子或低能态原子将会对此辐射产生吸收，此过程称为元素的自吸过程.

自吸对谱线中心强度影响很大. 从图 2.3 可以看出，元素浓度低，中心到边缘区域厚度薄，自吸现象表现不出来；元素浓度高，中心到边缘区域厚度增大，自吸现

象明显;随着元素浓度增加,自吸现象愈严重,直至使谱线中心强度比边缘区域的强度还低,更严重时,谱线中心强度全部被吸收,代之而取的是中心边缘的两条谱线,此时的自吸就称为自蚀. 在谱线表中,常用 r 表示自吸谱线;用 R 表示自蚀谱线.

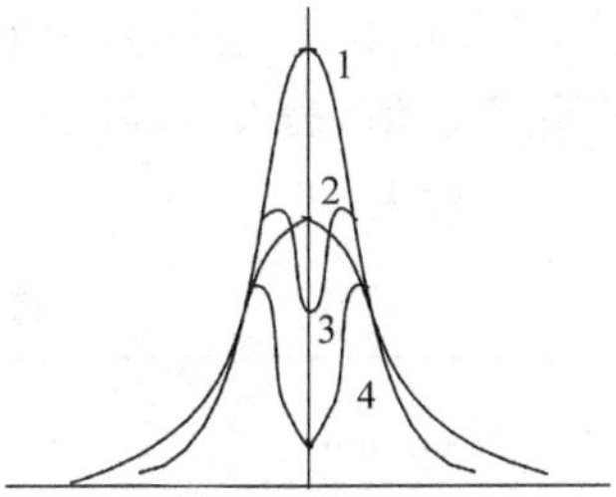

图 2.3　谱线自吸现象示意图

1. 无自吸;2. 有自吸;3. 自蚀;4. 严重自蚀.

自吸与原子蒸气的厚度关系十分密切. 不同类型的激发源,激发温度不一样,原子蒸气的厚度不同,同一谱线的自吸情况不一样.

在光谱定量分析中,谱线强度与被测元素浓度成正比,而自吸严重影响谱线强度. 所以,在定量分析时必须注意自吸现象.

我们知道,在一定的实验条件下,单位体积内的基态原子数目 N_o 和元素浓度 C 的关系为

$$N_o = \alpha\tau C^{bq} \tag{2.7}$$

式中,b 为自吸系数,当浓度很低时,原子蒸气的厚度很小;$b=1$,即没有自吸. α 与 q 是与试样蒸发过程有关的参数;不发生化学反应时,$q=1$,α 又称为有效蒸发系数. 蒸发参数是与被蒸发物质的熔点、沸点以及试样的蒸发温度有关;显然,蒸发参数直接影响等离子体区域内的原子的总浓度. τ 为气态原子在等离子区域中停留的平均时间. 将式(2.7)代入式(2.5),化简得赛伯-罗马金(Scheibe-Lomakin)公式:

$$I = aC^b \tag{2.8}$$

式中,a 为与测定条件有关的系数. 式(2.8)为原子发射光谱定量分析的基本公式.

元素谱线的产生是电子在原子能级之间跃迁的结果,不同的元素有不同的能级结构,所以,根据光谱特征谱线可以对元素进行定性分析.

§ 2.3　原子吸收光谱分析原理

原子吸收光谱分析法是基于基态原子对其共振谱线的吸收进行定量分析的方法. 该方法常用于低含量组分的测定.

§ 2.3.1　基态原子数与激发态原子数的关系

我们知道当温度一定时,处于基态的原子数目 N_o 和处于激发态的原子数目 N_i 之比应遵守玻耳兹曼(Boltzman)分布:

$$\frac{N_i}{N_o} = \left(\frac{g_i}{g_o}\right) \cdot e^{-\left(\frac{-\Delta E}{kT}\right)}$$

由该式可知，处在热力学平衡时，温度升高，(N_i/N_o)值增大. 从不同元素共振线的(N_i/N_o)值(表 2.1)可知：同一温度下，激发电位愈小，共振线的波长 λ 愈长，(N_i/N_o)值愈大.

表 2.1　部分元素共振线的(N_i/N_o)值

$\lambda_{共振线}$/nm	g_i/g_o	激发能/eV	N_i/N_o	
			T=2000K	T=3000K
Na 589.0	2	2.104	0.99×10^{-5}	5.83×10^{-4}
Sr 460.7	3	2.690	4.99×10^{-7}	9.07×10^{-6}
Ca 422.7	3	2.932	1.22×10^{-7}	3.55×10^{-5}
Fe 372.0		3.332	2.99×10^{-9}	1.31×10^{-6}
Ag 328.1	2	3.778	6.03×10^{-10}	8.99×10^{-7}
Cu 324.8	2	3.817	4.28×10^{-10}	6.65×10^{-7}
Mg 285.2	3	4.346	3.35×10^{-10}	1.50×10^{-7}
Pb 283.3	3	4.375	2.83×10^{-11}	1.34×10^{-7}
Zn 213.9	3	5.795	7.45×10^{-15}	5.50×10^{-10}

在原子吸收光谱分析中，试样原子化的温度一般控制在 3000K 以下，因为，多数元素的主共振线都低于 600nm，大部分(N_i/N_o)值都在 10^{-3} 以下，激发态和基态原子数之比小于千分之一. 所以，可以近似地认为基态原子数就等于总的原子数.

§2.3.2　原子吸收线的轮廓

任何谱线都不是一根“线”，都是具有一定的谱线宽度. 其形状如图 2.4 所示. 图中 ν 为入射光的频率，ν_o为吸收线的中心频率，k_ν为吸光系数. 原子吸收谱线轮廓用吸收谱线的中心频率(或中心波长)及谱线的半宽度 $\Delta\nu$ 来描述. 中心频率由原子能级决定，与原子发射的特征谱线是一致的；半宽度是中心频率处所对应的最大吸收系数值的一半处，谱线轮廓上两点所对应的频率或波长的距离($\Delta\nu$ 或 $\Delta\lambda$). K_o为吸收最大值.

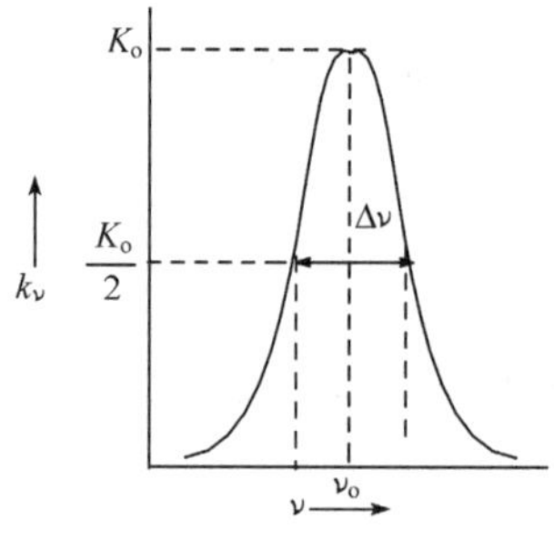

图 2.4　原子吸收谱线轮廓

谱线的半宽度受很多因素的影响，其主要因素有：

1. 自然宽度

根据量子力学计算，原子能级跃迁产生的自然宽度在 10^{-5}nm 左右，它与激发态原子的平均寿命有关；平均寿命愈长，谱线自然宽度愈窄.

2. 多普勒(Doppler)增宽

多普勒增宽是由原子的热运动引起的，又称为热增宽. 由于原子作不规则的热运动，它与位置固定的观测器或检测器之间便产生相对位移，所以检测器接受到的频率是$(\nu+\Delta\nu)$或$(\nu-\Delta\nu)$之间的各种频率，于是谱线便增宽. 多普勒增宽的谱线轮廓呈高斯曲线(Gaussian curve)型. 多普勒增宽 $\Delta\nu_D$可用下式计算：

$$\Delta\nu_D = \frac{2\nu_0}{c}\sqrt{\frac{2(\ln 2)RT}{A_r}} \tag{2.9}$$

式中：ν_0 为谱线的中心频率；c 为光速；R 为气体的摩尔气体常数；T 为绝对温度；A_r为相对原子质量. 将有关常数代入式(2.9)中，得

$$\Delta\nu_D = 7.16\times10^{-7}\nu_0\sqrt{\frac{T}{A_r}} \tag{2.10a}$$

或

$$\Delta\lambda_D = 7.16\times10^{-7}\lambda_0\sqrt{\frac{T}{A_r}} \tag{2.10b}$$

从式(2.10a)或(2.10b)可以看出，温度升高，多普勒增宽增加；波长增加，多普勒增宽增加；相对原子质量减小，多普勒增宽增加. 多普勒增宽可达到 10^{-3} nm 数量级，是谱线增宽的主要因素.

3. 压力增宽

原子蒸气压力增加，原子之间相互碰撞增加，引起谱线变宽. 这种变宽是由于相互碰撞导致激发态原子平均寿命变短. 被测元素与其他粒子碰撞引起的变宽称为洛伦兹(Lorentz)变宽，其数量级也可以达到 10^{-3} nm，温度和压力的增加都会使其增大. 同种原子之间的碰撞引起的变宽称为赫鲁兹马克(Holtsmark)变宽，又称为共振变宽. 此变宽只有在被测元素浓度高时才起作用. 在原子吸收光谱分析中，这种变宽可以忽略不计.

4. 其他变宽

我们知道自吸能引起谱线变宽. 一般，光源灯电流愈大，自吸变宽愈严重. 另外，在外磁场或外电场的作用下，可以引起能级分裂而导致谱线变宽，统称为场致增宽，一般情况下，这种变宽影响不大，但在强磁场下产生的塞曼(Zeeman)分裂现象，在原子吸收光谱分析的背景校正中得到充分地应用.

§2.3.3　积分吸收

在吸收线轮廓内，吸收系数的积分称为积分吸收系数，或简称为积分吸收，记作 $\int k_\nu \mathrm{d}\nu$，它表示吸收的全部能量. 从理论上说，积分吸收与原子蒸气中吸收辐射

层中的原子浓度成正比，即

$$\int k_\nu \mathrm{d}\nu = \frac{\pi e^2}{mc} N_\circ f \tag{2.11}$$

式中：e 为电子电荷；m 为电子质量；c 为光速；$N_\circ$为单位体积内基态原子数；f 为振子强度，即能被一定的频率的辐射所激发的每个原子的平均电子数. 对于给定的谱线，振子强度 f 是原子吸收能力的量度.

如果能测定积分吸收 $\int k_\nu \mathrm{d}\nu$，则可以利用上式求出原子浓度. 但是，测定谱线宽度仅为 10^{-3}nm 的积分吸收，需要分辨率极高的色散仪器. 这是无法做到的. 所以式(2.11)只具有理论意义.

§2.3.4 峰值吸收

1955 年 Walsh 提出，如果采用发射线半宽度比吸收线的半宽度小得多的锐线光源，并且两谱线的中心频率一致时，可用峰值吸收代替积分吸收. 所谓峰值吸收，就是吸收线中心波长的吸收系数 $K_\circ$，简称为峰值吸收. 在通常情况下，原子吸收轮廓取决于多普勒(Doppler)宽度. 吸收系数为

$$k_\nu = K_\circ \cdot \exp\left\{-\left[\frac{2(\nu - \nu_\circ)\sqrt{\ln 2}}{\Delta\nu_{\mathrm{D}}}\right]^2\right\} \tag{2.12}$$

积分上式，得

$$\int_0^\infty k_\nu \mathrm{d}\nu = \frac{1}{2}\sqrt{\frac{\pi}{\ln 2}} K_\circ \Delta\nu_{\mathrm{D}} \tag{2.13}$$

联合式(2.11)和式(2.13)，得

$$K_\circ = \frac{2}{\Delta\nu_{\mathrm{D}}}\sqrt{\frac{\ln 2}{\pi}} \cdot \frac{\pi e^2}{mc} N_\circ f \tag{2.14}$$

式(2.14)告诉我们：峰值吸收系数与原子浓度成正比. 能测定 $K_\circ$就能求出 $N_\circ$值.

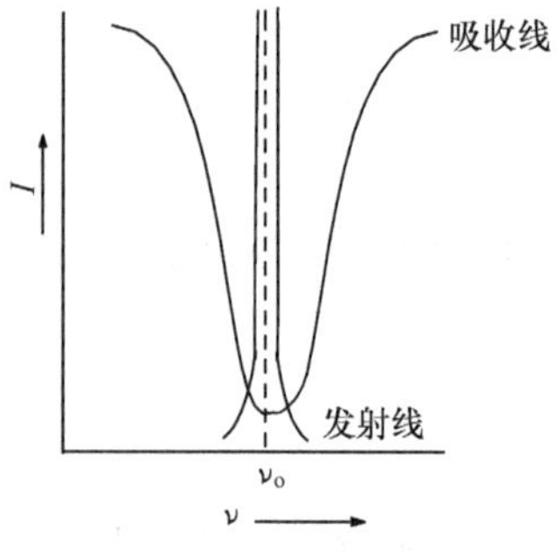

图 2.5 峰值吸收测量示意

所以，采用锐线光源是原子吸收光谱分析的必要条件. 由于锐线光源的发射线的半宽度远远小于吸收线的半宽度，而且发射线的中心频率与吸收线的中心频率一致，如图 2.5 所示. 这时发射线的轮廓可以看作是一个很窄的矩形，峰值吸收系数 $K_\circ$在此很窄的范围内将不随频率而改变，吸收仅限制在发射线的轮廓内. 所以，才有可能用峰值吸收代替积分吸收. 因此，可以说是 Walsh 提出用锐线光源作为峰值吸收测量时，原子吸收的实际测量问题才得到真正的解决. 现在，原子

吸收中最常用的锐线光源是空心阴极灯，空心阴极灯的结构、特点将在第 11 章中介绍.

根据吸收定律式(1.11)：

$$A=\lg\frac{I_o}{I}$$

式中，I_o，I 分别为通过均匀原子蒸气的入射光和透过光的强度. 在原子吸收中心频率附近的频率范围 $\Delta\nu$ 内，原子对辐射的吸收可用中心频率的峰值吸收 K_o来表示，所以

$$I_o=\int_0^{\Delta\nu} I_\nu \mathrm{d}\nu \tag{2.15}$$

$$I=\int_0^{\Delta\nu} I_\nu\cdot\exp(-K_o l)\mathrm{d}\nu \tag{2.16}$$

式中：l 为原子蒸气的厚度；I_ν为相应频率的锐线光源的光强度. 将式(2.15)和式(2.16)代入式(1.11)，得

$$A=\lg\frac{\int_0^{\Delta\nu} I_\nu \mathrm{d}\nu}{\int_0^{\Delta\nu} I_\nu\cdot\exp(-K_o l)\mathrm{d}\nu}=\lg\frac{\int_0^{\Delta\nu} I_\nu \mathrm{d}\nu}{\exp(-K_o l)\cdot\int_0^{\Delta\nu} I_\nu \mathrm{d}\nu}=0.43K_o l \tag{2.17}$$

将式(2.14)代入式(2.17)，得到

$$A=0.43\frac{2}{\Delta\nu_D}\sqrt{\frac{\ln 2}{\pi}}\cdot\frac{\pi e^2}{mc}\cdot flN_o \tag{2.18}$$

如前所述，在原子吸收测定的温度条件下，原子蒸气中的基态原子数 N_o近似等于原子总数. 在实际测量中，测定的不是原子蒸气中原子总数，而是试样中元素的浓度 C(或含量). 显然，元素的浓度或含量越高则原子蒸气中原子总数越多，即

$$N_o\propto C \quad 或 \quad N_o=kC \tag{2.19}$$

式中，k 为比例常数. 将式(2.19)代入式(2.18)，得

$$A=0.43\frac{2}{\Delta\nu_D}\sqrt{\frac{\ln 2}{\pi}}\cdot\frac{\pi e^2}{mc}\cdot flkC \tag{2.20}$$

当实验条件一定，各有关参数都是常数，吸光度 A 可以写作

$$A=KC \tag{2.21}$$

式中，K 为常数. 式(2.21)为原子吸收测量的基本关系式.

参 考 文 献

[1] 林守麟. 原子吸收光谱分析. 北京：地质出版社，1985

[2] 寿曼立. 发射光谱分析. 北京：地质出版社，1985

[3] 褚圣麟. 原子物理学. 北京：高等教育出版社，1979

习题与思考题

习　题

1. 解释光谱项的物理涵义，光谱项符号 $3^2D_{5/2、3/2}$，$3^2P_{1/2}$ 和 2^1S_0 中各字母和数字分别代表什么意义？
2. 推算 n^2S，n^2P，n^2D，n^2F，n^2G 和 n^3S，n^3P，n^3D，n^3F 各光谱项中的光谱支项的 J 值、多重性及统计权重.
3. 解释当原子能级的总角量子数大于总自旋量子数时，$2S+1$ 在光谱项中的含义？
4. 解释下列名词：
   (1)激发电位和电离电位；
   (2)原子线和离子线；
   (3)谱线的自吸；
   (4)共振线和主共振线.
5. Cu 327.396nm 和 Na 589.592nm 均为主共振线，分别计算其激发电位.
6. 简述原子发射光谱线强度的主要影响因素.
7. 解释下列名词：吸收谱线的半宽度、积分吸收、峰值吸收、峰值吸光度和锐线光源.
8. 试说明原子吸收光谱定量分析的基本关系式及应用条件.
9. 试说明原子发射光谱定量分析的基本关系式及应用条件.
10. 在 2500K 时，Mg 的共振线 285.21nm 为 $3^1S_0 \sim 3^1P_1$ 跃迁产生的，计算其基态和激发态的原子数之比.

思考题

根据原子发射光谱分析原理和原子吸收光谱分析原理，说明增加激发源的强度后，对两者各有何影响.

第3章 原子荧光光谱与X射线荧光光谱分析[1~5]

荧光光谱是一种发射光谱，所不同的是荧光光谱中的激励源是光源，所以它是一种光致发光，是二次发光过程. 原子荧光光谱法包括两类：基于原子外层电子能级跃迁的是原子荧光分析(简称原子荧光分析)；基于原子内层电子能级跃迁的是X射线荧光光谱分析. 但习惯上说的原子荧光仅指外层电子能级跃迁所产生的荧光.

§3.1 原子荧光分析原理

§3.1.1 原子荧光的产生与类型

气态的自由原子吸收特征波长的辐射后，原子外层电子从基态或低能态跃迁到高能态，约在 10^{-8}s 内，又跃迁回到基态或低能态，同时以光的形式放出能量，这种现象称为原子荧光. 原子荧光的波长与外层电子跃迁的能级类型有关. 根据跃迁类型可将原子荧光分为共振荧光、非共振荧光(直跃荧光和阶跃荧光)、敏化荧光和多光子荧光，如图 3.1 所示. 其例子见表 3.1.

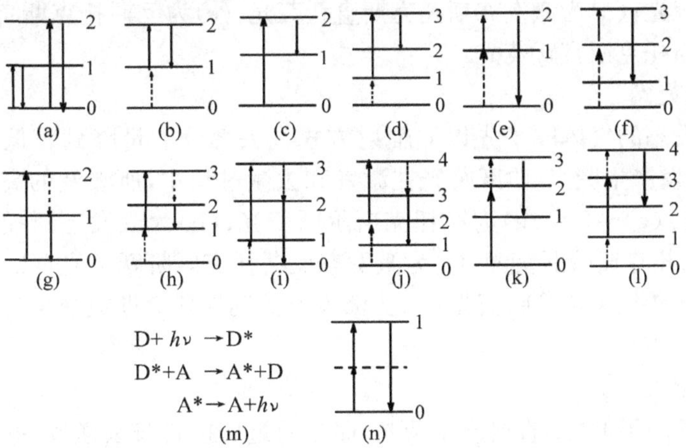

图 3.1 原子荧光的产生过程

(a)，(b)共振荧光；(c)～(f)直跃荧光；(g)～(l)阶跃荧光；(m)敏化荧光；

(n) 多光子激发荧光.

表 3.1　荧光类型

荧光类型	元素	激发波长/nm	发射波长/nm
共振线	Zn	213.9	213.9
激发态共振线	Ga	417.2	417.2
斯托克斯直跃线	Pb	283.3	504.8
激发态斯托克斯直跃线	Sn	270.7	333.1
反斯托克斯直跃线	In	451.1	410.2
斯托克斯阶跃线	Na	330.3	589.0
激发态斯托克斯阶跃线	Pb	283.3	368.4
热助反斯托克斯阶跃线	Cr	359.4	357.9

1. 共振荧光

气态原子吸收共振线被激发到高能级以后，返回到基态或低能级，所发射荧光的波长与吸收共振线的波长相同，这类荧光称为共振荧光. 共振荧光在激发和去激过程中，所涉及的原子能级是相同的. 图 3.1(a)为共振荧光，图 3.1(b)为激发态共振荧光.

2. 非共振荧光

荧光的波长与激发的波长不相同，称为非共振荧光. 它又可以分为直跃荧光和阶跃荧光.

(1)直跃荧光

激发态的原子直接回到基态或高于基态的亚稳定态时所发射的荧光. 如图 3.1(c)～(f)，直跃荧光在激发和去激过程中，所涉及的高能级是相同的. (c)为斯托克斯直跃荧光；(d)为激发态斯托克斯直跃荧光；(e)为反斯托克斯直跃荧光；(f)为激发态反斯托克斯直跃荧光.

(2)阶跃荧光

它是激发态的气体原子先以非辐射方式失去部分能量降到较低能级的激发态，然后去激发产生荧光. 阶跃荧光在激发和去激过程中，所涉及的高能级是不相同的. 见图 3.1(g)～(l). (g)为斯托克斯阶跃荧光；(h)为激发态斯托克斯阶跃荧光；(i)为反斯托克斯阶跃荧光；(j)为激发态反斯托克斯阶跃荧光；(k)为热助斯托克斯或反热助斯托克斯阶跃荧光；(l)为激发态热助斯托克斯或热助反斯托克斯阶跃荧光.

3. 敏化荧光

激发态的原子 D^* 不直接产生荧光，而是通过碰撞自身去激发，并同时激发另一个待测元素的原子，然后 A^* 去激发，而发出原子荧光，即，$D^* + A \rightarrow A^* + D$. 这种荧光叫作敏化荧光. 见图 3.1(m). 例如，用波长 2536.5Å 的辐射去激发汞原子，激发态的汞原子与铊原子碰撞，产生铊 3775.7Å 和 5350.5Å 的敏化荧光. 这类荧光要求 D 元素在蒸气状态的原子浓度很高.

4. 多光子荧光

两个以上的光子使原子成为激发态. 然后再发射荧光，称为多光子荧光. 见图 3.1(n).

原子荧光又有激发态荧光与热助荧光之分. 所谓激发态荧光，是产生荧光的过程中高能态和低能态均为激发态，如图 3.1(b)，(d)，(f)，(h)，(j)，(l). 所谓热助荧光，是指在激发过程中先经历辐射激发，再经历热激发，然后去激发发射的荧光，如图 3.1(k)，(l).

在分析中，共振荧光应用最多，其次是非共振荧光. 共振荧光的强度大，灵敏度高，但自吸严重，线性范围较窄；非共振荧光容易克服激发光散射及自吸的影响，线性范围宽.

§3.1.2　原子荧光强度

荧光的强度 I_f 正比于基态原子对激发光的吸收强度 I_a，即

$$I_f = \phi I_a \tag{3.1}$$

式中，ϕ 为荧光量子效率，它表示发射荧光的光子数与吸收激发光的光子数之比. 假设光源是稳定的，照射到原子蒸气的激发光的入射光束强度 I_o 是稳定的(即 I_o 是一常数)，且平行而均匀，原子蒸气看成是理想气体，自吸可以忽略不计，则基态原子对光的吸收强度 I_a 可以用吸收定律表示：

$$I_a = I_o A(1 - e^{-KlN}) \tag{3.2}$$

式中：A 是受光源照射在检测系统中观察到的有效面积；l 为吸收光程；N 为单位体积内的基态原子数目；K 为峰值的吸收系数.

由式(3.1)和式(3.2)得

$$I_f = \phi I_o A(1 - e^{-KlN}) \tag{3.3}$$

将式(3.3)括号内展开为级数，得

$$I_f = \phi A I_o \left[KlN - \frac{(KlN)^2}{2!} + \frac{(KlN)^3}{3!} - \frac{(KlN)^4}{4!} + \cdots \right]$$

$$I_f = \phi A I_o KlN \left[1 - \frac{KlN}{2} + \frac{(KlN)^2}{6} \right]$$

当原子浓度很低时，$\frac{KlN}{2}$ 及以后的高次项可以忽略，则

$$I_f = \phi I_o AKlN \tag{3.4}$$

在仪器参数和实际条件保持一定时，上式右边除 N 之外，均可视为常数. 且 N 和试样中被测元素的浓度 C 成正比. 因此，原子荧光的强度与被测元素的浓度成正

比. 即,

$$I_f = kC \tag{3.5}$$

式中,k 为常数. 式(3.5)是原子荧光定量分析的基础.

§3.1.3 量子效率和荧光猝灭

处在激发态的原子跃迁回到低能级时,可能发射共振荧光,也可能发射非共振荧光,还可以无辐射弛豫. 通常用量子效率 ϕ 表示这些过程可能性的大小:

$$\phi = \phi_f / \phi_A$$

式中:ϕ_f 为单位时间发射荧光光子数;ϕ_A 为单位时间内吸收激发光的光子数. 一般荧光量子效率小于 1.

受激的原子在热运动中与其他粒子碰撞,把部分能量转变为热能或其他形式的能量,因而发生无辐射去激发过程. 这种现象称为荧光猝灭. 这一过程可以表示为

$$A^* + B \rightleftharpoons A + B + \Delta H$$

式中:A^* 为受激原子;B 为其他粒子;ΔH 为热能.

单位时间猝灭的受激原子的数目称为猝灭速度 v,它正比于受激原子 A^* 的浓度和其他粒子 B 的浓度. 即

$$v = \alpha[A^*][B]$$

式中,α 为猝灭常数. 猝灭常数与 A^* 和 B 两种粒子碰撞猝灭截面有关. 实验证明,隋性气体氩、氦的猝灭截面比氮、氧、一氧化碳、二氧化碳等气体的猝灭截面小得多. 因此,在应用原子荧光光谱分析时,要特别注意原子蒸气中能引起荧光猝灭的气体种类和浓度. 在元素原子气化时,尽量不要用烃类火焰,而用氩稀释的氢-氧火焰.

§3.2 X射线荧光光谱分析原理

X 射线照射物质,将发生散射(弹性散射和非弹性散射)和吸收现象. X 射线被吸收后,吸收 X 射线的原子将再次发射 X 射线. 照射物质的 X 射线,称为初级 X 射线;吸收 X 射线后再次发射的 X 射线称为次级 X 射线,又称荧光 X 射线. 荧光 X 射线的波长取决于吸收初级 X 射线的元素的原子内层结构. 因此根据次级 X 射线的波长可以进行元素定性分析;次级 X 射线的强度与元素的含量有关,确定次级 X 射线的强度与浓度之间的关系,就可以进行元素定量分析. 此即 X 射线荧光光谱分析基本原理.

§3.2.1　特征谱线

初级 X 射线照射试样，试样中的原子内层电子吸收初级 X 射线的能量，同时自身被逐出至原子外部壳层，并留下空位. 较外层的电子跃迁回到内层电子空位，将辐射出一定频率(或能量)的特征谱线. 特征谱线的频率决定于电子跃迁始态和终态的两能级的能量差($\nu=\Delta E/h$). 当原子最内层(K 层，$n=1$)的一个电子被逐出，较外层的电子跃迁到内层电子空位，所发射的 X 射线称为 K 系特征 X 射线；若外层的电子是从 $n=2$ 的 L 层落入 K 层空穴，这时能量 $\Delta E=E_K-E_L$ 以辐射形式释放出来，产生 Kα 射线；若外层的电子是从 $n=3$ 的 M 层落入 K 层空穴，则产生 K_β 射线等等. 同样，L 层的电子被逐出，较外层的电子跃迁到 L 层所产生的 X 射线称为 L 系特征 X 射线，余类推.

电子由较外层向内层跃迁必须遵守一定的选择定则，这些定则是：

(1)主量子数 $\Delta n\neq 0$；

(2)角量子数 $\Delta L=\pm 1$；

(3)内量子数 $\Delta J=\pm 1, 0$($0\rightarrow 0$ 除外). 内量子数 J 是角量子数 L 与自旋量子数 S 的矢量和.

符合选择定则的谱线称为图解谱线，不符合选择定则的谱线称为禁戒线. 禁戒线的强度一般都很弱.

原子内层的能级通常不用光学符号——光谱项来表示，而是直接采用各内层的主量子数的符号及其支层能级水平的顺序来表示. $n=1,2,3,4,5,\cdots$的各内层分别用符号 K，L，M，N，O，…来表示. $n=1$称为 K 层；$n=2$ 称为 L 层等等. 每层的支层能级由低向高排列，并标以罗马数字，如 L 层有三个支层能级，分别写作 LⅠ，LⅡ，LⅢ，M 层有五个支层能级，则分别写作 MⅠ，MⅡ，MⅢ，MⅣ，MⅤ，余类推. 图 3.2 为 K，L，M，N 能级及特征谱线的产生示意. 图中所示 $K\alpha_1$谱线，是电子从 LⅢ 能级向 K 能级跃迁而引起的；Kβ 系谱线则是 M 能级向 K 能级跃迁而引起的等等.

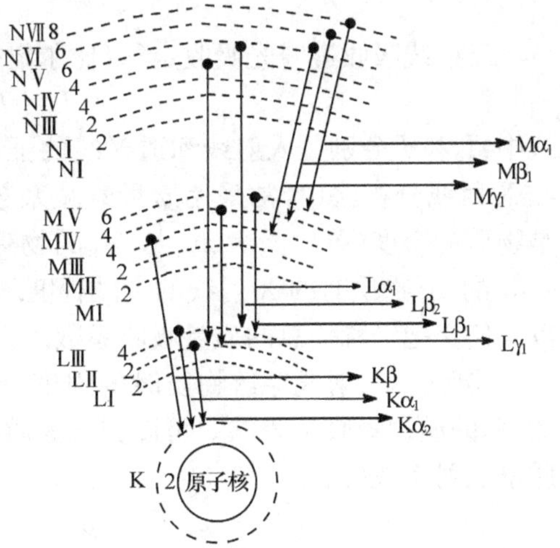

图 3.2　产生 X 射线光谱的示意图

谱线的强度与电子跃迁始态的内量子数的大小有关. 内量子数较大的支能级所包含的电子轨道数多，则谱线的强度比较大. 如 $K\alpha_1$ 谱线是电子从 LⅢ($J=3/2$)跃迁到 K 层所产生的谱线, $K\alpha_2$ 谱线是电子从 LⅡ($J=1/2$)跃迁到 K 层所产生的谱线. 但 LⅢ 支能级内有两个电子轨道,能容纳 4 个电子,而 LⅡ 支能级内只有一个电子轨道,只能容纳 2 个电子,所以,电子从 LⅢ 支能级跃迁到 K 层的概率比从 LⅡ 支能级跃迁到 K 层的概率大, $K\alpha_1$ 和 $K\alpha_2$ 的强度比大约为 2∶1. 在同一谱线系中,各谱线强度比是确定的,其中, β 系谱线的强度仅次于 α 系谱线的强度.

特征 X 射线谱来自原子内层电子跃迁,与元素的化学状态无关. 因为这些内层轨道离原子核较近,所以谱线波长强烈地依从于原子序数 Z,并遵守莫塞莱定律:

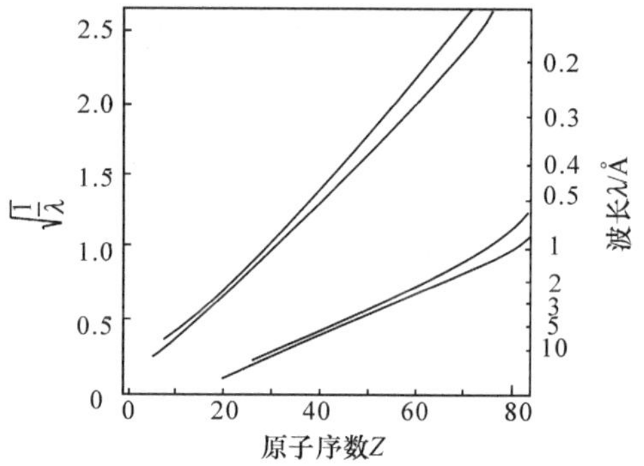

图 3.3　莫塞莱定律图解

$$\sqrt{\frac{1}{\lambda}} = K(Z-S) \tag{3.6}$$

式中, K 和 S 是与线系有关的常数. 图 3.3 是一些主要谱线的莫塞莱曲线,该图中的曲线是线性的,只是在高原子序数处,由于大量电子屏蔽作用,使 K 发生变化导致曲线发生微小的偏差. 为实用起见,可以把式(3.6)简化为

$$\lambda \propto 1/Z^2 \tag{3.7}$$

§3.2.2　吸收限和特征线系间的关系

X 射线吸收遵守光吸收定律(比尔定律),即

$$I = I_o e^{-\mu_l l} \tag{3.8}$$

式中: I_o 和 I 分别是入射线和透射线的强度; l 为试样的厚度; μ_l 为线性衰减系数. 在 X 射线分析法中,常采用质量衰减系数 μ_m, $\mu_m=\mu_l/\rho$(单位: $cm^2 \cdot g^{-1}$),式中 ρ 是物质的密度(单位: $g \cdot cm^{-3}$). μ_m 的物理意义是一束平行的 X 射线穿过截面为 $1cm^2$ 的 1g 物质时的 X 射线的衰减程度. 质量衰减系数可以看作广义上的吸收,所以人们又把它称为总的质量吸收系数.

实际上, X 射线穿透物质时的强度衰减是受到物质的吸收和散射的结果. 因此,总的质量吸收系数(μ_m)可以分解为质量真吸收系数(质量光电吸收系数 τ_m)和质量散射系数(σ_m).

$$\mu_m = \tau_m + \sigma_m$$

质量真吸收系数在实验中不容易获得. 一般有关数据表中多给出的是总的质量吸收系数.

真质量吸收系数是 X 射线的波长和元素的原子序数的函数. 符合下述关系：

$$\tau_m = cZ^4\lambda^3 \frac{N_A}{A_r} \tag{3.9}$$

式中：N_A 为阿伏伽德罗(Avogadro)常量；A_r 为相对原子质量；c 为随吸收限改变的常数；Z 为元素的原子序数；λ 为 X 射线波长. 由上式可以看出，X 射线波长愈长，吸收物质的 Z 愈大，愈易被吸收；波长愈短，Z 愈小，穿透力愈强.

以元素真吸收系数为纵坐标，以 X 射线波长为横坐标，可以获得元素的 X 射线吸收光谱图，如图 3.4 所示. 在元素的 X 射线吸收光谱图中，吸收峰的波长是元素的特征. 它和元素的化学或物理状态无关. 当波长在某一个值时，质量吸收系数陡然减小，然后又随波长增加而增大. 产生突变的波长叫"吸收限"，它是元素的特征 X 射线谱系的临界激发波长. 只有波长比吸收限略小的初级 X 射线，才能被最大限度地吸收，并激发元素产生次级 X 射线光谱，这时的 τ_m 为极大值. 当波长再长时，X 射线的能量不足以激发 K 层电子，因此 τ_m 陡然变小. L 吸收限是入射 X 射线激发 L 层电子的最大波长，由于 L 层有 3 个支能级，所以有三个吸收限(LⅠ，LⅡ，LⅢ)，以此类推，M 层有五个吸收限，N 层有七个吸收限. 能级越低，吸收限的波长越短.

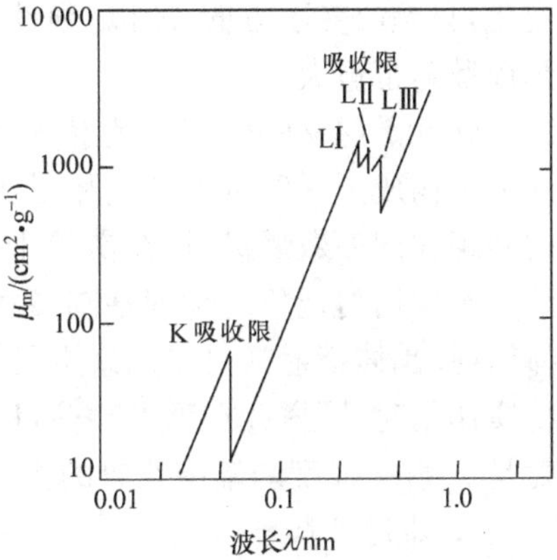

图 3.4　X 射线吸收光谱图

元素的原子内层各能级的吸收限的波长一定要略小于其最短的特征谱系的波长. X 射线特征线系一定在其吸收限的长波一则. 在原子光谱中，共振激发所吸收的能量准确地等于激发态返回它原始能级时放出的能量. 对 X 射线荧光光谱来说，其情况完全不同. 原子内层各能级的电子轨道上都充满了电子. 例如，不可能把 CuK 层的电子提高到 CuLⅢ壳层去，即不可能把引起 $CuK_{\alpha1}$ 发射谱线以逆向进行，从而引起与 $CuK_{\alpha1}$ 相同波长的吸收谱线. 这是因为在 CuLⅢ壳层中通常充满了电子，再也不可能再接纳 CuK 电子. 要使原子内层电子电离，就必须让它吸收比外层电子跃迁到它所处的能级时所释放的能量更大. 否则，只能引起弹性碰撞. 这就是为什么吸收限的波长一定要略小于其最短的特征谱系的波长的原因.

§ 3.2.3　X 射线散射

X 射线通过物质时的衰减现象部分是由散射引起的. 根据 X 射线的能量的大

小和原子内电子的结合能(即原子序数的大小)的不同,散射可分为弹性散射[瑞利(Rayleigh)散射]和非弹性散射[康普顿(Compton)散射].

1. 弹性散射

由相对能量较小(波长较长)的X射线与原子中束缚较紧的电子(原子序数大的内层电子)作弹性碰撞.碰撞不是使内层电子电离,电子在碰撞之后,立即恢复原来的运动状态,没有能量的增加和减小.对X射线来说,它们频率和相位也未发生变化,只是改变了方向.所以,弹性散射又称为非变质散射.元素的原子序数愈大,弹性散射也愈大.

弹性散射又叫作相干散射.这是因为在晶体中,原子的排列是有序的,原子中的电子构成了一群可以产生相干散射的波源.当X射线的波长和晶格中的原子间的间距在同一数量级时,在实验中可以观察到相干现象.相干散射是X射线在晶体中产生衍射现象的物理基础.X射线荧光分析的波长色散就是基于X射线的晶体衍射.晶体衍射又可以用来进行晶体结构分析和分子结构分析.X射线与无定形物质作用时,同样存在弹性碰撞,但在这种情况下的散射不产生相干现象.弹性散射是X射线强度测量中背景的主要来源.

2. 非弹性散射

非弹性散射是不相干散射(图3.5).它是能量较大的X射线与结合能较小的电子碰撞后产生的.在碰撞中,X射线一部分能量传给电子,这个电子因碰撞反冲而离开了原子,并带走了一部分光子能量.所以,非弹性散射又称为变质散射,反冲电子具有预定的方向和速度,而X射线的波长就发生预定的变化,其值为

$$\Delta\lambda = \lambda' - \lambda = \left(\frac{h}{m_e c}\right)(1 - \cos\theta) \tag{3.10}$$

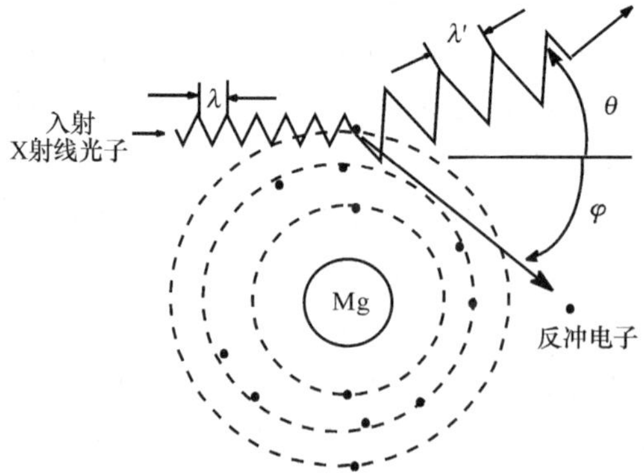

图3.5　X射线的非相干散射

式中：λ 与 λ' 分别为入射 X 射线和非弹性散射 X 射线的波长；h 为普朗克常量（6.6×10^{-27} erg · s）；m_e 为电子静止质量（9.11×10^{-28} g）；c 为光速（3×10^{10} cm/s）；θ 为入射 X 射线和非弹性散射 X 射线之间的夹角. 将常数代入，并引入换算系数 10^8 Å/cm，得到

$$\Delta\lambda = 0.0243(1-\cos\theta) \tag{3.11}$$

式中，$\Delta\lambda$ 的单位为埃（Å）；0.0243Å 称为康普顿波长.

作为激发试样的初级连续 X 射线的各个波长都经受弹性散射和非弹性散射. 试样产生的特征 X 射线是叠加在连续谱的散射背景上. 随着 X 射线的波长的减小，散射体的原子序顺的增大和散射角 θ 的增大，非弹性散射在总的散射光的比例增加. 表 3.2 和图 3.6 表示非弹性散射随波长和原子序数的变化. 该图表示四种不同的散射体对 X 射线管的铜靶管和钼靶管初级 K 系谱线的散射线. 图中标记 C 为康普顿散射，标记 R 为瑞利散射. 对于波长比较长的 CuKα，β 线（约 1.5Å），两种重散射体不产生康普顿散射，即使对于最轻的散射体康普顿散射大大低于瑞利散射. 对于波长较短的 MoKα，β（约 0.7Å），即使是最重的散射体，也呈现强烈的康普顿散射. 而且，两种轻散射体的康普顿散射强度是瑞利散射强度的两倍.

表 3.2　变质与非变质散射之比

元　素	$I_{变质}/I_{非变质}$	元　素	$I_{变质}/I_{非变质}$
^{3}Li	全部为变质散射	^{26}Fe	0.5
^{6}C	5.5	^{29}Cu	0.2
^{16}S	1.9	^{82}Pb	全部为非变质散射

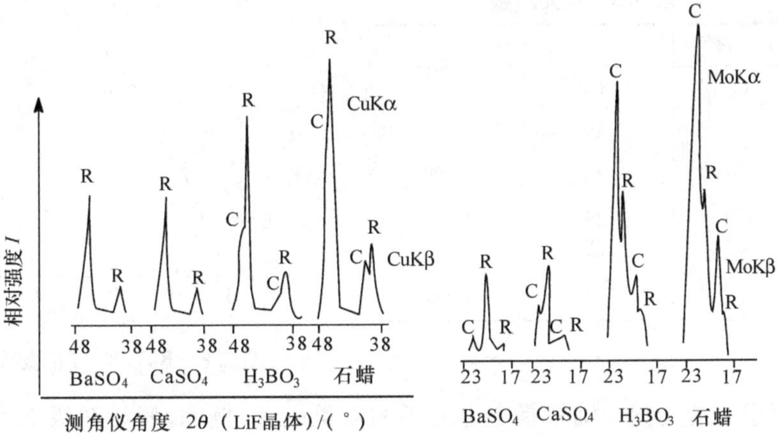

图 3.6　来自重、中、轻散射体的铜钼 K 系线的瑞利散射(R)和康普顿散射(C)

§ 3.2.4 俄歇效应、荧光产额与卫星线

当原子内层的一个电子电离时，能级较高的轨道上的电子填充这个空位，并以X射线的形式释放能量，这就是元素特征X射线的发射过程.另外，这种能量也可以以电子形式释放，释放的电子称为俄歇电子，此过程称为俄歇效应，如图3.7所示.跃迁能量不论是以X射线形式释放，还是以电子形式释放，X射线的能量和俄歇电子的能量都是元素的特征.基于俄歇电子的特征建立的分析方法称为俄歇电子能谱法.

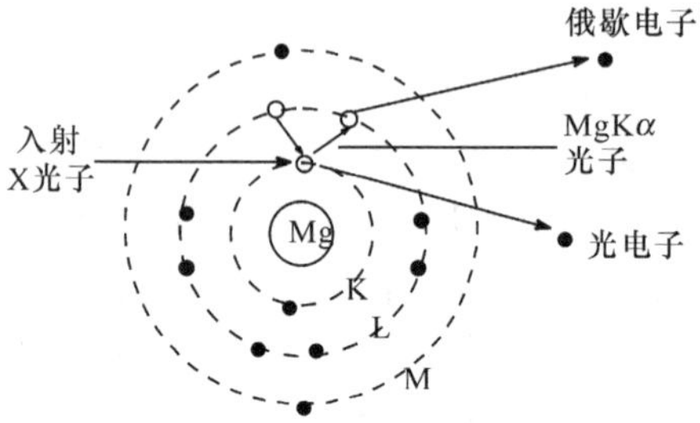

图 3.7 俄歇效应

俄歇效应的存在，使荧光X射线强度减弱.这是因为存在着俄歇效应和辐射荧光X射线的竞争，都存在一个概率问题.以单位时间内发出的K系谱线的全部光子数除以在同一时间内产生K层的空穴的原子数，则称其值为K荧光产额.

$$\omega_K = \frac{\sum (n_K)_i}{N_K} = \frac{n_{K\alpha_1} + n_{K\alpha_2} + n_{K\beta_1} + \cdots}{N_K}$$

式中：ω_K是K荧光产额；N_K是产生K层空穴速率；$(n_k)_i$是单位时间特征线i的光子发射速率.L和M的荧光产额的定义与此相似.俄歇产额则为$1-\omega$.如果没有俄歇效应，荧光产额总是等于1.荧光产额随原子序数和谱系而变化，如图3.8和表3.3所示.正如该图所示，超轻元素的荧光产额很低，非相干散射严重，所以这些轻元素不容易采用X射线荧光分析.相反，俄歇电子能谱法对轻元素分析则很有效.

表 3.3 荧光产额

元　素	ω_K	ω_L
^{8}O	0.003	—
^{19}K	0.118	—
^{29}Cu	0.425	0.006
^{42}Mo	0.749	0.039
^{62}Sm	0.915	0.180
^{92}U	0.960	0.478

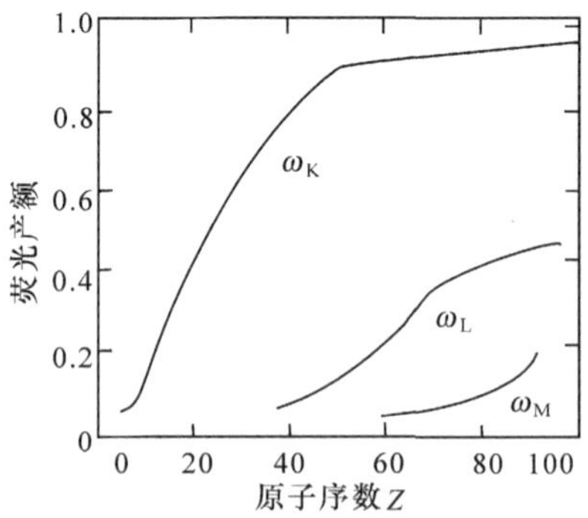

图 3.8 K，L和M的荧光产额

俄歇效应的另一结果是产生原子的双重电离.例如，假设初级X射线引起一个K层空位，一个L层电子跃迁进入这个空位，产生一个Kα光子，L层出现一个空位.当这个Kα光子经历了俄歇效应，结果驱逐出另一个L电子，于是，一个原子

有两个 L 层空位，一个是初级 X 射线引发的 L-K 跃迁产生的；一个是俄歇效应引起的. 在双重电离的原子中，由电子跃迁所发射的谱线的波长，与单电离原子中相应的电子跃迁所发射的谱线的波长稍有不同. 这种谱线称为卫星线或伴线. 对重元素来说，卫星线的强度一般很低，因此，在 X 射线荧光分析中没有什么重要意义. 然而对轻元素来说，卫星线可能相当强，例如，LK-LL 跃迁产生的 $AlSK_{\alpha_3}$（这里 S 代表卫星线）大约是 $AlK_{\alpha_{1,2}}$ 强度的 10%.

§3.2.5　吸收增强效应

元素的 X 射线荧光的强度不仅和试样中元素的含量有关，还和基体对测定元素的分析线强度的影响有关. 基体的影响可分为两类，其一是组分的吸收增强作用，而另一类是样品粒度、表面结构等因素引起的强度的变化.

基体的吸收-增强效应大致可以分为三种类型.

(1) 基体对初级 X 射线的吸收　当基体元素对 X 靶线有较强的吸收时，初级 X 射线强度减弱，使分析元素受激下降，这种效应称为初级吸收效应.

(2) 基体吸收次级分析线　基体元素的吸收限如果处在分析元素谱线的长侧，分析元素的谱线将被基体元素吸收，其强度将减弱.

(3) 基体增强次级分析线　基体元素的特征线的波长位于分析元素吸收限短侧. 因此，分析元素不仅受到初级 X 射线的激发，而且受到基体元素的特征谱线的激发.

吸收-增强效应除直接影响谱线强度之外，还存在第三元素的影响. 例如在 Cr-Fe-Ni体系中，各 $K\alpha$ 线的波长分别为 2.29Å，1.94Å 和 1.64Å，它们的吸收限各为 2.07Å，1.74Å 和 1.49Å. 于是 $NiK\alpha$ 激发 Fe 和 Cr，而 $FeK\alpha$ 激发 Cr，$CrK\alpha$ 的强度中有 72%是由初级 X 射线激发的，有 23.5%是由 $FeK\alpha$ 直接激发的，有 2.5%是由 $NiK\alpha$ 直接激发的，由 $NiK\alpha$ 激发 Fe 产生的 $FeK\alpha$ 再激发 Cr（即第三元素的影响）占 $CrK\alpha$ 的强度的 1.5%. 第三元素的影响不能忽视.

对于粉末和多晶样品来说，样品的成分均匀性和颗粒均匀性对分析线的强度影响也是不可忽视的. 两种以上成分不同的颗粒混合，就叫作成分不均匀性. 这是因为颗粒成分的不同，其基体的吸收增强效应也不同. 分析线的强度将受到不同成分的颗粒的比例变化的影响. 即使是同一成分的颗粒，颗粒的大小也将影响分析线的强度. 大颗粒接受初级 X 射线照射的有效面积小，而对分析线的强度散射衰减又较小颗粒大. 制备均匀性好的样品，是进行准确的定量分析的重要前提.

样品表面的光洁度和表面结构将影响分析线衰减的程度，特别是对波长较长的分析线的强度的影响更为明显.

X 射线荧光分析的最大优点是元素的特征 X 射线的激发不受元素原子化学状态的影响，所以它的应用范围非常广，在冶金、地质、化工、机械、石油、建筑材料等工业部门的大批量样品的分析测定中，采用X射线荧光分析快速准确. 在农业、医药卫生以及物理、化学、生物、地学、环境、天文和考古等科学研究部门也都获得广泛的应用. 它的元素分析范围包括 $Z>3$(Li)的所有元素；它的浓度分析范围从常量到痕量 $10^{-5}\sim10^{-9}$ g/g. 但是由于存在基体的效应和基体的散射影响，对特定的样品，必须严格地从制备样品到基体校正进行详细的研究，制定出相应的分析测定操作规程. 对同一元素的不同样品，其分析测定方法是不能相互套用的.

参考文献

[1] 方惠群，史坚. 仪器分析原理. 南京：南京大学出版社，1994

[2] 伯廷 E P 著，李瑞城，鲍永夫，吴效林译. X射线光谱分析的原理和应用. 北京：国防工业出版社，1983

[3] 褚圣麟. 原子物理学. 北京：高等教育出版社，1979

[4] 北京大学化学系 仪器分析教学组. 仪器分析教程. 北京：北京大学出版社，1997

[5] 赵藻藩，周性尧，张悟铭，赵文宽. 仪器分析. 北京：高等教育出版社，1990

习题与思考题

习　题

1. 试从能级跃迁机理比较原子发射光谱、原子荧光光谱和X射线荧光光谱的异同.
2. 解释下列名词：
   (1)共振荧光和非共振荧光；
   (2)直跃荧光和阶跃荧光；
   (3)敏化荧光和多光子荧光；
   (4)激发态荧光和热助荧光.
3. 原子荧光分析时，为什么不用烃类火焰?
4. 为什么说元素的X射线荧光光谱具有很强的特征性.
5. 名词解释：
   (1)总质量吸收系数、真质量吸收系数和质量散射系数；
   (2)弹性散射和非弹性散射；
   (3)相干散射和非相干散射；
   (4)K系谱线和L系谱线；
   (5)伴线和卫星线.
6. 说明基体吸收增强的类型及其对谱线强度的影响.
7. 为什么元素的 $K\alpha_1$ 谱线强度比 $K\alpha_2$ 谱线的强度要大一倍?

思考题

请从光子能量变化、谱线特征以及定性定量依据等方面将X射线吸收与原子吸收两过程进行比较.

第 4 章　分子电子光谱分析[1~4]

分子电子光谱是分子内电子跃迁产生的光谱. 它包括紫外－可见吸收光谱和分子发光光谱. 分子电子能级之间的跃迁，产生的吸收光谱一般在紫外－可见光区，称为紫外－可见吸收光谱；分子受光子激发后，由第一电子激发单重态所产生的辐射跃迁而伴随的发光现象称为分子荧光，由最低的电子激发三重态所产生的辐射跃迁，其发光现象称为分子磷光；分子受化学能或生物能激发后，产生的发光现象称为化学发光或生物发光. 分子发光分析包括分子荧光、分子磷光、化学发光或生物发光分析.

电子能级之间的能量差 ΔE_e为 1～20eV，在发生电子能级跃迁的同时，总是伴随有振动能级(ΔE_v)和转动能级(ΔE_r)跃迁，因此，在分子电子光谱中，包含有不同振动能级跃迁和不同转动能级跃迁后产生的若干谱线；而且，ΔE_r 为 0.005～0.05eV，ΔE_v一般为 0.05～1eV；转动能级产生的谱线之间的间距约为 0.25nm. 所以，观察到的分子的电子光谱是由若干谱带组成，而且在极性溶剂中，甚至振动光谱结构完全消失，分子的电子光谱只呈现宽的谱带包峰. 因此，从谱图的形状来看，分子的电子光谱是一种带状光谱.

§4.1　紫外-可见吸收光谱法

具有光学活性的化合物，在紫外-可见光区(200～800nm)范围吸收一定波长的光子后，其价电子在分子的电子能级之间跃迁，由此而产生的分子吸收光谱被称为紫外-可见吸收光谱.

§4.1.1　有机化合物的吸收光谱

按分子轨道理论，有机化合物中的原子在组成化学键时，原子中参与成键的电子组成分子轨道，这种成键的电子是和整个分子相联. 由电子对组成的共价键可分为 σ 键和 π 键；s 轨道重叠组成 σ 键[图 4.1(a)]，原子间的 p 轨道重叠组成 π 键[图 4.1(c)]，一个成键 σ 轨道一定有一个相应的具有较高能量的 σ^* 反键轨道[图 4.1(b)]；一个成键的 π 轨道必有一个相应的具有较高能量的 π^* 反键轨道[图 4.1(d)]. 分子中没有参加成键的电子称为非键电子或 n 电子. 有机化合物分子吸收紫外可见辐射后,主要涉及两种类型的电子跃迁(图 4.2):(1) 成键轨道和反键轨道间的跃迁,即 $\sigma\rightarrow\sigma^*$,$\pi\rightarrow\pi^*$,(2) 非键电子激发到反键轨道的跃迁,如 $n\rightarrow\sigma^*$,$n\rightarrow\pi^*$. 从图 4.2 可以看出,跃迁能 ΔE 的大小顺序是:$n\rightarrow\pi^* < \pi\rightarrow\pi^* < n\rightarrow\sigma^* < \sigma\rightarrow\sigma^*$. $\sigma\rightarrow\sigma^*$ 跃迁所需要的能量最大.

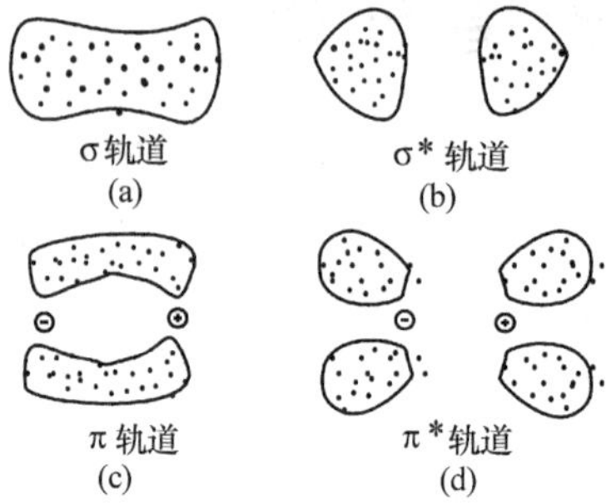

图 4.1　σ 和 π 分子轨道中的电子分布

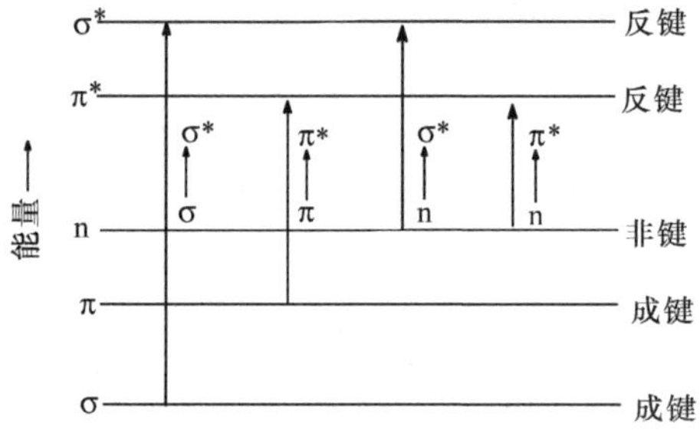

图 4.2　有机分子中分子的电子跃迁类型

1. $\sigma\rightarrow\sigma^*$ 和 $n\rightarrow\sigma^*$ 跃迁吸收带

只含有 σ 键且无非键电子的化合物(饱和碳氢化合物)的吸收带出现在真空紫外光区,如,丙烷的 $\sigma\rightarrow\sigma^*$ 跃迁的最大吸收在 135nm. 含有非键电子的化合物呈现 $n\rightarrow\sigma^*$,$\sigma\rightarrow\sigma^*$ 跃迁,如一氯甲烷($\lambda_{max}=173$nm),甲醇($\lambda_{max}=183$nm)和三甲基胺($\lambda_{max}=227$nm)等,都具有 $n\rightarrow\sigma^*$ 跃迁的特性,吸收带出现远紫外光区和近紫外光区.

2. $\pi\rightarrow\pi^*$ 和 $n\rightarrow\pi^*$ 跃迁吸收带

在有机化合物中,由 $n\rightarrow\pi^*$ 和 $\pi\rightarrow\pi^*$ 产生的吸收带在吸收光谱中应用较多. 它们的吸收峰在近紫外光区或可见光区,具有较大的吸光强度. 从吸收峰的波长可以预测未知有机化合物的某些官能团;也可以从有机化合物的结构推算最大吸收波长 λ_{max}.

含有 π 电子的基团,如>C═C<,—C≡C—,>C═O,—N═N—,—C≡N,会发生 $\pi\rightarrow\pi^*$ 跃迁. 含有未共享电子的 N,O,S 以及卤素等基团的有机化合物会发生 $n\rightarrow\pi^*$ 跃迁. 发生两种跃迁的分子中,必须有不饱和键提供 π 轨道和拥有非键原子提供 n 电子. 许多化合物同时含有 n 电子和 π 电子,可以同时发生 $\pi\rightarrow\pi^*$ 和 $n\rightarrow\pi^*$ 跃迁. $\pi\rightarrow\pi^*$ 跃迁的概率比 $n\rightarrow\pi^*$ 跃迁的概率大,其吸收带强度也大,ε_{max} 达 10^4L · mol^{-1} · cm^{-1};$n\rightarrow\pi^*$ 跃迁吸收带弱,ε_{max} 较小.

化合物中含有不饱和 π 电子和孤对 n 电子的基团,能对紫外光或可见光产生吸收,这种基团叫做生色团. 化合物中含有非键电子对的基团,如—OH,—OR,—NHR,—SH,—Cl,—Br,—I 等,基团中的孤对电子,能与生色团中的 π 电子相互作用，使 $\pi \rightarrow \pi^*$ 跃迁的能量降低并引起吸收峰位移，这些基团叫作助色团. 最大吸收波长向长波方向移动的现象叫红移，最大吸收波向短波方向移动的现象叫蓝移；吸收强度增加叫增色效应，吸收强度减弱叫减色效应.

在简单的不饱和有机化合物中，若含有几个双键，但它们被二个以上的 σ 键隔开，这类化合物的吸收带的位置不变，吸收带强度略有增加. 如果形成共轭化合物，则双键的原有吸收带将消失，并产生新的吸收带. 共轭键是电子在共轭体系内流动，使分子轨道的能量降低，共轭 π 键电子易于激发；使最大吸收带波长红移，颜色加深，摩尔吸光系数增大($\varepsilon_{max} > 10^4$). 这种在共轭体系内的 $\pi \rightarrow \pi^*$ 跃迁所产生的吸收带叫作 k 吸收带(德文 konjugaton 共轭作用). k 吸收带的波长和强度与共轭体系内的双键的数目、位置及取代基的种类有关. 化合物内的双键越多，红移越显著，甚至可移至进入可见光区，产生颜色. 表 4.1 列出某些共轭多烯的吸收光谱数据.

表 4.1　某些共轭多烯的吸收光谱数据

化合物	溶剂	λ_{max}/nm	ε_{max}/(L · mol^{-1} · cm^{-1})
1,3-丁二烯	己烷	217	21 000
1,3,5-己三烯	异辛烷	268	43 000
1,3,5,7-辛四烯	环己烷	304	—
1,3,5,7,9-癸五烯	异辛烷	334	121 000
1,3,5,7,9,11-十二烷基六烯	异辛烷	364	138 000

醛、酮的羰基>C=O 和双键共轭时，形成 α,β-不饱和醛酮类化合物，由于产生了羰基和乙烯基的共轭作用，使 $\pi \rightarrow \pi^*$ 和 $n \rightarrow \pi^*$ 跃迁的吸收带移至 220～260nm 和 310～330nm，表 4.2 列出某些不饱和醛酮的吸收光谱数据，从该表中可以看出，α,β-不饱和醛酮的两个特征吸收带，一强($\varepsilon_{max} \sim 10^4$)，一弱($\varepsilon_{max} \sim 10^2$)，这一特征可以用来认别该类化合物.

表 4.2　某些不饱和醛酮的吸收光谱数据

化合物	取代基	$\pi \rightarrow \pi^*$ 带(K 带)		$n \rightarrow \pi^*$ 带(R 带)	
		λ_{max}/nm	ε_{max}	λ_{max}/nm	ε_{max}
甲基乙烯基甲酮	无	219	3 600	324	24
2-乙基已-1-烯-3-酮	单基	221	6 450	320	26
甲基异丙烯基-酮	单基	218	8 300	319	27
亚乙基丙酮	单基	224	9 750	314	38
丙炔醛	无	<210	—	328	13
巴豆醛	单基	217	15 650	321	19
柠檬醛	双基	238	13 500	324	65
β-环柠檬醛	三基	245	8 300	328	43

3. 苯及其衍生物具有环状共轭体系

苯有三个吸收带，如图 4.3 所示它们都是 $\pi\rightarrow\pi^*$ 跃迁所产生的. E_1 带出现在 180nm($\varepsilon_{max}=60\ 000$)，$E_2$ 带（或称 L_a 带，p 带）出现在 204nm($\varepsilon_{max}=8000$)，B 带（或称 L_b 带，α 带）出现在 255nm($\varepsilon_{max}=200$)，在蒸气或非极性溶剂中，苯及其许多同系物的 B 带具有精细结构，如图 4.3 所示，在极性溶剂中，这些精细结构消失，B 带的精细结构是由 $\pi\rightarrow\pi^*$ 电子跃迁和基态的苯环振动跃迁叠加在一起的结果. 当苯环上有取代基时，三个特征谱带都将有明显的变化. 其 E_2 带和 B 带受影响较大. 苯环有助色团时，吸收带将红移，吸收强度增加，B 带的精细结构消失；当取代基团上有非键电子时，如 $-NH_2$，$-OH$，$-CHO$，$-NO_2$ 等，可能有 $n\rightarrow\pi^*$ 吸收带出现，如硝基苯、苯甲醛的 $n\rightarrow\pi^*$ 吸收带分别在 330nm 和 328nm 位置.

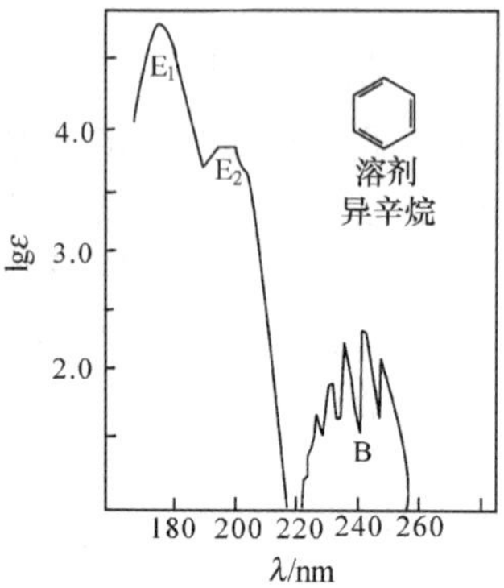

图 4.3　苯的紫外吸收光谱

稠环芳烃及杂环化合物，如萘、蒽、丁省、菲、芘等，均显示苯的三个吸收带，但是与苯的吸收光谱比较，三个吸收带均发生了红移，且吸收强度增加. 线性多环芳烃化合物，稠环越多，λ_{max} 红移越显著. 如萘 λ_{max} 为 314nm，蒽 λ_{max} 为 380nm，都是无颜色的，而丁省：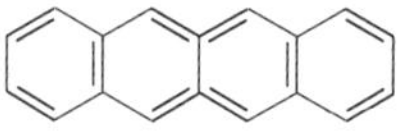 λ_{max} 为 480nm，呈现黄颜色；戊省：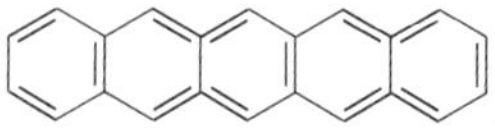 λ_{max} 为 580nm，呈现蓝颜色.

当苯环中的—CH 被氮取代，则有相应在的氮杂环化合物（如吡啶、喹啉、吖啶）的吸收光谱，它们与相应的苯环化合物的吸收光谱极为相似，即吡啶与苯相似，喹啉与萘相似. 由于引入了含有非键电子的 N 原子，这类化合物还可能产生 $n\rightarrow\pi^*$ 吸收带，吡啶在非极性溶剂中的相应的吸收带出现在 270nm 处($\varepsilon_{max}=450$).

§4.1.2　金属配合物的吸收带

金属配合物的吸收光谱一般分为三大类：电荷转移跃迁、配位场跃迁和键合跃迁.

1. 电荷转移跃迁

配合物是由配合中心离子 M 和配位体 L 组成. 配合物分子吸收辐射后，分子中的电子从主要定域在金属离子 M 的轨道上转移到配位体的轨道上，或按相反方向转移，这种跃迁叫做电荷转移，产生的吸收光谱叫电荷转移光谱. 构成分子的两个组分，一个视为电子给予体，一个视为电子接受体. 这种电荷转移光谱通常发生在具有 d 电子的过渡金属离子和有 π 键共轭体系的有机配位体中，故又称为 d－π

生色团.电荷转移光谱可分三种类型：

(1)L→M 电荷转移

这一过程是配位体的电子向金属离子转移，类似于金属的还原，因此，对较易还原的金属离子和较易氧化的配位体，发生电荷转移的能量就较低.碘化物是较易氧化的配位体，通常具有高氧化态的金属阳离子的碘化物在可见光区有电荷转移吸收带.如 TiI_4 是紫黑色，HgI_2 是红色，AgI 是黄色.一些 MX_6^{2-} 型金属离子与卤素生成的配合物的电荷转移吸收谱带，随着金属阳离子的还原能力增加，吸收带向长波方向移动.在 MO_4^{x-} 型化合中，随着氧化能力增强，颜色加深，VO_4^{3-} 为无色，CrO_4^{2-} 为黄色，MnO_4^{2-} 为紫色.

含有非键电子的酸性基团(如，—OH，—SH，═NH 等)和共轭 π 电子体系的有机化合物作为氧化性配位体与高氧化态过渡金属离子生成配合物，有机配位体上的非键电子向金属离子中未充满的 d 轨道转移，产生电荷转移吸收带，具有这种性质的金属离子有 Ti^{4+}，Fe^{3+}，V(Ⅴ)，Nb(Ⅴ)，Ta(Ⅴ)，Mo(Ⅵ)，W(Ⅵ).有机配位体有 8-羟基喹啉及其衍生物、钛铁试剂、磺基水物酸、磷苯二酚、磷苯三酚等.这类显色剂在光度分析中应用较广.

(2)M→L 电荷转移

这一过程是电子从金属离子向配位体转移，类似于金属离子氧化，产生这类电荷转移的必要条件是金属离子容易被氧化，而配位体容易被还原，具有空位反键轨道，可接受从金属离子中转移出来的电子，如吡啶、2,2-联吡啶、1,10-二氮杂菲及其衍生物等.这类试剂容易与可氧化性阳离子 Ti^{3+}，Fe^{2+}，V(Ⅱ)，Cu(Ⅰ)生成有色配合物.

(3)M→M 电荷转移

配合物中含有两种不同氧化态的金属离子时，电荷转移可以在两种不同氧化态金属离子之间转移，其中高氧化态金属离子起电子接受体作用，低氧化态金属离子起电子给予体作用，这类配合物有很深的颜色，如普鲁士蓝 $KFe^{Ⅲ}[Fe^{Ⅱ}(CN)_6]$，硅(磷、砷)钼蓝 $H_8[Si(Mo_2{}^{Ⅲ}O_5)(Mo_2{}^{Ⅵ}O_7)_5]$，黑色的 $Cs_2Au^{Ⅰ}Au^{Ⅲ}Cl_6$ 等.在最后一种配合物中，电子是在$[Au^{Ⅲ}Cl_4]^-$和$[Au^{Ⅰ}Cl_2]^-$之间转移.

2. 配位场跃迁

过渡金属原子的 d 轨道上电子数未充满，留有空位.镧系和锕系元素的原子的 f 轨道也留有空位.在配位体存在下，原来五个能量相等的 d 轨道和七个能量相等的 f 轨道将分裂为能量不等的 d 轨道和 f 轨道.当轨道上的电子吸收光能之后，低能态的 d 电子(或 f 电子)可以分别跃迁到高能级的 d 轨道(或 f 轨道)上去.这两种跃迁分别称为 d-d 跃迁和 f-f 跃迁.由于这类跃迁只有在配位场作用下才有可能，所以又称为配位场跃迁，对于 d 轨道或 f 轨道的电子数为零的元素，不存在d-d跃迁或 f-f 跃迁，同样对 d 轨道和 f 轨道完全充满的元素，没有空轨道让 d 电子或 f 电子跃迁.

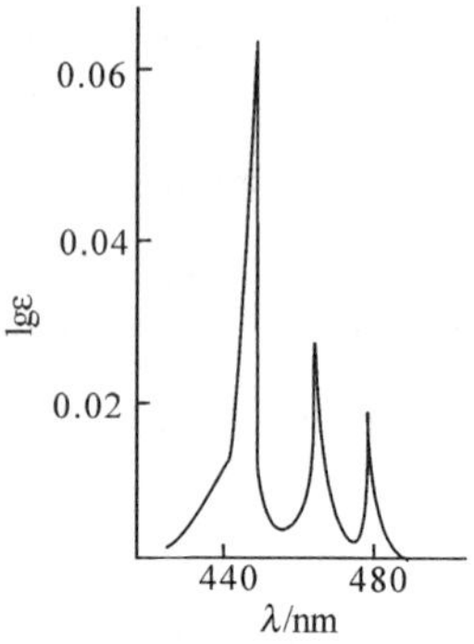

图 4.4　氯化镨的吸收光谱

据能级跃迁选择定则规定：$\Delta L \neq 0$. 因此 d-d 跃迁或 f-f 跃迁是禁戒跃迁. 禁戒跃迁的概率很小. 因此，配位场跃迁的吸收谱带的摩尔吸光系数小，一般 $\varepsilon_{max} < 10^2$. 这类光谱一般位于可见光区，由于摩尔吸收系数小，这类光谱主要用来研究配合物的结构，在定量分析上不如电荷迁移跃迁重要.

f-f 跃迁，使大多数镧系和锕系元素的离子都在紫外-可见区有吸收. 这些光谱与大多数无机物和有机物吸收体系的特性不同，是由很窄的吸收峰组成，如图 4.4 所示. 在镧系元素中，引起跃迁一般只涉及 4f 电子的各能级，但跃迁还受到化学环境的影响. 而在锕系元素中则是 5f 电子，5f 电子轨道被已充满电子的具有较高主量子数的外层轨道所屏蔽，因而受外界影响小，其光谱带较窄，不易受外层电子的键合性质的影响.

d-d 跃迁，一些 d 电子层未充满的第四周期、第五周期的过渡金属元素的吸收光谱. 不同于镧系和锕系元素，它们的吸收光谱往往是宽的(见图 4.5)，且容易受到环境因素的影响，例如，水合铜离子是浅蓝色，而它的氨络合物却是深蓝色.

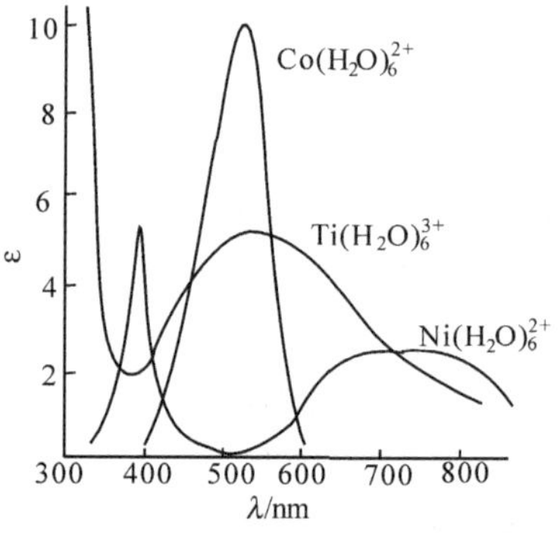

图 4.5　某些过渡金属离子的吸收光谱

配合物的几何构型的不同，其对称性不同，引起 d 轨道能级分裂的情况也不相同. 例如对八面体来说，五个原来能级相同的 d 轨道分裂为两组：$d_{x^2-y^2}$，d_{z^2} 和 d_{xy}，d_{yz}，d_{xz}. d_{xy}，d_{yz}，d_{xz} 轨道的能量降低，$d_{x^2-y^2}$，d_{z^2} 轨道的能量升高. 两组轨道的能量差用 Δ 表示、Δ 值是配位场强度的量度. Δ 值的大小受中心离子的种类和配位体种类及其配位数影响. 在同族同价离子中，随着原子序增大，Δ 值增大，对于同种中心离子来说，对一系列配位体可按 Δ 值的大小排列成一个序列. 这个序列叫作光化学序列，$I^- < Br^- < SCN^- \approx Cl^- < NO_3^- < F^-$ < 尿素 $\approx OH^- \approx HCOO^- < C_2O_4{}^{2-} \approx H_2O < NCS^-$ < 氨基乙酸 < EDTA < 吡啶 < NH_3 < 乙二胺 < 2,2 -联吡啶 < 1,10 -二氮杂菲 < CN^-. 在铜盐的水溶液中加入氨水或 EDTA，产生深蓝色的氨或 EDTA 的铜络合物，就是因为氨和 EDTA 有较强的配位场. 对 d-d 跃迁产生的分裂能影响最大的是含有 N，O 配位原子的配位体. 对过渡金属配合物来讲，随着配位场的增加，Δ 值大，配合物的最大吸收波长

紫移(见表 4.3).可利用光化学序列预测过渡金属的各种配合物的吸收峰的相对位置.

表 4.3　配位体对金属配合物 d-d 电子跃迁光谱 λ_{max} 的影响(en=乙二胺)

配位体 / 配合物 λ_{max} / 金属离子		配位场强度增大(Δ 值增大)					
		$6Cl^-$	$6H_2O$	EDTA	$6NH_3$	3en	$6CN^-$
Ti(Ⅲ)	d^1		490	530			
V(Ⅲ)	d^2	833	526				419
Cr(Ⅲ)	d^3	736	573	538	462	456	380
Fe(Ⅲ)	d^5		730	366			333
Co(Ⅲ)	d^3		538		435	428	294
Co(Ⅱ)	d^7	1308	1086	535	980	909	
Ni(Ⅱ)	d^8	1370	1279	720	925	836	
Cu(Ⅱ)	d^3	1538	794	740	663	610	

3. 键合跃迁

金属离子与配位体结合形成共价键和配位键,从而影响有机配位体的价电子跃迁,这类跃迁称为键合跃迁.螯合物的显色反应属于键合跃迁类型.在显色反应中,金属离子一方面取代了螯合剂分子中的氢离子或氢原子形成共价键,另一方面又和具有孤对 n 电子的杂原子(O,S,N)相联结,形成配价键,这样不仅扩大了原来分子中的共轭体系,而且改变了原有基团的吸电子或给电子性质.因此,螯合物生成在多数情况下均可使最大峰显著红移,摩尔吸光系数明显提高.

例如偶氮胂Ⅲ为八元酸,在不同酸度下,它的质子化及离解形式不同,从而致使电荷在分子中的转移存在差别,所以在不同酸度下,它的吸收光谱有所差别.当金属离子和偶氮胂Ⅲ形成2∶2的螯合物时,其结构为如图 4.6 所示.在此螯合物中,M—O 具有离子键的性质,M—N 为配价键.离子键的存在,使更多的电子转移到氧原子附近.由于配价键存在,使更多的正电荷转移到氮原子附近.虽然,由于螯合作用而引起正负电荷不均匀分布,相当于共轭体系两端基团离子化.羟基离子化增强了基团推动共轭 π 电子能力;氨基离子化,增加了它对 π 电子吸引能力,推动和吸引相加合,大大增加了共轭 π 电子的流动性,导致分子轨道能量降低,π 电子易于激发,使螯合物的最大峰有较大的红移;同时具有较大摩尔吸光系数.表 4.4 列出偶氮胂Ⅲ与不同金属离子的显色反应的光谱特性数据.

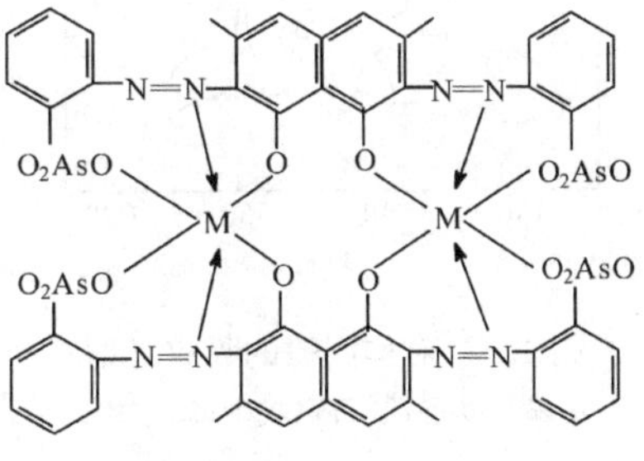

图 4.6　偶氮胂Ⅲ与金属离子形成 2∶2 的螯合物

表 4.4 偶氮胂Ⅲ与金属的显色反应

元 素	反应酸度	λ_{max}/nm	ε(×10^4)
Th	0.01～10mol · L^{-1} HCl	665 (9mol · L^{-1} HCl)	13
Zr	0.2～12mol · L^{-1} HCl	665 (9mol · L^{-1} HCl)	12
Pa	1～10mol · L^{-1} HCl 或 H_2SO_4	660 (7mol · L^{-1} H_2SO_4)	2
Hf	0.2～12N HCl	665 (9mol · L^{-1} HCl)	9.5
U(Ⅳ)	0.05～10N HCl	670 (4mol · L^{-1} HCl)	10
U(Ⅵ)	pH 1～4	665 (pH2)	5.3
Sc	pH 1～4	675 (pH 1.7)	1.9
La	pH 2～4	655 (pH 3.0)	4.5
Ce	pH 2～4	655 (pH 3.0)	4.7
Ca	pH 4～5	655 (pH 5.0)	1.0
Pb	pH 4～5	655 (pH 5.0)	1.0

§4.1.3 溶剂对紫外吸收光谱的影响

溶剂分子的极性会影响 π→π* 和 n→π* 跃迁. 当物质溶解在溶剂中时,溶剂分子将溶质分子包围,即溶剂化,从而限制了溶质分子的自由转动,使转动光谱消失. 溶剂分子的极性大,使溶质分子的振动受到限制,由振动引起的精细结构也消失. 当物质溶解在非极性溶剂中时,其光谱与该物质的气态的光谱相似,可以观察到分子产生的转动振动光谱的精细结构. 图 4.7 是对称四嗪 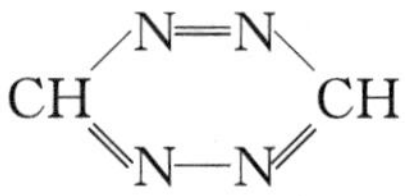 在气态、非极性溶剂和极性溶剂中的吸收光谱图.

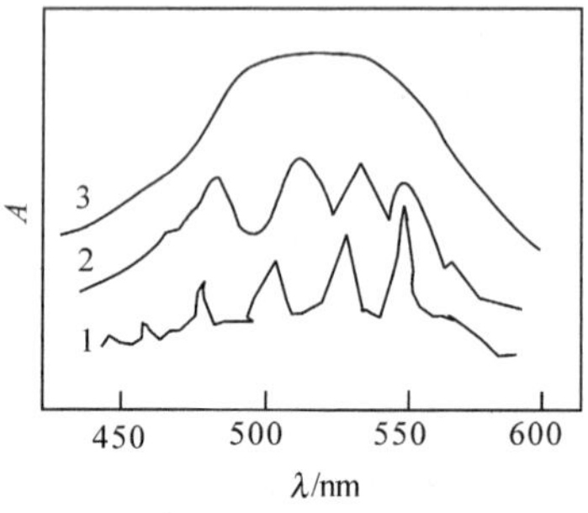

图 4.7 对称四嗪的吸收光谱

1. 蒸气状态;2. 环己烷中;3. 水中.

溶剂的极性不同,对 π→π* 和 n→π* 跃迁产生的影响不同,通常极性大的溶剂使 π→π* 跃迁的吸收带向长波方向移动;而使 n→π* 跃迁的吸收带向短波方向移动. 图 4.8 说明了极性溶剂对 π→π* 和 n→π* 跃迁能量的影响. 产生n→π* 跃迁的分子中含有非键 n 电子,这些 n 电子与极性溶剂形成氢键,降低了 n 电子基态的能量. 使基态和激发态的能量差比在非极性溶剂中大($\Delta E_2{}^1$>

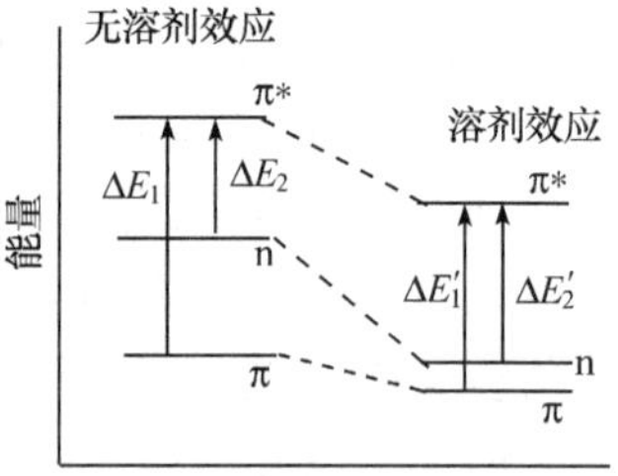

图 4.8 溶剂对 π→π* 和 n→π* 跃迁能量的影响

ΔE_2)，因而引起吸收带最大吸收波长 λ_{max} 蓝移，大多数发生 $\pi\rightarrow\pi^*$ 跃迁的分子激发态的极性比基态的极性大，在极性溶剂的作用下，激发态的能量降低幅度大，使基态和激发态的能量差变小($\Delta E_1{}^1<\Delta E_1$)，则造成吸收带 λ_{max} 红移. 表 4.5 列出了溶剂对亚异丙酮紫外吸收光谱的影响.

表 4.5　溶剂对亚异丙酮的 λ_{max} 的影响

跃迁类型	λ_{max}/nm				
	正己烷	乙腈	氯仿	甲醇	水
$\pi\rightarrow\pi^*$	230	234	238	237	243
$n\rightarrow\pi^*$	329	314	315	309	305

该表表明，溶剂的极性增大，$n\rightarrow\pi^*$ 跃迁产生的吸收带发生蓝移，而 $\pi\rightarrow\pi^*$ 跃迁产生的吸收带发生红移. 因此，在进行紫外-可见吸收光谱测定时，一定要注明在何种溶剂中进行测定.

通常在测定紫外吸收光谱时选择烷烃类非极性溶剂，非极性溶剂对 λ_{max} 和 ε_{max} 影响较小. 在可见光区进行测量时，可以选用无色溶剂. 在 300～400nm 紫外光区进行测定时，所用溶剂在大于 250nm 波长区域应无吸收；在小于 300nm 波长区测定时，可选用己烷、环己烷或庚烷等饱和烃. 一般地说，选择溶剂应注意如下几点：(1)尽量选择极性低的溶剂；(2)能很好地溶解被测物，并且，所形成的溶液具有良好的化学和光化学稳定性；(3)溶剂在样品的吸收光谱区无明显吸收. 表 4.6 列出紫外-可见吸收光谱中常用的溶剂.

表 4.6　各种常用溶剂的使用最低波长极限

溶　剂	最低波长极限/nm	溶　剂	最低波长极限/nm
乙酯	(200～250)210	异辛烷	210
正丁醇	210	异丙醇	215
氯仿	245	水	210
环己烷	210	苯	(250～300)280
十氢化萘	200	四氯化碳	265
1,1-二氯乙烷	235	*N*,*N*-二甲基甲酰胺	270
二氯甲烷	235	甲酸甲酯	260
1,4-二氧六环烷	225	四氯乙烯	290
十二烷	200	二甲苯	295
乙醇	210	丙酮	(300～350)330
乙醚	210	苯甲腈	300
庚烷	210	溴仿	335
己烷	210	吡啶	305
甲醇	215	硝基甲烷	(350～400)380
甲基环己烷	210		

§4.1.4　吸收定律——朗伯-比尔定律

朗伯-比尔定律(Lambert-Beer)定律是光吸收的基本定律,其关系式,$A=-\lg T=\varepsilon Cl$ 是光吸收定量分析的基础.吸收定律的建立是基于以下前提:(1)入射光是单色平行光;(2)吸收发生在均匀介质中;(3)在吸收过程中,吸收物质互相不发生作用.这是一种理想情况,实际上吸光度和浓度的正比关系有时失效,也就是说会偏离吸收定律,因而影响测定的准确性.此外,测定准确性还和透过率大小有关,即透过率偏小或偏大时,测定的相对误差较大(详见第 11 章).本节仅讨论引起偏离吸收定律的因素.

1. 吸收定律的局限性

在建立吸收定律时未考虑反射分数的影响.当光束从折射率为 n_1 的介质进入折射率为 n_2 的介质时会产生反射,其反射分数 f 为

$$f=\frac{I_r}{I_o}=\frac{(n_1-n_2)^2}{(n_1+n_2)^2} \tag{4.1}$$

式中:I_o为入射光强度;I_r为反射光的强度.当溶液很稀时,不同溶液的折射率可以近似认为是相同的,反射分数值接近零,不致于影响吸收定律的偏离.但是当样品溶液浓度增加,溶液的折射率发生了变化,从而使反射分数不同,造成反射损失不同.这时就要产生偏差.

如果样品溶液还存在浑浊质点,通过样品溶液的光束强度的衰减还将包括浑浊质点对光的散射效应,使透射光的强度下降.所以,散射效应使吸光度增大,对吸收定律产生正偏差.只有在浓度较低的情况下可以认为光的散射不影响透射光的强度.否则,它也会造成吸收定律的偏离.

2. 杂散光或复合光引起负偏离

只有入射光束为单色平行光束,溶液吸收才会服从比尔吸收定律.实际上,很纯的单色光束是很难获得,通常使用的光束都是在一定波长范围内的复合光通带.复合光原则上将引起溶液的光吸收出现负偏差.假定射入溶液的分析波长的光强度为 I_o,非分析波长的强度为 I_s,样品对分析波长的透光率为 T,对非分析波长的透光率为 T_s,则透过溶液的光束总强度为 $TI_o+T_sI_s$,在分析波长处,溶液测得的透过率为

$$T_{测}=\frac{TI_o+T_sI_s}{I_o+I_s} \tag{4.2}$$

令

$$S=\frac{I_s}{(I_o+I_s)}$$

故有

$$T_{测}=T+S(T_s-T) \tag{4.3}$$

在通常的情况下，分析波长的吸光系数为最大，故 $T_s > T$. 所以 $T_s - T > 0$，所以，实际测定的透过率偏大，即，$T_{测} > T$. 那么，测得的吸光度偏低.

而且随着样品浓度的增加，式(4.3)中的测量值愈大，产生的负偏差愈大. 在使用波长范围内，不同波长的光的吸光系数变化越大，这种偏离就越显著. 如图 4.9 所示，在 λ_1 处，在 $\Delta\lambda$ 波长范围内的光谱通带的吸光系数变化较大，所造成的偏离较大，在 λ_2 处，在 $\Delta\lambda$ 波长范围内的光谱通带的吸光系数的变化较小. 所造成的偏离就较小，换句话说，在 λ_2 处，吸光系数的变化不大，相应的 A-C 曲线性范围较宽. 通常在进行光度分析时，选择吸收物质的最大吸收波长作为分析波长，不仅能保证有较高的灵敏度，而且此处的吸收曲线较为平坦，吸光系数的变化不大，A-C 曲线偏离吸收定律的程度也比较小.

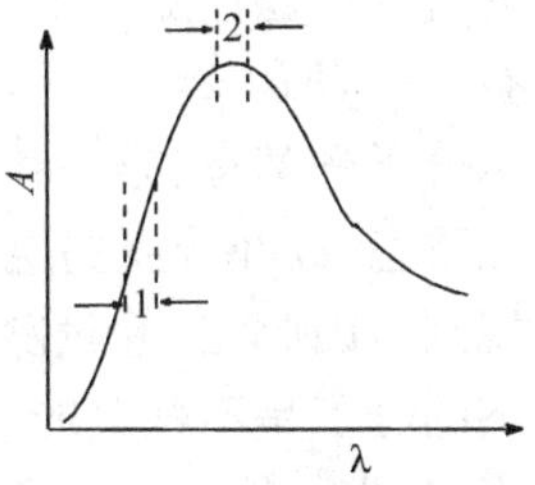

图 4.9　波长选择引起的误差

杂散光是指光束中存的非吸收光波，它引起测量误差同样也是负偏差.

3. 非平行光束引起的偏离

非平行光带来的偏差一部分是由光程增加引起的系统误差；另一方面，非平行光使入射角增大，反射光的强度随之而增加，从而增加了反射分数，使吸光度增大.

4. 化学因素引起的偏离

由于光度分析涉及到溶液的化学反应，如电离、酸碱反应，配位反应，缔合反应等，使被测物质的真实浓度与表观浓度之间存在差别. 从而导致偏离吸收定律.

§4.2　分子发光分析法

分子发光分析包括分子荧光、分子磷光、化学发光及生物发光和散射发光. 本节主要讨论前三种发光分析. 散射发光将在激光拉曼光谱法中讨论.

§4.2.1　分子荧光和分子磷光的产生

每种物质分子中都具有一系列紧密相隔的电子能级，而每个电子能级中又包含一系列的振动能级和转动能级. 当分子吸收能量(电能、热能、光能或化学能等)后可跃迁到激发态. 分子在激发态是不稳定的，它很快跃迁回到基态. 在跃迁回到基态的过程中将多余的能量以光子形式辐射出来. 这种现象称为“发光”.

据泡利(Pauli)不相容原理，分子内同一轨道中的两个电子必须具有相反的旋转方向，即自旋配对，自旋量子数的代数和为 $s=0$，其分子态的多重性为 $M=2s+1=1$，该分子就处在单重态，用符号 S 表示. 绝大多数有机分子的基态是单重态. 倘若分子吸收能量后，自旋方向不变，即分子处在激发单重态. 如果在跃迁到高能级的过程中还伴随着电子自旋方向的改变，这时，分子便具有两个不配对的电子，则有 $s=1, M=2s+1=3$，该分子处在激发的三重态，用符号 T 表示. S_0，S_1，S_2分别表示分子的基态、第一和第二激发单重态；T_1，T_2则分别表示分子的第一和第二激发三重态. 处在分立的电子轨道的非成对的电子，平行自旋比配对自旋更稳定（洪德规则），因此，三重激发态能级总是比相应的单重态激发态的能量略低些. 处在激发态的分子是不稳定的，它可能通过辐射跃迁或非辐射跃迁等去激发过程回到基态. 当然，也可能由于分子之间的作用产生去激发过程. 辐射跃迁去激发过程有光子的发射时，产生荧光或磷光现象（见图 4.10）. 非辐射跃迁指以热的形式辐射多余的能量，包括振动弛豫、内部转移、系间跨越、外部转移等. 各种跃迁方式发生的可能性及其程度，既和物质分子结构有关，也和激发时的物理和化学环境等因素有关. 下面分别说明去激发过程中的几种能量传递的方式.

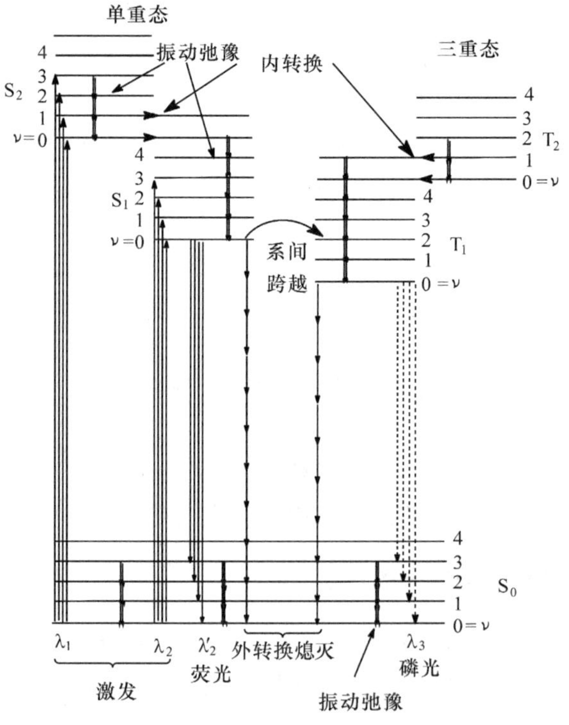

图 4.10　荧光、磷光体系能级图

1. 振动弛豫

它是指发生在同一电子能级内，激发态分子以热的形式将多余的能量传递给周围的分子，自己则从高的振动能级层转至低的振动能级层，产生振动弛豫的时间为 10^{-12} s 数量级，图 4.10 中的各振动能级层之间的小箭头表示弛豫振动能量传递方式.

2. 内转换

这是指同一多重态的不同电子能级间的一种无辐射跃迁过程. 当两个电子能级的振动能层间有重叠,则可能发生电子由高能级以无辐射跃迁方式转移到低能级. 如图 4.10 中的单重态的 S_2,S_1 和三重态的 T_2,T_1 都存在高电子能级的低振动能层和低电子能级的高振动能层之间重叠. 在重叠地方,两激发态处在过渡性热平衡,处在激发态高电子能级低振动能层的电子通过内转移过渡到激发态低电子能级的高振动能层,再经过振动弛豫,跃迁到低激发态的最低的振动能层. 内转移过程在 $10^{-13}\sim10^{-11}$ s 时间内发生,它比荧光发射速度快得多. 如图 4.10 所示,分子最初无论在哪一个激发单(或三)重态,都能通过振动弛豫和内转换到达最低激发单(或三)重态的最低振动能层上.

3. 荧光发射

当分子处在单重态的最低振动能层时,去激发过程是以 $10^{-9}\sim10^{-7}$ s 左右的短时间内发射一个光子回到基态. 这一过程称为荧光发射. 如图 4.10 所示,荧光的特征波长(λ_2')较分子吸收的特征波长(λ_1 或 λ_2)都长. 荧光多为 $S_1\rightarrow S_0$ 跃迁,即使是吸收能量较大的特征波长 λ_1,分子由 S_0 跃迁到 S_2,最终将只发生出波长为 λ_2' 的荧光.

4. 外转换

激发态分子通过与溶剂或溶质分子间的相互作用产生去激发,从而使荧光或磷光减弱或消失. 这一过程称为外转换. 该现象又称为“熄灭”或“猝灭”.

由较低的激发单(或三)重态的非辐射跃迁可包括外转换和内转换.

5. 系间跨越

这是指不同多重态之间的一种无辐射跃迁过程. 它涉及到受激电子自旋状态改变. 如果发生 $S_1\rightarrow T_1$ 跃迁使原来两个自旋配对电子变成平行自旋的非配对电子. 这种跃迁是禁阻的. 但是,当两个不同多重态的电子能级中振动能层有较大重叠时,如图 4.10 中的激发单重态 S_1 的较低的振动能层和激发三重态 T_1 的较高的振动能层相重叠,则有可能发生系间跨越跃迁.

6. 磷光发射

发生系间跨越跃迁之后,接着将要发生快速的振动弛豫,分子将到达激发三重态的最低振动能层. 在不存在其他过程的竞争的条件下,在 $10^{-4}\sim10$s 左右的时间内跃迁到基态而产生磷光. 荧光和磷光的根本区别是:荧光是由激发单重态最低振动能层跃迁到基态的各振动能层的光辐射,而磷光是由激发三重态的最低振动能层跃迁到基态的各振动能层所产生光的辐射.

§4.2.2 激发光谱和发射光谱

荧光(磷光)的激发光谱和发射光谱是荧光(磷光)物质的基本的特征,因而是定性和定量的基本依据.

1. 激发光谱

荧光或磷光是光致发光,因此必须选择最合适的激发波长.激发波长可以从它的激发光谱曲线来确定.绘制荧光的激发光谱是以最强的荧光发射波长为测定波长.以激发光波长为横坐标,以荧光强度为纵坐标.改变激发光的波长,测量不同激发波长所产生荧光强度变化,即可得到荧光(磷光)物质的发射光谱.荧光强度最大所对应的激发波长即为最适宜的激发波长.荧光(磷光)物质的激发光谱应该和其吸收光谱是一致的.光谱形状相同,波长位置相同.这是因物质分子吸收能量的过程就是激发过程.不同的是吸收光谱的纵坐标是吸光强度,而荧光发射光谱的纵坐标为荧光强度.

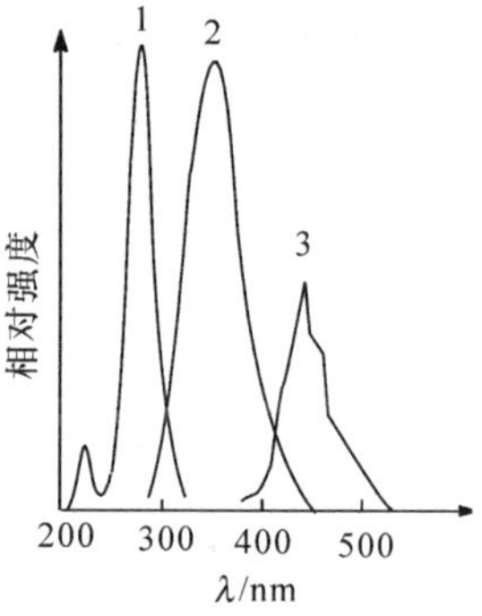

图 4.11
1. 萘的激发光谱;2. 荧光光谱;3. 磷光光谱.

2. 发射光谱

发射光谱简称荧光(磷光)光谱.激发波长固定在最强激发波长后,测定不同波长的荧光(磷光)强度,即得到荧光(磷光)光谱.图 4.11 为萘的激发光谱,荧光光谱和磷光光谱.

荧光光谱具有如下特性:

(1)斯托克斯位移

在溶液中,所观察的物质荧光光谱总是位于物质吸收光谱的长波一侧.即荧光波长大于激发光的波长.这种现象称为斯托克斯位移.这是因为激发分子通过振动弛豫而损失了部分能量.因此,激发光和发射光之间存在能量的减小.

(2)荧光光谱的形状与激发光波长无关

分子的吸收光谱可能有几个吸收带,但是荧光光谱只有一个发射带.分子吸收不同能量的光子可以从基态跃迁到不同能级的激发态,具有几个吸收带.但是从较高的激发态通过内转换和振动弛豫回到第一激发态的最低振动能层的概率很高,远远大于由高能级直接跃迁到基态.因此,荧光发射从第一电子激发态的最低振动能层返回到基态各个振动能层.所以产生的荧光光谱和激发光波长无关.

(3)镜像对称

比较某种物质的荧光光谱和吸收光谱,会发现它们之间存在"镜像对称"关系.如图 4.12 为蒽的荧光光谱(右)和吸收光谱(左).从图 4.13 的位能曲线可知:基态中的振动能层的分布和第一激发态的振动能层的分布是相似的;在激发或发射的瞬间,核的相对位置近似不变,即此间不存在振动能层的变化. 若吸收光子存在 0→2振动带的最大跃迁概率,产生相应的最大吸收,则在发射光子时,也存在 0→2 振动带的最大跃迁概率,产生最大的荧光强度. 因而呈现以两个能级的最低振动能层之间的能量差所对应的波长为中心的吸收光谱和荧光光谱是对称镜像.

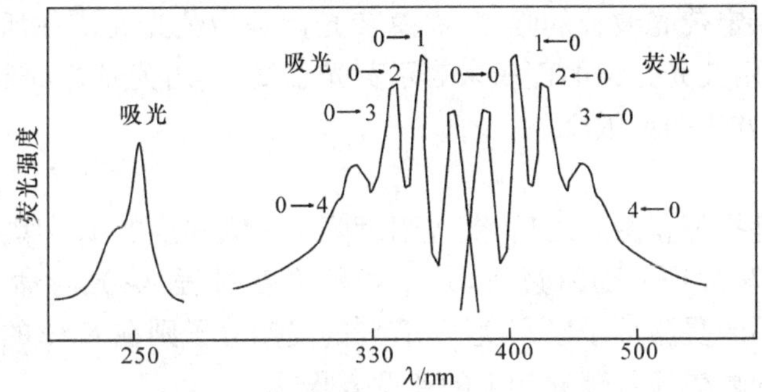

图 4.12　蒽的乙醇溶液荧光光谱(右)和吸收光谱(左)

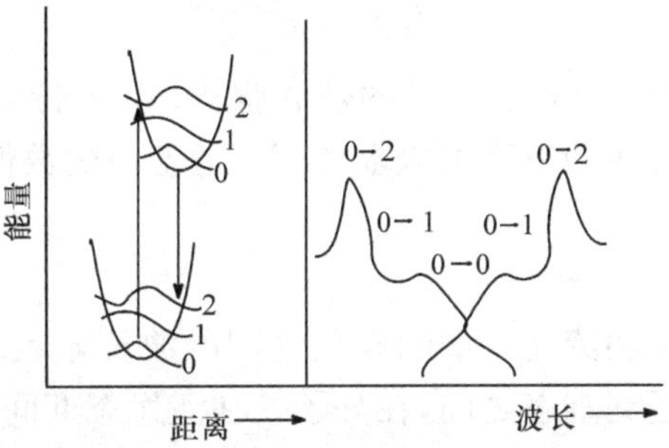

图 4.13　镜像规则

§4.2.3　分子荧光参数

分子荧光参数是从各种不同角度对分子荧光的特性进行描述. 通过各种特性参数的测定,不但可以进行一般性的定量分析,而且可以推断分子在各种环境中的构象的变化,了解分子结构与其性质之间的相互关系.

1. 荧光强度和荧光总量

类似原子荧光可以推导出分子荧光强度的表达公式:

$$I = K\varphi_f I_e C l \varepsilon \tag{4.4}$$

式中:K 为仪器的常数,它反映不同仪器对同一荧光强度在测量上的差异;I_e为激发光的强度;ε 为荧光物质的吸收系数;C 为荧光物质的浓度;l 为荧光物质吸收激发光的光程;φ_f为荧光的量子产率(亦称荧光效率),荧光效率定义为

$$\varphi_f = 发射的光子数 / 吸收的光子数 \tag{4.5}$$

通常,激发到高能级的荧光物质分子返回到基态时存在多种不同的跃迁方式.辐射荧光仅是其中的一种方式.所以荧光效率总是小于1.

荧光强度和荧光物质的浓度成正比,这是荧光定量分析的基础.上述公式的荧光强度是指某特定荧光波长的强度.而总荧光量是指荧光光谱在所有波长处的荧光强度之和.即用荧光光谱的面积来表示荧光总量.利用荧光总量来进行荧光定量分析,可以提高方法的灵敏度.

2. 荧光寿命

荧光寿命是指停止激发之后,荧光强度降到最大强度的 $1/e$ 所需要的时间,常用 τ 表示.荧光发射是一随机过程,是单指数衰变过程.荧光寿命为 τ,意味着在 $t=\tau$ 时已有63%的受激分子已衰变了,37%的受激分子则在 $t>\tau$ 的时刻衰变.

荧光强度的衰减通常遵守如下的速度方程式:

$$\ln I_t - \ln I_o = -(t/\tau) \tag{4.6}$$

或

$$I_t = I_o e^{-t/\tau}$$

式中,I_o,I_t分别表示在时间 o 和 t 时的荧光强度.由实验可作出 $\ln I_t$-t 的关系曲线.这是一条直线.由直线的斜率可以求得荧光的寿命的数值.利用荧光寿命,可以进行荧光混合物分析.

3. 斯托克斯位移

以吸收光谱的峰位和荧光光谱的峰位之间的波长差表示斯托克斯位移值.它表示分子的激发态跃迁到基态之前,在分子处在激发态期间的能量损失.激发态分子由于内转化和振动弛豫过程而迅速衰变到电子最低振动能级,这是产生斯托克斯位移的主要原因.

§4.2.4 荧光和分子结构

由荧光强度的表达式(4.4)可以看出,分子产生荧光必须具备两个条件:分子结构要对激发光具有较大的吸光系数,同时具有较大的荧光量子产率.许多强吸光物质吸收光子之后不能发生荧光,就是因为荧光发射的速率比其他辐射和非辐射跃迁速率小,而导致荧光量子产率低.荧光的量子产率用各个跃迁过程的速率常数表示,其数学表达式为

$$\varphi = \frac{k_f}{k_f + \sum k_j} \tag{4.7}$$

式中:k_f为发射荧光过程的速率常数;$\sum k_j$ 为其他各过程的速率常数的总和.一般

地讲，k_f 主要决定于分子的化学结构，而 $\sum k_j$ 主要决定于分子所处的化学环境. 当 $k_f \ll \sum k_j$ 时，即使该物质具有很大吸光系数，也不会产生荧光. 磷光的量子产率和荧光相似.

1. 有机化合物荧光

在有机化合物中，强荧光物质分子结构有如下的特性：具有较大的共轭 π 键，分子为刚性的平面结构，取代基为给电子取代基.

(1) 共轭效应

发生荧光(磷光)的有机物，其分子都含有共轭 π 键体系，共轭体系越大，π 键电子非定域(即流动性)越大，越容易被激发，荧光也越容易发生. 大部分荧光物质都具有芳环或杂环. 芳环越大，其荧光(或磷光)峰越向长波方向移动，往往荧光强度也较强. 在脂肪族和脂环族中，除了少数高共轭体系外，能产生荧光的物质极少. 表 4.7、表 4.8 和表 4.9 分别列举了线状多环芳烃以及苯基化和乙烯化对增加苯的荧光强度和荧光光谱红移的影响.

表 4.7　对苯基化和间苯基化作用对荧光效率以及荧光波长的影响

化合物(在环己烷中)	φ	λ/nm
苯	0.07	283
联苯	0.18	316
对联三苯	0.93	324
对联四苯	0.89	366
1,3,5-三苯基苯	0.27	355

表 4.8　乙烯化作用对荧光效率以及荧光波长的影响

化　合　物	φ	λ/nm
联苯	0.18	316
4-乙烯基联苯	0.61	333
蒽	0.36	402
9-乙烯基蒽	0.76	432

表 4.9　几种线状多环芳烃的荧光

化　合　物	φ_F	λ_{ex}/nm	λ_{em}/nm
苯	0.11	205	278
萘	0.29	286	321
蒽	0.46	365	400
丁省	0.60	390	480
戊省	0.52	580	640

(2)刚性平面结构

荧光效率高的物质的分子多数具有刚性的平面结构.这种结构一方面可以减少分子自身的振动,同时使分子与溶剂或其他溶质的相互作用减少,降低了碰撞去激发的可能性.例如荧光黄(亦称荧光素)呈平面结构,是强荧光物质,在 0.1mol·L^{-1}的 NaOH 溶液中荧光效率为 0.92,而酚酞分子中缺乏氧桥,不易保持平面,它不是荧光物质.芴和联苯也存在类似情况,芴的荧光效率接近于 1,联苯仅为 0.18.这种差别是由于芴分子中的苯环之间多了亚甲基搭桥,分子的刚性大大增加.萘和维生素 A 都具有 5 个共轭 π 键.但是它们的荧光效率有很大的差异,萘的荧光强度是维生素 A 的 5 倍.这是因为萘是平面刚性结构,而维生素 A 是非刚性结构.

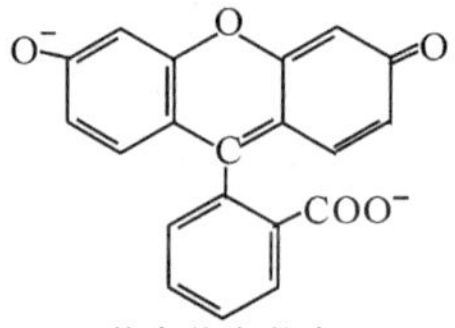

荧光黄发荧光

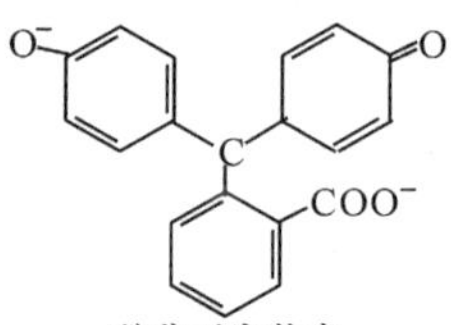

酚酞不发荧光

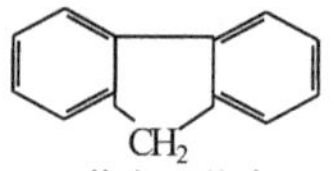

芴发强荧光

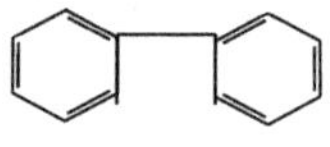
联苯发弱荧光

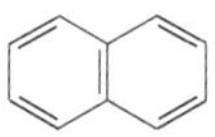
萘

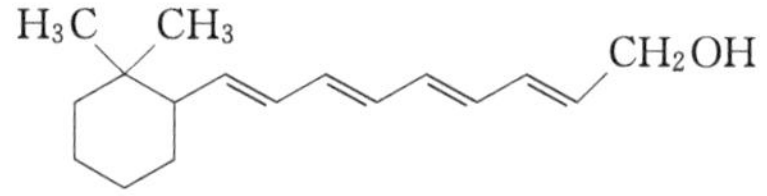

维生素 A

(3)取代基效应

芳香族化合物苯环上不同的取代基及取代基位置对该化合物的荧光强度和荧光光谱有较强的影响.

①给电子取代基加强荧光,属于这一类的基团有$-NH_2$,—NHR,$-NR_2$,—OH,—OR,—CN 等.这是因为取代基上的非键电子 n 和芳环中的共轭 π 键产生了 p-π 共轭作用.增加了共轭程度.取代基上的非键电子 n 失去了处于非共轭作用时的性质.其荧光跃迁不同于一般的 $n\rightarrow\pi^*$ 跃迁而近于 $\pi\rightarrow\pi^*$ 跃迁.表 4.10 列出部分给电子取代基对苯的荧光的影响.

②得电子基取代基一般将使荧光减弱,使磷光加强.属这一类的取代基有羰基($>C=O$,—COOH,$-\overset{H}{\overset{|}{C}}=O$)、硝基($-NO_2$)和重氮基.这类基团中非键电子 n 和苯环的共轭π键不能构成p-π键,分子的跃迁属于禁戒跃迁.摩尔吸光系数很

表 4.10　取代基对苯的荧光的影响(乙醇溶液)

化合物	分子式	荧光波长/nm	荧光相对强度
苯	C_6H_6	270～310	10
苯　酚	C_6H_5OH	285～365	18
苯　胺	$C_6H_5NH_2$	310～405	20
苯基氰	C_6H_5CN	280～390	20
苯甲醚	$C_6H_5OCH_3$	285～345	20

小. 但是,有非键电子存在,则增大了激发态系间跨越 $S_1 \rightarrow T_1$. 荧光减弱,磷光则相应增强. 例如二甲苯酮的 $S_1 \rightarrow T_1$ 的系间跨越产率接近于 1. 它在非酸性介质中的磷光很强,又如硝基苯不发荧光,而苯酚和苯胺的荧光比苯强.

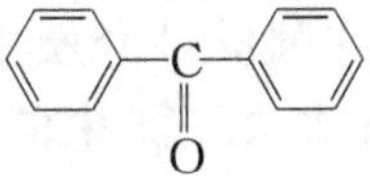

二苯甲酮

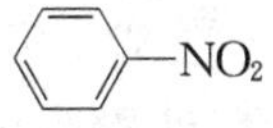

硝基苯

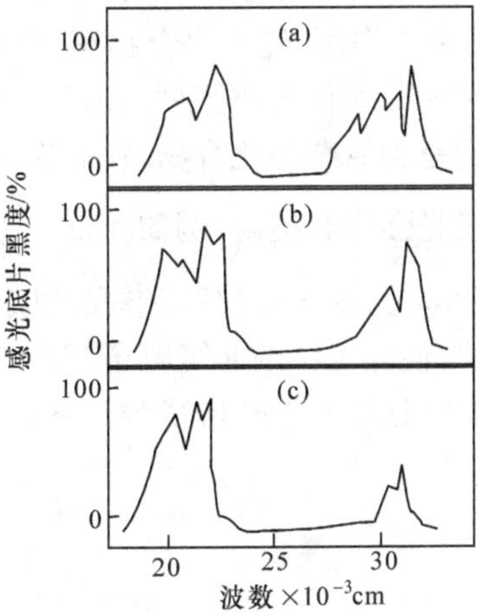

图 4.14　萘的卤素取代物质的发射光谱

(a) 2-Cl 萘;(b)2-Br 萘;(c) 2-I 萘. 图右边为荧光,左边为磷光, 77K,EPA 介质.

③重原子取代,重原子是指卤素(Cl,Br 和 I)取代. 芳烃取代上卤素之后,其化合物的荧光随卤素原子质量增加而减弱,而磷光则相应地增强,表 4.11 和图 4.14 列举了"重原子效应". 这种效应被解释为非键电子的数量增多,同时,随原子质量增大离原子核越远,使得处在激发态的非键电子自旋状态改变的概率也随之增加,即 $S_1 \rightarrow T_1$ 的系间跨越明显增加.

表 4.11　卤素取代的"重原子效应"

化合物	φ_p/φ_f	荧光波长/nm	磷光波长/nm	τ/s
萘	0.093	315	470	2.6
1-甲基萘	0.053	318	476	2.5
1-氟萘	0.086	316	473	1.4
1-氯萘	5.2	319	483	0.23
1-溴萘	6.4	320	484	0.014
1-碘萘	>1000	没有观察到	488	0.0023

注:φ_p/φ_f 为磷光效率 φ_p 和荧光效率 φ_f 之比.

④取代基位置，对位、邻位取代增强荧光，间位取代抑制荧光. 如表 4.7 中的 1,3,5－三苯基苯的荧光效率比对联三苯和对联四苯显著地低. 共轭体系越大，取代基的影响越小. 两种取代基共存时，其中一个取代基可能起主导作用. 如 4－二甲胺－4 硝基苯乙烯有荧光.

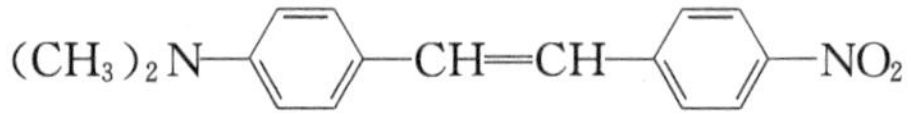

⑤杂环化合物

杂环化合物分子中含有 N,O,S 原子，它们都含有非键电子 n. 激发跃迁属 $n\to\pi^*$ 类型. 这类化合物摩尔吸光系数小，荧光微弱或不发荧光. 但是，其激发态 $S_1\to T_1$ 系间跨越强烈. 在低温和极性溶剂中有较强的磷光. 对这类物质研究较多的是含氮杂环化合物. 在非极性溶液中，它们的荧光很弱. 随着溶剂的极性提高，其荧光强度亦提高，例如喹啉 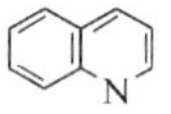 在苯、酒精和水中的荧光强度之比为 1：30：1000，又如 8－羟基喹啉和铁试剂(7－碘－6－羟基 5－磺酸)在强酸性介质中会质子化，使分子中的非键电子和质子生成配价键，非键合电子 n 失去了原来的特性，激发跃迁由 $n\to\pi^*$ 转变为 $\pi\to\pi^*$，荧光则由弱增强.

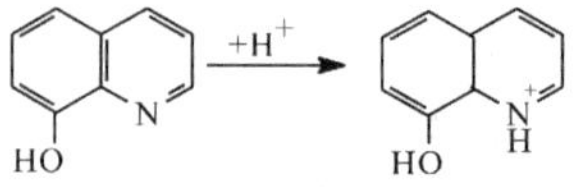

8-羟基喹啉荧光微弱　　8-羟基喹啉质子化荧光强

氮杂环呈刚性结构也会发荧光，如氮杂菲发荧光.

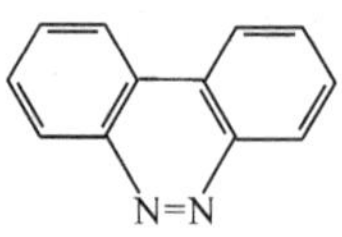

氮杂菲

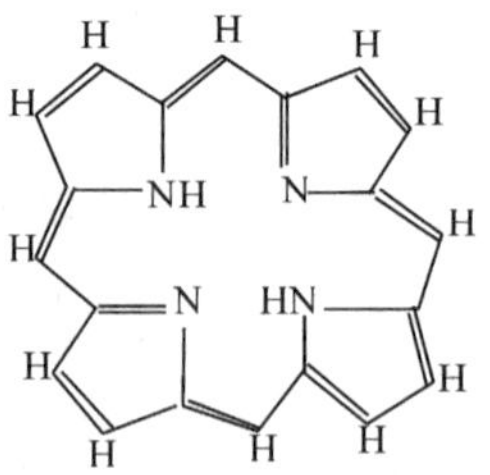

卟吩

叶绿素分子中含有四个吡咯环 ，由 CH 的“桥”连成一个主环(卟吩)，它是所有卟啉的母体. 每一卟啉中心都有一个金属原子 M，血红素中为铁，维生素 B_{12} 中为钴，叶绿素中为镁. 叶绿素主要有叶绿素 a 和叶绿素 b 两种. 在不同的溶剂中，叶绿

素 a 和叶绿素 b 都有荧光，各自的荧光产率不尽相同，叶绿素 a 和叶绿素 b 的荧光光谱如图 4.15 所示.

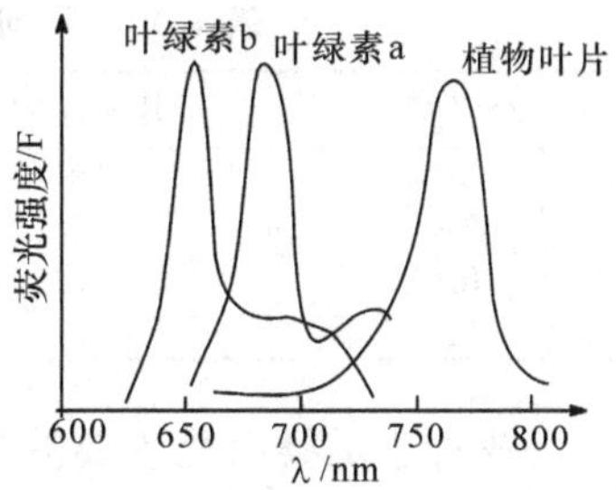

图 4.15　叶绿素 a 和叶绿素 b 的发射光谱

2. 无机物的荧光

(1)无机盐的荧光

镧系元素的三价离子的无机盐有荧光. Ce(Ⅲ)，Pr(Ⅲ)，Nd(Ⅲ)盐发射的光谱带很宽，是由 5d 层向 4f 层跃迁而发射的，而 Sm(Ⅲ)，Eu(Ⅲ)，Tb(Ⅲ)和 Dy(Ⅲ)发射的荧光是线状光谱，属 4f 层电子跃迁的发射.

类汞离子有 Tl(Ⅰ)，Sn(Ⅱ)，Pb(Ⅱ)，As(Ⅲ)，Sb(Ⅲ)，Bi(Ⅲ)，Se(Ⅳ)和 Te(Ⅳ)，它们有类似汞原子的电子结构，即 $1s^2 \cdots np^6 nd^{10}(n+1)s^2$. 在固化的碱金属卤化物(或氧化物)的溶液中都会发磷光. 在室温，磷光很弱或没有；在低温度时，磷光增强.

许多铀(Ⅲ，Ⅳ，Ⅵ)的无机化合物均会发光. 铀是锕系元素中的一员，具有镧系元素类似的电子结构，铀(Ⅵ)的高氯酸溶液的吸收光谱和荧光光谱揭示出有 24 种跃迁，分为 7 个主要谱带. 在 520～620nm 波长区所存在的光谱带的荧光光谱和吸收光谱很相似. 荧光寿命很长，τ 约为 10^{-4} s，荧光产率约为 1.

(2)二元配合物和三元配合物的荧光

不发荧光的无机离子和有吸光结构的有剂机试剂进行配合反应，可以生成会发荧光的配合物. 原来有机配合体中的非键电子对和金属离子形成配位键，将 $n \to \pi^*$ 跃迁变为 $\pi \to \pi^*$，同时使原来的有机配合体的非刚性平面结构转变为刚性的平面结构，从而将不发荧光(或弱荧光)的配位体转变为强荧光配位化合物. 例如滂铬 BBr 本身不发荧光，但是在 pH＝4.5 时，溶液和 Al^{3+} 形成配位化合物则发出红色荧光. 此类配合物的荧光强度随金属离子的原子质量增加而减弱，吸收峰和发射峰相应地向长波方向移动(见表 4.12). 有配合体存在时，镧系元素和锕系元素的原子内层的 d 层和 f 层的能级将分裂为能级不同的轨道. 在这些轨道的电子可以吸收能量产生跃迁，这种跃迁使激发的金属离子返回到基态而产生荧光. 如 Tb^{3+}，Eu^{3+}，Sm^{3+}，Gd^{3+} 就是这类离子. 三元配合物和二元配合物有类似的现象.

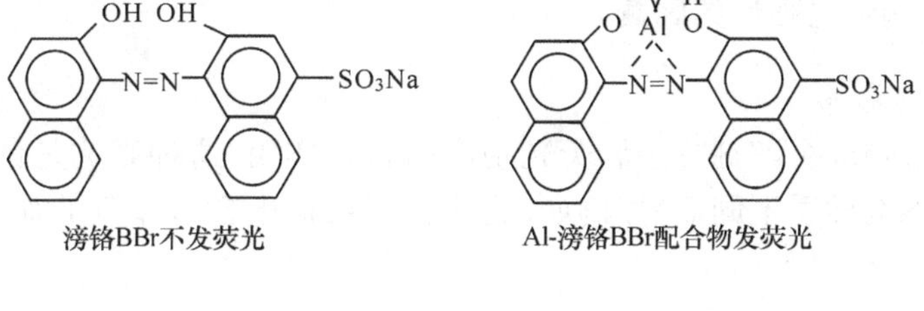

滂铬BBr不发荧光　　Al-滂铬BBr配合物发荧光

表 4.12　不同金属离子-8-羟基喹啉配合物的荧光特性

金属离子	原子序数	吸收峰/nm	发射峰/nm	相对荧光强度
Al^{3+}	18	384	520	1
Ga^{3+}	31	391	573	0.38
In^{3+}	49	393	544	0.35
Tl^{3+}	81	395	550	<0.0025

罗丹明类染料是主要的阳离子荧光染料试剂，它能和金属离子与阴离子配位体所形成配合阴离子(如 $TlCl_4^-$，$HgBr_4^{2-}$，TaF_6^-，$AuCl_4^-$，$SbCl_6^-$ 等)形成三元缔合物. 缔合物的吸收光谱和荧光光谱均和阳离子荧光染料的光谱相似.

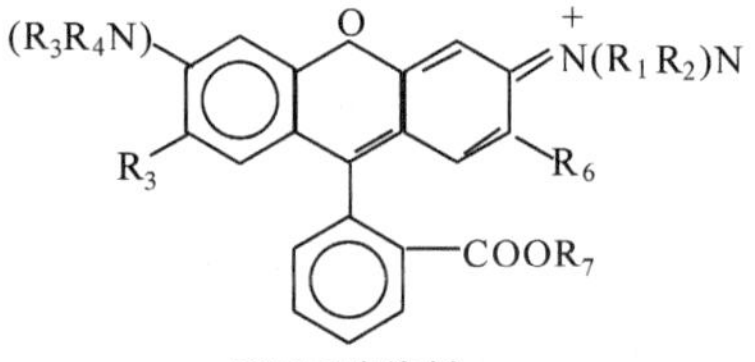

罗丹明类染料

卤代荧光素类可作为阴离子荧光染料. 一些金属离子(如 Ag^+，Zn^{2+}，Cd^{2+})可和碱性配位体(如吡啶、a，a′-联吡啶等)生成配合阳离子. 这些配合阳离子和阴离子荧光染料缔合，使原来的荧光试剂猝灭. 例如曙红会发荧光，它与 Ag-菲啉配合阳离子缔合成三元配合物后，荧光猝灭(猝灭见 §4.2.6).

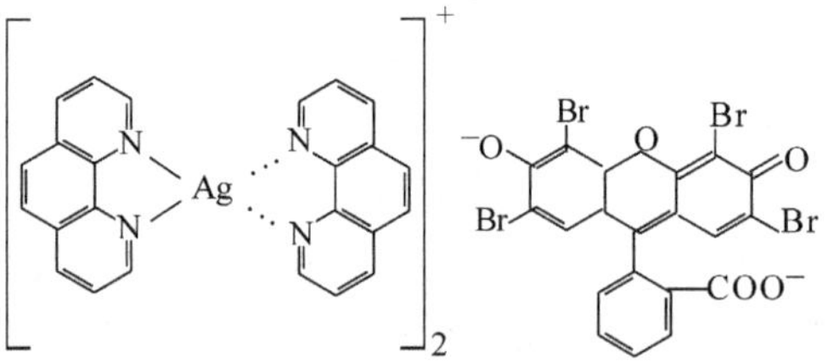

金属离子与配位体形成二元配位物后，尚有能力与另一配位体结合，可以形成三元配合物. B(Ⅲ)可以与桑色素形成二元配合物，当有草酸存在时，则生成 B-桑色素-草酸三元配合物. 二元配合物和三元配合位的荧光光谱重叠，但三元配合物的荧光强度增加了 10 倍.

§4.2.5　影响荧光强度的因素

1. 溶剂的影响

溶剂的影响取决溶剂分子和荧光物质的相互作用. 这种影响是依荧光物质的分子结构和溶剂性质不同而异. 例如，荧光分子结构中含有非键的孤对电子，氢键溶剂的氢可以和荧光分子的非键的孤对电子形成氢键.氢键的存在,使 $\pi \to \pi^*$ 跃迁和某些分子内的电荷转移跃迁产生明显的变化.这一类物质的荧光强度易受溶剂的极性影响.如果溶剂和荧光分子产生化合作用,荧光的峰的位置和强度都会有很大变化.例如萘胺的乙醇溶液加入 HCl,生成萘胺盐酸盐.—NH_3Cl 基对萘环的影响远远小于—NH_2.因此,萘胺盐酸盐的荧光光谱明显不同于萘胺,而是和萘的荧光光谱接近.对分子中含有孤对非键电子的荧光物质来说,溶剂的极性增加,将增加荧光强度,荧光峰位红移.例如,8-羟基喹啉分子中的 N 原子含有孤对非键电子,它在四氯化碳、氯仿、丙酮和乙腈溶剂中,随着溶剂的极性增加,荧光的强度增加,荧光峰位红移.但对极性荧光物质来说,则存在相反的情况,极性溶剂将影响荧光物质分子的偶极矩.例如苯氨萘磺酸类化合物在戊醇、丁醇、丙醇、乙醇和甲醇五种溶剂中,随着醇的极性增加,荧光的强度减小,荧光峰位蓝移.

总之溶剂对荧光强度和荧光光谱的影响,要视溶剂分子和荧光物质的分子之间的相互作用而定,而不是取决单方面的性质.

2. 温度对荧光强度的影响

荧光强度对温度十分敏感.荧光分析中一定要严格控制温度,温度上升荧光强度下降.其中的重要原因是温度增快了振动弛豫而丧失了振动能量.另一个原因是温度升高降低了溶液的黏度,即增加了荧光分子热运动,也增加了溶剂分子的热运动,从而增加两者之间的碰撞频率,使外转换去激发过程的速率增大.在低温条件下,荧光强度有显著增强.低温荧光分析技术已成为荧光分析重要手段.

3. 溶液的 pH 影响

带有酸性或碱性官能团的芳香族化合物的荧光一般和溶液的 pH 值相关,对此类荧光分析,要严格控制溶液的 pH 值.例如,苯胺分子只存在 pH7～12 的溶液中,会发出蓝色的荧光,在 pH<2 和 pH>13 的溶液中苯胺以离子形式存在,却不会发出荧光.

金属离子和有机试剂生成配合物荧光物质.pH 值对荧光强度影响也十分显著.pH 的大小既影响配合物的形成,也影响配合物的组成.例如,镓与 2,2-二羟基偶氮苯在 pH3～4 溶液中形成 1∶1 的配合物,能发出荧光;而在 pH6～7 溶液中则形成非荧光性的 1∶2 配合物.

4. 内过滤作用和自吸现象

内过滤作用是指溶液中存在一种吸光物质,起着滤光片的作用,将发出的荧光滤掉,使荧光强度减弱.如在 1μg/mL 的色氨酸溶液中,如果存在 $K_2Cr_2O_7$,色氨酸的激发峰和发射峰的附近正好是 $K_2Cr_2O_7$ 的两个吸收峰.$K_2Cr_2O_7$ 的存在吸收了色氨酸的激发能量和发射的荧光,使得色氨酸的荧光强度大大下降.

当荧光物质的激发光谱和荧光光谱相重叠时，在重叠部分的短波长荧光有可能被荧光物质自身吸收. 在荧光物质浓度较大时，部分荧光将被荧光物质自身吸收，降低了溶液的荧光强度.

§4.2.6 荧光猝灭

荧光物质分子和溶剂或其他溶质分子相互作用，引起荧光强度降低的现象称为荧光猝灭. 能引起荧光强度下降的物质称为猝灭剂. 引起溶液荧光猝灭的因素很多，机理各不相同，下面讨论几种主要类型.

1. 碰撞猝灭

这是荧光猝灭的主要原因. 在没有猝灭剂 Q 存在下，发生荧光辐射的速度可表示为

$$M^* \longrightarrow M + h\nu（发生荧光） \qquad \nu_f = k_f[M^*]$$

有猝灭剂 Q 存在下，产生猝灭过程的速度可表示为

$$M^* + Q \longrightarrow M + Q + 热能 \qquad \nu_q = k_q[M^+][Q]$$

式中：k_f，k_q为相应的反应速率常数. 很明显，荧光猝灭程度决定于 k_f，k_q的相对大小以及猝灭剂的浓度.

碰撞猝灭与溶剂的黏度有关，黏度大，猝灭作用则较小. 温度高增加碰撞的频率，从而加大猝灭的程度.

2. 化合作用猝灭

荧光物质分子和猝灭剂生成非荧光的配合物，就是一种化合作用的猝灭. 这一过程将引起溶液的吸收光谱的改变. 某些猝灭剂分子与荧光物质分子相互作用时，发生了电子转移反应，因而引起荧光的猝灭. 甲基蓝溶液的荧光被铁 Fe^{3+} 离子猝灭就是一例. 其他如 I^-，Br^-，CrO_4^{2-}，CNS^- 等容易给出电子的阴离子对奎宁、罗丹明及荧光素钠等的荧光也会发生这种猝灭作用.

3. 转入三重态猝灭

荧光物质分子处在单重激发态时和其他分子相碰撞，发生系间跨越跃迁，分子进入了三重态后在常温下不发荧光，由于碰撞中能量的消耗，从而使荧光猝灭. 溶液中溶解的氧可能对有机化合物的荧光产生这种类型的荧光猝灭作用. 尤其芳香烃表现得较为显著. 也有人认为存在顺磁性物质可能促进了处于单重激发态的三重激发态跨越跃迁.

4. 荧光物质的自猝灭

在高浓度的荧光物质溶液中，荧光强度因其浓度高而减弱称为自猝灭，蒽和苯的自猝灭便是其例. 其原因是单重激发态分子在未发生荧光之前和未激发的荧光物质分子相碰撞而引起能量的损失，产生自猝灭. 还有些荧光物质分子在高浓度的

溶液中生成二聚或多聚体，使它们的吸收光谱发生了变化，也会引起溶液荧光的减弱或消失.

§4.2.7　化学发光和生物发光分析

化学发光是指在化学反应的过程中，受化学能的激发，使反应产物的分子处在激发态，这种分子由激发态回到基态时，便产生一定波长的光. 此现象发生在生物体系中就称为生物发光. 化学发光和生物发光分析是借助这种发光现象而建立起来的. 这种方法的最大优点是方法的灵敏度很高. 如用荧光素酶和磷酸三腺苷(ATP)的化学发光反应，可测定 $2\times10^{-17}\mathrm{mol\cdot L^{-1}}$ 的 ATP，即可以检测一个细菌中的 ATP 含量；另一个优点是分析方法简单快速，不需要复杂的仪器，不需要光源和色散装置等，也没有光学分析方法中常见的散射光和杂散光等引起的背景值；线性范围宽也是本法的特点. 但是，人们对化学发光的机理研究尚处在初始阶段，不能有目的地制备较多的可供发光用的试剂. 使本法的应用受到了限制.

1. 化学发光的基本原理

化学发光过程可以用下述反应式表示：

$$A + B \longrightarrow C^* + D \qquad \text{化学激发}$$

$$C^* \longrightarrow C + h\nu \qquad \text{化学发光}$$

这个过程包括化学激发和化学发光两个关键步骤.

实现化学发光应满足以下几个条件：

(1) 化学发光反应应提供足够的激发能，足以引起分子的电子激发. 能在可见光范围观察到化学发光现象，要求化学反应提供的化学能在 $150\sim300\mathrm{kJ\cdot mol^{-1}}$. 许多氧化还原反应所提供的能量与此相当. 因此大多数化学发光反应是氧化还原反应. 而且要求反应具有一定的速度.

(2) 要有有利的化学反应历程，至少能生成一种分子处在激发态的产物. 对有机分子来说，芳香族化合物和羰基化合物容易生成激发态产物.

(3) 激发态分子要以释放光子的形式回到基态，或者能将能量转移给另一个分子，而使该分子激发，然后该激发态分子以辐射光子的形式回到基态. 总之，不能以热的形式消耗能量.

化学发光效率 φ_c 取决于生成激发态产物的化学激发效率 φ_{ce} 和激发分子的发射效应 φ_{em}，可定义为

$$\varphi_c = \frac{\text{发射光子的分子数}}{\text{参加反应的分子数}} = \varphi_{ce} \cdot \varphi_{em}$$

化学反应的发光强度 I_c 以单位时间内发射的光子数来表示，它与化学发光效率 φ_c、化学发光反应的速率有关，而反应速率常用单位时间内的反应物的浓度变

化来表示. 所以化学反应的发光强度可以表示为

$$I_c(t) = \varphi_c \times \frac{dC_A}{dt}$$

式中，$I_c(t)$表示在反应进行到 t 时的化学发光强度. (dC_A/dt)为分析物 A 参加反应的速率. 如果，反应是一级动力学反应，化学发光强度与同一时刻的分析物 A 的浓度成正比，这是化学发光定量分析的基础.

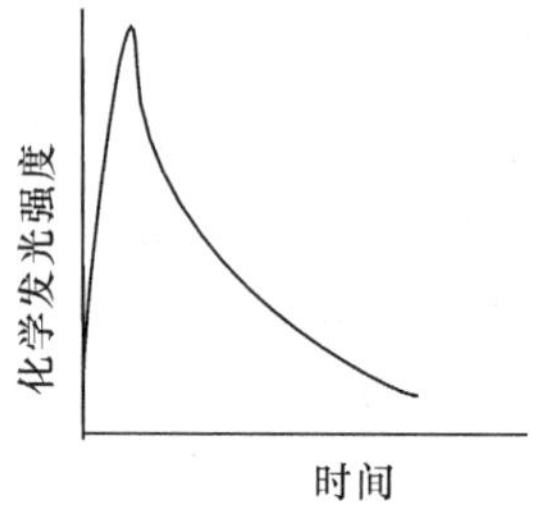

图 4.16　化学发光强度与时间关系曲线

化学发光强度随反应时间变化而变化，如图 4.16 所示. 当试样和发光试剂混合之后，不久就会出现较强的发光峰值，随着分析物质 A 的消耗，C_A逐步减小，光的强度也随之下降，最后接近于零. 一般达到峰值的时间与溶液的混合的传递过程、反应过程的动力学因素等有关.

在合适的条件下，上述峰值和被分析物的浓度成线性关系，可以用于定量分析. 另一种分析方法是利用总的发光强度进行定量分析. 总的发光强度定义为

$$S = \int I_c(t)dt = \varphi_c \int dC_A = \varphi_c C_A$$

2. 化学发光反应类型

按化学体系的状态来分类，在气相进行的化学发光反应称为气相化学发光；在液相进行的化学发光反应称为液相化学发光. 按参与化学发光的反应来分类，可以分为直接化学发光和间接化学发光. 分析物质直接参加化学发光反应的称为直接化学发光，发光体是被化学反应的激发态产物所激发，被称为间接化学发光. 例如，用罗丹明 B 和没食子酸的乙醇溶液测定大气中的臭氧 O_3，则属间接化学发光，其化学反应是：

$$\text{A(没食子酸)} + O_3 \longrightarrow A^* + O_2$$
$$A^* + \text{罗丹明 B} \longrightarrow \text{罗丹明 B}^* + B$$
$$\text{罗丹明 B}^* \longrightarrow \text{罗丹明 B} + h\nu$$

没食子酸被 O_3 氧化时反应产物为激发态中间体 A^*，而 A^* 又迅速地将能量传给罗丹明 B，激发罗丹明分子，处在激发态的罗丹明 B^* 分子回到基态时，发射光子. 该辐射的最大发射波长是 584nm.

(1)气相化学发光

气相化学发光反应主要有 O_3，NO 和 S 的化学发光反应. 可以用于监测空气中的 O_3，NO，NO_2，H_2S，SO_2 和 CO 等.

①臭氧的化学发光反应　臭氧可与 40 余种有机化合物产生氧化发光反应. 上

面提到的臭氧与罗丹明 B 的反应最灵敏. 臭氧与乙烯的化学发光反应对 O_3 是特效的，其反应机理是：

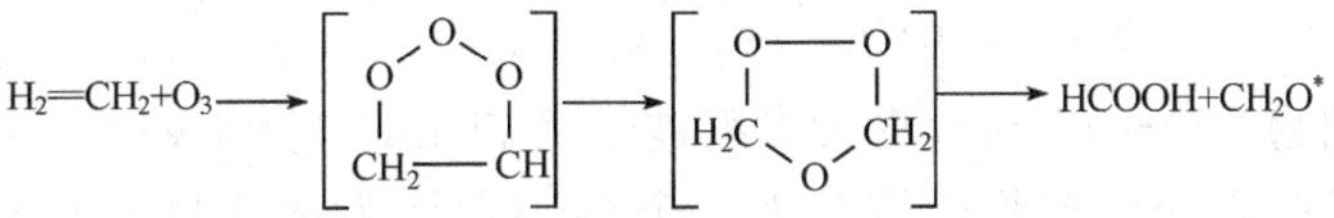

$$CH_2O^* \longrightarrow CH_2O + h\nu$$

发光物质是激发态甲醛. 这个化学发光反应的最大发射波长为 435nm，线性响应范围是 1ng/mL～1μg/mL.

②氮氧化物的化学发光反应　一氧化氮和臭氧的化学发光反应具有较高的化学发光效率，其反应机理为

首先　$NO + O_3 \longrightarrow NO_2{}^* + O_2$　然后　$NO_2{}^* \longrightarrow NO_2 + h\nu$

这个反应的发射光谱范围为 600～875nm，灵敏度可达 1ng/mL，同时测定大气的 NO_2 时，可先将 NO_2 还原为 NO，测得 NO 总量后，从总量中减去原试样中的 NO 含量，即为 NO_2 含量.

③利用氧原子的化学发光反应　空气中的氧为氧分子 O_2，而不是氧原子. 一般让臭氧(O_3)在 1000℃的石英管中分解为 O_2 和 O，提供反应需要的氧原子. 氧原子与 SO_2，NO，CO 等的化学发光反应分别为

与 SO_2 反应时，首先　$SO_2 + O + O \longrightarrow SO_2^* + O_2$　然后　$SO_2^* \longrightarrow SO_2 + h\nu$

此反应最大发射波长为 200nm，测定灵敏度可达 1ng/mL.

与 NO 反应时，首先　$NO + O \longrightarrow NO_2^*$　然后　$NO_2^* \longrightarrow NO_2 + h\nu$

此反应的发光范围为 400～1400nm，测定灵敏度可达 1ng/mL.

与 CO 反应时，首先　$CO + O \longrightarrow CO_2^*$　然后　$CO_2^* \longrightarrow CO_2 + h\nu$

此反应的光谱范围在 300～500nm，测定灵敏度为 1ng/mL.

④火焰化学发光　一氧化氮 NO 在富氢火焰中燃烧，产生很强的火焰化学发光反应：

首先　$H + NO \longrightarrow HNO^*$　然后　$HNO^* \longrightarrow HNO + h\nu$

此反应的发光的光谱范围为 660～770nm，最大波长为 690nm.

二氧化氮在富氢火焰中能迅速还原为一氧化氮，

$$NO_2 + H \longrightarrow NO + OH$$

因而在富氢火焰中测定的值是氮的氧化物总量. 一氧化氮在富氢火焰的化学发光反应可以作为气相色谱中氮化物的检测方法.

气体或挥发性硫的化合物，如 SO_2，H_2S，CH_3SH，CH_3SCH_3 等在富氢火焰中燃烧时，产生很强的蓝色化学发光，例如 SO_2，其化学发光反应为

$$SO_2+2H_2 \longrightarrow S+H_2O$$
$$S+S \longrightarrow S_2^*$$
$$S_2^* \longrightarrow S_2+h\nu$$

发光光谱范围为350～460nm，最大发射波长为394nm，检测灵敏度为0.2ng/mL，此化学发光反应是两个硫原子结合为一个S_2. 因此，发光强度是和硫的化合物浓度的平方成正比.

(2)液相化学发光

用于液相化学发光的物质有鲁米诺(Lominol)、光泽精、洛粉碱、没食子酸、过氧化草酸盐、硅氧烯和芳香游离基离子等. 其中对鲁米诺(3-氨基苯二甲酰肼)的化学发光反应的机理研究最为悠久. 有关化学发光体系已用于分析测定痕量的H_2O_2以及Cu，Mn，Co，V，Fe，Cr，Ce，Hg，和Th等金属离子. 鲁米诺产生的化学发光反应的量子效率φ_c为0.01～0.05.

鲁米诺在碱性溶液中形成重氮醌(a)，它与氧化剂如H_2O_2作用生成不稳定的六元环过氧化物(b)，然后转化为激发态的氨基邻苯二甲酸根离子(c)，其价电子从第一电子激发态的最低振动能层跃迁到基态中的各振动能层时，发射光辐射，最大发射光的波长为425nm. 整个反应历程如下：

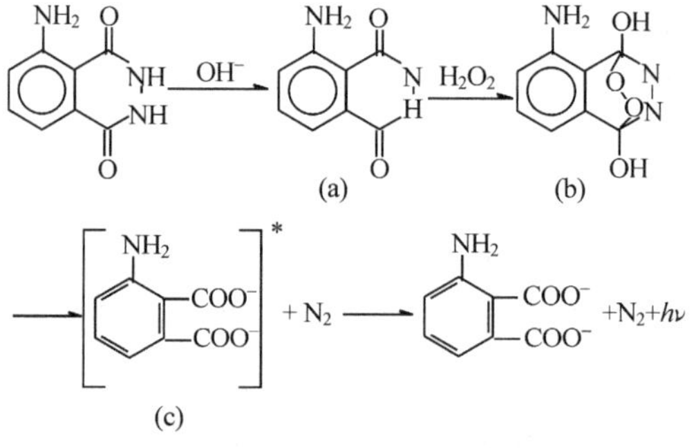

利用上述化学发光反应检测低至10^{-9} mol · L^{-1}的H_2O_2. 除H_2O_2外，鲁米诺还可以和O_2，OCl^-，I_2，MnO_4^-等氧化剂起化学发光反应.

鲁米诺和H_2O_2的化学发光反应的速率较慢，可用某些过渡金属离子催化，使发出的光强增加. 利用这一现象可以测定Co(Ⅱ)，Cu(Ⅱ)，Ni(Ⅱ)，Cr(Ⅲ)，Fe(Ⅱ、Ⅲ)，Ag(Ⅰ)，Au(Ⅲ)，Mn(Ⅱ)，Hg(Ⅱ)，Os(Ⅲ，Ⅳ，Ⅴ)，Ru(Ⅳ)，V(Ⅳ)，Ir(Ⅳ)等，检出限在0.01～40μg/mL.

此外，有些金属离子对鲁米诺与H_2O_2的化学发光反应有抑制作用，如Ce(Ⅳ)，Hf(Ⅳ)，因此也可以用间接法测定这些金属离子.

有些物质通过酶的转化，生成化学发光反应物，然后再让其进行化学发光反应. 例如氨基酸在氨基酸氧化酶的催化下，可以被氧化，并产生 H_2O_2，其反应为

$$\text{氨基酸} + O_2 \xrightarrow{\text{氨基酸氧化酶}} \text{酮酸} + NH_3 + H_2O_2$$

又如，葡萄糖在葡萄糖氧化酶的催化下可以被氧化，并产生 H_2O_2，其反应为

$$\text{葡萄糖} + O_2 + H_2O \longrightarrow \text{葡萄糖酸} + H_2O_2$$

所以利用 H_2O_2 和鲁米诺化学发光反应，可以测定氨基酸、葡萄糖等.

其他用于液相化学发光反应的试剂有：

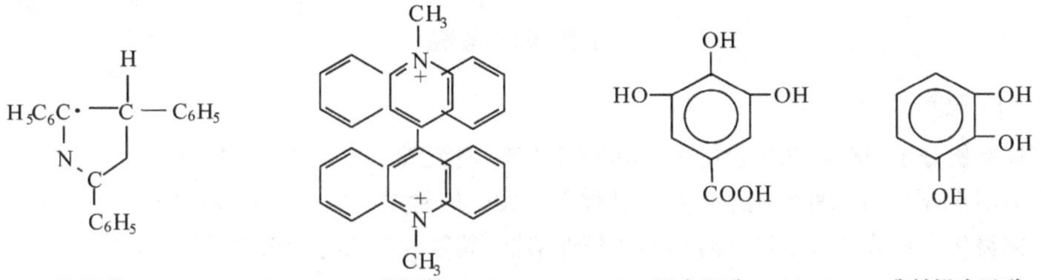

洛粉碱　　光泽精　　没食子酸　　焦性没食子酸

(3)生物发光分析

生物发光反应常涉及到催化反应和发光反应. 这类反应选择性很好，而且有很高的灵敏度. 三磷酸腺苷(ATP)的测定就是一个十分成功的实例. 在 pH7～8 的介质中，在荧光素酶(E)和 Mg(Ⅱ)的存在条件下，让荧光素(LH_2)与 ATP 反应，生成磷酸腺苷(AMP)荧光素和荧光素酸的复合物和镁的焦磷酸盐(在生化反应中，用 ppi 表示焦磷酸). 其反应可以下式表示：

$$AMP + LH_2 + E + Mg^{2+} \xrightleftharpoons{pH7\sim8} AMP \cdot LH_2 \cdot E + Mgppi + 2H^+$$

然后，复合物与氧反应，产生化学发光反应：

$$AMP \cdot LH_2 \cdot E + O_2 \longrightarrow [\text{氧化荧光素}]^* + AMP + CO_2 + H_2O$$

$$[\text{氧化荧光素}]^* \longrightarrow \text{氧化荧光素} + h\nu$$

反应产生的最大辐射光的波长为 562nm，能测定 10μl 试样中 10^{-14}g 的 ATP，线性范围达 6 个数量级.

烟酰胺腺嘌呤二核苷酸(NADH)的测定是利用细菌中的黄酶素的作用，在氧化型黄酶素单核苷酸(FMN)存在下，发生生物发光反应：

$$H^+ + NAOH + FMN \xrightarrow{\text{NADH 脱氢酶}} NAD^+ + FMNH_2$$

$$FMNH_2 + RCHO + O_2 \xrightarrow{\text{黄酶素}} FMN + RCOOH + H_2O + h\nu$$

该反应最大发射光波长为 495nm.

生物化学发光分析法在免疫反应和酶的固定技术的应用中已有不少实例. 它

为生化分析提供了一条新的途径.可使生化分析趋于微量、特异、灵敏和快捷.

参考文献

[1] 彭采文 G R 著,祝大昌,陈剑粄,朱世盛译.分子发光分析法——荧光法和磷光法.上海:复旦大学出版社,1985

[2] 北京大学化学系 仪器分析教学组.仪器分析教程.北京:北京大学出版社,1997

[3] 赵藻藩,周性尧,张悟铭,赵文宽.仪器分析.北京:高等教育出版社,1990

[4] 罗庆尧,邓延倬,蔡汝秀,曾云鹗.分光光度分析.北京:科学出版社,1992

习题与思考题

习 题

1. 简述有机分子中存在几种价电子及其能级轨道、能级跃迁的类型及其特点.
2. CH_3Cl 分子中有几种价电子?在紫外辐射下发生何种类型的电子能级跃迁?
3. 某酮类化合物分别溶于极性溶剂和非极性溶剂,其吸收波长有什么差异?
4. 某化合物在己烷中的最大吸收波长为 305nm,在乙醇中的最大吸收波长为 307nm,试问其光吸收涉及的电子能级跃迁属于哪种类型?为什么?
5. 某化合物在乙醇中的 $\lambda_{max}=287$nm,在二氯乙烷中的 $\lambda_{max}=295$nm.试问其光吸收跃迁属于哪种类型?为什么?
6. 试说明含 π 键的有机分子,特别是含有较大共轭 π 键的有机分子为什么具有较大的摩尔吸光系数.
7. 简述金属配合物电子能级跃迁的类型及其特点.
8. 某化合物在波长 λ_1 和 λ_2 的吸光系数分别为 ε_1 和 ε_2,并且 $\varepsilon_1<\varepsilon_2$.用一复合光测量其吸光度,在 λ_1 处入射光 $I_{10}>I_{20}$;在 λ_2 处入射光 $I_{20}>I_{10}$.讨论在不同波长处,随着浓度的增加吸光度将有什么变化.
9. 试比较原子荧光,分子荧光和分子磷光的发生机理.
10. 名词解释:量子产率、荧光猝灭、系间跨越、振动弛豫、重原子效应.
11. 哪类有机物可能属于强荧光物质?试比较下列两种化合物荧光产率的高低,为什么?

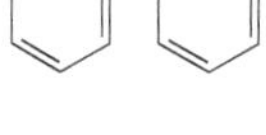

联苯

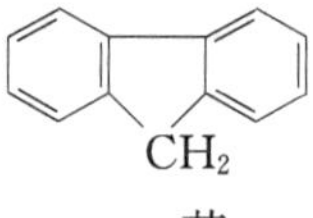

芴

12. 简述给电子取代基、得电子取代基和重原子取代基对荧光产率的影响.
13. 简述溶剂的极性对有机物荧光强度的影响.为什么苯胺在 pH3 的溶液中的荧光比在 pH10 的溶液中的荧光弱.
14. 哪类无机盐会产生荧光?哪些金属化合物的晶体会产生磷光?
15. 配合物荧光物质有几种类型?
16. 简述化学发光的基本条件,哪类化学反应可能产生化学发光?

17. 简述生物发光和化学发光的区别？它具有什么特性？

思考题

1. 如果增加光源强度，对紫外吸收和分子荧光（磷光）分析测定灵敏度各有何影响？为什么？其效果与原子光谱有何异同？
2. 通过本章的学习，我们知道电子受激后从高能态回落到低能态时，必定伴随着辐射的发生，因此产生了发光现象；而且辐射的波长反映了高、低两能级的特征. 那么，根据激发方式的不同与辐射特征的研究，就构成不同的发光分析方法. 请在对已学过的发光分析方法从激发方式、辐射特征、分析应用等方面进行归纳总结的基础上，根据想象设计出几种发光分析技术.
3. 用复合光进行吸光度测定，会出现正偏离（即实测透过率小于理论值）吗？

第 5 章　分子振动-转动光谱[1~7]

分子内除有电子相对于原子核的运动外，还有原子核的相对振动以及分子作为整体绕着重心的转动. 其中分子的振动能级变化 ΔE_v一般为 0.05～1eV；转动能级之间的能量差 ΔE_r一般为 0.005～0.05eV；当发生振动能级跃迁时，不可避免地伴随有转动能级的跃迁，实际上得到的是分子的振动-转动光谱，产生的光谱位于红外区，应称为红外振-转光谱. 在全面研究分子转动跃迁和振动跃迁时，激光拉曼散射光谱是对红外吸收光谱的一个补充，拉曼位移也在这一光区. 作为分子振动-转动光谱，本章将同时介绍红外吸收光谱和激光拉曼散射光谱.

§5.1　红外光谱法

红外光谱(infrared spectrometry，IR)研究开始于 20 世纪初期，自 40 年代商品红外光谱仪器问世以来，在有机化学研究中得到了广泛的应用. 通常的红外光谱频率的波数在 4000～625cm^{-1}之间，正是一般有机化合物的基频振动频率范围，可以提供非常丰富的结构信息.

当一束红外光照射物质时，被照射物质分子吸收其中部分光能，转变为分子的振动和转动能量，使分子固有的振动和转动从低能级跃迁到较高能级. 这种跃迁在光谱上产生吸收谱带. 通常以波长(μm)或波数(cm^{-1})为横坐标，以吸光度(A)或透过率(T%)为纵坐标，将这种吸收状况记录下来，称为红外光谱图，如图 5.1 为聚苯乙烯的红外光谱图.

红外光谱区在可见光区和微波光区之间，其波长约为 0.75～1000μm. 通常将红外光区划分为三个区：近红外光区(0.75～2.5μm)，中红外光区(2.5～25μm)，远红外光区(25～1000μm).

近红外光区：一些物质的低能电子跃迁及含氢原子团(如 OH，NH，CH)的倍频吸收，出现在近红外光区. 可用来研究稀土和其他过渡金属离子的化合物，并适用于水、醇及某些高分子化合物及含氢原子团的分析测定.

中红外光区：该区辐射的频率和绝大多数有机化合物的振动基频相对应. 由于有机物的基频振动能级跃迁的吸收最强，因此，中红外光区是研究和应用最多的光谱区. 一般所说的红外光谱就是指中红外区的红外光谱.

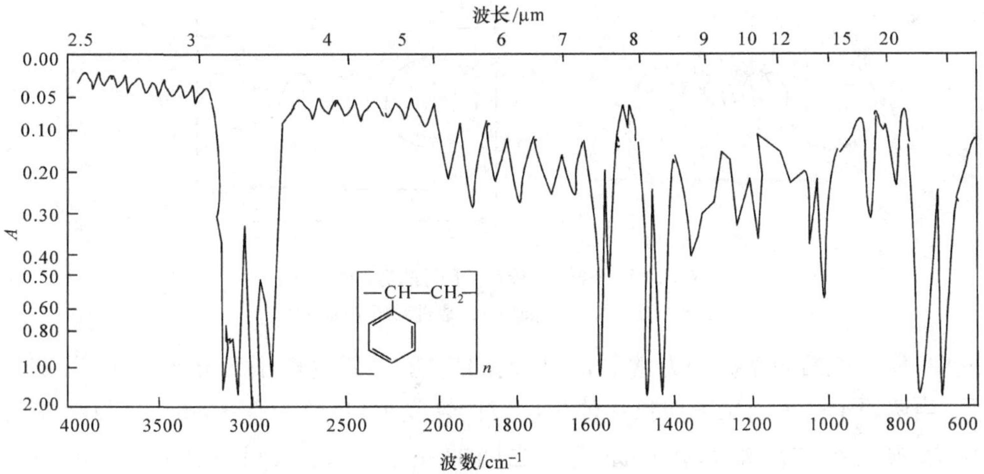

图 5.1　聚苯乙烯的红外光谱图

远红外光区：该区的吸收带主要是由分子的转动能级跃迁产生的.

红外吸收带的波长位置及吸收带的强度，反映物质分子结构的特点：吸收带的位置可以用来鉴定未知物的分子结构；吸收带的强度可以用来对分子的组成或其化学基团的含量进行定量分析. 红外光谱与紫外-可见吸收光谱不同之处在于物质分子吸收红外光后，只引起分子的振动和转动能级跃迁，不涉及紫外-可见吸收光谱中的分子电子能级的跃迁. 紫外-可见吸收光谱常常用于研究无机物和不饱和有机化合物，特别是具有共轭体系的有机化合物和无机配合物. 红外光谱主要研究在振动中伴有偶极矩变化的化合物. 因此，除了如 Ne，He，O_2，H_2 等偶极矩为零的单原子和同核分子外，几乎所有的有机化合物在红外光区均有吸收.

§5.1.1　分子振动和红外吸收频率

1. 经典力学模型

分子中成键原子间的振动，可以近似地用经典力学模型来描述. 最简单的是 A—H 键的伸缩振动，如图 5.2(a)所示. 这里的 A 是指碳、氮、氧等原子. 这种振动可以看成氢原子对分子其余部分的简谐振动. 对于一般成键的双原子之间的伸缩振动，如图 5.2(b)所示. 根据经典力学可以导出振动频率的表达式

$$\nu = \frac{1}{2\pi}\sqrt{\frac{K}{M}} \tag{5.1}$$

或

$$\tilde{\nu}(\mathrm{cm^{-1}}) = \frac{1}{2\pi c}\sqrt{\frac{K}{M}} \tag{5.2}$$

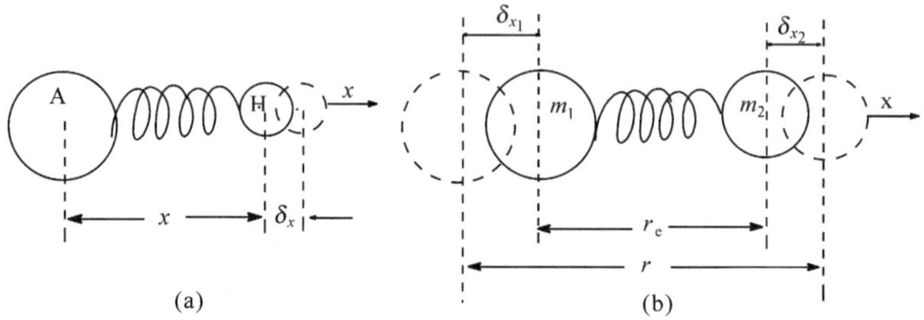

图 5.2 分子中成键原子间的振动示意图

(a)单一粒子的简谐振动；(b)成键双原子间的振动.

式中，K 为键的伸缩振动力常数，它是键的属性，与键的电子云分布有关；其定义是，当两原子由平衡位置伸长单位长度时的恢复力(单位为 N · cm^{-1}). M 为折合质量. 根据小球质量和相对原子量之间的关系(5.2)式可写为：$\tilde{\nu}(cm^{-1}) = \frac{(10^5 N_A)^{1/2}}{2\pi c}\sqrt{\frac{K}{A'}} = 1302\sqrt{\frac{K}{A'}}$，其中 N_A 为 Avogadro 常数，A'值为折合相对原子量

$$A' = \frac{A_1 \cdot A_2}{A_1 + A_2} \tag{5.3}$$

式中 A_1、A_2 分别为成键的两原子的质量. 式(5.1)和(5.2)表明，分子中的键的振动频率只与成键原子的质量和键的力常数有关，是分子的固有性质.

2. 谐振子模型

经典力学模型过于简单，它没有解释清楚红外光的吸收和振动能级跃迁之间的关系. 谐振子模型把原子在平衡位置的伸缩振动看成为简谐振动. 量子力学推导出分子的简谐振动能级的能量为

$$E = \left(v + \frac{1}{2}\right)h\nu = \left(v + \frac{1}{2}\right)\frac{h}{2\pi}\sqrt{\frac{K}{M}} \tag{5.4}$$

式中：v 是振动量子数(v=0，1，2，3，…)；ν 是振动频率. 谐振子振动能级的选择定则是 $\Delta v = \pm 1$，即振动能级只能发生在相邻的能级之间，由式(5.4)可以看出，两个振动能级间的能量差值为

$$\Delta E = E_{n+1} - E_n = \frac{h}{2\pi}\sqrt{\frac{K}{M}} \tag{5.5}$$

在通常的情况下，大多数分子是处在基态. 一般分子吸收红外光主要属基态(v=0)到第一振动激发态(v=1)之间的跃迁. 跃迁对应的吸收带称为基频吸收带，相应的频率称为基频.

据式(5.1)和红外光谱测定的数据，可以计算出各种化学键的力常数 K. 各种键的伸缩振动力常数的统计数据列于表 5.1，利用统计数据的力常数和式(5.1)，可以估计各种键型的基频吸收峰的波数(或频率). 原子折合质量 M 越小，化学键的力常数越大；化学键的振动频率越高，吸收峰将出现在高波数区. 相反，将出现在

低波数区. 例如, —C—C— , >C═C< , —C≡C— 这三种碳-碳键的原子质量数相同,但力常数不同,所以它们在红外光谱中出现的位置也不同: —C≡C— 的波数约为 2222cm^{-1}, >C═C< 的波数约为 1667cm^{-1}, —C—C— 的波数约为 1429cm^{-1}. 又如 C—C, C—N, C—O 键的力常数相近,但原子的折合质量不同,其大小顺序为 C—C＜C—N＜C—O,因而,这三种键的基频振动峰分别出现在 1430cm^{-1}, 1330cm^{-1} 和 1280cm^{-1} 附近.

表 5.1　各种键的伸缩振动力常数

$K/(10^5$ dyn[1]/cm)

键	K	键	K	键	K
H—F	9.7	≡C—H	5.9	—C≡N	18
H—Cl	4.8	═C—H	5.1	>C═O	12
H—Br	4.1	—C—H	4.8	═C═O	15
H—I	3.2	—C≡C—	15.6	—C—O	5.4
O—H	7.7	>C═C<	9.6	—C—F	5.9
>N—H	6.4	≡C—C—	5.2	—C—Cl	3.6
—S—H(H_2S)	4.3	—C—C—	4.5	—C—Br	3.1
				—C—I	2.7

1) 1dyn＝10^{-5}N,下同.

3. 非谐振子模型

键的振动并非理想的谐振子,用式(5.5)计算的基频只是一个近似值. 严格地讲,分子振动是非简谐振动. 从量子力学得到的成键两原子振动位能曲线如图 5.3 所示. 由该图可以看出,非谐振子的位能和谐振子的位能在高能级产生偏差,能级越高,这种偏差越大. 非谐性振动能级可用下式表示

$$E = h\nu\left[\left(v+\frac{1}{2}\right)-\left(v+\frac{1}{2}\right)^2 x\right] \qquad (5.6)$$

相邻能级的能量差为

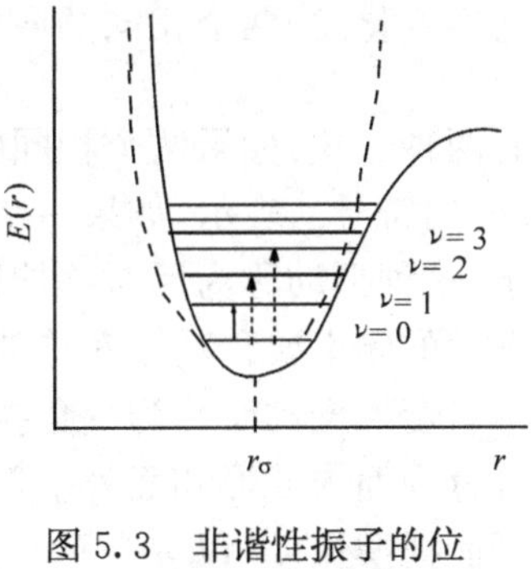

图 5.3　非谐性振子的位能和能级跃迁

(虚线为谐振子的位能曲线)

$$\Delta E = h\nu(1-2x) \tag{5.7}$$

相应的基频频率为

$$\nu = \frac{\Delta E}{h} = v - 2vx \tag{5.8}$$

式中：x 为非谐性常数，数值很小，一般情况为正数；ν 相当于谐振子的振动频率. 基频的振动频率比谐振子的低 $2vx$.

非谐振子的能级跃迁的选择定则为任何整数

$$\Delta v = \pm 1, \pm 2, \pm 3, \cdots$$

从振动基态到第二激发态（$v=2$）的吸收频率称为倍频 ν_0，其值为

$$\nu_0 = 2v - 6vx$$

倍频比谐振子基频的二倍低 $6vx$，一般倍频吸收带较弱. 由振动基态也可能跃迁到第三激发态（$v=3$），相应的吸收带的强度更弱.

多原子的各种键的振动能级之间可能有相互作用，当电磁波的能量正好等于两个基频跃迁的能量的总和时，可能同时激发两个基频振动基态到激发态，即

$$\nu_c = \nu_m + \nu_n$$

这种吸收称为合频. 合频吸收带强度比倍频更弱.

当电磁辐射波的能量等于两个基频跃迁能量之差时，也可能产生等于两个基频频率之差的吸收谱带，称为差频. 差频的吸收过程是一个振动状态，由基态跃迁到激发态，同时另一个振动状态，由激发态跃迁到基态. 由于激发态分子很少，所以差频吸收带比合频更弱. 合频和差频统称为组合频. 倍频、合频、差频又统称为泛频.

4. 振动的基本类型

多原子分子的振动不仅包括双原子沿着键的方向的伸缩振动，还有引起键角参数变化的各种变形振动. 双原子沿着键的方向伸缩振动时，键角不变，键的长度发生变化. 当两个相同的原子和中心原子相连时，如亚甲基 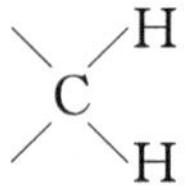，其伸缩振动有两种方式：如果两个相同的原子（H）同时离开或靠近中心原子，称为对称伸缩振动，用符号 ν_s 表示. 如果一个原子（H）离开中心原子，另一个原子（H）靠近中心原子，这种振动称为反对称伸缩振动，用符号 ν_{as} 表示. 对同一基团来说，反对称伸缩振动的频率要稍高于对称伸缩振动的频率.

变形振动又称为变角振动，其基团键角发生周期变化，而键的长度不变. 它又可分为面内变形和面外变形两种. 面内变形振动又可分为剪式振动（以 δ_s 表示）和平面摇摆振动（以 ρ 表示）. 面外变形振动又分为扭曲振动（以 τ 表示）和非平面摇摆振动（以 ω 表示）. 亚甲基（$>CH_2$）的各种振动形式可以表示为

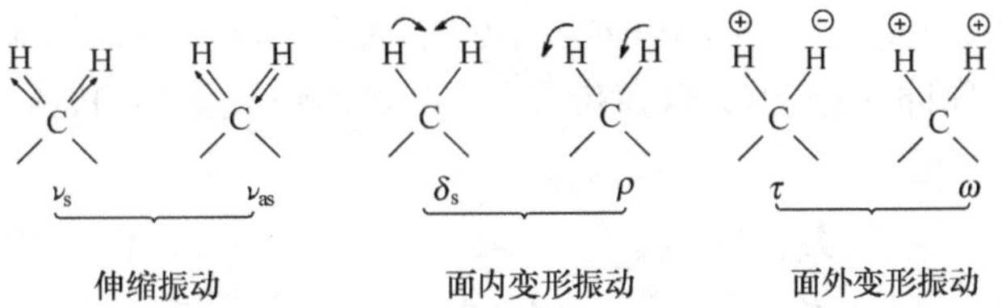

图中⊕表示运动方向垂直纸面向里，⊖表示运动方向垂直纸面向外. 由于变形振动的力常数比伸缩振动的力常数小，因此，同一基团的变形振动的频率在伸缩振动的低频端. 变形振动对环境比较敏感，通常环境的改变，同一变形振动的频率变化范围较宽.

5. 简正振动及其简并

多原子分子中的原子数目及其排列不同或空间结构不同，原子之间的振动是十分复杂的. 因此，多原子的振动光谱比双原子的振动光谱复杂得多. 但是，可以把它们的振动分解为许多简单的振动，即简正振动.

分子中的每个原子都可以沿空间坐标 x,y,z 轴方向振动，有三个自由度. 一个由 N 个原子组成的分子共有 $3N$ 个自由度. 但是平动，如图 5.4(a)所示，不属振动，转动，如图 5.4(b)所示，也不属于振动. 所以，非直线型分子的自由度应从 $3N$ 中减去 3 个平动自由度和三个转动自由度，为 $3N-6$ 个自由度. 对直线型分子来说，非直线型分子沿 x 轴的转动相应地变为直线型分子的弯曲振动，如图 5.4(c)，也就是说，它的振动自由度应增加一个，为 $3N-5$. 分子中 N 个原子有 $3N-6$ 或 $3N-5$ 个独立的振动称为分子的简正振动.

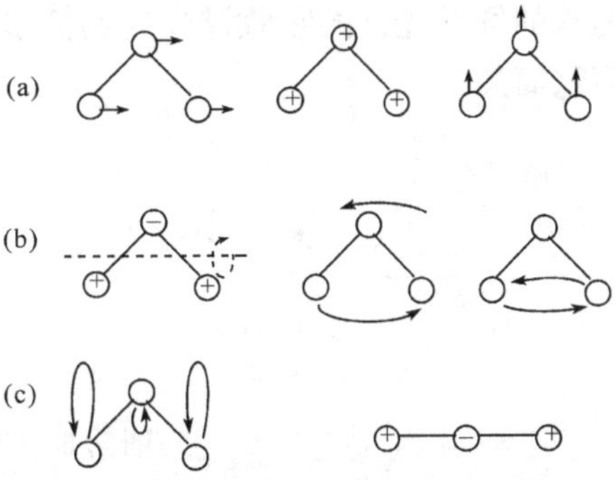

图 5.4　分子的平动和转动自由度

虽然多原子分子的振动很复杂，我们可以把分子的所有的振动看成是许多简正振动的组合. 每个简正振动都有一定的能量，可以在特定的频率发生吸收. 但是，红外光谱不一定出现与计算的简正振动数目相同的吸收带. 虽然存在倍频和合频，能使振动谱带数目增多. 但是，当一些简正振动频率相同或其振动模式等效时，同一振动模式的简正振动吸收频率将会重叠，以及没有偶极矩变化的振动(即非红外活性振动)，将导致表观的谱带数目减少.

分子的振动形式可分为两大类：伸缩振动，以 ν 表示，是沿键的方向的振动，只改变键的长短，对键角没有影响；弯曲振动或变形振动，以 δ 表示，为垂直键方向的振动，只改变键角而不影响键长，例如水分子有三个原子，为非直线型分子，它的自

由度为 $3N-6=9-6=3$. 它有三种振动形式，如图 5.5 所示，相应有三个吸收谱带：谱带 $\tilde{v}_1$ 是对称伸缩振动(ν_s)，谱带 $\tilde{v}_2$ 为不对称吸收带(ν_{as})；谱带 $\tilde{v}_3$ 为变形振动的吸收带(δ).

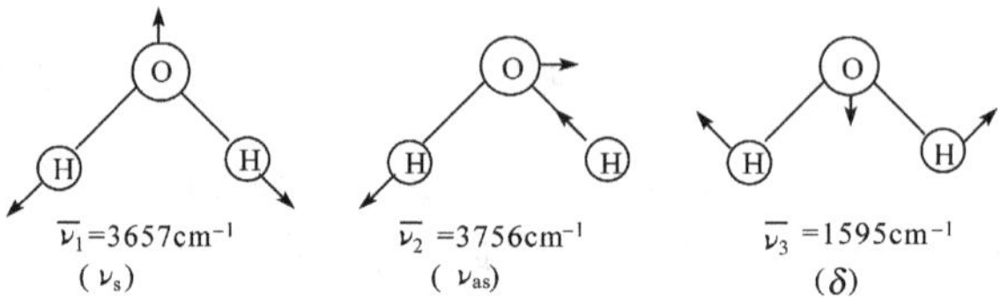

图 5.5　水分子的振动形式

CO_2是直线型分子，它的自由度为 $3N-5=9-5=4$，应有四个简正振动，见图 5.6. 实际上光谱图上只有三个吸收谱带，其中两个变形振动的区别是振动方向的不同，但振动频率相同，它们的振动模式是等效的，称为振动的简并. 所以，CO_2分子有二重简并. 图 5.7 为苯的红外光谱. 苯分子的简正振动数为 30，但所观察到的苯的红外光谱的吸收谱带远远低于 30 个. 这表明苯分子存在着多种振动模式的多重简并.

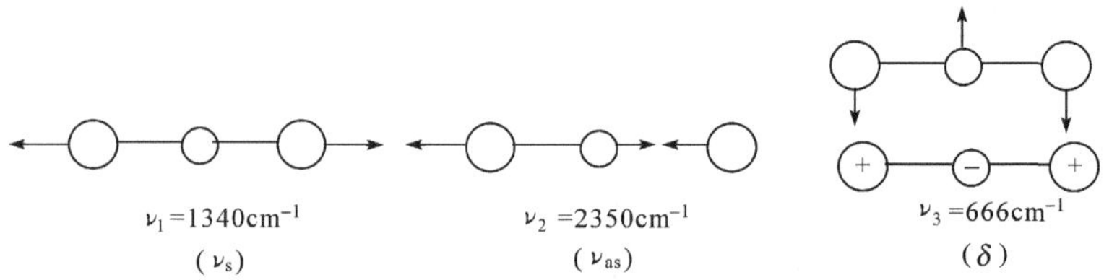

图 5.6　CO_2分子的振动形式

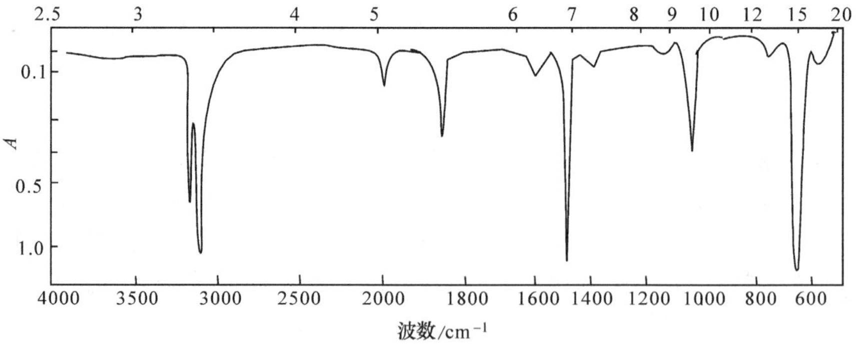

图 5.7　苯的红外光谱

6. 吸收谱带的强度

在红外光谱法中，一般是按摩尔吸收系数 ε 的吸收大小来划分吸收谱带的强弱等级.

$\varepsilon>100$	吸收谱带很强(vs)
$20<\varepsilon<100$	强吸收谱带(s)
$10<\varepsilon<20$	中强吸收谱带(m)
$1<\varepsilon<10$	吸收谱带很弱(w)

红外光谱用于结构鉴定时,经常使用的是相对强度 T(透过率)或 A(吸光值).此时所指的强吸收谱带或弱吸收谱带是对整个红外光谱图的相对强度而言,并不代表一定的摩尔吸光系数范围.

在可能发生的振动能级跃迁中,吸收谱带的强弱取决于相应振动能级的跃迁概率大小.决定跃迁概率大小有两个因素:其一是从基态到第一激发态的跃迁概率最大,因此基频吸收谱带比倍频、合频的吸收谱带的强度高;其二是振动能级的简并多重度,振动能级的简并多重度越大,相应的吸收谱带的强度就越高.

量子力学证明,当振动的偶极矩不为零时,相应的振动能级之间的跃迁才伴随电磁辐射的吸收与发射.只有极性键在振动过程中才出现偶极矩的变化;在键的周围产生稳定的交变电场才能与相应的频率的电磁辐射波相互作用,从而吸收相应频率的电磁辐射,产生振动能级的跃迁,得到振动光谱.这种振动称为红外活性振动.强极性键的振动,产生强度大的吸收谱带,如羟基、羰基、硝基等强极性基团都有很强的吸收谱带.分子的对称性越差,伸缩振动时,其偶极矩的变化也越大,产生的吸收谱带也较强.一些对称性很高的分子,如炔烃 R—C≡C—R ,两边的取代基相同,三重键的对称伸缩振动没有偶极矩的变化,不发生红外吸收,称为非红外活性振动. CO_2 分子的不对称伸缩振动(ν_{as} 2350cm^{-1})是红外活性的,而对称伸缩振动(ν_s 1340cm^{-1})是非红外活性的.在多原子分子中,各种振动模式的红外活性和非红外活性是由分子结构及振动模式所具有的对称性质来决定,这种关系称为对称性选择定则.

§5.1.2　红外光谱和分子结构的关系

多原子分子键的振动,除受成键原子的质量和键的电子云分布制约之外,还受到分子结构和成键原子的化学环境的影响.利用振动方程式(5.1)只能计算简单分子中的化学键的基本频率的近似值.对于多原子分子的红外光谱和分子结构的关系,实际上还是通过对大量的标准样进行测试研究.实践表明,一定的官能团对应有一定的特征吸收.也就是说,在不同分子中的同一类基团的振动频率非常接近,都在一定的频率区间出现吸收谱带,这种吸收谱带的频率称为相应官能团的基团频率.它们是鉴定官能团的依据.这类基团频率在 4000～1300cm^{-1} 之间,频率较高,受分子其他部分的影响较小,这一频率区称为官能团区.当基团的振动能级容

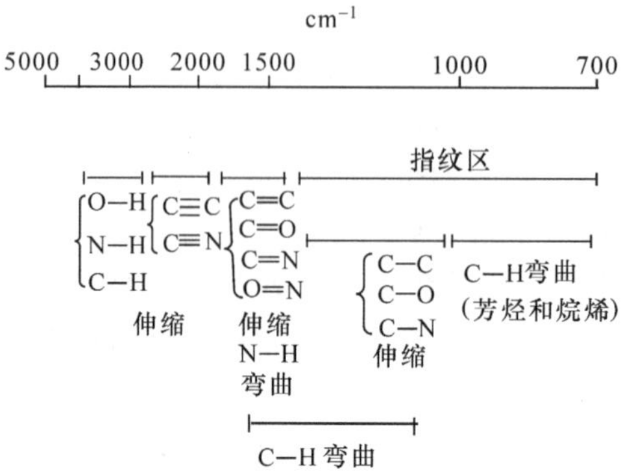

图 5.8　各种基团的吸收频率的分布

易受到化学结构和化学环境的影响，结构上的细微变化都能使相应的吸收光谱发生改变，就像不同的人有不同的指纹一样，这类基团的频率在 1300～600cm^{-1}之间，被称为指纹区. 利用指纹区的吸收谱带可以识别特定的分子. 图 5.8 为各种基团的吸收频率的分布.

1. 官能团区和指纹区

官能团区是化学键伸缩振动产生的吸收谱带，由于官能团的特征吸收，谱带一般位于高频带. 吸收谱带比较稀疏，易于辨认，是鉴定基团最有价值的区域. 官能团区又可分为三个波段.

4000～2500cm^{-1}为 X—H 伸缩振动区(X 为 O,N,C 等原子)，这个区存在吸收谱带说明有含氢原子的官能团存在. 例如 O—H 基的伸缩振动出现在 3700～3200cm^{-1}范围内，它可以作判断醇类、酚类、有机酸类存在的重要依据.

2500～2000cm^{-1}为叁键和累积双键伸缩振动区. 这一领域出现吸收谱带，主要包括 —C≡C— ，—C≡N 的叁键的伸缩振动和 —C=C=C，—C=C=O 等的反对称伸缩振动，此外 S—H，Si—H，P—H，B—H 的伸缩振动也出现在此区域.

2000～1300cm^{-1}为双键伸缩振动区. 这一区域出现吸收谱带表示有双键化合物存在. C=O(酰卤、酸、酯、醛、酮、酰胺等)吸收谱带出现在 1870～1600cm^{-1}强吸收. C=C，C=N、N=O 的伸缩振动在 1675～1500cm^{-1}，其中比较对称的

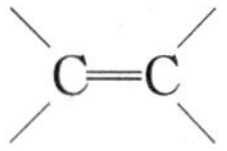

的吸收谱带较弱. 苯的衍生物在 2000～1650cm^{-1}出现 C—H 的变形振动的倍频或合频吸收光谱带. 但其强度很弱.

指纹区是单键伸缩振动和变形振动产生的复杂光谱区. 指纹区可分为二个波段:

1300～900cm^{-1}区是 C—O，C—N，C—F，C—S，P—O，Si—O 等单键伸缩振动和 C=S，S=O，P=O 等双键伸缩振动吸收区. 其中约 1375cm^{-1}为甲基的变形振动 δ_{C-H}(对称弯曲)吸收，对判断甲基十分有用.

900～600cm^{-1}区内某些吸收谱带可以用来判断化合物的顺反结构. 例如烯烃 =C—H 的面外变形振动吸收谱带的位置很大程度取决于双键取代基情况，对反式构型

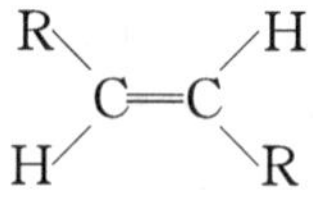

来说，吸收谱带出现在 990～970cm^{-1}，而在顺式构型

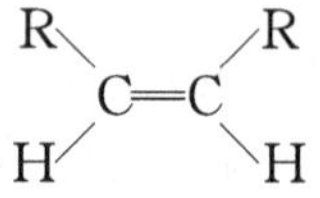

中，吸收谱带出现在 690cm^{-1}附近.

苯的衍生物的倍频谱带出现在 2000～650cm^{-1}范围，是 C—H 的面外和 C═C 面内变形振动的倍频吸收. 谱带虽然很弱，但形态十分特征，据此可以对苯环取代基类型进行鉴定(图 5.9).

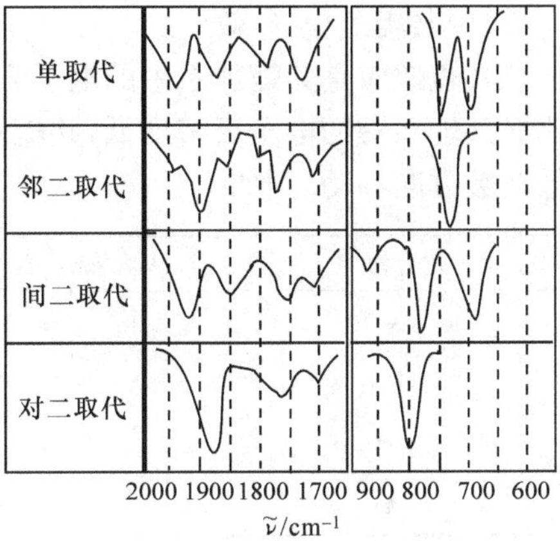

图 5.9

苯的衍生物在 2000～1667cm^{-1}和在 900～650cm^{-1}的红外吸收谱.

多数官能团有数种振动模式，存在一组相关的吸收谱带. 例如 O—H 键的伸缩振动吸收谱带在 3700～3200cm^{-1}范围，O—H 键的面外弯曲振动的吸收谱带在 1420～1260cm^{-1}；C—O 的伸缩振动谱带在 1250～1000cm^{-1}，而面外弯曲振动谱带在 750～650cm^{-1}. 用一组相关吸收谱带确认一个基团的存在是红外光谱解析的重要原则.

2. 影响基团频率的因素

同一基团在不同分子中，基团频率可能会有较大的位移范围. 影响基团频率位移的因素可分为内部因素和外部因素.

内部因素有以下几种：

(1) 电子效应，由于化学键的电子云分布不均匀引起的，包括诱导效应、共轭效应和中介效应.

(a)诱导效应(I 效应)

由于取代基具有不同的电负性，通过静电场诱导，引起分子中的电子云分布发生变化，从而改变了键的力常数，使该键相应的特征频率发生位移. 例如，羰基C═O上的碳原子与不同电负性基团相连时，由于静电场的作用，电负性大的基团将诱导电子云由氧原子向双键的中间移动，增加羰基双键的力常数，使键的振动频率增高，吸收谱带向高波数移动. 随着取代基的电负性增大，或电负性取代基增多，诱导效应越强，吸收谱带向高波数移动越显著. 下表列出羰基上碳原子上的取代基的电负性对振动频率的影响.

C═O/cm^{-1}	1715　　　1800　　　1820　　　1928
化合物	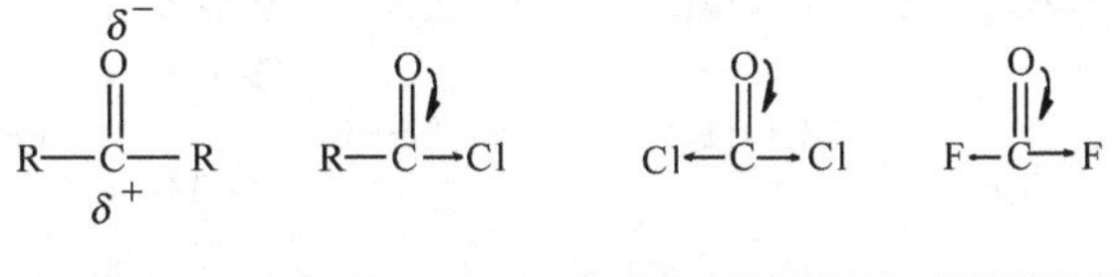

(b)共轭效应(C 效应)

共轭效应是共轭体系中的电子云分布密度平均化，使共轭双键的电子云密度比非共轭双键的电子云密度低，共轭双键略有伸长，力常数减小. 因而振动频率向低波数方向移动. 例如

化合物	$\nu_{C=O}/cm^{-1}$	化合物	$\nu_{C=O}/cm^{-1}$
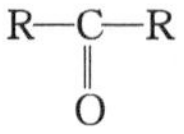	1710～1725	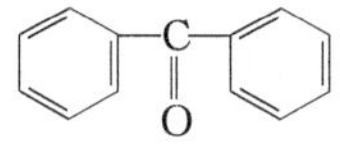	1667～1661
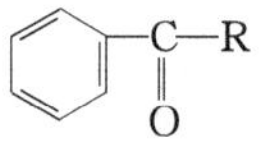	1695～1680	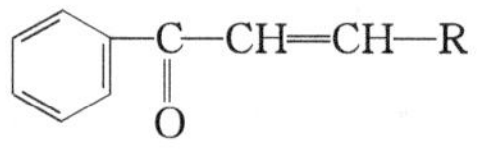	1667～1653

(c)中介效应(M 效应)

含有孤对电子的原子与具有多重键的原子相连时，孤对电子和多重键形成p-π共轭作用，称为中介作用. 例如酰胺 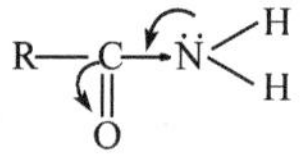 中的氮有孤对电子，和C═O双键形成共轭作用，使C═O键的力常数减小，振动频率向低波数位移到 $1650cm^{-1}$左右.

对同一基团来说，可能同时存在诱导效应和中介效应. 基团的振动频率的位移取决于两种效应的净结果. 当诱导效应起主导作用时，则振动频率向高波数方向移动. 反之，振动频率向低波数方向移动.

例如

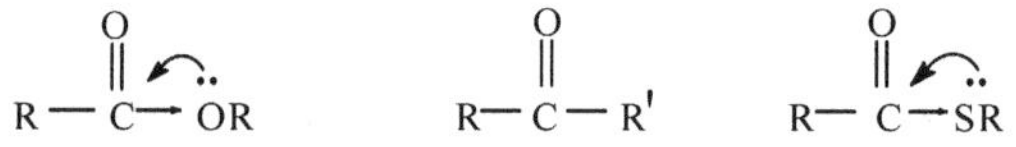

$1735cm^{-1}$　　$1715cm^{-1}$　　$1690cm^{-1}$

(I效应>M效应)　　(I效应<M效应)

(2) 氢键影响

氢键的形成使电子云密度平均化，从而使振动频率下降. 分子中含有非键电子对的原子(如 O,N)能成为氢键的质子接受体 Y，分子中的极性键 X—H 能成为氢键的质子给予体. 如羧酸就是一个典型的例子：羧酸的羰基C═O中的氧含有孤对电子，是质子的接受体，而其羟基是极性键，是质子给予体，羰基和羟基之间容易形成氢键. 稀溶液中的羧酸 C═O 的振动频率在 $1760cm^{-1}$左右，而固态和液态中的羧酸的 C═O 频率在 $1700cm^{-1}$左右. 这是因为形成了二聚体.

RCOOH　　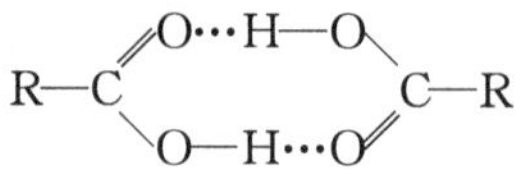

$\nu_{C=O}=1760cm^{-1}$　　$\nu_{C=O}=1700cm^{-1}$

氢键可以分为分子间氢键和分子内氢键. 分子内氢键不受浓度的影响，由于受

到结构上的限制,X—H…Y 不在同一直线上,其键的伸缩振动谱带位移及强度的改变均较小. 分子间的氢键则受到浓度和溶剂的性质影响. 例如以 CCl_4 为溶剂测定乙醇的红外光谱,当浓度小于 0.01mol · L^{-1} 时,乙醇分子间不形成氢键. 只显示游离的 OH 的基团的吸收谱带 ($3640cm^{-1}$). 但是,随着乙醇的浓度增加,游离的羟基的吸收谱带的强度减弱,而二聚体($3515cm^{-1}$)和多聚体($3350cm^{-1}$)的吸收谱带相继出现. 当乙醇的浓度为 1.0mol · L^{-1} 时,乙醇主要以多聚体形式存在. 如图 5.10 所示.

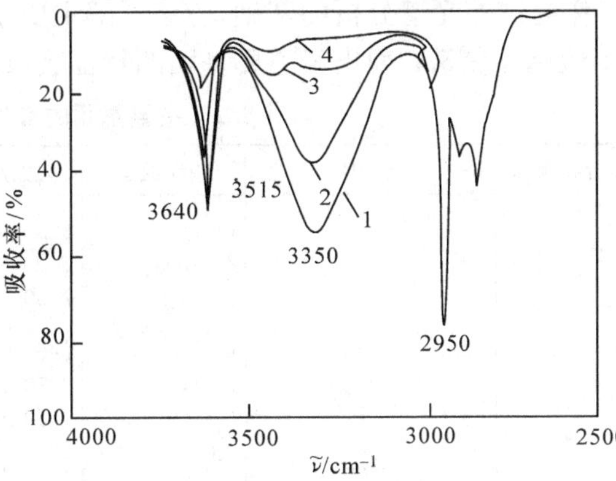

图 5.10　不同浓度的乙醇 CCl_4 溶液的红外光谱片段

1. 1.0mol · L^{-1}; 2. 0.25mol · L^{-1}; 3. 0.10mol · L^{-1}; 4. 0.01mol · L^{-1}.

(3) 振动耦合

振动耦合是指化合物中两个化学键的振动频率相等或接近并具有一个公共的原子,通过公共原子使两个键的振动相互作用,使振动频率产生变化. 一个向高频移动,一个向低频移动,使谱带分裂. 振动耦合出现在二羰基化合物中,例如羧酸

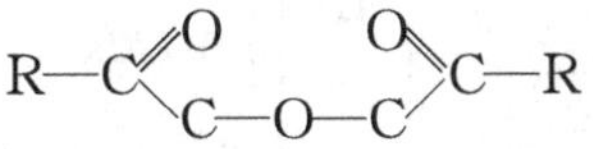

中,振动耦合使 $\nu_{C=O}$ 分裂成两个吸收峰,一个为反对称耦合峰(≈$1820cm^{-1}$),一个为对称耦合峰(≈$1760cm^{-1}$).

(4) 费米(Fermi)共振

当一个基团振动的倍频或合频与其另一种振动模式的基频或另一基团的基频的频率相近,并且具有相同的对称性时,由于相互作用也产生共振耦合使谱带分裂,并且原来很弱的倍频或合频的谱带的强度显著增加. 这种特殊的耦合效应称为费米共振. 大多数醛的红外光谱在 $2200cm^{-1}$ 和 $2270cm^{-1}$ 出现两个强度相近的谱带是费米共振的典型例子. 这两条谱带是醛基的C—H伸缩振动和其变形振动的倍频之间发生费米共振的结果. 另一个例子是苯甲酰氯

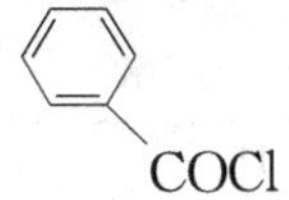

的红外光谱,在羰基C═O伸缩振动频率($1774cm^{-1}$)范围内出现两个吸收谱带($1773cm^{-1}$ 和 $1736cm^{-1}$). 一般认为这是C═O的伸缩振动和C—C基的变形振动(880～$860cm^{-1}$)的倍频之间产生费米共振的结果.

3. 主要基团的特征吸收谱带

红外光谱用于化合物的结构分析,需要对红外光谱图进行解析. 一一指认每一

个谱带是十分复杂的工作，这既要有坚实的理论知识，还要有丰富的实践知识. 但是，作为红外光谱分析的基础，应该了解主要基团的特征吸收. 也就是说，需要熟悉基团频率，表 5.2 列出了主要基团的特征吸收.

表 5.2 主要基团的红外特征吸收表

化合物类型	基 团	振动类型	波数/cm^{-1}	波长/μm	强度	注 解
一、链状烷烃		$\nu_{C—H}$ $\delta_{C—H(面内)}$ $\nu_{C—H(面内)}$	3000～2800 1490～1350 1250～1140	3.33～3.57 6.70～7.41 8.00～8.77	m→s m,w m	分 ν_{as} 与 ν_s 不特征，—CMe₂ 及—CMe_3
	—CH_3	ν_{as}CH ν_sCH δ_{as}CH(面内) δ_sCH(面内)	2960±10 2870±10 1450±20 1375±5	3.38±0.01 3.48±0.01 6.90±0.1 7.27±0.03	s m→s m s	特征；裂分为三个峰 共振时，裂分为二个峰
	—CH_2—	ν_{as}CH ν_sCH δ_{CH}(面内)	2925±10 2850±10 1465±10	3.42±0.01 3.51±0.01 6.83±0.1	s s m	
	—CH— |	ν_{CH}CH δ_{CH}(面内)	2890 ±10 —1340	3.46 ±0.01 —7.46	w w	
	—CMe_2 |	$\nu_{C—C}$	1170±5 1170 ～1140 ～800	8.55±0.04 8.55 ～8.77 ～12.5	s s m	双峰强度相仿
	—CMe_3	δ_{CH}(面内) δ_{CH} $\nu_{C—C}$ $\nu_{C—C}$	1395～1385 1370～1365 1250±5 1250～1210	7.17～7.22 7.30～7.33 8.00±0.03 8.00～8.27	m s m m	骨架振动
	—$(CH_2)_n$— 当 $n\geqslant4$ 时	δ_{CH}（平面摇摆）	750～720	13.33～13.88	m,s	
二、烯烃		ν_{CH} $\nu_{C=C}$ δ_{CH}(面内) δ_{CH}(面外)	3095～3000 1695～1540 1430～1290 1010～667	3.23～3.33 5.90～6.50 7.00～7.75 9.90～15.0	m,w 可变 m s	$\nu_{=C—H'}$ 若 C═C═C 则为 2000～1925cm^{-1} 中间有数段间隔
	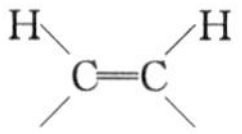 (顺 式)	ν_{CH} $\delta_{C—H}$(面内) δ_{CH}(面外)	3040～3010 1310～1295 690±15	3.29～3.32 7.63～7.72 14.50±0.3	m m s	环状化合物 850～650cm^{-1}
	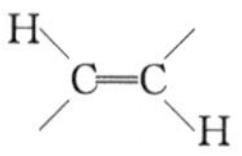 (反 式)	ν_{CH} δ_{CH}(面外)	3040～3010 970～960	3.29～3.32 10.31～10.42	m s	
	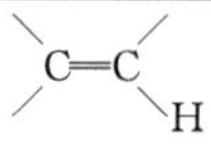 (三取代)	δ_{CH} δ_{CH}(面外)	1390～1375 840～790	7.20～7.27 11.89～12.66	w s	

续表

化合物类型	基　团	振动类型	波数/cm^{-1}	波长/μm	强度	注　解
		ν_{CH} $\nu_{C\equiv C}$ δ_{CH}(面外) δ_{CH}(面外)	−3300 2270～2100 −1250 645～615	−3.03 4.41～4.76 −8.00 15.50～16.25	m m s	非特征
三、炔烃	—C≡C—H	ν_{CH} δ_{CH}(组峰) $\nu_{C\equiv C}$	3310～3300 1300～1200 2140～2100	3.02～3.03 7.69～8.33 4.67～4.76	m→s m,s w,vw	特征
	R—C≡C—R	$\nu_{C\equiv C}$ 与C═C共轭 与C═O共轭	2260～2190 2270～2220 −2250	4.42～4.57 4.41～4.51 −4.44	w m s	
四、芳烃		ν_{CH}	3040～3030	3.29～3.30	m	特征.高分辨呈多重峰(一般为3～4个峰)
		δ_{CH}(面外)的泛频峰	2000～1660	5.00～5.98	w	特征.加大样品量,可判断取代图式
		$\nu_{C\equiv C}$(骨架振动)	1600～1430	6.25～6.99	可变	高度特征.确定芳核存在的重要标志之一,由于取代基团影响,个别可达到1615～1650cm^{-1}
		δ_{CH}(面内)	1225～950	8.16～10.53	w	因峰强度太弱,仅作为在区别三取代时,提供δ_{CH}(面外)的参考峰
		δ_{CH}(面外)	900～690	11.11～14.49	s	特征.确定取代位置最重要峰
		$\nu_{C\equiv C}$ (骨架振动)	1600±5 1580±5 1500±25 1450±10	6.25±0.02 6.33±0.02 6.67±0.10 6.90±0.05	可变 可变 可变 可变	一般情况下,1600±5峰稍弱,而1500±25峰稍强,二者皆属于强峰共轭环

续表

化合物类型	基　团	振动类型	波数/cm^{-1}	波长/μm	强度	注　解
四、芳烃	取代类型 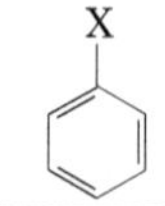	δ_{CH}(面外)	770～730 710～690	12.99～13.70 14.08～14.49	v,s s	五个相邻 H
	取代类型 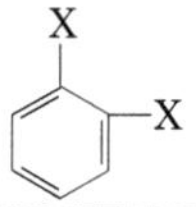	δ_{CH}(面外)	770～735	12.99～13.61	v,s	四个相邻 H
	取代类型 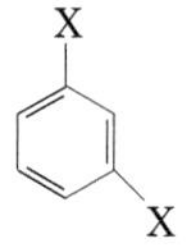	δ_{CH}(面外)	810～750 725～680 900～860	12.35～13.33 13.79～14.71 11.12～11.63	v,s m→s m	三个相邻 H 三个相邻 H 一个孤立 H (作参考)
	取代类型 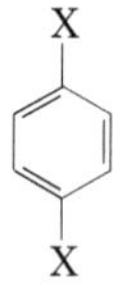	δ_{CH}(面外)	860～800	11.63～12.50	v,s	二个相邻 H
五、酮	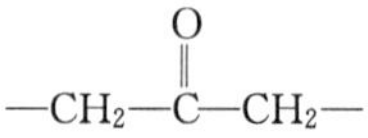 (饱和链状酮)	$\nu_{C=O}$	1715±10	5.83±0.03	v,s	在 $CHCl_3$ 中低 10～20cm^{-1}
	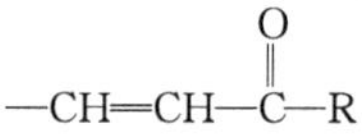 (α,β-不饱和酮)	$\nu_{C=O}$	1675±10	5.97±0.04	v,s	因C═O与C═C共轭所以降低 40cm^{-1}
	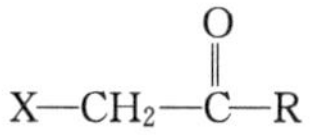 (α-卤代酮)	$\nu_{C=O}$	1735±10	5.77±0.03	v,s	
	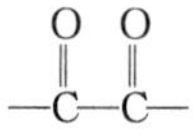 (α-二酮)	$\nu_{C=O}$	1720±10	5.81±0.03	v,s	
	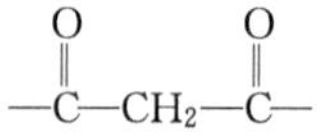 (β-二酮)	$\nu_{C=O}$	1700±10	5.88±0.03	v,s	
	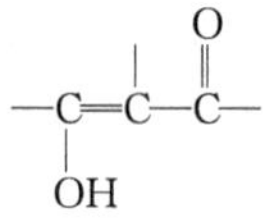 (β-二酮烯醇式)	$\nu_{C=O}$	1640～1540	6.10～6.49	v,s	吸收峰宽而强,(因共轭螯合作用非正常C═O峰)

续表

化合物类型	基　团	振动类型	波数/cm^{-1}	波长/μm	强度	注　解
六、醛	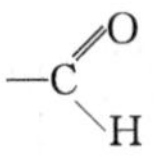	ν_{CH} $\nu_{C=O}$ ν_{C-C} δ_{CH}(面外)	2900～2700 1730±10 1440～1325 975～780	3.46～3.70 5.78±0.03 6.95～7.75 10.26～12.80	w v,s m m	一般为两个峰带，～2855cm^{-1}及～2740cm^{-1}
脂肪醛	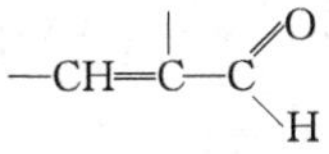 (α,β-不饱和醛)	$\nu_{C=O}$ (骨架振动)	1690±10	5.92±0.03	v,s	ν_{CH},δ_{CH}同上
七、醌	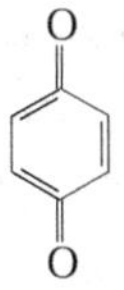 (或 1,2)	$\nu_{C=O}$	1675±15	5.97±0.05	v,s	与苯环上取代基有关
八、酸 1. 脂肪酸 (饱和)	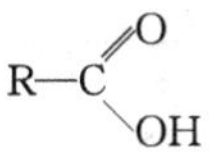	ν_{OH} $\nu_{C=O}$ δ_{O-H}(面内) ν_{C-O} δ_{O-H}(面外)	3000～2500 1710±10 1450～1410 1266～1205 960～900	3.33～4.00 5.84±0.03 6.90～7.10 7.90～8.39 10.41～11.10	m v,s w m w	二聚体，宽峰 二聚体 二聚体(或 1440～1395cm^{-1}) 二聚体
	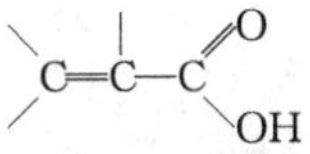 (α,β-不饱和酸)	$\nu_{C=O}$	1710±10	5.84±0.03	v,s	
	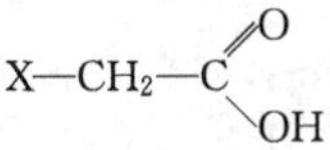 (α-卤代脂肪酸)	$\nu_{C=O}$	1730±10	5.78±0.03	v,s	若 X＝F 时，在 1760cm^{-1}
2. 羧酸盐	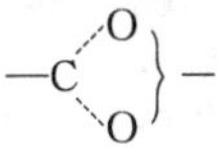	ν_{asCOO^-} ν_{sCOO^-}	1610～1550 1400	6.21～6.45 7.15	v,s v,s	}特征
九、酯		$\nu_{C=O}$(泛频) $\nu_{C=O}$ ν_{C-O-C}	～3450 1820～1650 1300～1150	～2.90 5.50～6.06 7.69～8.70	w v,s s	

续表

化合物类型	基　团	振动类型	波数/cm^{-1}	波长/μm	强度	注　解
九、酯	R—C(=O)—O— （饱和酯）	$\nu_{C=O}$	1740±5	5.57±0.01	s	
	>C=C—C(=O)OR （α,β-不饱和酯）	$\nu_{C=O}$	1730～1717	5.78～5.82	v,s	
	—C(=O)—CH_2COR （β-酮酯类）	$\nu_{C=O}$	1740～1730	5.75±5.78	v,s	
	—C(OH)=C—C(=O)OR （烯醇型）	$\nu_{C=O}$	～1650	～6.07	v,s	$\nu_{C=C}$在1630cm^{-1},强峰
	—C(=O)—C(=O)—O— （α-酮酯）	$\nu_{C=O}$	1755～1740	5.70～5.75	v,s	
	RC(=O)OC=C （烯醇酯）	$\nu_{C=O}$	1780±20	5.62±0.03	v,s	
	R—C(=O)—O—Ar （苯基酯）	$\nu_{C=C}$ ν_{C-O-C}	1690～1650 1200±10	5.92～6.06 8.33±0.02	s s	有时高达1715cm^{-1}
十、酸酐	R—C(=O)—O—C(=O)—R	$\nu_{C=O}$ ν_{C-O}	1820±20 1755±10 1170～1050	5.49±0.03 5.70±0.02 8.55～9.52	v,s v,s s	两羰基峰通常相隔 60cm^{-1} 共轭使峰位降 20cm^{-1}
	Ar—C(=O)—O—C(=O)—Ar	$\nu_{C=O}$	1785±5 1725±5	5.60±0.01 5.80±0.01	s v,s	两羰基峰通常相隔 60cm^{-1}

续表

化合物类型	基　团	振动类型	波数/cm^{-1}	波长/μm	强度	注　解
十一、酰胺类 1. 伯酰胺	R—C(=O)—NH_2	 ν_{NH} ν_{NH} $\nu_{C=O}$ δ_{NH}(面内)	～3500 ～3400 ～1690 ～1650 1650～1620 1620～1590	～2.86 ～2.94 ～5.92 ～6.06 6.06～6.17 6.17～6.29	m m s s s	} 呈双峰 液态有此峰 固态有此峰
2. 仲酰胺	—C(=O)—NH—	ν_{NH}(游离) ν_{NH}(H 键) $\nu_{C=O}$(固态) $\nu_{C=O}$(稀溶液)	3460～3400 3320～3140 1680～1630 1700～1670	2.89～2.94 3.01～3.19 5.95～6.14 5.88～5.99	m m s s	顺、反式： 3440～3420 顺式： 3180～3140
3. 叔酰胺	—C(=O)—N<	$\nu_{C=O}$	1670～1630	5.99±6.14	s	
十二、醇		ν_{OH} δ_{OH}(面内) ν_{C-O} δ_{CH}(面外)	3700～3200 1410～1260 1250～1000 1720～5650	2.70～3.13 7.09～7.93 8.00～10.00 13.33～15.38	变 w s s	溶剂中含水时，因水分子 ν_{OH} 3760～3450cm^{-1} δ_{OH} 1640～1595cm^{-1}. 样品压片形成的 H 键，水一般在 ν_{OH} 3450cm^{-1}. 液态有此峰
	羟基伸缩频率 游离 OH 分子间氢键 分子间氢键 分子内氢键 分子内氢键	ν_{OH} ν_{OH}(单桥) ν_{OH}(多聚体) ν_{OH}(单桥) ν_{OH}(螯形物)	3650～3590 3550～3450 3400～6200 3570～3450 3200～2500	2.74～2.79 2.82～2.90 2.94～3.12 2.80～2.90 3.12～4.00	变 变 s 变 s	尖峰 尖峰 } 稀释移动 宽峰 } 尖峰 } 稀释无影响 宽峰 }
	—CH_2OH (伯醇)	δ_{CH}(面内) ν_{C-O}	1350～1260 ～1050	7.41～7.93 ～9.52	s s	
	>CH—OH (仲醇)	δ_{OH}(面内) ν_{C-O}	1350～1260 ～1110	7.41～7.93 ～9.01	s s	
	—C(<)—OH (叔醇)	δ_{OH}(面内) ν_{C-O}	1410～1310 ～1150	7.09～7.63 ～8.70	s s	
十三、酚		ν_{OH} δ_{OH}(面内) ν_{Ar-O}	3705～3125 1390～1315 1335～1165	2.70～3.20 7.20～7.60 7.50～8.60	s m s	

续表

化合物类型	基　团	振动类型	波数/cm^{-1}	波长/μm	强度	注　解
十四、醚		ν_{C-O}	1210～1015	8.25～9.85	s	
	RCH_2-O-CH_2R	ν_{C-O}	～1110	～9.01	s	
	$(H_2C=CH-O)_2$ （不饱和）	$\nu_{C=O}$	1640～1560	6.10～6.40	s	
十五、胺类		ν_{NH} δ_{NH}(面内) ν_{C-N}(芳香) ν_{C-N}(脂肪) δ_{NH}(面外)	3500～3300 1650～1550 1360～1250 1235～1065 900～650	2.86～3.03 6.06～6.45 7.35～8.00 8.10～9.40 11.1～15.4	 m s m,w	伯胺强，中；伯胺极弱
1. 伯胺	$R-NH_2$ (Ar)	ν_{NH} δ_{NH}(面内) ν_{C-N}(芳香) ν_{C-N}(脂肪)	3500～3300 1650～1590 1340～1250 1220～1020	2.86～3.03 6.06～6.29 7.46～8.00 8.20～9.80	m s,m s m,w	两个峰
2. 仲胺	$\gt C-NH-C\lt$	ν_{NH} δ_{NH}(面内) ν_{C-N}(芳香) ν_{C-N}(脂肪)	3500～3300 1650～1550 1350～1280 1220～1020	2.86～3.03 6.06～6.45 7.41～7.81 6.20～9.80	m v,w s m,w	一个峰
3. 叔胺	$C-N\lt^{C}_{C}$	ν_{C-N}(芳香) ν_{C-N}(脂肪)	1360～1310 1220～1020	7.35～7.63 8.20～9.80	s m,w	
十六、不饱和化合物	含 NRCH 含 N α,β-芳香氰 α,β-不饱和脂肪族氰	$\nu_{C\equiv N}$ $\nu_{C\equiv N}$ $\nu_{C\equiv N}$	2260～2240 2240～2220 2235～2215	4.43～4.46 4.46～4.51 4.47～4.52	s s s	饱和，脂肪族
十七、硝基与亚硝基化合物	$R-NO_2$	ν_{as} $N\lt^{O}_{O}$ ν_s $N\lt^{O}_{O}$ ν_{C-N}	1565～1543 1385～1360 920～800	6.39～6.47 7.33～7.49 10.87～12.50	s s m	 用途不大
	$Ar-NO_2$	ν_{as} $N\lt^{O}_{O}$ ν_s $N\lt^{O}_{O}$ ν_{C-N}	1550～1510 1365～1335 860～840	6.45～6.62 7.33～7.49 11.63～11.90	s s s	

注：虚线“…………”以上为主要相关峰出现区域.

§5.2 激光拉曼光谱法

在电磁辐射基础一节中曾经提到拉曼效应.由于拉曼效应很弱,在激光问世之前,用拉曼效应进行分析测定十分困难.激光问世之后,以激光为光源,促进了拉曼光谱研究的迅速发展.现在激光拉曼光谱已成为研究分子结构的重要工具,成为分子光谱学的重要分支.

§5.2.1 拉曼散射

光子与物质分子相互碰撞,可以产生弹性碰撞和非弹性碰撞.在弹性碰撞过程中,没有能量的交换,光子仅仅改变了传播的方向.这种散射现象称为瑞利散射.在非弹性碰撞过程中,散射光不仅改变了传播方向,而且光子的频率发生了变化.这种散射现象称为拉曼散射.其散射光的谱线称为拉曼线.

光的散射现象用量子理论解释,可用图 5.11 表示.图中 E_2 为基态能级,E_1 为激发态能级,ν_0 为入射光的频率.处在 E_2 或 E_1 能级的分子受到能量为 $h\nu_0$ 的入射光激发后,分别跃迁到 $E_2+h\nu_0$ 或 $E_1+h\nu_0$ 的受激虚态.分子在受激虚态是很不稳定的,很快又回到原来的能级,释放出来的光子能量不变.这个过程就是瑞利散射.

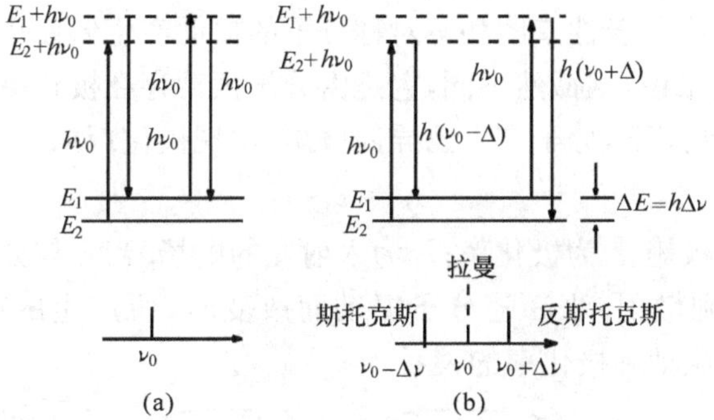

图 5.11 瑞利散射(a)与拉曼散射(b)

拉曼散射则有两种情况.处在 E_2 基态能级的分子吸收入射光(ν_0)的能量后,跃迁到受激虚态($E_2+h\nu_0$),然后跃回到 E_1 激发态能级.并发射出能量为 $h(\nu_0-\Delta\nu)$ 光子(散射光),其结果是分子获得了 E_2 和 E_1 之间的能量差.散射光的频率比入射光的频率相应地减小 $\Delta\nu$.这种散射光的谱线称为斯托克斯线.另一种情况是处于激发态 E_1 的分子吸收入射光的能量后,跃到 $E_1+h\nu_0$ 受激虚态,然后直接跃回到基态,并发射能量为 $h(\nu_0+\Delta\nu)$ 的光子(散射光),其结果是散射光的光子能量增多,频率升高.这种散射光的谱线叫作反斯托克斯线.斯托克斯线或反斯托克斯线与入射光的频率之差 $\Delta\nu$ 称为拉曼位移. 在常温下,绝大多数分子处在基态,而不是处在激发态. 因此斯托克斯线比反斯托克斯线要强得多.

随着入射光频率的改变,同一分子的拉曼线的频率也跟着改变. 但是拉曼位移 $\Delta\nu$ 始终保持不变,拉曼位移与入射光的频率无关,它与物质分子的振动和转动能级有关. 不同的物质具有不同的分子结构,具有不同的振动和转动能级,因而有不同的拉曼位移. 以拉曼位移(波数)为横坐标,强度为纵坐标,略去反斯托克斯谱线,以激发光的波数为原点 ν_0,便可得到类似红外光谱的拉曼光谱图. 图 5.12 是 CCl_4 的拉曼光谱图. 利用拉曼光谱图可以对物质分子进行结构分析.

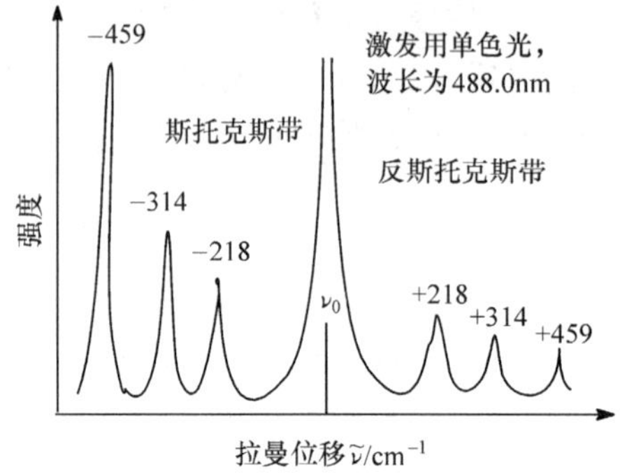

图 5.12　CCl_4 的拉曼光谱

§5.2.2　拉曼活性和红外活性比较

拉曼光谱和红外光谱是从不同的侧面研究分子的振动. 在红外光谱一节中已讨论过,只有分子中的极性基团和不对称分子的振动产生偶极矩变化,才显示红外活性. 对拉曼光谱来说,则截然不同,它是由分子振动存在极化率改变而引起的. 在入射光的外电场作用下,分子产生诱导偶极矩,出现极化现象.

$$\mu_I = \alpha \cdot E$$

式中:μ_I为诱导偶极矩;α 为极化率;E 为入射光的电场. 当 α 与分子振动无关时,所产生的散射为瑞利散射,当 α 随分子振动而改变时,所产生的散射为拉曼散射. 图 5.13说明分子振动和极化率的关系.

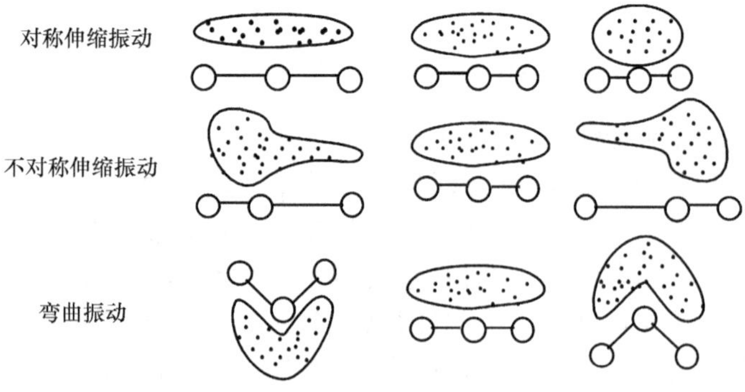

图 5.13　CS_2 分子的振动方式与电子云分布

CS_2分子的对称伸缩振动不引起偶极矩变化，属红外非活性. 但是，在振动的前后，电子云形状起了很大变化，即极化率改变很大，因此对称伸缩振动方式显示曼拉活性. 相反，CS_2分子的不对称振动和弯曲振动都引起了偶极矩的变化，显示出红外活性. 然而，振动前后的极化率形状完全相同，极化率在振动过程中没有变化，不显示拉曼活性. 可见拉曼光谱是研究分子极化率的变化，分子中电子云相对于骨架的移动越大，极化率越大，拉曼散射越强. 因此，拉曼光谱和红外光谱是一种互补的关系.

一般用下述规则来判断分子的红外活性和拉曼活性.

(1)对于具有对称中心的分子，如 CS_2，CO_2 等线性分子，红外活性和拉曼活性是互相排斥的. 如表 5.3 所示.

表 5.3　CO_2的振动模式和选律

振动模式	C═O═C	极化率	拉曼	偶极矩	红　外
对称伸缩	C→O←C	变化	活性	不变	非活性
非对称伸缩	C→←O←C	不变	非活性	变化	活性
弯曲	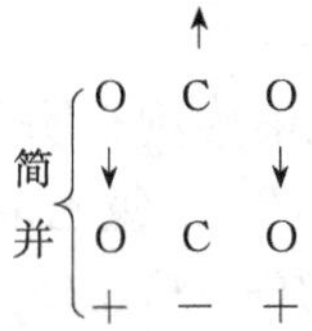	不变	非活性	变化	活性
		不变	非活性	变化	活性

(2)不具有对称中心的分子，如 H_2O，SO_2 等，其红外和拉曼活性是并存的，如表 5.4 所示. 当然，两种谱图的谱峰的相对强度可能各不相同.

表 5.4　H_2O 的振动模式和选律

振动模式	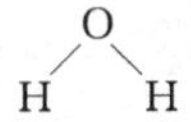	极化率	拉曼	偶极矩	红　外
对称伸缩	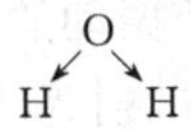	变化	活性	变化	活性
非对称伸缩	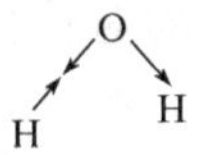	变化	活性	变化	活性
弯曲	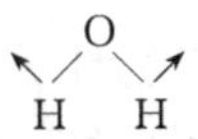	变化	活性	变化	活性

(3)有少数分子的振动对红外和拉曼都是非活性的. 例如平面对称乙烯分子的弯曲振动,

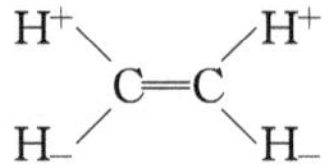

既没有偶极矩的变化,也没有极化率的变化.

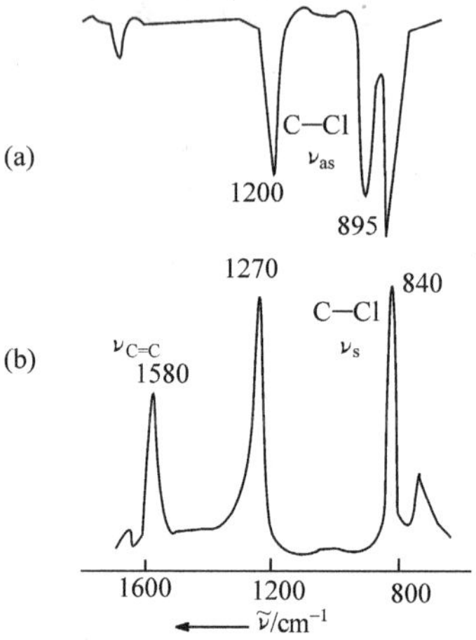

图 5.14 反式 1,2-二氯乙烯的红外光谱和拉曼光谱(部分)
(a)红外光谱;(b)拉曼光谱.

大多数有机化合物具有不完全的对称性. 分子振动对红外和拉曼都是活性的. 对这类化合物来说,红外光谱和拉曼光谱可以起到相互验证的作用. 对另一类化合物来说,红外光谱和拉曼光谱起到相互补充的作用. 例如,强极性的键—OH,—C═O,—C—X等在红外光谱中有强烈的吸收带,但在拉曼光谱中却没有反映. 对非极性但容易极化的键,如—N═C—,—S—S—,—N ═N—及反式烯烃的内双键 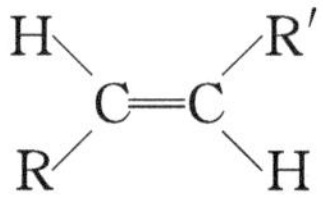 等在红外光谱中不能或不能明显地反映,但在拉曼光谱中则有明显的反映.

图 5.14 为反式 1,2-二氯乙烯的红外光谱和拉曼光谱的一部分. 它的C═C红外是非活性的,但在拉曼光谱中则很清楚($1580cm^{-1}$);同样,C—Cl 的对称伸缩振动是非红外活性的,但在拉曼光谱中也有很明显的吸收($840cm^{-1}$),C—Cl的不对称伸缩振动是非拉曼活性,但它具有红外活性($895cm^{-1}$). 两种 C—H 弯曲振动既是红外活性的,又是拉曼活性的. δ_{C-H}分别出现在 $1200cm^{-1}$(红外)和 $1270cm^{-1}$(拉曼).

§5.2.3 去偏振度

去偏振度是拉曼光谱的重要参数之一,它反映分子振动的对称性.

激光是一种偏振光,当激光与分子相互作用时,从散射光中能观察到激光偏振态的改变. 在拉曼散射中,这种改变与作用物质的分子的对称性有关. 偏振态的改变用偏振度 ρ 来表示. 去偏度的定义为

$$\rho = I_{\perp} / I_{\parallel}$$

式中:$I_{\perp}$ 为垂直于入射偏振光的散射光的强度;$I_{\parallel}$ 为平行于入射偏振光的散射光的强度. 对于分子的全对称振动来说,它的极化率是各向同性,则分子在 X,Y,Z 三个空间轴上取向的极化率都相等,产生的拉曼散射光接近于入射偏振光,是完全的

偏振光，这时的去偏度接近于零；若在非对称振动情况下，极化率在各向是异性的，这时的去偏度接近于 3/4；一般去偏度在 0～3/4（$0<\rho\leqslant 3/4$）. 完全对称振动的拉曼散射线是偏振光，非完全对称振动的拉曼散射光是去偏振光. 可见去偏度可以表征拉曼散射的偏振性能，能反映分子的对称性.

参考文献

[1] 赵瑶兴，孙祥玉. 光谱解析与有机结构鉴定. 合肥：中国科技大学出版社，1992

[2] 唐恢同. 有机化合物的光谱鉴定. 北京：北京大学出版社，1992

[3] 朗 D A 著，顾本源、许政一、李晨曦、叶良修译. 拉曼光谱学. 北京：科学出版社，1983

[4] 夏慧荣，王祖赓. 分子光谱学和激光光谱学导论. 上海：华东师范大学出版社，1989

[5] 北京大学化学系 仪器分析教学组：仪器分析教程. 北京：北京大学出版社，1997

[6] 方惠群，史坚. 仪器分析原理. 南京：南京大学出版社，1994

[7] 赵藻藩，周性尧，张悟铭，赵文宽. 仪器分析. 北京：高等教育出版社，1990

习题与思考题

习　题

1. 解释下列名词：

 (1)简谐振动，非谐振子振动，简正振动；

 (2)基频，倍频，合频，差频，泛频.

2. HF 中键的力常数约为 9N/cm，试计算：

 (1)HF 的振动吸收峰频率；

 (2)DF 的振动吸收峰频率.

3. 说明影响红外吸收峰强度的主要因素.

4. CS_2 为线性分子，试画出其基本振动的类型，并指出其中哪些振动是红外活性的.

5. 影响基团频率的因素有：诱导效应，共轭效应，中介效应，耦合共振和费米共振，试分别说出它们的影响.

6. 分别在 95％乙醇和正己烷中测定 2-戊酮的红外吸收光谱，试预计C═O吸收带频率在哪种溶剂中出现的频率比较高？为什么？

7. 指出下列振动是否是红外活性：

 (1)CH_3—CH_3 中的 C—C 伸缩振动；

 (2)CH_3—CCl_3 中的 C—C 伸缩振动.

8. 已知某化合物的分子式为 C_5H_8O，它的红外吸收带的频率为：3020，2900，1690 和 1620cm^{-1}，紫外吸收在 227nm($\varepsilon=10^4$). 试提出其结构.

9. 1，2－环戊二醇的 CCl_4 稀溶液的红外光谱在 3620 cm^{-1} 和 3455 cm^{-1} 处各有一吸收峰，指出该化合物是顺式结构还是反式结构？为什么？

10. 什么是瑞利散射和拉曼散射，斯托克斯线和反斯托克斯线？什么是拉曼位移？

11. 指出以下分子的振动方式哪些具有红外活性？哪些具有拉曼活性？或两者均有.

(1)O_2的对称伸缩振动；
(2)CO_2的不对称伸缩振动；
(3)H_2O的弯曲振动；
(4)C_2H_4的弯曲振动.

12. 确定己烷和苯分子所有可能的振动峰数.

思考题

我们知道拉曼散射中，观察到的频率位移可以用散射体与入射辐射之间的能量转移加以解释，请通过能量转移过程说明为什么反斯托克斯线相对于斯托克斯线的强度随着波数移动的增加而迅速减弱？

第 6 章　核磁共振波谱法[1~6]

具有磁矩的原子核在外磁场的作用下,核磁矩自旋的能级将发生分裂.核磁矩以不同的取向围绕外磁场回旋.当照射的电磁波频率与核磁矩自旋频率一致时,它们将吸收能量,产生核能级跃迁,并产生相应的共振吸收信号,即发生核磁共振.核(磁)能级之间的能级差很小.只需射频照射就已足够.具有磁矩的原子在分子中的化学环境不同,将在不同的频率位置发生吸收,因此,利用核磁共振谱图可以研究化合物的结构.图 6.1 显示出乙苯中的 H 的核磁共振谱图.谱图清楚地显示出乙苯中有三种不同类型的质子出现在不同的频率位置.

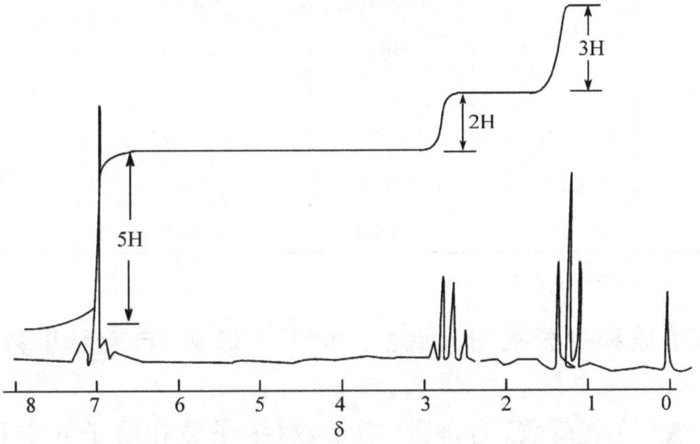

图 6.1　乙苯中的 H 的核磁共振谱图

核磁共振现象在 1945 年由斯坦福大学的 F. Bloch 和哈佛大学的 E. Purcell 首次独立发现,并因此同时获得 1952 年的诺贝尔物理学奖.

§ 6.1　核磁共振原理

§ 6.1.1　核的自旋

原子核围绕核心指定轴进行自旋,因此具有一定的自旋角动量(P).

$$P=\frac{h}{2\pi}\sqrt{I(I+1)} \tag{6.1}$$

式中:h 为普朗克常量;I 为核自旋量子数. 显然,核自旋角动量的状态数由自旋量子数 I 决定;核自旋轴在空间是不能连续地任意指向的,它只能有 $2I+1$ 个取向,在无磁场存在下,各状态的能量相同.

不同的原子核具有不同的磁性质. 一些有机物中常见核的磁性质列于表 6.1. 表中列出的核分为三类.

表 6.1　核的磁性质

核	自然丰度 /%	自旋量子数 I	磁矩 μ/(核磁子)[1]	磁旋比 γ/($T^{-1}\cdot s^{-1}\cdot 10^8$)	共振频率 ν/MHz 在 $H_0=1.4092T$ 时
^{1}H	99.98	1/2	2.79268	2.675	60
^{2}H	0.0156	1	0.85741	0.4102	9.2
^{11}B	81.17	3/2	2.688	0.8583	19.25
^{12}C	98.9	0	0	0	无共振
^{13}C	1.1	1/2	0.7023	0.6721	15.08
^{14}N	99.62	1	0.4073	0.1931	4.33
^{16}O	99.76	0	0	0	无共振
^{17}O	0.039	5/2	−1.893	−0.3625	8.13
^{19}F	100	1/2	2.628	2.5236	56.6
^{31}P	100	1/2	1.1305	1.083	24.29

1)1 核磁子 $=5.05\times10^{-27}J\cdot T^{-1}$.

(1)核的质子数和中子数均为偶数. 如 ^{12}C,^{16}O 等,自旋量子数为零,即没有磁矩.

(2)原子序数(核电荷数)为奇数,质量数(中子数和质子数之和)为偶数,如 ^{2}H,^{14}N 等,自旋量子数为整数.

(3)质量数为奇数,如 ^{1}H,^{13}C,^{17}O,^{19}F 等,自旋量子数为半整数.

在化学中以第(3)类的核磁共振研究最多.

自旋量子数不为零的核都有磁矩,设 ^{1}H 核的质量为 M,电荷为 e,根据经典的电磁学理论,其总磁矩 μ_α 为

$$\mu_\alpha = Pe/2cM \tag{6.2}$$

式中,c 为光速. 将式(6.1)代入式(6.2),得

$$\mu_\alpha = \frac{eh}{4\pi cM}\sqrt{I(I+1)} = \beta_N\sqrt{I(I+1)} \tag{6.3}$$

$$\beta_N = \frac{eh}{4\pi cM} \tag{6.4}$$

式中，β_N称为核磁子，作为核磁矩单位.

自旋量子数 $I\neq 0$ 的原子核置于恒定的外磁场 $\boldsymbol{H}_0$中，核磁矩 μ 和 $\boldsymbol{H}_0$相互作用，使核磁矩有不同的取向，它只能有 $2I+1$ 个取向，每种取向用一个磁量子数(m)来表示，m 取值为 I, $I-1$, ……, $-I$. 如图 6.2 所示，^{1}H，$I=\frac{1}{2}$，$m=\pm\frac{1}{2}$有两个取向. ^{14}N，$I=1$，$m=0$，± 1.

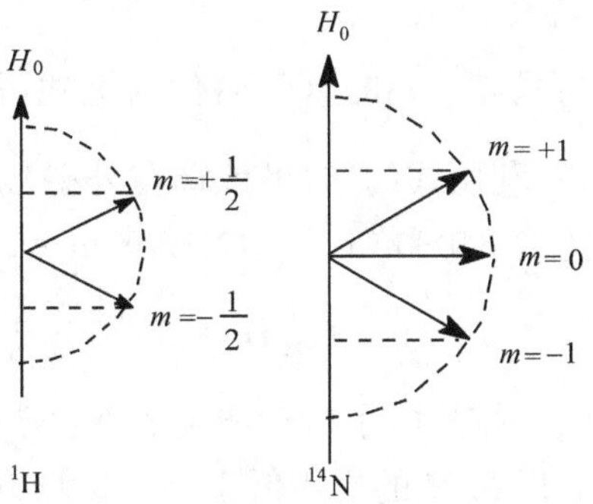

图 6.2　核磁的取向

核磁矩在磁场中出现不同取向称为能级分裂. 以^{1}H 为例，$I=\frac{1}{2}$，$m=-\frac{1}{2}$的取向在磁场中的分量与磁场 $\boldsymbol{H}_0$的方向相反，为高能级；$m=+\frac{1}{2}$的取向在磁场中的分量与磁场方向一致，为低能级. 核在磁场中发生能级分裂，此时核的总磁矩(μ_α)与其在外磁场方向上的分量(μ)的关系为

$$\mu_\alpha=\frac{\mu}{I}\sqrt{(I+1)I}\ (\beta_N)\tag{6.5}$$

§6.1.2　核磁共振

有磁矩的原子核在外加磁场($\boldsymbol{H}_0$)作用下，不仅仅是发生了能级的分裂，而且自旋的核受到一定的扭力作用，导致核的自旋轴绕磁场方向发生回旋，如图 6.3 所示. 核的自旋频率 ν_0与外加磁场强度 $\boldsymbol{H}_0$成正比

$$\nu_0=\frac{\gamma}{2\pi}\boldsymbol{H}_0\tag{6.6}$$

式中，γ 称为磁旋比，每种核的 γ 都有特定值. 磁旋比的定义为

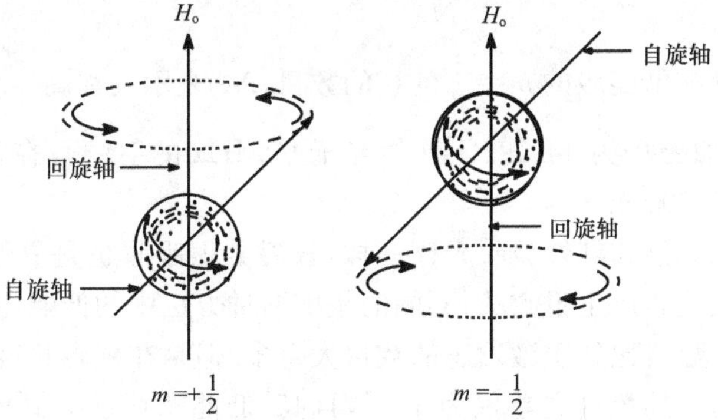

图 6.3　^{1}H 原子核的自旋与回旋

$$\gamma = \frac{\mu_\alpha}{P} \tag{6.7}$$

将式(6.1)和式(6.5)代入上式,得 $\gamma=\frac{2\pi\mu}{hI}(\beta_N)$. 表 6.1 中已列出部分核磁旋比的值. 利用式(6.6)可计算在外磁场存在下核磁共振频率. 例如 ^{1}H 核放在磁场强度为 2.3488T(1 T=1N/A · m=10^4Gs)的磁场中,其共振吸收频率为

$$\nu_\circ = \frac{\gamma}{2\pi}\boldsymbol{H} = \frac{2.68\times10^8\times2.3488}{2\times3.14}(\mathrm{T^{-1}\cdot s^{-1}\cdot T}) = 100\mathrm{MHz}$$

核外电子运动产生的感应磁场,削弱了外加磁场对核磁矩的影响,使核实际受到磁场 $\boldsymbol{H}$ 的作用低于外加磁场 $\boldsymbol{H}_\circ$的作用. 也就是说,核受到了核外电子云运动的屏蔽,屏蔽的大小用屏蔽常数 σ 来表示,因此式(6.6)应写为

$$\nu_\circ = \frac{\gamma}{2\pi}\boldsymbol{H} = \frac{\gamma}{2\pi}(1-\sigma)\boldsymbol{H}_\circ \tag{6.8}$$

^{1}H 核的两个能级的能量差为

$$\Delta E = h\nu_\circ = \frac{\gamma h}{2\pi}\boldsymbol{H} = \frac{\gamma h}{2\pi}(1-\sigma)\boldsymbol{H}_\circ \tag{6.9}$$

当在外磁场 $\boldsymbol{H}_\circ$的垂直方向增加一个频率为 ν_1 的交变磁场,即射频场 $\boldsymbol{H}_1$,调节 $\nu_1=\nu_\circ$时,即发生共振现象. 低能态的 ^{1}H 核将吸收射频电磁波的能量 ΔE,跃迁到高能态,高能态发射 ΔE 能量的电磁波后,又跃回到低能态,这种现象称为核磁共振. 被记录下来的共振信号构成核磁共振谱图.

§6.1.3　弛豫机制

具有磁矩的核在外磁场作用下,产生的能级分裂. 处在不同能级的核的数目之比服从玻耳兹曼(Boltzman)分布:

$$\frac{N_+}{N_-} = e^{\gamma h\boldsymbol{H}/2\pi KT}$$

式中:N_+表示处在低能级的 $m=\frac{1}{2}$ 的核的数目;N_-表示处在高能级的 $m=-\frac{1}{2}$ 的核的数目. 在外加磁场为 14 092Gs (相当于 60MHz 的射频),在常温(300K)下,$N_+/N_-=1.000\ 009\ 9$.

与紫外可见光谱和红外吸收光谱一样,核磁共振吸收也是靠低能态吸收一定能量而跃迁到高能态产生吸收的;不同的是前两种方法中的低能态是基态,处于基态的原子或分子数目比处于激发态的数目大得多. 但是在核磁共振吸收中,低能态的核和高能态的核的数目之差仅为 10^{-7},且高、低能态跃迁的概率一致. 但是,原子核受到足够强的射频电磁波的照射时,使低能态的核跃迁到高能态,低能态的核

的数量减少，对射频信号的吸收降低，低能态核的过量减少导致吸收信号消失，这种现象称为饱和，如果高能态的核能够通过非辐射途径及时返回到低能态，则可以保持吸收信号稳定，由高能态通过非辐射途径回复到低能态的过程称为弛豫.

弛豫机制可分为两类. 一类为纵向弛豫，又称为自旋-晶格弛豫. 这类弛豫是高能态的核将能量转移给周围的分子(固体的晶格，自旋核总是处在周围的分子包围之中，一般将周围分子统称为晶格. 若为液体则为周围的同类分子或溶剂分子)而变为热能. 就全体核能来说，总的能量下降了，称为纵向弛豫. 通过纵向弛豫，体系到达平衡需要一定的时间，以半衰期 τ_1 表示. τ_1 越小，表示纵向弛豫的效率越高. 对固体来说，分子热运动受到限制，因此 τ_1 一般很大，有时甚至可达几小时. 液体及气体的 τ_1 一般较小，为 1s 左右或更小一些.

另一类是横向弛豫. 横向弛豫发生在自旋核之间，亦称为自旋-自旋弛豫. 其半衰期用 τ_2 表示. 在固体中，核与核之间结合紧密，这种方式特别有效. 液体和气体样品 τ_2 为 1s 左右. 由于弛豫过程中核磁的总能量保持不变，称为横向弛豫.

弛豫的两种机制并存，起主导作用的机制取决于 τ_1 和 τ_2 中的较小者. 弛豫时间对谱线的宽度影响很大. 根据海森伯(Heisenberg)测不准原理：

$$\Delta E \cdot \Delta t \approx h, \qquad \Delta E = h\Delta\nu$$

所以

$$\Delta\nu \cdot \Delta\tau \approx 1$$

可见谱线的宽度 $\Delta\nu$ 与弛豫时间成反比. 固体样品的 τ_2 很小，所以谱带非常宽. 为了得到分辨率很高的共振谱. 必须配成溶液. 溶液的黏度不能过大. 液体样品最好也配成溶液，以免浓度过大.

§6.2　化学位移与核磁共振谱图

§6.2.1　化学位移的表示

式(6.8)可知道，分子中不同的 ^{1}H 核，由于所处的化学环境不同而具有不同的屏蔽常数，其核的自旋频率 ν_0 也不同. 但实验表明，在恒定的外加磁场存在时，由于化学环境的作用，不同 ^{1}H(氢)核的吸收频率差异不大，其范围仅为十万分之一左右. 很难精确地测定其值. 为了避免漂移等因素对绝对测量的影响，常采用相对测量值来表示. 即以某标准物质的氢核(质子)的共振峰为原点，测定样品中的氢核(质子)的共振峰与原点的距离 δ，

$$\delta = \frac{\nu_x - \nu_s}{\nu_s} \times 10^6 \tag{6.10}$$

式中：ν_s，ν_x 分别为标准物质和样品中氢核(质子)的吸收频率；δ 表示化学位移. 类似的表达式有：

$$\delta = \frac{|\boldsymbol{H}_x - \boldsymbol{H}_s|}{\boldsymbol{H}_s} \times 10^6 \tag{6.11}$$

式中：$\boldsymbol{H}_s$，$\boldsymbol{H}_x$分别为射频频率一定的条件下，发生共振吸收时对标准物质和对样品施加的磁场强度；乘以 10^6 是为了计算的方便.

例 1　计算某核在 60MHz 仪器上的化学位移. 假设标准物质核吸收时磁场强度比样品核的大 0.063Gs.

解　查表 6.1 可知道，对氢核（质子）的吸收频率为 60MHz 时磁场强度 $\boldsymbol{H}_s = 14\times10^3$Gs，根据题意

$$|\boldsymbol{H}_x - \boldsymbol{H}_s| = 0.063\text{Gs}$$

所以　$$\delta = \frac{|\boldsymbol{H}_x - \boldsymbol{H}_s|}{\boldsymbol{H}_s} \times 10^6 = 0.063\ \text{Gs}/14\times10^3\text{Gs}\times10^6 = 4.5$$

δ 的精确度可达 1Hz 之内. 目前最常用的标准物质为四甲基硅烷[$(CH_3)_4Si$，缩写为 TMS]人为地把它的化学位移 δ 定为零. 用 TMS 作为标准是基于以下原因：(1)TMS 中的 12 个氢核（质子）完全处在相同的化学环境中，它们的共振条件完全一致，只有一个很尖的吸收峰. (2)TMS 中的氢核（质子）的屏蔽常数比其他大多数化合物中氢核（质子）的屏蔽常数大. 它的吸收尖峰远离其他多数待研究的氢核（质子）的吸收峰.

δ 是无量纲的，对于给定的峰，不管采用 60，100 还是 400MHz 的仪器，δ 都是相同的. 大多数质子峰的 δ 在 1～12 之间. 用高频率的仪器主要好处在于提高谱图的分辨率，用的频率越高，峰与峰之间就分得越清楚. 此外，灵敏度的增加也近似与场强的 3/2 次方成正比.

§ 6.2.2　影响化学位移的因素

化学位移是核外电子运动产生感应磁场所引起的. 凡是影响核外电子云密度的因素都能影响化学位移. 影响因素有分子内部因素，如诱导效应、共轭效应、磁的各向异性效应等. 也有外部因素，如溶剂效应、氢键的形成等.

1. 诱导效应

一些电负性基团，如卤素、氰氢基等，具有很强的吸电子能力，通过诱导作用，它们能使之与相邻的核的电子云密度降低. 从而减少电子云对该核的屏蔽作用. 使共振频率向低场移动. 在没有其他影响因素的情况下，屏蔽作用随相邻基团的电负性增加而减少，而化学位移 δ 则随之增加. 表 6.2 列出了 CH_3X 中质子化学位移和取代基电负性之间的关系. 从表 6.2 中可以看出，硅的电负性最小，它的拉电子能力最弱，相应的化学位移最小.

表 6.2　CH_3X 中质子化学位移和取代基电负性之间的关系

元　素	CH_3F F	CH_3OH O	CH_3Cl Cl	CH_3Br Br	CH_3I I	CH_4 H	$(CH_3)_4Si$ Si
电负性	4.0	3.5	3.1	2.8	2.5	2.1	1.8
δ	4.26	3.40	3.05	2.68	2.16	0.23	0
τ	5.74	6.60	6.95	7.32	7.84	9.77	10

注：$\tau=10-\delta$.

2. 共轭效应

共轭效应和诱导效应一样，也会使电子云密度发生变化. 例如，下图化合物乙烯醚(1)、乙烯(2)、α,β-不饱和酮(3)中，可以清楚地看到共轭效应对电子云密度的影响，以乙烯(2)为标准($\delta=5.28$)进行比较，在乙烯醚的分子中存在 p-π 共轭，氧原子中的非键 p 电子和双键发生共轭作用，氧的电子云推向双键，使 β-H 的电子云密度增加，造成 β-H 化学位移，移向高场($\delta=3.57$ 和 $\delta=3.99$)，另一方面，在 α,β-不饱和酮分子中，存在 π-π 共轭效应，电负性强的氧原子将电子拉向自己周围，使 β-H 的电子云密度下降，因而化学位移向低场($\delta=5.50$ 和 $\delta=5.87$).

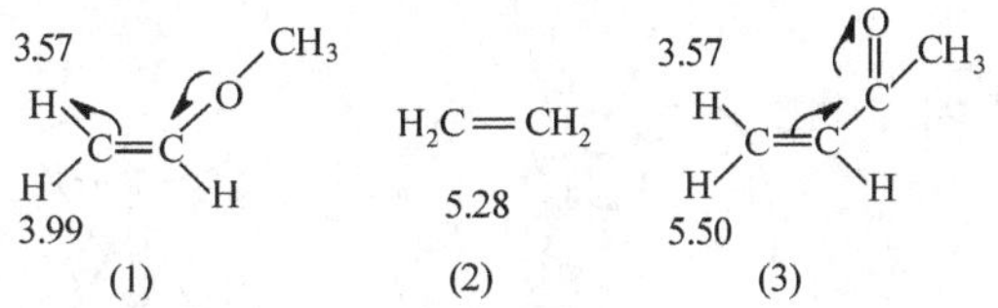

3. 磁各向异性效应

磁各向异性效应是指分子置于外加磁场中时，分子中的电子运动所产生的感应磁场，使分子所在的空间出现了去屏蔽区和屏蔽区. 导致处在不同区域内的质子移向低场或高场. 各向异性效应是通过感应磁场起作用，涉及范围较大，所以又称为远程屏蔽.

乙烯分子中的 π 电子云在 σ 键的平面的上、下方，感应磁场将空间分成屏蔽区和去屏蔽区如图 6.4 所示. 在圆锥内为屏蔽区，π 电子所感应的磁场方向和外磁场方向相反，使外磁场的强度被减弱，在圆锥外，感应磁场和外磁场的方向相同，为去屏蔽区，外磁场强度被加强. 由于乙烯的四个质子处在一个平面内. 位于去屏蔽区，与乙烷相比，化学位移移向低场区. 乙烷的质子的 $\delta=0.85$，乙烯的 $\delta=5.28$ 图 6.5 为芳环质子和醛基质子受各向异性效应影响的情况. 芳环的质子都处在去屏蔽区，其信号出现在低场($\delta=7.27$)，如果芳环化合物中有的质子处在苯环的屏蔽区，其信号则移向高场. 醛基的质子处在去屏蔽区，同时受到氧原子电负性(拉电子)的影响,其共振信号出现在更低场($\delta \approx 9.7$).

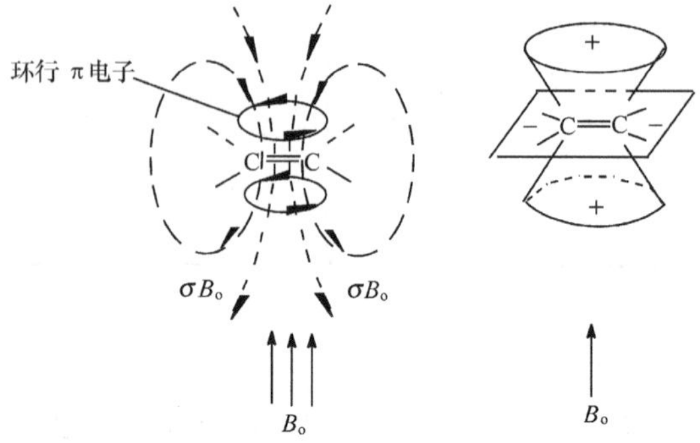

图 6.4　双键各向异性效应

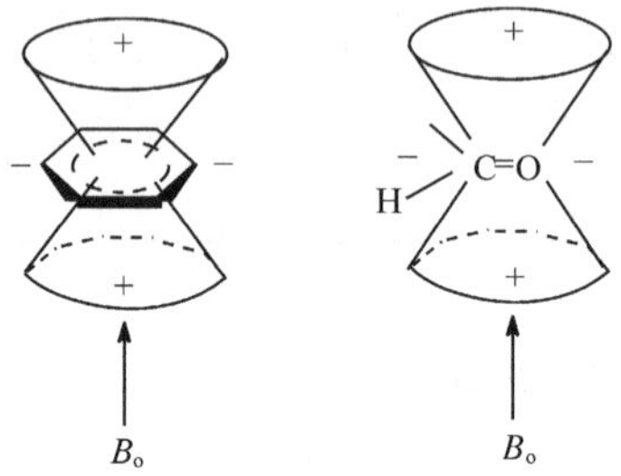

图 6.5　芳环和醛基的各向异性效应

但是乙炔的电子云是沿碳-碳键呈圆筒形分布.在外磁场的作用下,环行 π 电子云,通常使键轴顺外磁场方向排列,如图 6.6 所示.结果,使质子处在屏蔽区,所以乙炔的共振信号移向高场($\delta \approx 1.80$).

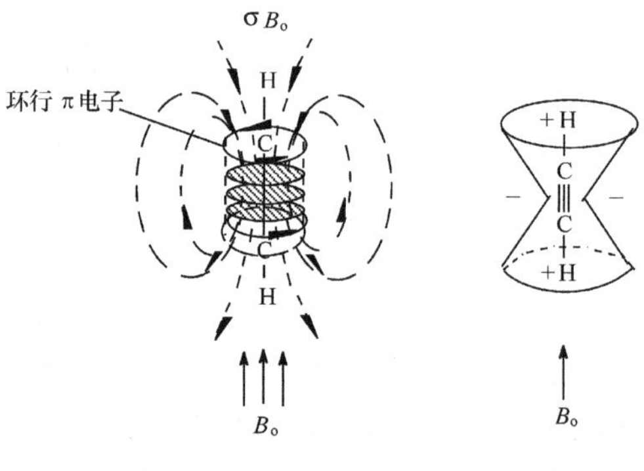

图 6.6　炔键的各向异性效应

4. 氢键

当分子形成氢键,质子的电子云密度增大,屏蔽增强,化学位移值 δ 增大,共振信号明显地移向低场.对分子间氢键的形成,其化学位移值 δ 与溶剂的性质及浓度有关.在非极性稀溶液中,可不考虑氢键的影响.但在较高的浓度中,氢键的形成将影响化学位移,如正丁烯-2-醇(2-正丁烯醇)从 1%的浓度增至纯液体时,羟基的化学位移从 $\delta=1$ 移至 $\delta=5$.变化了 4.

处于分子内的氢键,其化学位移与浓度无关,只取决于分子内部结构.

关于化学位移与结构的关系,前人做了大量的工作,并已总结成表.表 6.3 列出部分基团的化学位移值.表中列出的值只是大致的,这是因为氢核的化学位移不仅仅和它所处的基团有关,还和基团所处的化学环境有关,总之,要考虑多种因素的综合影响.

表 6.3　各种结构环境中质子的吸收位置

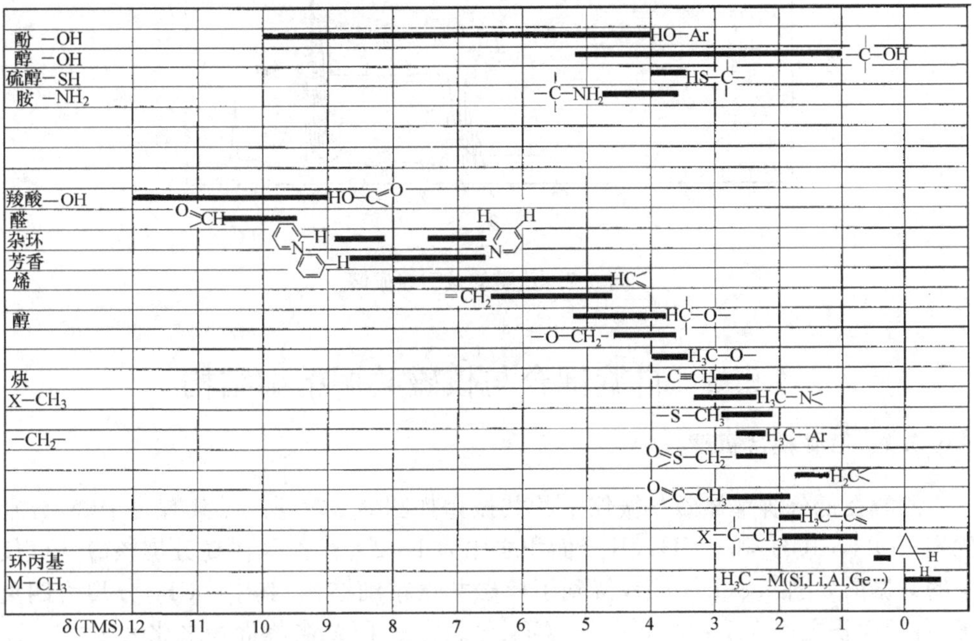

§ 6.2.3　核磁共振谱

图 6.7 是用 60MHz 仪器测定的乙醚的核磁共振谱,横坐标用 δ 表示化学位移.左边为低磁场(简称低场),右边为高磁场(简称高场). $\delta=0$ 的吸收峰表示标准样品 TMS 的吸收峰.它左边第一个三重吸收峰是乙基中的甲基(—CH_3) 中质子的吸收峰.它的左边的四重峰是乙基中亚甲基(—CH_2—) 两个质子的吸收峰。图中阶梯式曲线是积分线,积分曲线的高度等于相应吸收峰的面积,用来确定各基团的质子比.

从质子的共振谱图中,可以获得如下的信息:

(1)吸收峰组数:说明分子中处在不同化学环境下的质子的组数.图 6.7 中有两组峰,说明分子中有两组化学环境不同的质子.

(2)质子的化学位移值 δ 是和分子中的基团相关的信息.

(3)吸收峰分裂个数和偶合常数(分裂峰之间的距离),说明基团之间的连接关系.

(4)阶梯式积分曲线高度与相应基团的质子数成正比.

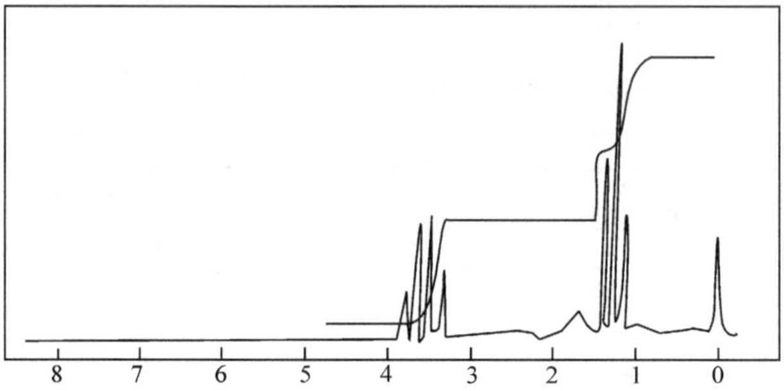

图 6.7　乙醚的核磁共振谱

§6.3　自旋耦合与核磁共振精细结构

§6.3.1　自旋耦合机理

乙醇在低分辨率核磁共振仪中的共振谱如图 6.8(a)所示. 共有三个峰,分别代表—OH,—CH_2和—CH_3,其峰面积之比为 1∶2∶3. 乙醇在高分辨核磁共振仪中的共振谱如图 6.8(b)所示,得到了核磁共振精细结构. 其中—CH_2分裂为四重峰,各峰面积之比为 1∶3∶3∶1,—CH_3分裂为三重峰,各峰面积之比为 1∶2∶1. 这种吸收峰的分裂是由于氢核自旋所形成的局部磁场的影响的结果,这种由于自旋形成的局部磁场的相互作用称为自旋耦合,由自旋耦合所引起的谱线分裂称为自旋分裂. —CH_3 的三重峰受到—CH_2—的氢核自旋所形成局部磁场的影响,—CH_2—有两个氢核. 每个氢核的自旋在磁场的取向有顺磁(α)和逆磁(β)两种. 两种氢核的自旋在磁场的取向组合为三种情况,如图 6.9 所示,它们是 αα,αβ,ββ. 其中 αα 组合形成的局部磁场和外加磁场是一致的. 此时,使邻近的甲基的质子产生共振吸收所施加的外部磁场场强必须相应地降低,使甲基产生的吸收峰移向低场. ββ 组合形成的局部磁场和外加磁场逆向,它的影响正好相反,使甲基产生吸收峰移向高场. αβ 组合正好使两种自旋局部磁场相互抵消,不影响甲基质子的共振峰. 这样—CH_2—的氢核自旋的局部磁场使邻近的甲基的质子的吸收峰分裂为三重峰. 三种组合的概率为 1∶2∶1,所以三重峰的面积之比和自旋组合的概率相一致. 同理,甲基(—CH_3)上的三个氢核的自旋产生四种组合,四种组合的概率为 1∶3∶3∶1,所以它使邻近的亚甲基(—CH_2)的吸收峰分裂为四重峰,其峰面积之比也和四种自旋组合的概率相一致. 氢核自旋耦合大致可分三类:同碳(偕碳)耦合，邻碳耦合和远程耦合.

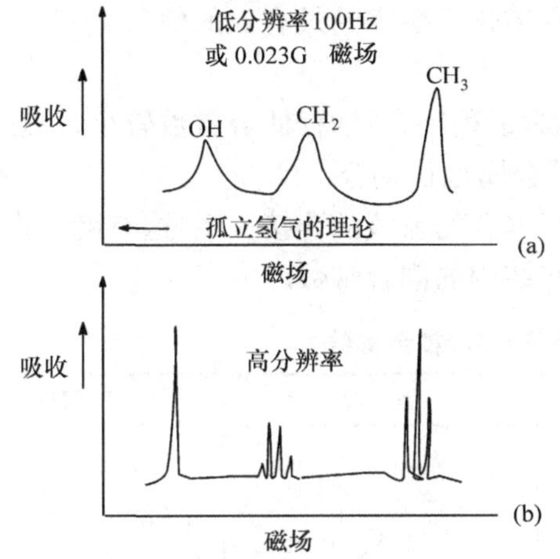

图 6.8　60MHz 的频率时乙醇 NMR 波谱
(a)分辨率～1/10⁶；(b) 分辨率～1/10⁷.

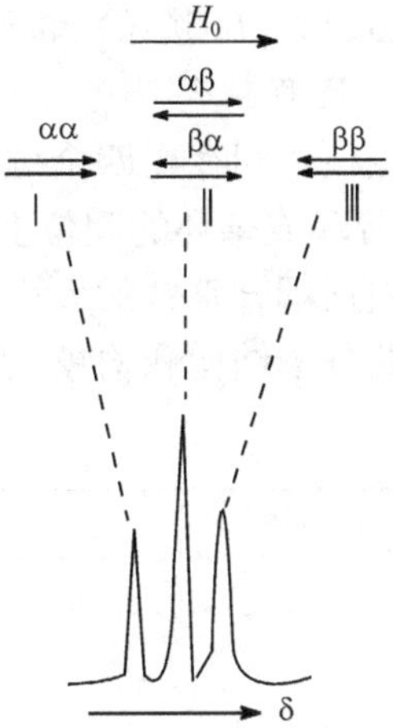

图 6.9　与亚甲基邻近的甲基分裂的三重峰

§6.3.2　耦合常数

自旋耦合产生的分裂峰之间的距离称为耦合常数 J，单位是 Hz. J 的大小表示耦合作用的强弱. 耦合常数和化学位移不同，它不因外磁场变化而变化，外界条件(如溶剂、温度、浓度等)对它的影响很小. 耦合常数和分子结构有关.

1. 同碳耦合

同碳耦合常数用 ^2J 表示. 表示氢核之间存在两个键. 同碳耦合常数与结构密切相关. 如乙烯中的同碳耦合 $^2J=2.3$Hz；而在甲醛中，则高到 42Hz. 观测同碳耦合较为困难，需要用同位素取代等特殊方法.

2. 邻碳耦合

邻碳耦合常数用 ^3J 表示，表示氢核之间存在三个键. ^3J 的大致范围在 0～16Hz. ^3J 的大小与相邻的 C—H 键所在平面的夹角有关，如图 6.10 所示. 平面夹角在 150°～180°时，^3J 的值最大；平面夹角在 0°～30°时，^3J 也很大，在 60°～120°时 ^3J 最小；面夹角为 90°，$^3J=0.3$Hz，碳原子上取代基的电负性增加，偶合常数则减小. 例如 $CH_3—CH_3$ 和 $CH_3—CH_2Cl$ 的 ^3J 分别为 8.0 和 7.0. 在对于"H—C＝C—H"

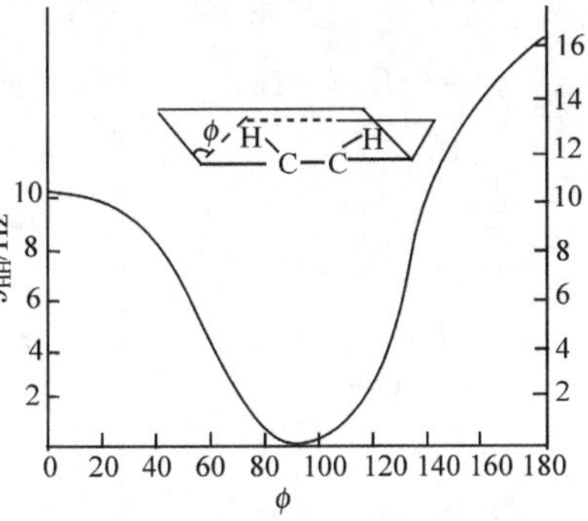

图 6.10　^3J 与 C—H 键所在平面的夹角的关系

型邻碳的耦合，质子处在同一平面上，顺式结构面夹角为 0°，反式面夹角为 180°，^{3}J(反式)>^{3}J(顺式). 邻碳耦合是进行立体化学研究的最有效的信息之一.

3. 远程耦合

氢核之间存在四个键以上的耦合称为远程耦合，远程偶合常数较小，一般小于 1Hz. 芳环或杂环的间位上的氢核之间耦合属远程耦合.

根据耦合常数的大小，可以判断相互耦合的氢核的连接关系，这有助于推断化合物的分子结构和构象. 表 6.4 列举某些结构的耦合常数.

表 6.4　质子自旋-自旋耦合常数

类　型	J_{ab}/Hz	类　型	J_{ab}/Hz
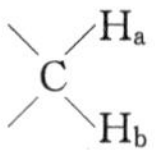	10～15	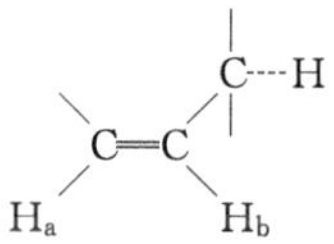	4～10
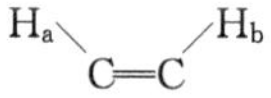	6～8		
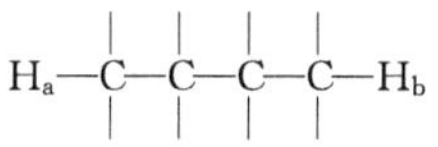	0	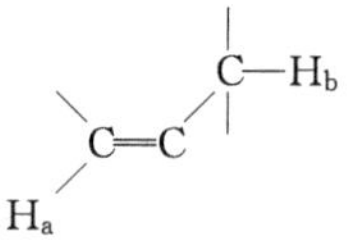	0～2
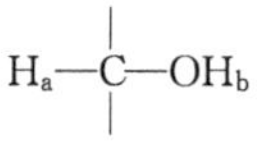 (无交换)	4～6	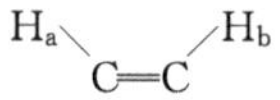 (环)	5 元环 3～4 6 元环 6～9 7 元环 10～13
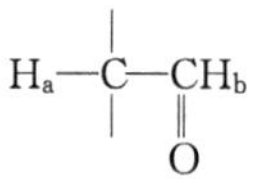	2～3	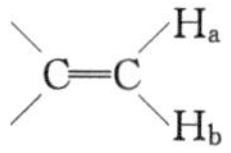	0～2
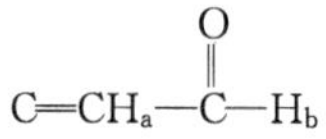	5～7		
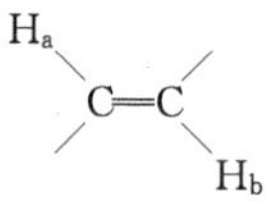	15～18	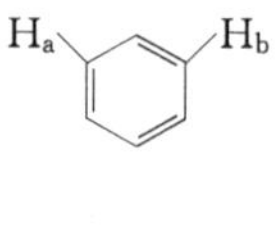	邻位 6～10 间位 1～3 对位 0～1
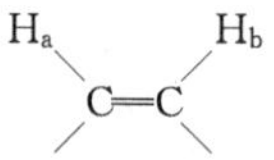	6～12	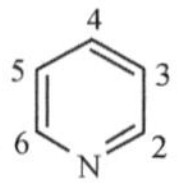	J_{2-3} 5～6, J_{3-5} 1～2 J_{2-4} 7～9, J_{2-5} 0～1 J_{2-4} 1～2, J_{2-5} 0～1
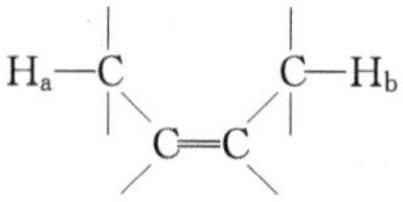	1～2		

续表

类　型	J_{ab}/Hz	类　型	J_{ab}/Hz
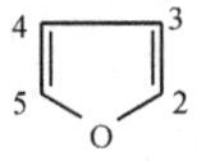	J_{2-3} 1.5～2 J_{3-4} 3～4 J_{2-4} 0～1 J_{2-5} 1～2	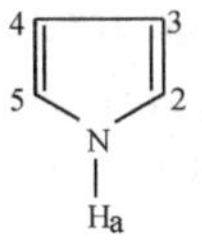	J_{a-2} 2～3 J_{a-3} 2～3 J_{2-3} 2～3 J_{3-4} 3～4 J_{2-4} 1～2 J_{2-5} 2
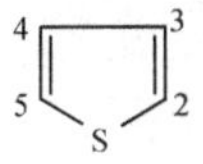	J_{2-3} 5～6 J_{3-4} 3.5～5 J_{2-4} 1.5 J_{2-5} 3.5		

§6.3.3　化学全同与磁全同

在同一分子中，质子具有相同的化学环境，称这些质子是化学全同质子，它们具有相等化学位移. 对于分子中一组化学全同的质子，如果它们与组外任一核磁耦合时，其偶合常数相等，即具有相同的自旋耦合，这一组质子称为磁全同质子. 磁全同质子之间的自旋耦合不产生吸收峰的分裂. 非磁全同质子之间的自旋耦合将造成彼此的吸收峰产生分裂.

如在对硝基氟苯中的四个质子，H_a，H_b（或 H_c，H_d）的化学环境相同，但是，$^3J_{ac} \neq {}^5J_{bc}$，H_a，H_b 不属磁全同质子. H_c 和 H_d 也不是磁全同质子.

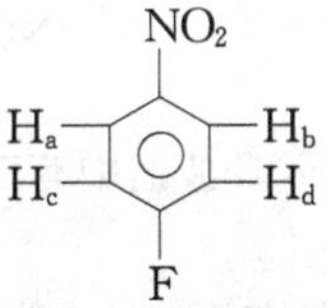

弄清分子中某组质子是化学全同还是磁全同十分重要. 这样才能正确地剖析图谱. 正如图 6.8 所示，在乙醇中的质子分为三组. 其中甲基 CH_3 中的三个质子是磁全同质子，亚甲基—CH_2—中的二个质子也是磁全同质子. 这两组质子的自旋耦合结果，使它们的吸收峰产生分裂.

参 考 文 献

［1］ 赵瑶兴，孙祥玉. 光谱解析与有机结构鉴定. 合肥：中国科技大学出版社，1992
［2］ 唐恢同. 有机化合物的光谱鉴定. 北京：北京大学出版社，1992
［3］ 清华大学分析化学教研室. 现代仪器分析（上）. 北京：清华大学出版社，1983
［4］ 北京大学化学系仪器分析教学组. 仪器分析教程. 北京：北京大学出版社，1997
［5］ 赵藻藩，周性尧，张悟铭，赵文宽. 仪器分析. 北京：高等教育出版社，1990
［6］ 方惠群，史坚. 仪器分析原理. 南京：南京大学出版社，1994

习题与思考题

习　题

1. 下列原子核中哪些核无自旋角动量？

   ${}^{7}_{3}Li$，${}^{4}_{2}He$，${}^{12}_{6}C$，${}^{19}_{9}F$，${}^{31}_{15}P$，${}^{16}_{8}O$，${}^{1}_{1}H$，${}^{2}_{1}H$，${}^{14}_{7}N$.

2. 一个自旋量子数为 5/2 的核，它在磁场中有多少个能态？

3. 请计算在 1.9806T 的磁场中下列各核的共振频率：

   ${}^{1}H$，${}^{13}C$，${}^{17}O$，${}^{31}P$.

4. 名词解释：

   磁旋比，共振频率，耦合常数，化学位移，磁各向异性.

5. 自旋-自旋弛豫和自旋-晶体弛豫有何不同？

6. 使用 60.0MHz 的核磁共振仪，TMS 的吸收与某化合物中某质子的频率差为 80Hz，如果使用 40.0MHz 的核磁共振仪，它们之间的频率差为多少？这说明什么问题？

7. 在如下化合物中，质子 H_a 和 H_b 中哪个具有比较大的 δ 值？

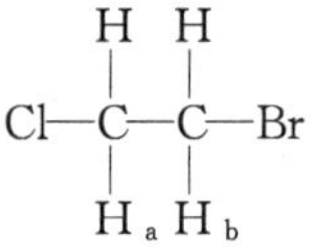

8. 预测丙酸的 ${}^{1}H$ 的精细核磁共振谱图.

9. 根据 ${}^{1}H$ 的 NMR 谱图能鉴别下列两种异构体吗？

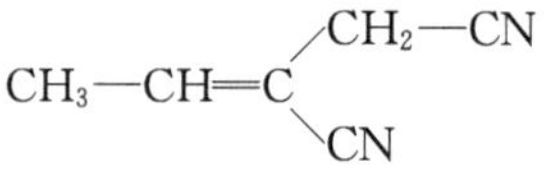

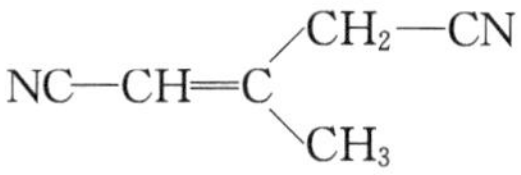

10. 某化合物的分子式为 $C_{10}H_{15}Cl$，在 NMR 波谱中有三个单峰，化学位移 δ 分别为 7.27，3.07 和 1.57. 推测它的结构式.

11. 解释下列化合物中所指出的质子为何有不同的 δ 值？

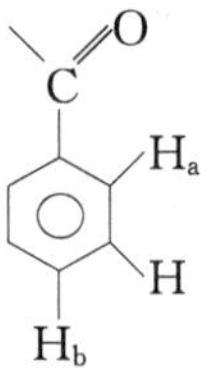

$H_a = 7.72$

$H_b = 7.40$

12. 图 6.11 为乙酸乙酯的 NMR 谱，试解释各峰的归属.

13. 图 6.12 为乙酸异丙酯的 NMR 谱，试解释各峰的归属.

14. 某化合物的分子式为 $C_4H_{10}O$，图 6.13 为其 NMR 谱，试推断其结构式.

15. 名词解释：

    同碳耦合，邻碳耦合，远程耦合，化学全同，磁全同.

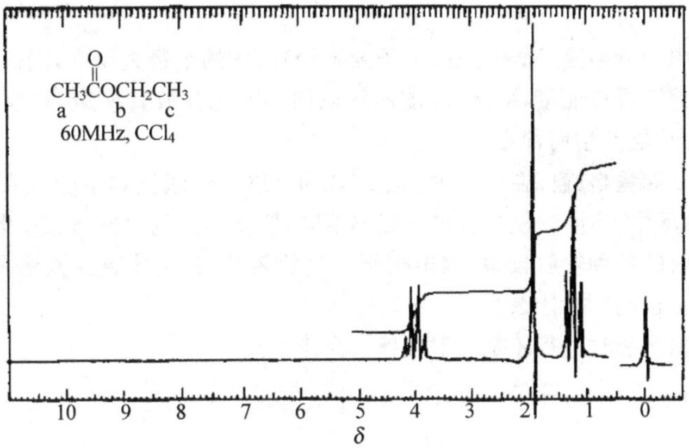

图 6.11

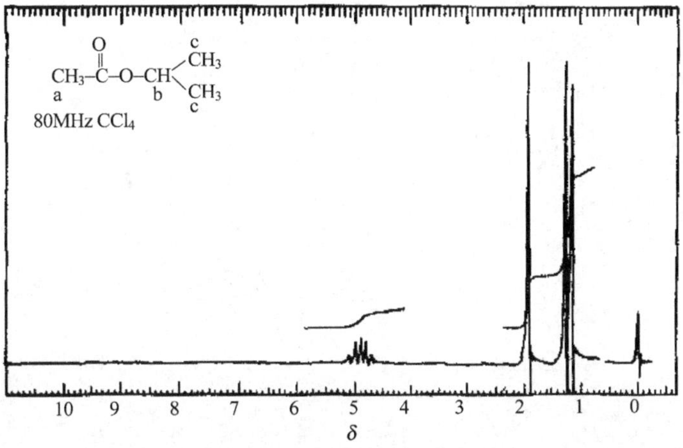

图 6.12

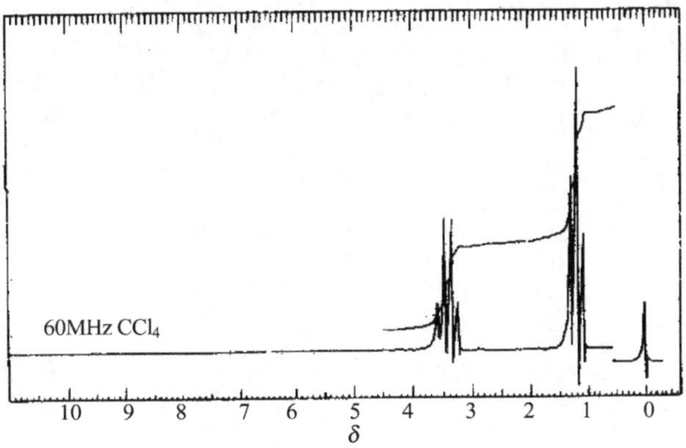

图 6.13

思考题

1. 原子核被外层电子云包围,原子半径(电子云半径)比核的半径大得多,因此高能态核不能直接通过核间碰撞来释放能量,那么,高能态核以何种方式释放其能量,释放的能量向周围传递,又将使周围环境产生何种变化?
2. 核磁共振谱就是测量自旋核在磁场中从稳定取向(低能态)激发到不稳定取向(高能态)所需要的能量. 在磁场中,不同的核自旋进动频率不同,要使不同的自旋核改变各自的取向,就必须提供可供吸收的各种辐射频率. 测出核所吸收的频率,就是核磁共振谱定性的依据. 你认为上述说法是否正确? 为什么?
3. 你认为核磁共振是吸收过程还是发射过程? 为什么?

第 7 章　光电子能谱法[1~5]

在光谱学中，高能光子与物质作用后产生一系列不同信息的光子，研究光子的各种信息，均能获得物质的组成和结构信息. 如能谱法，研究光电子的能量信息，从而获得物质的相关信息. 用单色光(如 X 射线，紫外光)或一束具有一定能量的电子照射样品表面，样品表面原子的内层电子或价电子被激发而发射出来，产生光电子，以光电子的动能为横坐标，其强度为纵坐标，绘制出光电子能谱图. 根据光电子能谱图，获取样品表面的物理化学信息的分析方法，就称为光电子能谱法.

根据激发源的不同，又可以获得不同的电子能谱. 如，用 X 射线为激发源的称为 X 射线光电子能谱法(X-ray photoelectron spectroscopy, XPS)；以紫外光作激发源的称为紫外光电子能谱法(ultraviolet photoelectron spectroscopy, UPS)；若用电子束(或 X 射线)作激发源，测量样品激发后发射出的俄歇电子能量，则称为俄歇电子能谱法(Auger photoelectron spectroscopy, AES). 其中 X 射线光电子能谱法在分析化学中得到广泛的应用，因此它又称为化学分析用的电子能谱法(electron spectroscopy for chemical analysis, ESCA).

§7.1　X 射线光电子能谱法

§7.1.1　电子结合能

X 射线作用于自由原子，使其电离，产生光电子，其动能为 E_k，忽略原子发射电子的反冲能，据爱因斯坦的关系式，则有

$$h\nu = E_b + E_k$$

或

$$E_b = h\nu - E_k \tag{7.1}$$

式中：$h\nu$ 为入射光子的能量；E_b 是电子的电离能或结合能；E_k 为发射光电子的动能；E_k 可以用能谱仪能量分析器测出，根据式(7.1)E_b 就知道了. 同一元素的原子，不同能级上的电子结合能不同，采用单色的 X 射线作激发源，将产生不同能量的光电子，在能谱图上就出现一系列的谱峰. 每个谱峰对应着一个原子能级(s,p,d,f 等)，这实际上反映了样品元素的原子的能级结构，如图 7.1 所示.

电子结合能 E_b 是指样品中的电子从原子或分子的某能级跃迁到费米能级所需要的能量(见图 7.2)，也可以看作原子在光电离前后的能量差，即原子在始态和

终态的能量差. 对于气态样品,可将真空能级(电子不受原子核的吸引)作为参比能级,所以电子的结合能就是真空能级和电子能级的能量之差.

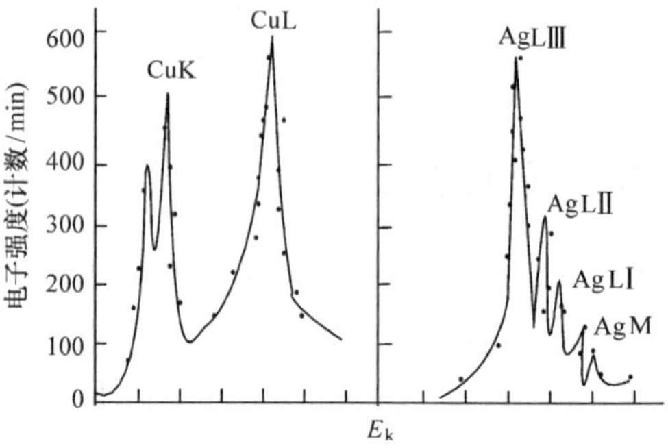

图 7.1　用 Mo Kα 线激发 Cu 和 Ag 产生的 X 射线光电子能谱图

对于固体样品来说,必须选用费米能级为参比能级. 即固体样品中某轨道电子的结合能,是其跃迁到费米能级所需要的能量. 所谓费米能级是指在绝对零度(0°K)时,固体能带中充满电子的最高能级. 那么,固体样品由费米能级变到真空静止电子还需要一定的能量,此能量称为样品的功函数 φ. 所以,X 射线激发能将包括:(1)内层电子跃迁到费米能级所需要的能量 E_b;(2)电子由费米能级进入真空静止电子所需要的能量,即功函数 φ;(3)自由电子所具有的动能 E_k,即

$$h\nu = E_b + E_k + \varphi \tag{7.2}$$

上述能量关系如图 7.2(a)所示.

在实验中,样品是放在仪器架上,使样品与仪器架处于同一电位,这时样品与真空能级之间就产生一个接触电位差 ΔV,其接触电位差 ΔV 为样品功函数 φ 与谱仪功函数 φ'(所谓谱仪功函数 φ' 是由费米能级变到仪器架电位所需要的能量)之差,即 $\Delta V = \varphi - \varphi'$,见图 7.2. 接触电位差 ΔV 的存在使自由电子的动能从 E_k 增加到 E'_k. 即

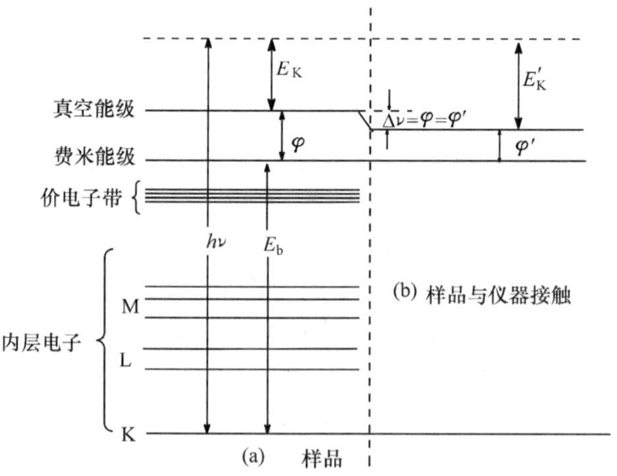

图 7.2　光电子能谱中各种能量的关系

$$E'_k = E_k + \Delta V = E_k + \varphi - \varphi'$$

或

$$E_k + \varphi = E'_k + \varphi'$$

将上式代入式(7.2)，得电子结合能：

$$E_b = h\nu - E_k' - \varphi' \tag{7.3}$$

式(7.3)为固体样品的光电子能量公式.

式(7.3)中的 φ' 是一个常数，可用已知结合能的样品谱图来确定，与样品无关. E'_k 由能谱仪测得. 所以，知道了 $h\nu$，就可测定 E_b. 各种原子、分子轨道的电子结合能是一定的，据此可以鉴别各种原子或分子. 表 7.1 列出部分元素的电子结合能.

表 7.1　部分元素的电子结合能(E_b/eV)

	$1s_{1/2}$ K	$2s_{1/2}$ L_I	$2p_{1/2}$ L_{II}	$2p_{3/2}$ L_{III}	$3s_{1/2}$ M_I	$3p_{1/2}$ M_{II}	$3p_{3/2}$ M_{III}	$3d_{3/2}$ M_{IV}	$3d_{5/2}$ M_V	$4s_{1/2}$ N_I	$4p_{1/2}$ N_{II}	$4p_{3/2}$ N_{III}	$4d_{3/2}$ N_{IV}	$4d_{5/2}$ N_V	$4f_{5/2}$ N_{VI}	$4f_{7/2}$ N_{VII}
1. H	14															
2. He	25															
3. Li	55															
4. Be	111															
5. B	188															
6. C	284			7												
7. N	399			9												
8. O	532	24		7												
9. F	686	31		9												
10. Ne	867	45		18												
11. Na	1072	63		21	1											
12. Mg	1305	89		52	2											
13. Al	1560	118	74	73	1											
14. Si	1839	149	100	99	8		3									
15. P	2149	189	136	135	16		10									
16. S	2472	229	165	164	16		8									
17. Cl	2823	270	202	200	18		7									
18. Ar	3203	320	247	245	25		12									
19. K	3608	377	297	294	34		18									
20. Ca	4038	438	350	347	44		26		5							
21. Sc	4493	500	407	402	54		32		7							
22. Ti	4965	564	461	455	59		34		3							
23. V	5465	628	520	513	66		38		2							
24. Cr	5989	695	584	575	74		63		2							
25. Mn	6539	769	652	641	84		49		4							
26. Fe	7114	846	723	710	95		56		6							
27. Co	7709	926	794	779	101		60		3							
28. Ni	8333	1008	872	855	112		68		4							
29. Cu	8979	1096	951	931	120		74		2							
30. Zn	9659	1194	1044	1021	137		87		9							

续表

	$1s_{1/2}$ K	$2s_{1/2}$ L_{I}	$2p_{1/2}$ L_{II}	$2p_{3/2}$ L_{III}	$3s_{1/2}$ M_{I}	$3p_{1/2}$ M_{II}	$3p_{3/2}$ M_{III}	$3d_{3/2}$ M_{IV}	$3d_{5/2}$ M_{V}	$4s_{1/2}$ N_{I}	$4p_{1/2}$ N_{II}	$4p_{3/2}$ N_{III}	$4d_{3/2}$ N_{IV}	$4d_{5/2}$ N_{V}	$4f_{5/2}$ N_{VI}	$4f_{7/2}$ N_{VII}
31. Ga	10 367	1298	1143	1116	158	107	103		18			1				
32. Ge	11 104	1413	1249	1217	181	129	122		29			3				
33. As	11 867	1527	1359	1323	204	147	141		41			3				
34. Se	12 658	1654	1476	1436	232	168	162		57			6				
35. Br	13 474	1782	1596	1550	257	189	182	70	69	27		5				
36. Kr	14 326	1921	1727	1675	289	223	214	89		24		11				
37. Rb	15 200	2065	1864	1805	322	248	239	112	111	30	15	14				
38. Sr	16 105	2216	2007	1940	358	280	269	135	133	38		20				
39. Y	17 039	2373	2115	2080	395	313	301	160	158	46		26	3			
40. Zr	17 998	3532	2307	2223	431	345	331	183	180	52		29	3			
41. Nb	18 986	2698	2465	2371	469	379	363	208	205	58		34	4			
42. Mo	20 000	2866	2625	2520	505	410	393	230	227	62		35	2			
43. Tc	21 044	3043	2793	2677	544	445	425	257	253	68		39	2			
44. Ru	22 117	3224	2967	2838	585	483	461	284	279	75		43	2			
45. Rh	23 220	3412	3146	3004	627	521	496	312	307	81		48	3			
46. Pd	24 350	3605	3331	3173	670	559	531	340	335	86		51	1			
47. Ag	25 514	3806	3524	3351	717	602	571	373	367	95	62	56	3			

§7.1.2　X 射线光电子能谱图

1. 元素的特征峰

样品中各元素的原子，在 X 射线的作用下，激发出各种轨道上的电子成为光电子. 所得到的光电子能谱图将会有多个电子谱峰. 通常采用该元素被激发电子所在的能级来标记这些光电子. 例如从 K 层激发出来的光电子称为 1s 电子，从 L 层激发出来的分别标记为 2s，$2p_{1/2}$，$2p_{3/2}$. 依此类推. 图 7.3 为 Ag 的 X 光电子能谱.

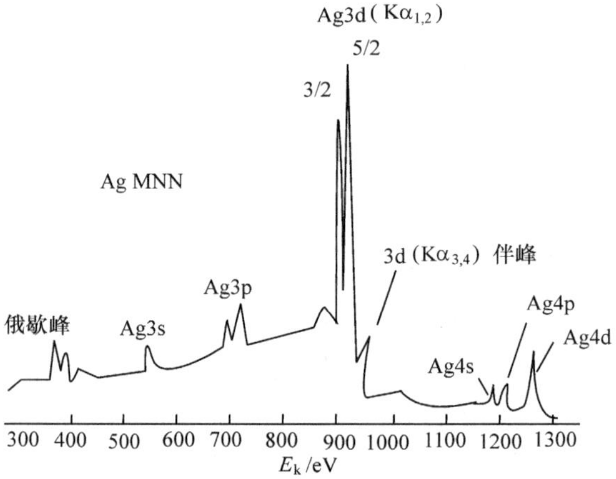

图 7.3　Ag 的 X 光电子能谱（Mg Kα 激发源）

横坐标表示电子的结合能(有时候以光电子的动能表示),纵坐标为光电子强度.由于采用 Mg Kα 作为激发源,Ag 原子的第一、二壳层(K 层和 L 层)的电子结合能大于 Mg $K\alpha_{1,2}$的能量,故不能被激发,只能激发外面壳层(M 和 N 层)的电子.它们被分别记为 Ag 3s,Ag $3p_{1/2}$,Ag $3p_{3/2}$,Ag $3d_{3/2}$,Ag $3d_{5/2}$,Ag 4s,Ag $4p_{1/2}$,Ag $4p_{3/2}$,Ag $4d_{3/2}$,Ag4 $d_{5/2}$.Ag 的 4f 层无电子填充,因此就不存在 Ag 4f 光电子.Ag 的 5s 电子为价电子,元素状态 Ag 的价电子形成金属键,构成导带.由图 7.3 可以看出,采用 Mg Kα 为激发源,Ag $3d_{3/2}$和 Ag $3d_{5/2}$光电子是 Ag 的两个最强的特征峰,彼此相差为 6eV.一般用元素的最强特征峰来鉴别元素.当发生峰的重叠时,可选用其他峰作为佐证.

2. 伴峰

元素的原子受 X 射线作用,除了激发各原子轨道发射光电子外,也伴随其他一些物理过程.这些过程所产生的光电子峰也将出现在光电子能谱图中,这类峰统称为伴峰.要正确地识别元素的特征电子峰,就要了解伴峰的性质及其产生的物理原因.伴峰可分为以下几种:

(1)X 射线源的卫星线(伴线)产生的伴峰

采用 Mg 靶 X 射线或 Al 靶 X 射线作为激发源,除了发射 $K\alpha_{1,2}$主线外,还有其他 X 射线,它们是三个 L 支层之一和 K 层同时产生电子空穴,由 L→K 跃迁所产生的 Kα 卫星线,如表 7.2 所示.$K\alpha_{1,2}$是激发源的主要射线,它所激发的光电子在谱图上构成主峰,其他 X 射线的强度比 $K\alpha_{1,2}$弱许多,所产生的光电子的强度也弱许多,构成主峰的伴峰,如图 7.3 的 3d($K\alpha_{3,4}$)伴峰,就是激发源中的 $K\alpha_{3,4}$所引起的.由于 $K\alpha_{3,4}$的能量比 $K\alpha_{1,2}$大 9～12eV,所以它所产生的光电子峰的能量相应地比主峰大 9～12eV.其强度约为主峰的十分之一.图中 $K\alpha_{3,4}$的强度是 $K\alpha_{1,2}$强度的 9.2%～7.8%.

表 7.2　Mg 靶及 Al 靶产生的特征 X 射线

X 射线	Mg		Al	
	能量/eV	相对强度	能量/eV	相对强度
$K\alpha_1$	1253.7	67 } 100	1486.7	67 } 100
$K\alpha_2$	1253.4	33 }	1486.3	33 }
$K\alpha'$	1258.2	1.0	1492.3	1.0
$K\alpha_3$	1262.1	9.2	1496.3	7.8
$K\alpha_4$	1263.7	5.1	1498.2	3.3
$K\alpha_5$	1271.0	0.8	1506.5	0.42
$K\alpha_6$	1274.2	0.5	1510.1	0.28
$K\beta$	1302	2	1557	2

(2)俄歇电子峰

采用X射线作为激发源,原子吸收X射线的过程中,同时伴随俄歇效应,产生俄歇电子.这种俄歇电子在光电子能谱图也成为一种伴峰.图7.3中,在300～400eV之间出现两个俄歇电子峰.轻元素的俄歇效应严重,因此俄歇电子峰既尖锐又多.而且出现在光电子峰的区域之中,常常影响对光电子峰的识别,光电子峰和俄歇电子峰的根本区别是:光电子的动能随激发源的X射线的能量而变化;而俄歇电子的动能和激发的X射线的能量无关.因此,变换X射线激发源,就能判断出两不同的谱峰.图7.4是采用两种不同的X射线照射Cu样品所得到的电子能谱.从图中可以看到,随X射线的能量变化,Cu的光电子峰发生了移动,而俄歇电子峰的位置没有变化。

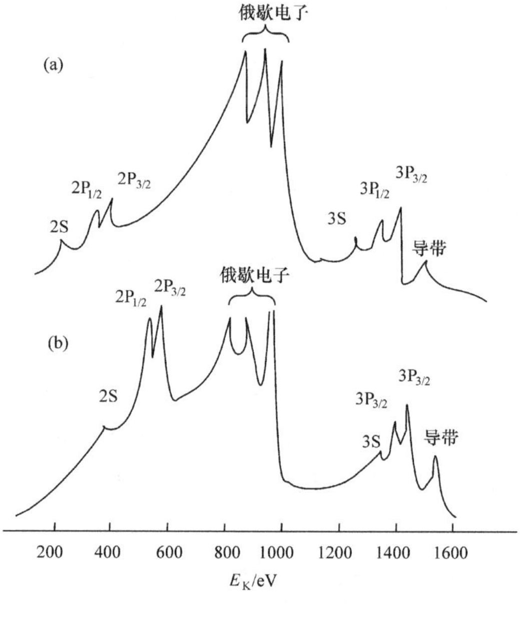

图7.4　两种不同的X射线照射Cu样品得到的电子能谱

(a) Mg $K\alpha_{1,2}$X射线源;(b) Al $K\alpha_{1,2}$X射线源.

(3)振激峰和振离峰

当X射线照射时,除了打出一个内层电子外,还会使另一个电子被激发到更高能级的束缚态(振激)或被激发到连续的非束缚态(振离).这两个过程都是一种光电子发射两电子的过程;都伴随有X射线的能量损失,使光电子的动能降低,但两过程的区别在于:振激过程是量子化的;振离过程是非量子化的,是连续的.由于光电子能量的降低,所以在能谱图的低能区域出现一系列伴峰,如图7.5所示.图

7.5(a)为振激过程,它是量子化的,所以是锐峰;图7.5(b)为振离过程,它是非量子化的,所以本底曲线上出现“台阶”式的波峰.

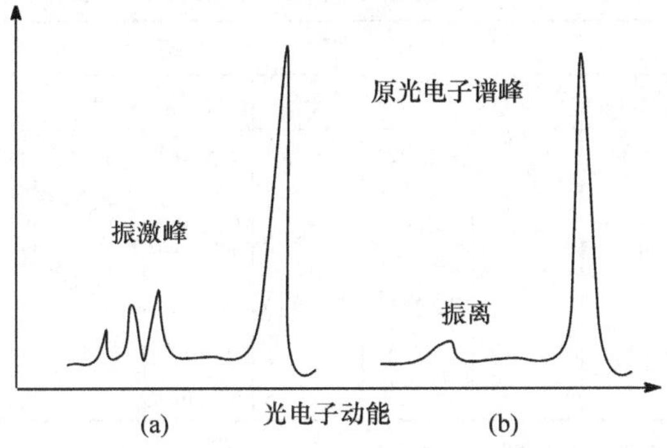

图7.5 振激过程和振离过程示意图

(a) 振激过程; (b) 振离过程.

(4)峰的多重分裂

过渡元素的光电子能谱常常出现光电子的多重分裂.这是由于过渡元素的外壳的d或f支壳层有未填满的电子空位.当X射线作用内层电子发射光电子时,内层又出现了未填满的电子空位.这时外层和内层未填满的轨道上的电子运动组态,要由L-S耦合来决定.这时的L-S耦合是多种结果,即发射光电子后的原子能级是多样的,致使所发射的光电子能量也是多样的.对内层S轨道来说,当其中一个电子被激发成光电子,留下的电子的自旋方向有两种取向,或者与支壳层非配对电子的自旋方向平行,或者,和支壳层非配对电子的自旋方向相反.这两种运动组态具有不同的能级,相应地光电子则具有不同动能,在图谱上将出现相应的光电子峰.如果光电离不是发生在S轨道,那么角动量耦合将更为复杂,峰的分裂也随之复杂化.

3. 谱峰的化学位移

如果在光电子能谱中所给出的电子结合能偏离了表7.1中的数据,则称之为谱峰位移.由物理因素引起的位移,称为物理位移,由于原子所处的化学环境造成的位移,称为化学位移.图7.6为Be及其不同化合物的1s光电子谱峰的位移.从图中可以看出,Be被氧化成BeO后,它的1s电子结合能向高结合能方向移动了2.9eV;BeF_2和BeO中的铍均具有相同的氧化数的(2+),但是,F的电负性比氧的电负性高,所以在BeF_2中的Be ls电子结合能位移更大些.

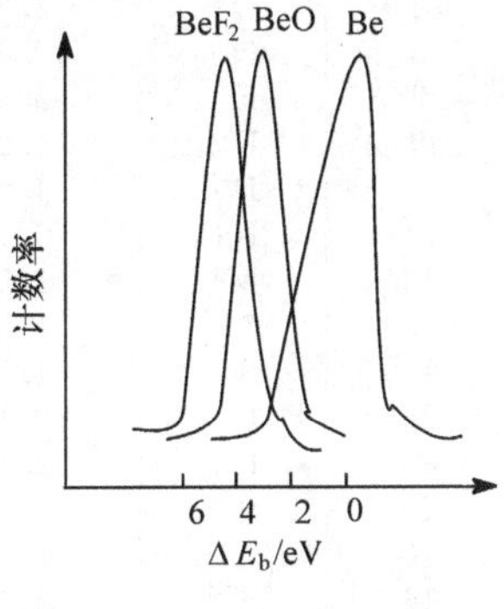

图7.6 Be及其不同化合物化学位移

化学位移和元素不同的氧化态关系密切.化学位移

随元素的氧化数增加而增大;表 7.3 给出几种元素不同氧化态的化学位移.

表 7.3　几种元素不同氧化态的化学位移[1)]

元素	氧化态									
	−2	−1	0	+1	+2	+3	+4	+5	+6	+7
N(1s)		0		+4.5eV		+5.1eV		+8.0eV		
S(1s)	−2.0eV		0				+4.5eV		+5.8eV	
Cl(2p)		0				+3.8eV		+7.1eV		+9.5eV
Cu(2p)			0	+0.7eV	+4.4eV					
I(4s)		0						+5.3eV		+6.5eV
Eu(4s)					0	+9.6eV				

1)表中数据为相对于 0 的位移数值.

实验还表明,与电负性大的原子结合时,其电子结合能将向高结合能位移.表 7.4 给出了元素电负性的数值.

表 7.4　元素的电负性

Z	元素	X	Z	元素	X	Z	元素	X
1	H	2.20	21	Sc	1.3	50	Sn	1.8
3	Li	1.0	22	Ti	1.5	51	Sb	1.9
4	Be	1.70	23	V	1.6	52	Te	2.1
5	B^-	1.98	24	Cr	1.6	53	I	2.5
5	B	2.20	25	Mn	1.5	55	Cs	0.7
6	C^-	2.33	26	Fe	1.8	56	Ba	0.9
6	C	2.45	27	Co	1.8	57～71	La～Lu	1.1～1.2
6	C^+	2.80	28	Ni	1.8	72	Hf	1.3
7	N^-	2.80	29	Cu	1.9	73	Ta	1.5
7	N	3.15	30	Zn	1.6	74	W	1.7
7	N^+	3.40	31	Ga	1.6	75	Re	1.9
8	O^-	3.40	32	Ge	1.8	76	Os	2.2
8	O	3.65	33	As	2.0	77	Ir	2.2
8	O^+	3.82	34	Se^-	2.37	78	Pt	2.2
9	F^-	3.82	34	Se	2.4	79	Au	2.4
9	F	4.00	35	Br	3.05	80	Hg	1.9
9	F^+	4.25	37	Rb	0.8	81	Tl	1.8
11	Na	0.9	38	Sr	1.0	82	Pb	1.8
12	Mg	1.2	39	Y	1.2	83	Bi	1.9
13	Al	1.5	40	Zr	1.4	84	Po	2.0
14	Si	1.95	41	Nb	1.6	85	At	2.2
15	P	2.47	42	Mo	1.8	87	Fr	0.7
15	P^+	2.47	43	Tc	1.9	88	Ra	0.9
16	S^-	2.47	44	Ru	2.2	89	Ac	1.1
16	S	2.75	45	Rh	2.2	90	Th	1.3
16	S^+	3.00	46	Pd	2.2	91	Pa	1.5
17	Cl	3.25	47	Ag	1.9	92	U	1.7
19	K	0.8	48	Cd	1.7	93～1～2	Np～No	1.3
20	Ca	1.0	49	In	1.7			

十分典型的例子是三氟乙酸乙酯. 三氟乙酸乙酯中有四个碳原子,各与不同的原子结合,所以在它的光电子能谱图中(见图 7.7),出现四个 C 1s 光电子峰. 依据电负性 F>O>C>H,可以判断,各个光电子峰所对应的分子结构的每一个碳原子.

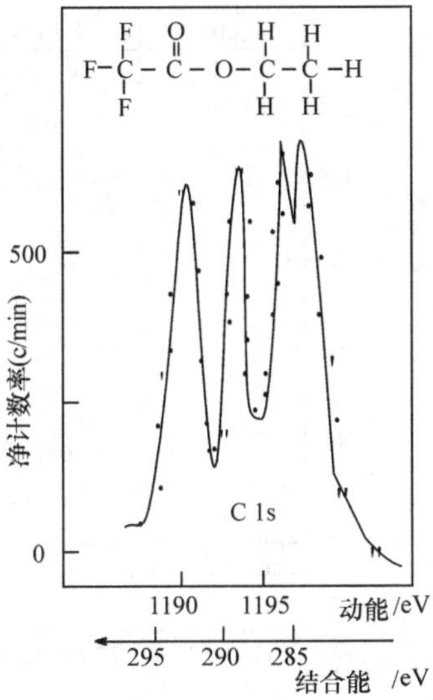

图 7.7　在 Al $K\alpha_{1,2}$ 照射下三氟乙酸乙酯 C 1s 光电子谱
(从左到右四个谱峰对应着结构式中从左到右四个碳原子)

§7.2　紫外光电子能谱法

紫外光电子能谱法的基本原理和 X 射光电子能谱法是相同的. 但是紫外光的能量低于 X 射线,只能让价电子产生光电子;所以,紫外光电子能谱涉及分子的电离能和振动自旋能级结构. 它的另一特点是使用的光源为稀有气体的共振线,如 HeⅠ(21.2eV)和 HeⅡ(40.8eV),单色性比 X 射线好. 因此,紫外光电子能谱法的分辨率比 X 射线光电子能谱法高.

§7.2.1　电离能测定

价电子的结合能习惯上称为电离能. 紫外线的能量激发价电子成为光电子,所测定的电子结合能,就是测定价电子的电离能. 紫外线作用于原子或分子,产生光电子,其能量($h\nu$)用于:(1)电子的电离能 I;(2)光电子的动能 E_k;分子的振动能 E_v 和转动能 E_r. 上述能量之间保持能量守恒关系:

$$h\nu = E_k + E_v + E_r + I \tag{7.4}$$

式中:E_v 大约为 0.05～0.5eV,E_r 更小;显然,E_v 和 E_r 比 E_k 和 I 小得多. 测出的光电子的动能越小,电离能越大.

§7.2.2　分子振动精细结构的测定

紫外光电子能谱是研究分子振动能级结构最有效的手段之一. 分子的振动能级之间的能量差约为 0.1eV,转动能级之间的能量差约为 0.001eV. Mg Kα 的线宽为 0.68eV,Al Kα 的线宽为 0.83eV,即使采用单色的 X 射线,其线宽一般超过 0.5eV,大大超过了分子振动能级之间的能量差. 但是紫外线的自然宽度要窄得多. HeⅠ的宽度为 0.003eV,HeⅡ为 0.017eV. 紫外光电子能谱的最高分辨率已达 5meV. 所以,只有用它才能研究分子的振动能级精细结构图. 图 7.8 是用 HeⅠ共

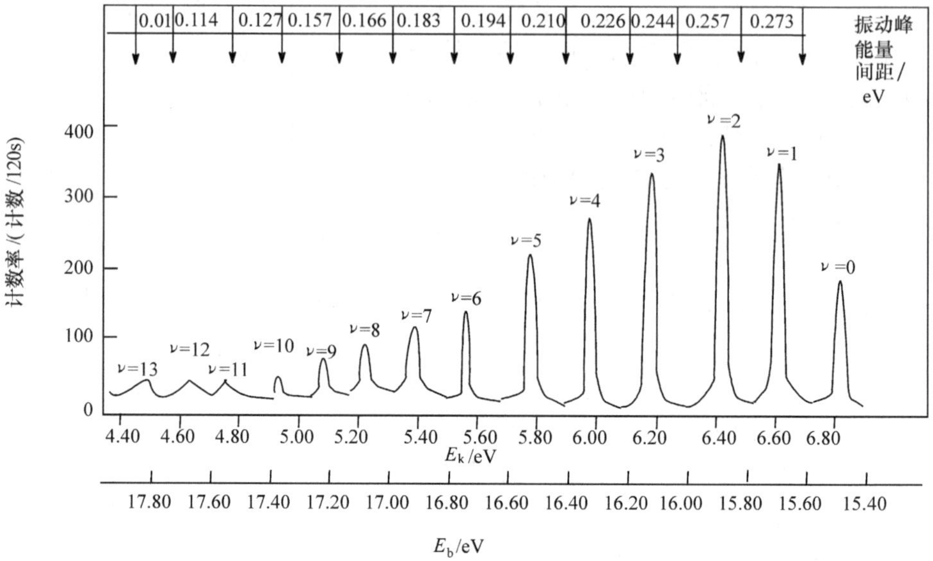

图 7.8　HeⅠ共振线激发氢分子离子的紫外光电子能谱图

振线激发氢分子离子的紫外光电子能谱图，图中出现 14 个光电子谱峰，它们分别对应氢分子离子的各个振动能级.

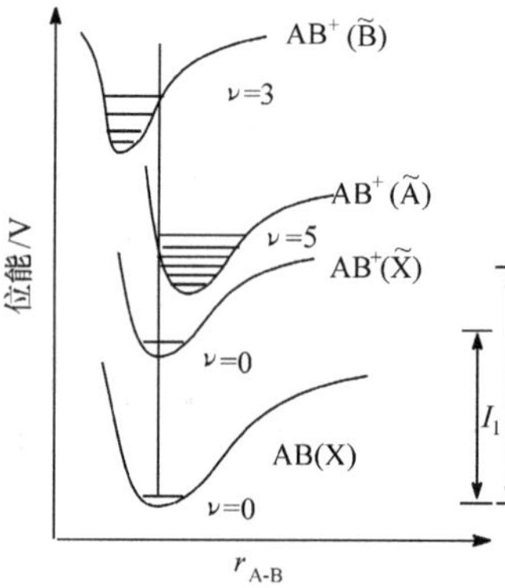

图 7.9　为双原子中性分子和三种不同分子离子的位能曲线

氢分子离子的振动能级结构是最简单的分子振动能级结构.氢分子离子是两个质点共享一个成键电子，当这个惟一电子被激发电离，氢分子离子分解为两个质子后，该分子再也不复存在.实际上，双原子分子的振动能级比氢分子离子的振动能级要复杂得多.一般地讲，在双原子分子中存在三种类型的电子：非键电子、成键基态电子和反键（成键激发态）电子.三种不同电子的电离所形成的分子离子的位能曲线是不同的.图 7.9 为双原子中性分子和其三种不同的分子离子的位能曲线.

在红外光谱法中已讨论过，双原子分子的振动频率可用下式表示：

$$\nu = \frac{1}{2\pi}\sqrt{\frac{K}{M}}$$

对非键电子的电离来说，它被激发成为光电子后，对化学键的强度（键力常数 K）的影响不大，电离前后的折合质量 M 为常数.因此，电离一个非键电子所生成的分子离子的振动频率几乎不变，原子的核间平衡距离也不变，分子离子几何构型也和中性分子相同. 它的位能曲线如图 7.9 中 $AB^+(\widetilde{X})$所示. 若激发电离移去的电子是成键电子，化学键的强度（K）相应减弱，其结果是分子离子的振动频率减低，核间平衡距离增大. 对应的位能曲线是图 7.9 中 $AB^+(\widetilde{A})$的曲线；若激发电离移去的是反键电子，则分子离子的核间平衡距离较中性分子的核间平衡距离还小，振动频率则增高. 它的位能曲线如图 7.9 中 $AB^+(\widetilde{B})$所示. 由于发射的光电子的类型不同，相应的光电子谱峰有较大的区别.

据 Prank-Condon 原理，电子跃迁是一个非常迅速的过程，在跃迁的瞬间，虽然电子状态发生了变化，但核间的距离未发生显著的位移. 因此，电离之后分子离子振动状态的核间距离应和电离前中性分子的核间距离相同. 电离发生在中性分子和电离分子对应能级之间，相应的电离能称为垂直电离能，其跃迁概率最大. 电离发生在中性分子基态和分子离子的基态之间，相应的电离能称为绝热电离能. 发射非键光电子，分子离子的核间距离和中性分子的核间距离是一致的. 绝热电离能和垂直电离能是相同的. 在谱图上出现的是一个尖锐对称的峰，如图 7.10(a)所示. 图 7.10(b)，(c)分别为成键和反键的光电子谱峰. 它是由多个峰组成. 这是因为成键或反键光电子发射之后，分子离子的核间距比其中性分子的核间距增大或减小. 绝热电离能和垂直电离能不一致. 从分子基态电离可能跃迁到分子离子的各种振动能级，从而出现多个峰，其中分子离子振动能级的核间平衡距离和基态分子的核间平衡距离相同——即垂直电离的跃迁概率最大. 相应的峰最强，其他的峰是基态分子和分子离子处在其他振动能级之间的电离跃迁. 基态分子振动核间实际距离偏离平衡距离越大，其存在的概率越小，相应的基态分子和分子离子所处的振动能级之间的跃迁概率越小. 图 7.10(b)中的 I_A 峰，为绝热电离所对应的峰. 它的电离能最小，是分子从振动基态跃迁到分子离子振动基态所需的能量. 各峰之间的距离反映分子离子各振动能级的能量差. 非常强的键和反键轨道发生电离时，其光

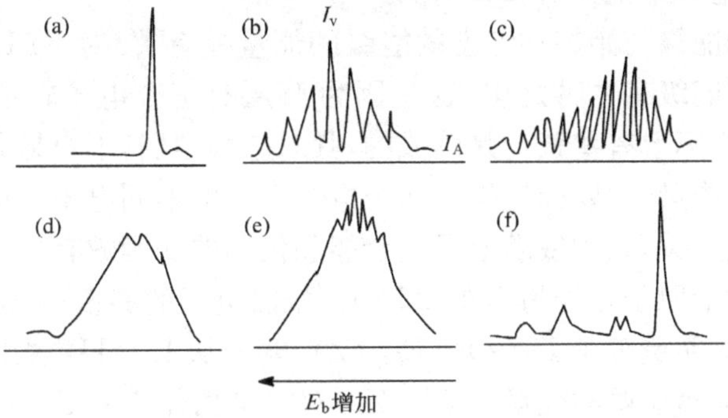

图 7.10　紫外光电子能谱中典型的谱带形状

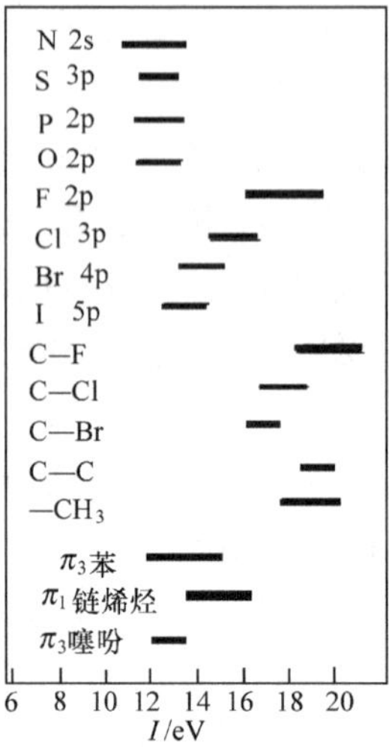

图 7.11　某些典型轨道的电离能范围

电子能谱缺少精细结构，如图 7.10(d)所示. 其原因是各振动峰之间的能量差很小，仪器的分辨率不能对它们加以区别. 振动峰的变宽也可能出现这种现象. 离子离解将出现连续谱图，这种谱图和振动精细结构叠加，则将形成图 7.10(e)所示的带状谱图. 多种离子振动类型的谱峰叠加，将呈现一种复杂的组合带，如图 7.10(f)所示.

图 7.11 列出某些分子轨道的电离能范围，即谱带出现的位置，它可以帮助我们分析有关谱峰对应的轨道的性质，或预测复杂分子的轨道电能离.

§7.3　俄歇电子能谱法

在 X 射线荧光光谱法一节中，我们已经讨论过俄歇效应和荧光产额. 在 X 射线光电子能谱中也提到原子的俄歇光电子谱峰. 那里都是采用 X 射线作为激发源. 此外，还可以用具有一定能量的电子束激发样品，产生俄歇效应，得到俄歇电子信号.

§7.3.1　俄歇电子及其能量

我们知道，当 X 射线或电子束激发原子内层电子，在内层产生空穴. 这时存在二个相互竞争的去激发过程，其一是发射 X 射线，即外层电子跃迁到内层轨道，并以 X 射线释放多余的能量. 其二是二次电离，产生俄歇效应，即，外层一个电子递降到内层空穴，同时释放一个电子(俄歇电子). 由于俄歇电子的产生涉及到始态和终态两个电子空穴. 所以须用 3 个电轨道来表示. 例如，KLL 俄歇电子表示被 X 射线或电子束激发的是 K 层电子，一个 L 层电子递降到 K 层，另一个 L 层电子成为俄歇电子. 类似地可以记为 LMM…等.

俄歇电子的能量与始态和终态的能级的能量差有关. 对 KLL 俄歇电子来说，它的终态的原子能级有九种之多，这是因为 L 层有三个电子轨道. 实现俄歇过程共有九种组合. 实际上有些跃迁是禁戒的，其对应峰很弱，不容易分辨出来. 因此在讨论俄歇电子的能量时，要标记终态两个电子空穴的不同电子轨道. 俄歇电子能量和激发源的能量无关，只和俄歇电子结合能和仪器的功函数有关.

现在我们讨论原子序号为 Z 的 $KL_{Ⅱ}L_{Ⅰ}$ 俄歇电子的能量，电子从 $L_{Ⅱ}$ 层跃迁到 K 空穴层，释放的能量等于 $E_k(Z)-E_{LⅡ}(Z)$. 电子从 $L_Ⅰ$ 层释放出来，首先要进行双重电离，双重电离需要的能量为 $E'_L(Z)$，双重电离能 $E'_L(Z)$不同于单电离态的 $L_Ⅰ$ 的电子电离能 $E_L(Z)$. 当 $L_Ⅰ$ 电子不存在时，$L_Ⅱ$ 电子的结合能增大，接近于没有

空穴的 $Z+1$ 原子的 L_{II} 电子的结合能. 因此 $E'_L(Z)$ 可设定为 $E_L(Z+\Delta)$，Δ 为有效核电荷的补偿数. 一般 Δ 在 $\frac{1}{2}\sim\frac{1}{3}$ 之间. 电离能的定义是指内层电子跃迁到费米能级所需要的能量. 电子从费米能级提升到仪器的样品托架的电位需要做功，假定仪器的功函数为 φ，那么 $KL_{II}L_{I}(Z)$ 俄歇电子的动能为

$$E_{kL_{II}L_{I}}(Z)=E_k(Z)-E_{L_{II}}(Z+\Delta)-E_{L_I}(Z)-\varphi \tag{7.5}$$

那么，俄歇电子能量通式可写为

$$E_{wxy}(Z)=E_w(Z)-E_x(Z)-E_y(Z+\Delta)-\varphi \tag{7.6}$$

式中：$E_w(Z)-E_x(Z)$ 为 x 轨道电子填充 w 轨道空穴时所释放的能量；$E_y(Z+\Delta)$ 为 y 轨道电子的电离能. 从 X 射线和光电子能量表，可以查到原子序号为 Z 和 $Z+1$ 的 x 和 y 轨道的电子的结合能（单重电离能），$E_{wxy}(Z)$ 可以测出，φ 为仪器的特定常数，因此可以估算出 $E_{wxy}(Z)$ 的能量，从而可以确定样品的表面成分.

§7.3.2　俄歇电子产额

俄歇电子发射和荧光 X 射线发射都是受激形成内层电子空穴的原子去激发过程. 荧光产额和俄歇电子产额是元素的固定特性. 在 X 射线荧光分析法中我们已经讨论过荧光产额. 对 K 层的特征荧光 X 射线来说，其荧光产额 ω_{kx} 的义是单位时间内发射 K 系谱线的全部光子数 $S(n_k)_i$ 除以同一时间内形成的 K 层的电子空穴数 N_k：

$$\omega_{kx}=\frac{S(n_k)_i}{N_k}$$

K 系的俄歇电子产额则为

$$\omega_{KA}=1-\omega_{kx}$$

荧光产额和俄歇电子产额均随原子序数而变化，如图 7.12 所示. 该图说明，轻元素（$Z<32$）的俄歇电子产额较高. 适合于进行俄歇电子能谱法分析，其中原子序在 11 以下的元素的俄歇电子产额在 90%以上. 应该指出，H 和 He 只有 K 层电子，因此它们不产生俄歇电子.

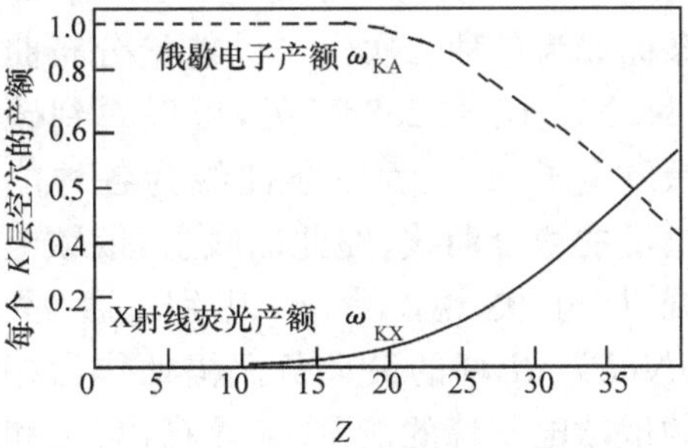

图 7.12　俄歇电子产额与原子序数的关系

§7.3.3　俄歇电子能谱

用具有一定能量的一次电子束照射样品，样品发射出二次电子. 其中不仅有俄歇电子，还有其他过程产生的二次电子，它们形成了强度非常高的本底. 图 7.13 粗

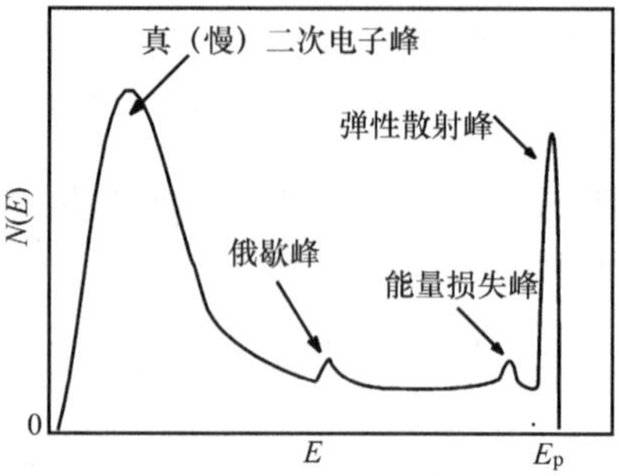

图 7.13　粗略二次电子能量分布曲线

略地表示二次电子能量分布曲线.

电子束作用于样品的表层时，一部分一次电子发生弹性碰撞，因而使二次电子能量分布出现弹性散射峰，经弹性散射峰产生的二次电子的能量和电子束的能量相同.部分电子从样品表面射入表层，产生非弹性碰撞，一次电子能量被衰减，被衰减的电子部分从样品射出，成为曲线本底.另一部分继续与样品分子作用，经过衰减的电子能量减小，其穿透能力迅速降低，电子能量越低衰减速度越快.每次衰减都可能使碰撞的分子或原子电离，电离是非量子化的，因此射入样品表层的电子的能量损失值也是连续的，所产生的二次电子的动能也是连续的.俄歇电子峰是重叠在二次电子连续化的背景上.射入样品表层的一次电子束，在衰减的过程中，只有小部分从样品散射出去，绝大部分被衰减为慢二次电子，大多数慢二次电子是样品电离所产生的穿透能力极小的电离电子.俄歇峰窄，有的很小.图 7.13 只画出一个.此外，如果一次电子由于经受某个特定的过程而损失固定的能量，将出现相应的能量损失峰，图 7.13 也只示意地画出一个.

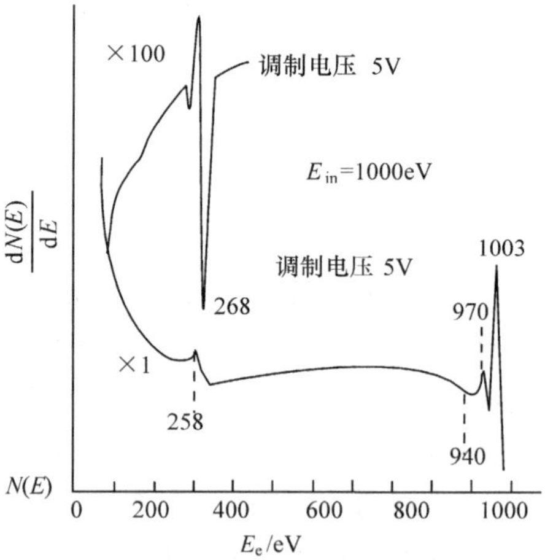

图 7.14　碳原子的俄歇电子能谱

由于背景太强，抑制了俄歇电子信号.通常采用电子能量微分法，将俄歇电子峰从很强的背景中分离出来.图 7.14 为碳原子的俄歇电子能谱.图中下面一条曲线为各种二次电子的能量分布曲线(NCE) - E，在 258eV 处，可以看到碳的俄歇电子峰.上面一条曲线为各种能量电子的微分曲线，在此曲线上，俄歇电子峰十分尖锐，易于识别.通常把 $dN(E)/dE$ 峰的最大负振幅处作为相应的俄歇电子峰的能量.应该指出，它和真正的俄歇电子能量是有区别的.最大负振幅出现在二次能量分布曲线俄歇电子峰高能侧的拐点(268eV)，而不是该峰的顶点(258eV)，碳的真正的俄歇电子能量应为 258eV.

对于原子序数为 3～14 的元素，最显著的俄歇峰是 KLL 跃迁形成的.而对于原子序数为 14～40 的元素则是 LMM 跃迁所形成的.

俄歇电子能谱能提供三种化学信息：

(1)电荷转移

电荷转移(如价态变化)引起内层能级的移动，使俄歇电子峰出现化学位移，实测得到的化学位移变化，从小于数电子伏(eV)到大于20eV. 所以根据元素原子的化学位移来鉴别不同的化学环境.

(2)价电子谱

价电子谱能直接反映价电子变化. 与化学位移不同，它不仅仅俄歇电子能量发生位移，而且由于新的化学键的形成时，原子外层电子重排造成了谱图的形状发生改变. 图7.15为纯锰、部分氧化的锰和严重氧化的锰俄歇电子能谱图. 从图中可以看出，不仅锰的俄歇电子峰位移了几个电子伏特，而且在40eV附近的一个峰分裂为两个峰.

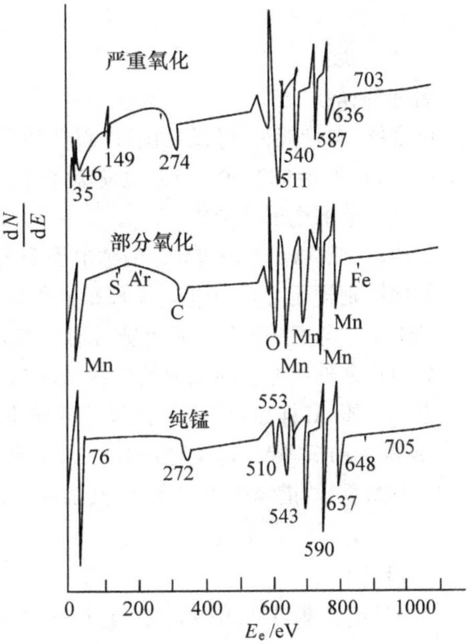

图 7.15　各种价态锰的俄歇电子能谱图

(3)等离子激发

高能的一次电子束激发，可以使不同的原子出现不同的等离子激发，使一次电子损失能量，出现一群附加的等离子伴峰. 如，纯镁的谱图中的低能端出现一群小峰，而氧化镁的谱图中却没有观察到这类结构.

俄歇电子能谱是一种表面分析技术. 它的测量深度取决于俄歇电子能量与样品材料性质. 对于能量是50～2000eV范围内的俄歇电子，表面平均深度约为0.4～2nm.

根据俄歇电子能谱，还可以进行定量分析. 这是基于俄歇电子的强度和表面相应元素的含量成正比.

参考文献

[1]　清华大学分析化学教研室. 现代仪器分析(下). 北京：清华大学出版社，1983

[2]　陆家和，陈长彦. 现代分析技术. 北京：清华大学出版社，1995

[3]　北京大学化学系 仪器分析教学组. 仪器分析教程. 北京：北京大学出版社，1997

[4]　赵藻藩，周性尧，张悟铭，赵文宽. 仪器分析. 北京：高等教育出版社，1990

[5]　Robert D Braun 著，北京大学化学系，清华大学分析中心，南开大学测试中心译. 最新仪器分析技术全书. 北京：化学工业出版社，1990

习题与思考题

习　题

1. 名词解释：
   结合能，费米能级，样品功函数，仪器功函数，电离能，垂直电离能，绝热电离能.
2. 以 MgKα(λ=989.00pm)为激发源，测得 ESCA 光电子动能为 977.5eV(包括仪器的功函数)，求此元素的电子结合能.
3. 试比较 ESCA 光电子能谱，俄歇电子能谱和 X 射线荧光光谱原理及特点.
4. 如何区别样品发射的电子是 ESCA 光电子还是俄歇电子？
5. ESCA 光电子能谱的伴峰有哪几种类型，各有何特征？
6. 如何从紫外光电子能谱带的形状来探知分子轨道的价电子性质？
7. 有一金属 Al 样品，清洁后立即进行测量，光电子能谱上存在两个明显的谱峰，其值分别为 72.3eV 和 7.3eV，其强度分别为 12.5 和 5.1 个单位. 样品在空气中放置一周后，进行同样条件下测量，两谱峰依然存在，但其强度分别为 6.2 和 12.3 个单位. 试解释之.

思考题

样品受 X 射线轰击时，将发生电离. 对电离过程的研究包括：样品对不同 X 射线的吸收情况，吸收后的发射情况；发射情况又包括 X 射线荧光发射，电子的发射；电子的发射又包括内层电子发射，外层电子发射以及俄歇电子的发射；对发射电子的研究还包括其状态(能量)和数量的研究等等. 请根据已学过的知识将上述研究进行分类归纳，并总结指出其应用特点.

第 8 章　非光谱分析法[1~3]

光作为粒子与物质作用，能使组成物质的分子或原子的能级发生跃迁，产生吸收或发射光谱. 光作为电磁波与物质作用，将产生光的折射、衍射、干涉、偏振等现象. 基于测量光的折射、衍射、散射、干涉、偏振等变化的分析方法，统称为非光谱法. 本章将讨论 X 射线衍射法和折光、旋光及圆二向色性法.

§8.1　X 射线衍射法

固体物质的性质不仅与其组成有关还与其结构密切相关. 例如，金刚石、石墨和煤，它们的组成成分都是碳元素，但是性质却截然不同，其原因是它们有不同的结构. 在自然界中，绝大多数固体物质属于晶体物质，像矿物、岩石、金属、盐类，它们的固体通常是以晶体形式存在.

晶体能对 X 射线产生衍射效应. 利用这种衍射可以测定晶态物质在原子水平上的结构，提供详细的结构数据：原子间的距离、键角、扭角、分子的立体结构、原子和分子的堆积等等. 对于一些简单的结构，利用粉末样品或多晶样品常常也可得到相关的结构信息. 衍射法对物质的结构所提供的大量信息，对化学、物理学、生物学、材料科学、冶金学、矿物学及其他科学领域的发展，提供新的观点，开拓新的思路.

§8.1.1　晶体结构

晶体结构是指离子、原子或分子在晶体内的具体分布情况. 通常用晶胞来描述晶体结构. 晶胞是晶体结构中物质的基本重复单元，它能很好地反映晶体的对称

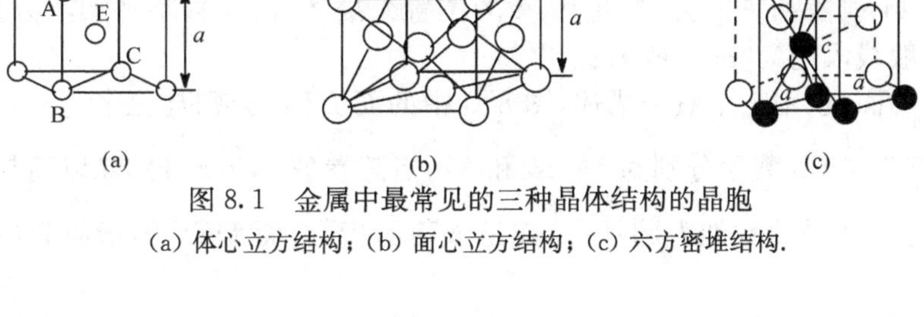

图 8.1　金属中最常见的三种晶体结构的晶胞

(a) 体心立方结构；(b) 面心立方结构；(c) 六方密堆结构.

性. 图 8.1 为金属中最常见的三种晶体结构的晶胞. 晶胞的形状用晶胞参数来描述. 晶胞参数是指晶胞的三个棱 a,b,c 的长度,三条棱之间的夹角 α,β,γ 和晶胞的体积 V. 晶胞沿其棱所指的方向以棱长为间隔在空间平移,就构成整个晶体结构.

1. 晶体的点阵

晶体的结构千变万化,晶胞的大小差别极悬殊. 为了研究的方便,并使研究方法具有普遍意义,适应于各类晶体,采用了晶体点阵概念. 晶体点阵是从晶体结构中抽象的几何点的排列阵式,对晶体结构的重复规律性进行描述. 图 8.2(a)为石墨层中碳原子的分布. 图 8.2(b)为石墨层的点阵,点阵中的结点(亦称为阵点)代表晶体结构中的单元. 把结构单元(即固定配位的离子、原子或分子)以同样的方式置于对应的晶体点阵的每一个结点上,就构成了这种晶体的晶体结构. 例如将图 8.2(a)中的石墨层的结构单元以同样的方式置在石墨层的点阵的结点上,就可以得到石墨层的碳原子的分布图.

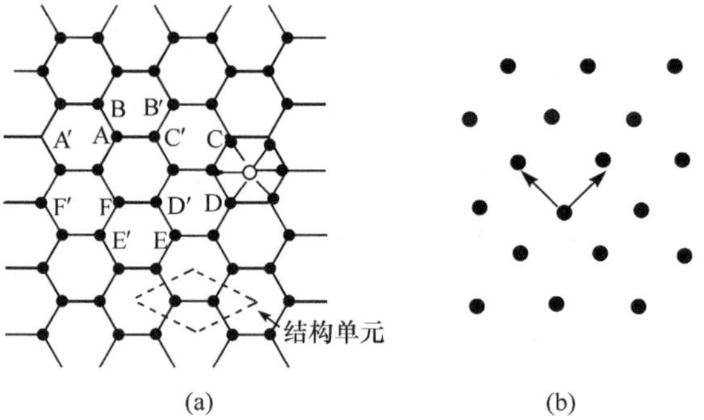

图 8.2

(a) 石墨层中碳原子的分布;(b) 石墨层的点阵.

晶体点阵的基本重复单元被称为阵胞,它的形式与其对应的晶胞一致. 所以通常把晶胞参数称为点阵参数.

描述点阵中的点、线、面时,须用阵胞的三个基本矢量 $\boldsymbol{a},\boldsymbol{b},\boldsymbol{c}$ 为坐标,并以它们各自的长度为坐标单位,如图 8.3 所示. 图中的 A,B 两点的坐标分别为 1,1,0 和 $\frac{1}{2},\frac{1}{2},\frac{1}{2}$,分别用数字 110 和$\frac{1}{2}\frac{1}{2}\frac{1}{2}$来表示. 点阵中一般点的位置用字母 $\mu\nu\omega$ 来表示. 图中 OA 线段和它的方向,也用 A 的位置来描述,但在数字外加上方括号,即[110],一般线段记为[$\mu\nu\omega$]或 $r_{\mu\nu\omega}$.

点阵的面,也用三个数来描述,图 8.3 中的面 DEF 分别与三个坐标 a,b,c 交于 D,E,F 三点,其截距分别为 $1a$, $1b$ 和$\frac{1}{2}c$,点阵参数 $\boldsymbol{a},\boldsymbol{b},\boldsymbol{c}$ 分别除以面与各坐标的截距,将所获得的数加上圆括号,就是该面的指数,面 DEF 的指数为(112),这种面的指数称为米勒指数. 一般的面用(hkl)来表示. 与晶胞所有三个轴相截的面,具有三个指数(hkl). 平行于 $\boldsymbol{a},\boldsymbol{b},\boldsymbol{c}$ 三个轴中的一个轴的面,其指数分别表示为(okl),(hol)和(hko),平行两个轴组成的晶面的平面,分别用(ool),(oko)和(hoo)来表示.

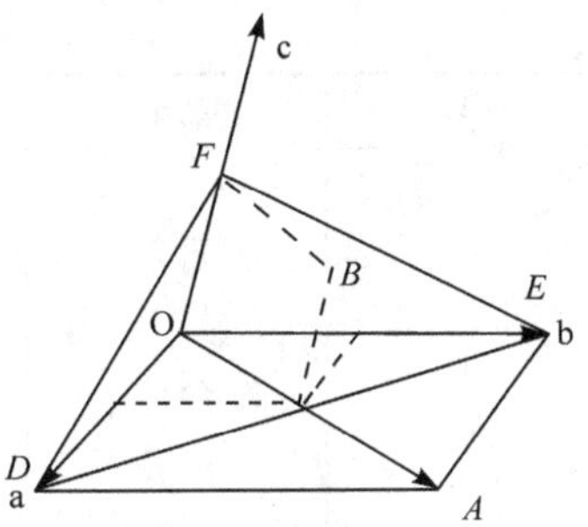

图 8.3

阵胞中的点 A,B;方向 OA 和面 DEF.

晶面指数为(hkl)应视为一系列等间距的平行面,分别以间隔为 $\frac{a}{h}$,$\frac{b}{k}$ 和 $\frac{c}{l}$ 与 $\boldsymbol{a},\boldsymbol{b},\boldsymbol{c}$ 轴相交, 不应看成某一固定的平面.

2. 晶体的对称性

由于晶体具有点阵结构,使得晶体结构的对称性不同于有限分子的对称性. 晶体的对称性受到点阵结构的制约. 例如,不存在五重轴和轴次高于六的各种对称轴. 晶体点阵可分为 7 个晶系. 这 7 个晶系不是按晶胞的形状分类,而是按晶体点阵的对称性元素分类. 表 8.1 列出各晶系及其特征称性元素. 要了解晶体属于哪一晶系,就应检查该晶体的特征称性元素. 例如,立方晶系在立方体的四个对角方向都存在一个三重轴. 任一立方体对角方向每旋转 120°,晶体点阵则完全重叠一次.

表 8.1　晶系及其特征称性元素

晶　系	特征称性元素[1)]
立方晶系	4 个按立方体对角线排列的方向上有一三重轴
六方晶系	在 1 个方向上有六重轴
四方晶系	在 1 个方向上有四重轴
三方晶系	在 1 个方向上有三重轴
正交晶系	三个互相垂直二重轴,或两个互相垂直的对称面
单斜晶系	一个二重轴或对称面
三斜晶系	无

1) 表中对称轴包括旋转轴、螺旋轴和反轴;对称面包括镜面和滑移面.

按空间的点阵形式,7 个晶系共有 14 种空间点阵形式. 各晶系所对应的空间点阵形式及晶胞参数的限制如表 8.2 所示. 图 8.4 为 14 种空间点阵形式的图形.

表 8.2　14 种空间点阵形式

记号	晶系	晶胞参数的限制	空间点阵形式名称
a	三斜	—	简单三斜(aP)
m	单斜	$\alpha=\gamma=90°$	简单单斜(mP) C 心单斜(mC)

续表

记号	晶系	晶胞参数的限制	空间点阵形式名称
o	正交	$\alpha=\gamma=\beta=90^\circ$	简单单斜(*o*P) C 心正交(*o*C) 体心正交(*o*I) 面心正交(*o*E)
h	六方 三方	$a=b$ $\alpha=\beta=90^\circ$ $\gamma=120^\circ$	简单六方(*h*P) 简单六方(*h*P) R 心六方(*h*R)
t	四方	$a=b$ $\alpha=\gamma=\beta=90^\circ$	简单四方(*t*P) 体心四方(*t*I)
c	立方	$a=b=c$ $\alpha=\gamma=\beta=90^\circ$	简单立方(*c*P) 体心立方(*c*I) 面心立方(*c*F)

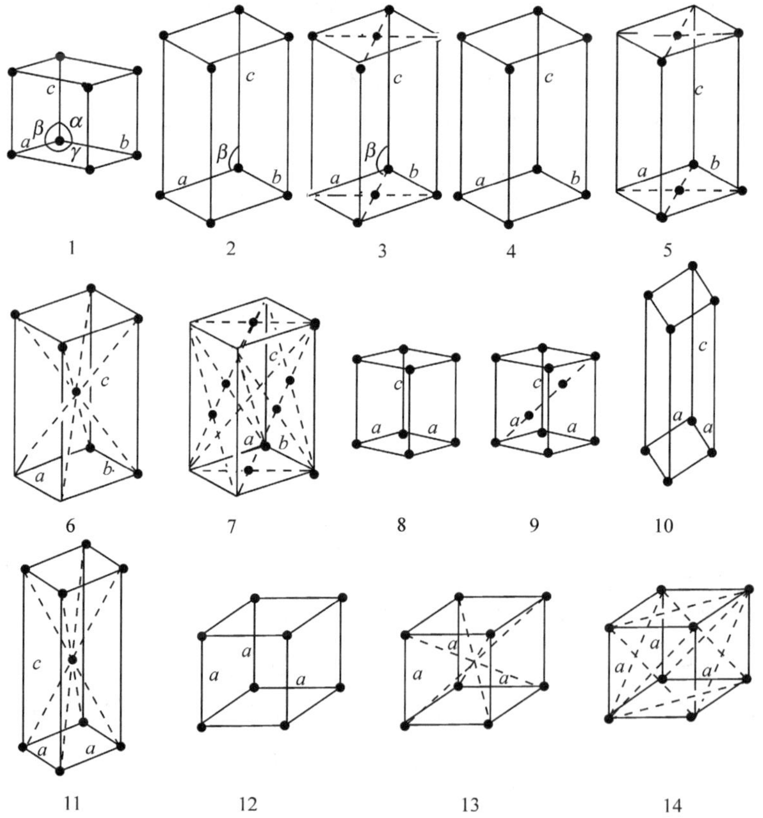

图 8.4　14 种空间点阵形式的图形

1. 简单三斜(*a*P)；2. 简单单斜(*m*P)；3. C 心单斜(*m*C)；4. 简单单斜(*o*P)；5. C 心正交(*o*C)；6. 体心正交(*o*I)；7. 面心正交(*o*E)；8. 简单六方(*h*P)；9. R 心六方(*h*R)；10. 简单四方(*t*P)；11. 体心四方(*t*I)；12. 简单立方(*c*P)；13. 体心立方(*c*I)；14. 面心立方(*c*F).

晶体的理想外型及其在宏观观察中所表现的对称性称为宏观对称性. 晶体的宏观对称性是微观对称性的表现. 晶体结构中螺旋轴和滑移面等，在宏观对称性中表现为旋转轴和镜面，所以在晶体外型和宏观观察中所表现出来的对称元素只有对称中心、镜面和轴次为 1,2,3,4,6 等的旋转轴和反轴. 晶体具有一个以上的对称元素时，相应的对称操作一定要通过一个公共的点. 将晶体可能存在的各种宏观对称元素通过一个公共点并按一切可能的对称操作组织起来，共有 32 种形式；这 32 种形式相应的对称操作群称为 32 个晶体点阵群. 微观对称操作才能表现出来的对称元素还有平移、螺旋轴和滑移面. 它们被晶体的宏观均匀性和连续性所掩盖. 微观上把点阵结构的空间对称操作称为空间群，空间群用与空间对称操作相对应的空间对称元素系来表示. 这样，空间群可分为 230 个类型.

3. 倒易点阵

倒易点阵是从晶体点阵推引出来的，是采用右手坐标轴系，单位矢量为 $\boldsymbol{a}^{\cdot}$，$\boldsymbol{b}^{\cdot}$，$\boldsymbol{c}^{\cdot}$，倒易点阵的晶胞参数为 $a^{\cdot}$，$b^{\cdot}$，$c^{\cdot}$，$\alpha^{\cdot}$，$\beta^{\cdot}$，$\gamma^{\cdot}$，倒易晶胞的体积为 $V^{\cdot}$. 倒易点阵概念是研究晶体衍射性质的重要数学工具. 各种衍射的几何学，衍射公式的推导，现代衍射仪的设计和应用，衍射数据的处理，以及利用衍射数据测定晶体结构的许多环节，都离不开倒易点阵.

倒易点阵的三个单位矢量定义为

$$\boldsymbol{a}^{\cdot}=\frac{\boldsymbol{b}\times\boldsymbol{c}}{\mathrm{V}},\boldsymbol{b}^{\cdot}=\frac{\boldsymbol{c}\times\boldsymbol{a}}{\mathrm{V}},\boldsymbol{c}^{\cdot}=\frac{\boldsymbol{a}\times\boldsymbol{b}}{\mathrm{V}} \tag{8.1}$$

式中：V 为晶胞的体积；$\boldsymbol{a},\boldsymbol{b},\boldsymbol{c}$ 分别为晶体点阵的三个单位矢量.

两个矢量 $\boldsymbol{a}$ 和 $\boldsymbol{b}$ 的矢积 $|\boldsymbol{a}\times\boldsymbol{b}|$ 是个矢量，其值等于两个矢量的绝对值及其夹角的正弦的乘积，即为 $\boldsymbol{a}$ 和 $\boldsymbol{b}$ 所形成的平行四边形的面积：

$$|\boldsymbol{a}\times\boldsymbol{b}| = ab\sin\gamma \tag{8.2}$$

式(8.1)中 $\boldsymbol{c}^{\cdot}$ 的矢量方向规定为 $\boldsymbol{a}$ 转到 $\boldsymbol{b}$ 时的右手螺旋前进的方向，如图 8.5 所示.

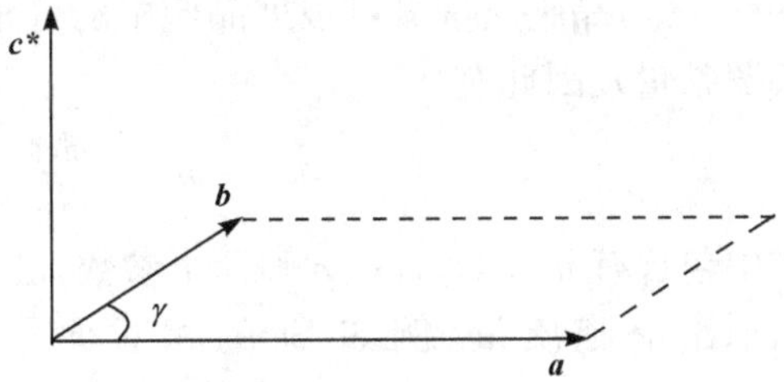

图 8.5　两个矢量 $\boldsymbol{a}$ 和 $\boldsymbol{b}$ 的矢积 $\boldsymbol{c}$

晶体点阵和倒易点阵可以相互变换，即倒易点阵的倒易点阵就是晶体点阵. 所以，下述关系式也成立.

$$\boldsymbol{a}=\frac{\boldsymbol{b}^{\cdot}\times\boldsymbol{c}^{\cdot}}{\mathbf{V}^{\cdot}},\ \boldsymbol{b}=\frac{\boldsymbol{c}^{\cdot}\times\boldsymbol{a}^{\cdot}}{\mathbf{V}^{\cdot}},\ \boldsymbol{c}=\frac{\boldsymbol{a}^{\cdot}\times\boldsymbol{b}^{\cdot}}{\mathbf{V}^{\cdot}} \tag{8.3}$$

根据上述定义和矢量的运算关系式，可以推导出三斜晶系的晶体点阵晶胞参数和倒易点阵的晶胞参数之间的互换关系式并列于表 8.3. 其他晶系可按此简化而得到.

表 8.3 三斜晶系的晶体点阵和倒易点阵的晶胞参数的关系

$a^*=\dfrac{bc\sin\alpha}{V}$	$a=\dfrac{b^*c^*\sin\alpha^*}{V^*}$
$b^*=\dfrac{ac\sin\beta}{V}$	$b=\dfrac{a^*c^*\sin\beta^*}{V^*}$
$c^*=\dfrac{ab\sin\gamma}{V}$	$c=\dfrac{a^*b^*\sin\gamma^*}{V^*}$
$V=\dfrac{1}{V^*}=abc[1-\cos^2\alpha-\cos^2\beta-\cos^2\gamma+2\cos\alpha\cos\beta\cos\gamma]^{1/2}$	
$V^*=\dfrac{1}{V}=a^*b^*c^*[1-\cos^2\alpha^*-\cos^2\beta^*-\cos^2\gamma^*+2\cos\alpha^*\cos\beta^*\cos\gamma^*]^{1/2}$	
$\cos\alpha^*=\dfrac{\cos\beta\cos\gamma-\cos\alpha}{\sin\beta\sin\gamma}$	$\cos\alpha=\dfrac{\cos\beta^*\cos\gamma^*-\cos\alpha^*}{\sin\beta^*\sin\gamma^*}$
$\cos\beta^*=\dfrac{\cos\alpha\cos\gamma-\cos\beta}{\sin\alpha\sin\gamma}$	$\cos\beta=\dfrac{\cos\alpha^*\cos\gamma^*-\cos\beta^*}{\sin\alpha^*\sin\gamma^*}$
$\cos\gamma^*=\dfrac{\cos\alpha\cos\beta-\cos\gamma}{\sin\alpha\sin\beta}$	$\cos\gamma=\dfrac{\cos\alpha^*\cos\beta^*-\cos\gamma^*}{\sin\alpha^*\sin\beta^*}$

晶胞参数 $a,b,c,\alpha,\beta,\gamma$ 是测定晶体结构所得数据之一，结合晶体的宏观性质数据，如晶体密度 ρ、晶体分子的相对质量 M 等，就能计算化学中一些重要参数或数据. 根据表 8.3 列出的公式，由晶胞参数可以计算出晶胞体积 V. 所以晶胞质量 $m=V\cdot\rho$，晶胞质量又可根据晶胞中的分子数 n 求出，即 $m=nM/N_o$（N_o为阿伏伽德罗常量）. 因此有

$$m=\frac{nM}{N_o}=V\rho(\mathrm{g})$$

式中包含有 n,M,N_o,V,ρ 等 5 个参数，已知其中任意 4 个，就可求出第 5 个，还可以求出晶胞质量. 例如 Si 的相对原子质量为 28.0855，20℃ 时晶体密度为 2.32831g · cm^{-3}，立方晶胞参数 $a=543.089$pm，晶胞中含有 8 个 Si 原子，由这些数据可求出阿伏伽德罗常量：

$$\begin{aligned}N_o&=nM/\rho V\\&=8\times28.0855/[2.32831\times(543.089\times10^{-10})^3]\\&=6.0244\times10^{23}(\mathrm{mol}^{-1})\end{aligned}$$

又如金属钨为体心正交晶体，晶胞参数 $a=3.157$，晶体密度 $\rho=19.1\mathrm{g/cm^3}$，钨的相对原子质量为 183.92，可算出晶胞中的原子数

$$n=N_o\rho V/M=6.023\times10^{23}\times19.1\times(3.157\times10^{-8})^3/183.92=2$$

倒易点阵的阵点 hkl 和晶体点阵的一组衍射面(hkl)相对应,倒易点阵的原点对应晶体点阵原点,具有相同的对称性. 从原点指向倒易点阵的阵点 hkl 的矢量 $\boldsymbol{H}_{hkl}$ 为

$$\boldsymbol{H}_{hkl} = h\boldsymbol{a}^{*} + k\boldsymbol{b}^{*} + l\boldsymbol{c}^{*} \tag{8.4}$$

$\boldsymbol{H}_{hkl}$ 必须和晶体点阵的阵面(hkl)垂直,它的长度和一组衍射面(hkl)的面间距 d_{hkl} 成反比

$$\boldsymbol{H}_{hkl} = \frac{1}{d_{hkl}} \tag{8.5}$$

利用倒易点阵参数计算衍射面间距 d_{hkl} 比直接利用晶胞参数计算要简明. 表 8.4 列出用倒易晶胞参数计算晶面(hkl)的面间距 d_{hkl}.

表 8.4　用倒易晶胞参数计算 d_{hkl} 的表达式[1)]

晶系	$d_{hkl}^{-2}(=H_{hkl}^2)$
立方	$(h^2+k^2+l^2)a^{*2}$
六方	$(h^2+k^2+hk)a^{*2}+l^2c^{*2}$
四方	$(h^2+k^2)a^{*2}+l^2c^{*2}$
正交	$h^2a^{*2}+k^2b^{*2}+l^2c^{*2}$
单斜	$h^2a^{*2}+k^2b^{*2}+l^2c^{*2}+2lha^*c^*\cos\beta^*$
三斜	$h^2a^{*2}+k^2b^{*2}+l^2c^{*2}+2lha^*c^*\cos\beta^*+2klb^*c^*\cos\alpha^*+2hka^*b^*\cos\gamma^*$

1) 对立方晶系由所列公式可简化得 $d_{hkl}=a/(h^2+k^2+l^2)^{\frac{1}{2}}$,三方菱面体晶胞可由三斜晶系表达式化简.

§8.1.2　布拉格方程

X 射线入射到晶体上,对于一组(hkl)衍射面中的一个点阵面,若要求在阵面上各点的散射线同相而互相加强,则要求入射角 θ 和衍射角 θ' 相等,入射线、衍射线和晶面的法线在同一平面上,才能保证光程一样,如图 8.6(a)所示. 图中入射线 S_0 在 P,Q,R 时的波前的周相相同,而散射线 S 的波在 P',Q',R' 处仍必须同相,这是产生衍射的基本条件.

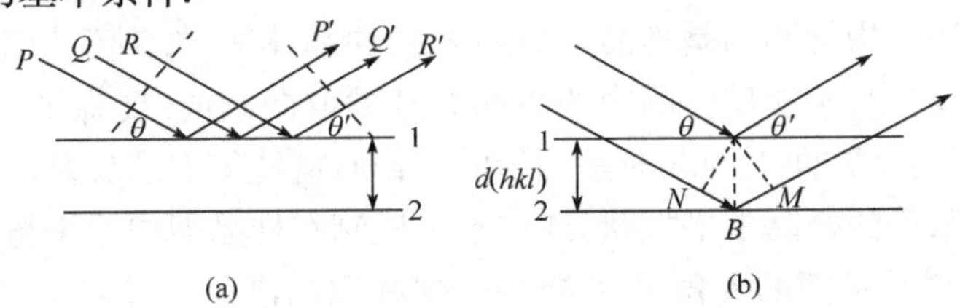

图 8.6　布拉格(Bragg)方程的推导

再考虑相邻两个衍射面 1 和 2，它们之间的距离为 d_{hkl}，射到面 1 上的 X 射线和射到面 2 上的 X 射线的波程差为 BN，相干的散射线的波程差为 MB，而

$$MB = BN = d_{(hkl)}\sin\theta \tag{8.6}$$

如图 8.6(b)所示. 根据衍射条件，当波程差为波长的整数倍时，各衍射面的衍射线互相加强，得

$$2d_{(hkl)}\sin\theta_n = n\lambda \tag{8.7}$$

式中，n 为 1，2，3，…整数. n 称为衍射级数，θ_n 为相应的衍射角. 由于 $\sin\theta\leqslant1$，所以衍射级数 n 必须满足于 $n\lambda\leqslant 2d_{(hkl)}$，因此，$n$ 的数目是有限的，n 大者衍射角 θ_n 也大.

图 8.7(a)示出衍射面间距 d_{110} 和 d_{220} 的关系. 从图中可禁 $d_{110}=d_{(110)}$，$d_{220}=d_{(110)}/2$. 对点阵面间距为 $d_{(hkl)}$ 的 n 级衍射，衍射面间距为

$$d_{(hkl)} = nd_{(nhnknl)} \tag{8.8}$$

对晶面间距为 $d_{(hkl)}$ 的 n 级衍射，可表示为

$$2d_{(hkl)}\sin\theta_n = n\lambda \tag{8.9}$$

对于式(8.9)，若不注明衍射面间距 d_{hkl} 下标时，公式右边也不加 n，这时 $d\equiv d_{hkl}$，即 $2d\sin\theta=\lambda$，此即著名的布拉格定律表达式.

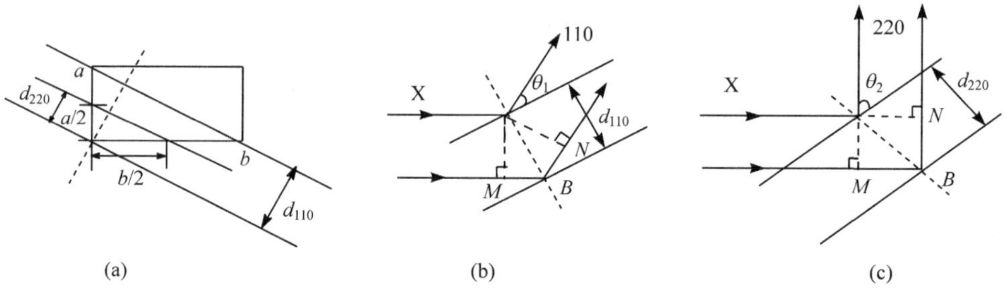

图 8.7

(a) 衍射面间距 d_{110} 和 d_{220} 的关系；(b)和(c)分别表示出衍射 110 和 220 的衍射方向.

§8.1.3　多晶粉末法

多晶粉末法是指检测的是多晶态或粉末状的晶体物质. 对于粉末状的样品来说，在制样的过程中，不能使样品中的晶面有某种取向倾向. 要保证样品的晶面取向是随机的，在各个方向上的取向是均匀的，否则，将使衍射图失真.

衍射分析采用的样品是平板状，或用粉末压制在样品架内成平板状. 当照射样品的 X 射线和样品平面的夹角为 θ，样品中那些取向满足布拉格方程的衍射条件的晶面，使入射 X 射线在 2θ 角产生衍射线. 对样品进行扫描，就可以得到样品 X

射线衍射图谱. 图 8.8 是钨粉末试样的衍射图谱. 图中横坐标的 2θ 角就是入射线和衍射线的夹角.

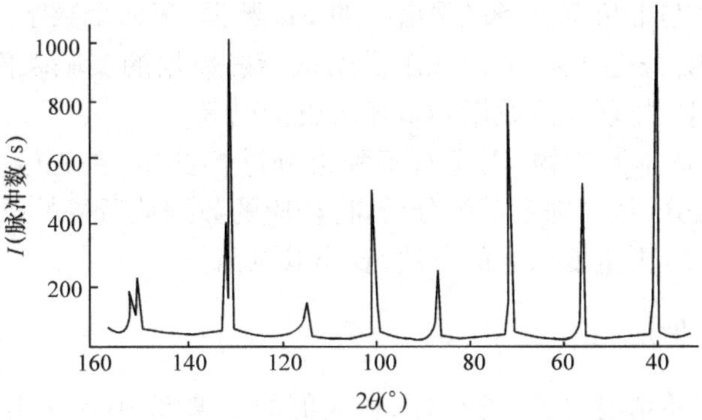

图 8.8　钨粉试样的衍射图谱

根据样品的衍射图谱提供的实验数据,由布拉格方程可以计算出衍射晶面的面间距 d,并相对最强的峰计算各条谱峰的相对强度 I,得到一套 I-d 数据表.

每一种晶格物质都具有自己的特定的晶体结构,具有特征的衍射图谱,即特定的衍射线位分布与强度分布. 也就是上面提到的 I-d 数据表. 粉末衍射标准联合委员会(JCPDS)负责收集、整理、出版各种物相的标准卡片,称为 PDF 卡片. 将实验所得的试样的 I-d 数据表和标准衍射卡片相对照,就能找出试样中所含的物相(晶相)的种类.

5-682

d	2.82	1.99	1.63	3.26	NaCl	★
I/I_1	100	55	15	13	Sodium Chloride	(Halite)

Rad. CuKα_1 λ_1 5405　Filter　Ni　Dia.
Cut off　I/I_1　Diffractometer　I/I cor.
Ref. Swanson and Fuyat, NBS Circular 539, Vol. 2, 41 (1953)

Sys. Cubic　S. G.　Fm3m (225)
a_0　5.6402　b_0　c_0　A　C
α　β　γ　Z　4　D　×2.164
Ref. Ibid.

ε_a　$n\omega\beta$　1.542　$\varepsilon\gamma$　Sign
2V　D　mp　Color Colorless
Ref.　Ibid.

An ACS reagent grade sample recrystallized twice from hydrochloric acid.
X-ray pattern at 26℃.
Merck Index, 8th Ed., p. 956.

dA	I/I_1	hkl	dA	I/I_1	hkl
3.258	13	111			
2.821	100	200			
1.994	55	220			
1.701	2	311			
1.628	15	222			
1.410	6	400			
1.294	1	331			
1.261	11	420			
1.1515	7	422			
1.0855	1	511			
0.9969	2	440			
0.9533	1	531			
0.9401	3	600			
0.8917	4	620			
0.8601	1	533			
0.8503	3	622			
0.8141	2	444			

图 8.9　NaCl 的 PDF 卡片

图 8.9 为 NaCl 的 PDF 卡片. 卡片右上角为物相(晶相)的化学式、英文名称和可靠性等级标志. 左半边为其 *I-d* 数据表. 作为晶相的鉴定的依据. 表头的数码是该卡片的编号. 表左上角有三条最强谱线的 *I-d* 数据,第四个数字是最大面间距及其衍射的相对强度. 表左边的下面依次是测试衍射数据的实验条件、资料的来源、物相的晶体学数据、物理性能数据和试样历史情况等.

试样为多种晶体混合物,则应对每种组分进行鉴定. 首先按实验所得的 *I-d* 表,找到可能的组分,从中确定某组分后,将相应的数据从所得的 *I-d* 表中删去,并重新计算相对强度,再重复以上的方法,找出其余组分.

§8.1.4　单晶衍射法

通俗地讲,单晶衍射法是先让单晶和入射的 X 射线相互作用产生散射,然后依据测量散射的实验数据获得晶胞中分子的图像. 这是一项十分精密而复杂的测试工作. 譬如说,首先要严格挑选适当的单晶. 在对单晶质量进行光学检查之前,先要确定单晶的最佳尺寸. 用于单晶衍射测试的 X 射线束的截面直径约为 0.7mm. 单晶是完全沐浴在 X 射线束之中,因此单晶的截面必须小于 X 射线束的横截面. 衍射线的强度正比于散射物质的量. 单晶的体积大,有利于获得较强的 X 衍射线. 但是,单晶的体积大,从晶胞散射出来的 X 射线在射出晶体之前,将受到较大的衰减,不利于对所测的数据进行吸收校正. 单晶的最佳尺寸为 $2/\mu$(μ 是单晶的线性吸收系数),例如顺式 $Pt(NH_3)_2Cl_2$ 的线性吸收系数为 $601.02cm^{-1}$,它的单晶的最佳尺寸是 0.03mm,为了便于进行吸收校正. 选择单晶的形状应接近球形或圆柱形.

1. 晶体的衍射方向

根据倒易点阵理论,每当一个旋转的倒易点阵的阵点切割反射球时,就会产生 X 射线衍射,所以利用倒易点阵和反射球的几何图形来表达衍射条件. 具体做法是,在晶体点阵所处的方位,画出相应的倒易点阵. 沿入射 X 射线的方向通过倒易点阵的原点画一直线,在此直线上选一点作球心(S),球心和倒易点阵的原点(O)之间的距离为 $\frac{1}{\lambda}$(λ 为 X 射线的波长),以 $\frac{1}{\lambda}$ 为半径作一反射球,当晶体转动时,意味倒易点阵做相应的旋转,任意一个倒易点阵的阵点 hkl 和反射球相交,从球心到交点的方向即为衍射指标为

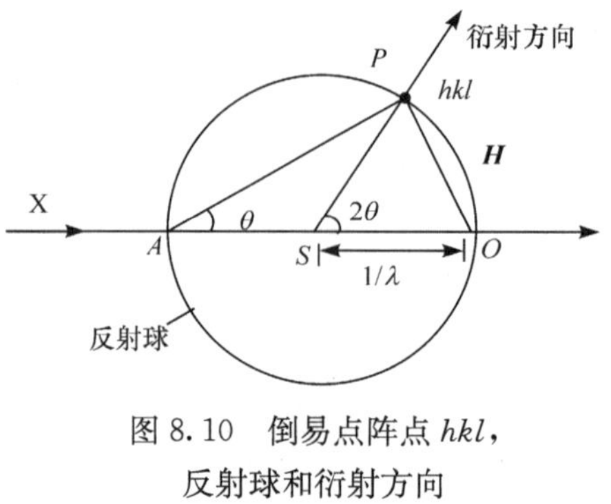

图 8.10　倒易点阵点 hkl,反射球和衍射方向

hkl(简称衍射 hkl 或 hkl 衍射)的衍射方向. 如图 8.10 所示.

上述操作得到衍射方向满足布拉格衍射方程. 将布拉格方程改写为

$$\sin\theta=\frac{\left(\frac{1}{d_{hkl}}\right)}{\left(\frac{2}{\lambda}\right)} \tag{8.10}$$

由图 8.9 可见,$\frac{1}{\lambda}$ 为反射球的半径,AO 为直径,它等于 $\frac{2}{\lambda}$,P 为圆周上的任意点. 圆周角 $\angle APO=90°$,矢量 OP 是倒易点阵的矢量 $\boldsymbol{H}_{hkl}$(图中用 $\boldsymbol{H}$ 表示),它的绝对值等于 $1/d_{hkl}$,所以

$$\sin\theta=OP/AO=\frac{\left(\frac{1}{d_{hkl}}\right)}{\left(\frac{2}{\lambda}\right)} \tag{8.11}$$

由此证明,从球心 S 到 P 点的连线的方向是衍射的方向. 衍射线方向和入射 X 射线的方向的夹角为 2θ,2θ 为衍射角.

2. 收集单晶衍射数据的方法

收集单晶衍射数据有劳埃法、回转法、回摆法、魏森堡法、旋进法、四圆衍射法和面探测器法等等. 各种方法都是根据反射球和倒易点阵的几何关系设计的,都是在反射球心到球面上晶体的倒易点阵的阵点的衍射方向记录衍射强度. 表 8.3 对各种收集单晶衍射数据的方法作一简单的介绍和比较.

四圆衍射法的数据精度高. 计算机和四圆衍射仪结合在一起,整个测试由程序控制,自动收集衍射数据,并自动进行结构分析,使晶体结构测定速度和精度大大提高. 无论分子本身如何复杂,只要单晶大小合适,一般在几天之内能测出其结构,在测定晶体结构方面,目前采用四圆衍射法较为普遍.

3. 晶体结构的测定

晶体结构的测定是一项严谨而复杂的工作,这里讨论的内容仅仅是测量的大致过程. 晶体对 X 射线产生衍射时,各衍射点的强度,由晶胞中原子的分布决定,衍射强度数据反映了原子在晶胞中的位置. 联系各衍射点的衍射强度和晶体结构的桥梁是结构因子,所以结构因子是衍射法测定晶体结构的核心概念.

在讨论衍射强度时,需要了解一个电子对 X 射线的散射能力;一个独立原子对 X 射线的散射能力;一个晶胞的散射能力以及若干晶胞的理想晶体与实际晶体的衍射强度. 建立起晶体结构与衍射强度的关系,通过收集衍射强度数据并通过各种数学处理而测出晶体结构.

表 8.5　收集单晶衍射数据的各种方法的比较

方　法	晶体安装	射　线	探测器及其运动方式	衍射数据
劳埃法	静止	多波长	平面底片,静止	对一种安置方式得大量衍射点,不易指标化
回摆法	晶体绕轴摆动	单波长	圆筒形底片,静止	衍射点多少决定于摆动角度的大小,衍射点分布在层线上
魏森堡法	晶体绕轴摆动	单波长	圆筒形底片和晶体摆动同步平移运动	倒易点阵按一定规则变形地分布
旋进法	晶体绕轴摆动	单波长	平面底片绕轴作旋进运动	倒易点阵不变形地分布
四圆衍射仪法	晶体在圆心按所计算的位置运动	单波长	计数器按所计算的位置定在圆上	逐点收集,将衍射峰扫描测出峰形,数据精确度高
面探测器法	晶体摆动	单波长	探测面静止,多点记数探测	同时精确测定大量衍射数据

(1) 一个原子对 X 射线的散射

原子核外电子的分布是以连续的电子云方式存在,原子占有一定的空间体积.不同位置电子云对辐射的散射存在相角差,因而产生衍射.当衍射角 θ 改变时,原子的散射能力改变.通常原子的散射能力用原子散射因子 f 表示.

$$f=\frac{\text{原子散射波的振幅}}{\text{一个自由电子散射波的振幅}} \tag{8.12}$$

f 的大小随 θ 而变,当 $\theta=0°$时,$f=$核外电子数 Z;当 θ 增大,f 减小.f 还和 X 射线波长有关,若 θ 值一定时,波长越短,f 越小.

(2) 结构因子

结构因子是衍射指标 hkl 的函数,用 F_{hkl} 表示.结构因子由两部分组成:结构振幅 $|F_{hkl}|$ 和相角 α_{hkl},表达式为

$$F_{hkl}=|F_{hkl}|\exp[-\alpha_{hkl}] \tag{8.13}$$

其中,结构振幅 $|F|=\dfrac{\text{一个晶胞内全部电子散射波的振幅}}{\text{一个点电子散射波的振幅}}$　(8.14)

相角 α_{hkl} 是指 hkl 衍射方向上与晶胞原点的电子在同一方向上的相角差(见图 8.11).

(3) 结构因子与衍射强度

晶体的衍射强度受多种因素影响,如晶体中的晶胞数,晶体对 X 射线的吸收,晶体温度,入射光强度、晶体体积等等.这里,入射光强度及晶体体积不受衍射指标影响,可视为常数项,而其他因素则随衍射指标 hkl 及衍射角 θ 的不同而不同.所

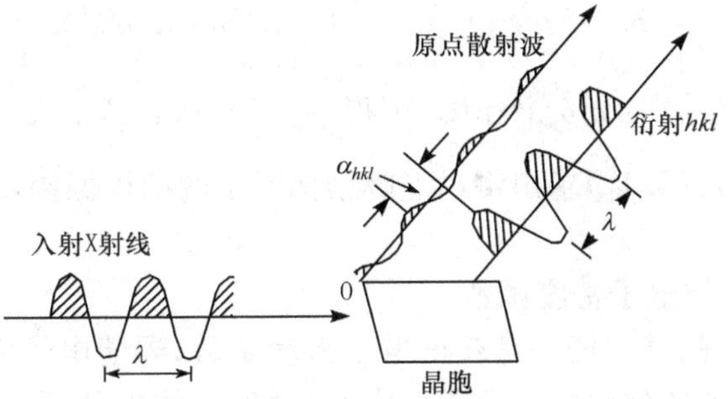

图 8.11　衍射 hkl 相角 α_{hkl} 的物理意义示意图

以各衍射hkl 的衍射强度 I'可表达如下：

$$I' = KLPAT \mid F \mid^2 \tag{8.15}$$

式中：T 为温度因子；A 为吸收因子；P 为偏极化因子；L 为劳伦兹因子.

对四圆衍射法来说洛伦兹因子 L 可表示为$\dfrac{1}{\sin 2\theta}$，对于经过单色器后的入射 X 射线，并在反射球的赤道平面进行衍射强度测量时，其偏振因子为

$$P = \frac{H(\cos^2 2\theta)(\cos^2 2\theta_0)}{1 + \cos^2 2\theta_0} \tag{8.16}$$

式中：θ 为衍射角；θ_0为单色器的衍射角.

吸收因子和晶体的线性吸收系数 μ 以及 X 射线经过的路程 t 有关，可表达为 $\exp(-\mu t)$；温度因子也可以表达为 $\exp[-B(\sin^2\theta/\lambda^2)]$为了方便起见，将吸收因子并入温度因子一起校正，将 I'经 PL 因子校正后改用 I 表示，则式(8.15)可写为

$$I = \frac{I'}{PL} = K \mid F \mid^2 \exp[-2B(\sin^2\theta/\lambda^2)] \tag{8.17}$$

由此可见，求出式(8.17)的常数 K，B，就能利用它求出各结构因子的结构振幅.

据强度分布的统计规律，衍射点的数目足够多时，各振幅的平方的平均值 $(|F|^2)$可表示为

$$(\mid F \mid^2) = \sum_j f_j^2 \tag{8.18}$$

式中，f_j为晶胞中原子 j 的散射因子. f 值可从参数资料中查得，也可以从实验测定中获得. 所以衍射强度 I 的平均值，可表示为

$$(I) = K(\mid F \mid^2)\exp[-2B(\sin^2\theta/x^2)] = K(\sum_j f_j^2)\exp[-2B(\sin^2\theta/\lambda^2)]$$

$$(I) = \sum_j f_j^2 = K\exp[-2B(\sin^2\theta/\lambda^2)] \tag{8.19}$$

$$\ln[(I)/\sum_{j} f_j^2] = \ln K - 2B(\sin^2\theta/\lambda^2) \tag{8.20}$$

若以 $\ln[(I)/\sum_{j} f_j^2]\sim\sin^2\theta/\lambda^2$ 作图. 可得一直线，从直线的截距和斜率可以求出 K 和 B. 就能利用式(8.17)求出倒易点阵结构因子的结构振幅，为结构测定提供基本数据.

(4) 结构因子与电子密度函数

晶体结构测定的基本任务是获得电子密度函数，弄清电子密度在三维空间的分布，电子密度最大的位置即为原子的中心位置. 晶体内部原子分布的周期性，反映在它的电子密度函数也是周期函数，一个周期函数必定可以通过傅里叶级数表达.

电子密度函数可用结构因子 F_{hkl} 和晶胞体积 V 等数据按傅里叶级数的形式表达，但是，只有获得足够多的结构因子数据才能通过傅里叶变换，得到电子密度函数. 晶体结构的测定过程，可用图 8.12 来表示. 晶体空间的晶面反映在倒易空间中则为其阵点. 我们所获得的晶体各个晶面的衍射数据，在倒易点阵中则与结构因子 F_{hkl} 有关.

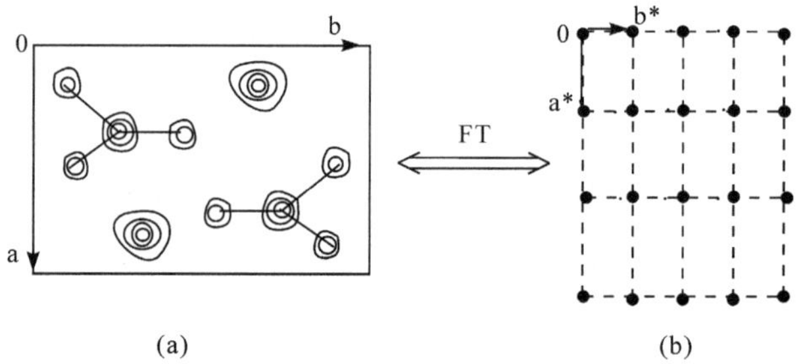

图 8.12　晶体结构在晶体空间、倒易空间(衍射空间)中的表现及其相互间的 Fourier 变换

(a) 晶体空间电子云密度函数 $\rho(xyz)$；原子坐标参数(x_j，y_j，z_j)；

(b) 倒易空间(衍射空间)结构因子 F_{hkl}；衍射数据.

测量各个晶面的衍射强度，只能得到晶体倒易阵点中各结构因子的结构振幅. 若想通过傅里叶变换获得晶体的电子密度函数，还必须获得相应的相角 α_{hkl}. 倒易点阵的结构因子中的相角数据，不能直接从衍射强度测定中获取. 这是晶体结构测定的困难所在. 这个困难的解决需要运用已知的晶体学知识，将隐含在衍射数据中与相角相关的所有信息挖掘出来. 推引出近似的相角，经傅里叶变换获得近似的电子密度函数. 定出晶体的结构. 获得较准的电子密度函数，可以从中了解有关分子的结构化学方面的数据，例如，在晶体中原子的空间排布，分子的构象，化学键的类型、键的长度、键角、离子半径、原子半径等. 图8.13为NaCl晶体的电子密度截面

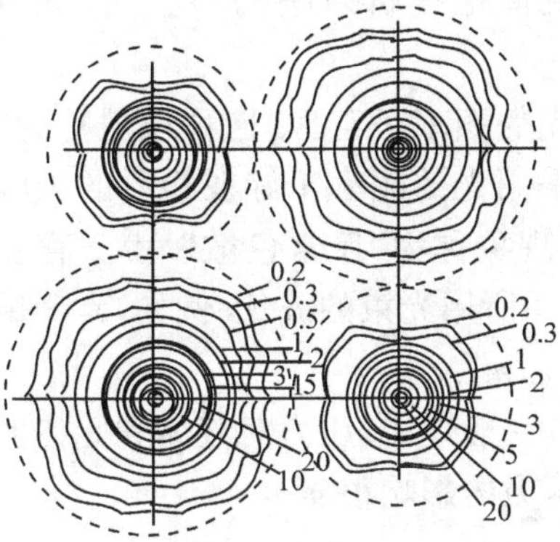

图 8.13　NaCl 晶体的电子密度截面图

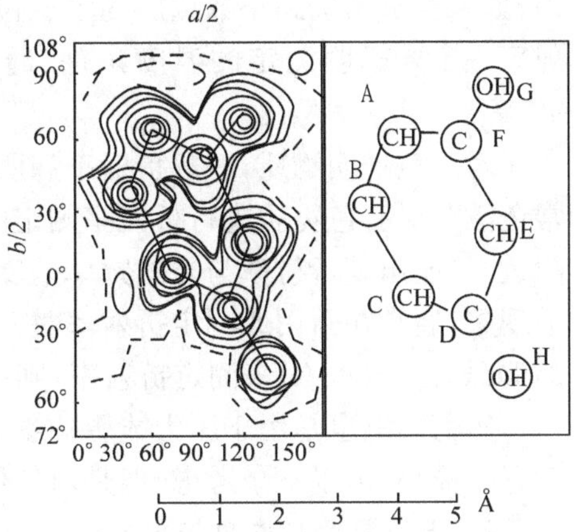

图 8.14　β-间苯二酚在晶面(001)面衍射图

图.图中电子密度等值线围着的小原子代表 Na^+,大的代表 Cl^-. 数字标明各电子密度等值线的电子密度值($e\text{Å}^{-3}$),虚线的电子密度为零. 由虚线内的电子密度函数和球体的体积计算出小的 Na^+ 周围有 10.1 个电子,大的 Cl^- 的周围有 17.8 个电子,直接从实践证明,NaCl 晶体是由 Na^+ 和 Cl^- 组成. 以虚线为界的球体大小表示离子的大小. 这是直接从实践测定离子半径的方法.

图 8.14 是 β-间苯二酚在晶面(001)的电子密度图. 将彼邻的电子密度极大值连接起来. 可得分子的构象. 并能计算出分子的键长和键角,如图 8.15 所示.

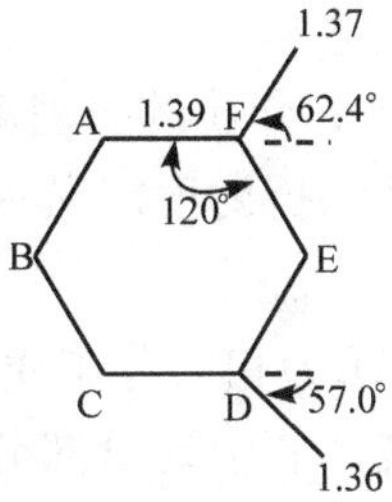

图 8.15　β-间苯二酚的键长和键角
(氧原子比环平面高 0.08)

§8.2　折光、旋光和圆二色性法

§8.2.1　折射法

折射率是物质的一种通性,物质的纯度或组成变化,将使其折射率随之发生变化,利用这一性质,可以简单快捷地获得有关的分析信息.

1. 影响折射率的因素

影响折射率测定因素有温度,光的波长和压力等.

温度的变化影响介质密度,从而影响光在介质中的传播速度. 对于液体,如果要求折射率测定准确到小数点后的第四位数,温度的波动应控制在±0.2℃范围内;如果要求精确到小数点后的第五位数,则温度的波动应小于±0.02℃. 测定折射率一定要标明测定的温度条件. 通常将温度值记在折射率的右上角,如 n^{20},n^{25}等.

对无色透明物质,一般折射率和所采用的光的频率呈正比. 这种现象称为"正常色散". 对有色物质进行折光率测定时,如果采用光的频率正好在物质的吸收峰附近,可能出现折射率与光的频率呈反比,这种现象称为"反常色散". 由于存在色散现象,通常在引用或测定折射率时,一定要标明所用光束的波长. 例如,常用钠灯的 D 线(λ=5893Å)来测定折射率,则可以标记为 n_D^{20}.

压力影响也是由于压力能影响物质的密度. 一般地讲,压力对液体和固体的密度影响极小,可以不予考虑. 但是对气体物质,压力的影响很显著.

2. 比折射度与摩尔折射度

光在介质的传播速度与介质组分中的元素原子及原子之间的化学键有关. 这个性质可用比折射度来表征(见表 8.6). 对于液体,比折射度定义为

$$r = \frac{(n^2-1)}{(n^2+2)} \cdot \frac{1}{\rho} \tag{8.21}$$

式中:n 为介质的折射率;ρ 为介质的密度.

摩尔折射度定义为

$$R = rM_r \tag{8.22}$$

式中,M_r为相对分子质量.

表 8.6 中列出部分化学键、原子(或原子团)的摩尔折射度数据. 如果不考虑各化学键之间的相互影响,则分子的摩尔折射度可以看作是分子中各化学键的摩尔折射度之和.

表 8.6　原子折射度(M_{rD})

原子或原子团	M_{rD}	原子或原子团	M_{rD}
H	1.100	Br	8.865
C	2.418	I	13.900
双键(C═C)	1.733	N(脂族伯胺)	2.322
三键(C≡C)	2.398	N(脂族仲胺)	2.499
O(羰基)(C═O)	2.211	N(脂族叔胺)	2.840
O(羟基)(O—H)	1.525	N(芳族伯胺)	3.21
O(醚、酯)(C—O—)	1.643	N(芳族仲胺)	3.59
S(硫代羰基)(C═S)	7.97	N(芳族叔胺)	4.36
S(巯基)(—S—H)	7.69	N(酰胺)	2.65
F	1.0	—NO_2基(芳族)	7.30
Cl	5.967	—C≡N 基	5.459

混合溶液的比折射度具有加和性. 即

$$\frac{n_1^2-1}{n_1^2+2}\cdot\frac{m_1}{\rho_1}+\frac{n_2^2-1}{n_2^2+2}\cdot\frac{m_2}{\rho_2}=\frac{n^2-1}{n^2+1}\cdot\frac{m}{\rho} \tag{8.23}$$

式中：n,n_1,n_2分别表示混合液、组分 1、组分 2 的折射率；ρ,ρ_1,ρ_2分别表示混合液、组分 1、组分 2 的密度；m,m_1,m_2分别表示混合液、组分 1、组分 2 的质量. 利用这一性质可以计算混合物中两组分的百分含量.

3. 色散系数(Abble 数)

物质对不同的波长的光具有不同的折射率，这种现象称为色散，色散率用色散系数来衡量，其定义为

$$N=\frac{n_D-1}{n_F-n_C} \tag{8.24}$$

式中：N 为色散系数(或 Abble 数)；n_F，n_C分别为物质以氢蓝光(4861.33Å)和氢红光(6562.8Å)作光源时测得的折射率. 图 8.16 为不同结构类型的有机物与色散系数的相关图. 利用这种相关性可以对有机物的结构类型作出初步鉴定.

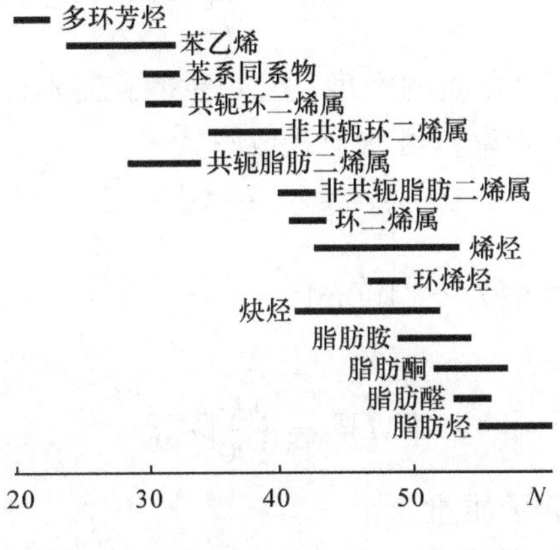

图 8.16　不同结构类型的有机物和色散系数的相关图

§ 8.2.2　旋光和圆二色性法

旋光法是基于旋光活性物质能使平面偏振光改变偏振方向的性质所建立的光学分析法. 圆二色性法是建立在含有生色基团的旋光活性物质能形成椭圆偏振光的特性基础上. 这两种光学分析法均用来研究分子结构的非对称性，并能进行定性和定量分析.

1. 旋光法

让一束平面偏振光通过含有旋光活性物质，透过的平面偏振光的偏振方向一

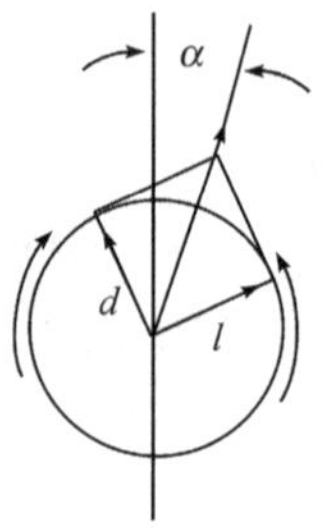

图 8.17　平面偏振光学介质产生的旋光

定将发生偏转.这种现象称为旋光,能产生旋光现象的物质称为旋光活性物质.反之,称为非旋光活性物质.旋光活性物质对平面偏振光的左、右圆偏振光的折射率是不同的,即平面偏振光的左、右圆偏振光以不同的传播速度通过含旋光活性物质的介质时,透过后的平面偏振光是透过后的左、右圆偏振光矢量和.如图 8.17 所示.透过后的平面偏振光的偏振方向与原来的平面偏振光的振动方向相比,旋转了一个角度 α,α 被称为旋光度.由于旋光现象是因为两个圆偏振光的折射率不同引起的,因此旋光度也受温度和偏振光的波长的影响.同折射率的表示方法一样,旋光度也应标明测定的温度和波长,记为 α_λ^T.

物质的旋光性质用比旋光表示,其定义为

$$[\alpha]_\lambda^T = \frac{\alpha_\lambda^T}{l\rho} \tag{8.25}$$

式中,l 为介质的厚度;ρ 为介质的密度.上式建立了旋光性质与质量的关系.对于溶液中溶质的比旋光(旋光率),可将上式改写为

$$[\alpha]_\lambda^T = \frac{100\alpha_\lambda^T}{lc} \tag{8.26}$$

式中:c 为溶液的浓度,单位为 g /100mL.

摩尔旋光度定义为

$$[M]_\lambda^T = \frac{M_r}{100}[\alpha]_\lambda^T \tag{8.27}$$

式中,M_r为溶质的相对分子质量.

由图 8.16 可以看出,旋光度 α 是左、右两圆偏振光偏振方向夹角的二分之一.对于波长为 λ 的单色偏振光来说,它的角速度为 $\omega=2\pi\frac{c}{\lambda}$($c$ 为光速).设在通过厚度为 l 介质后的两圆偏振光振动方向的总旋转角度分别为 φ_c和 φ_d,两圆偏振光在介质的传播速度为分别 V_c和 V_d,通过时间为 t,则有:

$$\varphi_\delta = \omega\left(t-\frac{l}{V_d}\right),\varphi_1 = \omega\left(t-\frac{l}{V_c}\right)$$

$$\alpha = \frac{\varphi_d-\varphi_c}{2} = \frac{\omega l}{2}\left(\frac{1}{V_c}-\frac{1}{V_d}\right)$$

$$= \frac{\pi l}{\lambda}\left(\frac{c}{V_c}-\frac{l}{V_d}\right)$$

$$= \frac{\pi l}{\lambda}(n_c - n_d)$$

$$\alpha = \pi l \Delta n / \lambda \tag{8.28}$$

式中：c 的单位为 $cm \cdot s^{-1}$；λ 的单位为 cm；π 为 180°.

如果测定不同波长的 α（或 $\Delta n = n_c - n_d$），可得到 α-λ（或 Δn-λ）曲线，即旋光色散曲线. 一种是平滑的曲线，即曲线不出现极大值. 随着波长的减低，旋光度平滑地增大或减少. 另一种情况是随着波长的降低至某化合物的旋光吸收带附近时，旋光度将迅速增大，然后下降，并改变正负号，产生科顿效应曲线. 如图 8.18 所示. 简单的科顿效应曲线只包含一个峰尖和峰谷，按波长降低方向先出现的是峰尖则称为正科顿效应曲线. 先出现的是峰谷则称为负科顿效应. 科顿效应曲线总是发生在旋光活性物质的吸收带附近. 这种曲线的出现是因为分子中存在不对称生色基，或者是由不对称的分子环境使对称的生色基产生不对称的生色机制. 如果在研究的波长范围内不存在旋光活性吸收带，则会得到平坦型色散曲线. 我们把 α-λ 曲线称为旋光光谱，利用旋光光谱可以对分子的构型进行定性研究.

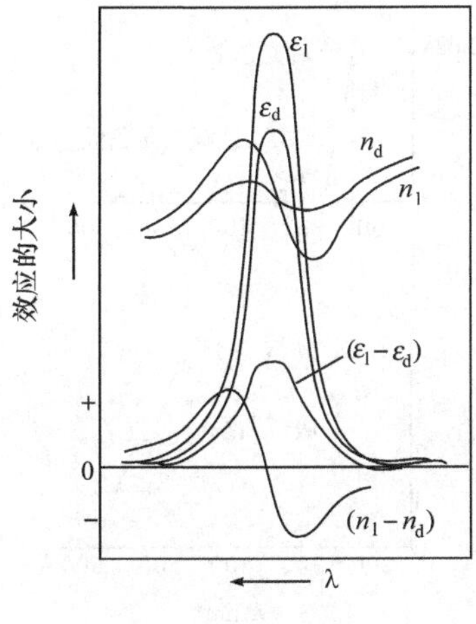

图 8.18　理想的科顿(Cotton)效应曲线

ε_l ε_d 分别为左、右圆偏振光的摩尔吸收系数.

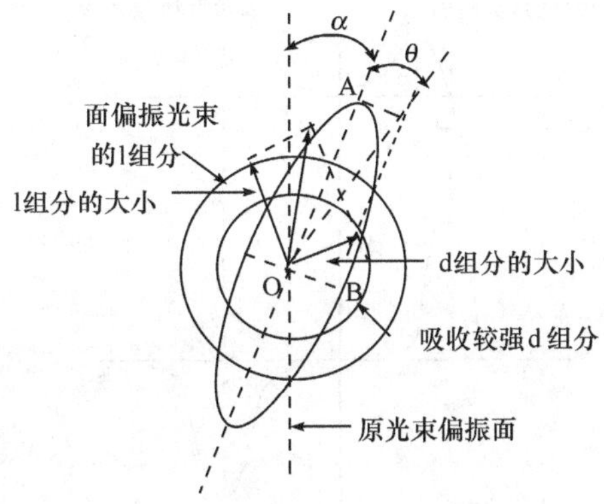

图 8.19　椭圆偏振光的产生

2. 圆二色性法

如果旋光活性物质含有生色基，对特定波长的入射光有吸收，且对左、右圆偏振光的吸收能力不同，从而使透过介质后的左、右圆偏振光的振幅也不同. 也就是说，此时不仅两圆偏振光的传播速度不同，而且振幅也不同. 由图 8.19 可以看出，两个不同振幅的圆偏振光的合矢量不再在平面上振动，而是沿循着椭圆的轨迹移动. 也就是说，左、右圆偏振光的速度不同，振幅不同，所叠加产生的偏振光不再是平面偏振光，而是椭圆偏振光. 这种现象称为圆二色性. 由平面偏振光变成椭圆偏振光的程度用椭圆率 θ 来表示. 椭圆率 θ 和溶液的浓度 C 的近似关系可表示为

$$\theta_\lambda^T \approx 0.576lC(\varepsilon_l - \varepsilon_d) \tag{8.29}$$

式中：l 为溶液的厚度；ε_l，ε_d 分别为物质对波长为 λ 的左、右圆偏振光的摩尔吸收系数.

同样可以定义物质的比椭圆率$[\theta]_\lambda^T$ 和摩尔椭圆率 $[\Theta]_\lambda^T$

$$[\theta]_\lambda^T = \frac{100\theta_\lambda^T}{lC}$$

$$[\Theta]_\lambda^T = \frac{M_r}{100}[\theta]_\lambda^T = \frac{M_r\theta_\lambda^T}{lC}$$

与旋光色散曲线一样，可测得 θ-λ（或 $\Delta\varepsilon$-λ）曲线，称为圆二色曲线. 一般具有图 8.20 所示的形状. 当 $\lambda < \lambda_{极大}$，如果 $\Delta n > 0$ （$\Delta n = n_l - n_d$） 或 $\Delta\varepsilon(\varepsilon_l - \varepsilon_d) > 0$，则该物质为右旋旋光物质，如图 8.20(a)；反之，称为左旋旋光物质，如图 8.20(b). 如果具有重叠的吸收峰，那么旋光色散曲线就要复杂一些. 如图 8.21 所示.

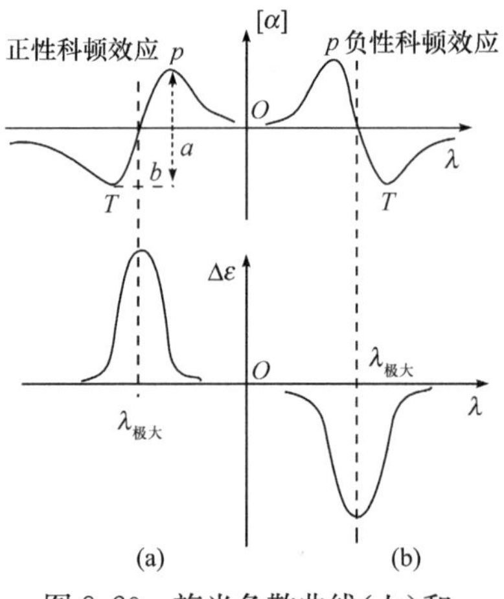

图 8.20　旋光色散曲线（上）和圆二色曲线（下）

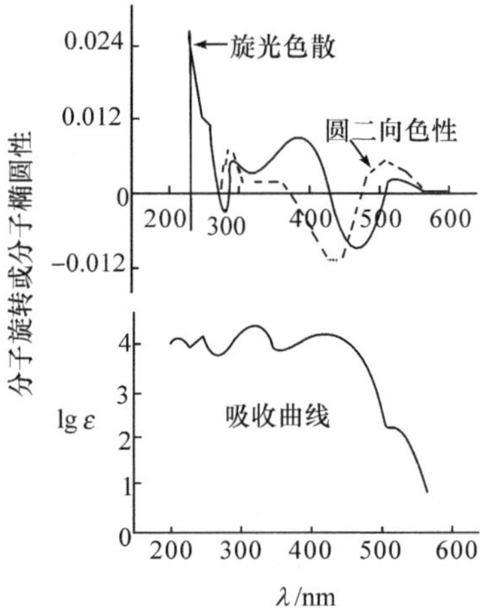

图 8.21　（+）樟脑三硫铜的旋光色散、圆二向色性和吸收曲线

参 考 文 献

[1]　周公度，郭可信. 晶体和准晶体的衍射. 北京：北京大学出版社，1999

[2]　赵藻藩，周性尧，张悟铭，赵文宽. 仪器分析. 北京：高等教育出版社，1990

[3]　方惠群，史坚. 仪器分析原理. 南京：南京大学出版社，1994

习题与思考题

习　题

1. 名词解释：

晶胞参数，点阵参数，结构单元，阵点，米勒指数，面间距.

2. 简述倒易点阵的点阵及其矢量的长度与晶体点阵的关系.

3. 晶系是按晶体形状来分类吗？简述立方晶系，四方晶系，正交晶系的区别.

4. 金为面心立方结构，晶胞参数 a=407.825pm(25℃)，晶胞中含有 4 个金原子. 25℃时金的密度为 19.285g · cm^{-3}. 试计算金的相对原子质量.

5. 已知钠为体心立方点阵，晶胞中含有 2 个原子，晶胞参数 a=429.0pm，试计算金属钠的密度.

6. 已知晶胞参数 a,b,c，$\alpha=\beta=\gamma=90°$；晶胞中存在一个三原子组成的分子，它们的坐标分别为(x_1,y_1,z_1)，(x_2,y_2,z_2)，(x_3,y_3,z_3). 求三原子之间的键长和键角.

7. 金属 Al 为立方晶系，用 CuKα 射线(λ=1.5405)测得晶面(333)的一级衍射角为 81°17′，求晶胞参数 a.

8. 今有一批富氏体(氧化铁)，测得其密度为 5.71g · cm^{-3}，经 X 射线衍射法测得其立方晶系晶胞参数a=428.0pm，计算这批富氏体的化学式，并计算出实际组成.

9. 名词解释：

原子的散射因子，结构因子，结构振幅，电子云密度函数，电子云密度截面图.

10. 测得乙醇的折射率 n_D^{20} 为 1.3590，其 20℃时的密度为 7.88，计算其比折射度和摩尔折射度.

11. 在 20℃时，$CHCl_3$，C_6H_5Cl 及其混合溶液有下列数据：

$CHCl_3$	n_D=1.4457	ρ=1.488
C_6H_5Cl	n_D=1.5248	ρ=1.110
混合溶液	n_D=1.4930	ρ=1.260

求出混合溶液的各组分的质量分数.

12. 某有机物 1g 溶于 50mL 水中，测得其旋光度+2.5340°(管长为 20.0cm)，同样条件下，蒸馏水的读数为+0.016°，计算该溶液的比旋光.

13. 某溶液 100mL，含有被测定物质 10g，用 20 cm 试样管测得其旋光度－10.50°，照射的平面偏振光的波长为 6000. 计算左旋和右旋圆偏振光的折射率之差.

14. 应采用何种方法(本章所述)对下列物质进行分析鉴定？并说明理由.

(1) 氯化钠和氯化钾的混合溶液的百分组成；

(2) 糖水中的蔗糖的百分含量；

(3) 鉴定某有机化合物的旋光活性(左旋或右旋).

思考题

叙述旋光光谱与吸收光谱的实质性区别.

第 9 章　光学分析仪引论[1~5]

§9.1　光学分析仪器分类

在论述光学分析方法原理时，根据光和物质相互作用的机理，将那些具有较多共性、彼此密切联系的光学分析方法归于一类. 各种光学分析原理都有相应的分析仪器作为分析测试的手段. 但是，在机理上具有较多共性的光学分析方法，在测试手段上不一定也具有同样共性. 例如，红外光谱法和激光拉曼光谱法都是基于分子的振动-转动能级的跃迁，两者之间具有许多共性，并且密切相关. 但是，红外光谱仪和激光拉曼光谱仪的结构却有明显的不同. 又如，X 射线荧光光谱分析是基于元素原子内层电子能级跃迁，X 射线衍射分析是基于晶体对 X 射线的衍射作用，两者在机理上毫无共同点，但是在仪器结构上却有许多相似处.

光学分析仪器的结构不仅与光和物质作用机理有关，而且与分析测试的方法密切相关. 分析信号的测试方法取决于电磁辐射波或粒子的性质. 对 X 射线的测试和对无线电波的测试是完全不同于紫外光、可见光和红外光的测试. 基于上述认识，我们将光学分析仪器分为以下几种类型进行讨论：

1. 发射类光谱仪

这类光谱仪包括原子发射光谱仪、化学发光分析仪. 这类仪器的基本结构如图 9.1 (a)所示. 它们的共同特点是：样品经激励后直接产生光信号，这种激励源常称为激发光源. 经单色器将干扰光信号排除，有效光信号由检测器接受，转变为电信号. 然后由读出器件显示检测信号或经处理后的分析信号.

2. 吸收类光谱仪

这类光谱仪包括有原子吸收光谱仪、紫外-可见分光光度计和红外光谱仪. 它们的基本结构如图 9.1(b)所示. 这类仪器的共同特点是：单色器对光源波长进行选择后，样品吸收入射的光信号，检测器测定入射光和透射光的强度，并将其转变为透过率或吸光度作为分析信号.

3. 荧光(磷光)和散射类光谱仪

这类光谱仪包括有原子荧光光度计、分子荧光分析仪、磷光分析仪和激光拉曼光谱仪. 它们的基本结构如图 9.1(c)所示. 这类仪器的共同点是：样品接受经波长选择后的入射光的照射，信号检测一般在与入射光垂直方向上接受样品产生的荧

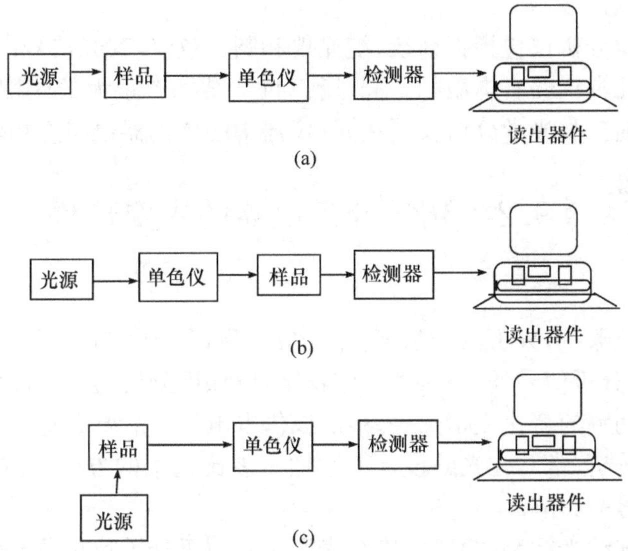

图 9.1　光谱仪的基本组成

(a) 发射类光谱仪；(b) 吸收类光谱仪；(c) 荧光(磷光)和散射类光谱仪.

光(磷光)或散射光信号.

荧光、光散射类光谱既有光吸收过程又有光发射过程. 若将激发光源和样品池合二为一，视为发光源，则分子荧光分析仪、分子磷光分析仪和激光拉曼光谱仪与发射类仪器结构类似，所以又将它们并入发射类仪器一起讨论. 原子荧光光度计在结构上与原子吸收光度计类似，将其并入吸收类仪器进行讨论.

4. *X 射线类光谱仪与电子能谱仪*

X 射线类光谱仪包括 X 射线荧光光谱仪和 X 射线衍射仪. X 射线的波长很短，辐射粒子的能量很高，其频率选择完全不同于上述三类仪器. X 射线既可以采用波长色散，也可采取能量色散；波长色散元件和上述三类光分析仪的色散元件完全不同，而且信号强度的测量也不同. 但波长色散和信号强度的测量方面，X 射线荧光光谱仪和 X 射线衍射仪十分相似.

电子能谱仪的激发源和电子能谱的信号测量与 X 射线类光谱仪类似，所以将其并入一章讨论.

5. *核磁共振谱仪*

在核磁共振谱仪中，电磁波发射与接收系统较为特殊. 样品置于磁场中接受电磁波的照射，当照射电磁波频率适宜时，样品中含有磁矩的原子核能级产生共振跃迁，发出核磁共振信号，经过接收系统并将其放大显示出来.

6. 非光谱光学分析仪

非光谱光学分析仪包括折射仪、旋光仪和圆二色仪. 其光信号产生机理以及参数测量和上述几类仪器有本质的不同,所以仪器结构有很大的区别. 但是,光信号的波长范围与前三类光学分析仪器相同,仪器中的单色器也与之相似.

§9.2 光学分析仪器的主要部件

§9.2.1 光源

光学分析仪器中,分析信号都来自于光源. 所以,光源除应具有足够的输出功率,以保证产生分析信号外;还必须足够稳定,以保证分析的重现性. 光源辐射功率的波动与电源功率的变化成指数关系,所以供电电源一般要有稳压装置. 对于稳定性要求更高的分析,常常在光路设计上增加一参比光束的方法来减少光源输出的波动对测定信号的影响.

光源又分连续光源和线光源. 连续光源主要用于分子吸收类光谱仪,线光源用于原子荧光、原子吸收和拉曼光谱法.

1. 连续光源

连续光源是指在一定波长范围内,各波长的发射强度相近并连续可调的光源.

(1)紫外连续光源

氢灯和氘灯是常用的紫外连续光源. 其波长范围为 160～375nm. 氢灯和氘灯的工作方式相同,但氘灯的光谱强度比氢灯大 3～5 倍，而且使用寿命比较长.

(2)可见光源

钨灯和氙灯都是常用的可见光区的连续光源. 钨灯的工作温度很高,可达到 2870K;其波长范围为 320～2500nm. 氙灯的工作波长为 250～700nm.

(3)红外光源

能斯特灯和硅碳棒是常用的红外光源. 红外光源依靠电加热固态的惰性物质达到高温(1500～2000K)后发出的红外辐射. 光强最大的区域在 6000～5000cm^{-1}. 在长波侧 667cm^{-1}和短波侧 10 000cm^{-1}光强已降到峰值的 1%左右.

2. 线光源

(1)金属蒸汽灯

汞和钠是常见的蒸汽灯. 汞和钠这种低压气体元素很容易被激发,受激后会发出元素的特征谱线. 显然这种谱线的线宽很窄，是线光源. 钠灯产生的是 589.0nm 和 589.6nm 两根谱线;汞灯产生的是 254～734nm 范围的线光谱.

(2)空心阴极灯

这是一种阴极溅射灯，主要用于原子吸收光谱. 空心阴极表面熔入待测定元素，阴极表面受激后溅射出原子，大量的原子再次受激而发出相应元素的特征共振谱线.

(3)激光

激光的发射强度高，单色性好，谱线宽度窄；是一种时间相干性和空间相干性极好的线光源. 其波长因激光器不同而不同，如工作介质为气体的 He-Ne 激光器，其主要输出波长为 3.39μm，1.15μm 和 632.8nm；工作介质为 CO_2 气体的激光器其输出波长在 10.6μm 附近；又如最早的固体红宝石激光器的发射波长为 694.3nm；钇铝石榴石激光器（又称 YAG 激光器），其发射波长在红外区，为 1.064μm；采用不同染料作增益介质的可调染料激光器的输出波长可以从近紫外到近红外和整个可见波段范围内连续调谐. 激光光源以其优良的特性已广泛用于拉曼光谱、荧光光谱、发射光谱、傅里叶红外光谱以及光声光谱等领域.

§9.2.2　单色器

将复合光色散为单色光的装置称为单色器，又称为频率选择器. 它是光学分析仪的重要组成部分. 色散也是光和物质相互作用的结果，不同的光区的色散原理不同. 本节所讨论的复合光是从紫外光到红外光的电磁辐射，所讨论的单色器也只适应这段光区范围.

单色器是由入射狭缝、出射狭缝、准直镜以及色散元件（如棱镜和光栅）等组成，其中色散元件起着关键的作用. 图 9.2 是以棱镜或光栅为色散元件构成的单色器.

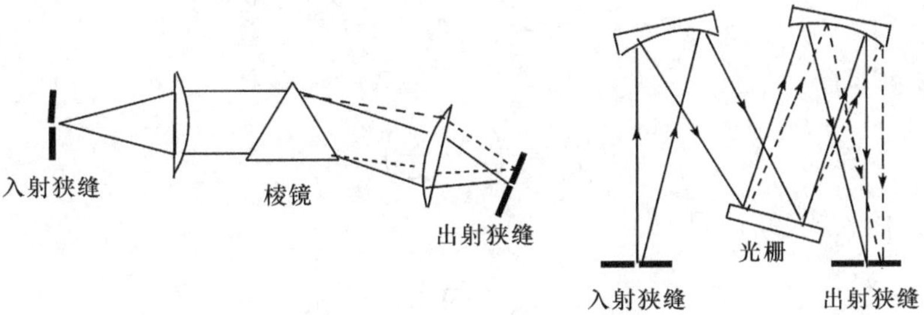

图 9.2　单色器基本组成

1. 棱镜

棱镜是根据光的折射作用进行分光的. 构成棱镜的光学材料对不同波长的光具有不同的折射率，波长短的光折射率大，波长长的光折射率小. 因此，平行的复合光经过棱镜色散之后将按波长的长短顺序分离，在以不同折射角的方向传播，经会聚透镜后在聚焦面的不同位置上成像，得到按波长展开的光谱. 常用的棱镜有考纽

(Cornu)棱镜和利特罗(Littroow)棱镜，如图 9.3 所示. 考纽棱镜的顶角由 2 个 30°棱镜组成. 一个为左旋石英，一个为右旋石英. 利特罗棱镜是用左旋石英或右旋石英制成 30°棱镜. 在其纵轴面上镀上铝或银. 棱镜的色散性能用色散率和分辨率来表征.

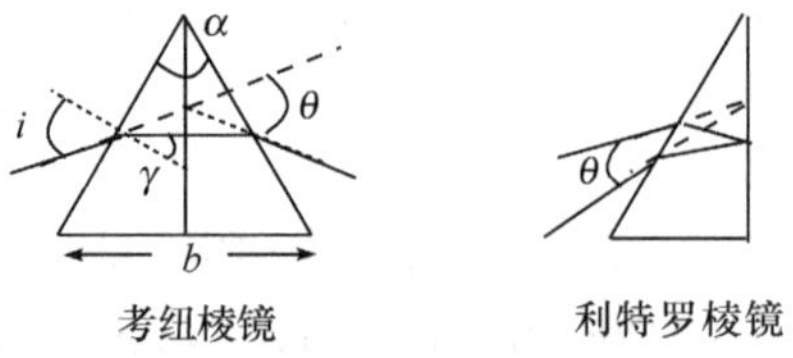

图 9.3 棱镜的色散作用

(1) 色散率

棱镜的色散率用 $\mathrm{d}\theta/\mathrm{d}\lambda$ 表示，其含意义是入射线和折射线的夹角(即偏向角 θ)对波长的变化率. 色散率越大，相邻波长两条谱线被分得越开. $\mathrm{d}\theta/\mathrm{d}\lambda$ 可以表示为

$$\frac{\mathrm{d}\theta}{\mathrm{d}\lambda}=\frac{\mathrm{d}\theta}{\mathrm{d}n}\cdot\frac{\mathrm{d}n}{\mathrm{d}\lambda} \tag{9.1}$$

式中，$\mathrm{d}n/\mathrm{d}\lambda$ 表示折射率对波长的变化率，用它来表示棱镜材料的色散率. $\mathrm{d}\theta/\mathrm{d}n$ 表示偏向角 θ 对折射率的变化，它与棱镜的几何形状和入射角 i 的大小有关. 在最小偏向角(入射光束与棱镜底边平行)时，折射率 n 为

$$n=\frac{\sin i}{\sin r}=\frac{\sin\frac{\alpha+\theta}{2}}{\sin\frac{\alpha}{2}} \tag{9.2}$$

对上式微分

$$\frac{\mathrm{d}\theta}{\mathrm{d}n}=\frac{2\sin\frac{\alpha}{2}}{\cos\frac{\alpha+\theta}{2}}=\frac{2\sin\frac{\alpha}{2}}{\sqrt{1-n^2\sin^2\frac{\alpha}{2}}} \tag{9.3}$$

当顶角为 60°时

$$\frac{\mathrm{d}\theta}{\mathrm{d}n}=\left(1-\frac{n^2}{4}\right)^{-\frac{1}{2}} \tag{9.4}$$

将式(9.3)代入式(9.1)得

$$\frac{\mathrm{d}\theta}{\mathrm{d}n}=\frac{2\sin\frac{\alpha}{2}}{\sqrt{1-n^2\sin^2\frac{\alpha}{2}}}\frac{\mathrm{d}n}{\mathrm{d}\lambda} \tag{9.5}$$

上式表明：角色散率与棱镜的折射率、顶角以及棱镜材料有关. 增大色散率可以采取如下方式：第一，改变棱镜的材料，玻璃棱镜比石英棱镜的色散率大，但是玻璃吸收紫外线，只能用在可见光区；第二，增大棱镜的顶角，一般顶角为 60°；第三，增加棱镜的数目，一般只采用 1～2 个，采用更多的棱镜，在单色器结构设计上存在困难.

单色器的色散率也可以用线色散率 $dl/d\lambda$ 表示. 它表示在焦面上不同波长的展开的距离(mm)对波长(nm)的变化率. 在实际工作中,用线色散率的倒数 $d\lambda/dl$ 较方便,$d\lambda/dl$ 值越大,表示焦面单位距离内谱线的密集程度大,线色散率越小.

棱镜的线色散率除了和棱镜的角色散率有关外,还有单色器中的会聚透镜的焦距 f 以及焦面与光轴的夹角 β 有关:

$$\frac{dl}{d\lambda}=\frac{d\theta}{d\lambda}\cdot\frac{f}{\sin\beta} \tag{9.6}$$

因此,采用长焦距的会聚透镜和减小 β 角,可以提高单色器的色散能力.

(2) 分辨率

棱镜的分辨率 R 是指对两条靠得很近的谱线分开的能力,可表示为

$$R=\frac{\bar{\lambda}}{\Delta\lambda} \tag{9.7}$$

式中:$\Delta\lambda$ 为刚好能分开的两条谱线的波长差;$\bar{\lambda}$ 为该两条谱线的平均波长.

分辨率与镜棱底边的有效长度 b 和棱镜材料的色散率 $dn/d\lambda$ 成正比:

$$R=\frac{\bar{\lambda}}{\Delta\lambda}=b\frac{dn}{d\lambda}$$

或

$$R=\frac{\bar{\lambda}}{\Delta\lambda}=mb\frac{dn}{d\lambda} \tag{9.8}$$

式中,mb 为 m 个棱镜的底边总长度. 该式表明:分辨率随波长而变化,短波部分的分辨率较大. 棱镜的顶角较大(即,棱镜的底边较长)和棱镜材料的色散率较大时,棱镜的分辨率较高. 但是,增大棱镜的顶角,入射光的反射损失增大. 因此通常棱镜的顶角为 60°. 由于棱镜材料的折射率 n 与入射光的波长 λ 有关. 因此,采用棱镜所构成的单色器给出的光谱与波长有关,是非匀排光谱.

2. 光栅

光栅是利用光的干涉和衍射现象进行分光的色散元件. 光栅分为透射光栅和反射光栅,用得较多的是反射光栅. 反射光栅又可分为平面反射光栅(或称闪耀光栅)和凹面反射光栅. 光栅是一种多狭缝元件,光栅的色散作用是多狭缝干涉和单缝衍射两种效应联合作用的结果. 多缝干涉决定了光谱线出现的位置,单缝衍射决定谱线的强度分布. 图 9.4 是平面反射光栅的一段垂直于刻线的截面. 它的色散作用可用光栅方程表示:

$$d\ (\sin\alpha\pm\sin\theta)=n\lambda \tag{9.9}$$

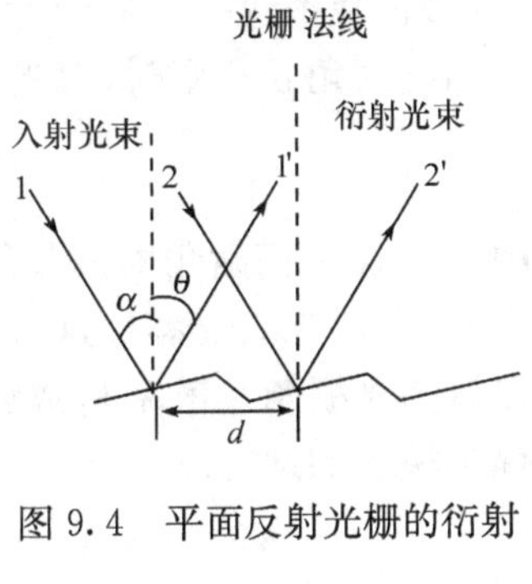

图 9.4 平面反射光栅的衍射

式中:α,θ 分别为入射角和衍射角;n 是光谱级数;d

为光栅常数(即为光栅刻线间距). α 角规定为正值;当入射角和反射角在法线的同一侧时, θ 取正号;在异侧时, θ 取负号. 当 $n=0$ 时,即 0 级光谱,衍射角 θ 与波长无关,即无分光作用. 当 $n>0$ 时,衍射角随波长而变化,不同波长的复合光经光栅衍射后成为单色光. $n=1$ 时,所对应的光谱称为一级光谱, $n=2$ 时,所对应的光谱为二级光谱……. 一级、二级光谱均匀地分布在零级光谱的两侧. 不同级光谱中,当光谱级数与波长乘积相等时,会出现谱线的重叠,例如波长为 600nm 的一级光谱将与波长为 300nm 的二级光谱和波长为 200nm 的三级光谱重叠,如图 9.5 所示. 这样就产生了干扰,在实际应用时应设法消除这种各级光谱重叠现象,如采取滤光片或低色散的棱镜分级器等办法.

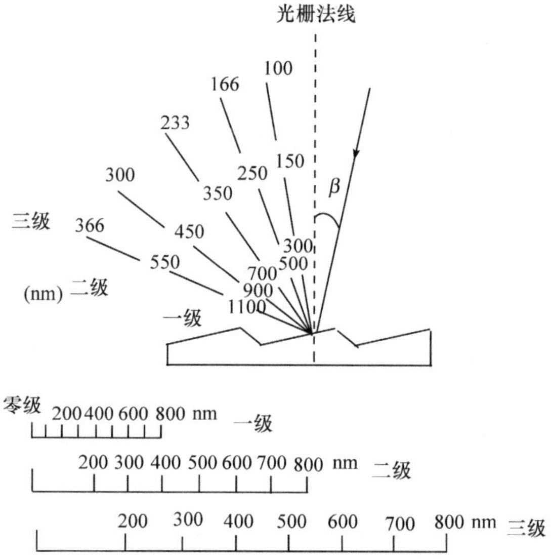

图 9.5　光栅的光谱级的重叠现象

光栅的特性可用闪耀特性、分辨能力和色散率来表征.

(1)色散率

当入射角 α 不变时,对光栅方程微分得

$$\frac{\mathrm{d}\theta}{\mathrm{d}\lambda}=\frac{n}{d\cos\theta} \tag{9.10}$$

式中, $\mathrm{d}\theta/\mathrm{d}\lambda$ 为衍射角对波长的变化率,也就是光栅的角色散率. 当 θ 很小,且变化不大时,可认为 $\cos\theta\approx1$. 这时光栅的角色散率只决定于光栅常数 d 和光谱级数 n,可以认为光栅角色散率是常数,不随波长而变. 这样的光谱称为匀排光谱. 这是光栅优于棱镜的地方.

对平面反射光栅单色器来说，它的线色散率为

$$\frac{dl}{d\lambda} = \frac{d\theta}{d\lambda} \cdot f = \frac{nf}{d \cdot \cos\theta} \tag{9.11}$$

式中，f 为会聚透镜的焦距，由于 θ 约为 6°，$\cos\theta \approx 1$，所以

$$\frac{dl}{d\lambda} = \frac{nf}{d} \tag{9.12}$$

(2) 分辨率

光栅的分辨率 R 为

$$R = \frac{\overline{\lambda}}{\Delta\lambda} = nN \tag{9.13}$$

式中，N 为光栅的总刻线，它等于光栅单位长度上的刻痕数与其宽度的乘积. 例如，对于一块宽度为 50mm 和刻痕数为 1200 条 · mm^{-1} 的光栅，在第一级光谱中 ($n=1$)，它的分辨率为

$$R = nN = 1 \times 50mm \times 1200mm^{-1} = 6 \times 10^4$$

由此可见：①光栅总刻线越多，则分辨率越高；②同一级光谱的分辨率是常数. 所以，光栅的分辨率不仅比棱镜高，而且与波长无关. 这是光栅优于棱镜的又一方面. 光栅的宽度越大，总刻痕数越多，分辨率就越大. 所以使用时应将光路对准光栅，使光栅刻线全部照明，否则会降低分辨率.

已知相邻两谱线的波长，可以计算需要棱镜和光栅的大小.

例如，用色散率 $dn/d\lambda = 1.3 \times 10^{-4} nm^{-1}$ 的 60°熔凝石英棱镜和刻有 2000 条 · mm^{-1} 的光栅来色散 Li 的 460.20nm 和 460.30nm 两条谱线，试求出棱镜和光栅的大小.

首先求出棱镜和光栅的色散率

$$R = \frac{\overline{\lambda}}{\Delta\lambda} = \frac{(460.20 + 460.30)/2}{460.30 - 460.20} = 4.6 \times 10^3$$

据式(9.8)可求出棱镜的大小，即底边长：

$$b = \frac{\overline{\lambda}}{\Delta\lambda} \cdot \frac{1}{dn/d\lambda} = 4.6 \times 10^3 \times \frac{1}{1.3 \times 10^{-4} nm^{-1}} \times 10^{-7} = 3.5cm$$

对一级光谱($n=1$)据式(9.13)可求出光栅的总刻痕数，为

$$N = \frac{\overline{\lambda}}{\Delta\lambda} \cdot \frac{1}{n} = 4.6 \times 10^3 \cdot \frac{1}{1} = 4.6 \times 10^3$$

光栅的大小，即宽度 W 为：$W = Nd = 4.6 \times 10^3 / 2000mm^{-1} \times 0.01 = 0.023cm$.

(3) 闪耀特性

将光栅的刻痕刻成具有三角形槽线，使衍射的能量集中到某个衍射角附近. 这种现象称为闪耀，辐射能量最大的波长称为闪耀波长. 如图 9.6 所示，每一刻痕的小反射面和光栅平面的夹角 β 保持一定，以控制每一小反射面对光的反射方向，使

反射的光能集中在一级光谱上，这种光栅称为闪耀光栅. 当 $\alpha=\theta=\beta$ 时，在衍射角 θ 的方向上可获得最大的相对光强，光栅衍射的谱线最强，此时式(9.9)可写成

$$2d\sin\beta = n\lambda_{\beta} \tag{9.14}$$

式中：β 称为闪耀角；λ_{β} 称为闪耀波长. 质量优良的光栅可以集中约 80% 的辐射能量到所需要的波长范围内.

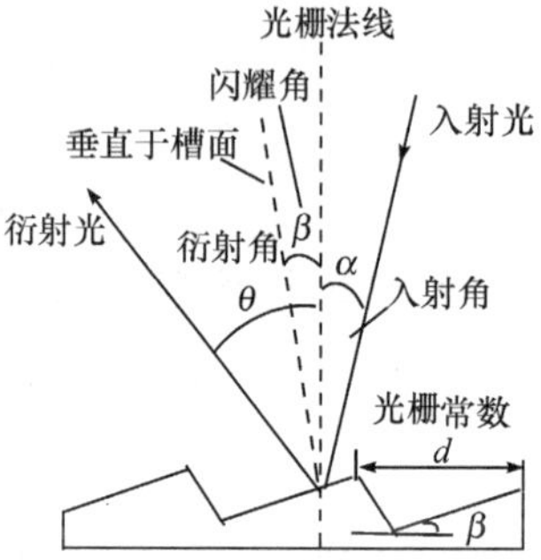

图 9.6　平面闪耀光栅

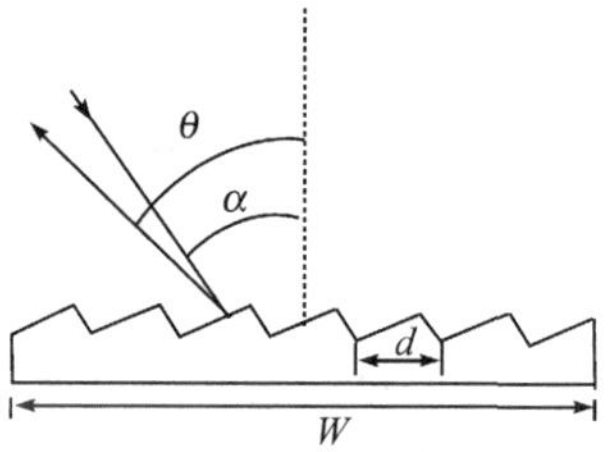

图 9.7　中阶梯光栅

目前，商品单色仪多用中阶梯光栅，这是一种具有精密刻制的宽平刻痕的特殊衍射光栅(如图 9.7). 它与普通的平面闪耀光栅相似，区别在于光栅每一阶梯的宽度是其高度的几倍，阶梯之间的距离是色散波长的 10～200 倍，闪耀角大.

当入射光和衍射光之间的夹角很小时，中阶梯光栅的线色散率可用下式计算：

$$\frac{\mathrm{d}l}{\mathrm{d}\lambda} = \frac{2f\mathrm{tg}\beta}{\lambda} = \frac{nf}{d\cos\beta} \tag{9.15}$$

增大焦距 f 和 β 能提高线色散率；但增大 f，会引起光强度减弱；增大 β，像色散严重；一般闪耀角 β 为 60°～70°. 利用高光谱级次 n 可以提高线色散率.

当入射光和衍射光之间的夹角很小时，中阶梯光栅的分辨率 R 可用下式计算：

$$R = \frac{\overline{\lambda}}{\Delta\lambda} = \frac{2Nd\sin\beta}{\lambda} = nN \tag{9.16}$$

中阶梯光栅是通过增大闪耀角 β，光栅常数 d 和光谱级数 n 来提高分辨率. 中阶梯光栅的集光本领，在使用高级次光谱，要求在任一级色散辐射时，光栅角度的变化相当小，所有波长都应在或接近最合适的闪耀角测量，而且物镜焦距短，因而获得最大的光能量. 由于中阶梯光栅具有很高的色散率、分辨率和集光本领，使用光谱区广，它在降低发射光谱检出限和多元素同时测定等方面都是很有用的.

3. 滤光片

在化学发光仪和简易比色计中，使用滤光片能获得有限波长范围的光. 在光栅

光谱仪中，也可以用滤光片消除光谱级次间的重叠现象. 滤光片分为吸收滤光片和干涉滤光片两种. 吸收滤光片由有色玻璃或由夹在玻璃片之间的有色明胶制成. 这种滤光片适用于可见光区. 干涉滤光片是根据光的干涉原理设计. 它是将透明的电解质(如氟化钙或氟化镁)夹在两片石英片之间. 在两块石英片内侧镀有一层半透明的金属(如银)薄膜，电解质的厚度必须严格控制. 这种滤光片适用于紫外光区.

4. 狭缝

狭缝是由两片经过精密加工，且具有锐利的边缘的金属片组成，其两边必须保持互相平行，并处在同一平面上，如图 9.8 所示.

单色器中的狭缝有的是固定的，有的是可调的. 它在光学系统中起到虚光源的作用. 光源发射的光照射并通过入射狭缝，经分光后，其像聚焦在带有出射狭缝的平面上. 若入射狭缝与出射狭缝的大小相等，在理论上，单色器正好调节到相应的位置时，入射狭缝的像恰好充满整个出射狭缝的宽度. 狭缝任何缺陷都会直接影响谱线的轮廓与强度的均匀性，所以对狭缝要仔细保护.

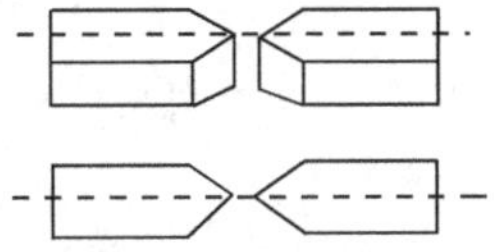

图 9.8　狭缝

狭缝的宽度对分析测试有重要意义. 单色器的分辨能力表示为能分开最小的波长间隔的能力，波长间隔的大小决定于狭缝宽度、分辨率和光学材料的性质等. 它用有效宽度 W 来表示

$$W = SD \tag{9.17}$$

式中：S 为线色散率的倒数($d\lambda/dl$)；D 为狭缝的宽度. 在定性分析中和半定量分析中，要求高的分辨率，应采用较小的狭缝宽度；在定量分析中，需要谱线有一定光强度，应适当调宽狭缝的宽度.

5. 准直镜和会聚镜

准直镜的作用是将来自入射狭缝的光束变成平行光，入射狭缝应位于准直镜的聚焦点上. 会聚镜的作用是将经色散元件(棱镜或光栅)色散的平行光聚焦在出射狭缝上，形成光谱像，又称为成像物镜. 出射狭缝也应位于会聚镜的聚焦点上.

§9.2.3　检测器

在现代光学分析仪器中，光信号必须转变为电信号才能被记录，所以光电转换器作为信号检测器，是光分析仪器的重要组成部分. 这类检测器须在宽的波长范围内对辐射有响应，对低能量的光辐射反应要敏感，响应要快. 产生的电信号容易放大，噪声要小；更重要的是产生的信号应正比于入射光强度 I，即

$$G = KI + D_c \tag{9.18}$$

式中：G 为检测器输出的电信号(如电流、电压等)；常数 K 决定检测器的灵敏度；

D_c为没有入射光时的暗电流，暗电流一般可用补偿电路的办法减小. 检测器可分为两类，一类对光子有响应的光检测器，另一类为对热产生响应的热检测器.

1. 光检测器

(1) 硒光电池

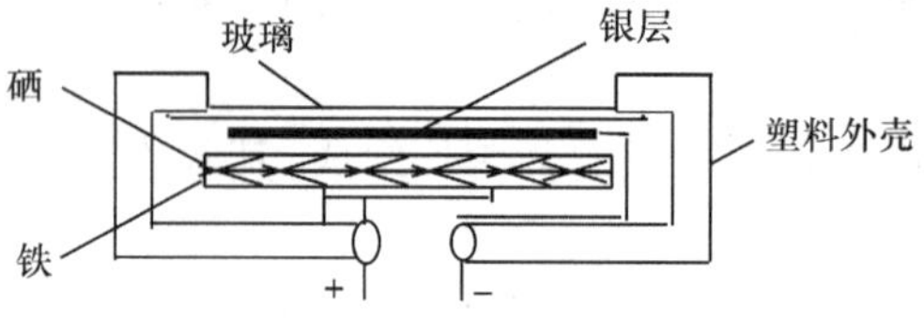

图 9.9　硒光电池

将半导体硒沉积在铁或铜的金属基板上，在硒表面再复盖一层透明的金、银或其他金属层构成硒光电池，其结构如图 9.9 所示. 金属基板是光电池正极，与复盖在硒表面的金属薄膜相连的金属收集环为光电池的负极. 当光照射到半导体上时，在半导体硒内产生自由电子和空穴，自由电子移向金属薄膜，而空穴则移向另一极. 所产生的自由电子通过外电路和另一极的空穴复合，因而产生电流. 当外电路的电阻小于200Ω 时，这一电流与照射在半导体硒上的光的强度具有线性关系. 其大小为 10～100μA 数量级，可以直接测量，无需外电源及放大装置. 但受强光照射，或使用时间过长，将产生"疲劳"现象. 硒光电池的光谱响应波长范围为 350～750nm，在550nm 左右处最灵敏. 这与正常人的眼睛的光谱响应曲线相似. 这种光电池不需要外加电源，产生的电流比较大，不经放大就可用检流计测量.

(2) 光电管

光电管也称为真空光电二极管，其阴极为一金属半圆筒，内表面涂有碱金属氧化物及其他材料组成的光敏物质，如氧化铯或氧化钾与氧化银等光电发射材料. 阳极为金属镍环或金属镍片，电极被封在透明的真空玻璃或石英管中. 在光的作用下，阴极光敏物质将发射电子，电子被两极间的外加电压(约为 90V 直流电压)加速，并被阳极收集而产生光电流. 这一电流在负载电阻两端产生电位降. 由于光电管有高的内阻，电流约为硒光电池的四分之一，所产生的电压降容易放大，其装置如图 9.10 所示.

光电管的光谱响应特性取决于光阴极上的涂层材料，不同的光敏材料制成的光电管有不同的使用范围. 同一光电管对不同的波长有不同的灵敏度. 因此，对不同的光谱区的辐射，应选择不同类型的光电管进行检测. 图 9.11 为几种光敏物质的光谱响应曲线.

(3) 光电倍增管

光电倍增管实际上是一种多级倍增电极的光电管. 其结构如图 9.12 所示，由一个阴极、一个阳极和数个被称为打拿极的电极组成. 全部电极密封在真空玻璃或石英管内，外形像一个老式电子管.

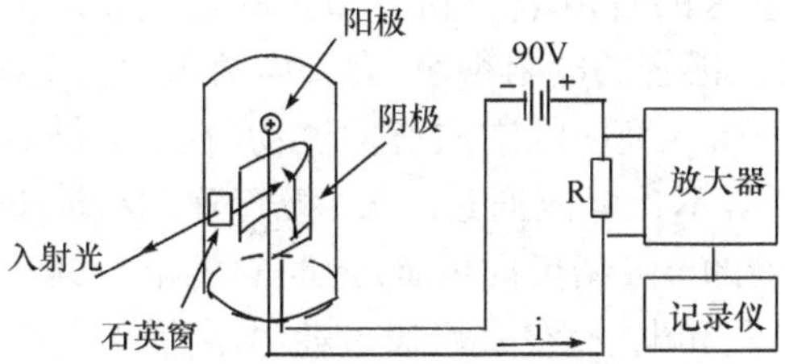

图 9.10　光电管及其电流测量示意图

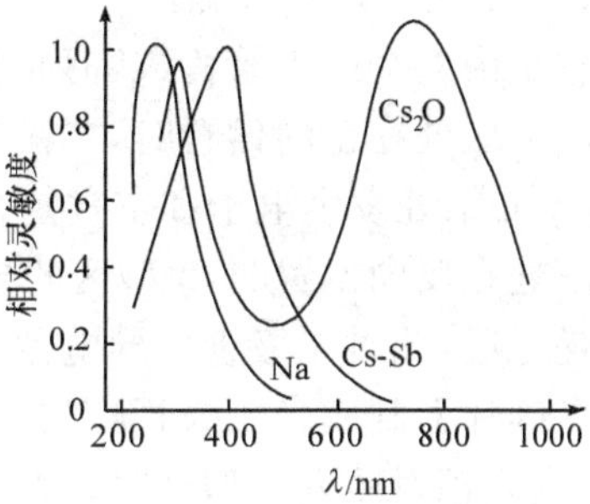

图 9.11　几种光敏物质的光谱响应曲线

光电倍增管的阴极和阳极的作用与光电管的阴极和阳极的作用是相同的. 阴极受到光的照射而发射电子. 所以阴极的表面同样涂着光敏物材,如氧化铯或其他碱金属、碱土金属的氧化物;阳极的作用也是收集电子. 打拿电极起着电子倍增的作用,它们位于阴极和阳极之间,打拿极通常用CsSb,BeO或GaP等化合物为涂层材料. 它们每接受一个电子的撞击能发射出四或五个电子. 从阴极到阳极的各电极之间都存在直流电压差,总的直流电压差约1000V.

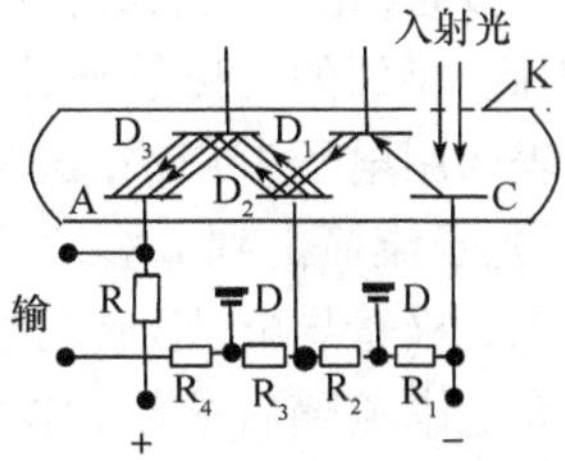

图 9.12　光电倍增管工作原理
C. 光阴极; D_1,D_2,D_3. 次级电子发射级; A. 阳极; R_1,R_2,R_3,R_4. 电阻; K. 窗口.

当入射光照射到阴极,阴极发射出电子,电子在电场中获得能量并向第一打拿极运动,打拿极每受到一个电子的撞击后要发射出几个电子,产生二次电子发射过程. 这就是(打拿极)电子放大增益. 其后的各打拿电极同样存在相同的电子放大增益. 假设打拿极每接受一个电子后的发射的电子数平均为 n,打拿极的个数为 d,那么光电倍增管的总的增益 G 为

$$G = n^d \tag{9.19}$$

例如,打拿极每接受一个电子后的发射电子的平均数为 4.4,光电倍增管内有 8 个打拿极,其总的增益则为 $4.4^8 = 1.4 \times 10^5$.

打拿极的电子放大增益取决加速电压. 它与光电管不同,光电倍增管的输出电流随外加电压增加而增加. 总的放大增益对外加电压的变化极为敏感,所以光电倍增管的电流电压必须稳定. 即使没有入射光照射到阴极,光电管倍增管也有输出电流,这就是暗电流. 一般地讲,光电倍增管的暗电流愈小,其质量愈好. 光电倍增管的光谱响应范围与光电管一样,取决于光阴极的涂层材料.

(4) 二极管阵列检测器

它是由多个二极管构成阵列. 我们知道，二极管常用来作整流器. 这是因为外接交流电压处在正向偏置时，二极管的 n 型区的自由电子和 p 型区的空穴相对流动，在 p-n 结处发生电子和空穴复合. 此时二极管的电阻很小，允许电流通过. 当交流电压处在反向偏置时，n 型区的自由电子和 p 型区的空穴背向流动，在 p-n 结处形成耗尽层，此时二极管的导电性几乎为零，不让电流通过. 硅二极管阵列检测器是在一硅片上制成光二极管阵列. 光二极管的 p-n 结反向偏置. 此时它的电导几乎为零. 当光辐射照列 n 型区时，就形成了空穴和电子. 空穴可通过耗尽层流向 p 区，于是电导增加. 电导增加的大小与辐射的功率成正比. 图 9.13 是放大的光二极管阵列靶的部分截面和端视图. 靶的直径为 16mm，每平方毫米含有 15 000 个以上的光二极管. 每个光二极管都由被绝缘二氧化硅层包围着的圆柱形 p 型硅区所形成. 因此，相邻的二极管彼此是由绝缘的，它们都联结到一个共同的 n 型层硅片上. 靶的表面用电子束扫描. 这相当于电容充电，使每个 p 型柱被充电到电子束的电位. 当光子流撞击到 n 型表面而形成空穴，空穴向 p 型区移动，使沿入射辐射光路上的光二极管导电. 形成充电电流，然后当电子束再次扫描时，又将形成光电电流. 这一充电电流随后被放大作为信号.

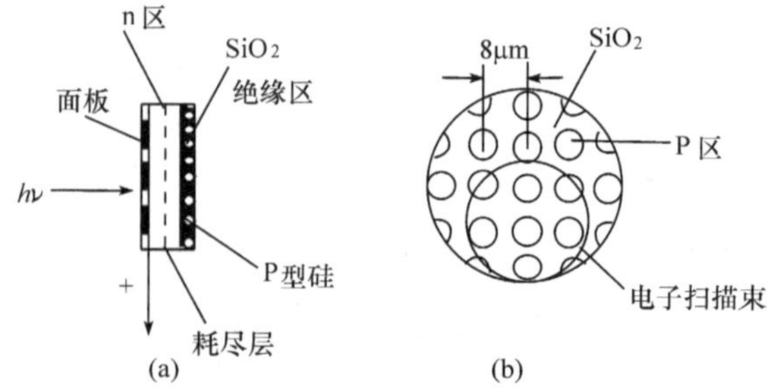

图 9.13　硅二极管阵列靶

(a) 侧视；(b) 端视.

若电子束的宽度为～20μm，可以使靶的表面有效地分成 500 个通道，每一通道的分析信号分别贮存到计算机的存贮器中. 如果将这种硅二极阵列靶处于单色器的焦面上，则从每个通道所获得的信号就与不同波长的光谱相对应. 此时检测器成为光学多道分析器.

2. 热检测器

热检测器可吸收辐射并产生热效应，根据吸收辐射所产生的热效应来测量辐射的强度.

(1) 真空热电偶

这是红外光谱仪中最常用的一种检测器. 它是利用不同导体构成回路，回路中热接点温度受吸收辐射的热效应影响，回路中的冷接点由室温控制. 当热接点和冷接点存在温差，两个接点间就形成电势差. 真空热电偶的结构示意于图 9.14. 以一小片涂黑的金箔作为红外辐射的接受面，在金箔的另一面焊有两种不同的金属、或合金、半导体作为热接点. 在冷接点（室温）连有金属导线（图中未画出），形成热电偶. 此热电偶封在高真空的腔体内. 为了接收各种红外辐射，在腔体对着金箔的侧面开一小窗，粘上红外透光材料，如 KBr，CsI，KRS-5 等. 当红外辐射通过此窗口射到涂黑的金箔时，热接点的温度上升，冷、热接点之间产生温差电势. 在闭路的情况下，回路就有电流产生，热电偶回路的阻抗很小，一般为 10Ω 左右，要将微小电信号放大，必须经过升压耦合，才能使热电偶的输出阻抗和放大电路的输入阻抗匹配.

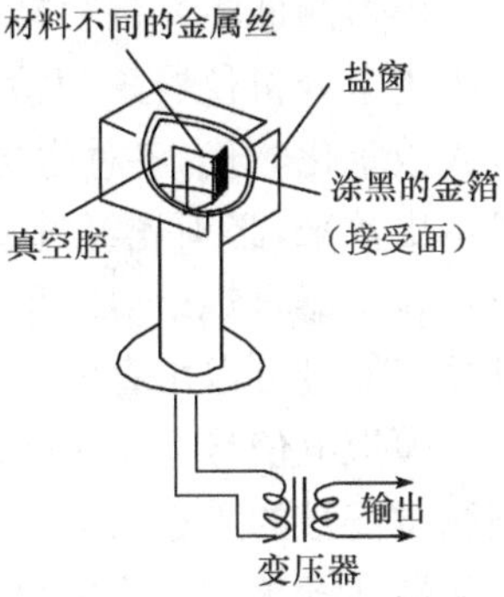

图 9.14　真空热电偶

（2）热释电检测器

热释电检测器是利用某些单晶薄片作为检测元件，如硫酸三苷肽（TGS）、氘化硫酸三苷肽（DTGS）、硫酸三苷氨酸酯、钽酸锂等. 在晶体薄片的正面真空镀铬（半透明），背面镀金，形成两电极，并让其充电. 此时，在一定的温度（如 TGS 的居里点为 49℃）条件下这些晶体能产生很大的极化效应. 极化强度与温度有关，温度升高，极化强度下降. 当红外辐射到薄片上，引起温度升高，晶体极化度下降，使晶片表面的两电极"释放"出部分电子，因而可将红外辐射信号转换为电信号. 这类检测器的特点是响应快，响应时间约为 1ms；噪声影响小，能实现快速扫描，故被应用于傅里叶变换红外光谱仪中. 其中 DTGS 的热电系数比 TGS 小，而居里点（62℃）又较高，是目前使用最广的晶体材料.

（3）碲镉汞检测器（MCT）

碲镉汞检测器是由半导体碲化镉和半金属化合物碲化汞制作而成，其组成为 $Hg_{1-x}Cd_xTe$，$x\approx0.2$，改变 x 值，可获得光谱区域不同、灵敏度各异的 MCT 检测器. MCT 检测器分为两种类型：光电导型和光伏型. 光电导型是利用入射光子与检测器材料中电子能态起作用，产生载流子来进行检测. 光伏型是利用不均匀半导体受光照射时，产生电位差（光伏效应）来进行检测. MCT 检测器是一种光子检测器，响应很快，响应时间约为 1μs，灵敏度高，适合于快速扫描. 但 MCT 检测器需在液氮温度下工作，其灵敏度约为 TGS 的 10 倍.

§9.2.4 读出装置

由检测器将光信号转换为电信号，这种电信号是光信号的模拟信号．简单的老式的光学分析仪器采用检流计、微安表、记录仪等直接显示电信号的大小．现在已进入数字化时代，各种电器仪表都能采用数字显示器．要将模拟电信号的数字直接显示出数来，必须先经过模/数转换，将模拟信号转变为数字信号．这样不仅可以用数字显示器直观地显示信号值的大小，减小读数误差．有利于提高读数的精度，而且数字信号可以由存贮器存贮，以便对信号进一步处理．

模拟电信号，包含有背景信号、测试信号和噪声信号．噪声信号的存在严重影响测试信号的质量，读出装置如果只能简单地显示检测器提供的电信号，则要求在检测器和读出装置之间设计专门的电路，采用硬件滤去信号中的噪声．硬件滤波除噪声的缺陷是适用的噪声频率范围较窄．若能将模拟电信号转换为数字信号，则能利用计算机软件滤去信号中的噪声．利用计算机软件滤除噪声的优点是不受噪声频率范围的限制．现在，除简易光学分析仪器外，中、高档光学分析仪器均采用计算机作为仪器的读出装置．

从检测信号中扣除背景信号获得到分析信号，要进行数据处理．在分析测试过程中，对测试信号进行数据处理是一个十分重要的环节．获得准确的分析信息，是分析测试的最终目的．关于数据处理部分将在第 21 章中讨论．

参考文献

[1] 赵凯华，钟锡华．光学(下)．北京：北京大学出版社，1984

[2] 寿曼立．发射光谱分析．北京：地质出版社，1985

[3] 北京大学化学系．仪器分析教学组．仪器分析教程．北京：北京大学出版社，1997

[4] 赵藻藩，周性尧，张悟铭，赵文宽．仪器分析．北京：高等教育出版社，1990

[5] 方惠群，史坚．仪器分析原理．南京：南京大学出版社，1994

习题与思考题

习　题

1. 棱镜和光栅的分光原理有何不同？它们产生的光谱特征有何不同？
2. 光栅光谱为什么有重叠现象？如何消除？
3. 影响光栅的色散率(线色散率)有哪些因素？线色散率的单位是什么？
4. 钠双线为 589.0nm 和 589.6nm，用刻线面积为 64mm×64mm 的光栅在第 2 级恰好能分开此双线．问此光栅每毫米刻线至少应为多少条？
5. 某一平面反射光栅，光栅刻线为 1200 条/mm，光的入射角为 10°，问波长为 300 nm 的衍射光的衍射角是多少？（提示：先求出光栅常数，然后考虑衍射线与入射线在光栅的异侧和同侧的情况).

6. 某一光栅，当入射角是 60°时，其衍射角为−40°. 为了得到波长为 500 nm 的第一级光谱，问光栅的刻线为多少?
7. 一束多色光射入含有 1750 条/mm 刻线的光栅，光束相对于光栅法线的入射角为 48.2°. 试计算衍射角为 20°和−11.2°的一级光谱波长为多少?
8. 某光栅的宽度为 5.00mm，每毫米刻有 720 条刻线，那么该一级光谱的分辨率是多少？对波数为 1000cm^{-1}的红光，光栅能分辨的最靠近的两条谱线的波长差为多少?
9. 某光栅光谱仪，光栅刻线数为 600 条/mm，光栅的面积为 5cm×5cm^{-2}. 问：

   (1) 光栅的理论分辨率是多少(n=1 时)?

   (2) 当 n=1 时，λ_1=310.030nm 和 λ_2=310.066nm 的两谱线是否能分开？为什么?

思考题

1. 试解释光电池的正负极形成机理.
2. 对光与物质作用所产生的各种物理和物理化学现象进行小结.

第 10 章　发射类光谱仪[1~7]

发射类光谱仪包括原子发射光谱仪、化学发光仪、分子荧光分析仪、分子磷光分析仪和激光拉曼光谱仪. 发射类光谱仪的共同特点是样品必须经过辐射激励而产生特征光谱. 不同方法，激励方式不同，产生的特征谱线性质不同，信号的接收与处理方式不同. 将这类仪器归在一章，便于对比，易于掌握.

§10.1　仪器结构

§10.1.1　激发光源

1. *原子发射的激发光源*

原子发射光谱中，激发光源必须让试样中待测组分蒸发、原子化、激发并发射元素的特征光谱. 激发光源的特性在很大程度上影响光谱分析的准确度、精密度和检出限. 因此，必须对激发光源的种类、特性及其应用范围有基本的了解. 原子发射光谱分析中经典的激发光源有直流电弧、交流电弧、电火花，现代光源主要有等离子体(ICP)和激光.

(1) 直流电弧

直流电弧的基本电路见图 10.1. 电源的分析空隙以石墨碳电极作为阴极和阳极. 试样装在下电极(阳极)的凹孔内. 引发直流电弧有两种方法：一种方法是在接通电源后，让上下电极短路引发；另一种方法是高频引发. 两电极相距为 5～6mm. 引发直流电弧后，阴极产生热电子发射，在电场的作用下，电子高速通过分析空隙射向阳极. 电子冲击阳极时产生高温，使阳极表面形成白炽的“阳极斑点”. 阳极斑点的温度可高达 4000K. 高温使试样蒸发、原子化，并在电弧内与电子、原子、离子相互碰撞，被激发而发射光谱. 在电弧内同时产生原子电离，形成离子，所产生的离子在电场作用下高速飞向阴极，引起阴极二次电子发射，如此反复，电流不断，电弧不灭.

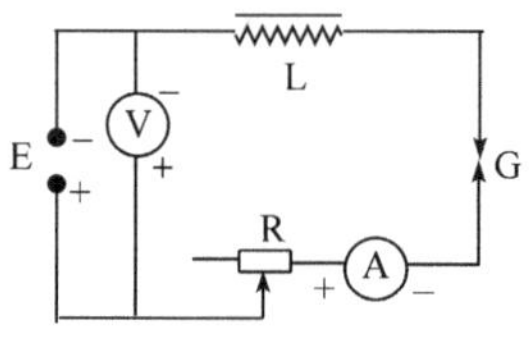

图 10.1　直流电弧发生器
E. 直流电源；V. 直流电压表；L. 电感；R. 镇流电阻；A. 直流电流表；G. 分析间隙.

电弧温度达 4000～6000K，可使 70 多种元素激发. 弧柱中的元素种类及其原子浓度与电离电位对电弧温度有决定性的影响.

直流电弧的优点是设备简单,电极头的温度高,蒸发能力强,试样进入弧柱的量多,绝对灵敏度高,背景低,适合于定性分析,也适合于低含量的杂质、难熔矿物及稀土、铌、钽、锆、铪等难熔元素的定量分析.但是,弧光漂移不定,稳定性不好,使测定结果的重复性差.而且弧层较厚,谱线的自吸现象严重.所以这种激发光源不宜于作定量分析及低熔点元素分析.

(2) 交流电弧

交流电弧有高压和低压两类电弧.高压电弧的电压为 2000～4000V.可直接利用高压电将电弧击穿而引发电弧.但是,高压电源设备较为复杂,而且操作危险.实际上已很少使用.使用低压交流电弧较多.低压交流电弧的电路如图 10.2 所示.低压交流电弧的工作电压为 110～220V,电弧由高频引发.其原理如下:接通电源(220V 或 110V),由变压器 B_1将电压升到 2.5～3.0kV,并向电容 C_2充电.充电电流 I_2由 R_1调节.当 C_2充电到一定的电压时,与它并联的放电盘 G′在该电压下引起火花放电击穿.由此,在 C_2,L_1,G′构成的回路产生高频振荡电流.此时在变压器 B_2的次级线圈 L_2产生的高频电压可达 10kV.旁路电容 C_1对高频电流的容抗很小,L_2的高频电将电极空隙 G 击穿,在 L_2,C_1,G 所构成的回路产生高频放电.

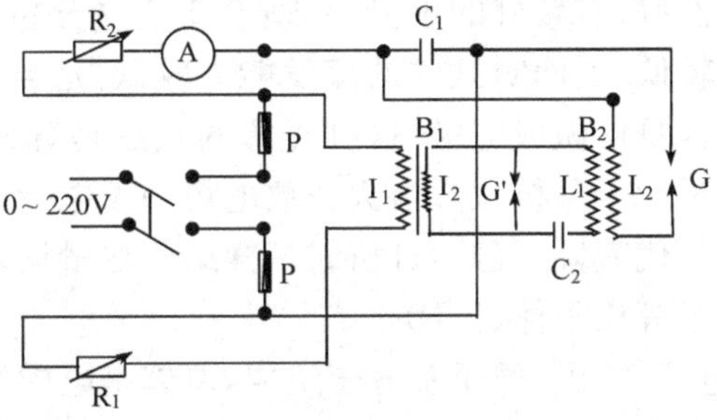

图 10.2　低压交流电弧发生器

C_1对低频电流的容抗很大.接通电源时不会产生短路.当电极间隙被击穿后,R_2,L_2,G 和低频电源构成低压放电回路,在 G 的两极之间产生电弧放电.当电极间隙的两极电压低于维持电弧放电所需要的数值时,电弧将熄灭.但此后又开始交流电流的下半周期,电极间隙 G 重新被高频击穿引发电弧放电.如此反复进行,交流电弧维持不熄.

交流电弧具有电弧放电一般特性,同时,交流电弧电流具有脉冲性,瞬时电流密度比直流电弧中的要大,因此,电弧温度高,激发能力强.在所获得的光谱中,出现的离子线比直流电弧中的稍多.电弧的稳定性好,测量结果的重复性和精密度较好,适合于定量分析.但是,电极温度较低,试样在电极上的蒸发能力较弱,分析测定的灵敏度比较低.

(3) 高压火花

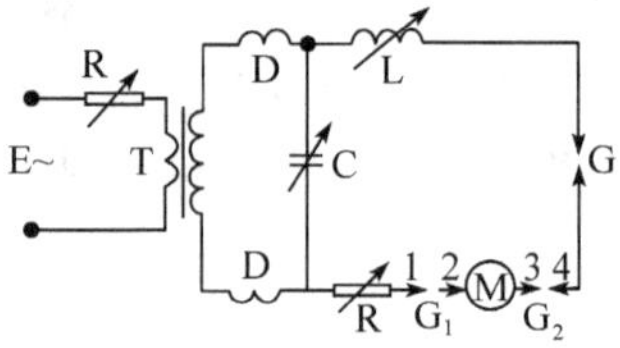

图 10.3 高压火花发生器

E. 电源；R. 可变电阻；T. 升压变压器；D. 扼流圈；C. 可变电容；L. 可变电感；G. 分析间隙；G_1,G_2. 断续控制间隙；M. 同步电机带动的断续器.

高压火花发生器电路如图 10.3 所示，该电路的最明显的特点是在放电回路中串联一个同步断续器 M. 断续器 M 的运转与电容充电同步进行. 当接通电源，220V 的交流电经变压器 T 在次级线圈上产生 8～12kV 电压，通过扼流圈向电容 C 充电. 与此同时断续器 M 的绝缘盘也在旋转，当电容 C 充电到最大电压时，绝缘盘的钨电极 2,3 正好对准固定电极 1,4，使分析空隙 G 被击穿，产生火花放电. 交流电每半周期使分析空隙 G 放电一次，当交流电为 50Hz，同步断续器也旋转 50 次/秒，使火花放电回路每秒接通 100 次，分析空隙 G 每秒也产生 100 次放电.

高压火花不同于电弧放电，它在瞬时释放出很大的能量，使放电空隙电流密度很高，温度高达 10 000K. 因此，高压火花光源具有很强的激发能力，可激发难激发的元素. 放电的稳定性好，有较好的重复性，适合于定量分析. 但是，由于放电的间隔较长，使电极温度较低. 因而对试样的蒸发能力较低，适合于熔点低的金属或合金分析，金属或合金自身可做成电极. 这种光源的缺点是背景大，使分析测定的检出限低，不宜于作痕量元素分析. 加之，火花放电集中于电极上的一小点上，试样不均匀时，测定结果不具代表性. 因此，分析时试样组分尽量均匀.

(4)电感耦合高频等离子体(ICP)

等离子体是由电子、离子、原子和分子组成，总体是电中性的，是高温下物质的一种存在状态. 电弧和电火花光源的发光蒸气云也是一种等离子体. 本节所述的等离子焰炬是指电感耦合等离子焰炬(ICP)，是 20 世纪 60 年代研制的，70 年代得到了迅速的发展，是现代原子发射光谱分析中最常用的激发光源.

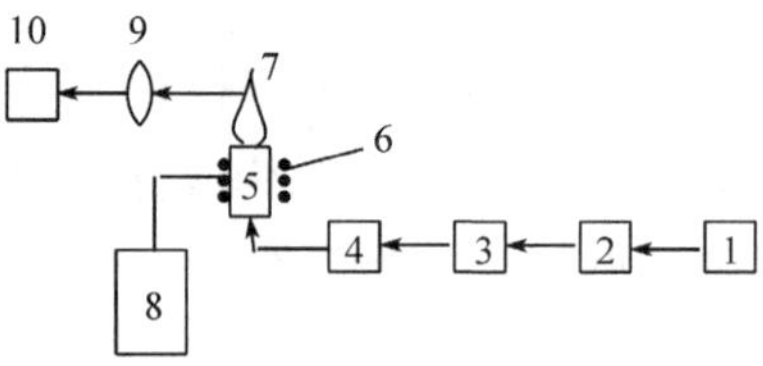

图 10.4 ICP-AES 系统方框图

1. 试样溶液；2. 喷雾器；3. 加热室；4. 冷凝室；5. 等离子体炬管；6. 感应圈；7. 等离子体焰炬；8. 高频发生器；9. 透镜；10. 光谱仪.

ICP 光源由高频感应电流产生的类似火焰状的激发光源，由高频发生器、等离子炬管和进样系统三部分组成，见图 10.4. 高频发生器产生高频磁场，供给等离子体能量. 频率多为 27～50MHz，最大输出功率为 2～4kW.

等离子体炬管放置在高频线圈内，见图

10.5. 这是一个三层同心石英管，炬管内空间分为三层. 最外层通 Ar 气，Ar 气沿切线方向引入管内，可以保护石英管不被烧坏；中层通入辅助气（Ar 气），用来点燃和维持等离子焰炬；中心通以 Ar 气为载气的固体气溶胶，并将试样引入等离子体内.

当高频发生器接通电源时，石英管内的 Ar 气处在原子状态，不导电. 高压火花使中层管内的 Ar 气部分电离成电子和离子. 这样，当它们进入感应圈所产生的高频磁场内时，电子和离子从高频磁场中获得能量，并使更多的 Ar 原子电离，从而点燃等离子焰炬. 在焰炬内的等离子体为导体，高频磁场使等离子体产生闭合的、旋涡状的电流，即涡电流. 由于高密度的等离子体的电阻很小，涡电流很大，因而释放出大量的热能，使焰炬温度达 10 000K. 等离子体焰炬的外观像火焰，是一种气体放电，不是化学燃烧火焰. 它可以分为三个区域，如图 10.5 所示.

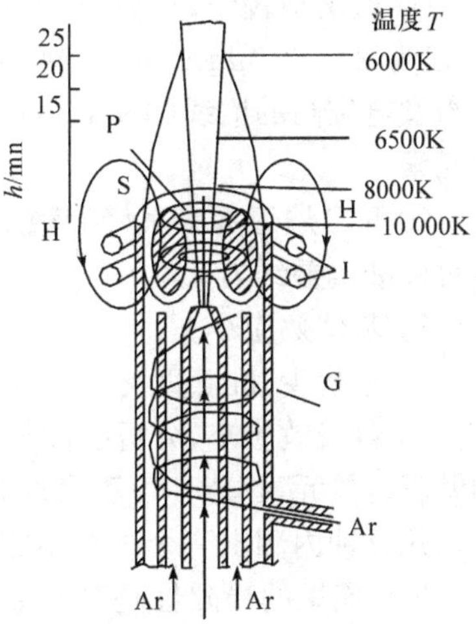

图 10.5　ICP 光源

H. 交变磁场；I. 高频电流；P. 涡电流；S. 感应线圈；G. 等离子体矩管.

① 焰心区　感应圈内白色不透明的焰心为高频磁场感应形成的涡电流区，温度高达 10 000K，电子密度很高，它发射很强的连续光谱. 试样气溶胶在该区域预热、蒸发，是预热区. 该区所产生的光不宜通过透镜进入光谱仪.

② 内焰区　在感应圈上方 10～20mm 左右处，炬焰为半透明淡蓝色，温度约为 6000～8000K. 试样在此区域原子化、激发，然后发射很强的原子线或离子线. 它是光谱分析区，称为测光区. 测光时在感应圈上的采光高度称为观测高度.

③ 尾焰区　在内焰区的上方，无色透明，温度低于 6000K，能激发电位较低的谱线.

高频感应电流具有趋肤效应. ICP 高频感应电流绝大部分流经等离子导体的外围，越接近导体的表面，电流密度越大，涡电流集中在等离子体的表层，成环状结构，形成一个环形加热区. 环形的中心对准炬管的中心层的通道出口. 气溶胶随载气从出口顺利地进入等离子体，使等离子体焰炬有很高的稳定性. 试样气溶胶在焰心区经过时，被加热并蒸发，然后进入测光区的中央部位. 在测光区试样平均停留时间可达毫秒级，它比在其他光源的停留时间（1～10μs）长得多. 温度高和停留时间长使试样原子化充分，有效地消除化学干扰. 内焰区中央的周围是加热区，通过热传导和辐射对中央部位加热. 使组分变化的影响减少；加之，载气引入的试样量少，因此基体效应小. 由于中央周围的等离子体是由辅助 Ar 气电离产生的，不含试样中待测元素，而且其温度较中央部位高，因此，即使试样的原子蒸气扩散到焰炬的外层，也不会形成自吸的冷原子蒸气层.

综上所述，ICP 焰炬具有以下特点：

① 检出限较低，约为 10^{-1}～10^{-5}μg · cm^{-3}. 例如 Ba 仅为 1×10^{-5}μg · cm^{-3}，Ca 仅为 2×10^{-5}μg · cm^{-3}，Mg 仅为 5×10^{-5}μg · cm^{-3}等. 由于激发温度高，有利于激发电位高的谱线的发射；对各种元素都有较好的检出能力，可分析测定 70 多种元素.

② ICP 焰炬具有很好的稳定性，所以分析测定精密度高. 在实用分析范围内，相对标准偏差约为 1%.

③ 基体效应小.

④ 干扰少，准确度高.

⑤ 自吸效应小，分析线性范围可达 4～6 个数量级，既可做痕量元素分析，也能做高含量元素分析. 由于发射光谱具多元素同时分析的优点，利用光电检测器可以在几分钟内测出一个试样中的主含量至痕量组成各元素的含量，且快速、准确.

ICP 焰炬的局限性是对非金属元素的测定灵敏度低；在测定的过程中要消耗大量的 Ar 气，维持费用高；仪器价格较贵.

属于等离子体光源的还有直流等离子体(DCP)和微波诱导等离子体(MIP). 其他光源有激光微探针等，经典光源还有火焰光源. 表 10.1 中对几种光源进行了比较.

表 10.1　几种光源的比较

光　源	蒸发温度	激发温度/K	放电稳定性	应　用　范　围
直流电弧	高	4000～7000	稍差	矿物定性，难挥发元素定量
交流电弧	中	4000～7000	较好	低含量组分定量分析
高压火花	低	瞬间 10000	好	金属，合金中难激发元素定量
ICP	很高	6000～8000	很好	溶液定量分析

2. 化学发光分析的激发过程

化学发光分析的激励方式是化学反应. 激发的信号特征性强，所以信号的接收省去了分光系统，仪器结构相对简单一些. 但是取代激发光源的是样品反应池.

固体样品可用样品架，液体样品才需用样品池，四方形和圆形样品池都用得很普遍. 四方形样品池仅能用于与发射辐射成 0°，90°和 180°角度上对荧光辐射进行测量，样品池有激发光入射窗口和荧光发射窗口. 圆形样品池比较便宜，但很难保证样品池放置的再现性，因此，导致各次测量之间的微小误差. 玻璃样品池用于波长大于 320nm 的分析测定,用于更短的波长,则要求样品池用石英或熔融二氧化硅制成.最好是熔融二氧化硅,因为石英能产生微弱的荧光.低温荧光测量在石英槽的外面套上一个盛液氮的透明石英真空瓶.

3. 分子荧光(磷光)的激发光源

激发光源应具有高强度的光辐射,波长范围在紫外-可见光区.常用的有高压汞灯和氙弧灯.高压汞灯常用的谱线是 253.7,296.7,365.0,404.7,435.8,546.1,577.0 和 579.1nm;氙弧灯的波长范围是 200～700nm 之间,且在 300～400nm 波段之间谱线的强度基本相等.

可调谐染料激光器也可以作为激发光源.高功率脉冲可调染料激光,对低浓度的发光物质分析是极为理想的激发光源.但在许多情况下,灵敏度的增加不如所期望的那么大.因为背景噪声、瑞利散射和拉曼散射也随之加大了.钨灯也可用于可见光和近紫外光区.其他波长范围的辐射强度很弱,因而用处不大.

4. 拉曼散射光源

拉曼散射光源目前采用激光作为光源.激光光源多用连续气体激光器,如 He-Ne 激光器,它的主要波长为 632.8nm;Ar 离子激光器主要波长为 514.5nm 和 488.0nm.拉曼散射的强度 I 与入射光的波长 λ 的 4 次方成反比,即

$$I \propto \frac{1}{\lambda^4}$$

所以,用短波辐射产生的拉曼散射可以提高检测的灵敏度.

§10.1.2　分光与检测

1. 原子发射的分光与检测

按分光元件可将原子发射光谱仪分为棱镜和光栅光谱仪;按检测方式可将原子发射光谱仪分为照相式摄谱仪和光电直读光谱仪.

棱镜摄谱仪的光学特性常从色散率、分辨率和集光本领三方面进行考虑.棱镜色散器的色散率和分辨率在第 9 章已有叙述.集光本领是指光谱仪光学系统传递辐射的能力.它与成像物镜的相对孔径的平方 $(d/f)^2$ 成正比(d 为成像物镜的孔径,f 为成像物镜的焦距).而与狭缝宽度无关;狭缝增宽,单位面积上的能量不变.增大成像物镜的焦距 f,可增大分辨率,但要减少集光本领.

光栅摄谱仪中所用的光栅多为平面闪耀光栅.闪耀光栅的刻槽面与光栅平面成一定的角度,槽面法线与光栅法线的夹角称为闪耀角.所以,从闪耀光栅制作来看,闪耀角是一定的,闪耀波长也是确定的.理论上在闪耀波长处集中约 75%～80%的入射光的辐射能量,而在此波长的 2/3 和 3/2 处,光的强度下降到 40%.

摄谱仪是用感光板来记录光谱,摄谱操作比较繁杂,但作为传统记谱方式,它

不仅解决了大量生产实践问题；而且，由于它能直接用于固体样品的分析，所以还能沿用至今.

光电直读光谱仪是利用光电检测器直接记录和测量发光谱线的强度. 由于ICP光源得到广泛使用，使光谱定量分析的准确度和精密度有了较大提高，光电直读光谱仪才被大规模地应用. 光电直读光谱仪分为单道扫描式和多道固定式两类：一个出射狭缝和一个光电检测器构成一个通道，可接受一条谱线. 多道光谱仪是安装多个（可达70个）固定的出射狭缝和对应的光电检测器，可记录多种元素的谱线. 在摄谱仪中只有入射狭缝而无出射狭缝，这是这两种光谱仪的明显区别.

下面分别介绍多道光电直读光谱仪的色散（分光）和检测系统.

(1)色散系统

多道光谱仪的色散元件采用凹面光栅，并有一个入射狭缝和多个出射狭缝. 将光栅刻在凹面反射镜上称为凹面光栅.

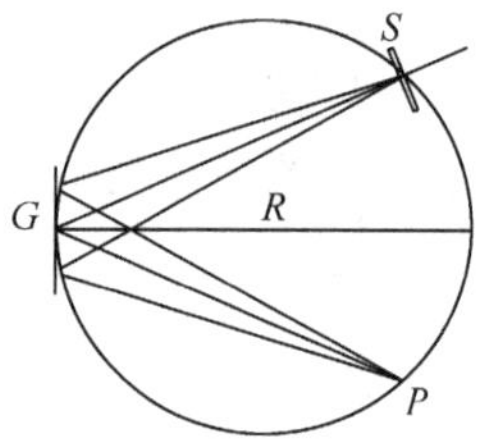

图 10.6　罗兰圆

G. 光栅；*S*. 入射狭缝；*P*. 出射狭缝；*R*. 罗兰圆直径.

罗兰圆　罗兰（Rowland）发现在曲率半径为 R 的凹面反射光栅上存在一直径为 R 的圆，见图 10.6，光栅的中心点与圆相切，入射狭缝 S 在这个圆上，不同波长的光也都成像在这个圆上，即光谱也在这个圆上，这个圆叫做罗兰圆. 这里的凹面光栅既起色散作用，又起聚焦作用. 这是因为凹面反射镜能将色散的光聚焦. 凹面光栅不需借助成像系统形成光谱，因此不存在色差，由于光学部件简单使得光的吸收和反射损失也大大减小.

(2)检测系统

光电直读光谱仪所采用的检测元件有光电倍增管和硅二极管阵列检测器. 硅二极管阵列检测器可以同时获得多个通道提供的分析数据，多次扫描阵列检测器有利于减少噪声的影响. 由光电检测器输出的电流经积分电路进行积分，积分电路的输出电压与谱线的强度成正比. 一般事先将校准方法及相关参数输给计算机，在分析测试完成后，计算机给出所测定结果. 一次分析仅用几分钟就可测定试样中十多种或数十种元素的含量值.

2. 化学发光的分光与检测

化学发光反应在样品池内进行，样品池有两种类型，一种是分立进样的样品池，一种是流动进样的流通池. 为了增大化学发光的辐射照射比例，通常使用反射镜或积分球，将样品池内发出的不能直接照射到检测器的光反射到检测器上.

积分球是一个反射球，里面放着样品池. 图 10.7 是积分球的示意图. 检测器通过球面上的一个孔与球面相接，积分球的内表面将发出的光反射到检测器上. 无论发光体在积分球内什么地方，都可以使固定比例的光照射到检测器上. 只是检测器和发光部位不能装在球内同一视线上，因为在这种情况下，样品池将遮挡部分发光体发射的光，从而减小发光体照射到检测器上的比例.

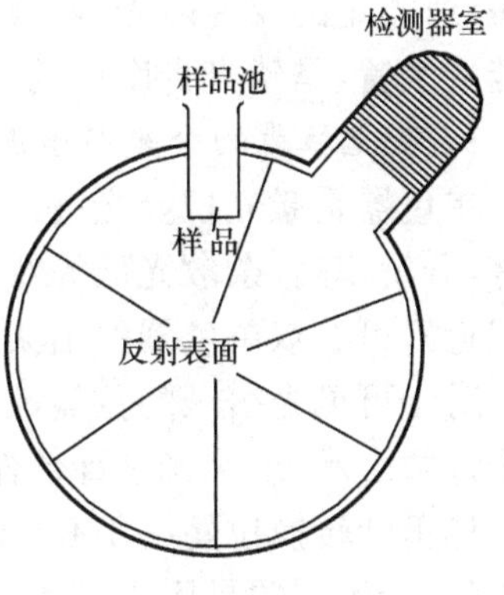

图 10.7　积分球和检测器的示意

3. 分子荧光的分光与检测

分子荧光分析仪的分光系统有两套：由激发光源发出的光经过第一单色器（又称为激发单色器），得到所需要的激发波长. 然后通过样品池时，被荧光物质吸收，并向四周发射荧光. 第二单色器（又称发射单色器）与入射激发光轴成直角，并对着样品池的中心部位测量荧光辐射. 通过它获得所需要波长的荧光. 荧光作用于检测器，转变为相应的电信号，并经放大送往记录显示装置.

简单的荧光分光光度计可用滤光片作为单色器，以干涉滤光片性能最好，它具有半宽度窄，透光率高，能经受强光源的长期照射等优点. 较精密的荧光分光光度计的单色器常采用光栅为色散元件.

4. 分子磷光的分光与检测

一般发生磷光的物质常伴随有荧光产生，为了将磷光与荧光区别开，必须在样品池与两个单色器之间分别安装一个斩波片，并由一个同步马达带动. 这种装置称作磷光镜，有转筒式和转盘式两种，如图 10.8 所示，它们的工作原理是相同的. 例如，转筒式磷光镜是一个空心圆筒，在圆筒的周壁上有两个以上的等缝宽的狭缝. 当马达带动转筒旋转时，入射光断续地照射到样品池上，激发光被遮断，试样的荧光辐射立即消失，仅存磷光辐射. 入射狭缝和出射狭缝同相时，荧光和磷光一起进入发射单色器，测定的是荧光和磷光的总光强；异相时，激发光被遮住，由于荧光寿

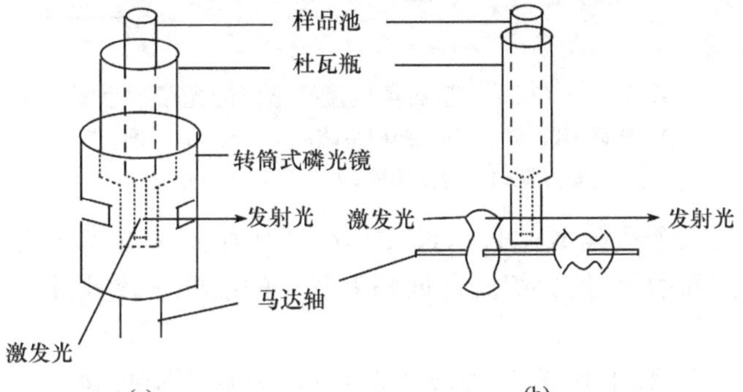

图 10.8　转筒式磷光镜(a)和转盘式磷光镜(b)

命短，所测定的仅为磷光. 调节转筒转速，测出不同寿命的磷光. 这种具有时间分辨功能的装置，是磷光光度计的一个特点.

5. 激光拉曼的分光与检测

单色器是激光拉曼光谱仪的心脏. 常用光栅分光，并采用双单色器，它具有成像好，分辨率高，杂散光低等特点. 为了检测拉曼位移波数很低的拉曼光(离激光波数很近)，可在双单色器的出狭缝处安装第三单色器.

对于可见光谱区的拉曼散射，可用光电倍增管作为检测器. 通常拉曼光强度以光子计数表示，现代光子计数器的动态范围可达几个数量级.

傅里叶转换拉曼(FT-Raman)光谱仪的基本结构与普通可见光激光拉曼光谱仪相似. 所不同的是用 1.064μm 波长的 Nd-YAG(钇钕石榴石) 激光器代替可见激光器作为光源，采用干涉分光和傅里叶转换系统对散射光进行检测. 检测器用高灵敏的铟镓砷探头，并在液氮冷却下工作，大大降低检测器的噪声. 傅里叶转换拉曼技术具有许多特点：可避免荧光干扰，拓宽了拉曼光谱法的应用范围；提高了光谱仪的测量精度；操作方便，测量速度快；消除了瑞利散射线；能进行光谱数据处理等.

§10.2 仪器类型

§10.2.1 原子发射的仪器类型

1. 棱镜摄谱仪

图 10.9 为 Q-24 中型石英棱镜摄谱仪的光路示意图. 仪器的光路可分为照明系统、色散系统和摄影系统三个部分.

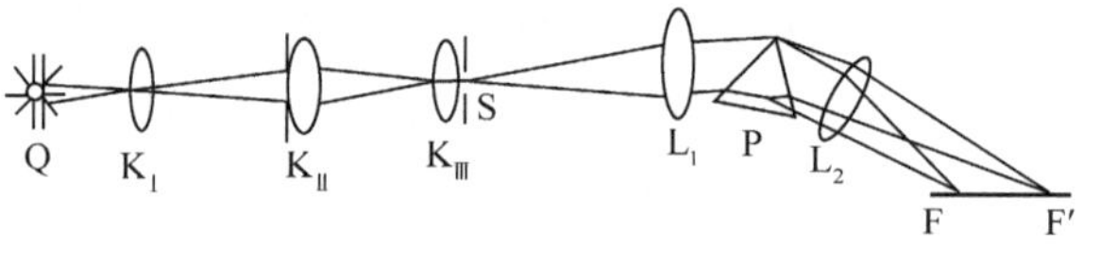

图 10.9 Q-24 中型石英棱镜摄谱仪的光路示意图

Q. 光源；K_I, K_{II}, K_{III}. 照明系统；S. 狭缝；L_1. 准直镜；L_2. 成像物镜；P. 色散棱镜；FF′. 焦面(感光板位置).

照明系统用三个透镜 K_I, K_{II}, K_{III} 组成，其作用是使光源发射的光能均匀地照在狭缝的全部面积上，使狭缝全部面积上各点的照度一致，这样才能使所获得谱线光强度均匀.

狭缝 S、准直镜 L_1 和棱镜 P 构成色散系统. 采用石英棱镜对紫外光有较好的折射率，而常见元素的谱线多在近紫外光区，这是石英棱镜作为色散元件优于玻璃棱镜的地方. 准直镜是将从入射狭缝中发射出的光束变为平行光,再投射到棱镜上进行色散,短波长的光折射率大,长波长的光折射率小,色散后按波长顺序以不同的方向射向成像物镜.

摄谱系统包括成像物镜 L_2 和感光板,成像物镜将色散后的光束聚焦在感光板上,便得到按波长顺序展开的光谱,每一条谱线都是入射狭缝的像.

2. 光栅摄谱仪

图 10.10 为国产 WSP-1 平面光栅摄谱仪光路示意图,由光源 B 发射的光经三透镜照明系统 L 后照到狭缝 S 上,再经反射镜 P 折向凹面反射镜 M 下方的准光镜 O_1 上,反射以平行光束照射到光栅 G 上,经光栅色散后,按波长顺序展开. 不同波长的光由凹面反射镜上方的物镜 O_2 聚焦在感光板上,得到按波长顺序展开的光谱. 转动光栅台 D,可以同时改变入射角和衍射角,便可改变波长范围或改变光谱级数.

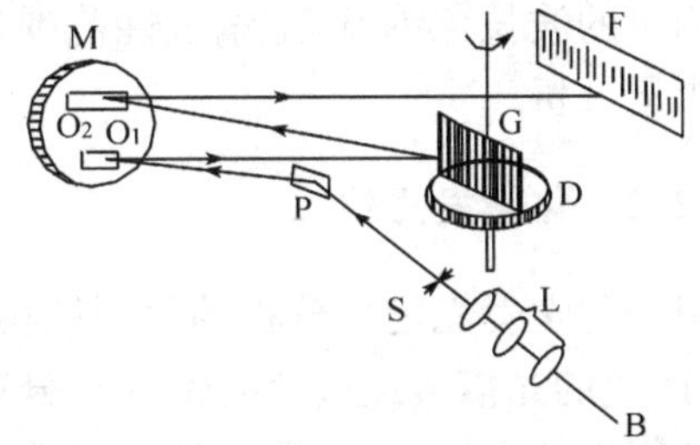

图 10.10　WSP-1 平面光栅摄谱仪光路示意图

B. 光源; L. 照明系统; S. 狭缝; P. 反射镜; M. 凹面反射镜; O_1. 准光镜; O_2. 投影物镜; G. 光栅; D. 光栅台; F. 相板.

3. 光电直读光谱仪

光电直读光谱仪是利用光电检测器直接记录和测量发光谱线的强度. 由于 ICP 光源得到广泛使用,使光谱定量分析的准确度和精密度有了较大提高,光电直

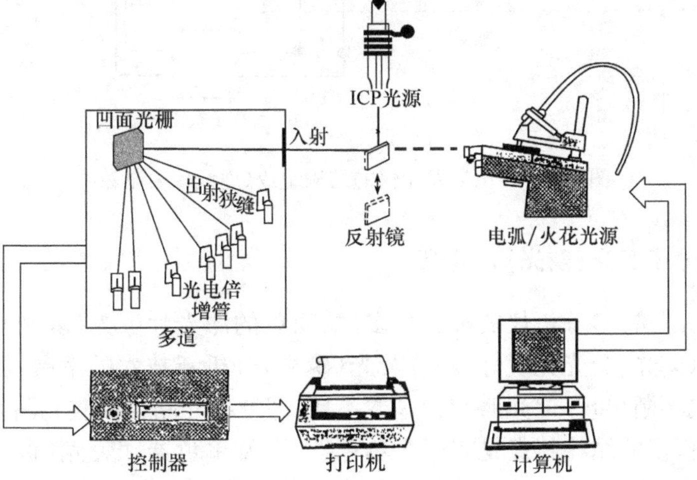

图 10.11　多道光电直读光谱仪

读光谱仪才被大规模地应用. 按照出射狭缝的工作方式,图 10.11 为多道光电直读光谱仪的示意图. 从光源发出的光经透镜聚焦,在入射狭缝上成像并进入狭缝. 然后投向到凹面光栅上,凹面光栅将光色散并聚焦 到焦面上. 在焦面上安装一个个出射狭缝,每个出射狭缝可使一条固定波长的光通过,然后投向到狭缝后面的光电倍增管上进行检测. 近年来,二极管阵列检测器逐渐代替了光电倍增管.

光电直读光谱仪的优点是:分析速度快、准确度高;精密度好,相对标准差约为 1%;测定的波长范围宽,定量线性范围也宽. 因此,可以同时进行多元素的高含量和低含量分析.

§10.2.2 化学发光仪

用于化学发光定量分析的仪器结构如图 10.12 所示. 样品池中完成化学发光反应,产生的光信号经过反射镜或积分球汇集后进入检测器,然后记录显示. 为了防止外部光的干扰,影响测量的准确性,除了显示装置外,其余部分都安装在一个暗箱内. 这类仪器的档次差别很大,有用电池作动力的供户外使用简单仪器,也有用计标机控制的供实验室用的相当复杂的仪器.

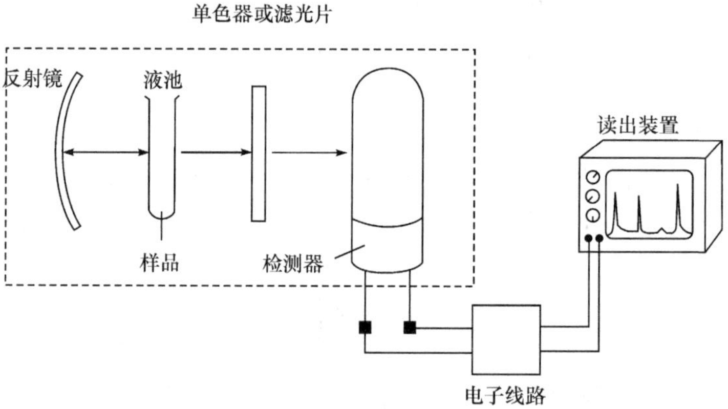

图 10.12 化学发光仪的结构组成(虚线代表暗箱)

§10.2.3 分子荧光(磷光)光谱仪

分子荧光(磷光)分析仪的种类很多,从简单的滤光片荧光(磷光)计到复杂的精密的荧光(磷光)分光光度计. 随着荧光(磷光)分析新技术的发展,新型荧光(磷光)分析仪也不断出现. 但光路布置基本不变:即发射光路与接收光路垂直. 分子荧光(磷光)分析仪的结构特点是有两个单色器:激发单色器和荧光(磷光)发射单色器,如图 10.13 所示. 两个单色器都有各自的入射狭缝和出射狭缝. 根据样品激发的需要，可调节第一单色器的狭缝，选择合适的激发波长；调节第二单色器的狭缝，可准确选择待测样品的分子荧光(磷光).

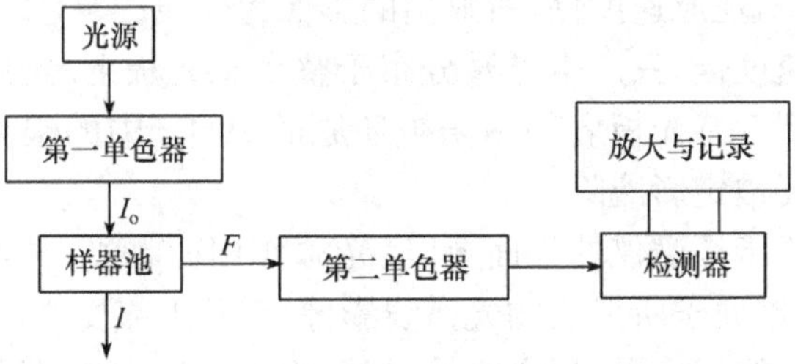

图 10.13　荧光分析仪结构示意图

§10.2.4　激光拉曼仪

图 10.14 是激光拉曼光谱仪结构的示意图. 高强度、高单色性的激光光源直接照射到样品池，样品产生的拉曼散射光经过单色器(可以是多级单色器)除出干扰，到达光电倍增管或光子计数器进行检测.

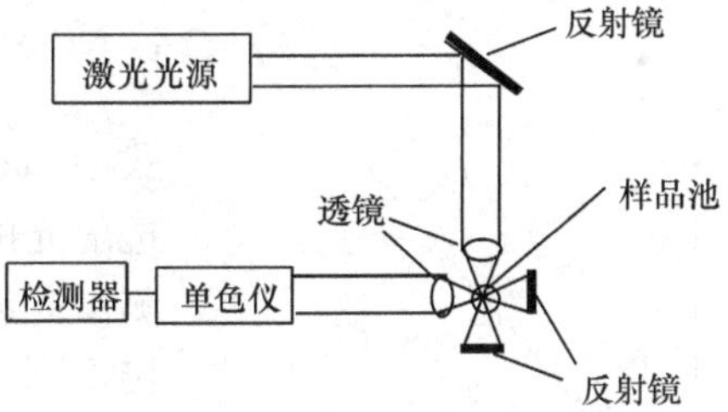

图 10.14　激光拉曼光谱仪结构的示意图

傅里叶转换拉曼光谱仪将激光光源改为波长连续可调的激光器，分光与检测改为干涉分光和傅里叶转换系统对散射光进行检测，克服了荧光干扰，使仪器的信噪比大为提高. 由于傅里叶转换拉曼技术和傅里叶-红外技术具有相同的干涉分光和傅立叶转换系统，因此在傅里叶-红外光谱仪上增加激光-拉曼散射室的附件，即可同时满足红外光谱法和拉曼光谱法的需求.

§10.3　仪器操作与分析方法

§10.3.1　原子发射的操作与分析

1. 摄谱仪操作技术

摄谱仪的记录方法为照相法，须用感光板来接收与记录光谱的曝光量. 曝光量 H 是照射到感光板上的光谱光强 I 和照射时间 t 的乘积，即 $H=It$.

感光板由感光层和支持体(玻璃板) 组成，感光层是将乳剂均匀地涂布在玻璃板上，它起感光作用. 乳剂为卤化银的微小晶体均匀分散在精制的明胶中，其中 AgBr 使用最广. 感光板受到光的照射后，溴化银乳剂分解成溴原子和银原子. 当银的质点到达一定程度时就形成潜影中心. 在以还原剂为主要成分的显影液中,具有潜影中心的 AgBr 晶体很快地被还原成金属银,显示出黑色的影像. 曝光量小的乳剂,则潜影中心少,还原速度慢,所显出的影像为较浅的黑色. 没有曝光的乳剂则无潜影中心,还原速度慢,只产生雾翳分布于整个感光板上. 定影液主要是银离子的络合剂溶液,显影后感光板乳剂中未被还原的 AgBr 中的银离子在定影液中生成络合物,因而都要被定影液除去.

总之,感光板置于摄谱仪的焦面上,经光源作用而曝光,再经显影、定影后,在谱片上留下黑色的银原子所形成的光谱线影像. 谱片上接受光照射多的地方,银原子沉积得就愈多,谱线就愈黑. 反之亦然. 因此银原子的多少,即谱线的黑度反映受光照射的强弱.

黑度 S 是指感光板上谱线变黑的程度,用谱线处的透光率的倒数的对数来表示:

$$S = \lg \frac{1}{T} = \lg \frac{a_0}{a} \tag{10.1}$$

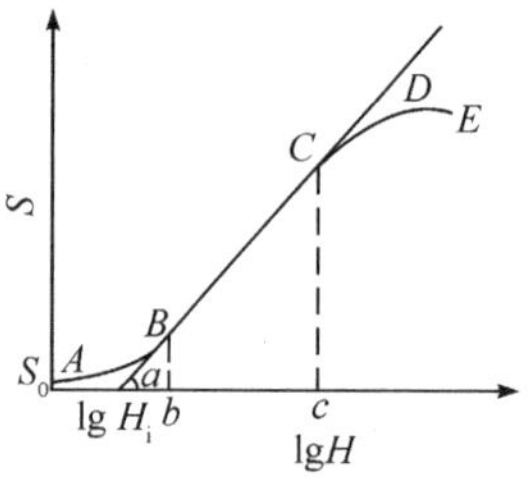

图 10.15　乳剂特性曲线

式中:a_0 为未曝光处的透射光的强度;a 为已曝光处的透射光的强度;两者比值 T 为透过率,黑度的测量在测微光度计上进行. 由感光板上得到的谱线,不能直接得到元素的发光强度. 黑度 S 与曝光量 H 的关系很复杂,目前尚未找到适当的数学表达式,通常采用图解法做出乳剂特性曲线,即用 S-$\lg H$ 作图,如图 10.15 所示. 曲线可分为三部分:BC 直线部分为正常曝光部分;AB 线段为曝光不足部分;CD 线段为曝光过度部分. 利用乳剂特性曲线,可找到黑度所对应的 $\lg H$,进一步得到元素的发光强度 $\lg I$.

但是,影响谱线黑度的因素很多,例如玻璃板的平整度、感光层厚度的均匀性、卤化银微晶粒子大小分布的均匀性、显影液和定影液的浓度、溶液的温度、搅拌的方式以及显影和定影的时间长短等都会影响谱线的黑度,在多次分析测试过程中要使各种影响因素都严格一致是十分困难的. 因此,谱线黑度的精密度较低,从而影响定量分析的准确性. 但摄谱法价格低廉,用于定性分析还是可取的.

2. *分析方法*

(1)光谱定性分析

一般光谱定性分析必须检出三条以上不受干扰的灵敏线. 下面介绍几种光谱定性分析方法.

① 铁光谱比较法

这是最通用的方法，采用铁的光谱线作为波长的标尺，来判断其他元素的谱线. 铁的谱线丰富，在 210～660nm 范围内有几千条谱线，谱线之间相距较近，且分布均匀. 对每条铁的谱线波长，人们都已进行了精确的测量. 有标准的光谱图作为对照来进行分析.

标准光谱图是在铁光谱上方准确地绘制出 68 种元素的逐条谱线并放大 20 倍的图片. 铁光谱比较法实际上是用标准光谱图来进行比较，因此又称为标准光谱图比较法. 在进行分析操作时，将试样与纯铁在完全相同的条件下并列且紧挨着摄谱，摄得的谱片置于映谱仪上，谱片也放大 20 倍，再与标准光谱图进行比较. 比较时首先将谱片上的铁光谱线与标准光谱上的铁光谱线对准，然后检查试样中的元素谱线. 若试样中的谱线与标准图中标明的元素谱线出现的波长位置相同，可认为它是该元素的谱线. 判断该元素是否存在，必须由几条灵敏线来决定. 铁光谱比较法可同时进行多元素定性鉴定.

② 标准试样光谱比较法

将要检出元素的纯物质或纯化合物与试样并列摄谱在同一感光板上，在映谱仪上检查试样与纯物质的光谱，若两者谱线在同一波长位置上同时出现即可认定某元素的某条谱线存在. 此法多用于不常见的元素分析.

当在感光板上发现特殊谱线，若不能采用标准谱图法或标准试样法来确认，此时可采用波长测量法. 谱线的波长表已有许多版本，其中最详细和应用最广的是 Harrson 编辑、1939 年出版的《MIT 波长表》. 我国 1971 年出版的《光谱波长表》应用也很广.

进行光谱定性分析一般采用直流电弧光源. 为了尽可能避免谱线间的重叠及减小背景，有时采用“分段曝光法”，即先用小电流激发光源，以摄取易蒸发元素的光谱线，然后调节光阑，改变感光板的摄谱位置，继而加大电流以摄取难蒸发元素的谱线. 这样，一个试样可以在不同电流条件下摄取其谱线，保证易蒸发与难蒸发元素都能很好地被检出. 摄谱时多采用哈特曼(Hartmann)光阑，哈特曼光阑是一块由金属制成的多孔板，见图 10.16. 该光阑放在入射狭缝前，在不同的电流条件下摄谱时，只需移动光阑就可使同一试样不同阶段的光，通过光阑的不同的孔径摄谱到感光板的不同的位置上，而不需要移动感光板. 多个试样的光谱也可以采用类似的操作摄谱，将不同试样的光谱摄像到感光板上的不同位置. 这样，可使感光板上同一谱线的位置每次摄谱时都不会改变. 定性分析多采用较

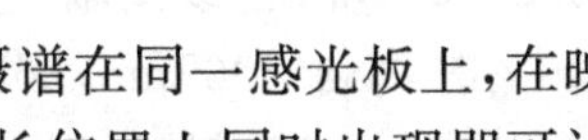

(a) T_{10}

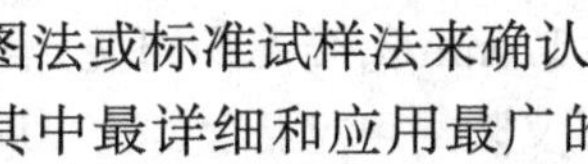

(b) TV_{10}

图 10.16　哈特曼光阑

小的狭缝宽度(约 5～7μm),以避免谱线间重叠.

采用 ICP 光源光电直读扫描光谱仪,光谱定性分析完全可以由计算机自动完成. 每种元素的谱线彼此不同,也就是说每种元素都有自己独特谱线. 计算机按着设定的程序对扫描所获得全部谱线进行模式识别,就能逐个检出试样中各种元素.

(2) 光谱半定量分析

根据分析方法及其条件的不同,以及被分析元素的含量范围的不同,原子发射光谱半定量分析误差可在 30％～200％之间. 如果对分析准确度要求不高,又要求简便快捷时(如矿石品位的估计、钢材或合金的分类等),可在进行光谱定性分析的同时测定其元素的大致含量(半定量分析).

① 谱线呈现法

元素谱线的出现是与其含量密切相关的. 当被分析元素的含量降低时,低灵敏的谱线就跟着消失,该元素的谱线也逐渐减少. 因此,在一定的实验条件下,可据此进行半定量分析. 例如 Pb 的含量和谱线的出现有如下的关系:Pb 含量为 0.001％时,283.3069nm 谱线清晰可见,261.4178nm 和 280.200nm 两条谱线很弱;含量为 0.003％时,283.3069nm,261.4178nm 谱线增强,280.200nm 谱线清晰可见;含量为 0.01％时,上述谱线增强,另出现 266.3317nm 和 287.332nm 谱线,但不太明显;含量为 0.1％时,以上谱线增强,又出现 241.095nm,244.383nm,244.620nm 谱线,241.170nm 谱线模糊可见;含量为 3.0％时,上述谱线增强,322.050nm,233.242nm 谱线又隐约可见;含量为 10.0％时,上述谱线增强,242.664nm,239.960nm 谱线模糊可见;含量 30.0％时,上述谱线增强,又增加 311.890nm 谱线和浅灰色背景中的 269.750nm 谱线. 依据上述 Pb 的谱线出现和消失,就可以判断 Pb 的大致含量范围,对 Pb 进行半定量分析.

② 谱线强度比较法

这个方法是将被测元素配成标准系列,其基体与试样组成近似,将试样和标样的谱线在同一条件下摄在同一块感光板上,然后在映谱仪上用目视法比较试样和标准被测定元素分析线的黑度,即可得出该元素的大致含量. 例如分析矿石中的 Pb,先找出试样中 Pb 的灵敏线 383.3069nm,再与标准系列中的同一谱线相比较,如果试样中 Pb 谱线的黑度介于标样 0.01％与 0.001％的谱线黑度之间,并接近于 0.01％,则可以 0.01％～0.001％表示结果.

(3) 光谱定量分析

①干扰及其消除

a. 背景校正

原子发射光谱中,各种原因引起的连续光谱叠加到线光谱上形成的光谱干扰称为光谱背景. 光谱背景若不校正,将使分析结果不准确,灵敏度下降.

光谱背景的来源有：在经典光源中，炽热固体在弧焰中辐射产生的连续光谱；在光源的作用下，试样与空气作用生成的氧化物、氮化物等分子发射的带状光谱；分析线对的附近存在有其他元素的强扩散性谱线（即谱线宽度较大），如 Zn，Sb，Pb，Bi，Mg，Al 等元素含量高时会有很强的扩散线. 在 ICP 等光源中，荷电粒子在电场力作用下，运动速度的改变而产生一种轫致辐射，轫致辐射形成的也是连续背景；另外，光源中电子离子的复合过程也形成连续背景.

光学仪器中各种光学元件对辐射的散射也能形成不同程度的连续背景.

摄谱法是通过谱线黑度来测定谱线的强度，谱线的黑度 S_{L+B} 含有叠加在一起的感光板背景黑度 S_B. 所以应从乳剂特性曲线查出它们所对应的 $\lg I_{L+B}$ 和 $\lg I_B$，再计算出 I_{L+B} 和 I_B, 两者相减，即可得到谱线的强度.

光电直读光谱法的背景校正由计算机所设置的程序自动完成. 在进行分析测定之前，必须输入相关参数，便于准确进行背景校正.

b. 其他干扰消除

(a) 光谱载体　为了增加谱线的强度，提高分析的灵敏度，进行光谱定量分析时，往往在试样中加入一些有利于分析的物质，这些物质称为载体. 它们多是一些盐类、化合物、炭粉等. 载体不能含有被测元素且纯度很高. 载体主要用于经典的电弧光源，尤其采取粉末进样. 载体的加入量一般较多，甚至占到样品的百分之十几. 加入载体后除了能提高灵敏度外，还能提高测定的准确度和消除干扰.

载体可以控制试样中元素的蒸发行为. 在光源中载体和试样发生化学反应，使试样中的被分析元素从难挥发性化合物（主要是氧化物）转化为低沸点易挥发的化合物，如卤化物、硫化物，使其提前蒸发，这可以提高灵敏度. 如以氯化物为载体可使熔点很高的 ZrO_2，TiO_2，稀土氧化物等转变为易挥发的氯化物.

载体量大可控制电极温度，从而控制试样中元素的蒸发行为并可改变基体效应. 基体效应是试样的组成及其结构对谱线强度的影响，或称元素间的影响. 例如有人在测定 U_3O_8 中的杂质元素时加入 $GaCO_3$ 作为载体，它是中等沸点的物质，不影响试样中杂质元素 B，Cd，Fe，Mn 等的挥发，但大大地抑制了沸点颇高的氧化铀的蒸发，因此铀的谱线变得很弱且相当少，在很大程度上避免了铀的干扰.

电弧的温度是由电弧中电离电位低的元素所控制，可选用适当的载体来稳定与控制弧温，从而得到有利于待测元素激发的条件. 电弧等离子区中存在大量的载体原子蒸气，载体原子蒸气阻碍待测元素在等离子区中自由运动的范围，增加它们在电弧中的滞留时间，有利于提高谱线的强度. 载体的存在可大大减小直流电弧的漂移，增加电弧的稳定性，从而有利于提高分析测定的准确度.

以上一般地介绍载体的一些作用. 具体到每一种载体，其作用可能是其中的一种，也可能几种兼而有之，不能一概而论.

(b)光谱缓冲剂　试样中加入一种或几种物质，用以抵偿试样组分变化的影响，这样的物质称为光谱缓冲剂. 这也是电弧法中经常使用的. 要使试样和标样的组成完全一致，在实际分析测定中是很难办得到的. 因此加入较大量的缓冲剂以稀释试样，减小试样组成的影响. 最为普遍的情况是加入炭粉，其他化合物用得也相当多. 在矿石光谱分析中缓冲剂的作用不能忽视. 当然，它们也能起到载体的作用. 实际上载体和缓冲剂之间很难截然分开，因此这两个述语也常常被混用.

② 相对强度测定——内标法

在第 2 章中，我们已叙述了原子发射光谱定量分析的基本关系式式(2.8)：

$$I = aC^b$$

式中：I 为谱线强度；C 为待测元素的浓度；b 为自吸系数；a 为与测定条件有关的系数. 将上式两边取对数，得到

$$\lg I = \lg a + b\lg C \tag{10.2}$$

上式为光谱定量分析的数学表达式. a 值受实验条件影响，很难保持为常数. 故通常不直接采用谱线强度进行定量分析，而是采用分析线对的谱线强度比进行定量分析，这种方法称为内标法，也可称为“相对强度法”.

内标法首先选择分析线对：从待测元素的谱线中选择一条谱线作为分析线，再选择其他元素的一条谱线作为内标线，这两条谱组成分析线对. 内标线的元素称为内标元素. 内标元素可以是试样基体元素，也可以是外加元素.

假定分析线和内标线强度分别为 I，$I_\circ$，待测元素与内标元素的浓度分别为 C，$C_\circ$，分析线和内标线的自吸系数分别为 b，$b_\circ$，根据式(2.8)则有

$$I = aC^b \quad 和 \quad I_\circ = a_\circ C_\circ^{b_\circ}$$

可得到分析线的相对强度 R 为

$$R = \frac{I}{I_\circ} = \frac{aC^b}{a_\circ C_\circ^{b_\circ}} \tag{10.3}$$

式中：$C_\circ$已知，实验条件一定时，$\dfrac{a}{a_\circ C_\circ^{b_\circ}} = A$ 是常数，所以式(10.3)可写作

$$R = \frac{I}{I_\circ} = AC^b \tag{10.4}$$

对上式等式两边取对数得

$$\lg R = b\lg C + \lg A \tag{10.5}$$

式(10.5)为内标法光谱定量分析的基本关系式.

应用内标法的关键是确保 A 为常数，这就要求对内标元素和分析线对的选择遵守一定的原则，这些原则是：

a. 内标元素和待测元素在激发光源中具有相近似的蒸发性质.

b. 内标元素是外加的，则要求试样中应不含内标元素，或其含量很少，可以忽略.

c. 所选择的分析线对的激发电位要相近，若选用离子线作为分析线对还要求其电离电位也相近. 应尽量避免分析线对中一条是原子线，另一条是离子线.

d. 分析线对的波长应尽量靠近，使曝光的时间变动、感光乳剂层的均匀性、显影和定影的条件都产生相同的影响.

e. 所选择的分析线对的谱线强度不应相差过大. 若内标元素为基体元素，应选其光谱线中的一条弱线；若外加其他元素作内标，则选用一条较强的谱线.

f. 所选择的分析线对均不应受其他元素的谱线干扰，也应不是自吸严重的谱线.

③ 定量方法

a. 校准曲线法　在确定的分析条件下，用三个或三个以上含有不同浓度的待测元素的标准样品与试样在相同的条件下激发光谱，分别测定标样和试样中待测元素的分析线的相对强度 R，以标样中待测元素的分析线的相对强度 R 或 $\lg R$ 对其浓度 C 或 $\lg C$ 做校准曲线. 再由校准曲线求得试样中待测元素含量.

b. 标准加入法　当测定低含量元素时，找不到合适的基体来配制标准样品时，采用标准加入法比较好. 标准加入法是在几份相同的试样中加入不同浓度的待测元素的标样，在同一条件下激发、测定. 待测元素浓度很低时，其分析线的自吸系数 $b=1$，此时分析线的相对强度 R 应正比于样品中待测元素的浓度 C，R-C 图为一直线(图 10.17). 图中 C_1, C_2, C_3 为试样中所加入的标准样品的浓度，将直线外推，与横坐标相交，截距的绝对值即为试样中待测元素含量 C_X.

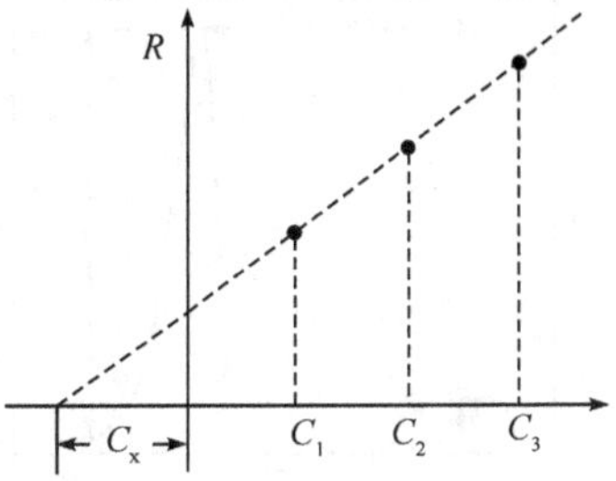

图 10.17　标准加入法

§10.3.2　化学发光的操作与分析

1. 化学发光定量分析

(1) 标准加入法和校正曲线法

绝大多数化学发光定量分析并不要求测量化学发光的绝对值(绝对强度)，只对其中固定比例的光辐射强度进行测量，获得化学发光的相对强度. 化学发光的波长通常用标准灯或用荧光标准物进行校正，然后以发光曲线的峰高或峰面积与待测物质浓度作图.

化学发光强度的测量操作与进样方式有关. 进样方式可分为分立进样和流动进样.

① 分立进样

常用一种像注射器那样的用活塞驱动加液装置，将最后一种试剂加入到样品池后立即测量发光强度，测量一直持续到光强度降低到背景值时为止.分立进样存在两个缺点：一是分析测量速度慢，且每次测量之后必须仔细清洗样品池，否则产生记忆效应；二是进样的重复性不好控制，从而影响测量结果的精密度.

② 流动进样

溶液进样常采用流动注射分析技术.这是一种快速自动分析技术，可以准确地控制试液、试剂溶液的体积以及它们的混合方式和留存时间，为某些手工操作无法得到的化学反应创造了条件，甚至可以用于不能按化学计量进行完全的反应或反应产物不够稳定的化学反应.

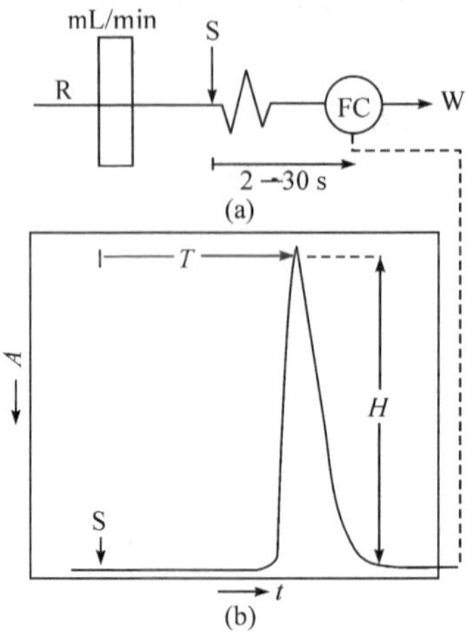

图 10.18　流动注射装置测量示意图
(a) 流路：R. 试剂载流；S. 试剂注射口；FC. 流动反应池，W. 废液；
(b) 测量记录：*H*. 峰高；*T*. 留存时间.

最简单的流动注射装置是由泵、注射口、反应盘管三部分组成.泵是用来推动试剂溶液作为载流在一细孔径管道中通过.注射口以确定的速度将一定的体积的试液注射到载流中，与此同时试剂溶液和试液在反应盘管中充分混合、均匀分散，并立即发生化学反应，反应物流经检测器被检出.典型的记录仪输出的信号呈峰形，如图 10.18 所示.峰的高度与待测物浓度有关，以此进行定量分析.载流的流速和注射速度可以准确的控制，反应盘管和流通池的体积是固定的，因此从试液注射到载流中产生化学反应起，直至反应物流经到检验器时为止，这段反应留存时间也可以准确地控制.

对于气相化学发光分析也可以采用类似的流动进样技术.当采用连续流动进样时，化学发光的相对强度就能连续地显示出来.气相化学发光大都是采用连续流动进样方式来进行发光强度测量.液相化学发光也可以采用停流方式进行发光强度测量，即在截流和试样同时停止流动时就开始测量.测量也是一直持续到光的强度降低到背景值为止.

(2) 化学发光滴定

① 液相化学发光滴定

液相化学发光滴定是以发光强度对滴定剂的体积作图，然后将终点前后的直线部分延长相交，交点即为滴定终点.

液相化学发光滴定的终点指示剂采用化学发光试剂.例如，用碘作为滴定剂滴定二氧化硫、亚硫酸盐、As(Ⅲ)等.在进行滴定之前，将鲁米诺加到被滴定的试液中作为指示剂. 在终点前,溶液不发光或只发出很微弱的光,这时碘和被测组分产生化学反应. 达到终点之后,过量的碘与鲁米诺反应,产生化学发光. 因此在终点时滴定剂与指示剂反应并发出相当强的光,所以滴定液中的碘的浓度可以很低(约 0.1mmol). 化学发光的强度随过量滴定剂的浓度增加而增加. 通常的化学发光滴定曲线如图 10.19 所示,曲线在终点附近是圆滑的.

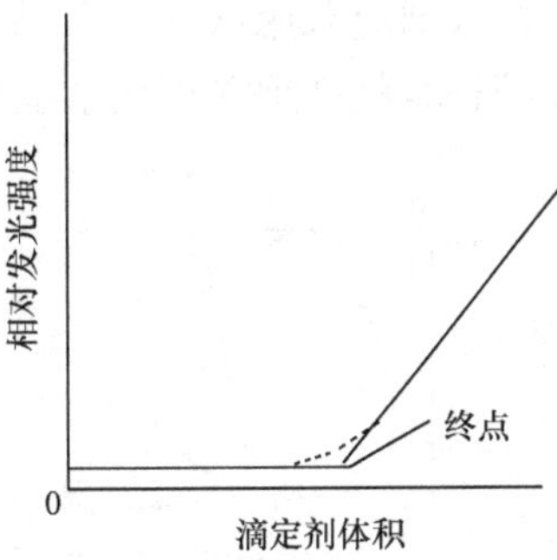

图 10.19　碘滴定 As(Ⅲ)的化学发光滴定曲线

② 气相化学发光滴定

气相化学发光滴定须在快速流动反应器中进行. 以一定的速度将滴定剂加到气流中,并用指示剂确定滴定剂的加入速度是否合适. 像其他滴定一样,该滴定反应也必须能够进行完全才行. 例如用二氧化氮滴定原子氧的反应可以用下式表示:

$$O + NO_2 \longrightarrow NO + O_2$$

化学发光指示剂的反应为

$$O + NO + M \longrightarrow NO_2 + M + h\nu$$

M 表示化学发光指示剂,在上述反应中起催化剂的作用. 如果在滴定过程中加入滴定剂速度不够快,即没有加入足够的二氧化氮,就会发生化学发光反应,从加入指示剂的那一点起,沿着气流产生带白色的绿色辉光. 当加入的滴定剂与原子氧等量时,即达到终点时,气流中不存在原子氧,指示剂反应停止,气流就不会产生绿色辉光.

§10.3.3　分子荧光的操作与分析

分子荧光测定操作

分子荧光分析操作最简单的是直接测定法,通过测定荧光物质的荧光强度以测定其浓度. 不少芳香族化合物和生物物质具有天然荧光,可以直接进行荧光测定.

对大多数有机化合物和绝大多数的无机化合物来说,它们不发荧光或荧光产率很低,无法进行直接测定,需要寻找间接测定的方法. 常用的间接方法有三种:(1)利用试剂将非荧光物质转化为荧光物质,然后进行测定;(2)荧光猝灭法,即非荧光分析物质能使某种荧光物质的荧光猝灭,可通过测量荧光化合物的荧光强度下降,间接测定该分析物质;(3)敏化荧光法,使用一种称为敏化剂的物质吸收激发光,然后将激发能传递给分析物质发出荧光.

以上方法都采用相对强度测量. 定量常用校准曲线法. 原则上荧光强度的读数都应扣除空白溶液的荧光强度. 在实验中,一般采用溶剂作空白,当试剂被荧光杂质沾污，则应采用试剂空白. 如果试样中的基体或沾污物的干扰不能通过光谱方法加以消除，就必须采用化学或物理分离方法.

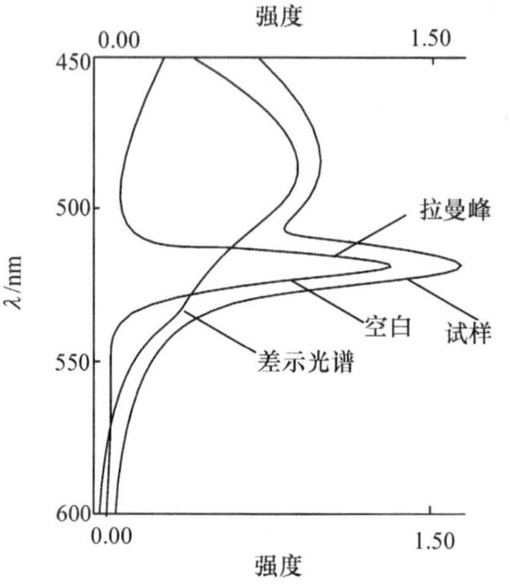

图 10.20　20μg/mL 镨的差示荧光光谱图

溶剂的拉曼光谱可能干扰测定. 在不同波长的激发光照射下，溶剂的拉曼光的频率随激发光的频率而变化，但其差值保持一定. 若拉曼光处在荧光波长中，则产生干扰. 可采用差示光谱法来消除溶剂的拉曼光干扰，即将样品的荧光发射光谱与纯溶剂拉曼光谱相减. 图 10.20 为 20μg/mL 镨的差示荧光光谱图.

常规分子荧光分析方法中还有采用解方程组分析法或多波长法进行多组分测定. 类似紫外及可见吸收光谱法，也可以采用电子技术获得荧光导数光谱来进行分析测定. 此外，还有时间分辨荧光分析、相分辨荧光分析、同步荧光分析、三维荧光光谱分析、荧光偏振分析等.

§10.3.4　分子磷光的操作与分析

磷光与荧光相比，有三个特点：(1)磷光辐射的波长比荧光长，这是因为分子的激发三重态能量比激发单重态的低；(2)磷光的寿命比荧光长，荧光寿命通常为 $10^{-7}\sim10^{-9}$ s，磷光的寿命大约在 $10^{-4}\sim10$s，寿命长增大了质点之间碰撞的机会，使无辐射去激发的可能性加大；(3)磷光的寿命和辐射强度对重原子和顺磁性离子极其敏感.

1. 低温磷光法

降低温度减小质点之间的碰撞几率，以减小无辐射跃迁，提高磷光的量子效率，借以提高磷光的强度. 低温磷光法通常在液氮温度(77K) 下进行，要求试剂在低温形成刚性玻璃体，试样在溶剂中有良好的溶解特性，在研究的光谱范围内溶剂没有强的吸收与发射，并容易提纯除去试剂中的杂质污染. 最常用溶剂是 EPA，它是由乙醇、异戊烷和二乙醚按 2∶5∶5 混合而成. 混合溶剂 IEPT 是由碘甲烷和 EPT 按 1∶10 混合制成，该溶剂含有重原子，有利于系间跨越跃迁，可以增加磷光效率. 重原子的高核电荷引起或增强溶质分子的 S-L 耦合，从而增大了基态(S_0)→激发三重态(T_1) 的吸收跃迁和激发单重态(S_1)→激发三重态(T_1) 系间跨越跃迁的概率，这种作用称为外部重原子效应，有利于提高磷光的量子效率. 当分子中引入重原子取代基，例如，芳烃分子中引入杂原子或重原子取代基，也会发生内部重原子效应，导致磷光的量子效率提高.

2. 室温磷光法(RTP)

常见的室温磷光法有以下几种：

(1) 固体基质室温磷光法(SS-RTP)

此方法将待测的有机化合物吸附于固体基质(载体)上，然后在室温条件下进行磷光测定. 理想的载体是能将待分析物质牢固地束缚在表面或基质中，以增加其刚性，减小激发三重态的碰撞猝灭等非辐射去激发过程，而本身不产生磷光背景. 用得较多的载体有：滤纸、硅胶、氧化铝、硅橡胶、石棉、玻璃纤维、乙酸钠、溴化钾、纤维素、蔗糖、淀粉等. 例如，将待分析物质的溶液滴在薄层色谱板上，然后将薄层板上的其他溶剂除去，就能进行斑点磷光分析.

(2) 胶束增稳溶液室温磷光法(MS-RTP)

溶液中的表面活性剂达到临界胶束浓度后，便相互聚集形成胶束，胶束内的磷光物质称为磷光团. 胶束改变了磷光团的微环境，增强了磷光物质的刚性，减小了内转化和碰撞能量损失等非辐射的去激发过程的趋势，明显地增加激发三重态的稳定性，从而可以在溶液中测量室温磷光. 利用胶束的作用，结合重原子效应，并对溶液中除氧，是 MS-RTP 的三要素. 例如在含有表面活性剂十二烷基磺酸盐溶液中，加入重原子 Tl(Ⅰ) 或 Pb(Ⅱ)，用化学法除氧，可测定 $10^{-6}\sim10^{-7}\,\mathrm{mol\cdot L^{-1}}$ 萘、芘和联苯. 又如在重原子溶剂 1,2-二溴乙烷存在下，通过形成环糊精-磷光团-二溴乙烷络合物，可产生很强的室温磷光，选择性好，对氧不太敏感，方法的灵敏度很高，菲和苊的检出限分别为 $5\times10^{-13}\,\mathrm{mol\cdot L^{-1}}$ 和 $1\times10^{-11}\,\mathrm{mol\cdot L^{-1}}$.

(3) 敏化溶液室温磷光法

该法是在没有表面活性剂存在的情况下获得溶液室温磷光. 在这种方法中，待分析物质本身不发磷光，而是它被激发后经过系间跨越衰减到最低激发三重态，在某种适合的能量受体存在时，发生待分析物质到受体的三重态能量转移，最后通过测定受体发射的室温磷光强度而间接测定分析物质. 利用这种方法可以检测 $10^{-9}\,\mathrm{mol\cdot L^{-1}}$ 的可卡因.

也可以利用磷光的猝灭效应，用间接磷光法测定某些物质. 与荧光分析相同，测定物质一般采用校准曲线法.

§10.3.5　激光拉曼分析

拉曼位移表征分子中不同基团的振动特性，这种振动特性与红外光谱表征的分子特性有所不同，两种光谱法互相配合互相补充可以更好地进行结构分析. 此外，通过对极化率的测定，可以获得有关分子对称性的信息.

1. 激光拉曼定性分析

通过基团的特征拉曼位移测定，可以判断化合物中的功能团. 如—N═N—，—C≡C—，—C═C—等基团振动的偶极矩变化均不大，红外吸收峰一般较弱，而它们的拉曼峰较强，因此它们的拉曼峰存在为鉴定这些基团提供可靠的依据. 对碳链或环的骨架振动，拉曼谱较红外谱更具有特征性. 另外拉曼谱比红外谱简单，且制样容易，固体、液体试样可直接测定. 表 10.2 列出了常见官能团的特征频率及红外、拉曼峰的强度.

表 10.2　常见有机官能团的特征频率及红外、拉曼峰的强度

振　动	σ/cm^{-1}	强　度	
		拉　曼	红　外
$\nu_{\mathrm{O-H}}$	3650～3000	W	S
$\nu_{\mathrm{N-H}}$	3500～3300	m	m
$\nu_{\equiv\mathrm{C-H}}$	3300	W	S
$\nu_{=\mathrm{C-H}}$	3100～3000	S	m
$\nu_{-\mathrm{C-H}}$	3000～2800	S	S
$\nu_{-\mathrm{S-H}}$	2600～2550	S	W
$\nu_{\mathrm{C\equiv N}}$	2255～2220	m—S	S—O
$\nu_{\mathrm{C\equiv C}}$	2250～2210	VS	W—O
$\nu_{\mathrm{C=O}}$	1820～1680	S—W	VS
$\nu_{\mathrm{C=C}}$	1900～1500	VS—m	O—W
$\nu_{\mathrm{C=N}}$	1680～1610	S	M
$\nu_{\mathrm{N=N}(脂肪族取代基)}$	1580～1550	m	O
$\nu_{\mathrm{N=N}(芳香族取代基)}$	1440～1410	m	O
$\nu_{\mathrm{a(C-)NO_2}}$	1590～1530	m	S
$\nu_{\mathrm{s(C-)NO_2}}$	1380～1340	VS	m
$\nu_{\mathrm{a(C-)SO_2(C-)}}$	1350～1310	W—O	S
$\nu_{\mathrm{s(C-)SO_2(C-)}}$	1160～1120	S	S
$\nu_{\mathrm{(C-)SO(C-)}}$	1070～1020	m	S
$\nu_{\mathrm{C=S}}$	1250～1000	S	W
$\delta_{\mathrm{CH_2}}$，$\delta_{\mathrm{aCH_3}}$	1470～1400	m	m
$\delta_{\mathrm{sCH_3}}$	1380	m—W，S(在 C═C)	S—m
$\nu_{\mathrm{CC}(芳香族)}$	1600，1580	S—m	m—S
	1500，1450	m—W	m—S
	1000	S 单取代(间位 1，3，5)	O—W
$\nu_{\mathrm{CC}(脂环和脂肪链)}$	1300～600	S—m	m—W

续表

振　动	σ/cm^{-1}	强　度	
		拉　曼	红　外
$\nu_{aC—O—C}$	1150～1060	W	S
$\nu_{sC—O—C}$	970～800	S—m	W—O
$\nu_{aSi—O—Si}$	1110～1000	W—O	VS
$\nu_{sSi—O—Si}$	550～450	VS	W—O
$\nu_{O—O}$	900～845	S	O—W
$\nu_{S—S}$	550～430	S	O—W
$\nu_{Se—Se}$	330～290	S	O—W
$\nu_{C(芳香碳)—S}$	1100～1080	S	S—m
$\nu_{C(脂肪碳)—S}$	790～630	S	S—m
$\nu_{C—Cl}$	800～550	S	S
$\nu_{C—Br}$	700～500	S	S
$\nu_{C—I}$	660～480	S	S
$\delta_{S,CC脂肪链}$			
$Cn \quad n=3\cdots12$	400—250	S—m	W—O
$n>12$	2495/n		
分子晶体的晶格振动			
(振动和平移振动)	200—20	VS—O	S—O

注：ν 伸缩振动；δ 弯曲振动；ν_s 对称振动；ν_a 反对称振动；VS 非常强；S 强；m 中等；W 弱；O 非常弱或非活性.

拉曼光谱一般适合于测定有机分子的骨架，而红外光谱适合测定有机分子的端基. 如果有机分子中含有不饱和键以及 S—S, C—S, C═S, S—H, C—N, C═N, N═N, N—H, 金属键和环，用拉曼光谱检测较好，因为拉曼散射强度高，特征性强. 水的拉曼散射很弱，这有利采用拉曼光谱研究在水溶液中的有机化合物的结构.

2. 分子结构的几何构型分析

拉曼光谱和红外光谱配合，对于鉴定顺反异构体非常有效. 例如化合物 $H_4C_4N_4$ 在 $1621cm^{-1}$ 有一表征 $>C=C<$ 的强拉曼谱带，与 $1623cm^{-1}$ 的强红外谱带相对应，这表明该化合物同时具有红外活性和拉曼活性. 具有这种性质的化合物，其分子结构中一定不具有对称中心，由此可以推断该化合合是顺式结构.

激光拉曼光谱特别适合于高聚物碳链骨架或环的测定，如碳链的长短，主链和支链中的双键以及碳链结构等，并能很好地区别各种异构体，如单体异构、位置异构、几何异构、顺反异构等. 对含有黏土、硅藻土等无机填料的高聚物不经分离就能直接测定.

激光拉曼光谱是研究生物高分子的有效手段之一. 水的拉曼散射很弱，对于水溶液中的生物分子的组成、构象和分子间的相互作用的研究具有突出的意义. 激光光束可聚焦为很小的截面积，测定取样量可低至几微克，并可在接近于自然状态的极稀浓度下进行测定. 拉曼光谱已应用于测定如硅酸、糖、胰岛素、激素、核酸、DNA 等生化物质.

3. 激光拉曼定量分析

当实验条件一定时，在恒定的激光光源的照射下，拉曼谱线的强度与样品中分子的浓度成正比. 利用这种线性关系，可采用内标法对有机化合物和无机阴离子进行定量测定，检出限在 μg/mL 数量级.

参 考 文 献

[1] Robert D Braun 著，北京大学化学系，清华大学分析中心，南开大学测试中心译. 最新仪器分析技术全书. 北京：化学工业出版社，1990

[2] 方惠群，史坚. 仪器分析原理. 南京：南京大学出版社，1994

[3] 北京大学化学系仪器分析教学组. 仪器分析教程. 北京：北京大学出版社，1997

[4] 赵藻藩，周性尧，张悟铭，赵文宽. 仪器分析. 北京：高等教育出版社，1990

[5] 彭采文 G R 著，祝大昌，陈剑鋐，朱世盛译. 分子发光分析法——荧光法和磷光法. 上海：复旦大学出版社，1985

[6] 陈国珍，黄贤智，郑朱梓，许金钩，王尊本. 荧光分析法，第二版. 北京：科学出版社，1990

[7] 夏慧荣，王祖赓. 分子光谱学和激光光谱学导论. 上海：华东师范大学出版社，1989

习题与思考题

习　题

1. 比较几种常用光源的工作原理、特点及其适用范围.
2. 何谓 ICP 光源？它有何特点？
3. 光谱定量分析为什么用内标法？简述其原理，说明内标元素与内标线的选择原则.
4. 试从仪器结构上比较分子荧光分析、分子磷光分析和化学发光分析的特点.
5. 为什么分子荧光分析的灵敏度一般比分子吸收光谱分析的灵敏度高？
6. 扼要说明分子荧光和分子磷光分析的主要用途.
7. 根据图 4.15 蒽的乙醇溶液光谱图，选择测定时的最佳激发波长和最佳荧光发射波长.
8. 简述拉曼光谱仪的结构特点，说明拉曼光谱在结构分析中的特点.

思考题

1. 请推导摄谱法中浓度、相对强度和黑度差三者之间的相互关系的数学表达式.
2. 请归纳指出本章介绍的 5 种发射类光谱仪的激发光源和分光检测技术的异同点.

第 11 章　吸收类光谱仪[1~6]

吸收类光谱仪包括原子吸收分光光度计(AAS)、紫外-可见吸收分光光度计(UV-Vis)及红外光谱仪(IR). 这三类分析方法都是以样品吸收光子而产生特征信号,然后根据特征信号进行定性、定量分析. 所以这三类仪器在结构组成上有许多相似之处. 仪器组成的基本框架如图 11.1 所示(在 AAS 中单色仪和吸收池的位置应当相反). 但是,由于吸收特性不同,各组成部件的要求与性能完全不同.

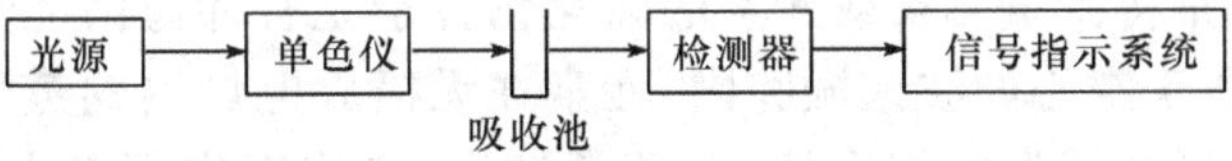

图 11.1　吸收类光谱仪组成框架图

原子荧光光谱仪(AFS),从方法原理上说是一种发射光谱,但其仪器组成与原子吸收分光光度计相同,仅仅是荧光收集的需要,在光学布置上与原子吸收光谱仪不同. 所以将原子荧光光谱仪也归在本章一并介绍.

§11.1　仪 器 结 构

§11.1.1　光源

1. AAS 光源

(1) 空心阴极灯(HCL)

空心阴极灯是一种气体放电管,它包括一个阳极和一个空心圆筒状的阴极,结构如图 11.2 所示. 灯管由硬质玻璃制成,一端有石英或玻璃做成的光学窗口. 阳极为钨棒上连有钛或锆、钽等具有吸气性能的金属丝(片). 阴极可由待测元素的高纯金属或合金直接制作,或用铜、铁、镍等金属做成阴极衬套,在衬套内壁再衬入或熔入所需要的金属. 管内充有稀薄的惰性气体(如氩、氖)作为载气. 在空心阴极灯的两极间加上几百伏电压,便产生放电,阴极发射的电子在电场的作用下,高速射向阳极,途中与惰性气体碰

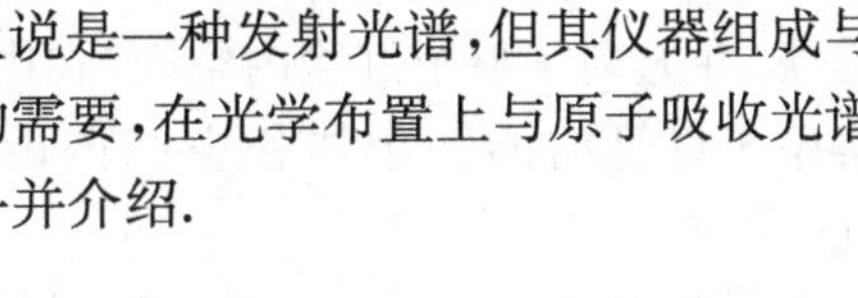

图 11.2　空心阴极灯示意图

撞使之电离.电离产生的正离子在电场的作用下,获得足够的能量,轰击阴极表面,使金属原子从晶格中轰出来,这种现象称为溅射.溅射出来的原子聚集在空心阴极内,再与离子、原子、电子等碰撞而被激发,发射出相应元素的特征谱线.在正常工作条件下,灯的工作电流一般在几毫安至几十毫安,阴极的温度不高,所以谱线的多普勒(Doppler)增宽不明显,自吸现象小.灯内的气压很低,洛伦兹(Lorentz)变宽也可忽略.因此,空心阴极灯发射出来的特征谱线的半宽度很窄.

分析测定不同的元素时,必须使用相应元素的灯.若阴极由多种元素物质构成,可制成多元素灯.商用多元素空心阴极灯可分析2～7种元素.多元素灯的谱线发射的强度比单元素灯弱,一些元素间存在光谱干扰,以及阴极材料中各元素之间相互污染等缺点,所以应用较少,现在普遍使用单元素灯.

(2) 无极放电灯

无极放电灯是将少量元素或元素的卤化物置于充有稀薄惰性气体、密封石英管内,石英管放置于空心微波谐振腔内.元素在无极放电灯内的蒸气压应足够高,能在低压环境下形成元素的气态原子.用微波场(典型工作频率为2450MHz)激发气态原子,从而产生原子的特征辐射谱线,并由谐振腔末端透射出来.根据辐射光强度的不同,无极放电灯可在三个功率挡工作.在低功率挡工作时,灯辐射的辉光暗淡,并充满了整个灯管内空间;在中功率挡,灯发射高强度的辉光,但高强度辉光集中于灯管内的一小体积空间内;在高功率挡时,高强度辉光充满整个灯管空间.

无极放电灯的主要优点是辐射光的强度至少要比空心阴极灯大10倍.它的主要缺点是商用灯只局限于某些元素,如As,Bi,Cd,Cs,Ge,Hg,K,P,Pb,Rb,Sb,Se,Sn,Ti,Tl和Zn等,其他元素尚无商品灯.

无极放电灯一般寿命长于50h.输出光强度的稳定性与温度有关,采取温控措施,可消除其辐射光强度的不稳定性.

2. AFS光源

原子荧光光谱法所用的激发光源可以是线光源或连续光源.常用的光源有:高强度空心阴极灯、无极放电灯、大功率氙弧灯、可调染料激光器和等离子体焰炬.原子荧光强度正比于激发光源的辐射强度,所以要求激发光源要有高强度的光辐射.

高强度空心阴极灯发光强度是普通空心阴极灯的几倍至几百倍,较多地应用于原子荧光光谱法中.高强度空心阴极灯在普通空心阴极灯中增加了一对辅助电极,放电方向横过阴极口外,使空心阴极溅射出来的原子与辅助电极产生的强大电子流发生更多的碰撞,产生更多的激发态原子,从而发射出更强的谱线.辅助电极的阴极是用电子逸出功小的氧化物制作,工作电压低,电子动能小,多普勒变宽小,主要增强原子共振线,而离子线和灯内惰性气体的谱线相对变弱,得到较纯的发射线. 其结构如图 11.3 所示.

可调谐染料激光器输出的连续光谱波长范围可达几十纳米，谱线波长可以连续调节，是原子荧光分析的理想光源. 激光器输出功率比其他光源要高出几个数量级，用激光器作为激发光源可以获得高强度荧光，使分析测定得到极低的检出限. 现有的可调谐染料激光器的输出波长大于 340nm，激发元素的灵敏线在可见光区，可获得很好的结果. 但是大多数元素的灵敏线波长位于 200～340nm 之间，使可调谐染料激光器的应用受到了限制.

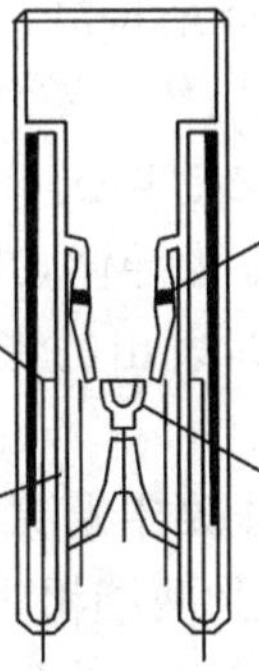

图 11.3　高强度空心阴极灯结构

用于原子荧光分析的连续光源多是大功率超高压氙灯，一般功率为 450W. 由于观测方向与光源辐射方向垂直，且荧光光谱简单，所以采用连续光源也不必用大分辨率的单色器. 连续光源的波长范围宽，分析线分布在此范围内的元素都能激发，因此用连续光源进行多元素同时分析测定很有前途. 它的不足是检测限比线光源差两个数量级左右.

3. UV-Vis 光源

紫外及可见分光光度计对辐射光源的要求主要是：在应用的光谱区内能发射连续辐射，具有足够辐射强度和良好的稳定性，且光辐射能量随波长变化尽可能小，使用寿命长. 常用的辐射光源有白炽光源和气体放电光源两大类.

(1) 白炽光源

白炽光源是近红外、可见光区常用的辐射光源，如钨灯和碘钨灯等，钨灯适应的波长范围大约是 320～2500nm. 依靠电能加热灯(钨)丝至白炽而发光，其光谱分布与灯丝温度有关，在 3000K 时，辐射的总能量有 15%落入可见光区. 灯丝的温度与电源电压有关；辐射能量大约随工作电压的四次方而增加，因此，为了辐射光源稳定，必须严格控制电源电压.

(2)气体放电光源

常用的气体放电光源有氢灯和氘灯. 氢灯的灯管用石英玻璃制成，管内充有高纯氢气，气压为 10^2Pa. 用稳压电源供电，放电十分稳定，能提供恒定的光辐射. 氢灯放电灯在波长 350～165nm 范围内发射连续光谱，在 165nm 以下为线光谱. 由于石英玻璃限制，通常紫外光区的有效范围为 350～200nm. 氘灯灯管内充有氘，它的光辐射强度是同类氢灯的 3～5 倍.

4. IR 光源

IR 光源通常是加热惰性固体，使之发射高强度连续红外辐射. 较为实用的有能斯特灯和硅碳棒两种.

(1) 能斯特灯

它是由氧化锆、氧化钇和氧化钍烧结而成的直径为 1～3mm、长约 20～50mm 的中空棒或实心棒，两端绕有铂丝作为导线. 在室温下它是非导体，但加热至 800℃时则为导体，并具有负的电阻特性. 使用前用辅助加热器预热，一般工作温度为 1750℃，发出的光强度很高，使用寿命较长. 但机械强度差，经常开关会缩短使用寿命.

(2)硅碳棒光源

一般为两端粗中间细的实心棒，直径约 5mm，长约 50mm，中间为发光部位. 硅碳棒具有正的电阻特性，在室温为导体，所以使用前不需预热，工作温度为 1200～1400℃. 它的优点是坚固、寿命长、操作方便、发光面积大、价格便宜、使用波长范围较能斯特灯宽. 缺点是碳硅棒在温度大于 1400℃以上时会升华，因此工作时电极接触部位需用水冷却.

§11.1.2　单色器

1. AAS 的单色器

原子吸收光谱法的应用波长范围为紫外和可见光区，即从 Cs 852.1nm 至 As 193.5nm. 常用单色器的色散元件为光栅. 单色器由入射狭缝、反射镜、色散元件和出射狭缝组成，并置于原子化器之后. 采用锐线光源，其谱线简单，对单色器的分辨率要求不高，能分开 Mn279.5nm 和 279.8nm 或 Ni230.00nm，231.60nm 和 231.10 nm 三线即可，故采用中等色散率的单色器. 通过单色器的光谱通带为 $W(\text{Å})=S\cdot D$，其中 S 为单色器的倒线色散率(Å/mm)，对一台原子吸收分光光度计来说，S 可看成为常数；D 为单色器狭缝宽度(mm). 光谱通带可理解为通过单色器出射狭缝的谱线宽度. 由于元素的特征谱线复杂程度不同，选用的光谱通带也应不同. 一般通过调节狭缝的宽度，确保消除谱线干扰的前提下，让分析线的通带适当宽一些.

2. AFS 的单色器

原子荧光光谱简单，因此不需要大色散率的单色器，甚至只需采用简单的滤光片即可. 无色散型原子荧光光度计的单色器就是滤光片. 有色散型原子荧光光度计的单色器多采用光栅为色散元件.

3. UV-Vis 的单色器

UV-Vis 的单色器通常由入射狭缝、准直元件、色散元件、聚焦元件和出射狭缝等组成. 具有光谱扫描功能的光度计，其狭缝宽度可与色散元件联动，由能量补偿凸轮带动，在狭缝宽度随波长变化时，不同光谱带宽的辐射能量相等. 常用的色散元件有光栅和棱镜.

4. IR 的单色器

色散型红外光谱仪的单色器采用光栅为色散元件；干涉型红外光谱仪的单色器为迈克耳孙(Michelson)干涉仪，其工作原理如图 11.4 所示. 由光源发射的光被光束分裂器(BS) 分为两束光，50%的为透射光Ⅰ，50%为反射光Ⅱ. 两束光分别被动镜(M_2) 和固定镜(M_1) 反射，而形成干涉光. 移动动镜可改变两束光的光程差. 当光程差是波长的整数倍时，为相长干涉，光的强度最大(亮条)；当光程差为半波长的奇数倍时，为相消干涉，光的强度最弱(暗条). 因此动镜均匀向 BS 移动时，连续改变两光束的光程差，通过检测器转换为电信号，则可获得干涉图.

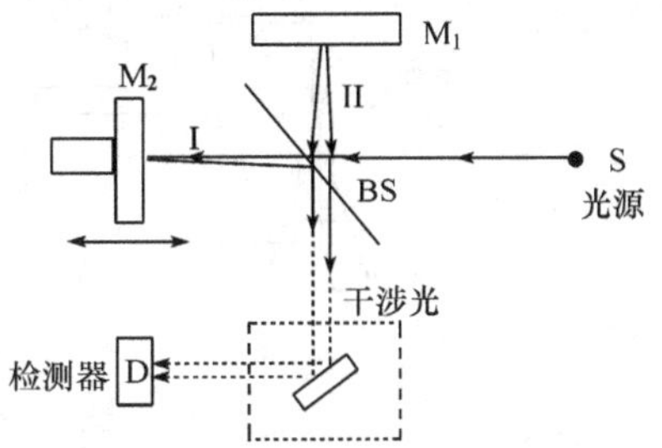

图 11.4　迈克耳孙干涉仪工作原理

M_1. 固定镜；M_2. 动镜；BS. 光束分裂器.

§11.1.3　吸收池

1. AAS 吸收池

AAS 的吸收池称为原子化器. 原子化器的主要作用是使试样蒸发并使待测元素转变为气态基态原子，入射光束在这里被基态原子吸收. 因此，它可视为吸收池. 原子化器可分为两类：火焰原子化器和电热原子化器.

(1) 火焰原子化器

①火焰原子化器的结构　火焰原子化是由化学火焰提供能量，将被测元素原子化. 目前使用最多的是预混合型原子化器. 预混合型燃烧器产生的火焰是层流火焰，所以又称为层流式燃烧器，其结构如图 11.5 所示. 预混合室位于燃烧器头的下部，在预混合室的前面有一雾化室. 在雾化室中，助燃气和燃气相互混合，其气流将试液吸入并雾化，撞击球可使雾滴更小. 在预混合室中装有扰流器，气流流经扰流器时，除了细小雾滴外，其余雾滴撞击在扰流器上被阻挡下来，使其落入预混合室底部，沿室壁流入废液管排出. 只有少量雾滴经过燃烧器头进入火焰中，大约 90%的试液在预混合室中损失掉了. 扰流器还有助于气体混合均匀、火焰稳定和降低噪声.

预混合型燃烧器头有单缝和三缝两种，用不锈钢制成，常用的是单缝燃烧头. 试样在火焰中经历干燥、熔化、蒸发、原子化和电离等过程，产生大量的基态自由原子和少量的激发态原子、离子和分子. 燃烧器一般要求火焰稳定、原子化效率高、吸收光程长、噪声小等. 燃烧头应能旋转一定角度，高度也能上下调节，以便选择合适的火焰部位进行测量. 另外，燃烧头的缝宽应满足气流由预混合室进入火焰速度的

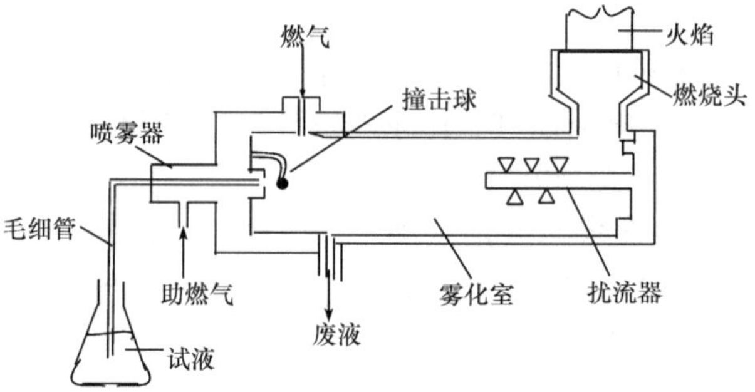

图 11.5　预混合型燃烧器

要求,气流速度应适当:气流速度过大,导致火焰熄灭;气流速度小于燃烧速度,火焰会逆气流而进入预混合室,引起回火,发生爆炸. 对于燃烧速度快的气体,不能使用缝型燃烧器头.

②火焰特性　火焰的温度、燃烧速度及火焰的性质对原子化效率均有影响.

(a) 火焰的温度　不同火焰有不同温度;待测元素不同对火焰温度要求也不同. 火焰温度太低,提供的能量不能使试样转为基态原子;火焰温度太高,会将其转化为离子状态,减少基态原子数量. 改变助燃气,或燃气的种类,或两者都更换,可在较大范围内调控火焰的温度. 表 11.1 列出几种常用火焰的特性.

表 11.1　几种常用火焰的特性

燃气	助燃气	最高燃烧速度/$cm \cdot s^{-1}$	最高火焰温度/℃
乙炔	空气	160	2500
乙炔	氧气	1140	3160
乙炔	氧化亚氮	160	2990
氢气	空气	310	2318
氢气	氧气	1400	2933
氢气	氧化亚氮	390	2880
丙烷	空气	82	2198

火焰的成分决定了火焰的光谱特性,从而限制了火焰应用的光谱范围. 常见的几种火焰的吸收曲线见图 11.6 . 该图表明,在短波区乙炔-空气火焰有较大的吸收,而氢火焰的吸收小. 最常用的火焰是乙炔-空气火焰,它的火焰温度较高,稳定性好,噪声低,有较好的复现性,能用来测定 30 多种元素. 乙炔-氧化亚氮火焰是一种高温火焰,可达近 3000℃,它的干扰少,且具有很强的还原性,能使许多元素的

难解氧化物分解并原子化，如 Al，B，Ti，V，Zr，稀土等. 氢-空气火焰温度较低，特别适合于共振线在短波区的元素的测定，如 As，Se，Sn，Zn 等的测定. 在氢火焰中加入惰性气体氩，也具有氢-空气火焰的特性.

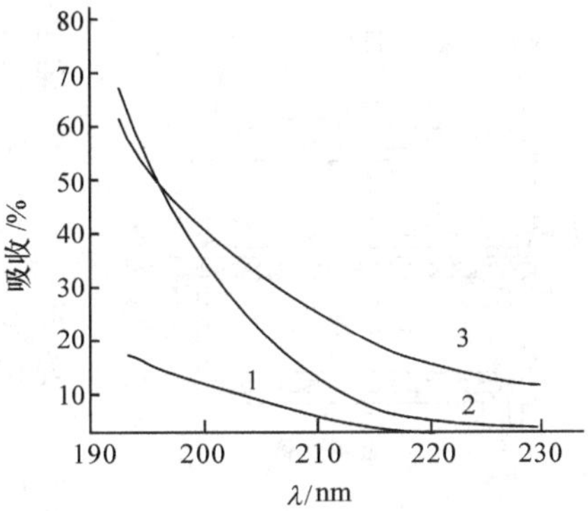

图 11.6　各种火焰的吸收曲线

1. 空气-乙炔焰；2. 空气-氢火焰；3. 氩-氢火焰.

(b) 火焰的性质　改变火焰成分的比率，即燃气和助燃气的比率，可使火焰温度在小范围内变化，并使其氧化还原性发生变化. 按氧化还原性可将火焰分为三类：中性火焰、还原火焰和氧化火焰.

(c) 中性火焰　火焰的燃气和助燃气的比率接近化学反应计量关系，又称为化学计量火焰. 这种火焰温度高、稳定、干扰少、背景低，多数元素采用这种火焰测定.

(d) 还原火焰　火焰具有还原性. 由于燃气大于化学计量，燃烧不完全，燃气有富余，所以又称为富燃火焰. 火焰的温度低于化学计量火焰，适合于易形成难解离氧化物的元素测定. 其缺点是干扰较多，背景高.

(e) 氧化火焰　火焰具有氧化性. 由于燃气低于化学计量，燃气不足，所以又称为贫燃火焰. 燃烧反应的部分能量消耗于加热助燃气，致使火焰的温度较低. 这种火焰有利于测定易解离、易电离的元素.

(f) 燃烧速度　是指着火点向可燃混合气传播的速度. 它决定火焰的稳定性和操作安全. 当燃烧速度小于可燃混合气的供气速度时，火焰比较稳定；供气速度过大，火焰会离开燃烧器，火焰不稳定，甚至火焰被吹灭；供气速度过小，将会引起回火.

(2) 电热原子化

电热原子化是一种非火焰原子化，常用的是石墨炉原子化器. 其原理是大电流通过石墨管产生高热，石墨炉温度可达 3000K，使试样原子化. 其结构见图 11.7. 采用这种装置可以大幅度提高试样的原子化效率和利用率，测定的灵敏度提高 10～20倍，因此电热原子化器已得到广泛的应用.

由图 11.7 可以看出，石墨炉由电源、保护气系统、石墨管炉等三部分组成. 电源电压约 10～25V，电流可达 500A. 石墨管长约 28mm，内径约 8mm，管中央有一小孔，用来加入试样. 光源辐射的光束从石墨管中通过，管内外有保护性气体（氩气）流过，防止石墨管被氧化烧蚀. 管内氩气从两端流向管中央，从中心小孔流出.

它可以除去测定过程中的试样基体蒸气，同时保护已原子化的原子不被氧化. 在测量过程中石墨炉体四周通有冷却水，以保护炉体.

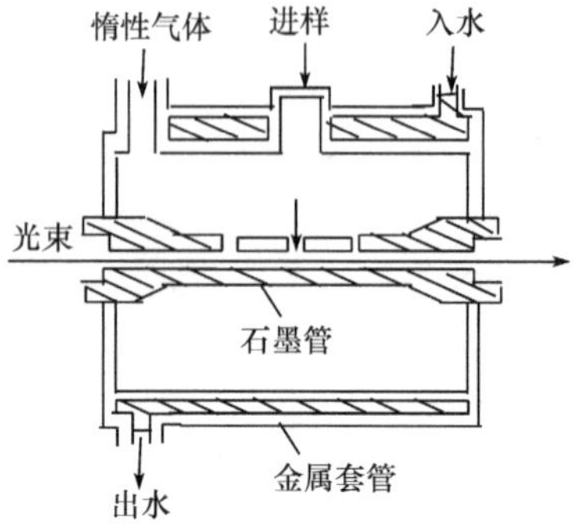

图 11.7　石墨炉原子化器

(3) 低温原子化法

对于一些特殊元素(如砷、硒、汞等)可以在低温利用某些化学反应使其原子化，所以又称为化学原子化法.

① 冷蒸气测汞法　将试样中的汞离子用 $SnCl_2$ 还原为金属汞，汞在室温有一定的蒸气压，因此可用载气(如空气，N_2，Ar)流将其蒸气带入样品池进行测定. 现已有专用的商品测汞仪出售.

② 氢化物原子化法　适用于 Ge，Sn，Pb，As，Sb，Bi，Se，Te 等元素. 在一定的酸度下，将待测元素还原成极易挥发和易解离的氢化物，如 AsH_3，SnH_4，BiH_3 等. 这些氢化物由载气送入石英管内进行原子化与测定. 氢化物法可将待测元素与基体和大量试剂分离，其检出限比火焰法低 1～3 个数量级，且干扰少，选择性好.

2. AFS 原子化器

原子荧光分析中原子化过程与原子吸收光谱法相同. 但是为了获得较强的荧光辐射强度，它有自身的特点.

原子荧光分析中使用的火焰原子化器产生火焰截面为方形或圆形，以提高荧光的辐射强度，而不是原子吸收光谱法中的单缝状火焰. 火焰的背景辐射和热辐射很强，影响荧光强度的测定，所以火焰法原子荧光分析一般适于共振荧光谱线波长短于 400nm 的元素，特别宜于共振线波长短于 270nm 且在火焰中能高度原子化的元素，如 As，Sb，Bi，Cd，Hg，Zn 等元素，其检出限远远低于原子吸收光谱法. 火焰原子化的主要不足是火焰气体中含有降低荧光效率的猝灭剂，如 CO，CO_2，N_2 等.

电热原子化器的背景辐射和热辐射较弱，且在原子化瞬间原子化器中的原子浓度很高，猝灭效应也小，因此可以获得很低的检出限. 采用石墨炉原子化技术，并配合可调谐染料激光器作为激发光源，检出限可达 10^{-12}g 级.

电感耦合高频等离子焰炬(ICP)可作为良好的原子化器或离子化器，应用于原子荧光分析中，可检测很多元素，尤其对难熔化合物的元素分析更为有利. 以脉冲空心阴极灯作为激发光源，采用 ICP 原子化器的原子荧光光谱法，检出限可以达到 ng/mL 级.

3. UV-Vis 吸收池

在紫外-可见吸收光谱分析中，用于吸光度测定的试样通常为液体，固体试样应事先处理为试液，盛放在光束通过的样品池（又称为吸收池）中．通常，在可见光区使用玻璃样品池，紫外光区使用石英样品池．为减少光的反射损失，样品池的光学面必须注垂直于光束方向．在高精密度的分析测定中（紫外区尤其重要），应配对挑选样品池，使参比池和样品池的光学特性相同．参比池和样品池的材料本身的吸光特性和光程长度、精度等的一致性对分析结果都有影响．

4. IR 吸收池

IR 吸收池有气体池和液体池，分别用于分析气体样品和液体样品．吸收池应具有透过红外光的岩盐窗片，常用的岩盐有 NaCl，KBr，CsI，KRS-5（TlI 58％和 TlBr 42％）．KBr 窗片只能用于相对湿度小于 60％的环境，NaCl 短时间可在相对湿度 70％左右应用．而 KRS-5 窗片不吸潮，但透光率比 NaCl，KBr 约低 20％．固体样品常与纯 KBr 混匀压片，然后直接进行测定．

§11.1.4　检测系统

1. AAS 的检测

原子吸收分光光度计中常用光电倍增管为检测器，需要采用选频放大电路来分离并放大调频检测信号．石墨炉原子化法的测量信号具有峰值形状，需用峰高或峰面积来测量，通常使用记录仪来记录测量信号．火焰原子化法和低温原子化法则由读出装置显示测量结果．这两种情况均可由微机对测量数据进行处理，并给出测量结果．

2. AFS 的检测

色散型荧光光度计用光电倍增管．非色散型荧光光度计的检测多由日盲光电倍增管．日盲光电倍增管的光阴极由 Cs-Te 材料制成，对 160～280nm 波长的辐射有很高的灵敏度，但对波长大于 320nm 时不灵敏．

荧光检测方向必须与光源辐射方向成一定角度，以避开激发光的干扰．一般检测方向与光源发射方向垂直．

3. UV-Vis 的检测

常用的检测器有光电池、光电管和光电倍增管．检测器应能有效地将光信号转变为电信号．一般要求检测器在测定的光谱范围内有高的灵敏度，响应快，线性关系好，对不同波长的光辐射响应相同，稳定性好，噪声水平低．具有扫描功能的光度计可使放大电路的增益随光束的波长变化自动调节，使不同波长的响应相同．

测量信号可用记录装置记录并显示出来．常用记录显示装置有直读检流计、电位调节指零装置、数字显示仪表或自动记录装置等．很多分光光度计配有微处理器，它一方面能对分光光度计操作进行程序控制，另一方面也可对测量信号进行数据处理．

4. IR 的检测

红外光谱区的光子能量不足以引发光电子发射，因此光电管和光电倍增管不能用于红外光谱仪. 红外光谱仪必须采用热检测器(见第 9 章). 常用的红外热检测器有高真空热电偶、热释电检测器和碲镉汞检测器.

真空热电偶检测器热响应较慢，只适用于色散型红外光谱仪. 热释电检测器和碲镉汞检测器响应快，适合于快速扫描，用于干涉型红外光谱仪.

§11.2　仪 器 类 型

§11.2.1　AAS 仪的类型

原子吸收光谱仪有两种：单光束型仪器和双光束型仪器. 图 11.8(a) 为单光束型仪器. 这种仪器结构简单，但光源的不稳定会引起基线漂移. 原子化器中待测原子在对辐射吸收的同时，也会发射其光谱，火焰的组分也会发射带状光谱. 为了消除这些干扰，必须对光源进行调制，在光源后加一切光器，使之成为具有一定频率的辐射，检测器接受这种辐射将产生交流信号. 这样采用选频交流放大电路，就能将原子化器辐射所产生的直流信号除掉，如图 11.8 所示. 若对空心阴极灯采用脉冲供电，这种调制不仅可以消除原子化器的辐射干扰，而且可提高光源辐射强度和稳定性，降低噪声.

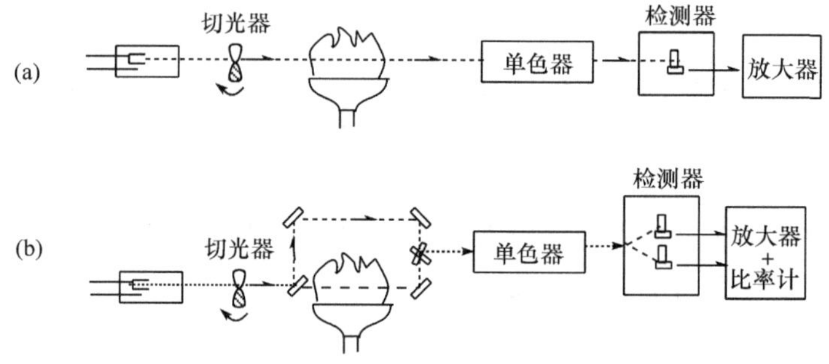

图 11.8　原子吸收光谱仪的组成示意图

图 11.8(b) 为双光束型仪器. 辐射光源发出的光经过调制后，被分为两束光，一束为通过原子化器的测量光，一束是不经过原子化器的参比光. 两束光交替通过单色器后被检测，由于来自同一光源，彼此交替的时间相隔又十分短暂，因此调制后的参比光和测量光的强度可视为相同. 利用参比光这种作用，可以克服光源不稳造成的基线漂移的影响.

§11.2.2 AFS仪的类型

无色散型荧光光度计的单色器就是滤光片. 仪器是由激发光源、原子化器、滤光和聚光系统、日盲光电倍增管和放大显示系统组成. 日盲光电倍增管对可见光区的光谱响应灵敏度极低,而对紫外光有最大的光谱响应. 火焰原子化法的辐射背景在可见区,同时使用滤光片和日盲光电倍增管,可以消除火焰原子化法可见区辐射的影响. 这种仪器结构简单,操作方便,价格低廉,聚光立体角度大,光谱通带宽,荧光信号强,能得到较低的检出限. 但是干扰大,散射光影响也大,只能检测共振荧光线在紫外光谱区的元素.

有色散型荧光光度计的单色器多采用光栅为色散元件. 仪器由激发光源、原子化器、单色系统和检测系统组成. 这种仪器容易选择谱线,测定的谱线的波长范围宽. 适合于多元素的同时测定. 仪器的光谱干扰小,杂散光少,有较好的信噪比,因此测定的灵敏度和精密度都较好. 但是与无色散型仪器相比,价格较贵,操作也比较繁杂.

多元素荧光分析仪也分为无色散型和有色散型,图 11.9 为无色散型六道原子荧光仪的结构示意图.

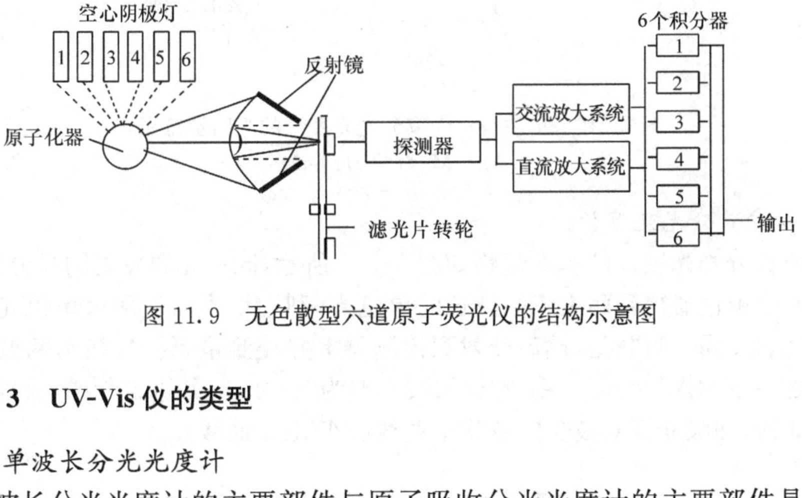

图 11.9 无色散型六道原子荧光仪的结构示意图

§11.2.3 UV-Vis仪的类型

1. 单波长分光光度计

单波长分光光度计的主要部件与原子吸收分光光度计的主要部件是基本类似,在结构上只是单色器和样品池在次序互换了位置. 单波长分光光度计可归纳为两类:单光束分光光度计和双光束分光光度计.

(1)单光束分光光度计

单光束分光光度计的光路示意图如图 11.1 所示由光源发射的光辐射经单色器后成为一束平行单色光,先后轮流通过参比溶液和样品溶液,以进行吸光度测定. 这种分光光度计的结构简单，操作方便，维修容易，适合于常规分析. 国产 751 型、722 型、724 型、英国 SP500 型和 Backman DU-8 型等均属这种类型分光光度计. 这类分光光度计不具有光谱扫描功能，不能用于定性分析. 吸光度值的测量受电源电压波动影响较大，定量分析误差较大.

(2)双光束分光光度计

双光束分光光度计的光路示意图如图 11.10 所示，从光源发射的光经单色器后成为一束平行单色光，再经反射镜(M_1) 分解为两束光，一束通过参比溶液，另一束通过样品溶液，反射镜 M_1 和 M_4 同步旋转，使两束光轮流照射到检测器上，转变为电信号，经放大和对数转换可将两光束透射光强度比转换为吸光度值，并作为波长的函数记录下来. 双光束分光光度计一般都能自动记录吸收光谱曲线. 其优点是消除光源辐射强度变化带来的误差. 这类分光光度计有国产 710 型、730 型、740 型、英国 SP700 型、日立 220 系列及岛津 UV-210 等.

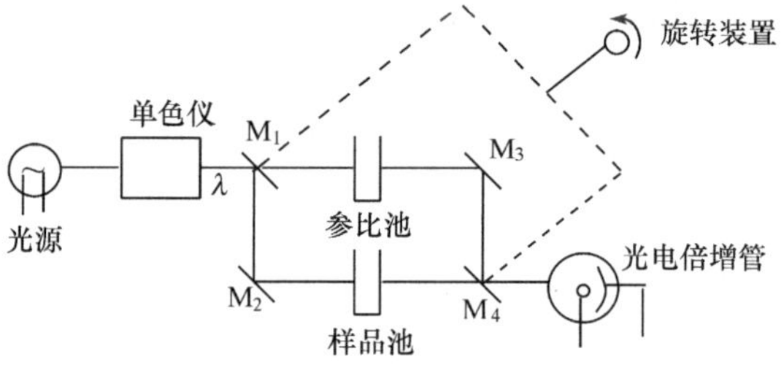

图 11.10 单波长双光束分光光度计的光路示意图

$M_1 \sim M_4$ 为平面反射镜.

2. 双波长分光光度计

双波长分光光度计的基本光路如图 11.11 所示，同一光源发射的光分为两束，分别经两个单色器得到两束不同波长的单色光，利用切光器使两束单色光以一定频率交替通过同一吸收池，然后照射到检测器上并经测量系统转换为两波长处的吸光度之差 $\Delta A(\Delta A = A_{\lambda_1} - A_{\lambda_2})$. 保持波长差为 1～2nm，并进行扫描，获得一阶导数光谱曲线，即吸光度对波长的变化率曲线($dA/d\lambda$-λ 曲线).

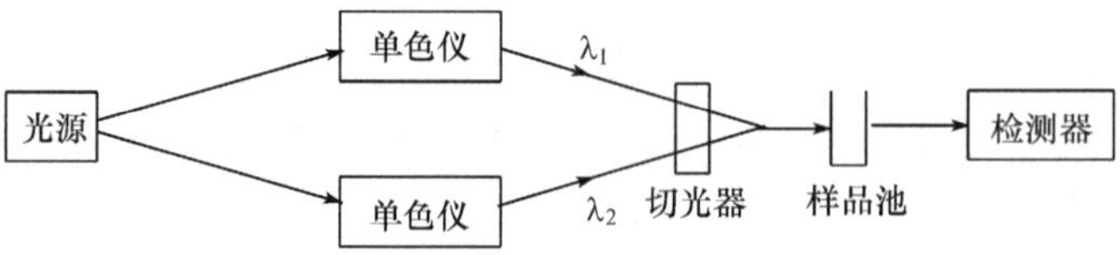

图 11.11 双波长分光光度计光路示意图

用双波长法进行测量,参比波长和测定波长的光通过同一吸收池,这样可以消除因吸收池的参数不同,位置不同,污垢以及配制参比溶液等差异带来的误差,显著地提高了测量的准确度.对于多组分测定、混浊试样分析以及存在背景干扰或共存组分吸收干扰的情况下,利用双波长法,往往能提高方法的灵敏度和选择性.

§11.2.4　IR 仪的类型

色散型红外光谱仪也称为双光束红外分光光度计,干涉分光型红外光谱仪一般称为傅里叶(Fourier)变换红外光谱仪.

1. 双光束红外分光光度计

双光束红外分光光度计的基本结构如图 11.12 所示.样品池位于辐射光源和单色器之间,这与原子吸收分光光度计类似.从光源发出的红外辐射分成两束,一束通过样品池,另一束通过参比池.在单色器之前装有斩光器,斩光器以一定频率转动,使样品光束和参比光束交替进入单色器,最后两束光交替作用于检测器,转变为电信号.

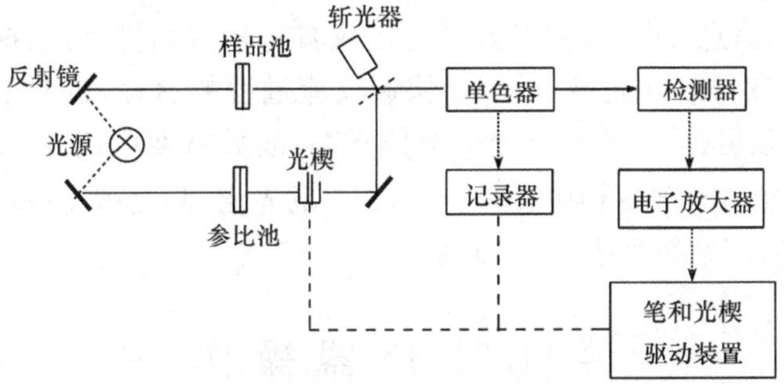

图 11.12　双光束红外分光光度计的基本结构

红外光谱法中的单色光通常以波数来描述,而不是采用波长来表示.通过单色器的某波数的单色光如果不被试样吸收,此时两光束的强度相等,交替作用检测器时,将不产生交流信号;反之,检测器上就产生一定频率的交流信号.此时,通过伺服系统调节参比光路中的光楔(光学衰减器)进行补偿,使两束光重新处于平衡.光楔部位的改变相当于试样的透过率.记录与光楔同步进行光谱扫描,获得红外谱图.谱图的纵为坐标为试样的透过率,横坐标为波数.

2. 傅里叶变换红外光谱仪(FT-IR)

干涉型红外光谱仪采用的单色器是迈克耳孙(Michelson)干涉仪,其基本结构如图 11.13 所示.迈克耳孙干涉仪(单色器)位于辐射光源和试样中间,由光源发出的红外辐射经迈克耳孙干涉仪,产生干涉图.多色光的干涉图为各单色光的干涉图的加合，当它通过试样后，干涉图发生了变化，然后再作用于检测器，获得带有试样信息的干涉图，这是一种信号强度随时间周期性变化的函数曲线图，必须经计算机进行快速傅里叶变换，才能得到为我们熟悉的以透过率随波数变化的红外光谱图. 由于干涉型红外光谱仪必须采用傅里叶变换处理，所以这类红外光谱仪一般称为傅里叶变换红外光谱仪.

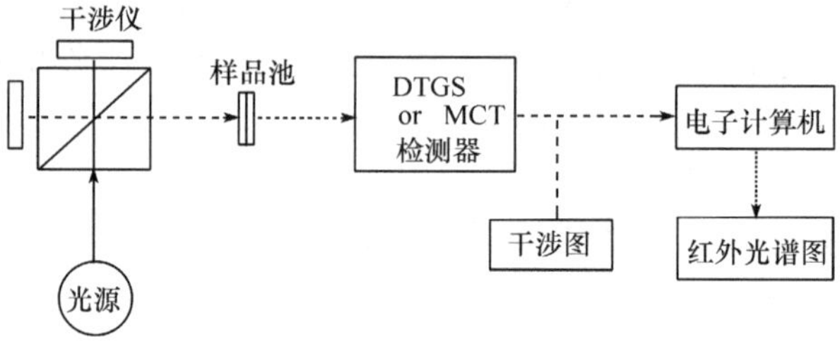

图 11.13 傅里叶变换红外光谱仪工作原理示意图

傅里叶变换红外光谱仪不用狭缝，消除了狭缝对光能量的限制，可以同时获得光谱所有频率的信息. 因此傅里叶红外光谱仪具有较多的优点：扫描速度快，测量时间短，1s 内可获得红外光谱，适应于快速反应过程的追踪，也便于和色谱联用；灵敏度高，检出限可达 $10^{-9}\sim10^{-12}$ g；分辨率高，波数精度可达 0.01cm^{-1}；光谱范围广，可研究整个红外光区（$10\ 000\sim10\text{cm}^{-1}$）的光谱；测定精度高，复现性的标准偏差可达 0.1%，而杂散光小于 0.01%.

§11.3 仪 器 操 作

§11.3.1 AAS 操作

1. 分析线的选择

一般选择元素的主共振线作为分析线，这样可以使分析测定具有较高的灵敏度. 但是，待测元素浓度较高时，或存在谱线干扰，可以选择其它共振线作为分析线，这样可获得适当吸光度值，或避开谱线的干扰. 常用的元素分析线列于表 11.2 中.

2. 狭缝宽度选择

狭缝宽度影响单色器的光谱通带，因而影响进入检测器中的辐射的能量. 一般地说，原子吸收分析中的谱线重叠概率较少，可以使用较宽的狭缝，这样可增加光强，降低增益，减小仪器噪声，提高信噪比，改善分析方法的检出限. 原则上，所选择的狭缝宽度不能让干扰谱线进入光谱通带. 一般做法是测量吸光度值随狭缝宽度增大的变化，当干扰谱线进入光谱通带时，吸光度值立即变小. 碱金属、碱土金属的谱线简单，可选用较大的狭缝宽度. 稀土元素和过渡族元素的谱线复杂，要选用较小的狭缝宽度.

表 11.2　原子吸收光谱法中常用的元素分析线

元素	λ/nm	元素	λ/nm	元素	λ/nm
Ag	328.07 338.29	Hg	353.29	Ru	349.89 372.80
Al	309.27 308.22	Ho	410.38 405.39	Sb	217.58 206.83
As	193.64 197.20	In	303.94 325.61	Sc	391.18 402.04
Au	242.80 267.60	Ir	209.26 208.88	Se	196.09 703.99
B	249.68 249.77	K	766.49 769.90	Si	250.61 250.69
Ba	553.55 455.40	La	550.13 418.73	Sm	429.67 520.06
Be	234.86	Li	670.78 323.26	Sn	224.61 296.33
Bi	223.06 222.83	Lu	335.96 328.17	Sr	460.73 407.77
Ca	422.67 239.86	Mg	285.21 297.55	Ta	271.47 277.59
Cd	228.80 326.11	Mn	297.48 403.68	Tb	432.65 431.89
Ce	520.0 369.7	Mo	313.28 317.04	Te	241.28 225.90
Co	240.70 242.49	Na	589.00 330.30	Th	371.90 380.30
Cr	357.87 359.35	Nb	334.37 358.03	Ti	364.27 337.15
Cs	852.11 455.54	Nd	463.42 471.90	Tl	276.79 377.58
Cu	324.75 327.40	Ni	232.00 342.48	Tm	409.4
Du	421.17 404.60	Os	290.91 305.87	U	351.46 358.49
Er	400.80 415.11	Pb	216.70 283.31	V	318.40385.58
Eu	459.40 462.72	Pd	247.64 244.79	W	355.14294.84
Fe	248.33 352.29	Pr	495.14 513.34	Y	410.24 412.83
Ga	287.42 294.42	Pt	265.95 306.47	Yb	298.80 264.44
Gd	368.41 407.87	Rb	780.02 794.76	Zn	213.86 307.59
Ge	265.16 275.46	Re	346.05 364.47	Zr	360.12 301.18
Hf	307.29 286.64	Rh	343.49 339.69		

3. 灯电流选择

空心阴极灯的发射特性取决于灯电流的工作状况，一般需要予热 10～30min 才能达到稳定的光谱输出. 灯电流过小，放电不稳定，致使光谱输出不稳定，且光谱输出的强度低；灯电流过大，不仅缩短了灯的使用寿命，而且使输出的光谱谱线变宽,导致灵敏度下降,校准曲线弯曲.高电流甚至使发射谱线发生自蚀,合适的灯电流应在保证光谱输出稳定并有合适的光强输出的情况下,尽量选用较小的灯电流.通常以允许使用的最大灯电流的 1/2～1/3 为工作电流.在实际工作中,最好通过实验确定最佳的工作电流.

4. 原子化条件选择

(1) 火焰原子化法

首先要选择火焰的类型和燃助比,对中、低温度下能原子化的元素可用空气-乙炔火焰;对易生成难解离化合物的元素,应选用氧化亚氮-乙炔高温火焰;对易电离的元素则应选用空气-煤气低温火焰;对于分析线小于 220nm 以下的元素,可选用空气-氢火焰.其次要调节燃烧器的高度,不同元素的自由原子数在火焰中的分布随火焰高度而变化.火焰的氧化性随火焰高度而增强,氧化物稳定性高的元素的吸光度值相应地随之下降;氧化物不稳定的元素的吸光度值随火焰高度而增大;氧化物比较稳定的元素的吸光度值起初随火焰高度而增大,达到极大值后又随火焰高度而减小.

(2) 石墨炉原子化法

电热原子化法可分为四个阶段,即干燥、灰化、原子化和净化.干燥温度一般稍高于溶剂的沸点,主要目的是除去溶剂.干燥温度应逐渐升高,以免样品溶液发生飞溅.干燥时间约 30s.灰化是为了除去试样中易挥发的基体和有机物,炉温控制在 350～1200℃之间,时间约 45s.原子化温度因元素而异,一般控制在 2000～3000℃之间,时间约 5～7s.在原子化过程中,应停止氩气流过,原子化蒸气迅速从管内经过光束而扩散出去,形成瞬时锐峰吸收信号.峰高或峰面积均可用于制作校准曲线.净化是为了除去试样残渣,减少记忆效应,其温度稍高于原子化温度,时间仅为 3～5s.在进样前将各参数输入给微机,进样后输入启动信号,原子化过程将按升温程序自动进行.

电热原子化法的特点是:试样原子化在惰性气体中和强还原介质内进行,有利于难熔氧化物原子化;自由原子在石墨炉中吸收区内停留时间长,可达火焰原子化的 10^3 倍左右;原子化效率高,因此绝对检出限可达 10^{-12}～10^{-14}g;固体、液体均可以进样,且取样量少,液体样仅需 1～50μL,固体试样约为 0.1～10mg.缺点是:存在基体效应,化学干扰多,有较强的背景,测量的复现性比火焰法差.

5. 进样量选择

进样量应适中,过小的进样量,吸收信号弱,信噪比大,不利于准确地进行测定.进样量过大,在火焰原子化法中,对火焰将产生冷却作用,在石墨炉原子化法中,会增加除残的困难.在实际工作中,应通过实验测定吸光度值随进样量的变化情况,综合考虑测定的灵敏度和校准曲线的线性范围,选择合适的进样量.

§11.3.2　AFS 操作

原子荧光分析法目前已经能分析 58 种元素，大多数分析都是利用共振荧光，有一些元素分析利用了直跃荧光和阶跃荧光，表 11.3 列出部分元素荧光分析所利用的波长.

表 11.3　共振线(1)、直跃线(2) 和阶跃线(3)分析的部分元素

元　素	波长/nm	元　素	波长/nm
Ag	328.1(1)	Mn	279.5(1)
Al	309.2(2)	Mo	313.3(1)
As	193.7(1)	Na	589.0(1)
Au	249.7(1) 267.6(1)	Ni	232.0(1)
Ba	455.4(1)	Pb	283.3(1)
Be	234.0(1)		405.8(2)
Bi	306.8(1)	Pd	340.5(3)
	302.5(2)	Rb	369.2(1)
Ca	422.7(1)	Sb	217.6(1) 231.1(1)
Co	240.7(1)	Se	196.0(1)
Cr	357.9(1)		204.0(2) 206.3(2)
Cu	324.8(1)	Si	251.6(3)
Fe	248.3(1) 372.0(1)	Sn	317.5(2) 380.1(2)
	373.5(2)		303.4(3)
Ga	417.2(2)	Sr	460.7(1)
Ge	265.2(1)	Te	214.3(1)
Hg	253.7(1)	Tl	377.6(1)
In	410.5(1)	Ti	335.5(3)
	451.1(2)	V	318.4(3)
Mg	285.2(1)	Zn	213.9(1)

氢化法容易使能形成氢化物的元素转化为气体，然后引入原子化器中进行分析，且测定灵敏度较高，所以这种方法在原子荧光分析中也得到广泛应用.

§11.3.3　UV-Vis 操作

1. 仪器测量条件的选择

首先是测定波长和狭缝宽度的选择. 一般定量分析选择吸收光谱曲线的最大吸收波长 λ_{max} 为测定波长，以得到最大的测定灵敏度. 狭缝宽度直接影响极准曲线的线性范围. 狭缝宽度增大，光束的光谱通带的单色性差，光谱通带中不同波长的光吸收差别将增大，使校准曲线偏离比尔吸收定律. 在实际工作中通常逐步减小狭缝宽度直至吸光度值不再增大. 一般地说，狭缝宽度大约是吸收峰半宽度的十分之一.

其次是吸光度范围的选择. 为保证测量误差最小，必须对误差来源有充分认识. 分光光度计的测量误差与仪器仪器噪声相关：光源闪变噪声，吸吸池定位不确定性（其中包括擦伤、污垢、不同部位光学面对入射光的反射和散射的不同），这类噪声所引起的标准偏差与透光率（T）呈正比；由检测器引起的信号粒散噪声产生的标准偏差与透光率 T 的大小有关[$\propto (T^2+T)^{1/2}$]；以光闸的散光、光闸移动的振动、检测器的屏蔽情况、放大系统的温度波动以及读数装置的分辨率等产生的噪声引起的标准偏差为常数. 所有这些噪声都是独立随机的. 所以，总噪声所引起的浓度测量误差可由比尔吸收定律导出：

$$A = -\lg T = \varepsilon l C \tag{11.1}$$

当 ε, l 为常数时，对式(11.1) 微分，得

$$\mathrm{d}\lg T = 0.4343\frac{\mathrm{d}T}{T} = -\varepsilon l\,\mathrm{d}C \quad 或 \quad 0.4343\frac{\Delta T}{T} = -\varepsilon l\,\mathrm{d}C \tag{11.2}$$

将式(11.2) 代入式(11.1) 得到测定结果的相对误差为

$$\frac{\Delta C}{C} = \frac{0.4343\Delta T}{T\lg T} \tag{11.3}$$

要使测定结果的相对误差（$\Delta C/C$）最小，对 T 求导数应有一极小值，即

$$\frac{\mathrm{d}}{\mathrm{d}T}\left[\frac{0.4343\Delta T}{T\lg T}\right] = \frac{0.4343\Delta T(\lg T + 0.4343)}{(T\lg T)^2} = 0 \tag{11.4}$$

解得 $\lg T = -0.434 \qquad T = 36.8\%$

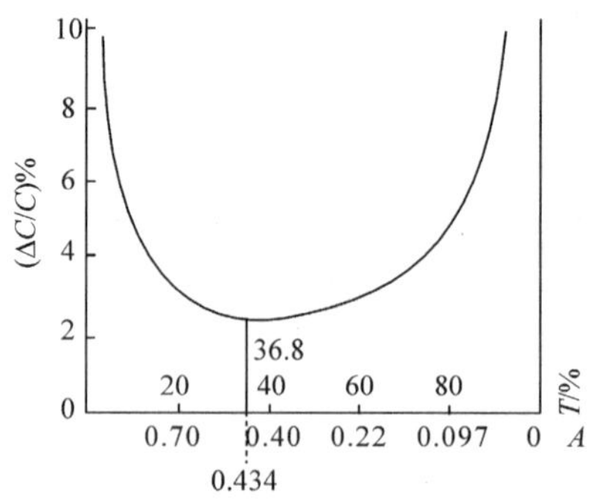

图 11.14　浓度测定的相对误差（$\Delta C/C$）与透光率（T）的关系

此解表明：当吸光度 $A=0.434$ 时，吸光度测量误差最小. 分光光度法浓度测定的相对误差与透光率的关系可由图 11.14 表示，在吸光度值 $A=0.434$ 或透光率 $T=36.8\%$处，分光光度测定结果的误差最小. 如果要求浓度的相对误差小于 5%，则要求待测试液的透光率在应选在 70%～10%范围内，吸光度值则为 0.15～1.00 区间. 实际工作中，可通过调节待测溶液浓度或样品池的光程长度，使透光率或吸光度值落入该区间内.

最适的浓度浓度范围和试样称量可从

分析方法灵敏度推导出来. 例如产生 1%吸收 Mg 的灵敏度为 0.005μg/mL,试样中 Mg 的含量约为 0.01%. 最适的吸光度范围为 0.1～0.6,因此,相应试液中 Mg 浓度约为灵敏度的 25～150 倍,最适测量浓度范围为

$$\text{最低浓度}\quad 0.005\times25=0.125\mu g/mL$$

$$\text{最高浓度}\quad 0.005\times150=0.75\mu g/mL$$

制备 25mL 试液,应称试样重的范围为

$$\text{最高量}\quad \frac{25\times0.75}{10^6\times0.01}\times100=0.19g$$

$$\text{最低量}\quad \frac{25\times0.125}{10^6\times0.01}\times100=0.031g$$

2. 反应条件选择

在无机分析中,金属离子本身的吸光系数很小,很少利用金属离子本身颜色来进行光度分析. 一般都选择适当的显色剂,让它与待测离子反应生成光活性物质,然后进行测定. 显色反应一般应满足以下以要求:(1)反应生成物在紫外或可见光有较大的摩尔吸收系数,并有较高的选择性;(2)反应生成物组成恒定,稳定性好,显色反应条件容易控制;(3)对照性要好,有色生成物与显色剂的 λ_{max} 的差别要在 60nm 以上. 许多有机显色剂能与某些金属离子生成稳定性好、具有特征颜色的螯合物(见表 11.4),其灵敏度和选择性较高.

表 11.4　几种常见的有机显色剂

试　剂	结构式	离解常数	测定离子
邻二氮菲	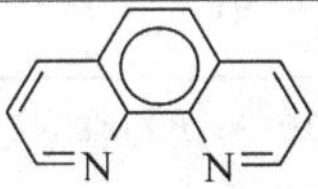	$pK_a=4.96$	Fe^{2+}
双硫腙	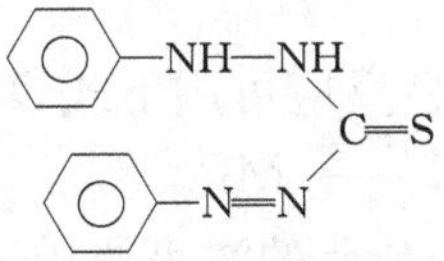	$pK_a=4.6$	Pb^{2+}, Hg^{2+}, Zn^{2+}, Bi^{3+}等
丁二酮肟	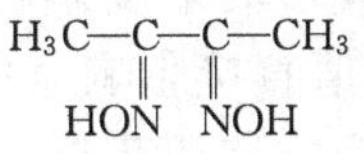	$pK_a=10.54$	Ni^{2+}, Pd^{2+}
铬天青 S(CAS)	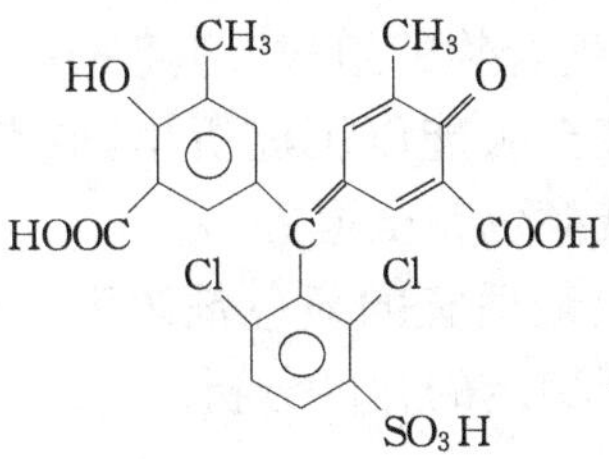	$pK_{a_3}=2.3$ $pK_{a_4}=4.9$ $pK_{a_5}=11.5$	Be^{2+}, Al^{3+}, Y^{3+} Ti^{4+}, Zr^{4+}, Hf^{4+}

续表

试　剂	结构式	离解常数	测定离子
茜素红 S	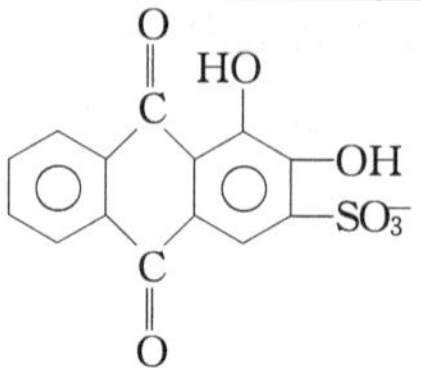	$pK_{a_2}=5.5$ $pK_{a_3}=11.0$	Al^{3+}，Ga^{3+}，Zr(Ⅳ) Th(Ⅳ)，F^-，Ti(Ⅳ)
偶氮胂(Ⅲ)[1]	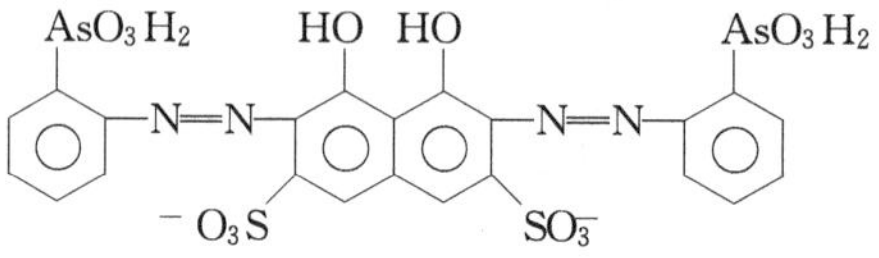		UO_2，Hf(Ⅳ)，Th^{4+}，Zr(Ⅳ)，Re^{3+}，Y^{3+}，Sc^{3+}，Ca^{2+}等
4-(2-吡啶偶氮)-间苯二酚(PAR)	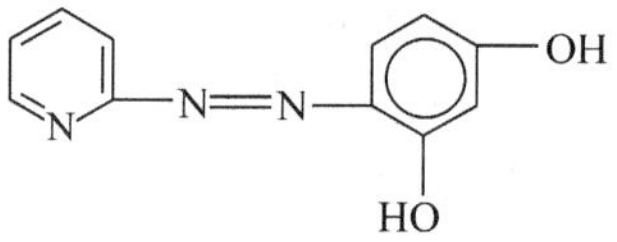	$pK_{a_1}=3.1$ $pK_{a_2}=5.6$ $pK_{a_3}=11.9$	Co^{2+}，Pb^{2+}，Ga^{3+}，Nb(Ⅴ)，Ni^{2+}
1-(2-吡啶偶氮)-2-萘酚(PAN)	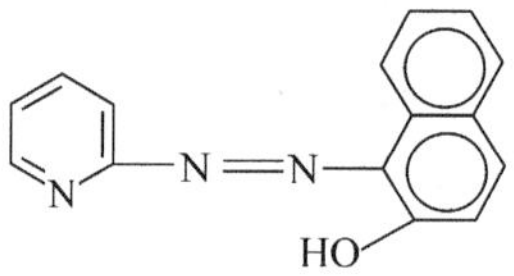	$pK_{a_1}=2.9$ $pK_{a_2}=11.2$	Co^{2+}，Ni^{2+}，Zn^{2+}，Pb^{2+}
4-(2-噻唑偶氮)-间苯二酚(TAR)	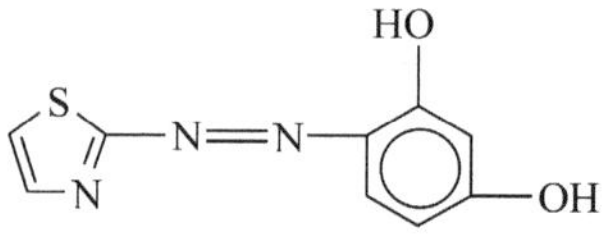		Co^{2+}，Ni^{2+}，Cu^{2+}，Pb^{2+}

1) $K_1=1.3\times10^{-2}$；$K_2=1.1\times10^{-3}$；$K_3=2.3\times10^{-4}$；$K_4=9\times10^{-5}$；$K_5=1.7\times10^{-6}$；$K_6=2.3\times10^{-8}$；$K_7=5\times10^{-10}$；$K_8=1.4\times10^{-12}$.

在水溶液中，生成配位化合物的显色反应可用下式表示

$$M+nR \longequal MR_n$$

式中：R 为配位体；M 为金属离子. 配位体 R 的浓度影响配位化合物的生成. 其次多数显色剂为有机弱酸或弱碱，溶液 pH 值直接影响显色剂的离解程度，从而影响溶液中配位体 R 的浓度，进而影响显色反应完成程度. 当反应形成具有不同配位数的配合物时，pH 值不同还会影响配合物的组成. 溶液的 pH 增大时，会引起某些金属离子水解而形成羟基配合物，甚至可能以沉淀析出，或者生成金属氢氧化物，从而破坏了有色配合物生成，使溶液颜色完全退去.

所以，应通过实验确定显色反应最适宜的显色剂浓度、溶液的 pH 值、反应时间、反应温度、放置时间等条件，保证稳定的光度分析.

3. 参比溶液的选择

在分光光度测定过程中，通常要选择合适参比溶液调节透光率为 100%，以补偿试样溶液中其他成分、溶剂以及吸收池对光的反射和吸收所引起的光辐射损失. 因此根据试样溶液的性质，选择合适组分的参比溶液是必要的.

(1) 溶剂参比

试样溶液简单，共存的其他成分少，且几乎对测定波长没有吸收，此时可利用溶剂作为参比溶液，借以消除溶剂和吸收池及相关因素的影响.

(2) 试剂参比

当试样溶液中的显色剂和其他试剂对测定波长有吸收时，参比溶液除不含试样外，其他应与测试溶液一样. 这种参比溶液可消除试剂中各组分的影响.

(3) 试样参比

显色剂对测定波长没有吸收，而试样基体却有吸收，又不与显色剂反应. 此时，参比溶液可按显色反应相同条件处理试样，只是不加入显色剂. 通常这类显色反应在显色剂过量很少的条件下能反应完全，因而要求加入显色剂的剂量不大.

(4) 平行操作溶液参比

用不含待测组分的样品在相同的条件下平行进行处理，由此得到平行操作溶液作为参比溶液.

§11.3.4　IR 操作

欲获得一幅比较满意的红外光谱图，正确地处理和制备符合测定要求的试样是十分重要.

1. 红外光谱法对试样的要求

红外光谱法可以分析气体、液体和固体试样，但是试样应满足分析测定的要求：

(1) 试样为单一组分，其纯度应大于 98%或符合商业规格，这样才能便于将试样的红外光谱与纯化合物的标准红外光谱进行对照. 多组分试样的光谱是各组分光谱重叠的结果，难予解析. 因此对于多组分试样应预先分离提纯.

(2) 水有红外吸收，会引起严重干扰，使试样的红外光谱失真. 而且会侵蚀吸收池的岩盐窗片. 因此试样不能含有游离水.

(3) 试样的浓度及测试厚度应选择适中，使光谱图中的大多数吸收峰的透光率在 10%～80%范围内.

2. 试样制备方法

(1) 气体样品

气体样品利用气体吸收池进行测定，它的两端粘有 NaCl 或 KBr 窗片. 先将吸收池内的空气抽去,然后注入试样,放入光路中,即可测定其红外光谱.

(2) 液态样品

常用的方法有:液体池法、夹片(液膜)法和涂片法.沸点低、挥发性大的试样,可注入封闭的液体吸收池中,液层厚一般为0.01～1mm.对于一些吸收很强的液体,调整厚度仍然得不到满意的红外光谱,可用适当溶剂配制成溶液来测定.一些固体样品也可以配制成溶液来测定.所用的溶剂应在所测定光谱区内没有吸收,不侵蚀窗片,且没有强的溶剂化效应等.例如,CS_2是1350～600cm^{-1}区域常用的溶剂,在4000～1350cm^{-1}区域可用CCl_4.沸点较高的液样,直接滴在两块岩盐片中,形成液膜.黏度很大的液样,可以涂在一片空白的KBr片上.

(3) 固体样品

常用的方法有:压片法、石蜡糊法和薄膜法.压片法是将1～2mg的试样与纯KBr研细混匀,装入压片机,一边抽气一边加压,直至压力为8t并维持5min,制成厚度为1mm的透明样片.KBr在4000～400cm^{-1}光区不产生吸收,可用于全波段的红外光谱.石蜡糊法是将干燥后的试样约10mg置于玛瑙乳钵中研细,滴加几滴液体石蜡或全氟代烃研成糊剂,夹在岩盐片中测定.液体石蜡适用于1300～400cm^{-1}光区,全氟代烃适用于4000～1300cm^{-1}光区.此法不宜用于测定饱和烷烃的红外光谱.薄膜法用于高分子化合物试样,可直接加热试样熔融涂膜或压制成膜,也可以将试样溶于低沸点易挥发的溶剂中,再涂在盐片上待溶剂挥发后成膜,然后用成膜的试样进行测定.

当样品特别少或样品的面积特别小时,必须采用光束聚光器,并用配套的微量液体池、微量气体池或微量固体池,采用全反射系统或带有卤化碱透镜的全反射系统进行测定.

§11.4 干扰及其消除

§11.4.1 AAS中的干扰及其消除

总的说来,由于采用锐线辐射光源,原子吸收光谱法的干扰比较小,但是还是不能忽视它.一般将干扰分为物理干扰、电离干扰、光谱干扰、背景干扰和化学干扰.

1. 物理干扰

物理干扰是指试液和标准溶液的物理性质有差异而引起的干扰,如黏度、表面张力、溶液的密度及温度等的变化,将影响样品的雾化效率或进入火焰的试样量,从而引起原子吸收强度的变化.

消除物理干扰的基本做法是保持基体组成大致相同.这就要求配制标准溶液

的组成应与试样溶液组成相近，或采取标准加入法. 当试样浓度太高时，宜采用稀释法.

2. 电离干扰

在高温条件下原子化，部分原子会电离，使基态原子减少，其吸光度值也相应地下降，降低了测定的灵敏度，这种干扰称为电离干扰.

最有效的消除电离干扰的办法是加入过量的消电离剂. 消电离剂是比待测元素电离电位低的元素. 在相同的温度条件下，消电离剂电离，产生大量的电子，抑制待测元素原子电离. 例如，加入 0.2%的 KCl(K 的电离电位为 4.3eV)就能抑制 Ca(电离电位为 6.1eV)的电离干扰. 这是因为 K 电离产生大量电子，使 Ca 的电离平衡向生成中性原子方向移动：

$$K \longrightarrow K^+ + e$$
$$Ca^+ + e \longrightarrow Ca$$

当然，降低原子化温度也可以防止电离干扰. 但这种办法有时会降低待测元素的原子化效率.

3. 光谱干扰

光谱干扰来自原子化器和辐射光源，其干扰程度与光谱通带宽度密切相关.

(1) 来自光源的光谱干扰

这种光谱干扰分两种：一种是光源中存在连续背景辐射；一种是光源发射的分析线的附近存在干扰谱线. 空心阴极灯内存在杂质气体或阴极上有氧化时，将有连续背景辐射. 如果试样中共存元素的吸收线处在连续背景辐射区内，则将产生吸收，从而使校准曲线弯曲，测定灵敏度下降. 实际工作中不能使用有严重背景辐射的空心阴极灯. 遇此情况时，可将灯电源反接并通大电流. 经这样处理可纯化灯内气体和阴极表面，降低连续背景辐射的强度. 使干扰程度减轻.

测定多谱线元素(如 Fe,Co,Ni)时，存在与分析线邻近的谱线干扰. 此时应减小狭缝的宽度，选用较窄的光谱通带进行测量.

(2) 光谱线重叠干扰

这种干扰是指试样中共存元素的吸收谱线和待测元素的分析线重叠. 在原子吸收光谱法中这种谱线重叠的概率很小，但个别元素之间可能产生共振线相互重叠而造成干扰. 这时可以选择其它吸收线而避免谱线重叠干扰，也可采用化学分离方法除去干扰元素.

(3) 来自原子化器的谱线干扰

这种谱线干扰及其消除在 §11.1.3 中已详细讨论.

4. 背景干扰

背景干扰来自分子吸收和光散射，它使吸光度值增加，产生正误差.

分子吸收是指在原子化过程中生成的分子对辐射的吸收. 分子吸收是带状光谱,会在一定的波长范围内形成干扰. 例如碱金属卤化物在紫外区均有吸收;波长小于 250nm 时 H_2SO_4 和 H_3PO_4 有很强的吸收,而 HNO_3 和 HCl 的吸收很小. 故在原子吸收光谱法中,多用 HNO_3 和 HCl 来配制溶液.

光散射是在原子化过程中形成的固体微粒使光产生散射. 造成透光率减小,吸光度值增加. 一般地讲,石墨炉原子化法的背景吸收比火焰原子化法严重,有时不扣除背景吸收就不能进行测定. 目前背景校正方法有:邻近非共振线法、连续光源法和塞曼(Zeeman) 效应法.

(1) 邻近非共振线校正法

待测元素对非共振线不产生共振吸收,所以在分析线测量的是待测元素的原子吸收和背景吸收的总吸光度值 A_T,在非共振线测量的吸光度值为背景吸收 A_B,两次测量的吸光度值之差为校正背景吸收后的待测元素原子吸收吸光度值 A

$$A = A_T - A_B = kC \tag{11.5}$$

例如,使用 Pb 283.3nm 作为分析线测量饲料中的 Pb 时,饲料中含 Ca 较多,Ca 的分子在分析线的波段内有吸收带,此时,在分析线测得的吸光度值为 Pb 的原子吸收和背景吸收两者之和,在分析线邻近选一条非共振线 Pb 280.2nm,此时,Pb 的基态原子没有吸收,而 Ca 分子有宽带吸收,Ca 分子对分析线 Pb 283.3nm 吸收和对非共振线 Pb 280.2nm 的吸收值相同,因此在 Pb 280.2nm 测得的吸光度值为背景吸收值,两者相减即可得真正的吸光度值.

(2) 连续光源背景校正法

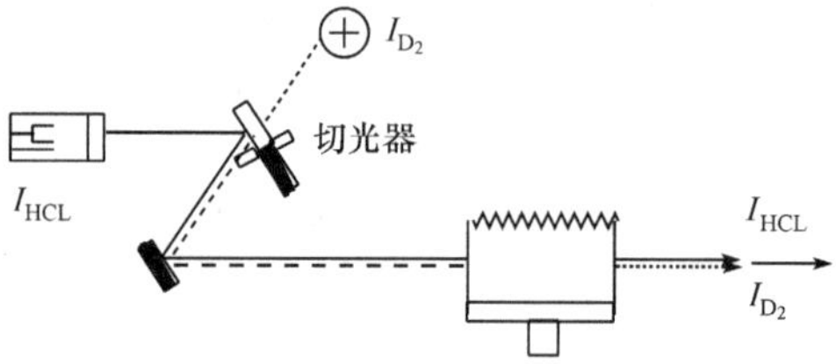

图 11.15 氘灯扣除背景示意图

双光束原子吸收分光光度计都配有连续光源自动校正背景装置. 在紫外区利用氘灯校正背景,在可见光区利用碘钨灯、氙灯校正背景,校正装置如图 11.15 所示. 图 11.15 表明,切光器使锐线光源和氘灯连续光源的光束交替进入原子化器. 无疑,锐线光源测得的吸收光度是原子吸收和背景吸收的总吸光度值;连续光源测得的吸光度仅为背景吸收,这是因为在连续光源的光束中,待测元素原子的共振吸收相对总的入射光强度是可以忽略不计. 两者相减则得校正背景后待测元素的吸光度.

(3) 塞曼(Zeeman) 效应背景校正法

塞曼效应是指在磁场的作用下简并了的原子谱线发生分裂现象. 在强磁场下,吸收线将分裂为具有不同偏振方向的组分,利用不同的偏振光来区别被测元素吸收和背景吸收. 塞曼效应背景校正法有两类:光源(发射谱线) 调制法和吸收线调制法,前者是将磁场加在光源上,后者是将磁场加在原子化器上,后一种调制应用较广,这里主要介绍吸收线调制法. 吸收线调制方式又有两种,即恒定磁场调制方式和可变磁场调制方式.

① 恒定磁场调节方式

在原子化器上施加一恒定磁场,磁场方向与光束垂直,如图 11.16 所示. 在强磁场作用下,吸收线分裂为 π 和 $\sigma_{\pm}$ 组分:π 组分与磁场方向平行,波长不变;$\sigma_{\pm}$ 组分与磁场方向垂直,波长分别向长波和短波方向有极小的位移. 显然,π 组分只能吸收与磁场平行的偏振光,$\sigma_{\pm}$ 组分只能吸收与磁场垂直的偏振光. 而产生背景吸收的分子对垂直和平行的偏振光产生等同的吸收.

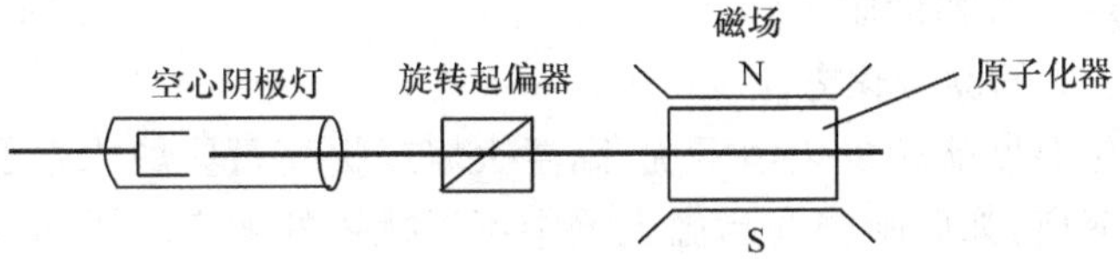

图 11.16　恒定磁场调制方式塞曼效应背景校正光路示意图

偏振器不断地旋转,平行于磁场的偏振光和垂直于磁场的偏振光交替的通过原子化器. 对于平行偏振光待测元素吸收线的 π 组分和背景都产生吸收,对于垂直偏振光,π 组分因偏振面不同,将不会产生吸收;而 $\sigma_{\pm}$ 组分产生吸收,显然代表背景吸收. 设定平行偏振光($I_{/\!/}$)和垂直偏振光($I_{\perp}$)的光强度相等,都等于光源的发射光强($I_{\circ}$), 即 $I_{/\!/}=I_{\perp}=I_{\circ}$. 则,$I_{/\!/}$ 和 $I_{\perp}$ 通过原子化器后的光强度分别为 I_{BL} 和 I_{B},原子吸收和背景吸收的总吸收为 A_{T},背景吸收值为 A_{B},可分别表示为

$$A_{T}=\lg\frac{I_{\circ}}{I_{BL}}\qquad A_{B}=\lg\frac{I_{\circ}}{I_{B}}$$

则待测元素原子的吸光度 $A=A_{T}-A_{B}$,所以

$$A=\lg\frac{I_{\circ}}{I_{BL}}-\lg\frac{I_{\circ}}{I_{B}}=\lg\frac{I_{B}}{I_{BL}}\tag{11.6}$$

上式表明,塞曼效应校正背景只需分别测定通过原子化器后的两种不同偏振光的强度,就能直接获得校正背景后的待测元素的净吸光度值.

② 可变磁场调制方式

在原子化器上加一电磁铁,光源发射的光束经过固定不变偏振器,变成垂直于磁场方向的偏振光. 在零磁场时,吸收线未分裂,偏振光通过原子化器同时被待测元素原子吸收和背景吸收. 在激磁时,吸收线分裂出来的 π 组分偏振方向与入射光的偏振方向不同，不发生原子吸收，仅有背景吸收. 同样利用式(11.6)，只需测定在零磁场和激磁时通过原子化器的光束强度，就能获得待测元素的净吸光度值.

塞曼效应背景校正能力强，可校正吸光度高达1.5～2.0的背景. 其缺点是：偏振光使光源的能量损失；磁铁使仪器笨重而昂贵；许多元素的塞曼分裂比上述复杂得多，塞曼效应校正背景使其灵敏度有所下降. 目前塞曼效应背景校正法已应用于44种元素的分析.

5. 化学干扰

化学干扰是指在原子化过程中待测元素原子与共存组分发生化学反应形成稳定化合物，影响待测元素原子化. 这类干扰具有选择性，由化学反应的特性所决定. 与其它干扰相比较，化学干扰是原子吸收光谱法的主要干扰源. 消除化学干扰的方法因所形成稳定化合物性质不同而异.

(1) 选择合适的原子化方法

提高原子化温度能减少化学干扰. 高温火焰或提高石墨炉的原子化温度，可促使稳定化合物解离，如磷酸根在高温火焰中不干扰钙的测定.

(2) 加入释放剂

释放剂与干扰组分生成比待测元素更稳定的化合物，使待测元素从稳定化合物中释放出来. 磷酸根干扰钙的测定，加入镧盐或锶盐，可使钙从磷酸盐中释放出来. 镧、锶盐也可以使镁从铝盐中释放出来.

(3) 加入保护剂

保护剂大多数是络合剂，它能与待测元素或干扰元素形成很稳定的络合物，防止待测元素生成难解离的稳定化合物. 火焰法最常用的络合剂有EDTA与8-羟基喹啉，加入EDTA，与钙形成络合物，可抑制磷酸根对钙的干扰. 加入8-羟基喹啉可防止铝对镁的干扰.

(4) 加入基体改进剂

在墨炉原子化法中，常加入基体改进剂，使其在干燥或灰化阶段与试样发生化学反应，增加基体的挥发性或改变待测元素的挥发性. 例如，测定海水中的Cd时，加入EDTA，可以使Cd在背景出现前原子化. 在锰溶液中加入硝酸镁，可以减少背景的干扰.

以上方法都不能消除化学干扰时，则只有采用化学分离的方法，将干扰组分分离掉.

§11.4.2 AFS中的干扰及其消除

原子吸收光谱法中存在的干扰因素，如物理干扰、电离于扰、化学干扰、背景干扰等，在原子荧光法中也存在. 类似的消除方法也适用于原子荧光分析. 此外采用连续光源激发,很可能引起荧光干扰;当采用线光源激发时,如果干扰元素或分子同时满足如下三个条件:(1)吸收线与光源的发射线一致;(2)干扰物能发射荧光;(3)干扰物的荧光波长与待测元素的荧光波长一致,也会产生荧光干扰.少数元素的荧光波长几乎一样,例如:As 和 Cd(228.8nm),Co 和 In(252.1nm),Co 和 Hg(253.6nm),Fe,Cu 和 Zn(213.9nm),Ni 和 Sn(231.1nm),Sb 和 Pb(217.0nm),Al 和 V(308.2nm) 以及 V 和 Si(250.7nm).

原子荧光分析中还存在猝灭效应干扰和散射光干扰.猝灭效应是激发态原子与干扰粒子碰撞而发生的无辐射去激发过程.要避免这种干扰,一方面减小干扰粒子的浓度,另一方面尽量采用氩稀释的氢-氧火焰,而不用烃类火焰.

散射光干扰来自火焰中固体微粒的散射作用.由于激发光源的强度比荧光强度高几个数量级,因此散射光可产生较大的正干扰.使用电热原子化器也存在非常大的光散射干扰.使标样和试样基体匹配可补偿散射干扰;减少散射微粒可减少散射光干扰,如采用预混火焰,增加火焰观测高度和火焰温度,均可减少散射微粒,又如采用 ICP 作为原子化器,观测高度应选在炬上 45～65mm;也可以采用扣除散射背景的方法来消除其影响.

§11.4.3　UV-Vis 中的干扰及其消除

在 UV－Vis 测定中,可能存在以下几种干扰情况:干扰组分本身有颜色,或能与显色剂反应生成有色化合物,并在测定波长有吸收;在显色条件下,溶液的酸度使干扰组分水解,析出沉淀,使溶液混浊,无法进行吸光度值测定;干扰组分能与待测离子或与显色剂形成更稳定的配合物,破坏显色反应进行完全.消除这些干扰可以采用以下方法:

1. 控制酸度

在配位平衡反应中,络合物的稳定常数不同,要求处在反应平衡中的配位体的浓度也不相同.利用控制酸度的方法,可控制显色剂的离解平衡从而控制配位体浓度,提高反应的选择性,保证主反应进行完全.例如,双硫腙能与 Pb^{2+},Cu^{2+},Ni^{2+},Cd^{2+},Hg^{2+} 等 10 多种金属离子形成有色配合物,其中与 Hg^{2+} 生成的络合物最稳定,在 $0.5mol \cdot L^{-1}$ 的 H_2SO_4 介质中仍能反应完全,而其他金属离子在此条件下不发生反应.

2. 加入掩蔽剂

在显色反应条件下,掩蔽剂不与待测离子作用,只与干扰离子反应,掩蔽剂与干扰离子形成的络合物应不干扰待测离子的测定.选择适当的掩蔽剂是消除干扰组分影响常用的有效方法.

3. 利用惰性络合物

例如钢铁中微量钴的测定，常用钴试剂为显色剂. 但除 Co^{2+} 外，钴试剂还与 Ni^{2+}，Zn^{2+}，Mn^{2+}，Fe^{2+} 等都有反应. 但它与 Co^{2+} 在弱酸介质中完成反应后，所生成惰性配合物再在强酸酸化溶液中也不会分解，而 Ni^{2+}，Zn^{2+}，Mn^{2+}，Fe^{2+} 等与钴试剂所生成的配合物在强酸介质中很快分解，从而可消除它们的干扰，提高了反应选择性.

4. 选择适当的波长

例如，$KMnO_4$ 的最大吸收波长 λ_{max} 为 525nm，但 $K_2Cr_2O_7$ 在该波长处也有吸收，将测定波长选为 $\lambda=545$nm 处，$K_2Cr_2O_7$ 则不干扰了.

5. 分离

当上述方法不能消除干扰，则必须预先将待测组分与干扰组分分离. 常用的分离方法有：沉淀、萃取、离子交换、蒸发、蒸馏以及色谱分离等.

§11.4.4 IR 中的干扰及其消除

红外分析中的干扰表现在两个方面：样品制备不当导致化合物结构定性不准确以及吸收光程的不确定度引起化合物定量分析的不准确. 样品制备要求详见§11.3.4. 本节主要介绍红外定量分析的干扰及其排除.

红外光谱定量分析是依据光谱图吸收峰的强度来进行. 其优点是红外光谱图中有许多谱带可供选择，利于干扰排除，可以进行单组分和多组分定量分析. 但红外光谱法的灵敏度低，不能进行微量组分定量分析. 一些物理和化学性质相近，而用色谱法进行定量分析又存在困难的试样往往可采取红外光谱法定量分析.

红外光谱定量分析也是基于比尔吸收定律，可以测定气体、液体和固体试样. 但在测定固体试样时，常常遇到光程长度不能精确确定的问题. 样品池的窗片对辐射的吸收和反射，以及试样的散射会引起辐射的损失，因此必须对这种损失进行补偿或校正. 此外试样的处理和制备的方法必须严格一致，保持试样均匀性一致.

红外光谱仪不像紫外及可见分光光度计那样能直接显示出吸光度值，它提供的是一张红外光谱图. 红外光谱图可看为是光的强度随光的波数而变化的曲线，吸光度值根据光谱图来计算. 计算吸光度值常用基线法. 假定在峰值的两侧背景吸收不变，可在峰的两肩画一条与光谱相切的基线，如图 11.17 所示，图中 I 与 I_0 之比就是透光率(T)．一般可用校准曲线法或者与标样比较来定量.

当存在干扰组分，而又不能选择适当吸收峰排除其干扰，可采用补偿法(示差法）进行定量. 补偿法是在双光束红外光谱仪的参比光路中，加入试样中的干扰组分，以抵消其吸收. 例如，某试样的主组分为 b，待测徂分为 c. 其红外吸收光谱如图 11.18 中曲线 a 所示，图中曲线 b 为干扰组分的吸收光谱. 从光谱图可以看出，在

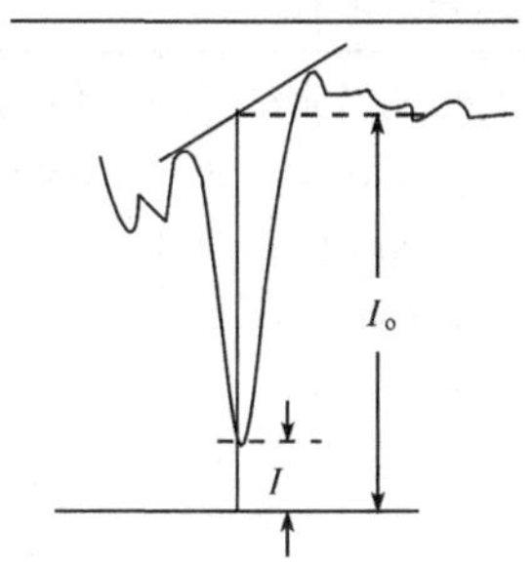

图 11.17　基线的画法

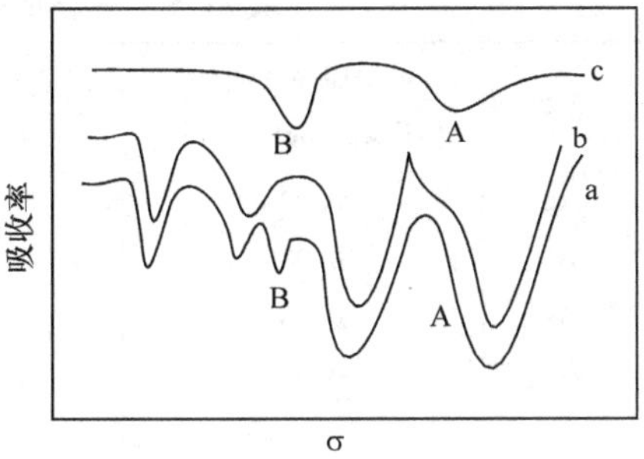

图 11.18　双光束示差分析法

A,B 两处显示微小的差别,表明主组分 b 干扰待测组分 c 的测定. 如果将纯 b 组分放入参比光路,并仔细调整样品池的厚度,使其完全补偿掉试样中 b 组分的吸收,即可获得待测组分 c 的吸收光谱(曲线 c). 这时可藉标准曲线法或标样比较法进行定量.

§11.5　样品分析方法

§11.5.1　AAS 的分析方法的特点

原子吸收光谱法主要用定量分析,很少用于定性分析. 最常用的定量分析法有标准加入法和校准曲线法,使用标准加入法,要求待测元素的浓度在校准曲线的线性范围内. 为了使校准曲线通过原点,则必须扣除试剂空白.

原子吸收吸光度的测量误差基本与紫外可见分光光度法的吸光度测量误差相似,吸光度的测量在一定范围内,测量误差较小. 一般来说,吸光度值在 0.15～1.0 范围内,原子吸收测量误差较小.

对于塞曼效应背景校正法来说,磁场施加在原子化器上,吸收线分裂的 σ 组分的宽度,随待测元素的浓度的增加而增大. 达到某一浓度之后,吸收线的 σ 组分和 π 组分会相互重叠,这时 σ 组分也能吸收平行于磁场方向的偏振光,即在测量背景吸收时,也测量了部分原子吸收信号. 造成了浓度增加而吸光度值下降的现象,即浓度反转,如图 11.19 所示. 同一吸光度对应有两个不同的浓度值,校准曲线弯曲而出现极大值.

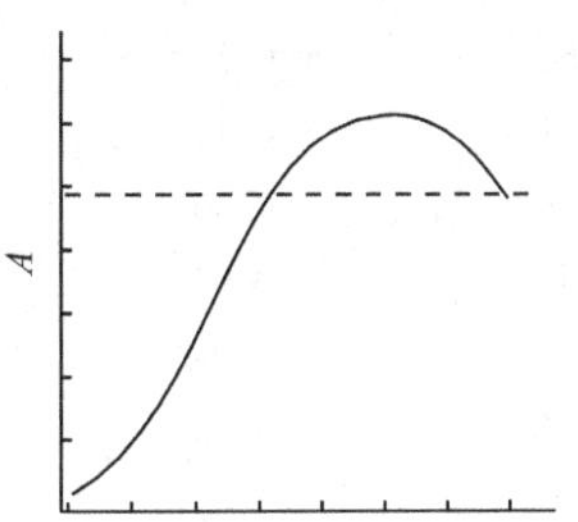

图 11.19　塞曼效应浓度反转现象

原子吸收检出限比较低,适于单元素痕量分析. 表 11.5 列出了部分元素不同光谱分析法检出限的比较.

表 11.5 一些元素几种光谱分析法检出限的对比

元素	火焰原子吸收法检出限/($\mu g \cdot cm^{-3}$)	石墨炉原子吸收法检出限/(pg)	原子荧光光谱法检出限/($\mu g \cdot cm^{-3}$)	ICP 检出限/($\mu g \cdot cm^{-3}$)
Ag	0.001	0.1	0.00001	0.004
Al	0.03	1	0.0006	0.0002
As	0.03	8	0.1	0.02
Au	0.02	1	0.003	0.04
B	2.5	200		0.005
Ba	0.02	6	0.008	0.00001
Bi	0.05	4	0.003	0.05
Ca	0.001	0.4	0.00008	0.00002
Cd	0.001	0.08	0.000001	0.001
Co	0.002	2	0.005	0.002
Cr	0.002	2	0.001	0.0003
Cu	0.001	0.6	0.0005	0.0001
Fe	0.004	10	0.008	0.0003
K	0.003	40		0.1
Li	0.001	3		0.0003
Mg	0.0001	0.04	0.0001	0.00005
Mn	0.0008	0.2	0.0004	0.00006
Mo	0.03	3	0.012	0.0002
Na	0.0008		0.0001	0.0002
Ni	0.005	9	0.002	0.0004
P	21	3		0.04
Pb	0.01	2	0.01	0.002
Sb	0.03	5	0.05	0.2
Sc	0.1	60		0.003
Se	0.1	9	0.04	0.03
Si	0.1		0.6	0.01
Sn	0.05	2	0.05	0.03
Ti	0.09	40	0.002	0.0002
U	20.0			0.03
V	0.02	3	0.03	0.0002
W	3.0			0.001
Y	0.3			0.00006
Yb	0.02			0.00004
Zn	0.001	0.7		0.002
Zr	4.0	300		0.0004

§11.5.2　AFS 的分析方法

原子荧光光谱法已广泛应用于冶金、石油产品、燃料、化工、水质、生物试样、同位素分析中，表 11.6 列出其在多方面的应用实例.

表 11.6　原子荧光光谱分析实例

试　样	测 量 元 素	含　量	相对标准偏差％
镍基合金	As,Bi,Pb,Se,Te	1ppm[1)]	
电解铜	Zn	0.00003％	
低合金钢	Si	0.7μg/mL	
尿	Pb	5μg/mL	
血清	Cu、Zn	0.03～0.06g/mL	<±5
面粉	Hg	0.6ng	
粗柴油	Ni	0.04μg/mL	5～7
肥料	Cu,Fe,Zn,Mn,Ca,Mg	5.46～122.5ppm	1.0～2.0

1) ppm,百万分之一,一般写为“$\times10^{-6}$”,下同.

§11.5.3　UV-Vis 的分析方法

紫外及可见吸收光谱法已广泛应用于物质结构分析及组分的定量分析. 但是，紫外-可见吸收光谱不能全面反映整个分子的特性. 所以，配合红外光谱、核磁共振谱进行定性鉴定和结构分析.

1. 定性分析

紫外-可见吸收光谱很少应用于无机元素定性分析. 在鉴定有机分子结构中，也有一定的局限性，只适合于不饱和有机化合物体系. 定性分析是依据光谱吸收峰的数目、峰位置、峰强度及峰形等特征，来推断分子的骨架，判断生色基团之间的共轭关系和估计共轭体系中取代基的种类、位置和数目.

(1) 初步推断化合物结构

如果在 200nm 以上区间无吸收峰，则表明化合物分子中无共轭双键体系，或为饱和化合物；如果在 270～350nm 区间出现很弱的吸收峰(ε=10～100)，并且在 200nm 以上无其他吸收峰，该化合物含有带孤对电子未共轭的生色基团(如 $\rangle$C═O)，弱峰是由 $n\rightarrow\pi^*$ 跃迁引起的；如果有多个吸收峰，且在可见区出现，表示分子结构中有长链共轭体系，或存在稠环芳香族生色团，若化合物有颜色，则至少有 4～5 个相互共轭的生色团；如果吸收峰的波长较长，且强度较大(ε=10 000～20 000) 时，化合物含有 α,β-不饱和酮或共轭烯烃结构；如果长波方向的吸收峰在 250nm 以上，ε 为 1000～10 000 时，该化合物通常具有芳香烃结构. 峰具有精细结构是芳香环的特征吸收，当芳香环被取代且共轭体系延长，ε 可以大于10 000.

(2) 推断化合物的骨架

利用紫外-可见吸收光谱推断未知不饱和化合物的结构骨架时，一般有两种方法：比较吸收光谱曲线和利用经验规则计算最大吸收波长 λ_{max} 并与实测值比较.

所谓比较法，就是在相同的测定条件下，比较未知化合物和模型化合物的吸收光谱曲线，如果具有相似的吸收光谱曲线，则可认为它们具有相同的生色团骨架. 所谓模型化合物是指分子成分较为简单且与试样化合物具有相似结构骨架. 模型化合物可以是已经合成的，也可以从文献资料上查找. 例如某一未知物的紫外吸收光谱 λ_{max}：249nm(lgε 为 4.28)，260nm(lgε 为 4.26)，325nm(lgε 为 3.28)；查文献，这组光谱数据与 2,3-二烷基-1,4 蒽醌的吸收光谱十分相近，据此可推测它们的分子结构具有相似的骨架.

当化合物有几种可能结构时，可利用经验规则计算最大吸收波长 λ_{max}，并与实测值比较，然后做出判断. 常用的经验规则有伍德沃德(Woodward) 规则和斯科特(Scot) 规则. 伍德沃德提出了计算母体为无环、异环或同环的共轭二烯和多烯烃以及共轭烯酮类化合物的 $\pi\rightarrow\pi^*$ 跃迁最大吸收波长的经验规则. 计算时，首先根据母体得到最大吸收波长的基数，然后对连接在母体 π 键共轭体系上的不同位置、不同取代基以及其他结构因素加以修正，计算出最大吸收波长. 斯科特采用类似的计算方法，来计算芳香族羰基的衍生物(PhCOR)的最大吸收波长. 表 11.7 和表 11.8 列出斯科特经验规则的计算方法.

表 11.7 PhCOR 衍生物 E_2 带的 λ_{max}(EtOH) 的计算

PhCOR 发色团母体	λ/nm
R = 烷基或烷残基 (R)	246
= 氢 (H)	250
= 羟基或烷氧基(OH 或 OR)	230

表 11.8 苯环上邻、间、对位被取代基取代后的 λ 增值(nm)

取代基	邻 位	间 位	对 位
(R 烷基)	3	2	10
OH,OR	7	7	25
O	11	20	78
Cl	0	0	10
Br	2	2	15
NH_2	13	13	58
NHAc	20	20	45
NR_2	20	20	85

现举例子说明斯科特经验规则的计算：

例 1

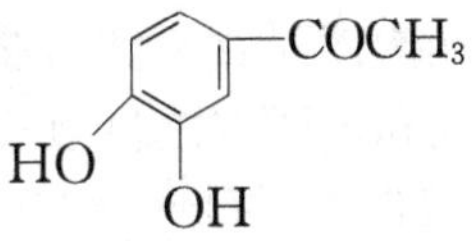

母体		246nm
间位	—OH	7
对位	—OH	25
计算值		278nm
实测值		279nm

例 2

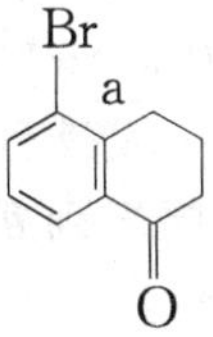

母体		246nm
邻位环残基(a)		3
间位	—Br	2
计算值		251nm
实测值		248nm

(3) 判断异构体

① 顺反异构体判断

反式异构体空间位阻小，分子较顺式异构体长，电子受约束力较小，所以激发所需要的能量较小，其相应的紫外吸收 λ_{max} 和 ε_{max} 大于顺式异构体(见表 11.9).

表 11.9　某些有机化合物顺反异构体的 λ_{max} 和 ε_{max}

化合物	顺式		反式	
	λ_{max}/nm	ε_{max}	λ_{max}/nm	ε_{max}
蕃茄红素	440	90 000	470	18.500
	380[1)]	弱	470[2)]	
二苯代乙烯	380	13 500	295	27 000
苯代丙烯酸	264	9 500	273	20 000
α-甲基均二苯代乙烯	260	11 900	270	20 100
丁烯二酸二甲酯	198	26 000	214	34 000
偶氮苯	295	12 600	315	50 100
肉桂酸	280	13 500	295	27 000
1-苯基-1,3-丁二烯	265	14 000	280	28 300

1) 380nm 吸收峰属新蕃茄红素的顺式乙烯键；2) 470nm 为新蕃茄红素的吸收峰，强度较全反式蕃茄红素弱.

② 互变异构体的判断

有些有机化合物在溶液中可能存在两个或两个以上的容易互变的异构体，它们处在平衡之中，并伴随双键的移动. 最常见的互变异构体是含氧化合物的酮式体与醇式体之间的互变异构. 例如，乙酰乙酸乙酯有酮式和烯醇式之间互变异构：

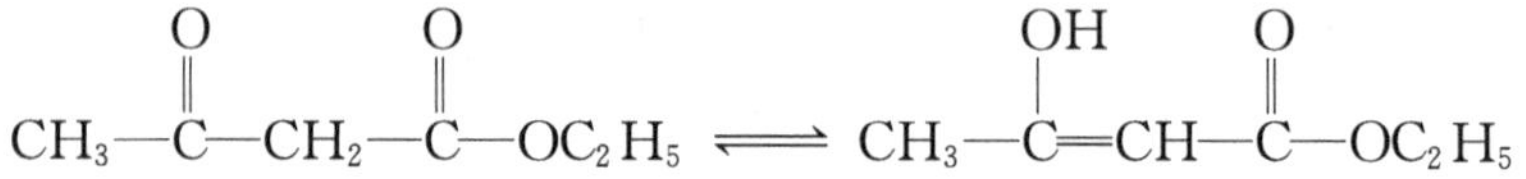

（酮式）　　　　（烯醇）

在极性溶剂中形成分子之间的氢键，该化合物以酮式存在为主，吸收是由于 $n\rightarrow\pi^*$ 跃迁引起的，最大吸收 $\lambda_{max}=204$nm($\varepsilon_{max}=16$). 相反，在非极性溶剂中形成分子内氢键，该化合物以烯醇式为主，由于分子内存在共轭体系，吸收由 $\pi\rightarrow\pi^*$ 跃迁引起，最大吸收 $\lambda_{max}=245$nm 发生红移，吸收强度增加，$\varepsilon_{max}=18\ 000$. 一般具有共轭体系的异构体的 λ_{max}，ε_{max} 大于非共轭体系. 因此，可根据紫外吸收光谱来判断互变异构体的存在形式.

2. 定量分析

紫外-可见分光光度定量分析依据比尔吸收定律，在测定条件下吸光度与物质的浓度呈线性关系，确定校准曲线的线性范围，就能利用校准曲线测定溶液中物质的浓度. 单组分测定较为简单，有关内容无需介绍，下面介绍多组分的定量分析.

(1) 解联立方程组

当试样溶液中存在两个组分的吸收峰互相有干扰，其干扰情况如图 11.20 所示. 前两种情况，可通过选择适当的测定波长，按单组分进行测定. 对后一种情况，两组分的吸收峰相互重叠严重，不能采用单纯按单波法分光光度法进行测定. 依据吸光度的加和性原则，通过适当数学处理来进行测定. 其中方法之一就是解联立方程组. 具体做法是：在组分 x，y 的最大吸收波长 λ_1 及 λ_2 处分别测定混合物的吸光度值，然后解二元一次方程组，求得各组分浓度：

$$
\begin{aligned}
A_{\lambda_1}^{x+y} &= \varepsilon_{\lambda_1}^{x} lC_x + \varepsilon_{\lambda_1}^{y} lC_y \\
A_{\lambda_2}^{x+y} &= \varepsilon_{\lambda_2}^{x} lC_x + \varepsilon_{\lambda_2}^{y} lC_y
\end{aligned}
\tag{11.7}
$$

式中两组分的摩尔吸收系数均由已知浓度的 x 及 y 的纯物质溶液测得. 一般地说，解联立方程组所测得结果不如单组分测定的精确度高.

另一种数学处理方法是多元一次线性回归法. 对两组分混合物来说，应选择三个以上不同的测定波长 λ_1，λ_2，λ_3，…分别测定混合物的吸光度，并在相同的测定条件测定各波长处两组分纯物质的摩尔吸收系数，这样就能列出各测定波长吸光度的表达式，再根据线性代数的矩阵运算规则，求出两组分的浓度. 原则上回归法的测量次数多，随机误差能相互抵消，因而提高了测定的精确度.

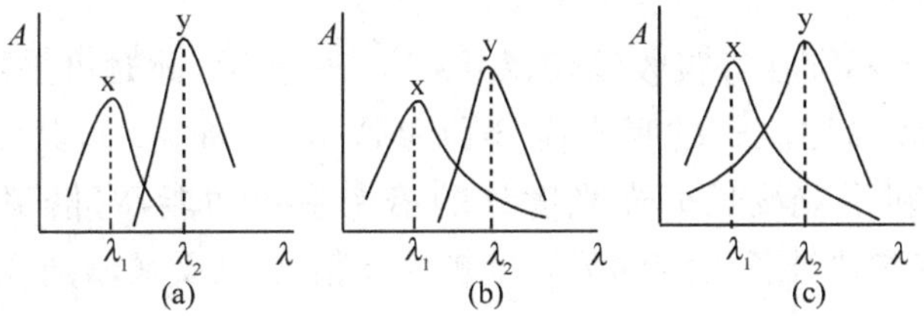

图 11.20　混合物的紫外吸收光谱

(a) 不重叠；(b) 部分重叠；(c) 相互重叠.

(2) 双波长法

采用双波长分光光度计进行测量，可用等吸收波长法和系数倍率法.

①等吸收波长法

图 11.21 为试样中两组分 x，y 的吸收曲线，其中 y 为待测组分，x 为干扰组分. 选择 y 组分的最大吸收 λ_2 为测定波长，参比波长选择 λ_1，使干扰组分 x 在 λ_1，λ_2 两波长处的吸光度相等. 根据吸光度的加合原则，试样在 λ_1，λ_2 处的吸光度应分别为

$$A_{\lambda_1} = A_{\lambda_1}^{y} + A_{\lambda_1}^{x}$$
$$A_{\lambda_2} = A_{\lambda_2}^{y} + A_{\lambda_2}^{x}$$

双波长光度计输出信号为

$$\Delta A = A_{\lambda_2} - A_{\lambda_1}$$

又因为

$$A_{\lambda_1}^{x} = A_{\lambda_2}^{x}$$

所以

$$\Delta A = A_{\lambda_2}^{y} - A_{\lambda_1}^{y} = (\varepsilon_{\lambda_2}^{y} - \varepsilon_{\lambda_1}^{y}) \cdot l \cdot C_y \tag{11.8}$$

上式为双波长等吸收波长法定量分析计算关系式. 式中 ΔA 实质上为试样中待测组分 y 在测定长波长 λ_2 处和参比波长 λ_1 处的吸光度之差，它正比于组分 y 的浓度，和干扰组分无关，这样就消除了干扰组分的影响. 通过测定参比波长和测定波长经过样品池后的光强度，就可以直接获得等吸收波长法的吸光度值. 显然此方法在测量操作和数据处理方面比解联立方程组方法简单得多，而且测量结果的精确度也比它高.

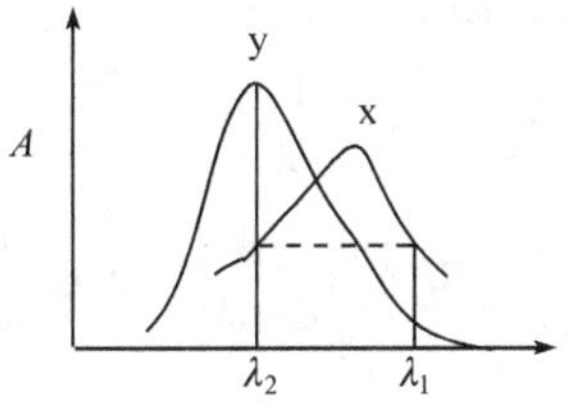

图 11.21　作图法选择 λ_1 和 λ_2

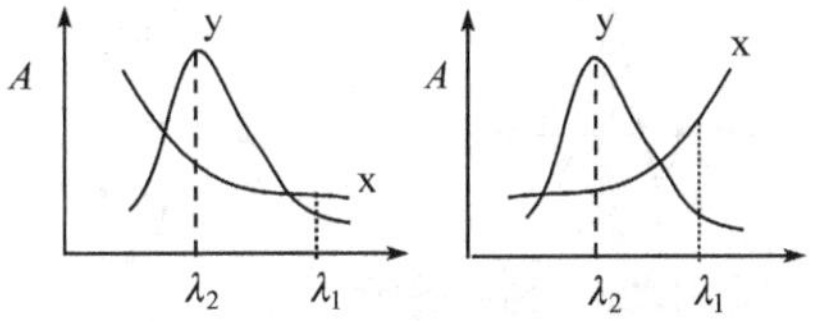

图 11.22　用系数倍率法测定

② 系数倍率法

当干扰组分 x 不存在等吸收波长，如图 11.22 所示，此时可采用倍率系数法. 设其在测定波长和参比波长的吸光度分别为 $A_{\lambda_2}(x)$，$A_{\lambda_1}(x)$，其倍率系数为 $k=A_{\lambda_2}(x)/A_{\lambda_1}(x)$. 利用双波长分光光度计的倍率系数功能，将倍率系数输给光度计，光度计自动将参比波长测定的吸光度扩大 k 倍，使 $kA_{\lambda_1}(x)-A_{\lambda_2}(x)=0$. 实际上输出示差信号 S 为

$$S=A_{\lambda_2}-k\cdot A_{\lambda_1}=A_{\lambda_2}^{y}-k\cdot A_{\lambda_1}^{y}=(\varepsilon_{\lambda_2}^{y}-k\cdot\varepsilon_{\lambda_1}^{y})\cdot l\cdot C \qquad (11.9)$$

上式表明，与等吸收波长法类似，示差信号 S 与干扰组分无关，只和待测组分的浓度有关.

双波长法不需参比溶液，只需测定波长和参比波长的光强，因此不存在参比溶液和参比池的差异所引入的误差，对干扰组分、背景吸收、溶液混浊引起的光散射干扰进行准确的校正. 这是单波长双光束测定法做不到的.

(3) 导数分光光度法

采用双波长分光光度计，很容易地获得一阶导数光谱. 现代电子技术与微机处理技术相结合，可以进一步获得高阶导数光谱. 利用导数光谱可以解决干扰组分与待测组分的吸收光谱的重叠、消除胶体或悬浮物影响以及背景吸收. 根据比尔吸收定律

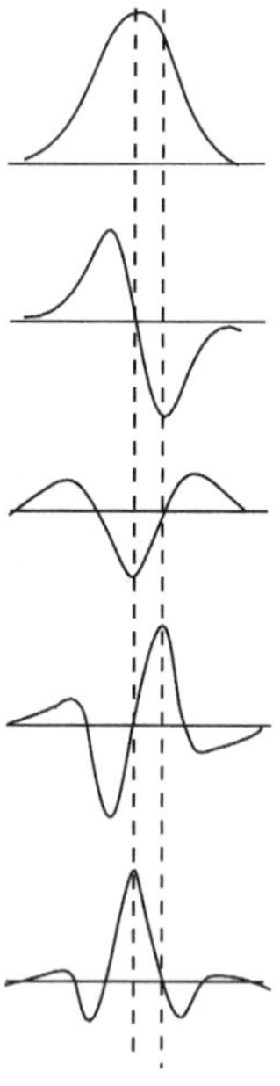

图 11.23　物质的吸收光谱曲线

1～4 为阶导数光谱.

$$I=I_{\circ}\exp(-\varepsilon lC)$$

对波长 λ 求一阶导数，得

$$\frac{dI}{d\lambda}=\frac{dI_{\circ}}{d\lambda}\exp(-\varepsilon lC)-\frac{d\varepsilon}{d\lambda}I_{\circ}\exp(-\varepsilon lC) \qquad (11.10)$$

通过光度计的放大增益自动调节，可使 $I_{\circ}$ 在整个波长范围内保持为常数，即 $dI_{\circ}/d\lambda=0$，

则
$$\frac{dI}{d\lambda}=-IlC\frac{d\varepsilon}{d\lambda} \qquad (11.11)$$

这时，导数信号与浓度呈正比，且灵敏度与 $d\varepsilon/d\lambda$ 有关.

同样，对波长 λ 求二阶、三阶导数，得

$$\frac{d^2I}{d\lambda^2}=-Il^2C^2\left(\frac{d\varepsilon}{d\lambda}\right)^2-IlC\left(\frac{d^2\varepsilon}{d\lambda^2}\right)$$

$$\frac{d^3I}{d\lambda^3}=-Il^3C^3\left(\frac{d\varepsilon}{d\lambda}\right)+3l^2C^2\frac{d\varepsilon d^2\varepsilon}{d\lambda d\lambda^2}-IlC\frac{d^3\varepsilon}{d\lambda^3} \qquad (11.12)$$

$\frac{d\varepsilon}{d\lambda}=0$ 时，上两式变为

$$\frac{d^2 I}{d\lambda^2} = - IlC\left(\frac{d^2\varepsilon}{d\lambda^2}\right)$$

及
$$\frac{d^3 I}{d\lambda^3} = - IlC\,\frac{d^3\varepsilon}{d\lambda^3} \qquad (11.13)$$

此时二阶导数和三阶导数与浓度呈正比，测量的灵敏度分别与 $d^2\varepsilon/d\lambda^2$ 和 $d^3\varepsilon/d\lambda^3$ 有关，利用式(11.13) 可以进行定量分析. 图 11.23 吸收光谱曲线及其 1～4 阶导数光谱的示意图.

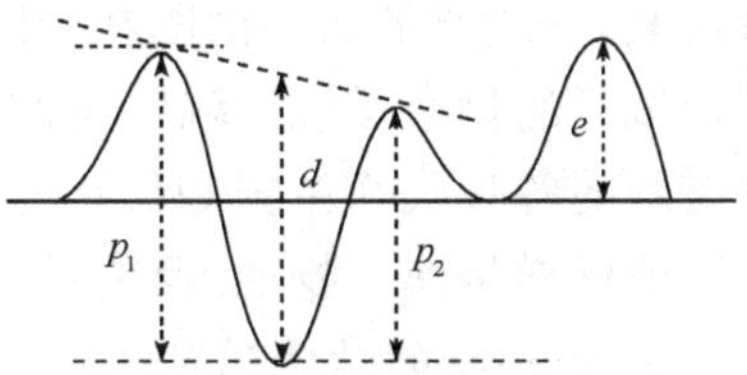

图 11.24　导数光谱的求值
d. 正切法；p_1，p_2. 峰谷法；
e. 峰零法.

测量导数光谱峰值的方法有正切法、峰谷法和峰零法，如图 11.24 所示.

① 正切法

画一切线正切于相邻的两个极大或两个极小，然后测量其间的极值至切线的距离 *d*. 采用此方法测量峰值，不管基线是否倾斜，只要它是直线，总能测得较准确的数值.

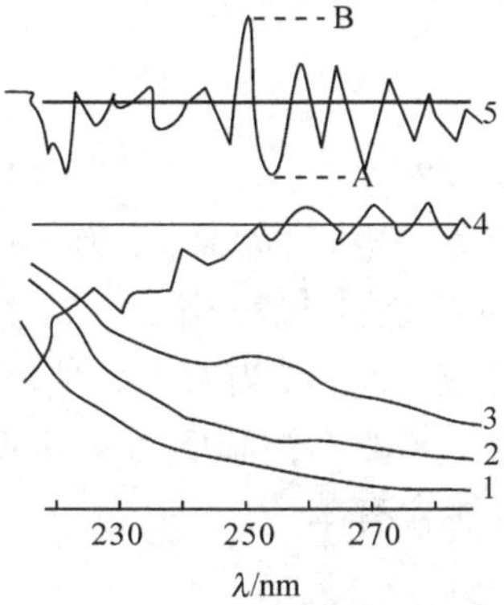

图 11.25　乙醇中微量苯的测定
1. 乙醇的吸收光谱；2. 含 1ppm 苯的乙醇；3. 含 10ppm 苯的乙醇；4. 是 2 的二阶导数光谱；5. 是 2 的四阶导数光谱.

② 峰谷法

如果基线是平坦的，可通过测量相邻的极大与极小之间极值间的距离，如图 11.24 中的 p_1 和 p_2，作为导数光谱的峰值.

③ 峰零法

此法是测量极值与基线之间的距离 *e* 作为峰值. 一般它只适合于导数光谱峰对称的情况，故仅在特殊情况下才采用.

导数分光光度法的最大优点是可提高检测的灵敏度. 图 11.25 是用导数分光光度法测定测量乙醇中微量苯的情况. 由图可见，利用一般吸收光谱法，只能检测出约 10ppm 的苯(曲线 3). 而四阶导数光谱中 A 和 B 之间的距离正比于苯的浓度，据此可检测出低于 1ppm 的苯.

§11.5.4　IR 的分析方法

红外光谱法广泛应用于有机化合物的结构鉴定. 关于红外定量分析参见 §11.4.4.

1. 已知物的鉴定

已知物的鉴定是将试样的光谱图与纯物质的谱图或文献上标样的标准谱图进

行对照.一般要求两张谱图在相同的实验条件下获得,使用文献上的标准谱图时,要求试样的物态、结晶状态、溶剂、使用仪器及测定条件应与标准谱图相同.如果两张谱图的各吸收峰位置和形状完全相同,峰的相对强度一样,则可以认定试样与纯物质或标样是同一物质.反之,说明两者不是同一物,或者试样中存在杂质.

2. 未知物的结构测定

测定未知物的结构是红外光谱法定性分析应用的重要方面,它涉及到谱图解析.红外光谱解析一般程序是:收集样品有关资料和数据,计算化合物的不饱和度、识别特征区和指纹区红外光谱吸收峰.

(1) 收集资料和数据

知道样品的来源有助于了解样品中有效成分及杂质的范围.样品如果纯度不符合要求,须经过精制提纯,然后再进行定性分析.样品的沸点、熔点、折光率、旋光率、相对分子质量等物理化学性质,可作为光谱解析的旁证,验证光谱解析结果的合理性.

(2) 确定未知物的不饱和度

未知物的不饱和度(U) 用下式计算:

$$U=\{(2n+2)+t-m\}/2 \tag{11.14}$$

式中:n 为分子式中四价原子数目,例如碳;t 为三价原子数目,如氮;m 为一价原子数目,如氢、卤素等.分子式中的二价原子(如氧、硫)不参加计算.当 $U=0$ 时,表示分子是饱和的.当 $U=1$ 时,表示分子中有一个双键或一个环.当 $U=2$ 时,表示分子中存在 $U=1$ 的情况的两倍,或分子中有一个叁键.苯的不饱和度为 4,表明分子中有三个双键和一个环.当 $U\geqslant 4$ 时,表示分子中可能含有苯环.

(3) 识别红外光谱吸收峰

光谱解析应遵循先简单后复杂、先特征区后指纹区、先强峰后弱峰、先粗查后细找、先否定后肯定的原则进行.

特征区光谱可确定化合物分子中的官能团,由第一强峰可预料化合物的类别.通过确认碳氢振动类型及是否存在芳环的骨架振动,可判断化合物是芳香族、饱和脂烷族或不饱和化合物.碳氢振动(ν_{C-H}) 发生在 3300～2800 cm^{-1}间,大体上高于 3000 cm^{-1}属于不饱烃,低者为饱和烃.芳香烃的骨架振动($\nu_{C=C}$) 出现在 1650～1430 cm^{-1}间,非共轭环有两个峰,共轭环有 3～4 个峰,其中以 1600±20 cm^{-1}和 1500±25 cm^{-1}为主,这是鉴别有无芳香族存在的标志之一.

红外光谱有九个重要区段,表 11.10 列出九个重要区段的振动类型.根据吸收峰的位置可从表 11.10 大致了解吸收峰是由何种振动引起.初步确定第一强峰的归属,这是“粗查”.而后,仔细核对相关峰在谱图中的峰位与手册数据的一致性,肯定第一强峰的归属,这是“细找”.同理依次识别其他特征吸收峰,然后解析指纹区的光谱. 指纹区的许多吸收峰和特征区吸收峰相关，可以作为某一基团存在的旁证，并有助确定化合物的细微结构. 如推断芳环上取代基位置或一些化合物的几何异构体.

表 11.10　红外光谱的九个重要区段

波数/cm^{-1}	波长/μm	振动类型
3750～3000	2.7～3.3	ν_{OH}，ν_{NH}
3300～3000	3.0～3.4	$\nu_{\equiv CH} > \nu_{=CH} \approx \nu_{ArH}$
3000～2700	3.3～3.7	ν_{CH}(—CH_3，—CH_2—，—CH<，—CHO)
2400～2100	4.2～4.9	$\nu_{C\equiv C}$，$\nu_{C\equiv N}$
1900～1650	5.3～6.1	$\nu_{C=O}$（酸酐，酰氯，醛，酯，酮，羧酸，酰胺）
1675～1500	5.9～6.2	$\nu_{C=C}$，$\nu_{C=N}$
1475～1300	6.8～7.7	δ_{CH}
1300～1000	7.7～10.0	ν_{C-O}（酚，醇，醚，酯，羧酸）
1000～650	10.0～15.4	$\gamma_{=CH}$（烯氢，芳氢）

对于简单光谱，一般解析一、二组相关峰即可确定未知物的分子结构. 对于复杂化合物的光谱，由于官能团间相互影响，解析十分困难，在粗略解析后，再与已知物光谱图对照或查对标准光谱图，或进行综合解析（参照元素分析，UV，NMR，MS 等波谱信息），详细应用见分析应用篇.

例 1　某化合物在 3000～1600cm^{-1} 区间的红外吸收光谱如图 11.26 所示，判断它是下述三个化合物中的哪一个.

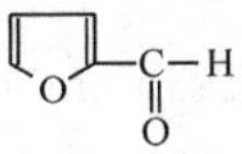

(I)

$CH_3OCH{=}CH{-}C{\equiv}CH$

(II)

$CH_3{-}\overset{O}{\overset{\|}{C}}{-}C{\equiv}C{-}CH_3$

(III)

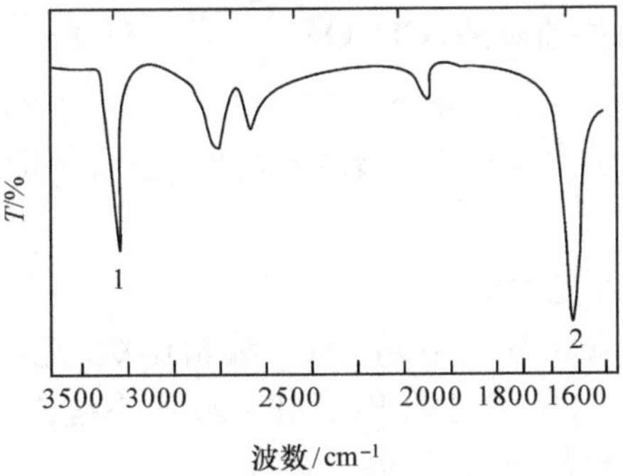

图 11.26　某化合物的红外吸收光谱

解　因为属于已知范围的未知物判断，无须按解析程序进行识别，可用否定排除法进行判断. 谱图中的 3300cm^{-1} 为 $\nu_{\equiv CH}$ 峰，化合物Ⅰ、Ⅲ无此峰；2160cm^{-1} 为 $\nu_{C\equiv C}$ 峰，化合物Ⅰ无此峰；1620cm^{-1} 为 $\nu_{=CH}$ 峰，化合物Ⅲ无此峰，因此可以否定化合物Ⅰ和Ⅲ，认定为化合物Ⅱ. 2900cm^{-1}，2800cm^{-1} 为 ν_{-CH} 峰，它们的强度大小可与文献资料中的数据对照，作为判断的旁证.

例 2　化合物 $C_8H_8O_2$ 的红外光谱如图 11.27 所示，判断其结构式.

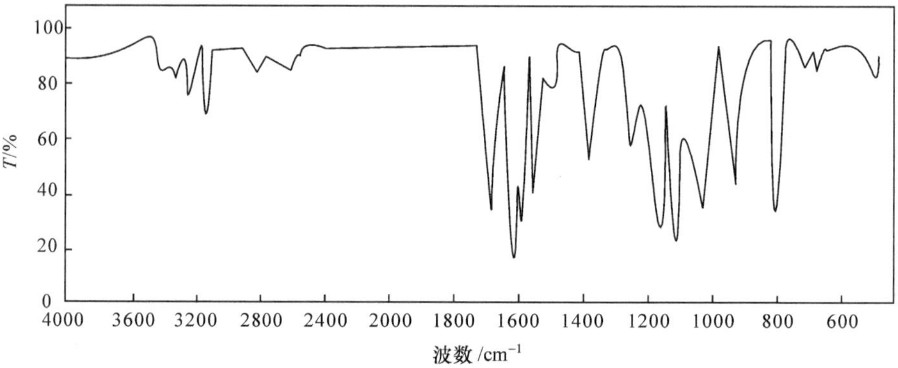

图 11.27　化合物 $C_8H_8O_2$ 红外光谱数据

解　计算不饱和度为 U=[2×8+2−0−8×1]/2=5，表明可能有苯环. 谱图上 3000cm^{-1} 左右的吸收峰，说明有 ═C—H 和 ═C—H 基团存在. 靠近 1700cm^{-1} 的强峰，表明有 C═O 基团，结合 2730cm^{-1} 的特征峰，进一步说明有

$$\overset{O}{\overset{\|}{C}}—H$$

基团存在. 1600 cm^{-1} 左右的两个峰以及 1520 和 1430 cm^{-1} 的吸收峰，再次证明了苯环的存在. 820 cm^{-1} 吸收带的出现，说明苯环上的取代基是对位，1460 和 1390 cm^{-1} 的两个峰是—CH_3 的特征吸收. 根据以上的分析结合化合物的分子式，可确定该化合物为对位茴香醛 CH_3O— 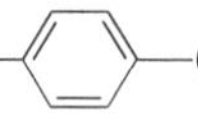 —CHO .

3. 几种标准图谱集

定性分析一般需要进行图谱对照，在缺乏纯品化合物时，应与标准图谱对照. 常用的标准图谱有三种：

(1) Sadtler 标准红外光谱集

它由美国 Sadtler research laborationies 编辑出版. 是一套连续出版的、大型综合性活页图谱集. 到 1985 年已收集了 69 000 张棱镜图谱；到 1980 年收集了 59 000 张光栅谱图. 它备有各种索引，便于查找.

(2) Aldrich 红外图谱库

由 Pouchert C J 编辑，Aldrich Chemical Co. 出版，3ed，1981. 汇集了 12 000 余张各种有机化合物的红外光谱图，全卷最后附有化学式索引.

(3) Sigma 傅里叶红外光谱图库

由 Keller R J 编辑，Sigma Chemical Co. 出版，2 卷，1986. 汇集了 10 400 张各类有机化合物的 FT－IR 谱图，并附有索引.

参考文献

[1] 林守麟. 原子吸收光谱分析. 北京：地质出版社，1985

[2] 罗庆尧，邓延倬，蔡汝秀，曾云鹗. 分光光度分析. 北京：科学出版社，1992

[3] 方惠群，史坚. 仪器分析原理. 南京：南京大学出版社，1994

[4] 北京大学化学系仪器分析教学组. 仪器分析教程. 北京：北京大学出版社，1997

[5] 赵藻藩，周性尧，张悟铭，赵文宽. 仪器分析. 北京：高等教育出版社，1990

[6] Robert D Braun 著，北京大学化学系，清华大学分析中心，南开大学测试中心译. 最新仪器分析技术全书. 北京：化学工业出版社，1990

习题与思考题

习　题

1. 请从仪器结构组成上述说原子吸收、紫外-可见吸收以及红外吸收三大仪器的异同点.
2. 指出上述三大仪器所用光源的特点，并说明为什么采用此种光源.
3. 石墨炉原子化法的工作原理是什么？有什么特点？为什么它比火焰法有更高的绝对灵敏度？
4. 原子吸收光谱的背景是怎么产生的？有几种校正背景的方法？其原理是什么？各自有何优点？
5. 原子荧光光谱仪有几种类型？各有何特点？
6. 试从仪器部件及光路结构对原子吸收和原子荧光进行比较.
7. 试述傅里叶变换红外光谱仪和色散型红外光谱仪的最大差别是什么？各有何特点？
8. 简述原子荧光分析中的光散射干扰及消除办法.
9. 原子吸收光谱法测定水中 Co 的浓度，分取水样 10.0cm^3 置于 5 个 50.0cm^3 的容量瓶中，加入不同体积含有 6.00$\mu g/cm^3$ Co 的标准溶液，然后稀释至刻度，由下列数据制图，求出 Co 的含量($\mu g/cm^3$).

样品	$V_{水样}/cm^3$	$V_{标准溶液}/cm^3$	吸光度
空白	0	0	0.042
1	10.0	0	0.201
2	10.0	10.0	0.292
3	10.0	20.0	0.378
4	10.0	30.0	0.467
5	10.0	40.0	0.554

10. 用原子吸收光谱法测定二乙基二硫代氨基甲酸盐萃取物中的 Fe，得到以下数据. 请作图求出 Fe 的含量（$\mu g/cm^3$）.

吸光度		加入 Fe 量（$mg/200cm^3$）
空白	试样	
0.020	0.100	
0.060	0.140	0.200
0.100	0.180	0.400
0.140	0.220	0.600

11. 用原子吸收光谱法测定 Mg 的灵敏度时，若配置浓度为 $2\mu g/cm^3$ 的水溶液，测定得其透光率为 50%，试计算 Mg 的灵敏度.

12. WDF-Y_2原子吸收分光光度计的光学参数如下：

光栅刻数：1200 条/mm，光栅面积：50×50（mm^2），倒线色散率；2nm/mm，狭缝宽度：0.05，0.10，0.20，2.00 四挡可调. 试问：

（1）此仪器的一级光谱理论分辨率是多少？

（2）欲将 K 404.4nm 和 K 404.7nm 两线分开，所用狭缝宽度应为多少？

（3）Mn 279.48nm 和 Mn 279.83nm 双线中，前者是最灵敏线，若用 0.10mm 和 0.20mm 的狭缝宽度分别测定 Mn 279.48nm，所得灵敏度是否相同？为什么？

13. 已知 Ca 的灵敏度是 $0.004\mu g/cm^3/1\%$，某地区土壤中 Ca 的含量约为 0.01%，若用原子吸收光谱法测定 Ca，其最适宜的测定浓度是多少？应称取多少克试样制成多少体积溶液进行测定比较合适？

14. 用紫外分光光度法测定含有两种络合物 X 和 Y 的溶液的吸光度（l=1.0cm），获得表中数据. 计算未知溶液 X 和 Y 的总浓度.

溶液	浓度 $C/(mol\cdot L^{-1})$	吸光度 $A_1(\lambda_1=285nm)$	吸光度 $A_2(\lambda_2=365nm)$
X	5.0×10^{-4}	0.053	0.430
Y	1.0×10^{-3}	0.950	0.050
X+Y	未知	0.640	0.370

15. 有两种异构体的紫外吸收峰在 228nm（ε=14 000）和 296nm（ε=11 000）. 试指出这两种异构体分别属于下面结构中的哪一种.

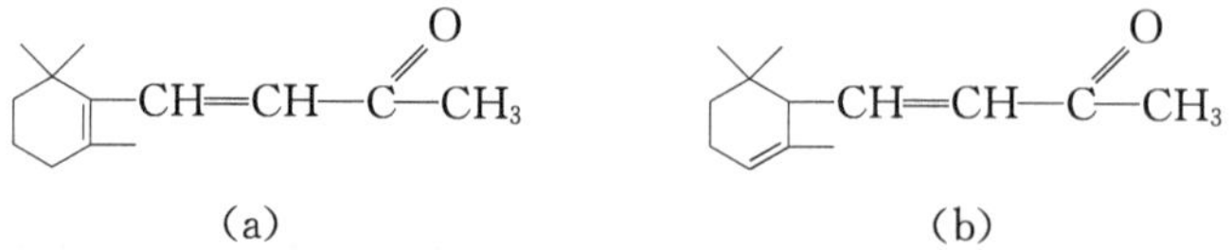

（a）　　　　（b）

16. 试计算下列化合物的最大吸收紫外吸收光谱 λ_{max}.

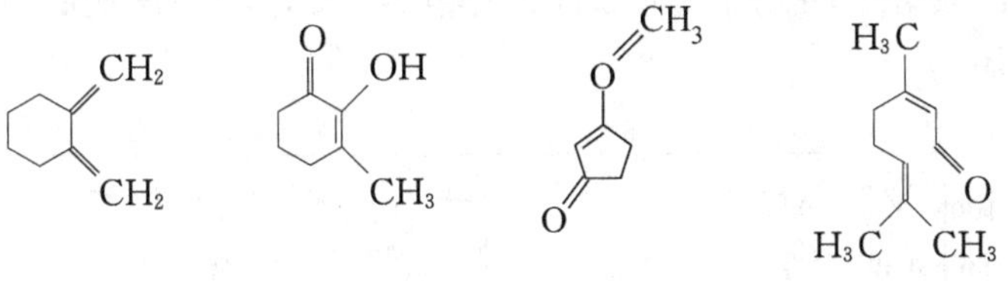

(a)　　(b)　　(c)　　(d)

17. 如何用紫外光谱判断下列异构体：

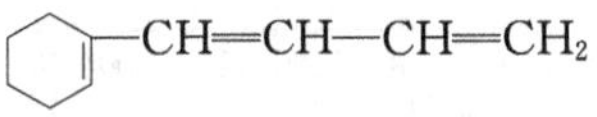

(a)

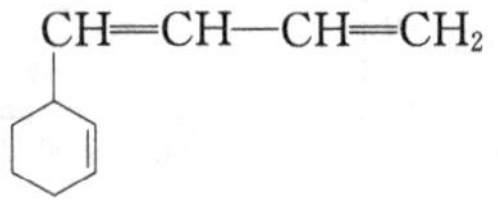

(b)

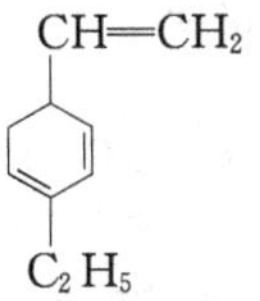

(c)

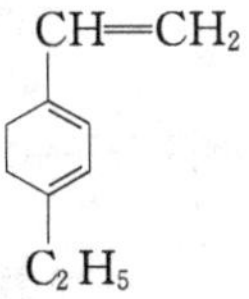

(d)

18. 有一晶体物质的红外吸收特征是：在 3330 cm^{-1}(3.0μm)和 1600 cm^{-1}(6.25μm)处有锐陡带，在 2300 cm^{-1}(4.35μm)或 3600 cm^{-1}(2.78μm)处没有吸收带．问下列两化合物哪一个的结构和此红外数据吻合？

(1) $N{\equiv}C{-}NH_2^+{-}CH{-}CH_2OH$　　(2) $HN{=}CH{-}NH{-}C({=}O){-}CH_2{-}$

19. 从以下红外数据来鉴定特定的二甲苯：

化合物 A：吸收带在 767 和 692 cm^{-1}处；

化合物 B：吸收带在 792 cm^{-1}处；

化合物 C：吸收带在 742 cm^{-1}处．

20. 某化合物的分子式为 C_7H_5NO，其红外光谱如图 11.28 所示，试推断其结构．

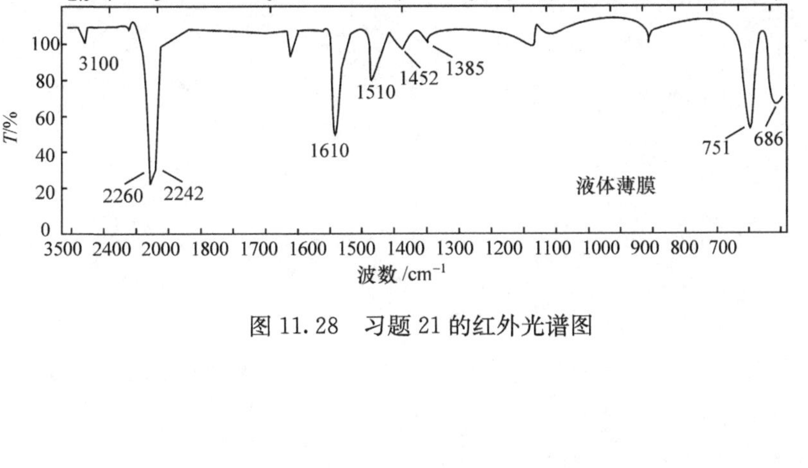

图 11.28　习题 21 的红外光谱图

21. 某化合物的分子式为 C_8H_7N,熔点 29.5℃,其红外光谱如图 11.29 所示,试推断其结构.

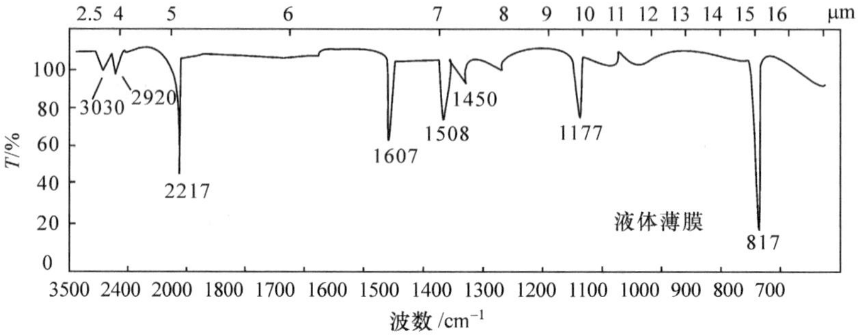

图 11.29　习题 22 的红外光谱图

22. 某化合物的分子式为 $C_7H_{10}O$,经红外光谱测定有 >C=O ,—CH_3,—CH_2—及 >C=C< . 紫外光谱测定 $\lambda_{max}^{EtOH}=257nm$,试推断其结构.

思考题

光度计有自动增益调节功能,使不同强度的双波长的入射光产生相同的响应信号. 请证明这样两束不同波长的入射光通过同一吸收池后,由其透射光产生响应信号强度之比可计算出该溶液在两波长处的吸光度之差.

第 12 章　X 射线类分析仪与电子能谱仪[1~7]

本章内容包括 X 射线荧光光谱仪、X 射线衍射仪、四圆单晶衍射仪和电子能谱仪. 前三种仪器方法虽然在分析原理上完全不同：X 射线荧光分析是 X 光子的吸收与发射过程，是一种光谱分析；而 X 射线衍射分析是晶体对 X 射线的衍射作用，是一种非光谱分析. 但是仪器组成十分相近.

电子能谱分析是研究物质受激产生光电子的能量信息，是能谱分析；但是所用激发源和信号检测均与前三种仪器有相似之处，将这类仪器归在一章，目的是便于对比学习.

§12.1　X 射线类分析仪

§12.1.1　仪器结构特点

1. X 射线荧光光谱仪的组成

X 射线荧光光谱仪有两种类型：波长色散型和能量色散型. 图 12.1 为两类仪

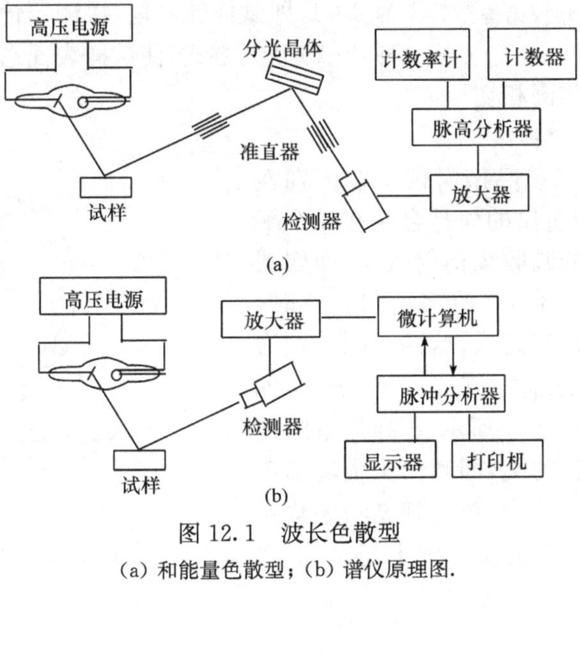

图 12.1　波长色散型

(a) 和能量色散型；(b) 谱仪原理图.

器的原理图.波长色散型 X 射线荧光光谱仪,利用晶体分光将试样激发产生的混合荧光 X 射线按波长不同,分别测量其谱线强度.它是由 X 射线激发源、试样室、晶体分光器、检测器和计数系统等部分组成.能量色散型 X 射线荧光光谱仪是用分辨率较高的半导体检测器和多道脉冲分析仪,按 X 射线光子能量不同分别测定其强度.

2. X 射线衍射仪的组成

X 射线衍射仪(又称为多晶衍射仪)的结构和波长色散型荧光 X 射线光谱仪十分相似,由 X 射线源、样品台、检测器和计数系统等部件组成.与 X 射线荧光光谱仪的主要区别是:辐射光源需要用单色 X 射线;其次,它不需要分光晶体,因为试样本身是衍射晶体.但样品台可以平面旋转,以保证光源对试样进行不同角度的扫描.所以样品台以及随样品台旋转的测角仪实际上是仪器的核心部件.

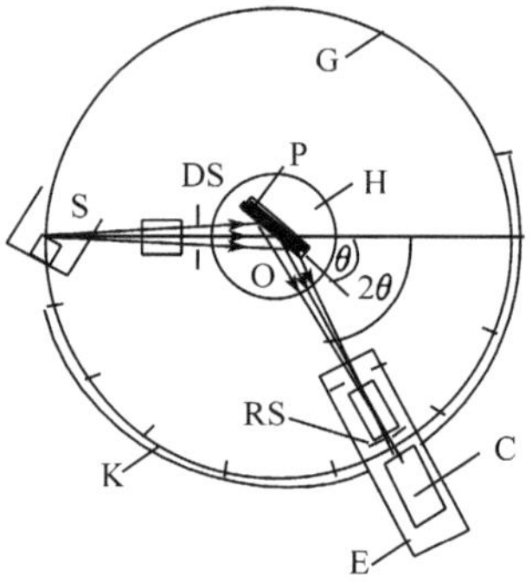

图 12.2 测角仪结构

图 12.2 为测角仪的结构示意图.其中 G 为衍射圆,样品 P 放在衍射圆中心的试样台 H 上,X 光源 S 和接受狭缝 RS 都在衍射圆上,接受狭缝 RS 和探测器 C 固定在支架 E 上,DS 为发散狭缝.支架 E 可沿着衍射圆 G 转动,并由刻度尺 K 给出接受狭缝 RS 的 2θ 位置.试样台 H 也可以转动,并由台上的刻度给出 θ 位置.

测角仪上的试样台和探测器支架既可以单独转动,又可以联合转动.联合转动时两者的角速度为 2∶1,即试样转 θ 角,探测器恰好在 2θ 位置.这种 $\theta \sim 2\theta$ 联动方式,使试样表面总与光源、试样、接受狭缝构成的聚焦圆相切.

3. 四圆单晶衍射仪

四圆衍射仪与多晶衍射仪主要区别在于样品台.多晶衍射仪的样品台是在一个平面上有两个运动的圆收集衍射数据,而四圆单晶衍射仪的样品台,在收集衍射数据时,是由四个运动的圆来完成,这四个圆分别为 φ(phi) 圆、χ(chi) 圆、ω(omega) 圆和 2θ(2theta) 圆,如图 12.3 所示.φ 圆是指围绕安置晶体的轴旋转的圆,即测角头绕转轴自转的圆,旋转的角称为 φ 角;χ圆是指安装探角头的垂直圆,探角头在该圆上运动;ω 圆

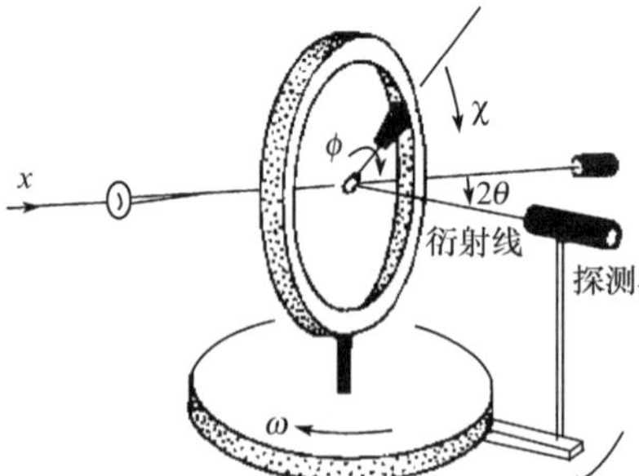

图 12.3 四圆单晶衍射仪结构示意图

的垂直轴通过衍射仪的中心点，使χ 圆绕该垂直轴旋转，亦即晶体绕垂直轴转动的圆；2θ 圆和 ω 圆共轴，载着检测器转动的圆；φ 圆、χ 圆和 ω 圆的作用是共同调节晶体取向，将所需要测定的衍射晶面指数 hkl 的 $\boldsymbol{H}_{hkl}$ 矢量调到水平位置，并使晶体旋转到让 $\boldsymbol{H}_{hkl}$ 矢量的端点碰到反射球面，产生衍射；2θ 圆的作用是让 X 衍射线进入检测器. 4 个圆共计有三个轴，这三个轴和入射 X 射线在空间上相交于一个点，该点为晶体所处的机械运动中心. 四个圆在收集衍射数据的运转过程中，晶体始终处在该中心位置. 每个圆的运动由独立的马达带动，通过计算机控制，让晶体的各个衍射晶面 hkl 在特定的取向条件下满足衍射条件，并记录衍射强度.

§ 12.1.2　X 射线源

1. X 射线荧光光谱仪的激发源

在 X 射线荧光分析中，激发源的强度要高，才能使试样发射较强的荧光 X 射线. 所以要求激发源(X 射线管)具有较大的功率. 高功率 X 射线管是由一个带铍窗口(能透过 X 射线) 的、防辐射的重金属罩和一个具有绝缘的真空玻璃罩组成的套管，其结构见图 12.4.

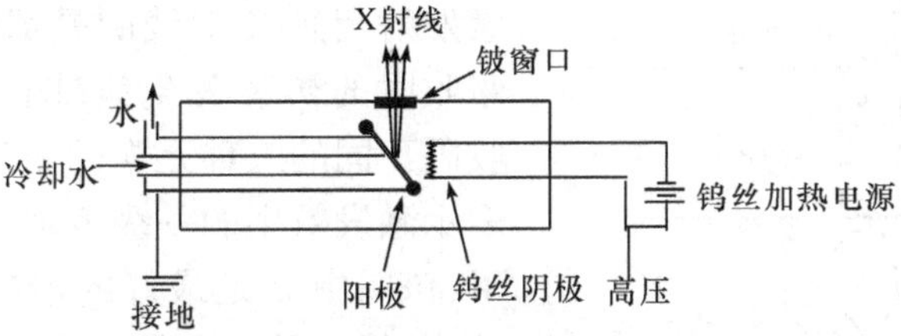

图 12.4　X 射线管结构示意图

阴极灯丝被加热至白炽后发出热电子，在凹面聚焦电极聚焦后，在高压电场作用下加速奔向阳极的靶面. 阳极为空心铜块，靶是嵌入在铜块上的金属圆片或金属镀层. 射到靶上的电子，其动能 99%以上转变为热能，不到 1%的动能转变为 X 射线光子. 所以 X 射线管的阳极必须用水冷却，否则靶将熔化. 阳极与地线连接，可保证水冷却安全运作.

由于入射电子与靶中若干原子连续碰撞而逐渐失去其能量，因此靶发射的 X 射线为连续光谱，X 射线可具有等于或少于电子动能的任何能量. 连续 X 射线光谱的强度曲线，其形状几乎与靶材无关，而曲线的驼峰高度随靶材的原子序数增加而增高，如图 12.5(c)所示. 连续 X 射线光谱的强度随着 X 射线管内的电流成正比，如图 12.5(a)所示. 电子能量全部转变为 X 射线的能量，此时的 X 射线波长称为短波限. 短波限与靶材无关，加速电位越高，短波限越短，如图 12.5(b)所示. 当靶材的原子内层电子被入射电子轰击而电离时，靶材将发射其特征谱线，并叠加在连续光谱上.

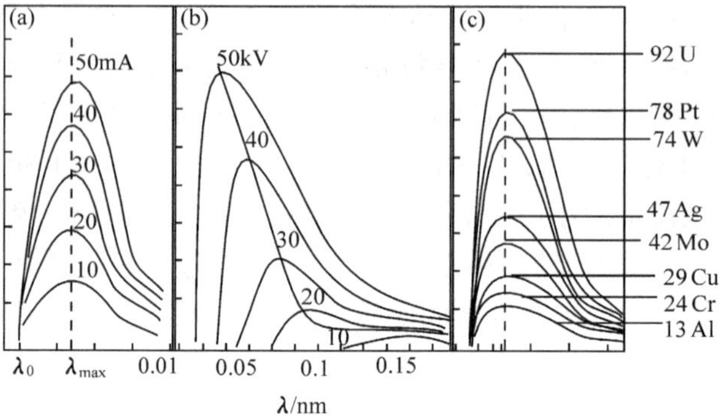

图 12.5　X 射线管电流、电压和靶材的改变对连续光谱的影响

(a)管压、靶材(原子序数)固定时连续光谱强度与电流关系;(b)管流、靶材(原子序数)固定时连续光谱强度与电压关系;(c)管压、管流固定时连续光谱强度与靶材(原子序数)关系.

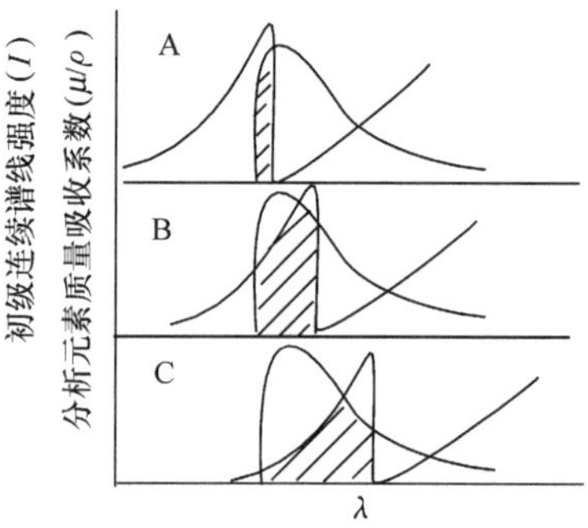

图 12.6　初级连续谱线的激发效率

X 射线管所发射的射线(包括靶材的特征谱线)统称为初级 X 射线. 能激发待测元素发射荧光 X 射线的是那些波长小于相应吸收限的初级 X 射线. 图 12.6A,B,C 为吸收限不同的三种元素的激发曲线,阴影部分表示激发效率的一级近似值. 在给定的管压下:该图中 B 是最好的情况,因为连续光谱的"驼峰"刚好位于待测元素的吸收限的短波侧. 为了利用连续光谱的"驼峰"高效率激发待测元素,一般 X 射线管的工作电压为谱线的激发电位的 3 倍. 常用的靶材有铬、铜、钼、铑、银、钨、铂和金. 为获得待测元素最佳的荧光 X 射线光谱,要注意选择适当 X 射线管的靶材,因为特征谱线刚刚小于待测元素的 K 吸收限,它能提高对该元素的激发效率. 例如用银靶(AgKα 为 0.56Å,AgKβ 为 0.52Å)有效激发钼(K 吸收限为 0.62Å),铜靶有效激发铁,铬靶有效激发钛等. 钨靶虽有很高的"驼峰"可利用,可用于激发原子序数大的元素,但它的 L 系谱线干扰许多元素的 K 系、L 系荧光谱线. 铑靶的"驼峰"可用于激发原子序数较大的元素,它的特征谱线可用于激发原子序数较低的元素. 总之选用 X 射线管的靶材时,要结合待测试样中的元素组成的 K 吸收限、L 系吸收限与靶管的工作电压及其初级 X 射线的"驼峰"、特征谱线的相互关系等.

2. X 射线衍射仪的 X 射线源

不管是单晶衍射分析还是多晶衍射分析，对 X 射线源的要求主要是单色性好. 多晶衍射通常只用 X 射线源中 Kα 线，但 X 射线源中 Kβ 有干扰. 此外，能进入检测器产生干扰的还有 Kα 附近的背景 X 射线、高次衍射线、样品的荧光 X 射线等. 为了消除这些干扰，衍射仪常常采用脉冲分析器，脉冲分析器可以消除部分 X 射线(如高次衍射线、背景 X 射线、荧光 X 射线等) 的干扰. 但对于 Kβ 线的干扰采用滤波片比较好，利用吸收限刚好在 Kα 和 Kβ 之间的滤波片，它能强烈地吸收掉大部分 Kβ. 滤波片材料为原子序数比靶材小 1 或 2 的元素. 适当控制滤波片的厚度，可使 Kα 和 Kβ 通过滤波片后的强度比由原来的 1∶5 变为 500∶1，而 Kα 的强度一般减弱 50%左右. 对于单晶衍射仪，需要更纯的单色 X 射线，一般照射到样品的 X 射线须经过晶体分光.

§12.1.3　分光系统

1. 晶体分光的原理——布拉格(Bragg)衍射方程

当 X 射线以某个角度 θ 射向晶体表面时，将在每一个点阵(结点)处发生一系列球面散射波，即相干散射，从而发生干涉(如图 12.7 所示). 设有 3 个平行晶面，中间晶面的入射和散射 X 射线的光程与上面的晶面相比，其光程差为 $DB+BF$，而 $DB=BF=d\sin\theta$. 当光程差为波长的整数倍时，即

$$n\lambda = 2d\sin\theta \qquad (12.1)$$

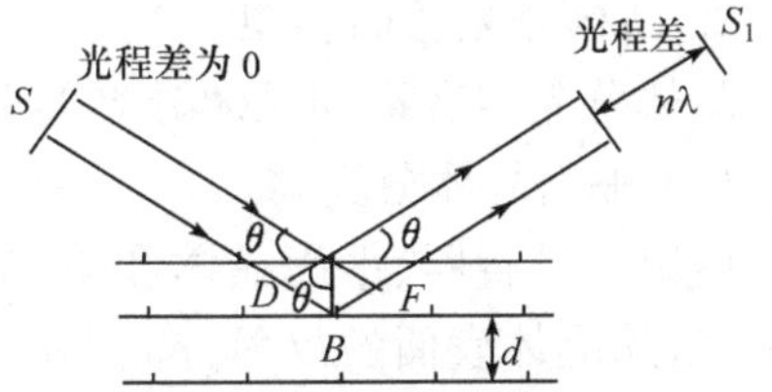

图 12.7　布拉格衍射示意图

时才能互相加强，式(12.1)是布拉格衍射方程式. 式中：n 值为 0,1,2,3,… 等整数，也称衍射级数；θ 为掠射角(入射角的补角)；d 为晶面间距. 因为 $|d\sin\theta|\leqslant 1$，所以当 $n=1$ 时，有

$$\lambda/2 = |d\sin\theta| \leqslant 1，即\ \lambda \leqslant 2d.$$

这表明，只有当入射 X 射线波长 $\lambda\leqslant 2$ 倍晶面间距时，才能产生衍射.

在实际工作中，布拉格公式有两个重要作用：

(1) 已知 X 射线波长 λ，测定 θ 角度，从而计算晶间距 d. 此即 X 射线结构分析.

(2) 用已知 d 的晶体，测定 θ 角，从而计算出特征辐射波长 λ. 进一步查出样品中所含元素，此即 X 射线荧光分析.

晶体一定，则晶间距 d 一定，它能衍射的最大 X 射线的波长为晶体面间距的 2 倍，也就是说每种晶体的使用波长范围也是一定的，只适应一定范围元素的测定.

常用的分析晶体材料列于表 12.1.表 12.1 表明:没有任何一块晶体可以同时适于所有元素的测定,所以波长色散 X 射线谱线荧光光谱仪一般都有几块可以互换的分析晶体.

表 12.1　常用的分析晶体

晶　体	2*d* 值/nm	测定元素
LiF(422)	0.1652	87 Fr～29 Cu
LiF(420)	0.180	84 Po～28 Ni
LiF(200)	0.4027	58 Ce～19 K
ADP(112) 磷酸二氢氨	0.614	48 Cd～16 S
Ge	0.6532	46 Pd～15 P
PET(002) 异戊四醇	0.8742	40 Zr～13 Al
EDDT(020)	0.8808	41 Nb～13 Al
(右旋-酒石酸乙二胺)		
LOD(硬脂酸铅)	10.04	12 Mg～5 B

2. 晶体分光器的类型

晶体分光器有平面晶体分光器和弯面晶体分光器两种.

(1) 平面晶体分光器

由第一准直器、平面晶体和第二准直器组成. 当一束平行的 X 射线投射到晶体上时,从晶体表面的反射方向上可以观测到波长为 $\lambda=2d\sin\theta$ 的一级衍射线,以及波长为 $\lambda/2,\lambda/3,\cdots$ 等高级衍射线. 平面晶体反射 X 射线的原理见图 12.8. 两个准直器的作用是为了获得一定谱线宽度的、近似平行的荧光 X 射线,它是由一些平

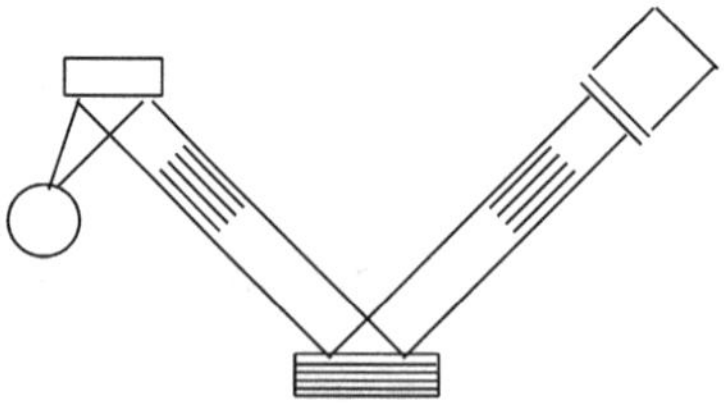

图 12.8　平面晶体反射 X 射线的原理

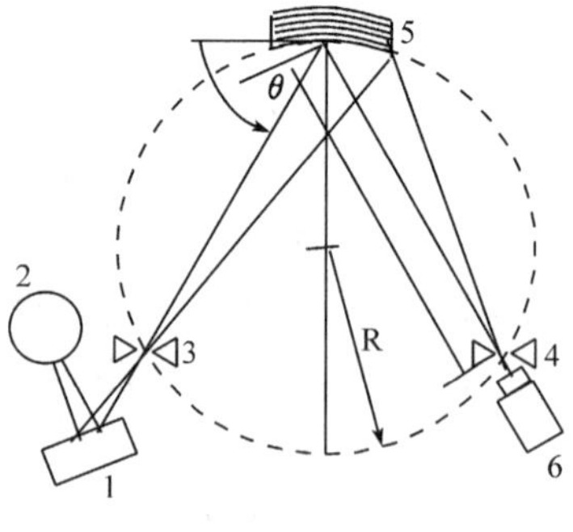

图 12.9　弯面晶体反射 X 射线的原理

1. 样品；2. X 光管；3. 入射狭缝；4. 出射狭缝；5. 平面晶体；6. 探测器.

行金属片按一定间距排列而成的，金属平面与晶体转动轴平行. 来自试样的荧光 X 射线是发散的，只能从准直器的缝间中通过，其他方向的 X 射线被金属片吸收. 增加准直器的长度、缩小片之间的距离可以减少谱线宽度，提高分辨率，但同时降低荧光强度.

(2) 弯面晶体分光器

平面晶体分光器有 99% 的 X 射线被发散且被准直器吸收，辐射强度损失很大. 采用弯面晶体分光器则可使强度提高 10 倍. 弯面晶体不仅具有衍射作用，还能将发散的 X 射线聚焦于出射狭缝上. 因此弯面晶体分光器又称为聚焦分光器，聚焦分光器的结构原理如图 12.9 所示. 分析晶体的点阵面被弯成曲率半径为 $2R$ 的圆弧，它的入射表面研磨成曲率半径为 R 的圆弧. 入射狭缝、出射狭缝和分光晶体放在半径为 R 的圆周(又称为聚焦圆)上，并使晶体表面与圆周相切，两狭缝到分光晶体中心的距离相等. 样品放置在聚焦圆外靠近入射狭缝，检测器与出射狭缝相连. 测定时，入射狭缝位置不变，分析晶体、出射狭缝及检测器均沿着聚焦圆运动，而且出射狭缝及检测器的运动速度是分析晶体的 2 倍，以保证 θ 与 2θ 的关系，并满足布拉格衍射条件，同时还必须保持检测器的窗口始终对准分析晶体的中心.

弯面晶体分光是一种强聚焦的色散方式. 它的曲率能使试样不同点上或同一点的侧向发散的同一波长的谱线，由入射狭缝射向弯晶面上各点时，其掠射角都相同. 继而这些同一波长的、掠射角相等的衍射线又重新被会聚于出射狭缝处被检测，从而达到增加了衍射线强度的目的.

§12.1.4　检测系统

荧光 X 射线的强度通常用计数率(单位时间入射 X 射线光子的数量) 来表示，常用的检测器有：正比计数器、闪烁计数器和半导体计数器.

1. 正比计数器

正比计数器是利用 X 射线将气体电离，产生脉冲放电而进行测量，其结构如图 12.10 所示. 它的外壳为圆柱形金属壁，在轴线位置有一金属芯线，芯线与外壳绝缘，分别与高压直流电源正、负极相连接，芯线为正极. 管内充有探测气体 (Ar, Kr) 和猝灭气体(甲烷、乙醇等有机气体分子，其电离分解是不可逆的，故具有猝灭作用)的混合气体. 在一定的电压下，由窗口射入的 X 射线使检测气体电离，产生离子-电子对的数量与 X 射线光

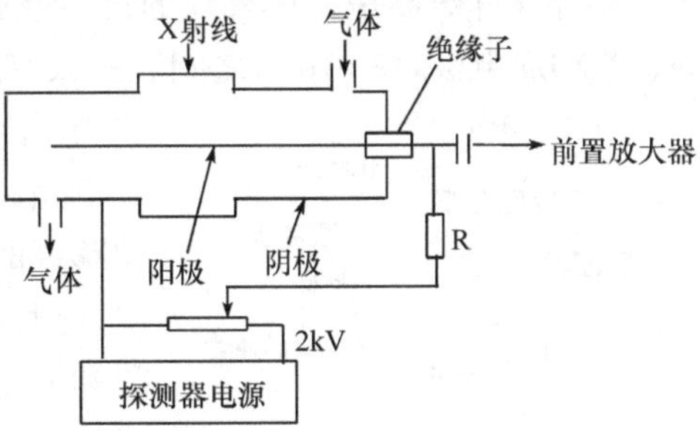

图 12.10　正比计数器

子的能量成正比，与探测气体的电离能成反比. 初始电子在电场的作用下被加速，又使其他原子电离，如此循环，可产生链锁反应. 瞬间内可使电子数目增加 10^3～10^5倍，产生雪崩式放电，使正极电压突然减小而产生脉冲输出. 脉冲的平均高度正比于初始离子-电子对的数量，即正比于 X 射线的能量. 所以，这种计数器称为正比计数器. 适合于检测波长大于 0.2nm 的 X 射线.

一次脉冲放电后，正极恢复到正常电压的 90%所需要的时间叫作上升时间，电压恢复到能产生极小的脉冲的时间称为死时间，电压恢复到产生可检测出的脉冲幅度的时间称为分辨时间. 分辨时间可粗略地称为“死时间”. 在“死时间”内，进入检测器的 X 射线不能被测出，正比计数器的死间大约为 0.2μs.

2. 闪烁计数器

闪烁计数器是由闪烁体和光电倍增管组成，其结构示意见图 12.11. 闪烁体为铊激活的碘化钠晶体. 闪烁即为瞬时发光，当 X 射线由窗口射入闪烁体时，使闪烁体产生一定数量的可见光子，可见光子的数量与 X 光子的能量成正比. 闪烁体发出的光子被光电倍增管检测并放大，形成闪烁计数器输出的脉冲. 所以，脉冲幅度与入射的 X 射线的能量成正比. 闪烁计数器的“死时间” 约为 0.25μs. 适合于检测波长小于 0.2nm 的 X 射线.

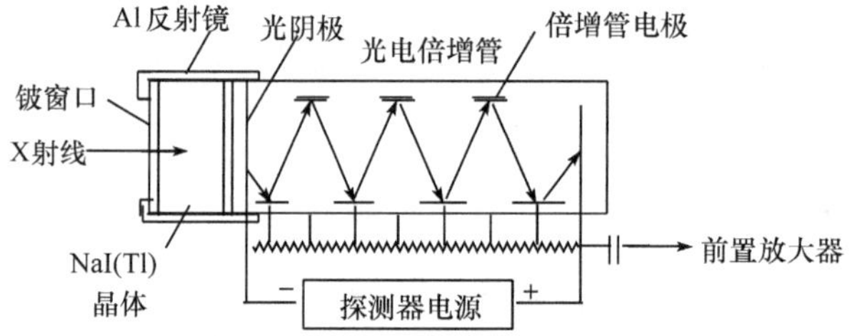

图 12.11　闪烁计数器

3. 半导体计数器

半导体计数器是由掺有锂的硅(或锗)半导体做成，其两面真空喷镀一层 20nm 的金膜构成电极，在 n，p 区之间有一放空层(或敏感层)Li 漂移区，如图 12.12 所示. 因为 Li 的离子半径小，很容易漂移穿越半导体，而且 Li 的电离能也比较低，当入射的 X 射线撞击 Li 漂移区时，在其运动途径中形成一定数量的电子-空穴对. 电子-空穴对在电场的作用下，分别移向 n 层和 p 层面，形成电脉冲，脉冲幅度平均值与 X 射线的能量成正比. 这种计数器的特点是能量分辨率较高. 为了消除噪声和避免计数器损坏，无论使

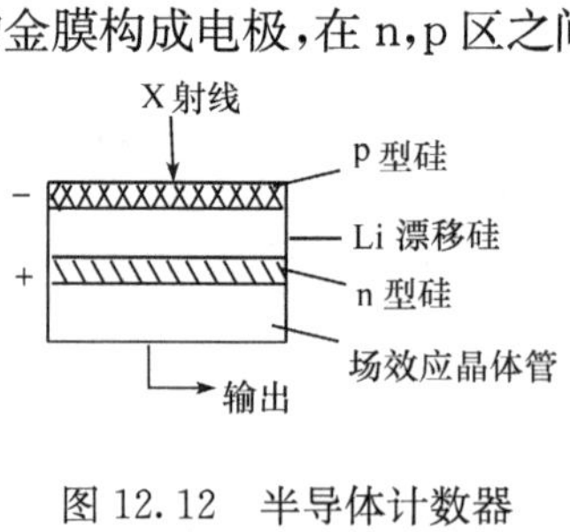

图 12.12　半导体计数器

用与否都必须将半导体计数器用液氮冷却. 半导体计数器的"死时间"为 3～0.5μs. 适合于检测波长小于 1.0nm 的 X 射线.

实际上,即使检测同一波长的 X 射线,每个 X 光子所形成的脉冲的高度是不同的,有一定的波动范围. 如果脉冲高度波动较小,表明这种检测器的能量分辨率较高,相反,则表示其能量分辨率低. 图 12.13 是上述三种计数器的 AgKα 的脉冲分布比较,该图表明闪烁计数器的能量分辨率最好,能将 Kα 和 Kβ 分开.

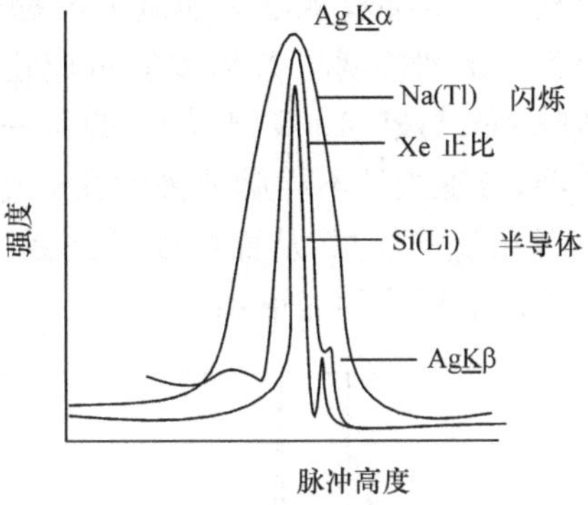

图 12.13　不同计数器的脉冲分布比较

4. 计数记录装置

计数记录装置将计数器的脉冲进一步放大,然后进行计数率测定. 脉冲高度分析器是该装置的重要组成部分.

根据布拉格晶体衍射公式,在衍射角 θ 一定时,除检测波长为 $\lambda=2d\sin\theta$ 的 X 射线外,波长为 $\lambda/n(n=2,3,\cdots)$ 的高级行射线也可同时检测到. 例如测量 AlKα ($\lambda=0.8339$nm) 时,可同时测出 AgL_{α_2} ($\lambda=0.4163$nm)的二级线. 但是,它们的脉冲高度不同,如图 12.14 所示,短波长 X 射线的脉冲高度大于长波长 X 射线的脉冲高度. 脉冲高度分析器采用脉冲电压甄别电路,适当调节基准电压和道宽电压,只让脉冲电压高于基准电压并在道宽电压范围以内的脉冲通过脉冲高度分析器,其余的脉冲都被阻挡. 因此只有波长为 $2d\sin\theta$ 的 X 射线所产生的脉冲被计数,从而将它与短波长 X 射线的脉冲分开.

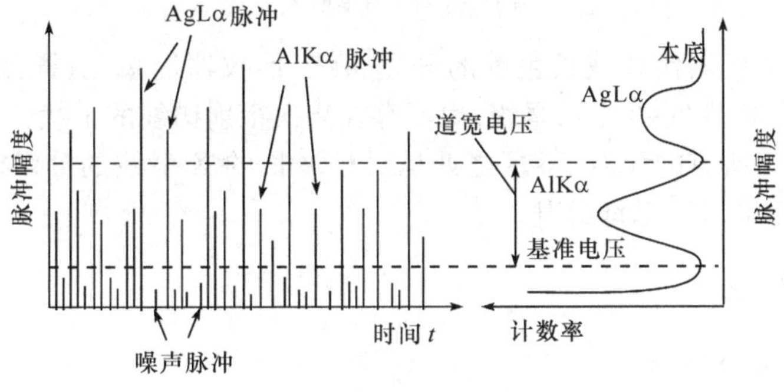

图 12.14　脉冲高度分析器原理图

如果将道宽电压调节得尽量小,然后逐渐地改变基准电压,并同时测量每次改变后相应的计数率,就可以画出谱线的脉冲高度分布曲线(见图 12.14 右侧).

5. 多道脉冲分析器

多道脉冲分析器是能量色散 X 射线荧光光谱仪的核心组成部分. 能量色散谱仪利用半导体检测器高能量分辨率这一特点，直接测量来自试样的荧光 X 射线，得到一系列幅度与 X 射线能量成正比的脉冲，经放大后送到多道脉冲分析器. 多道脉冲分析器(1000 道以上)的每一道脉冲甄别电路均可看作是一个单道脉冲分析器，分别统计不同脉冲幅度在道宽电压范围内的脉冲数. 脉冲幅度(道数)可以表示 X 射线的能量，从而可以得到强度(脉冲数)随道数分布的能谱图. 图 12.15 是一种血清样品的能谱图.

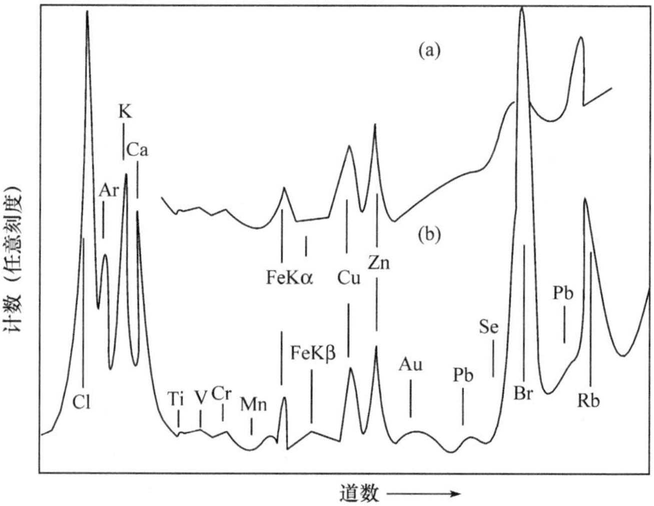

图 12.15　一种血清样品的 X 射线能谱图

(a) 无保护环；(b) 有保护环.

用多道脉冲分析器代替波长色散的分光系统，使仪器简单化；样品紧靠检测器，检测的灵敏度提高 2～3 个数量级；也不存在高次衍射谱线的干扰；可以一次同时测定样品中几乎所有的元素. 不足之处是对长波长的 X 射线的分辨能力低，不能使相邻的轻元素的 Kα 谱线分开.

§12.1.5　分析方法

1. X 射线荧光分析法

(1) 定性分析

X 射线荧光定性分析的理论依据是莫塞莱定律(Moseley Law)(见 §3.2.1)，它指出了特征 X 射线波长与元素原子序数的关系. 实际分析中根据选择采用的分析晶体(d 已知)与实测的 2θ 角，用布拉格公式计算出波长，然后查谱线- 2θ 表或

2θ-谱线表.这里谱线-2θ表按原子序数增加的顺序排列,2θ-谱线表按波长和2θ增加的顺序排列.在能量色散谱中,可从能谱图上直接读出峰的能量,再查阅能量表即可.

定性分析的实际操作是峰的识别.首先标出初级 X 射线靶线及其相干散射线(衍射线)和非相干散射线(伴线)、以及靶的杂质元素的谱线.然后,标记出样品已知成分的各线系的谱线.最后,对未知峰从最强峰开始逐一识别.

要善于识别一组元素的各线系,K 系线包括 $K\alpha$ 和 $K\beta$,$K\beta$ 强度一般是 $K\alpha$ 的 1/5,$K\alpha$ 分解为 $K\alpha_1$ 和 $K\alpha_2$ 时,$K\alpha_2$ 在 $K\alpha_1$ 的长波侧,它的强度是 $K\alpha_1$ 的 1/2. L 系线至少有三条谱线,最强的是 $L\alpha_1$ 线,其次是 $L\beta_1$,$L\gamma_1$ 较弱,这三条谱线的间隔基本差不多.一般是由几条谱线来确定一个未知元素.如果有一条谱线确定为 FeKα 线,那么一定有一条 FeKβ 线存在,它的强度大约是 FeKα 的 1/5.在确定一条强的谱线存在时,应标记出它的二级或三级的衍射线.不要把衍射线当作未知元素的谱线.

在识别峰的同时,应考虑峰的相对强度.在考虑谱线的相对强度时,应遵循以下基本关系:同一系线的谱线的相对强度,在 λ-2θ 表中已给出;同一元素的在同一 2θ 范围内,$K\alpha$ 一级线是 $L\alpha$ 一级线强度的 7～10 倍,同一谱线的二级线(对 LiF 晶体)是其一级线的 1/10.

若发现相对强度异常,应找出异常的原因.谱线强度异常,可能有以下几种情况:①谱线重叠,可能是试样某元素的发射线或者是相干的、不相干的散射线;②受基体元素谱线或较强的靶线优先激发的谱线;③探测器吸收限短波侧的谱线.谱线强度反常降低时,应考虑它是基体元素吸收限短波侧的谱线,或是探测仪器吸收限长波侧的谱线.如找到一条 CuKα 线和一条 CuKβ 线,但是 CuKβ 很弱,明显低于 CuKα 强度的 1/5.那么应该考虑在 CuKα 线上重迭有其他谱线,或者有一种基体元素(比如镍)强烈吸收 CuKβ 线.

(2) 定量分析方法

在§3.2.6 中,我们知道荧光 X 射线光谱法中,吸收-增强效应直接影响谱线的强度,也直接影响定量分析的准确度.根据处理吸收-增强效应,可将荧光 X 射线光谱法分为下述几种主要类型.

① 标准添加和标准稀释法

让样品中待测元素受到不同程度的添加或稀释,实际上是让样品作为标准的基体,以减少测量的基体效应.这种方法是以分析线的强度 I_A 随分析元素的浓度 C_A 呈线性变化为前提,即 I_A 与 C_A 呈正比.若怀疑这种线性关系,就要重新改变 C_A,以检查线性.此法只适用于低含量(小于 5%～10%)的试样分析,并且分析试样少,不值得制备标样和建立校准曲线.

② 薄膜法

将试样托附在基片(如滤纸、塑料膜、纤维布等)上,形成薄膜. 试样很薄,致使吸收-增强效应基本消失. 每个待测元素的分析线的强度与其它组分无关,只与自身的浓度呈正比. 本方法适合于试样量很少的样品.

③ 基体稀释法

通过添加一种稀释剂,以稀释剂为主体,把所有试样都稀释到基体吸收大致相同的程度,而分析线的强度仍然适合于测量. 另一方面消除试样的不均匀性和粒度的影响. 经过这种制样处理,分析线的强度与分析元素的浓度应成正比. 稀释法对低含量元素分析不利,尤其对轻元素更是如此.

④ 内标法

将定量的内标元素加入到试样中,内标元素和分析元素在基体中的吸收-增强效应相似,采用分析线强度和内标线强度之比(I_A/I_{IS})与分析元素的含量制作校准曲线. 本方法不适合于含量大于 25%的样品,固体、薄膜试样,无法采用内标法.

⑤ 散射 X 射线内标法

本方法以散射 X 射线为内标,用分析线强度与样品散射初级 X 射线的强度之比与分析元素的含量来制作校准曲线. 这种方法主要用来校正吸收效应所造成的影响,对低原子序数的样品特别有利. 散射线可以是分析线附近的背景、连续光谱驼峰的某一种波长、相干(瑞利) 散射靶线或不相干(康普顿) 散射靶线. 对增强效应的校正无效.

⑥ 数学方法

数学方法主要有经验系数校正法、基本参数法、多重回归法和有效波长法等. 建立特殊的数学模型来描述分析线的强度与分析元素浓度及其干扰之间的关系,然后,利用计算机的快速计算功能,解决复杂的数学计算. 方法发展很快,涉及内容多,本书篇幅有限,读者可参阅文献[1].

(3) 计数标准偏差和检出限

① 计数标准偏差

荧光 X 射线的发射是一个随机过程,X 射线在时间上的分布是任意的,所测定的 X 射线光子累积计数属于小概率事件,应服从泊松(Poisson)分布

$$P(N)=\frac{\overline{N}^{N}\exp-\overline{N}}{N!} \tag{12.2}$$

式中:$P(N)$是累积计数为 N 的出现概率;$\overline{N}$ 为多次重复测量的平均值. 平均值越大,其分布就越接近正态分布. 当 $N>100$ 时,则可看成是正态分布,即

$$P(N)=\frac{1}{(2\pi\overline{N})^{1/2}}\exp-\frac{(N-\overline{N})^{2}}{2\overline{N}} \tag{12.3}$$

式(12.3) 表明标准计数偏差只涉及平均累积计数.

对于计数为 N 的单次测量，其计数标准偏差为

$$\sigma_N = \sqrt{N} = \sqrt{IT} \tag{12.4}$$

式中：I 为计数率（强度）；T 为计数时间. 其计数相对标准偏差为

$$\varepsilon_N = \frac{\sigma_N}{N} = \frac{\sqrt{N}}{N} = \frac{1}{\sqrt{N}} = \frac{1}{\sqrt{IT}} \tag{12.5}$$

单次测量的累积计数的标准偏差 σ_N 和其强度的标准偏差 σ_I 的关系式为

$$\sigma_N = T\sigma_I \tag{12.6}$$

所以，

$$\sigma_I = \frac{\sigma_N}{T} = \frac{\sqrt{N}}{T} = \frac{\sqrt{IT}}{T} = \sqrt{\frac{I}{T}} \tag{12.7}$$

强度的相对标准偏差为

$$\varepsilon_I = \frac{\sigma_I}{I} = \frac{\sigma_I}{N/T} = \frac{T\sigma_I}{N} = \frac{\sigma_N}{N} = \varepsilon_N \tag{12.8}$$

上式表明累积计数的相对标准偏差 ε_N 和强度的相对标准偏差 ε_I 是等同的.

峰值的强度 I_F 扣除背景强度 I_B 后的净强度 I 的标准偏差为

$$\sigma_I = (\sigma_F^2 + \sigma_B^2)^{1/2} = \left(\frac{I_F}{T_F} + \frac{I_B}{T_B}\right)^{1/2} \tag{12.9}$$

上式表明：净强度的标准偏差除了与峰值和背景强度有关，还与峰值测量和背景测量时间有关. 原则上测量时间越长，标准偏差越小. 峰值和背景测量方法分为三种：定数法，峰值和背景的累积计数相等；定时法，峰值和背景的计数时间相等；最优定时法，合理分配峰值和背景计数时间，使总的计数时间短，而能获得最小的净强度的计数标准偏差.

② 检出限

对于痕量成分来说，可以认为 I_F 近似等于 I_B，即 $\sigma_F \approx \sigma_B$，于是

$$\sigma_I = (\sigma_F^2 + \sigma_B^2)^{1/2} = (2\sigma_B^2)^{1/2} = \sqrt{2}\sigma_B \tag{12.10}$$

当置信水平为 95％时，净强度（$I = I_F - I_B$）应大于背景的最小值为

$$I = 2\sigma_I = 2\sqrt{2}\sigma_B \approx 3\sigma_B = 3\left(\frac{I_B}{T_B}\right)^{1/2} \tag{12.11}$$

假定强度-浓度校准曲线的斜率为 m，则最小可检出的量为

$$C_{DL} = I/m = 3\sigma_B/m = [3(I_B/T_B)^{1/2}]/m \tag{12.12}$$

显然，背景越小，斜率越大，计数时间越长，检出限也就越小. 一般地讲，荧光 X 射线光谱法的灵敏度比发射光谱法低 2～3 个数量级，检出限可达 $10^{-5} \sim 10^{-9}$ g/g（或 g/mL）.

2. X 射线衍射分析法

（1）物相分析

① 定性相分析

定性相分析的核心是如何运用粉末衍射 PDF 卡片库. 定性相分析的第一步是

获得试样的粉末衍射谱图；第二步是依据粉末衍射谱图，计算出各衍射峰对应的晶体面间距 d 及其与最强峰的百分比（最强峰为 100），作为定性相分析的基本依据；第三步就是检索 PDF 卡片，从卡片库中找到所需要卡片，以资鉴定.

PDF 检索手册有二种，一种是字序检索手册，它是按英文化学名称的字母顺序排列，这部手册便于了解已知晶体物质的各条衍射线的米勒 Miller 指数及有关晶体结构的参数. 另一种是哈拉华特检索手册，该手册是按衍射线强度顺序排列面间距 d 值，每个条目列出前 8 条衍射线的 d 值. 因此检索卡片时，先用最强线的 d 值确定卡片在哈氏手册中的大组，然后用次强线的 d 值确定卡片在大组中的位置，检验全部 8 条线的实验数据是否与条目中列出的数据符合，如果基本适合，则可从卡片库抽出卡片. 查卡片时，实验获得的 d 值应放大 ± 0.01Å，消除 d 值的精度偏差带有的影响.

实验获得的最强线、次强线和三强线的顺序可能与卡片中的顺序不符. 一般认为两条谱线的强度差不超过 15%（以强度大的为基础），认为它们的强度大致相等. 如何确定三条最强线的顺序成为快速检索的关键. 一般的做法是：用①，②，③表示最强、次强和三强衍射线，当两条谱线的强度差超过 25% 时，用“∨”表示；不超过 25% 时，用“∧”表示. 这样三条强衍射线将出现以下几种情况：

(a) ①∨②∨③　此时按①②线对排列进行检索.

(b) ①∧②∨③　此时应比较衍射线①②所对应的面间距 d 大小，将 d 值大的认为是较强的线，d 值小的为次强线，然后进行检索.

(c) ①∨②∧③　此时应按①②线对和①③线对排列分别进行检索.

(d) ①∧②∧③　此时应将①②，①③，②③分别进行线对面间距大小比较，按 d 的大小排定线对顺序后再进行检索.

如果试样是多种晶体物质组成，分析的难度大大增加. 解决的基本办法仍然是“强、次强”的搭配. 尝试先找出一种物相，将该物相的衍射线一一标记出来，然后再对剩余衍射线重新搭配，直到所有的谱线得到解释.

定性相分析有时需要结合成分分析才能获得满意结果.

② 定量相分析

定量相分析是测定多种晶体组成的混合物各物相的含量. 定量相分析的试样制作要极为仔细，要使各相的颗粒足够的细，混合应十分均匀，以便测定的数据能代表整个试样的情况. 强度测量要有较高的精确度. 定量相分析都为相对分析方法.

(a) 外标法　两种晶体混合物的测量，以纯的待测物相作为外部标样，分别测定试样和标样的衍射线强度，其比值和待测物相的含量存在以下关系：

$$\frac{I_\alpha}{I_{\alpha_0}} = \frac{W_\alpha \mu_\alpha^*}{W_\alpha(\mu_\alpha^* - \mu_\beta^*) + \mu_\beta^*} \tag{12.13}$$

式中：I_α，I_{α_0} 分别为试样和标样的强度；μ_α^*，μ_β^* 分别为 α 相和 β 相的质量吸收系数，均为常数；W_α 为待测物相的重量百分数. 当 $\mu_\alpha^* = \mu_\beta^*$ 时，上式可以简化为

$$W_\alpha = I_\alpha / I_{\alpha_0} \tag{12.14}$$

依据式(12.13)或式(12.14) 可以测定两种晶体混合物中各物相的含量.

(b) 内标法　在试样中加入一定含量的标准物之后，分别测定试样中标准物和待测物相的衍射线的强度. 假定待测物相为 α，其含量为 W_α，加入标准物之后，α 相的含量下降为 W_α^*，而加入标准物的百分重量为 W_S，则有

$$\frac{I_\alpha}{I_S} = K\frac{W_\alpha^*}{W_S} \tag{12.15}$$

式中，I_α 和 I_S 分别为 α 相和标准物的衍射线强度. 常数 K 可以通过多种方式获得，方式之一就是利用已知相成分，测出两相衍射线强度之比，按该式求出.

依据式(12.15) 求出 W_α^* 之后，再计算 α 相的含量 W_α

$$W_\alpha = \frac{W_\alpha^*}{(1 - W_S)} \tag{12.16}$$

试样中非晶态物质不妨碍各物相的测定.

(c) 自标法　利用试样自身相成分中的某一物相作为内标. 假设试样的相成分数目为 n，分别测定各相衍射线的强度，并以第 n 相为内标，按式(12.15) 可列出 $(n-1)$ 个等式：

$$\frac{I_j}{I_n} = K_j\frac{W_j}{W_n} \qquad (j = 1, 2, \cdots, n-1) \tag{12.17}$$

并且

$$\sum_{j=1}^{n} W_j = 1 \tag{12.18}$$

这样，共列出 n 个方程式，通过联立方程组求解，可以分别求出 n 个相成分的含量. 利用自标法，不能消除非晶体成分的影响，只能获得混合物中各种物相的相对含量.

3. 四圆单晶衍射分析法

测定单晶晶体的结构主要采用四圆单晶衍射仪. 根据单晶对 X 射线的衍射方向(即衍射角度)和衍射强度的测定，可以收集到晶体的衍射图. 晶体的衍射图实际上就是晶体的特征“指纹”. 能给出精确的晶胞参数的同时还能给出晶体中成键原子之间的键长、键角等参数，确定分子的构型和构象. 例如，在确定多肽分子的构型时，发现，肽键 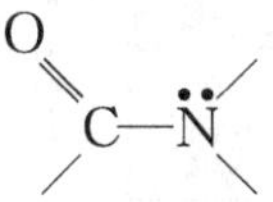 中酰胺基团所连接的六个原子为平面构型，C—N 键键长为 149pm，C ═C 双键键长为 127pm，但在单晶结构实验测定中，肽键中 C—N 键键长为 133pm，明显地具有双键成分. 显然肽键的平面构型不合理. 由此确定链型多肽分子应为螺旋构型，如图 12.16 所示. 这一结构的确定在蛋白质结构中得到了证实，对蛋白质结构的认识起了很大的作用.

单晶衍射数据的收集，不仅与仪器操作有关，还与晶体的培养与选择有很大的关系. 对衍射数据的计算与分析更需要专门的知识，需进一步学习，请参阅文献[1,6].

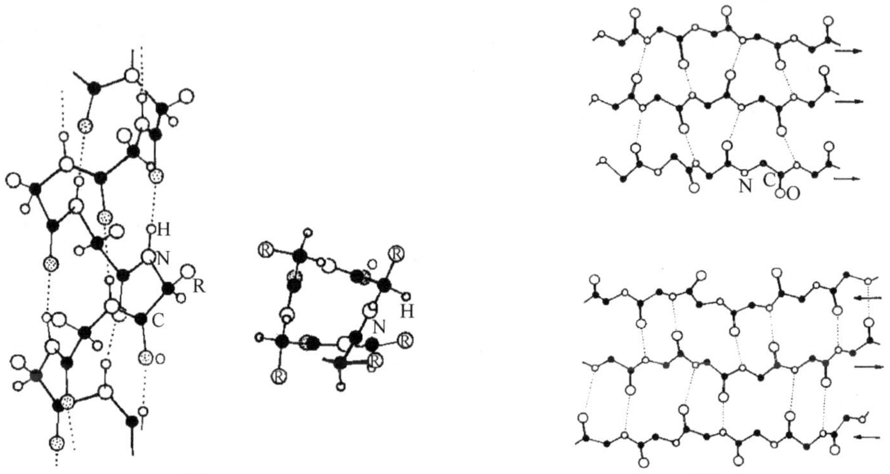

图 12.16　肽分子的构型示意图

(a) α-螺旋构型；(b) β-折叠构型.

§12.2　电子能谱仪

§12.2.1　电子能谱仪结构

X 光电子能谱仪(ESCA)、紫外光电子能谱仪(UPS)和俄歇电子能谱仪(AES)都是用于测量低能电子的，都是由激发源、样品室系统、电子能量分析器、检测器和放大系统、真空系统及计算机等部分组成. 只是激发源各不相同. 将这些不

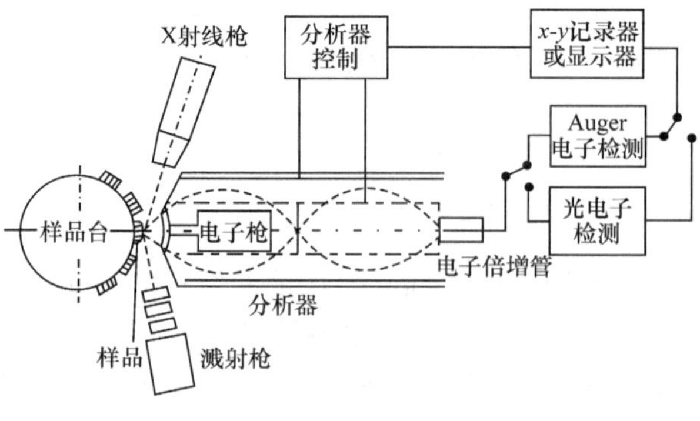

图 12.17　电子能谱仪结构示意图

同激发源组装在一起，仪器其他部分共同使用，可使一台电子能谱仪具有多种功能，这是近年来这类仪器的重要发展方向. 图 12.17 为这样一台电子能谱仪的结构示意图.

1. 激发源

激发源有 X 射线枪、单色 X 射线枪、紫外光枪和电子枪. 图 12.17 仅画出 X 射线枪和电子枪.

(1) X 射线枪

X 射线枪用于 X 射线光电子能谱仪(XPS 或 ESCA)，ESCA 的分辨率取决于 X 射线的宽度、样品电子能级宽度和仪器的固有分辨率. 因此，ESCA 对激发源 X 射线的宽度有一定的要求. 目前在 ESCA 中常用 MgKα 和 AlKα 作为 X 射线激发源，其射线宽度分别为 0.68eV 和 0.83eV，能激发出轻元素的 K，L 层电子和重元素的 M，N 层电子. 铜靶和铬靶产生的 X 射线能量比较高，但其射线宽度(>2eV)太大，不适于直接用作为 ESCA 的激发源.

(2) 单色 X 射线枪

目前电子能谱技术中，ESCA 的分辨率主要取决 X 射线的宽度，MgKα 和 AlKα 的射线宽度仍然较大，而且存在伴线 $K_{\alpha_{3,4}}$，这对于获得高分辨谱图和减少伴线干扰是不利的. 为了获得高分辨电子能谱图，需要采用单色 X 射线枪.

采用弯曲石英晶体 X 射线单色器，使 X 射线管发射的靶线先经过弯曲石英晶体衍射和聚焦，这样可将 X 射线的能量宽度降至 0.3eV 以下，从而提高了 ESCA 的最终分辨率，改善了信噪比，使原来被本底掩盖的弱峰也可以检测出来；同时也消除了 $K_{\alpha_{3,4}}$ 等伴线的干扰. 但是，经过单色化后的 X 射线的强度大大下降，影响了 ESCA 的灵敏度.

(3) 紫外线枪

紫外线枪实际上是高压放电管. 当管内抽到高真空时，导入相应的气体，然后采用直流放电办法激发出紫外线. 表 12.2 为紫外光电子能谱(UPS) 仪中常来用的两种紫外线. 目前已设计出单色紫外线枪，可以进一步提高 UPS 的分辨率.

表 12.2　He 和 Ne 紫外线及其能量

气体	紫外线	能量/eV	λ/Å
He	He Ⅰ	21.21	584.3
	He Ⅱ	40.8	303.8
Ne	Ne Ⅰ	16.85	735.9
	Ne Ⅱ	26.9	

(4) 电子枪

俄歇电子能谱仪常用电子枪作为激发源，以得到强度较大的电子能谱. 电子枪由三极管、电子静电单透镜和 X,Y 偏转板组成. 图 12.18 为俄歇电子能谱仪所用的一种电子枪示意图. 电子枪的加速电压为 5kV,最大束电流为 100μA,产生的电子单斑点为 1000～50μm.

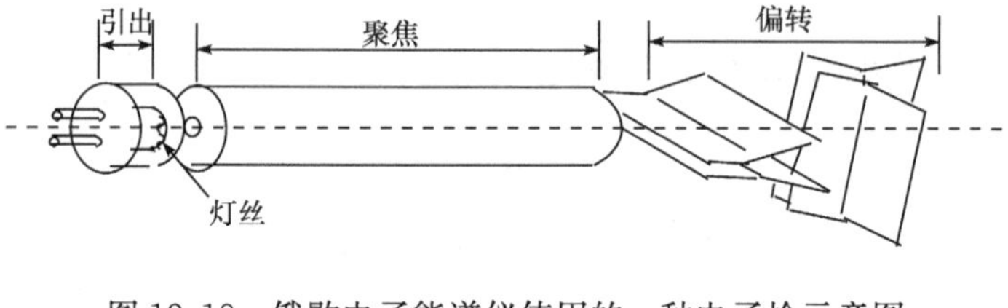

图 12.18 俄歇电子能谱仪使用的一种电子枪示意图

电子能谱仪有两种电子枪. 一种称为同轴电子枪,安装在电子能量分析器内(见图 12.17). 其特点是安装紧凑,离样品近,束斑小,分辨率高. 另一种称为掠射电子枪,这种电子枪与样品成 10°～30°角,用于提高二次电子的发射率,特别是当样品是绝缘体时,它可以消除样品表面的荷电现象.

2. 样品室系统

样品室系统包括样品处理、进样系统和样品室三部分.

(1) 进样系统

进样系统是将样品引入样品室的一整套装置. 样品室的真空度为 10^{-9} Torr[1),因此进样系统的进样时间要短,同时由此引起的样品室的真空度波动要小. 图 12.19所示的进样系统为真空闭锁装置. 进样分二步完成:首先将样品推到 A 处,然后打开低真空阀抽气,O_1 密封圈把装置内空间和大气隔离. 当真空度到达 10^{-2}～10^{-3} Torr 后,再将样品推到 B 处,此时 O_2 密封圈起作用,将 A,B 两真空区隔离,此时可缓缓开起楔形高真空阀,迅速将样品送入样品室. 由于 B 区低真空影响,样品室的真空度会下降到 10^{-4}～10^{-5} Torr,但能很快恢复正常. 整个工作可在 2～3min 内完成.

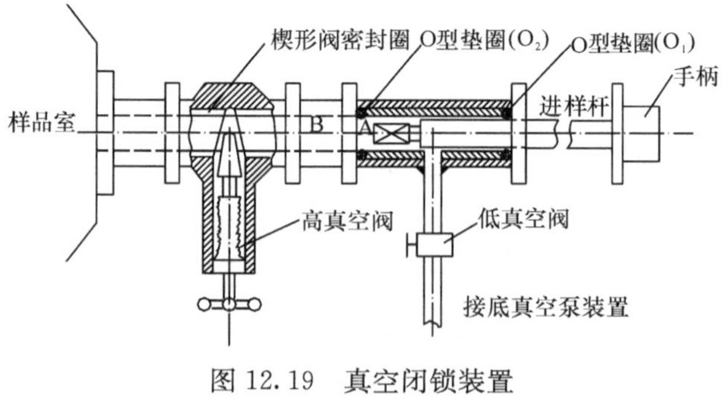

图 12.19 真空闭锁装置

1) 1Torr=1.333 22×10^2 Pa,下同.

(2) 样品室

一般样品室为球形或圆筒形，它应满足电子能谱分析操作的要求. 这些要求是：

① 样品室内的样品架应能存放多个样品，在更换样品时能迅速、方便、准确到位，尽可能减少仪器空载时间.

② 样品室壁上有多种窗口，以便安装各种激发源和分析器，满足对样品进行多种技术的分析操作的要求.

③ 样品室的超高真空度应优于 10^{-8} Torr.

④ 能在样品室对样品进行必要的处理，包括对样品进行清洗、加热和冷却.

(3) 预处理系统

样品在分析之前，必须进行适当的物理处理和化学处理. 预处理系统可根据用户需要进行安装. 现有预处理系统主要是用于物理方面的处理，如样品的加热、冷却、断裂和清洗等. 对预处理的基本要求与对样品室的要求相似.

样品的清洗或刻蚀需要采用氩离子枪. 样品表面上任何微小杂质存在，都会严重干扰分析的准确性，而使用一般的物理和化学清洗方法，均远离电子能谱仪对表面清洗的要求，氩离子清洗是一种有效方法. 清洗型氩离子枪的离子密度为 $100\mu A/cm^2$，离子能量为 500eV. 刻蚀用的氩离子枪用来对样品逐层剥离，以便进行深度分析. 这种氩离子枪的离子密度为 $0\sim100\mu A/cm^2$，离子能量为 2000eV.

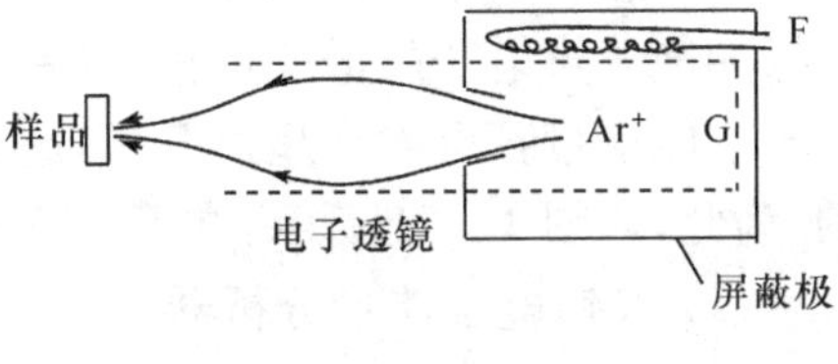

图 12.20　氩离子枪示意图

氩离子枪的结构如图 12.20 所示. 它是由阳极 G、灯丝 F、屏蔽极、电子透镜和氩气组成，是一种热阴极电子轰击式的离子枪. 阳极是由钨丝绕制而成，呈椭圆型. 加热灯丝产生热电子，由 F 发出的电子在电压作用下引向阳极 G，G 实际上是栅网结构电离室. 电子碰撞氩气产生氩离子，由吸极引出，经透镜聚焦到样品的表面. 灯丝和栅网的外部有一不锈钢罩，它与灯的负极相连作为电子反射极，兼有防止阴极物质飞溅的屏蔽作用.

3. 电子能量分析器——电子能谱的单色器

电子能量分析器是测量电子能量分布的一种装置，用来探测样品发射出来的不同能量电子的相对强度. 现在商品仪器多数都采用静电式能量分析器，其优点是体积小，外磁场屏蔽简单，并易于安装调试. 整个分析器必须用高导磁率的金属材料屏蔽，因为低能电子易受杂散磁场影响而偏离原来的运动轨道. 经屏蔽后杂散磁场(包括地磁场) 应小于 10^{-8} T. 分析器工作应在高真空条件下进行，以减小电子与分析器中残存气体分子碰撞的概率.

常用静电场式的分析器有半球形分析器和筒镜分析器两种.

(1) 半球形电子能量分析器

半球形分析器是由两个同心半球面组成,如图 12.21 所示.内、外球面加上一定电压,外球面带负电荷,内球面带正电荷.同心球面空隙的电场使进入分析器的不同能量电子具有不同的偏转作用,使能量为某一定值的电子聚焦到出口狭缝.改变分析器内、外球面的电压,就能依次使不同能量的电子通过分析器.记录每一种动能的电子数,并与对应的电子能量作图,获得电子能谱图.

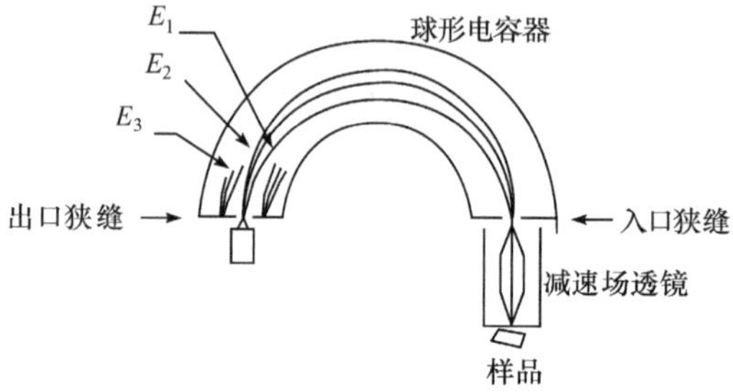

图 12.21　半球形电子能量分析器示意图

分析器的分辨率定义为 $\Delta E/E_e \times 100\%$,$\Delta E$ 为半球形分析器狭缝的电子能谱带宽:

$$\Delta E = E_e \frac{W}{2r} \tag{12.19}$$

式中:E_e为进入分析器中电子能量;W 为狭缝宽;r 为内外球面半径平均值.ESCA2000 型分析器的内外球面半径为 $r_1 = 101.6$mm,$r_2 = 152.4$mm,则平均半径 $r = 127.0$mm.如果狭缝为 1mm,进入分析器的电子能量为 65eV,按上式计算,分析器的能分辨电子能谱的带宽 $\Delta E = 0.26$eV.当电子能量足够高时,分析器能分辨的电子能谱带宽可能会超过 5eV,这么大的分辨带宽是不能为电子能谱仪所接受的.为此,如图 12.21 所示,在 ESCA 分析器前装有减速透镜.

(2) 筒镜电子能量分析器

筒镜电子能量分析器,简称为 CMA,由两个同轴圆筒组成.样品和检测器放置在两圆筒公共轴的两端.空心内筒的壁上有环形入口和出口狭缝,其几何形状如图 12.22 所示.外筒加负压,内筒接地,内外筒之间有一个轴对称的静电场.使某一定能量电子聚焦,并进入检测器.

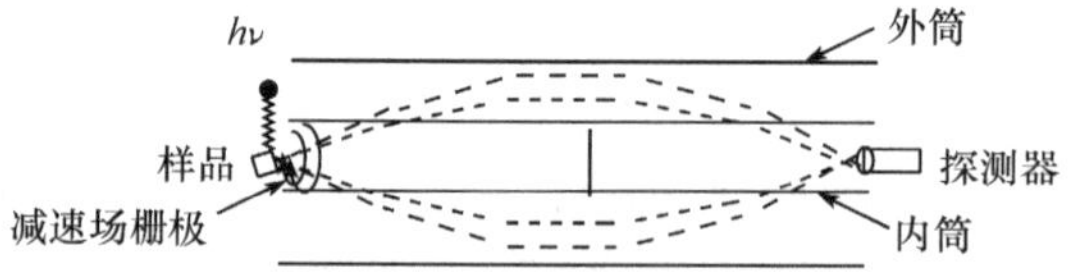

图 12.22　筒镜形分析器示意图

筒镜分析器的接受角比较大,几乎全部 2π 都能利用,因此,灵敏度比较高.它适合于俄歇电子能谱仪.筒镜分析器的分辨率比较低,且安装减速透镜较困难.为了提高分辨率，可以安装二级筒镜分析器，如图 12.17 所示. 分辨率可达到半球形分析器水平，但其灵敏度受到损失.

低能电子在分析器中运动时，很易受到外磁场（包括地磁场和杂散磁场）影响，使电子偏离正常轨道，达不到预期的结果. 为确保所分析的电子不受干扰，常用顺磁材料屏蔽外磁场. 顺磁材料有很高的导磁率，它所围成的空间可有效地减少外磁场的影响. 国外常采用一种称为波莫合金的材料为屏蔽材料，它是一种含铁、镍、铂的合金. 国内类似的材料是 1J27 铁镍合金，它具有较高的导磁率和较低的饱和磁感应强度.

4. 检测器

原子和分子的光电子截面都较小，因此在电子能谱分析中，由样品产生的光电子流十分微弱（约 10^{-3}～10^{-19} A），必须采用单道或多道电子倍增器作为检测器，然后经放大，才能由记录显示装置显示出能谱图.

电子倍增器有管式和平行板式两种，前者是由高铅玻璃或钛酸钡系列陶瓷制成，后者由基片（玻璃）、半导体层（如 Si）和二次电子发射层（如 Al_2O_3）等三层组成. 管式电子倍增器的原理如图 12.23 所示. 当一端连地，另一端加高电压（例如 3kV），其内表面就形成连续的打拿极. 带电粒子进入倍增管的入口端，与管内表面碰撞放出二次电子，二次电子沿轴向加速，从电场中获得能量后，再次与管壁碰撞产生更多的二次电子. 如此反复倍增，最后在倍增管的高压端（末端）形成一个脉冲信号输出. 这种倍增器的放大倍数为 10^8. 直管形的主要缺点是存在离子反馈效应，螺旋管倍增器可以抑制这种效应. 现在电子能谱仪都采用一种喇叭式螺旋管半导体倍增器.

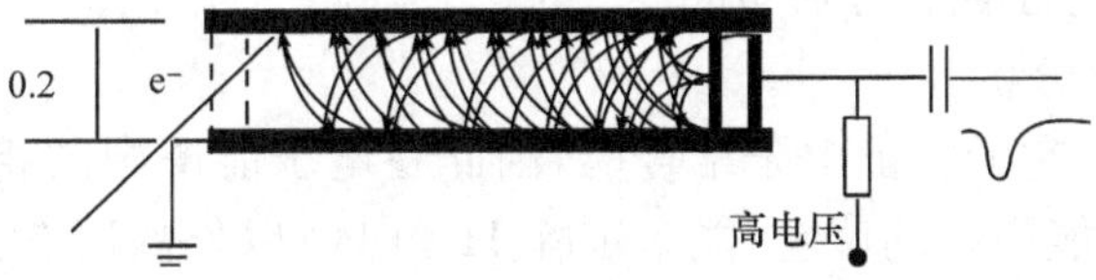

图 12.23　直管形半导体电子倍增器原理示意图

多个单道电子倍增器组合在一起形成大面积的多道检测器，以提高仪器的灵敏度.

5. 真空系统

电子能谱仪的激发源、样品室、分析器和检测器都必须在高真空条件下工作. 它对真空的要求在大型分析仪器中名列首位. 这不仅是为了减小电子在运动中与残留气体分子碰撞而损失信号强度，使信号失真，而且残留气体被样品表面吸附，由样品发出的光电子受到表面吸附的气体分子的阻挠，变得难于测量. 在常温下，

真空度为 10^{-5}Torr 时，样品表面能在 3s 内吸附一层气体分子，这种样品表面很难被电子能谱分析所接受. 一般要求样品室的真空度必须优于 10^{-8}Torr. 因此，电子能谱仪必须配置超高真空系统. 用于电子能谱仪的真空系统应满足下列要求：

(1) 可以获得清洁无油蒸气的超高真空，真空度应优于 10^{-8}Torr.

(2) 真空系统的抽气量大，能在短时间内达到所需的超高真空.

(3) 能抽除所有气体，包括惰性气体，H_2气以及其他蒸气.

(4) 工作时应无噪声，无振动，无磁场产生，稳定可靠，维修方便.

(5) 真空系统能烘烤.

用一种型号的真空泵不可能同时满足以上要求，须按仪器分析的主要要求，采用多种型号真空泵组合，才能得到满意的解决.

§12.2.2 电子能谱分析应用

1. 电子能谱分析的特点

(1) 除氢和氦元素之外，可以分析所有其他元素. 能直接测定来自样品的单个能级发射的光电子能量分布，直接得到电子能级结构的信息.

(2) 从能量范围来看，电子能谱提供的信息可视为“原子指纹”，能测定原子价层电子和内层电子轨道，提供有关化学键方面的信息. 而相邻元素的同种能级的谱线相隔甚远，相互干扰少，元素定性分析的标识性强.

(3) 是一种无损伤分析.

(4) 是一种高灵敏度超微量表面分析技术. 分析所需试样量约 10^{-8}g 即可，绝对灵敏度可达 10^{-18}g，样品分析深度为 2nm.

2. X 射线光电子能谱分析应用

(1) 元素定性分析

各种元素都有它的特征电子结合能，因此在电子能谱中的相应谱线为其特征谱线，依据谱线在能谱中的位置，能鉴定除 H 和 He 以外的所有元素. 对样品进行全扫描，在一次测定中可检出全部元素或大部分元素. 图 12.24 是用 MgKα 线照射的月球土壤的 X 射线光电子能谱图，土壤主要成分可清晰鉴定.

(2) 元素定量分析

某元素的光电子谱线的强度(或峰面积)反映了样品中该元素的含量或相对浓度，据此可进行元素定量分析. 实际工作中，采用与标准样品相比较的方法进行定量分析，分析精度达 1%～2%.

(3) 固体表面分析

X 射线光电子能谱仪是固体表面分析最常用的工具，适用于涂层、镀层、薄膜、金属表面氧化与腐蚀层、吸附层等表面元素成分分析，以及研究表面的化学组成、原子价态、表面能态分布，测定表面原子的电子云分布和能级结构等.

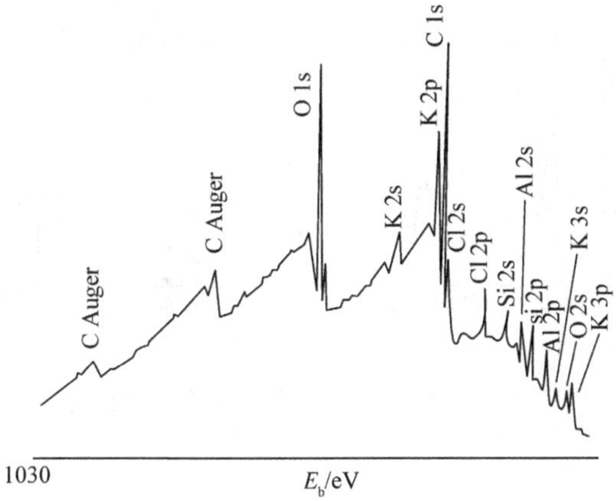

图 12.24　月球土壤的 X 射线光电子能谱图

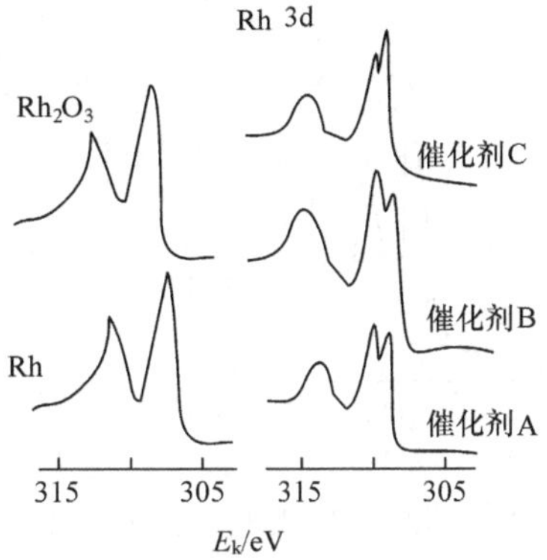

图 12.25　铑催化剂、金属铑和三氧化二铑的 Rh 3d 光电子能谱

例如，用 X 射线光电子能谱研究了木炭载体的铑催化剂. 金属铑薄片、Rh_2O_3 和铑的催化剂的 $3d_{5/2,3/2}$ 光电子能谱如图 12.25 所示. 金属铑的谱图上可看出有一个肩峰，这是因为金属铑表面已部分氧化，Rh 和 Rh_2O_3 的 3d 光电子谱线之间有 1.6eV 的化学位移. 催化剂 A，B 具有高的活性，催化剂 C 呈现低活性，主要是催化剂表面铑的氧化物不一样. 从该图可以看出，催化剂 A，B 的谱线十分相似，3d 双线均出现两种峰，表明催化剂表面至少存在两种可区别的铑原子，一种是金属铑，一种是铑的氧化物，而且铑的氧化物占优势. 催化剂 C 的谱线却不同，虽然谱图表明也存在两种铑原子，但是其中金属铑占优势.

(4) 化合物结构测定

X 射线光电子能谱分析对内层电子结合能的精确测量，能提供有关化学键和电荷分布方面的信息. 例如，图 12.26 是 1，2，4 -和 1，3，5 -三氟代苯的 C 1s 光电子能谱. 苯的 C 1s 光电子能谱只有一个峰，说明苯中六个碳原子的化学环境是相同的. 在氟代苯中，除六氟代苯之外，其他化合物都有两种不同化学环境的碳原子，因此 C 1s 光电子将出现两个峰. 和氟相接的碳原子的 C 1s 电子结合能比和氢相接的碳原子的 C 1s 电子结合能约高 2～3eV.

(5) 分子生物学

X 射线光电子能谱分析应用于生物大分子研究方面也有不少例子. 例如，在维生素 B_{12} 分子中（含有 C，H，O，N 等 180 个原子）只含有一个 Co 原子，因此在 10nm 的维生素 B_{12} 层中，只含有很少的 Co 原子. 可是从它的 X 射线光电子能谱中，仍能清晰地观察到 Co 的电子峰（图 12.27）.

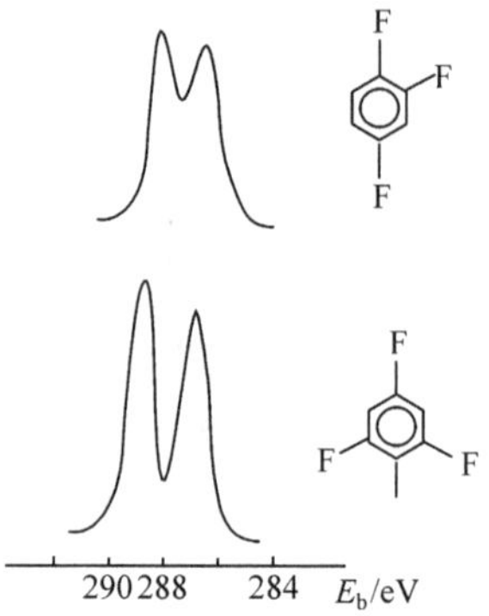

图 12.26　1,2,4-和 1,3,5-三氟代苯的 C 1s 光电子能谱

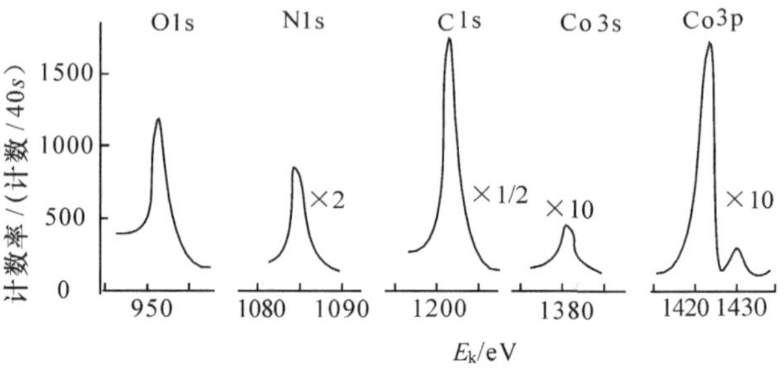

图 12.27　维生素 B_{12} 的 X 射线光电子能谱

3. 紫外光电子能谱分析的应用

利用紫外光电子能谱能精确地测量物质的电离能，物质的电离能等于紫外光子能量减去光电子的动能. 对气体样品来说，所测得的电离能相应于分子轨道能. 研究分子轨道能量的大小和顺序对于解释分子结构、研究化学反应、验证分子轨道理论的计算结果，能提供有力的依据.

紫外光电子能谱中的谱带形状提供了有关分子轨道成键性质的某些信息. 例如，出现尖锐的电子峰，表明可能有非键电子存在；带有振动精细结构的比较宽的峰的出现，表明可能存在 π 键.

紫外光电子能谱具有分子"指纹"性质，可用于鉴定同分异构体，确定取代作用和配位作的程度和性质.

紫外光电子能谱也能用于研究固体表面吸附、催化以及固体表面电子结构等.

4. 俄歇电子能谱分析应用

俄歇电子能谱分析也是一种表面分析技术，原则上适用于任何固体. 测量灵敏度高，对表面含量达 0.1%的组分可探测单原子层. 它的分析速度比 X 射线光电子能谱更快，可跟踪某些快的变化.

俄歇电子能谱反映了元素的原子内层电子结合能，因此，可用于对原子序数 33 以之下的轻元素的定性分析. H，He 两元素的原子没有内层电子，不存在俄歇光电子能谱. 定性分析依据于对照实验：将实验测定的俄歇电子峰与已经测得的各种元素的各类俄歇跃迁的能量加以对照，就可确定元素种类. 大多数情况，俄歇电子能谱主要用于监测清洁表面或污染表面化学组成，多用于薄膜分析.

俄歇电子峰的强度与被激化元素的原子数目成正比，在相同条件下，对照试样与标准样品的电子峰强度，就可进行定量测定.

俄歇电子能谱也用于研究表面催化、吸附等，但它鉴定状态的能力不如 X 射线光电子能谱分析.

参考文献

[1] 伯廷 E P 著. 李瑞城,鲍永夫,吴效林译. X 射线光谱分析的原理和应用. 北京:国防工业出版社,1983

[2] 清华大学分析化学教研室. 现代仪器分析(下). 北京:清华大学出版社,1983

[3] 周公度,郭可信. 晶体和准晶体的衍射. 北京:北京大学出版社,1999

[4] 北京大学化学系. 仪器分析教学组. 仪器分析教程. 北京:北京大学出版社,1997

[5] 赵藻藩,周性尧,张悟铭,赵文宽. 仪器分析. 北京:高等教育出版社,1990

[6] Robert D Braun 著,北京大学化学系,清华大学分析中心,南开大学测试中心译. 最新仪器分析技术全书. 北京:化学工业出版社,1990

[7] 陆家和,陈长彦. 现代分析技术. 北京:清华大学出版社,1995

习题与思考题

习　题

1. 试从仪器的工作原理、仪器结构和应用三方面对波长色散型和能量色散型 X 荧光光谱仪进行比较.
2. 从仪器结构比较多晶 X 射线衍射仪与四圆单晶 X 射线衍射仪的异同.
3. 计算激发下列谱线所需的 X 射线管的最低管压和工作管压,括弧内的数据为该谱系的吸收限波长.

   (1)Ca 的 K 谱系(0.3064nm);(2)As 的 Lα 谱线(0.9370nm);(3)U 的 Lβ 谱线(0.0592nm);(4)Mg 的 K 谱系(0.0496nm).
4. 以 LiF(200)作为分光晶体,检测器从 2θ 角 10°扫描到 145°,可测定的 X 射线光谱波长范围为多少? 镁是否能被检测 MgKα9.889Å?
5. 欲测定 SiKα7.216Å,应选择什么分光晶体?
6. 比较几种 X 射线检测器的工作原理和应用范围.
7. X 射线检测的测量单位是什么? 如何计算出峰值测量的标准差?
8. 用 CuKα1.542Å 为光源,多晶衍射法测定其晶体物质的衍射峰的 2θ 角分别为 31.69°,45.59°,56.45°,计算对应于该晶体的面间距.
9. 如何利用粉末衍射 PDF 卡片进行定性相分析?
10. 叙述多晶衍射定量分析的基本思路.
11. 简述单晶衍射分析的基本思路及其在结构分析中的作用.
12. 在测量光电子动能时,气体、固体样品有没有区别?
13. 简述电子能谱仪的基本结构及其主要部件的工作原理.
14. 比较 X 射线光电子能谱法、紫外光电子能谱法和俄歇电子能谱法在应用方面的特点.

思考题

试将我们已学过的各种频率选择方法和光电转换放大技术进行总结,并指出这些技术适用范围的理由.

第 13 章　核磁共振波谱仪[1~7]

§13.1　仪器结构

按获取核磁共振波谱的工作原理，可将高分辨率的核磁共振波谱仪分为两大类：连续波核磁共振波谱仪和脉冲傅里叶变换核磁共振波谱仪.

1. 连续波核磁共振波谱仪

图 13.1 是连续波核磁共振(NMR)仪的示意图，它的主要组成部分有：磁铁、射频发生器、探头、扫描单元、射频信号检测放大及记录显示系统.

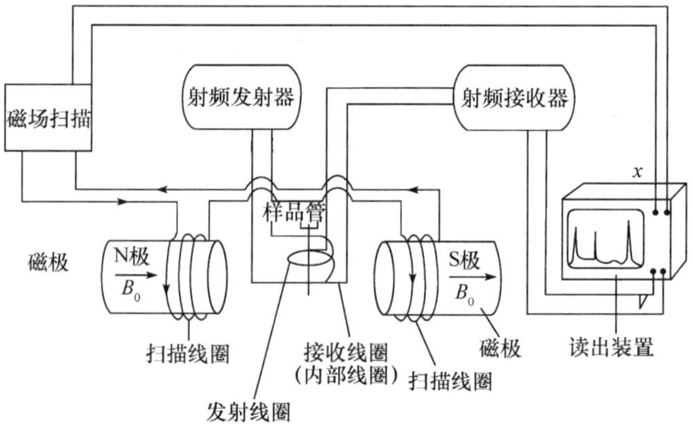

图 13.1　连续波核磁共振(NMR)仪的示意图

(1) 磁铁与磁场

磁铁为核磁共振提供强而稳定、均匀的磁场，是 NMR 仪的最基本的组成部分，它的磁场强度和均匀性对仪器的灵敏度和分辨率起着决定性的作用. NMR 仪常用的磁铁有三种：永久磁铁、电磁铁和超导磁铁.

多数永久磁铁能产生 1.4092T(60MHz) 的磁场，近年有 2.1100T(90MHz) 永久磁铁. 永久磁铁比较稳定，不需磁铁电源及冷却系统，造价低、占空间较小，一般用于低档常规仪器，供教学和日常分析使用.

电磁铁可提供 60MHz，90MHz 和 100MHz 的共振频率，它需要很稳定的电源和磁铁冷却系统，而且要保持磁铁温度恒温(±0.1℃). 由于热效应的影响和磁场强度受到限制(上限约为 2.5000T),目前应用不多.

超导磁铁可以提供较高的磁场,最高磁场对应的质子共振频率可达 800MHz. 由于超导磁铁的磁场强,所以灵敏度和分辨率都非常好,远非电磁铁和永久磁铁所能比拟. 但超导磁场需要在液氦中励磁. 由于仪器本身和运行费用都很贵,主要用于研究工作.

在核磁共振波谱法中要求测量化学位移的精度一般要达到 10^{-8}数量级,这就要求磁场的稳定性至少要达到 10^{-9}数量级,必须有效地消除温度波动等环境的影响. 在核磁共振波谱仪中,都采用频率锁定系统,即对一种参比核连续地以对应于磁场的共振极大的频率照射和监控,通过反馈线路保证场频比(B/ν) 不变而控制磁场. 常采用的锁定系统有外锁定系统(以样品池外某一种核作参比) 和内锁定系统(以样品池内某一种核作参比) 来进行场频锁定,一般能将磁场漂移控制在 10^{-9}和 10^{-10}数量级.

为了使样品中的分子处在相等的磁场中,要求磁铁提供均匀的磁场. 一般在磁场的不同平面加入一些匀场线圈,借以消除磁场的不均匀性. 仔细调节匀场线圈,不难获得≤0.5Hz 的分辨率.

(2) 射频发生器

射频发生器提供 NMR 吸收所需的射频源. 对射频发生器的稳定性的要求基本上与对磁场稳定性的要求相同,频率的波动范围必须小于 10^{-8};输出功率必须可调,在扫描时间内其波动小于 1%. 所需要的频率由恒温下石英晶体振荡器产生基频,再经过倍频、调频及功率放大后,输入与磁场垂直的线圈中. 对电路调谐要求很高,多数谱仪对不同的核采用不同的射频发生器.

越来越多的谱仪采用频率综合器,频率综合器的频率可以控制到 0.1Hz 或更佳. 它的优点是可以从一个频率源通过倍频、合频等产生各种频率. 因此它的所有频率均锁在一起. 频率的漂移可通过改变主频率源的办法加以控制. 产生的频率可以放大,送往探头的射频功率电平也可以控制.

(3) 探头

探头是 NMR 仪的心脏部分,安装在磁极间隙内,其位置可调,使其中的样品处在磁场最佳的均匀区中. 探头中装有样品旋转部件、扫描线圈、发射线圈、接收线圈以及前置放大器等. 探头的温度应保持恒定,并且可调控.

探头中装有一个气动涡轮转子,能使样品在磁场内以 20～40Hz 的速度旋转,从而使磁场不均匀性影响平均化,减少谱线增宽. 旋转速度再高,样品管在旋转时的振动会增加检测信号的噪声. 为了尽量减少这种噪声,应选择尺寸非常均匀的样品管.

(4) 射频检测

检测系统的一部分安装在探头内,它包括发射线圈、接收线圈和前置放大器.发射线圈绕在两个面上,线圈所在的平面垂直于磁场.发射线圈能产生旋转磁场,其磁轴平行于外磁场.接收线圈绕在玻璃插件上,它和发射线圈互相垂直.由于很难使两线圈完完全全相互垂直,漏磁是难免的.以减少它们之间的漏磁.在大多数谱仪中,采用了相敏检波技术,将漏磁调控到最小.

在无核磁共振的情况下,接收线圈应无信号,只有在产生核磁共振的情况下,接收线圈才能感应出核磁共振吸收信号.但是它所感应出的核磁共振吸收信号是非常微弱的($\sim\mu$V),因此须将信号迅速送往探头上的前置放大器,否则会因线路较长使信号进一步减弱,从而增大了信噪比.从前置放大器出来的信号在接收机中进一步放大,放大后的信号与本机振荡器的输出频率进行混频,产生中频的拍频,然后再经过中频放大器送入相敏检波器中.同时,本机振荡频率和射频发生器的频率进行混频,以提供参比信号.相敏检波器中识别吸收信号后,经整流和滤波,变为直流信号.这种直流信号可显示在示波器或记录仪上,获得核磁共振谱图.

(5) 扫描单元

实现核磁共振吸收可以有两种方法:一种是固定磁场,改变频率,称为“扫频法”;一种是固定频率,改变磁场,称为“扫场法”.多数仪器采用扫场法.扫场法也有两种方式:慢扫法和快速重复扫描法,它们都是线性扫描,即扫描速率为常数.记录信号时要用慢扫描单元进行磁场扫描.在磁通稳定器上施加直流电压,磁通稳定器将这一电压识为信号,因而送出一个校正电压到磁极面的线圈上,而实现了磁场扫描.施加直流电压的变化速率为线性,就意味着实现了线性扫描.扫描速度缓慢时,信号畸变越小,分辨率越高.对采用场频联锁的谱仪,可将记录臂在 x 方向的运动与扫描单元同步,这样的谱图可绘在先校印好的记录纸上.

快扫方式对搜索谱线或共振磁场特别有用.实施快扫描时,把锯齿波发生器的输出加以放大,然后加到位于探头两侧的亥姆霍兹(Helmholtz)线圈上,其磁轴与磁场方向相同,扫描时间可以从几秒钟到几分钟,吸收信号通常显示在示波屏上.当一次扫描完毕之后,磁场立即恢复到原始磁场进行另一次扫描.这个恢复非常快,在恢复过程中检测不到吸收信号.在调节匀场线圈时,也用快扫方式来监视峰形.当扫描速率快于所观察核的弛豫时间时,吸收峰将发生畸形,此时吸收峰尾部出现一系列尾波,这种尾波非常有用.因为磁场越均匀尾波越大.调节匀场线圈使尾波最大,这样可获得最佳分辨率.

(6) 积分器

由于氢谱中吸收信号的面积正比于核的数目,是核磁共振波谱定量分析的基础.对吸收信号下的面积进行积分是积分器的基本任务.目前多数谱仪都备有积分电路,在进行积分时,对谱仪正常扫描没有干扰.

2. 傅里叶变换核磁共振波谱仪

连续波 NMR 仪采用单频发射和接收方式,通过逐一扫描所选激发核,产生共振吸收,从而获得 NMR 谱图. 而傅里叶变换 NMR 仪以适当频率宽度的射频脉冲作为"多道发射机",使 所选的核同时被激发到高能态. 这些高能态的核经过一段时间后又重新返回到基态,检测系统将这一过程产生的感应电流记录下来,得到核的多条谱线混合的自由感应衰减信号,即时间域函数. 自由感应衰减信号经过傅里叶快速变换后,就可获得频域上的波谱图,即常见的核磁共振波谱图.

傅里叶变换核磁共振波谱(Fourier trans-form-NMR)仪的工作框图如图 13.2 所示,其中射频脉冲是通过线圈照射到样品上,随之,该线圈作为接收线圈收集自由感应衰减信号. 这一过程可在数秒内完成. 连续波 NMR 仪单位时间内获得的信息量少,例如,在 100MHz 的谱仪中,质子的共振信号的化学位移范围为 10ppm,相当于 1000Hz,若扫描速度为 2Hz/s,则需 500s 才能扫完全谱. 而在频率宽度为 1000Hz、频率间隔为 1Hz 的脉冲发射与接收同时工作时,只要 1s 即可以扫完全谱. 显然,后者大大提高了分析速度. 连续波 NMR 仪对核磁共振很弱的核,如 ^{13}C, ^{15}N 等,即使采用累加技术,也得不到良好效果. 而采用傅里叶变换核磁共振波谱仪,利用累加技术,则可以大大提高灵敏度,这对 ^{13}C, ^{15}N 等的核磁共振波谱十分重要. 采用 FT - NMR 技术使 ^{13}C NMR 成为一种常规分析技术. 由于分析速度十分快,FT - NMR 谱仪可以用于核的动态过程、瞬时过程、反应动力学等方面的研究.

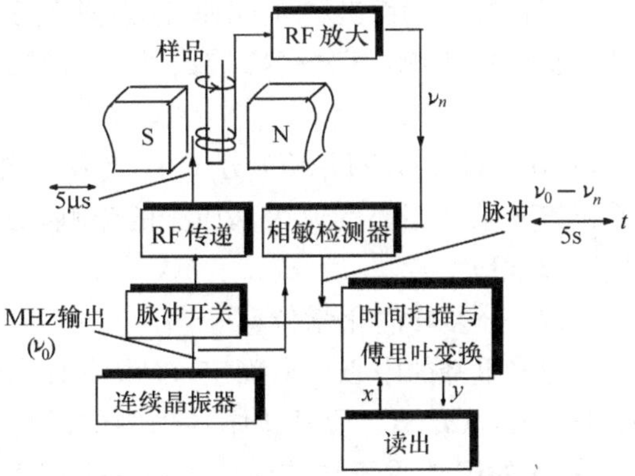

图 13.2　FT - NMR 仪的工作框图

§ 13.2　核磁共振波谱法的应用

§ 13.2.1　图谱解析

1. 一级图谱

一般地讲,耦合常数 J 随官能团之间距离增加而减小,在大于三个键长时很少观察到耦合作用,所获得的是一级分裂谱图,它的吸收峰数目、相对强度和排列次序遵守下述规则:

(1) 峰的分裂

质子受相邻磁全同质子的耦合作用,将会发生吸收峰分裂,核磁峰分裂又称为"精细结构".精细结构中峰的数目 N 与相邻磁性核的数目 n 以及核的自旋量子数 I 之间有下述关系:

$$N = 2nI + 1 \tag{13.1}$$

例如,在乙醇分子中,亚甲基峰的分裂数由邻近甲基中的质子数目确定,对氢核来说,自旋量子数 $I=1/2$,所以,峰的数目 $N = 2\times3\times1/2+1 = 4$,为四重峰.甲基峰的分裂数为邻近的亚甲基中的质子数目确定,即$(2\times2\times1/2+1)=3$,为三重峰.

在相邻有两组非磁全同原子时,则其多重性同时受两个原子上磁全同核的数目 n 及 n' 的影响,其分裂峰的数目 N 计算式为

$$N = (2nI + 1)(2n'I' + 1) \tag{13.2}$$

例如,在 $CH_3CH_2CH_2NO_2$ 分子中,与甲基相邻的亚甲基质子同时受到甲基上的质子和与亚硝基相邻的亚甲基质子的影响,分裂峰的数目 $N=(2\times3\times1/2+1)(2\times2\times1/2+1)=12$.

(2) 分裂峰的化学位移

由多重峰的中心点来确定,多重峰对称分布于中心两侧,各分裂峰的峰面积之比为二项式$(x+1)^n$展开式中各项中的面积之比.例如在化合物中 $CH_3CH_2COCH_3$ 中,右端的甲基质子与其他质子被三个以上的键分开,因此只能观察到一个峰.亚甲基的质子具有四重峰,且面积之比为 1∶3∶3∶1,左端的甲基质子具有三重峰,其面积之比为 1∶2∶1.

2. 复杂图谱的简化方法

由于发生了附加裂分,谱峰的分裂比一级分裂复杂得多,这类图谱称为高级图谱,不能用一级图谱中的规律来解析高级图谱.高级图谱的解析十分复杂,在此不作介绍.对于高级图谱通常采用实验方法进行简化.

(1) 加大磁场强度

耦合常数 J 是不随外磁场强度而变化,但是化学位移($\Delta\nu$)却随外磁场增强而逐渐增大.增大磁场强度,使 $\Delta\nu/J > 10$,即可获得一级图谱.这也是为什么人们设法制造出尽可能大的磁场强度的核磁共振波谱仪的原因.

(2) 同位素取代

用氘(^2H) 取代分子中的部分质子,可以去掉部分谱峰.同时氘和质子之间的耦合作用小,从而使图谱进一步简化.

(3) 自旋去耦

在自旋去耦中,增加多个射频场,所增加的射频场对准与待测核耦合的核的共振频率,使其在两个自旋态之间的跃迁大大增快,其结果使待测核只能感受到耦合

核的平均自旋态，能级不发生分裂，从而大大简化图谱. 如图 13.3 所示，在尼古丁分子中的(d)，(c) 质子的共振频率处，用第二射频场照射，使(b)，(a) 质子的谱峰得到简化. 但是对于产生强烈耦合的质子，不能自旋去耦.

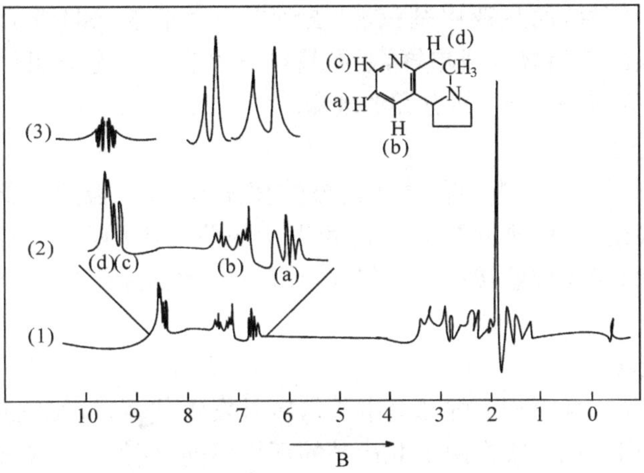

图 13.3　自旋去耦对尼古丁 NMR 谱的影响

(1) 尼古丁的 NMR 谱；(2) 部分放大的吡啶环上 4 个质子峰；

(3) 在(d)，(c)质子共振频率处用第二射频场照射产生的 NMR 谱.

(4) 化学位移试剂

镧系元素的顺磁性能在周围产生较大的局部磁场，当待测分子中有可用于配位的孤对电子(如含氧或氮的有机化合物)，与镧系元素形成配合物，可使待测分子中的质子产生诱导位移，这种位移称为赝触位移(pseudo-contact shift) 或偶极位移. 所以可以利用镧系元素的有机配合物作为化学位移试剂. 位移试剂可引起高达 20 的化学位移，大大增加了待测分子中质子的核磁共振波谱的分布范围，并简化了图谱. 赝触位移与质子到顺磁中心距离有关，因此亦能提供有价值的结构信息.

常用的化学位移试剂有 Eu(低场位移) 和 Pr(高场位移)的 2,2,6,6 -四甲基庚基- 3,5 -二酮及氟化烷基- β-二酮配合物.

3. 化学交换的影响

在某些化学交换过程中，质子具有两种或两种以上不同存在形式，根据不同存在形式之间的转化速率不同，质子显示出不同的核磁共振波谱. 如果两种形式之间转化速率很大，将出现一种化学位移平均化信号；如果转化速率很慢，则显示出两种形式各自不同化学环境信号；在这两种极端之间，将观察到展宽的波谱. 由这些波谱可以获得有关化学交换过程的信息. 常见的交换过程有质子交换、构象互变和部分双键旋转等.

(1) 质子交换

在无质子溶剂中，少量的乙醇和水的混合物的共振图谱显示出羟基质子的裂分信号. 但随着浓度的增加、pH 的改变和温度的增高，质子交换速率加快，乙醇羟基将只出现一个信号，而且亚甲基只能"看到" 一个平均化的质子，它使—OH 质子信号由慢交换的三重峰变成单峰，亚甲基自身的信号不受—OH 中的质子裂分. 氨基(—NH_2)、巯基(—SH) 亦有类似现象.

(2) 构象互变

最典型的例子是环己烷两种椅式构象的相互转变. 在温度较低时，如－89℃，这种转换速率很慢，可以观察到直立的和平伏的两种不同质子的信号. 但在室温下，这两种等价的椅式构象转换速率很快，致使环己烷的核磁共振图谱只有单一的锐峰.

(3) 受阻旋转

在酰胺分子中，氮原子上的孤对电子与羰基发生共轭，致使氮原子上的取代基与羰基处在一个平面上. 造成两个取代基的环境不同. 例如，*N*,*N*-二甲基甲酰胺，在低温时，OCN 共轭作用使 C—N 旋转受阻，所以两个甲基处在不同环境，产生强度相等的不同信号；在温度较高时，则合并为一个信号. 其他有机化合物亦有此效应.

§13.2.2　结构鉴定

核磁共振波谱(如图 13.4)能提供的主要参数有化学位移、质子的裂分谱峰数、耦合常数以及各组峰相对峰面积. 与红外光谱类似，对于简单分子，仅依据它的图谱即可进行鉴定. 对于复杂分子，则需要知道它的化学式(质谱或元素分析结果)

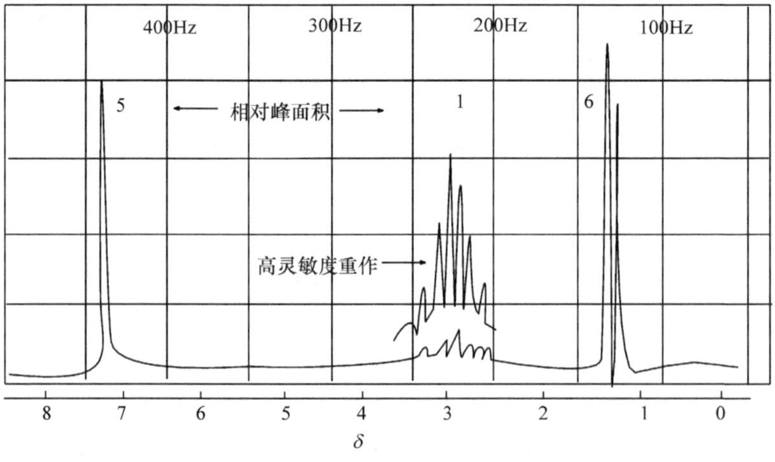

图 13.4　某无色液体的 NMR 谱

及红外光谱、紫外光谱提供的数据，推定其结构. 下面举例说明结构推断过程.

例 1　一无色液体，仅含碳氢，其核磁共振谱图如图 13.4 所示，试推断其结构.

解　从核磁共振谱图上可得到三组峰的数据如下：

δ	重峰数	氢原子数
7.2	1	5
2.9	7	1
1.2	2	6

化学位移 δ7.2 峰，说明有苯环存在，其氢原子数为 5，故该化合物为苯的单取代衍生物 Ar—R.

化学位移 δ1.2 峰，指出有—CH_3存在，其氢原子数为 6，说明有两个化学环境相同的—CH_3，该组峰为二重峰，故两个—CH_3都与相邻的一个质子耦合，因此单项取代基—R 可能为有 —$CH(CH_3)_2$结构.

化学位移 δ2.9 峰，指出有 Ar—CH 基团存在，该组峰为七重峰，表明与其耦合的相邻磁全同氢原子数 6，故该化合物的结构式为 Ar—$CH(CH_3)$.

例 2　某一化合物的化学式为 $C_5H_{10}O_2$，在 CCl_4 溶液中的 NMR 谱如图 13.5所示，试推测其结构.

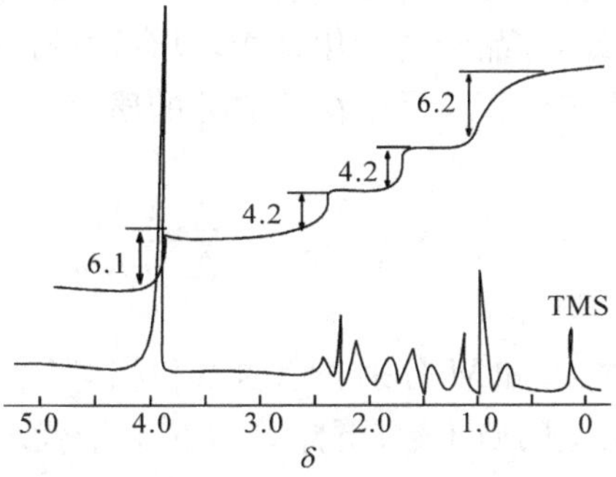

图 13.5　$C_5H_{10}O_2$在 CCl_4溶液中的 NMR 谱

解　该化合物的不饱和度[1)]

$$U=(2\times5+2-0-10)/2=1$$

从谱图可知，分子中有四种不同类型的质子，其比例为 6.1∶4.2∶4.2∶6.2，即分别为 3，2，2，3 个质子. 化学位移 $\delta=3.6$ 的峰，为三个质子的单峰，表示没有相邻的质子与其耦合，可能是一个孤立的甲基峰，根据表 6.3 判断可能是(O═C—O—CH_3)；化学位移 $\delta=$ 0.9 峰，为三个质子的三重峰，表明它是仳邻亚甲基的甲基峰，当与 O═C< 相邻时，亚甲基的化学位移为 $\delta=$2.2 左右；上述判断进一步证实了 O═C< 结构的存在. 最后，化学位移 $\delta=1.7$ 峰，是分子中左右质子耦合而分裂的一组亚甲基峰，本应分裂为$(3+1)\times(2+1)=12$ 的多重峰，但因灵敏度限制，故较弱的峰未观察到. 所以其结构式应为

1)化合物的不饱和度的计算见 § 11.5.3.

$$\mathrm{CH_3CH_2CH_2\underset{\underset{\displaystyle O}{\|}}{C}OCH_3}$$

§13.2.3 定量分析

NMR 波谱中各组峰的积分曲线高度与该峰的氢核数成正比，这不仅用于结构分析，同样可以用于定量分析. NMR 定量分析不需引入校准因子或绘制校准曲线，因而不需化合物的纯样品作为标样，就可测定出其浓度.

为了确定仪器的积分曲线高度与质子浓度的关系，必须采用一种标准化合物来进行标定. 对标准化合物的基本要求就是不能与试样的任何峰重叠. 最好采用有机硅化合物，因为它们的质子峰都在高磁场区.

1. 内标法

内标法测定准确度高，操作方便，使用最广泛. 其基本操作是：准确地称取一定质量的样品和内标化合物，以合适的溶剂配成适宜的浓度，测得共振波谱图之后，按下式计算样品中待测成分的质量 m_s

$$m_S = \frac{A_S \cdot M_S \cdot n_R}{A_R \cdot M_R \cdot n_S} \cdot m_R = \frac{\dfrac{A_S}{n_S} \cdot M_S}{\dfrac{A_R}{n_R} \cdot M_R} \cdot m_R \tag{13.3}$$

式中：m 和 M 分别表示质量和相对分子质量；A 为积分曲线的高度；n 为被积分信号对应的质子数；下标 S 和 R 分别代表试样和内标.

2. 外标法

当试样复杂或其共振波谱较复杂，难以找到适合的内标化合物，则采用外标法. 其操作是：称取试样和标准化合物后，用合适溶剂分别配成溶液，测得各自的共振波谱图，按下式计算试样中待测组分的质量

$$m_S = \frac{A_S}{A_R} \cdot m_R \tag{13.4}$$

式中，A_S和 A_R分别表示样品和外标同一基团的积分曲线的高度. 外标法受实验条件影响较大，因此在测定的过程中，应尽量保持两份溶液的操作条件一致.

参 考 文 献

[1] 赵瑶兴，孙祥玉. 光谱解析与有机结构鉴定. 合肥：中国科技大学出版社，1992

[2] 唐恢同. 有机化合物的光谱鉴定. 北京：北京大学出版社，1992

[3] 方惠群，史坚. 仪器分析原理. 南京：南京大学出版社，1994

[4] 北京大学化学系 仪器分析教学组. 仪器分析教程. 北京：北京大学出版社，1997

[5] 赵藻藩，周性尧，张悟铭，赵文宽. 仪器分析. 北京：高等教育出版社，1990

[6] Robert D Braun 著，北京大学化学系，清华大学分析中心，南开大学测试中心译. 最新仪器分析技术全书. 北京：化学工业出版社，1990

[8] 裘祖文、裴奉奎：核磁共振波谱，北京，科学出版社，1989

习题与思考题

习　题

1. 核磁共振波谱仪中的场频锁定系统是指什么？
2. 简述核磁共振波谱仪射频检测的基本原理.
3. 简述连续波核磁共振波谱仪与傅里叶变换核磁共振波谱仪的仪器结构的基本差别.
4. 图 13.6 为对氯苯乙醚的[1] H NMR 图谱，试说明各峰的归属及其理由.

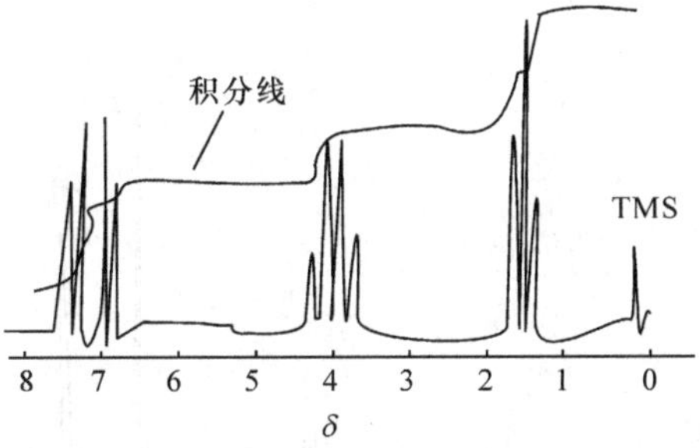

图 13.6　对氯苯乙醚的[1] H NMR 图谱

5. 未知有机化合物的分子中仅含一个溴原子，其[1] H NMR 图谱如图 13.7 所示，试推断其分子结构.

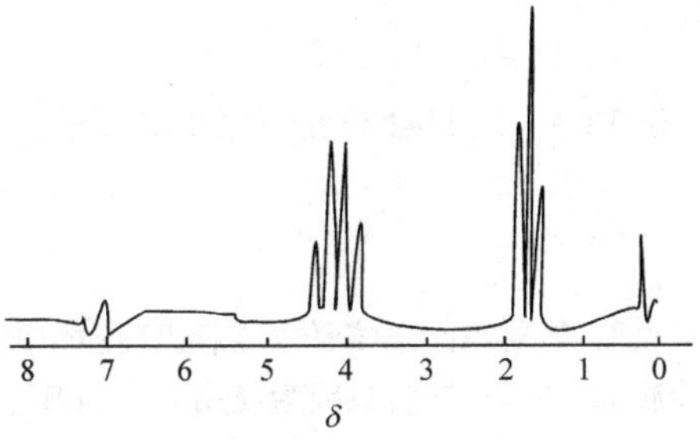

图 13.7　分子中仅含一个 Br 原子的未知有机化合物的[1] H NMR 图谱

6. 化合物 $C_4H_7BrO_2$ 的[1] H NMR 图谱如图 13.8 所示，试分析其结构.
7. 已知一种止痛剂的化学式为 $C_{10}H_{13}NO_2$ 的 [1] H NMR 图谱如图 13.9 所示，确定其结构.

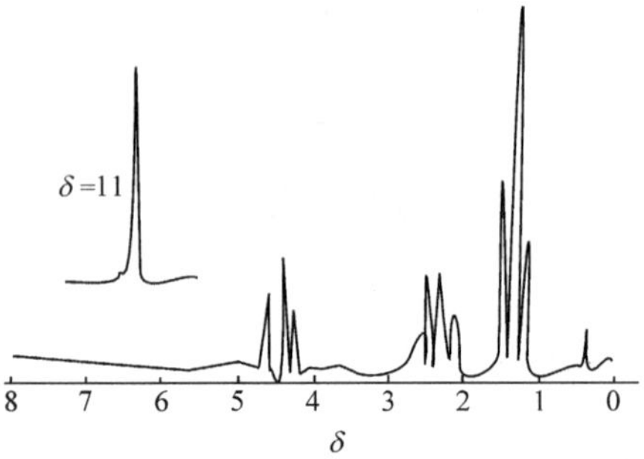

图 13.8　$C_4H_7BrO_2$的[1] H NMR 图谱

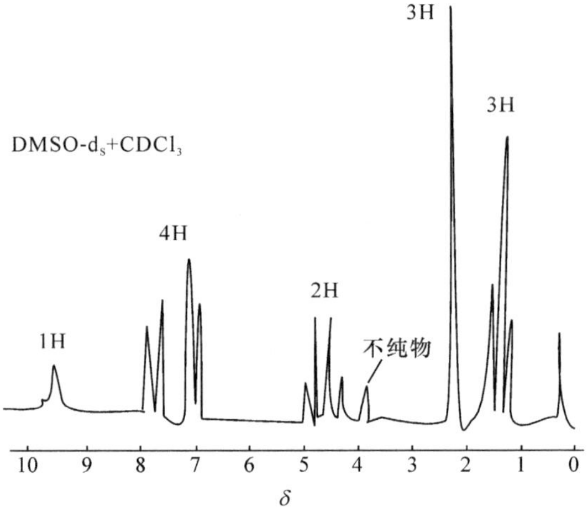

图 13.9　$C_{10}H_{13}NO_2$的[1] H NMR 图谱

思考题

1. 根据接收线圈获得核磁共振信号,对高能态核释放能量机理能作出何种推断?
2. 核磁共振波谱仪实际上检测的是吸收信号,只因为使用频率与其他光谱频率不同,在无线电波区(射频区).请问核磁共振波谱仪是如何进行频率选择和信号记录的?

第 14 章　非光谱光学分析仪[1]

本章介绍的非光谱光学分析仪有折射仪、旋光计和圆二色计.

§14.1　折　射　仪

测定物质的折射率有折射法和干涉法,所采用仪器分别称为折射计和干涉仪.

§14.1.1　折射计

在折射计中,最常用的是阿贝(Abbe)折光计,其结构如图 14.1 所示,可分为三部分:目视光路系统、仪器读数盘和可转动棱镜台.试样溶液夹在两棱镜之间,转动折光计的旋转臂,棱镜台和仪器读数盘同步转动,当目镜视野观察到半暗半明的图像时,可从仪器读数盘直接读出对应于钠 D 线的折射率(n_D).可转动棱镜台是阿贝折光计的核心部分,其工作原理如图 14.2 所示.实验时,将试液滴入两棱镜之间 夹缝中后,转动折光计的旋转臂,使1,2两个棱镜处于某一角度α,使一部分光

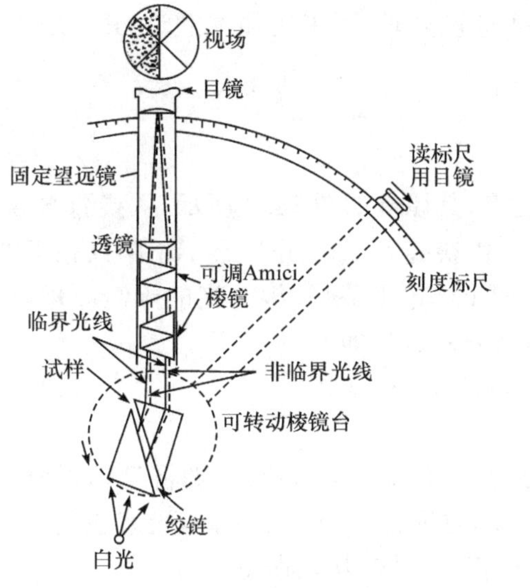

图 14.1　阿贝折光计

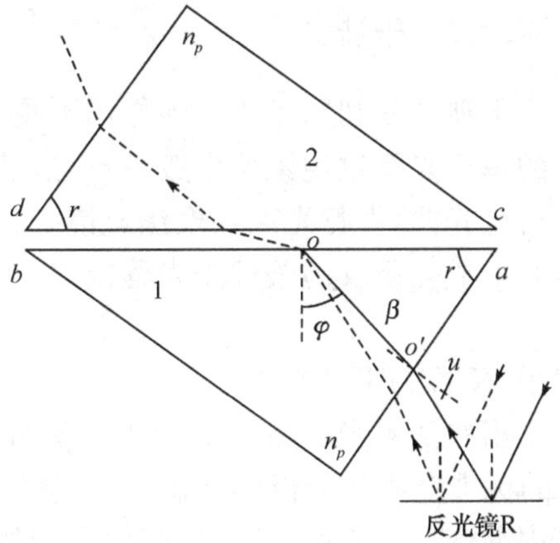

图 14.2　阿贝折光计工作原理示意图

（实线）射入棱 镜 1 后的入射角大于、或等于临界角 φ（发生全反射的最小入射角），光线在棱镜和试液的界面发生全反射，因而不能进入棱镜 2 和目镜. 当入射角小于临界角 φ，光线（虚线）能经过棱镜 1 后，通过试液进入棱镜 2 与目镜. 这样在目镜可观察到半暗半明的图像. 根据折射率定义，由图 14.2 不难看出

$$\sin\varphi = n/n_D \qquad (临界角)$$

$$\sin\alpha = n_D \sin\beta \qquad (折射角)$$

$$(90° - \varphi) + (90° - \beta) + \gamma = 180° \qquad (三角形\ aoo')$$

由上三式得到

$$n = \sin\alpha\cos\gamma + \sin\gamma\sqrt{n_D^2 - \sin^2\alpha} \tag{14.1}$$

式(14.1)中，玻璃棱镜的折射率 n_p（一般为 1.6477）和 γ 是已知，因此只要测定 α，就可求出折射率 n. 通常仪器读数盘的读数为不同角度 α 所对应的钠 D 线的折射率 n_D.

实际使用的光源往往是白炽钨丝灯，因此在阿贝折射计的光路中，配置一个或两个阿米西(Amici)棱镜组成的补偿器，它们可以相对转动，使不同颜色的发散临界角光线合成为一束白光，其光路与钠 D 线的光路相同. 这种补偿器不仅可以消除钠黄光线以外的杂色光的影响，还可以用来估测色散率的大小.

阿贝折光计一般可精确到 ± 0.0001（n 值），如仔细控制温度，则可达到 $\pm 6\times 10^{-5}$；样品只需 0.05mL 左右；简便、快速。但它不能测定其他波长的折射率（n_λ），为了扩大波长适应范围，阿贝折光计配备了几副不同折射率的棱镜. 对于粉末样品、挥发性液体和吸湿性液体，或样品量较多时，可采用蒲夫立许(Pul frich)折光计.

§14.1.2 干涉仪

干涉仪是利用光的干涉作用测量折射率，其原理如图 14.3 所示. 从狭缝 S_1 射入的单色光经过透镜后变成平行光，然后再由狭缝 S_2，S'_2 分为 B_1，B_2 两束相干的平行光光源，平行光束在聚焦透镜 L 的焦面 F－F′ 上成像. 根据光的干涉原理，在焦面上成亮条纹的条件是光程差 S 为波长的整数倍，即

$$S = \pm K\lambda\ (K = 0, 1, 2, 3, \cdots\ 整数) \tag{14.2}$$

式中，K 称为干涉级数.

当在两束光的路径中分别设置两个长度 l 相等的样品管，分别将已知折射率 n_0 的标准介质和分析样品盛于上述样品管中，这时由于折射率不同，光束通过样品管内的溶液的速度也不同，因而它们的光程就不一样，其光程差应为

$$\Delta S = l\,(n - n_0) \tag{14.3}$$

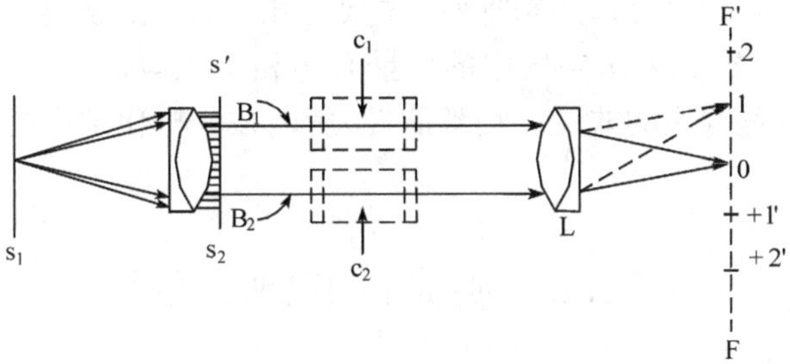

图 14.3　干涉仪原理图

式中，n 为分析样品的折射率. 将式(14.2) 微分，得

$$\Delta S = \lambda\,(\Delta K) \tag{14.4}$$

由式(14.3) 和式(14.4) 可得

$$n - n_0 = \Delta K \cdot \lambda / l \tag{14.5}$$

因此，只要从已知的波长 λ，样品管的长度 l 和实测的条纹移动数 ΔK，就能计算出折射率的差值 $\Delta n = n - n_0$，这样就能从已知标准介质的折射率 n_0 求出未知样品折射率 n.

干涉仪测定 Δn 的精确度可达 $\pm 5\times10^{-7}$ 左右. 这种仪器的优点是对温度控制要求不高，而且测量范围不受限制. 此法可以进行连续测量，对反应动力学研究十分有利.

§14.1.3　分析测试

1. 定性分析

折射率一般用于已知物的纯度测定，通过测定 n_D，测定值和已知标准值一致，则认为是纯品.

测定折射率可定性鉴定油脂和脂肪酸. 每种脂肪酸都有其特征的折射率，并随其分子量增大，折射率也增大. 不饱和脂肪酸的折射率比起含有相同碳原子数的饱和脂肪酸的折射率要大得多.

2. 定量分析

折射法主要用于二元混合物的快速测定，如 NaCl - KCl、乙醇-甲醇等. 测定时，首先绘制 n_D-浓度曲线，然后依据对混合物的折射率测定值，从曲线上求得有关组分的含量. 可测定以糖为主要成分的食品中糖的含量，如果汁、番茄制品、蜂蜜、糖浆. 在乳品工业中，可用折射法测定牛乳中乳糖的含量，这可以用来检测牛奶中是否加水，正常牛奶的折射率为 1.341 99～1.342 75 之间，如果折射率在 1.341 28以下，则可肯定奶中加了水.

对于简单体系，有时可以用折射法（主要是用干涉仪）测定某些微量成分，如纯水中少至0.002%的D_2O，空气中的少量CO_2和CH_4等.

但是，折射率是物质的非专一物理质性，所以在分析化学中的应用受到了很大的限制.

§14.2　旋光计和圆二色计

§14.2.1　旋光计

目视旋光计的结构如图14.4所示，由单色光源、起偏棱镜、样品管、带有读数标尺的检偏棱镜和检测视器等五部分组成.

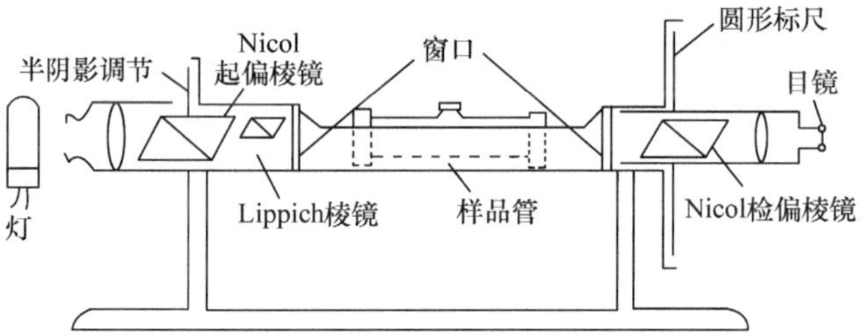

图14.4　目视旋光计

单色光源可采用钠灯或汞灯，单色光通过石英或水晶石制成的起偏器后，成为具有一定强度的平面偏振光.平面偏振光通过样品管后，到达与起偏棱镜相同材质的检偏器，最后进入检测视野.在旋光检测中，通常采用半阴影法，即视野由两部分组成，在测定时，先在样品管放入非旋光溶剂，固定起偏棱镜，转动检偏器，使两个半圆的光强度相等，这时的读数作为仪器的零点.然后向样品管置放待测试样，试样如果有旋光物质，将使视野中的一个半圆中的光强度发生变化.此时旋转检偏器上的圆轮，使两个半圆的光强相等.则圆轮上相应的读数值就是该溶液的旋光度.

§14.2.2　分光旋光计

测定旋光物质的旋光色散曲线，则需使用分光旋光计.这类仪器的基本结构如图14.5所示.

测定旋光度和制作旋光色散曲线一般采用零点法，即使检偏镜作机械振动（$\pm\varepsilon$）以确定零点.在光路中不放置试样时，调整检偏镜的平均角位垂直于入射光束的偏振面，使检偏镜振动$+\varepsilon$和$-\varepsilon$的变化在光电倍增管产生的电流相等（零点）.当置于试样后，产生旋光度为α时，则需使检偏镜旋转$-\alpha$，才能使检测器的中的电流相等(回到零点),以此可以测出试样的旋光度. 将波长改变,测出相应的旋光度,即可制得旋光色散曲线.

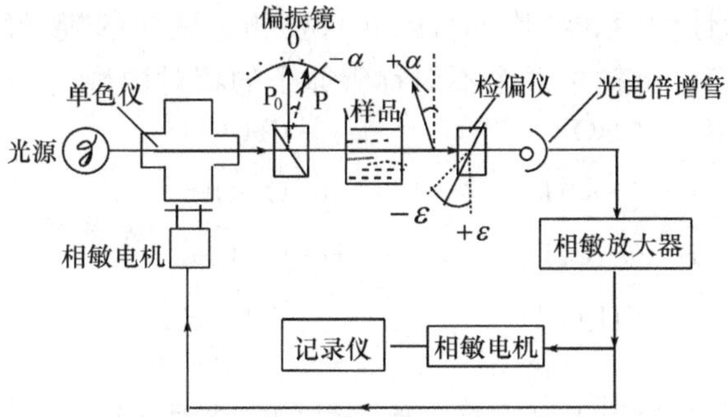

图 14.5　自动记录分光旋光计

§14.2.3　圆二色计

圆二色计的设计原理如图 14.6 所示. 从光源 S 发射的光经过单色器 M 后成

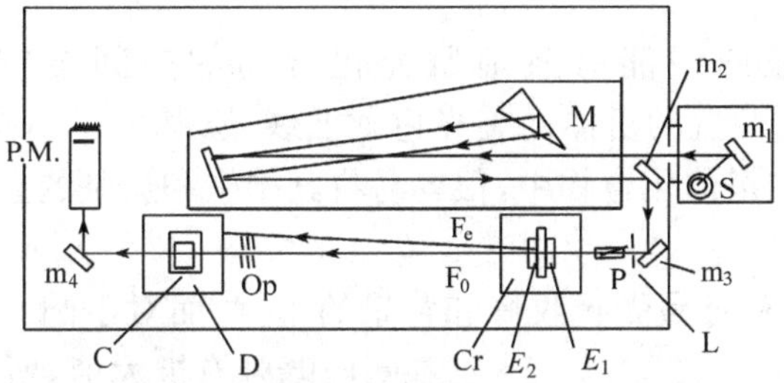

图 14.6　圆二色计光路图

为单色光,然后通过透镜 L 变成准平行光束,照射到起偏器 P 上,产生两个相互垂直的平面偏振光 F_0(寻常光)和 F_e(非寻常光),F_e被隔膜 D 消除. F_0在 O_p平面内振动. 在仪器中,F_0受到 C_r处的交变电场($V=E_2-E_1$)作用,产生两个交替的左、右圆偏振光,它们通过样品池 C 后,再作用到光电倍增管 P. M. 上,仪器记录的信号值与试样对左、右圆偏振光的吸收系数之差呈正比. 即

$$\text{信号值} \approx (\varepsilon_l - \varepsilon_d)\ l\ c \tag{14.6}$$

$\Delta\varepsilon$ 的精确度约为 1%,波长范围为 200～600nm.

§14.2.4　分析测试

旋光法和圆二色性法在研究分子的内旋转、分子的互相作用以及细微立体结构方面有着其他方法不可代替的作用. 也可用于简单体系的定量测定.

1. 单波长旋光法

可利用该法对判断分子结构和鉴定旋光物质的纯度. 例如，赤藓糖(1) 经过还原后变成非旋光活性的醇式结构(2)，因此只要测定试样的旋光度，确定对称平面存在与否，就能确定赤藓糖中两个不对称碳原子的相对构型.

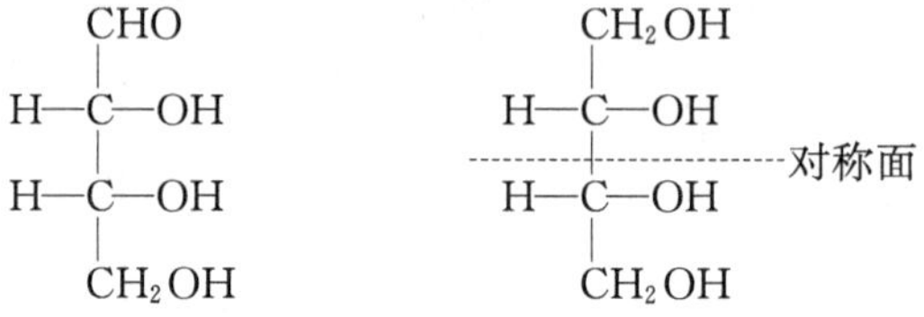

(1)　　　　(2)

“糖量计”就是专门用于测定具有旋光性的糖含量. 蔗糖在盐酸作用下进行水解反应，从水解前后的旋光度的变化可计算出蔗糖的浓度. 水解反应为

$$C_{12}H_{22}O_{11} + H_2O \longrightarrow C_6H_{12}O_6 + C_6H_{11}O_6$$

$[\alpha]_D^{20}$：　蔗糖 +66.5°　葡萄糖 +52.7°　果糖 −92.4°

此外，旋光法可用于测定许多热力学和动力学常数以及反应的机理研究.

2. 旋光色散法

利用旋光色散曲线能有效地研究化合物的空间结构. 图 14.7 为羰基($C{=}O$)三种不同位置的甾体的旋光色散曲线，羰基位置不同，其旋光色散曲线有明显的区别. 故在甾体化合物中，很容易将其结构和羰基的立体环境相联系.

3. 圆二色性法

旋光色散曲线有时易受吸收峰和背景的干扰. 而对于圆二色性曲线，$[\theta]$只有在吸收峰处有极大值，所以其波长与吸收峰波长相对应. 因此对于圆二色性物质，它有几个生色基团，就会出现几个圆二色性极大. 所以采用圆二色性法，很容易觉察出在旋光光谱中被掩盖的或混淆的生色团. 所以圆二色性法比旋光色散法更有利于结构分析.

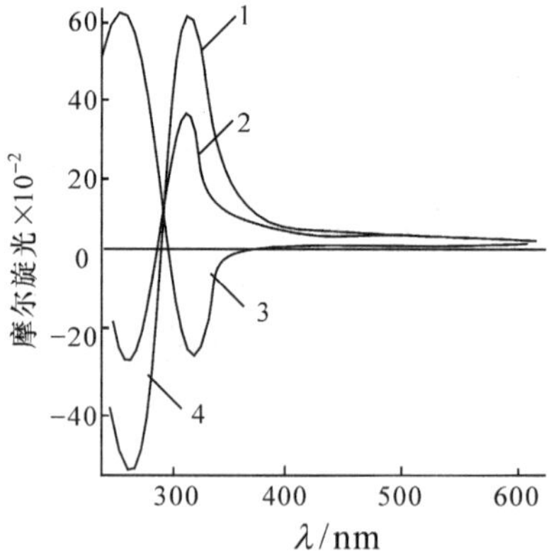

图 14.7　不同羰基位置的科顿效应曲线

1. 5α-胆甾烷-2-酮；2. 5α-胆甾烷-3-酮；3. 5α-胆甾烷-4-酮；4. 溶剂为甲醇.

图 14.8 为二个甾体的旋光色散曲线和圆二色性曲线，二个甾体仅在第五个碳原位置的构型上有差别. 据此可以判断另一甾体化合物(3)的还原产物属于哪种构型.

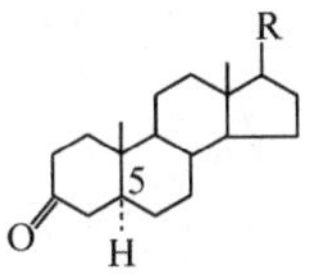

(1)

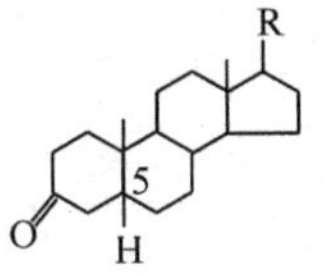

(2)

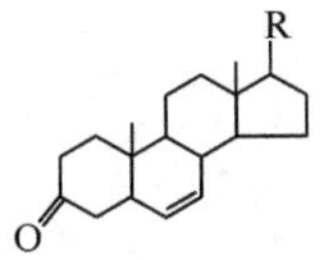

(3)

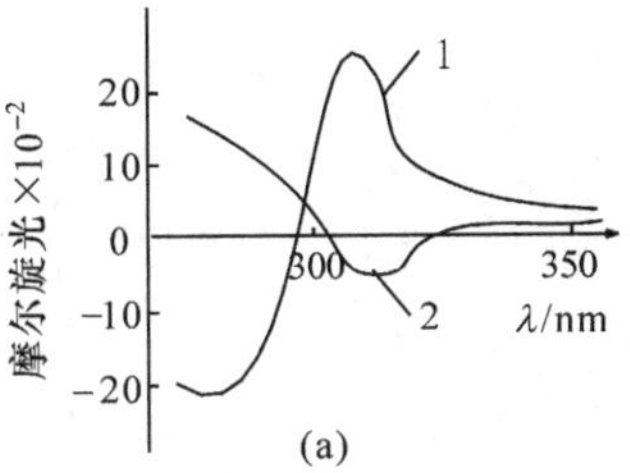

(a)

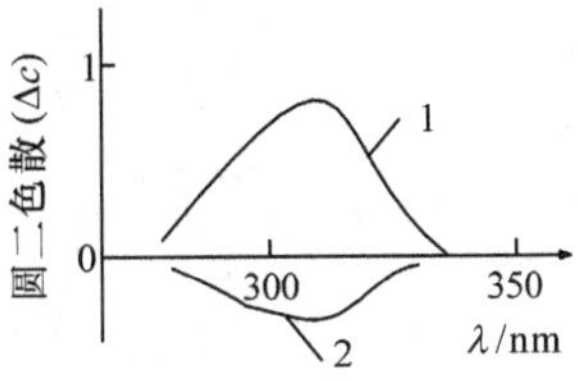

(b)

图 14.8　5α-和 5β-甾体-3-酮的旋光色散(a)和圆二色性(b)曲线

(1)5α-甾体 3-酮;(2)5β-甾体-3-酮;(3)未知物.

参 考 文 献

[1]　赵藻藩,周性尧,张悟铭,赵文宽.仪器分析.北京:高等教育出版社,1990

习题与思考题

习　题

1. 简述折射与干涉仪测定折射率的工作原理及其特点.
2. 旋光计与分光旋光计有什么不同?
3. 在结构分析中旋光法和圆二色法为何具有其他分析方法不可代替的作用?

思考题

如何运用分子电子能级跃迁理论解释圆二色性现象?

二、电化学分析篇

第 15 章　电化学分析引论[1~4]

电化学分析是根据物质在溶液中的电化学性质及其变化来确定其组成与浓度的分析方法，是仪器分析的重要组成部分. 电化学分析的测量信号是电导、电位、电流、电量等信号，不存在分析信号的转换，就能直接记录；所以，电化学分析的仪器装置较光分析的仪器装置简单、小型得多，易于自动化和连续分析. 因此，它也是最早得到发展的仪器分析技术.

§15.1　电化学分析方法的分类

按 IUPAC（国际纯粹化学与应用化学联合会）的推荐，电化学分析方法可以分为三种类型：第一类既不涉及双电层，也不涉及电极反应，如电导分析法；第二类涉及到双电层，但不涉及电极反应，如表面张力和非法拉第阻抗的测量；第三类涉及电极反应，如电位分析法、电解分析法、库仑分析法、极谱与伏安法. 本章将讨论第一类和第三类电化学分析方法. 根据测量的电化学参数不同，电化学分析方法又可以分为如下四大类：

1. 电导分析法

电导分析法是测量溶液电导的变化，来确定溶液的成分含量的分析方法. 直接根据电导（或电阻）与溶液待测离子浓度之间的关系进行分析的方法称为电导法；利用电导变化作为指示反应终点的容量分析技术称为电导滴定分析法.

2. 电位分析法

电位分析法是测量在溶液中的指示电极的电位变化，以此确定溶液成分及其浓度的分析方法. 与电导分析法相似，也有直接电位法和电位滴定分析法之分，直接依据指示电极的电位与待测物质的浓度关系来进行分析的方法称为电位法；利用指示电极的电位变化作为反应终点的“指示剂”的容量分析技术称为电位滴定法.

3. 电解与库仑分析法

将电子作为“沉淀剂”使被测物在电极上析出，然后进行称量，来确定待测物质含量的方法称为电解分析法，又称为电重量分析法.

直接根据电解过程中所消耗的电量求出待测物质的含量的方法称为库仑分析法.

4. 伏安法和极谱分析法

在电解过程中，依据电流-电压变化曲线与物质浓度之间的关系进行分析的方法称为伏安法，在伏安法中使用滴汞电极的又称为极谱分析法.

§15.2 化学电池

简单的化学电池是由两组金属-溶液体系构成. 这种金属一溶液体系称为电极，将两个电极插入同一个电解质溶液中所组成的电池称为无液体接界的电池，见图 15.1(a). 如果两电极是浸泡在不同的电解质溶液中，两种溶液用盐桥连接，或彼此用烧结玻璃隔开，这样构成的电池称为有液体接界电池，见图 15.1(b). 这种连接方式是为了不让两种电解质溶液很快混合，同时又能让离子迁移. 如果将化学

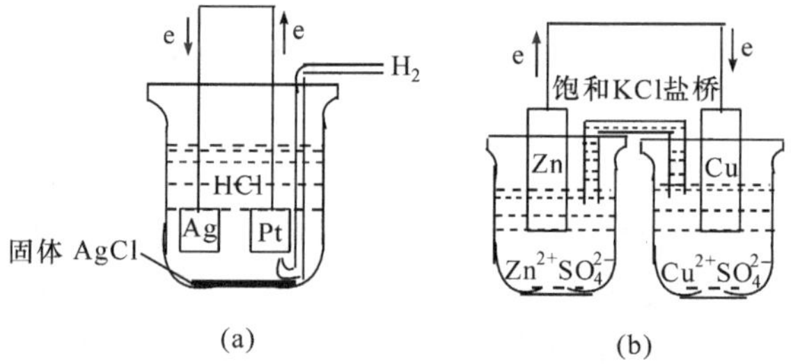

图 15.1　化学电池

(a) 无液体接界电池，$p(H_2)=1.013\ 25\times10^5$Pa(1atm)；$c(HCl)=0.1mol\cdot L^{-1}$；(b) 有液体接界电池.

电池的两金属电极与外电路连通，能将化学能转为电能，这种化学电池称为原电池. 如果从外部提供电源，使电池内部发生电极反应的称为电解电池. 电极反应是指溶液中的离子能从电极上取得电子，或将电子交给电极. 通常规定离子在电极上失去电子(即产生氧化反应)的电极称为阳极，离子在电极上获得电子(即发生还原反应)的电极称为阴极. 如图 15.1(a)中的电极反应为

阳极　　$H_2 \rightleftharpoons 2H^+ + 2e$

阴极　　$AgCl \rightleftharpoons Ag^+ + Cl^-$　　　　$Ag^+ + e \rightleftharpoons Ag$

IUPAC 规定电池要用图解表示式表示. 如图 15.1(b)的图解表示式为

$$(-)Zn|\ ZnSO_4(a_1)\ \|\ CuSO_4(a_2)\,|Cu\ (+)$$

以 | 表示金属和溶液的两相界面，以 ‖ 表示盐桥；a_1, a_2 分别为溶液的浓度或活度，若有气体，应注明压力和温度(若未注明，则表示温度为 25℃，压力为 1atm).

规定依据电极电位的正负程度来区分正极和负极，即比较两个电极的实际电

位，凡是电位较正的称为正极，电位较负的称为负极. Zn 比 Cu 的标准电位要负，Zn 易失去电子变成 Zn^{+2}，电极反应为氧化反应，所以 Zn 电极是阳极；Cu^{+2} 易获得电子变成 Cu，电极反应为还原反应，所以 Cu 电极是阴极.

电池的电动势的符号是取决电流的方向. 如上述的铜锌电池，在 Zn 电极发生氧化反应

$$Zn \rightleftharpoons Zn^{2+} + 2e$$

在 Cu 电极发生还原反应

$$Cu^{2+} + 2e \rightleftharpoons Cu$$

总的电池反应为

$$Zn + Cu^{2+} = Cu + Zn^{2+}$$

外回路的电子从 Zn 电极流向 Cu 电极，而电流方向与电子流向相反，是由 Cu 电极流向 Zn 电极. 所以 Cu 电极的电位较高为正(+)极，Zn 电极电位较低为负(−)极，电动势为正值.

反之，将电池改为

$$Cu|Cu^{2+} \| Zn^{2+}|Zn$$

电池反应则为

$$Cu + Zn^{2+} = Cu^{2+} + Zn$$

反应不能自动进行，必须外加能源，成为电解电池. 电动势为负，即右边的电极(Zn 电极)比左边的电极(铜电极)为负.

电池电动势 E 为右边电极(阴极)的电位减去左边电极(阳极)的电位.

$$E = \varphi_{右} - \varphi_{左} \tag{15.1}$$

一个电池由两个电极组成. 每个电极都可以称为半电池.

§15.3　电极电位

§15.3.1　平衡电极电位

当金属与其盐溶液接触时，由于化学势的差异，金属表面的离子或溶液中的金属离子，存在着互相移动的现象，从而使金属和溶液的两相界面形成双电层. 这种双电层的形成，使两相界面产生电位差，电位差逐渐使金属离子的移动减慢；当达到平衡时，两相之间的电位差就是平衡电极电位.

§15.3.2　电位的测量

电极电位绝对值不能单独测定，也不能从理论上计算. 只能通过测量电池的电动势并经过换算而获得. IUPAC 规定标准氢电极的电位为零，标准氢电极的工作

条件是：氢离子的活度为 1mol·L^{-1}，H_2的压力为 1.01325×10^5Pa(1atm)，作为氢电极的铂片上应镀有铂黑，该电极在任何温度下的电位值等于零伏：

$$H^+ + e \rightleftharpoons \frac{1}{2}H_2(g) \qquad \varphi^0 = 0.0000 \cdot V$$

然后把待测电极和标准氢电极组成电池，测得其电动势则为待测电极的电极电位. 电子从外回路流向该电极、该电极的电极电位为正值；电子从外回路从该电极流向标准氢电极，其电极电位为负值. 并规定在 298.15K 时，以水为溶剂，当氧化态和还原态的活度均为 1 时的电极电位为该电极的标准电极电位. 如 Zn 电极构成下列电池

$$Pt|H_2(101\ 325Pa),\ H^+(1mol \cdot L^{-1}) \| Zn^{2+}(1mol \cdot L^{-1})|Zn$$

电池电动势的数值为-0.763V，所以 Zn 的标准电极电位为-0.763V.

条件电位随反应物质的活度不同而不同，受溶液的离子强度、络合效应、水解效应和 pH 等因素的影响. 所以，条件电位是与介质中各电解质成分有关的，以浓度表示的实际电位. 在分析化学中，介质中除了待测离子外，还有其他物质存在，它们虽不参加电极反应，但常常显著影响电极电位，因此使用条件电位常比标准电极电位更具有实际价值.

一个电池由两个半电池组成，一个发生氧化反应，另一个发生还原反应；习惯上，电极电位的符号适于写成还原反应的半电池. 表 15.1 列出一些电极反应的标准电位和条件电位.

表 15.1　标准电极电位及条件电位(φ, *vs.* SHE)

电　极　反　应	标准电位 $\varphi^\ominus$/V	条件(介质条件)电位 $\varphi^{\ominus'}$/V
$O_3+2H^++2e=O_2+H_2O$	2.07	
$S_2O_8^{2-}+2e=2SO_4^{2-}$	2.0	
$H_2O_2+2H^++2e=2H_2O$	1.77	
$Ce^{4+}+e=Ce^{3+}$		1.74(1mol·dm^{-3} $HClO_4$)
	1.61	1.45(0.5mol·dm^{-3} H_2SO_4)
		1.28(1mol·dm^{-3} HCl)
$2BrO_3^-+12H^++10e=Br_2+H_2O$	1.5	
$MnO_4^-+8H^++5e=Mn^{2+}+4H_2O$	1.51	
$BrO_3^-+6H^++6e=Br^-+3H_2O$	1.44	
$Cl_2+2e=2Cl^-$	1.358	
$Cr_2O_7^{2-}+14H^++6e=2Cr^{3+}+7H_2O$		1.03(1mol·dm^{-3} $HClO_4$)
	1.33	1.15(4mol·dm^{-3} H_2SO_4)
		1.00(1mol·dm^{-3} HCl)

续表

电极反应	标准电位 $\varphi^{\ominus}$/V	条件(介质条件)电位 $\varphi^{\ominus}$/V
$MnO_2(s)+4H^++2e=Mn^{2+}+2H_2O$	1.23	
$O_2+4H^++4e=2H_2O$	1.229	
$2IO_3^-+12H^++10e=I_2+6H_2O$	1.19	
$Br_2+2e=2Br^-$	1.08	
$NO_3^-+3H^++2e=HNO_2+H_2O$	0.94	
$Hg^{2+}+2e=2Hg$	0.845	
$Ag^++e=Ag$	0.7994	
$Hg_2^{2+}+2e=2Hg$	0.792	
$Fe^{3+}+e=Fe^{2+}$	0.771	0.75(1mol · dm^{-3} $HClO_4$) 0.70(1mol · dm^{-3} HCl) 0.68(1mol · dm^{-3} H_2SO_4) 0.51(1mol · dm^{-3} HCl-0.25mol · dm^{-3} H_3PO_4) 0.56(0.1mol · dm^{-3} HCl)
$Fe(CN)_6^{3-}+e=Fe(CN)_6^{4-}$	0.355	0.72(1mol · dm^{-3} $HClO_4$)
$O_2+2H^++2e=H_2O_2$	0.69	
$2HgCl_2+2e=Hg_2Cl_2+2Cl^-$	0.63	
$MnO_4^-+2H_2O+3e=MnO_2+4OH^-$	0.588	
$MnO_4^-+e=MnO_4^{2-}$	0.57	
$H_3AsO_4+2H^++2e=HAsO_2+2H_2O$	0.56	
$I_3^-+2e=3I^-$	0.54	0.545(0.5mol · dm^{-3} H_2SO_4)
$I_2(s)+2e=2I^-$	0.535	
$Cu^{2+}+2e=Cu$	0.34	
$Hg_2Cl_2+2e=2Hg+2Cl$	0.268	
$SO_4^{2-}+4H^++2e=H_2SO_3+H_2O$	0.17	
$Cu^{2+}+e=Cu^+$	0.17	
$Sn^{4+}+2e=Sn^{2+}$	0.15	0.14(1mol · dm^{-3} HCl)
$S+2H^++2e=H_2S$	0.14	
$S_4O_6^{2-}+2e=2S_2O_3^{2-}$	0.09	
$2H^++2e=H_2$	0.00	
$Sn^{2+}+2e=Sn$	−0.14	
Ti(Ⅵ)+e=Ti(Ⅲ)	0.1	−0.01(0.2mol · dm^{-3} H_2SO_4) 0.15(5mol · dm^{-3} H_2SO_4) 0.10(3mol · dm^{-3} HCl)
$Cd^{2+}+2e=Cd$	−0.403	
$Fe^{2+}+2e=Fe$	−0.44	
$S+2e=S^{2-}$	−0.48	
$Zn^{2+}+2e=Zn$	−0.7628	
$SO_4^{2-}+H_2O+2e=SO_3^{2-}+2OH^-$	−0.93	

§15.3.3 能斯特(Nernst)方程

电极电位是将单位电荷由一相经过相界面迁移到另一相所做的功，其大小等于电极反应自由能的变化. 电极一定，电极电位是一个确定的常量. 对于电子转移数为 n 的电化学反应，每摩尔反应物质对应的电量为 nF(F 为法拉第常量). 电量为 nF 的电荷通过电位差为 φ 的界面所做的功为 $nF\varphi$. 若每摩尔反应物质反应相应自由能的变化为 $-\Delta G$，因此有：

$$-\Delta G = nF\varphi \tag{15.2}$$

对于可逆电极反应为

$$a\text{A} + b\text{B} \rightleftharpoons c\text{C} + d\text{D} + n\text{e}$$

电极反应自由能的变化为

$$-\Delta G = RT\ln K - RT\ln \frac{a_\text{C}^c a_\text{D}^d}{a_\text{A}^a a_\text{B}^b} \tag{15.3}$$

结合(15.2)和(15.3)式，得

$$\varphi = \frac{RT}{nF}\ln K - \frac{RT}{nF}\ln \frac{a_\text{C}^c a_\text{D}^d}{a_\text{A}^a a_\text{B}^b} \tag{15.4}$$

式中：φ 为电极电位/V；R 为标准气体常数，8.31441 J/(mol · K)；T 为绝对温度/K；n 为参与电极反应的电子数；F 为法拉第常量(96 486.7 C/mol)；K 为平衡常数；a 为参与电化学反应各物质的活度.

当所有反应物与生成物的活度为 1 时，相对于标准氢电极的电位称为该电极的标准电极电位 $\varphi^\ominus$，则

$$\varphi^\ominus = \frac{RT}{nF}\ln K \tag{15.5}$$

$$\varphi = \varphi^\ominus - \frac{RT}{nF}\ln \frac{a_\text{C}^c a_\text{D}^d}{a_\text{A}^a a_\text{B}^b} \tag{15.6}$$

式(15.6)是电极电位的基本关系式. 当以常用对数表示，并将有关常数代入，式(15.6)可为

$$\varphi = \varphi^\ominus - \frac{0.0591}{n}\lg \frac{a_\text{C}^c a_\text{D}^d}{a_\text{A}^a a_\text{B}^b}\ (25℃) \tag{15.7}$$

此式即为著名的能斯特(W. H. Nernst)公式，表达了电极电位与溶液中对应离子活度之间的关系.

§15.4 电极的类型

电极按其作用可分为工作电极、指示电极、参比电极、辅助电极与对电极.

(1) 指示电极与工作电极

这是一种在化学电池中能反映离子浓度、发生所需要的电化学反应或响应激发讯号的电极. 一般地说,对于平衡体系或在测量期间主体浓度不发生可察觉变化的体系,其相应的电极称为指示电极;如果有较大电流通过,主体浓度发生了显著变化的体系,则相应的电极称为工作电极.

(2) 参比电极

在测量过程中,其电极电位与被测物无关的、电位比较稳定的、提供测量电位参考的电极称为参比电极.

(3) 辅助电极或对电极

当测量体系通过工作电极的电流较大时,为了测量或控制工作电极电位,需采用辅助电极构成三电极系统,使体系中的参比电极电位保持稳定. 不用参比电极的两电极系统中,与工作电极配对的电极称为对电极. 但有时辅助电极也称为对电极,常常两者没有严格的区分.

电极按其组成体系及作用机理不同,可分为两大类:金属基电极和膜电极. 在本节中将分别讨论金属基电极、膜电极和参比电极.

§15.4.1 金属基电极

这类电极以金属为基体,其共同特点是:电极上有电子交换反应,即存在氧化还原反应,它可以分成以下四种.

1. 第一类电极(活性金属电极):

它是由金属与该金属离子溶液组成的体系($M|M^{n+}$). 其电极电位反映溶液中该金属离子的活度,电极反应可表示为

$$M^{n+} + ne^- \rightleftharpoons M$$

电极电位可表示为

$$\varphi = \varphi^{\ominus}_{M^{n+},M} + \frac{0.0591}{n}\lg a_{M^{n+}} \tag{15.8}$$

组成电极的金属有银、铜、锌、镉、汞、铅等. 其中部分金属的标准电位为正,且溶液中金属离子只以一种形式存在. 另一部分金属由于动力学因素,氧在其上有较大的超电位,也可以作为电极. 锌、镉、铅则属这种金属.

2. 第二类电极(金属难溶盐电极)

这类电极是金属及其难溶盐(或配离子)所组成电极体系,它能间接反映与该金属离子生成难溶盐(或配离子)的阴离子的活度. 如银－氯化银电极(Ag/AgCl, Cl);能指示氯离子的活度. 它的电极反应为

$$AgCl + e^- \rightleftharpoons Ag + Cl^-$$

在 25℃时的电极电位为

$$\varphi = \varphi^{\ominus}_{AgCl,Ag} - 0.0591\ \lg a_{Cl^-} \tag{15.9}$$

又如，氰离子能与银离子生成二氰合银配离子. 用银电极可以指示氰离子的活度：

$$Ag(CN)_2^- + e^- \rightleftharpoons Ag + 2CN^-$$

$$\varphi = \varphi^{\ominus}_{Ag(CN)_2,Ag} + 0.0591\ \lg \frac{a_{Ag(CN)_2^-}}{a^2_{CN^-}} \tag{15.10}$$

当原始银离子浓度为一定值，且较氰离子浓度小，则 $Ag(CN)_2$ 的活度可视为常数，于是有

$$\varphi = \varphi^{\ominus'} - 0.0591\ \lg a^2_{CN^-} \tag{15.11}$$

3. 第三类电极

这类电极是由金属与该金属离子和另一金属离子具有共同阴离子的两种难溶盐或配离子组成的电极体系. 例如草酸根离子与银离子和钙离子生成难溶盐，在以草酸银和草酸钙饱和的含有钙离子溶液中，用银电极可以指示钙离子的活度.

$$Ag \mid Ag_2C_2O_4, CaC_2O_4, Ca^{2+}$$

由难溶盐的溶度积可得

$$a_{Ag^+} = \left[\frac{K_{sp}(Ag_2C_2O_4)}{a_{C_2O_4^{2-}}}\right]^{\frac{1}{2}} \tag{15.12}$$

$$a_{C_2O_4^{2-}} = \left[\frac{K_{sp}(Ca_2C_2O_4)}{a_{Ca^{2+}}}\right] \tag{15.13}$$

由式(15.8)可得

$$\begin{aligned}\varphi &= \varphi^{\ominus}_{Ag^+,Ag} + 0.0591\ \lg a_{Ag^+} \\ &= \varphi^{\ominus}_{Ag^+,Ag^+} + 0.0591\ \lg\left[\frac{K_{sp(AgC_2O_4)}}{K_{sp(CaC_2O_4)}} \cdot a_{(Ca^{2+})}\right]^{\frac{1}{2}} \\ &= \varphi^{\ominus}_{Ag^+,Ag} + \frac{0.0591}{2}\lg\frac{K_{sp(AgC_2O_4)}}{K_{sp(CaC_2O_4)}} + \frac{0.0591}{2}\lg a_{(Ca^{2+})}\end{aligned} \tag{15.14}$$

对于生成难离解的配合物来说，汞能与 EDTA 形成的配合物组成电极是一个很好的例子. 电极体系为

$$Hg \mid HgY^{2-},\ CaY^{2-},\ Ca^{2+}$$

$$\begin{aligned}\varphi &= \varphi^{\ominus}_{Hg^{2+},Hg} + \frac{0.0591}{2}\lg\frac{K_{f(CaY^{2-})}}{K_{f(HgY^{2-})}} \\ &\quad + \frac{0.0591}{2}\lg\frac{a_{(HgY^{2-})}}{a_{(CaY^{2-})}} + \frac{0.0591}{2}\lg a_{(Ca^{2+})}\end{aligned} \tag{15.15}$$

式中，K_f为配合物形成常数，这种电极可在电位滴定中作为 pM(pM 为金属离子 M 的活度或浓度的负对数)指示电极. 在滴定终点附近，绝大部分 M 离子形成为配合离子 MY^{2-}，故$[HgY^{2-}]/[MY^{2-}]$比值可视为基本上不变，所以有：

$$\varphi = \varphi^{\ominus'} + \frac{0.0591}{2}\lg a_{(Ca^{2+})} \tag{15.16}$$

4. 零类电极

零类电极采用惰性金属(如铂金等)作为电极. 电极本身不参与电极反应，仅作为氧化态和还原态物质传递电子的场所. 同时起到传导电流作用. 这类电极能指示溶液中的氧化态和还原态的活度比值. 例如

$$Pt \mid Fe^{3+},\ Fe^{2+}$$

$$\varphi = \varphi^{\ominus}_{(Fe^{3+},\ Fe^{2+})} + 0.0591\lg\frac{a_{(Fe^{3+})}}{a_{(Fe^{2+})}}$$

当一些气体参与电极反应时，也需用到这类电极.

§15.4.2　膜电极

膜电极与金属基电极不同，在电极上不发生电子交换，它是靠电极的敏感膜的内外特定的离子的活度不同所产生的膜电位来指示试液中特定离子的活度. 膜电极的基本结构如图 15.2 所示. 它是由敏感膜、电极帽、电极杆、电极腔体、内参比电极和内参比溶液等部分组成. 离子选择电极性能好坏的关键是敏感膜对特定的离子的响应特性. 内参比电极通常采用银-氯化银电极或用银丝. 内参比溶液由离子选择电极的种类决定. 膜电极的膜电位是膜相中的扩散电位和膜内外两个界面上的唐南(Donnan)电位(见下一节)的代数和.

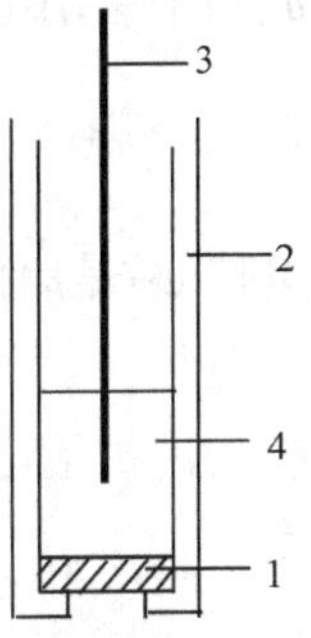

图 15.2　膜电极的基本结构

1. 敏感膜；2. 电极腔体；3. 内参比电极；4. 内参比溶液.

1. 扩散电位

通常扩散电位是指在两种不同离子或同一种离子而活度不同的溶液界面上，由于离子的扩散速度不同，使两溶液界面上正负离子分离而产生的电位差，亦称液接电位. 对离子选择电极来说，在固体膜相内也可以能产生扩散电位，膜相内的扩散属自由扩散，正、负离子都可以通过界面在膜相内扩散. 但是无强制性和无选择性. 扩散电位和离子迁移数有关，当正、负离子迁移数相等时，其扩散电位等于零.

2. 唐南电位

唐南电位是强制性和选择性扩散所形成的，如图 15.3 所示. 假定图中的渗透膜允许 K^+扩散通过($C_2 > C_1$)，而 Cl^- 不能通过. 于是在膜的两侧的界面上的电荷

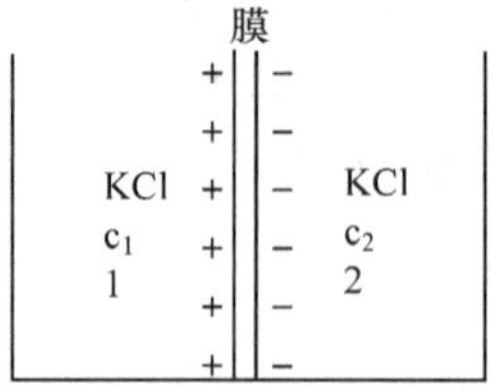

图 15.3　唐南电位示意图

分布不均匀，产生双电层结构而有电位差，这种电位差称为唐南电位. 对于 1∶1 型电解质，唐南电位的表达公式为

$$\varphi_0 = \varphi_1 - \varphi_2 = \frac{RT}{F}\ln\frac{a_{+(2)}}{a_{+(1)}} \tag{15.17a}$$

如果渗透膜只允许负离子扩散通过，对 1∶1 型电解质则有：

$$\varphi_0 = \varphi_2 - \varphi_1 = \frac{RT}{F}\ln\frac{a_{-(1)}}{a_{-(2)}} \tag{15.17b}$$

3. 膜电位

不同的敏感膜的特性不同，所产生膜电位的机理也不完全相同. 若敏感膜对正离子 M^{n+} 有选择性响应，当电极插入试液时，膜的内外侧与溶液接触的界面处形成两个唐南电位 $\varphi_{o外}$ 和 $\varphi_{o内}$，而在膜相内形成扩散电位 φ_d

外部试液 ├→ φ_d ←┤ 内参比溶液

$\varphi_{D外}$　　$\varphi_{D内}$

膜电位 φ_M 是唐南电位和扩散电位的代数和：

$$\varphi_M = \varphi_{D外} + \varphi_d + \varphi_{D内} \tag{15.18}$$

在膜相内扩散电位的大小相同而方向相反，$\varphi_d = 0$，膜内外侧的唐南电位可以表示为

$$\varphi_{D外} = k_1 + \frac{RT}{nF}\ln\frac{a_{外}}{\bar{a}_{外}} \tag{15.19}$$

$$\varphi_{D内} = k_2 + \frac{RT}{nF}\ln\frac{a_{内}}{\bar{a}_{内}} \tag{15.20}$$

式中：k 为常数；a 表示 M^{n+} 离子的活度，符号上面的一横代表膜相离子的活度；n 为 M^{n+} 离子的电荷数. 通常，敏感膜内外表面的性质是相同的，所以可认为 $k_1 = k_2$，$\bar{a}_{外} = \bar{a}_{内}$. 故对正离子，唐南膜电位从膜到溶液方向为正，对负离子从膜到溶液方向为负. 将式(15.19)和式(15.20)代入式(15.18)得

$$\varphi_m = \varphi_{D外} - \varphi_{D内} = \frac{RT}{nF}\ln\frac{a_{外}}{\bar{a}_{外}} - \frac{RT}{nF}\ln\frac{a_{内}}{\bar{a}_{内}}$$

$$= \frac{RT}{nF}\ln\frac{a_{外}}{a_{内}} \tag{15.21}$$

由此可见，膜电位与膜的内外侧溶液中离子的活度有关. 而膜内参比溶液的离子活度为定值. 因此膜的电位仅仅取决于膜外试液中被测离子 M^{n+} 的活度：

$$\varphi_M = 常数 \pm \frac{RT}{nF}\ln a_{外} \tag{15.22}$$

对正离子式(15.22)中为"+"号,对负离子则为"−"号.

§15.4.3　参比电极

电极作为氧化还原反应的传感器是不能单独使用的.标准电极电位是以标准氢电极作为参比电极,并人为规定标准氢电极的电位为零.同样,在电化学分析中,必须选用一个参比电极和一个工作电极与试液组成电池体系,才能进行电信号测定.

作为参比电极一定应具有很好的可逆性、重现性和稳定性.这三者是彼此相关的.衡量可逆性的尺度是交换电流.如果参比电极有较大的交换电流,则在使用过程中有微量的电流通过时,其电极电位仍能保持恒定.重现性是指温度或浓度改变时,电极的响应无滞后现象,仍能按能斯脱公式来反映电极电位,以及用标准方法制备电极时,电极应具有极其相近的电位值.稳定性是指在测量的过程中电极的电位能保持恒定,在较长的时间内不改变.

重要的和常用的参比电极有下述几种.

1. 氢电极

氢电极是所有电极中重现性最好的电极.所有的标准电位测定都是以氢电极作为参比电极,并规定任何温度下其电极电位为零.新制备的标准氢电极的电极电位偏差一般小于 10μV,但是标准氢电极制备难度大,使用也不方便.对实验条件有严格的要求,故在实际工作中一般不采用它作为参比电极.

2. 银-氯化银电极

银-氯化银电极是在细银棒或银线上复盖一层氯化银而获得.在使用前溶液必须用氯化银饱和.否则电极上的氯化银覆盖层将被逐渐溶解.它的重现性仅次于标准氢电极,温度系数小,且可在 80℃以上使用.使用银-氯化银电极不需盐桥,可作为无液接参比电极使用.

3. 甘汞电极

甘汞电极是最常用的参比电极.其构造如图 15.4 所示,它是由汞、糊状的氯化亚汞和氯化钾溶液组成,电极反应为

$$Hg_2Cl_2 + 2e \rightleftharpoons 2Hg + 2Cl^-$$

其电极电位由所使用的氯化钾溶液的浓度决定.通常使用的是饱和氯化钾溶液.称为饱和甘汞电极.饱和甘汞电极的特点

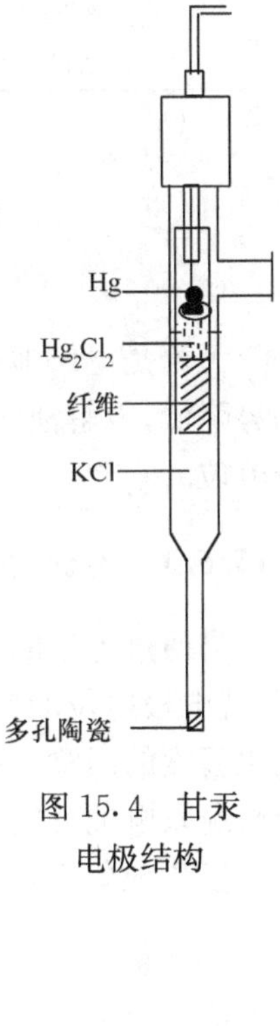

图 15.4　甘汞电极结构

是电极电位稳定性相当好. 只要测量时的电流比较小，其电位不会发生显著变化. 但是，当温度较高时，甘汞有歧化反应：

$$Hg_2Cl_2 \rightleftharpoons Hg + HgCl_2$$

所以使用温度应低于 80℃.

银-氯化银电极和甘汞电极在电化学分析中被作为二级标准电极. 类似的还有硫酸亚汞电极等. 它们的电位值见表 15.2.

表 15.2 二级标准电极电位表(25℃)

电　极	电极电位 φ(vs. SHE)/V
甘汞 $Hg\|Hg_2Cl_2,Cl^-$	
$0.10mol \cdot dm^{-3}KCl$	0.334
$1.0mol \cdot dm^{-3}KCl$	0.282
饱和 KCl	0.242
银-氯化银 $Ag\|AgCl,Cl^-$	
$0.10mol \cdot dm^{-3}KCl$	0.288
$1.0mol \cdot dm^{-3}KCl$	0.228
饱和 KCl	0.199
硫酸亚汞 $Hg\|Hg_2SO_4,SO_4^{2-}$	
$0.5mol \cdot L^{-1}\ K_2SO_4$	0.682
饱和 K_2SO_4	0.65

§15.5 电极的极化与过电压

无论是电解池还是原电池，由于电池存在内阻，电流通过电池将使原电池的电动势降低，电解池的外电压增大. 只有当电池电流很小时，电极才能保持其平衡电极电位.

§15.5.1 电极的极化

当通过电池的外电流较大时(如电解速度较大)，电极的电位偏离了它的平衡值，使电极电位的变化很大，但产生的电流变化很小，这种现象称为极化. 影响电极极化程度的因素有电极的成分、大小、形状、电解质溶液的组成、温度、电流密度(搅拌情况)、电池反应中反应物和产物的物理状态等.

极化现象主要有如下两种：

1. 浓差极化

在电解进行的过程中，电极的电位决定于电极表面离子的浓度，在电解速度十分显著时，电极表面附近的离子在电极上析出，其浓度下降，而本体溶液中的离子又来不及扩散至电极表面. 因此，电极表面附近的离子浓度(C^s)与本体溶液的离子浓度(C^o)不同，致使电解时，电极电位就不等于其平衡时的电极电位，两者之间存在偏差. 这种现象称为浓差极化. 由于 $C^s < C^o$，所以对阴极反应来说，使阴极电位比平衡电位更负，对阳极反应来说，使阳极电位比平衡电位更正. 浓差极化严重时，将使电解时的阴极电位偏离平衡电位较大，因而使被测离子未完全析出之前，阴极电位已满足其他离子析出的条件，也在电极上析出，造成分析测定误差，要减少浓差极化，可采用降低电流密度，增高试液的温度，进行机械搅拌等方法.

2. 电化学极化

电极反应过程不是一步完成，是由许多分步过程组成的. 整个电极反应是由其中最慢的一步所决定，这一步反应需要离子具有较高的活化能. 对于阴极反应，必须使阴极电位比可逆电位更负，以克服其活化能的增加，让电极反应进行. 阳极反之，需要更正的电位.

§15.5.2　过电压

极化现象的存在，必然使实际电位大于可逆平衡电位，两电位之差值称为过电压 η(过电位、超电压). 过电压包括阴极过电压 $\eta_{阴}$ 和阳极过电压 $\eta_{阳}$. 过电压的大小可以作为电极极化程度的衡量. 但它无法从理论上计算其数值的大小，仅有一些经验规律. 一般地说，在电极析出金属，过电位很小，但当析出物为气体时，特别是在阴极析出氢气，在阳极析出氧气，过电位都很大. 除特别说明之外，过电压一般是指由电化学极化引起的. 电化学极化存在，需使阴极电位更负，阳极电位更正.

例如，在 $1mol \cdot L^{-1}$ 的 HNO_3 介质中电解 $1mol \cdot L^{-1}$ 的 $CuSO_4$ 溶液，在阴极的电极反应为

$$Cu^{+2} + 2e^- = Cu$$

根据能斯特公式，阴极析出电位为

$$\varphi_{析(阴)} = \varphi^\ominus + \frac{0.059}{2}\lg[Cu^{2+}]$$

$$= 0.34 + \frac{0.059}{2}\lg 1 = 0.34V$$

阳极电极反应为

$$2H_2O = 4H^+ + O_2 + 4e^-$$

其析出电位为

$$\varphi_{析(阳)} = \varphi^{\ominus} + 0.059\lg[H^+]$$
$$= 1.23 + 0.059\lg 1 = 1.23V$$

所以，分解电压 $E_{分}$ 为

$$E_{分} = \varphi_{析(阳)} - \varphi_{析(阴)} = 1.23 - 0.34 = 0.89V$$

实际上，在阴极析出铜，其过电位为－0.07V. 在阳极析出氧，其过电位为＋0.40V. 实际分解电压为

$$E_{分} = (1.23 + 0.40) - (0.34 - 0.07) = 1.36V$$

电解池的分解电压实际值与理论值的差值 0.47V 就是过电压.

将各种电极上氢、氧的过电位列于表 15.3.

表 15.3　氢和氧的过电位1)

电　极	氢过电位/V	氧过电位/V
Pt(镀层)	～0	＋0.25
Pd	～0	＋0.43
Au	－0.02	＋0.53
Fe	－0.08	＋0.25
Pt(光亮)	－0.09	＋0.45
Ag	－0.15	＋0.41
Ni	－0.21	＋0.06
Cu	－0.23	—
Cd	－0.48	＋0.43
Sn	－0.53	—
Pb	－0.64	＋0.31
Zn	－0.70	—
Hg	－0.78	—

1)开始出现气泡时的过电位值.

参考文献

[1]　方惠群，史坚. 仪器分析原理. 南京：南京大学出版社，1994

[2]　北京大学化学系 仪器分析教学组. 仪器分析教程. 北京：北京大学出版社，1997

[3]　赵藻藩，周性尧，张悟铭，赵文宽. 仪器分析. 北京：高等教育出版社，1990

[4]　Robert D Braun 著，北京大学化学系，清华大学分析中心，南开大学测试中心译. 最新仪器分析技术全书. 北京：化学工业出版社，1990

习题与思考题

习 题

1. 叙述化学电池的组成,何谓半电池?
2. 给出电极的定义,如何区分化学电池的阳极和阴极?阳极就是正极,阴极就是负极,对吗?为什么?
3. 标准电极电位和条件电位有什么不同,其电位值是如何获得的?
4. 金属基电极的共同点是什么?有几种?并写出电极、电极反应表达式和其能斯特方程
5. 叙述膜电极的基本组成,膜电位就是膜电极电位,对吗?为什么?
6. 参比电极应具有哪些基本特性,为什么电化学分析中通常采用二级标准电极作为参比电极?
7. 写出下列电池的半电池反应及电池反应,计算电池的电动势,并标明电极的正负.

(1) $Zn|ZnSO_4(0.100mol \cdot L^{-1}) \| AgNO_3(0.010mol \cdot L^{-1})|Ag$

$\varphi^{\ominus}_{Zn^{2+},Zn}=-0.762V$, $\varphi^{\ominus'}_{Ag^+,Ag}=+0.80V$

(2) $Pt,H_2(20265Pa)|HCl(0.100mol \cdot L^{-1}) \| HCl(0.100mol \cdot L^{-1})|Cl_2(50663Pa),Pt$

$\varphi^{\ominus}_{H^+,H_2}=0\ V$, $\varphi^{\ominus'}_{Cl_2,Cl^-}=+1.359V$

(3) $Pb|PbSO_4$(固),$K_2SO_4(0.200mol \cdot L^{-1}) \| Pb(NO_3)_2(0.100mol \cdot L^{-1})|Pb$

$\varphi^{\ominus}_{Pb^{2+},Pb}=-0.126V$, $K_{sp}(PbSO_4)=2.0\times10^{-8}$

(4) $Zn|ZnO_2^{2-}(0.010mol \cdot L^{-1}),NaOH(0.500mol \cdot L^{-1}) \|$

HgO(固),$NaOH(0.500mol \cdot L^{-1})|Hg$

$\varphi^{\ominus}_{ZnO_2^{2-},Zn}=-1.216V$, $\varphi^{\ominus'}_{HgO,Hg}=+0.0984V$

8. 已知下列半电池反应及标准电极电位为

$$IO_3^-+6H^++5e^- \rightleftharpoons \frac{1}{2}I_2+3H_2O \qquad \varphi^{\ominus}=+1.195V$$

$$ICl_2^-+e^- \rightleftharpoons \frac{1}{2}I_2+2Cl^- \qquad \varphi^{\ominus}=+1.06V$$

计算下列半电池反应及标准电极电位:

$$IO_3^-+6H^++2Cl^-+4e^- \rightleftharpoons ICl_2^-+3H_2O$$

9. $Hg|Hg_2Cl_2,Cl^-$(饱和)$\| M^{n+} \| M$ 为一自发电池,在 25℃时其电动势为 0.100V,当 M^{n+} 的浓度稀释至原来的 1/50 时,电池的电动势为 0.050V.求右边电池反应的 n 值.
10. 由氢电极和指示电极(SCE)组成的电池为
$Pt, H_2(101\ 325Pa) \mid HA(0.2mol \cdot L^{-1}) \| SCE$. 电池的电动势为 +0.693V(25℃),$\varphi_{SCE}=+0.244V$.不考虑离子强度的影响,请计算 HA 的离解常数.
11. 已知下列半电池反应及标准电极电位为

$Cu^{2+}+I^-+e^- \rightleftharpoons CuI \qquad \varphi^{\ominus}=+0.86V$

$Cu^{2+}+e^- \rightleftharpoons Cu^+ \qquad \varphi^{\ominus}=+0.159V$

计算 CuI 的溶度积常数.

12. 已知下列半电池反应及标准电极电位为

$HgY^{2-} + 2e^- \longrightarrow Hg + Y^{4-}$ $\varphi^{\ominus} = +0.201V$

$Hg^{2+} + 2e^- \longrightarrow Hg$ $\varphi^{\ominus} = +0.845V$

计算 HgY^{2-} 的稳定常数.

13. 在 298K 时电池

$Cu|Cu^{2+}(0.0200mol\cdot L^{-1})\|Fe^{2+}(0.200mol\cdot L^{-1}), Fe^{3+}(0.010mol\cdot L^{-1}), H^{+}(1.00mol\cdot L^{-1})|Pt$

(1) 写出该电池的电极反应和总反应;

(2) 标出电极的极性,并说明电子和电流流动的方向;

(3) 计算电池的电动势并说明电池是原电池还是电解电池;

(4) 计算平衡时的平衡常数.

14. 为什么原电池的端电压,正在工作的电解电池的外加电压都不等于相应可逆电池的电动势,其差值是如何形成的?

思考题

当有直流电流通过电解电池时,电流通过电极界面的阻抗为多大?这种阻抗如何命名使之与电解液的阻抗相区别.分别让交流电流和直流电流通过同一电解电池,通过电解电池的交流电流与直流电流之间有什么不同?为什么?

第 16 章 电化学分析各论[1~4]

§ 16.1 电导分析法

§ 16.1.1 溶液的电导测定和溶液的电导率

电解质溶液中存在正负离子，是一种导电体. 它的导电是靠溶液中的离子迁移来完成的. 导电体的导电能力用电导 G 来表示，电导是电阻 R 的倒数：

$$G=\frac{1}{R} \tag{16.1}$$

其单位是西门子(S).

现在的电导仪是采用分压法原理测量电解质溶液的电阻. 分压法测量原理如

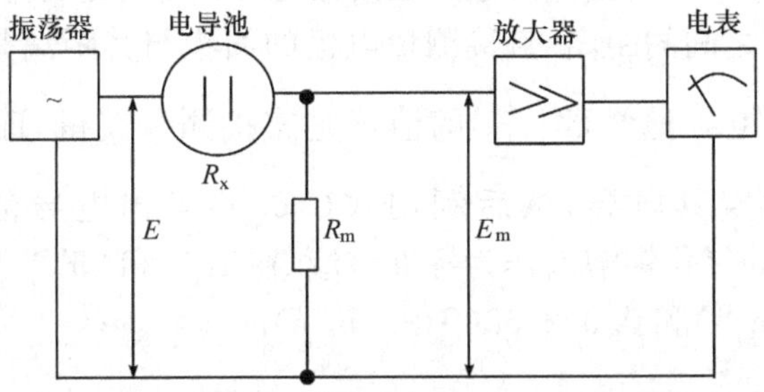

图 16.1 电阻分压法测量电导

图 16.1 所示. 将两个电极插入电解质溶液，构成电导池，电导池的电阻(R_x) 和一标准电阻(R_m)串联在由高频电源输出的交流电压(E)上. 采用高频电源可防止电极极化，从而防止组分电解. 交流电流是依靠电极与电解质溶液之间的界面所构成的电容在两相间进行传导. 在标准电阻上的分压经过放大器放大后由检测器(如电压表)显示. 它和交流电压的关系可以表示为

$$R_x=R_m\left(\frac{E}{E_m}-1\right) \tag{16.2}$$

经整理得

$$G_x=\frac{1}{R_m}\cdot\frac{E_m}{E-E_m} \tag{16.3}$$

电解质溶液的电导值可以直接从检测器上读出.

电极的作用是将电解质溶液连接到电路中去,要求电极和电解质溶液之间的容抗极小. 铂黑电极能满足这一要求. 铂黑电极是在铂片的表面上镀一层细粉末状的铂黑,有很大的表面积. 铂黑电极用于测量电导率大于 $10\mu S \cdot cm^{-1}$ 的溶液.

导体的电阻率 ρ 定义为

$$\rho = R \cdot \frac{A}{l} \tag{16.4}$$

式中:A 为导体的横截面积;l 为导体的长度;R 为导体电阻. ρ 的单位为欧姆 · 厘米($\Omega \cdot cm$).

导体的电导率 k 是电阻率的倒数:

$$k = G\frac{l}{A} \tag{16.5}$$

k 的单位为西门子 · 厘米$^{-1}$($S \cdot cm^{-1}$). $\frac{l}{A}$称为电导池常数.

对于电解质溶液来说,电导率相当于 $1cm^3$ 的溶液在距离为 1cm 的两极之间的电导. 利用式(16.5)可将所测量的电解质溶液电导换算为电导率,但必须精确地测量电极面积和两极之间的距离. 直接测量电极的面积与其距离是十分繁杂而不易测准的工作. 所以电导池常数$\left(\frac{l}{A}\right)$的值不是直接测量获得,而是用已知电导率的电解质溶液,测定其电导,然后利用式(16.5)求出电导池常数. 通常采用 0.0200 $mol \cdot L^{-1}$的氯化钾溶液作为标准溶液. 在 18℃和 25℃时,它的电导率分别为0.002394($S \cdot cm^{-1}$)和 0.002768($S \cdot cm^{-1}$).

§16.1.2 离子摩尔电导

电解质在溶液中离解生成正负离子,正负离子的迁移使电解质具有导电性能,成为导电体. 电解质溶液的电导率与电解质的性质及其浓度有关. 确切地说,是和电解质离解生成的离子的性质及其浓度有关. 这表现为:(1)离子的价数(离子的电荷数目)愈高,电导率愈大;(2)离子在溶液中的迁移速度愈快,电导率愈大;(3)离子的浓度愈大,电导率愈大.

电解质的导电能力可以用摩尔电导来描述. 摩尔电导是指在距离为 1cm 的两平行电极间 1mol 电解质(或 1mol 的离子)的溶液所具有的电导. 根据电解质溶液的电导率定义,摩尔电导可以表示为

$$\lambda = kV \tag{16.6}$$

式中:V 为含有 1mol 电解质的溶液体积;摩尔电导 λ 的单位为西门子 · 厘米^2 · 摩尔$^{-1}$($S \cdot cm^2 \cdot mol^{-1}$). 对于电解质浓度为 C($mol \cdot L^{-1}$)的溶液来说,含有

1mol 电解质的溶液的体积为 $V=1000/C(cm^3)$. 所以式(16.6)可以改写为

$$\lambda = k\frac{1000}{C} \quad 或 \quad k=\frac{\lambda C}{1000} \tag{16.7}$$

上式表述了电解质溶液的电导率和电解质的摩尔电导之间的关系.

将式(16.5)代入式(16.7),并整理得

$$G=\frac{\lambda C}{1000}\cdot\frac{1}{l/A} \quad 或 \quad G=\frac{\lambda C}{1000}\cdot\frac{1}{\theta} \tag{16.8}$$

式中,θ 为电导池常数$\left(\frac{l}{A}\right)$.

电解质的摩尔电导是指含有 1mol 溶质的溶液的电导,溶液的体积可以不同,电解质溶液的摩尔电导随其浓度的增加而降低. 只有当电解质溶液稀释到足够低的浓度时,电解质的摩尔电导才能达到极大值. 此值称为无限稀释的摩尔电导,记作 λ_0,是溶液中正离子的摩尔电导 λ_0^+ 和负离子的摩尔电导 λ_0^- 之和

$$\lambda_0 = \lambda_0^+ + \lambda_0^- \tag{16.9}$$

在无限稀释的溶液中,对确定的溶剂和确定的温度来说,离子摩尔电导是一个定值,与溶液中共存的其他任何离子无关. 表 16.1 列出一些常见离子在无限稀释时的摩尔电导率数值. 电解质溶液的总电导是所有的离子电导的总和.

表 16.1　无限稀释时离子的摩尔电导率$(S\cdot cm^2\cdot mol^{-1})$(25℃)

阳离子	λ_+	阴离子	λ_-
H^+	349.82		
Li^+	38.69	OH^-	197.6
Na^+	50.11	Cl^-	76.34
Ag^+	61.9	NO_3^-	71.44
K^+	73.52	HCO_3^-	44.48
NH_4^+	73.4	IO_3^-	41
Tl^+	74.7	CH_3COO^-	40.9
$\frac{1}{2}Ba^{2+}$	63.64	$C_6H_5COO^-$	32.3
$\frac{1}{2}Ca^{2+}$	59.50	$\frac{1}{2}CO_3^{2-}$	69.3
$\frac{1}{2}Mg^{2+}$	53.06	$\frac{1}{2}C_2O_4^{2-}$	74.2
$\frac{1}{2}Pb^{2+}$	69.5	$\frac{1}{2}SO_4^{2-}$	79.8
$\frac{1}{2}Ni^{2+}$	52		
$\frac{1}{2}Gu^{2+}$	54	$\frac{1}{3}Fe(CN)_6^{3-}$	101.0
$\frac{1}{3}Fe^{3+}$	68.4	$\frac{1}{4}Fe(CN)_6^{4-}$	110.5

注:表中的$\frac{1}{2}Ca^{2+}$,$\frac{1}{3}Fe^{3+}$,…分别表示 1mol$\left(\frac{1}{2}Ca^{2+}\right)$,1mol$\left(\frac{1}{3}Fe^{3+}\right)$,….

$$G = \frac{1}{1000} \cdot \frac{1}{\theta} \sum C_i \lambda_i \tag{16.10}$$

式中：C_i为离子 i 的浓度；λ_i为离子 i 的摩尔电导.

根据离子的摩尔电导及其浓度，可以计算稀溶液的电导率. 例如，在纯水中，导电是由于 H_2O 离解出来的 H^+ 及 OH^- 离子，它们的浓度都为 $10^{-7}mol \cdot L^{-1}$. 由表16.1查得 H^+摩尔电导为 349.8，OH^- 的摩尔电导为 197.6. 则纯水的导电率为

$$k = \frac{1}{1000} \sum \lambda_i C_i = \frac{1}{1000}(349.8 \times 10^{-7} + 197.6 \times 10^{-7})$$
$$= 5.47 \times 10^{-8} S \cdot cm^{-1}$$

纯水的电阻率为

$$\rho = 1/k = 1/5.47 \times 10^{-8} = 1.83 \times 10^7 \Omega \cdot cm = 18.3 M\Omega \cdot cm$$

§16.1.3 分析方法

1. 电导法

电导法是直接利用式(16.8)或式(16.10)所表述的电导和电解质浓度的关系式进行鉴定的方法. 电导法主要用于水的纯度鉴定和某些生产流程的控制和自动分析.

纯水不含电解质，它的电导率很小，普通蒸馏水的电导率为 $2\times10^{-6}S \cdot cm^{-1}$，离子交换水的电导率为 $5\times10^{-7}S \cdot cm^{-1}$. 电导率是纯水的基本指标之一.

从表 16.1 可以看出，OH^- 离子和 $\frac{1}{2}CO_3^{2-}$ 离子的摩尔电导差别明显. 当二氧化碳和 OH^- 起作用时

$$2OH^- + CO_2 \longrightarrow CO_3^{2-} + H_2O$$

溶液中的 OH^- 离子转换为 CO_3^{2-} 后，其电导将明显降低. 在合成氨的生产流程中，利用这一特性，对 CO 和 CO_2 进行监控. 此反应也可以对气体中的 CO_2 进行自动分析.

2. 电导滴定法

电导滴定法是以溶液的电导变化作为滴定终点的“指示剂”. 容量分析中那些能引起溶液中的离子浓度变化的反应，如生成水、难离解的化合物或沉淀等反应，都能使溶液的电导在等当点出现转折，电导滴定曲线的转折点用来指示滴定终点.

电导滴定法一般应用于酸碱滴定和沉淀滴定. 氧化还原滴定和配合滴定不宜采用电导滴定法. 因为进行氧化还原反应或配合反应时，需加入各种试剂和控制反

应酸度. 由于存在大量的其他电解质，所以反应引起的电导变化就不显著，不容易准确地确定终点.

(1) 酸碱滴定

为了减少稀释作用，滴定剂的浓度一般要比溶质的浓度大 10 倍，最好 100 倍. 典型的例子是 0.1mol · L^{-1} NaOH 滴定 100ml 0.01mol · L^{-1} HCl 溶液.

$$H^+ + Cl^- + Na^+ + OH^- \longrightarrow H_2O + Na^+ + Cl^-$$

图 16.2 中 ABC 为其滴定曲线，横坐标为滴定分数. 电导首先由 H^+ 的中和而迅速减小，终点后随加入过量的 OH^- 和 Na^+ 离子而迅速增大. 虚线表示中和时形成 NaCl 对电导的影响.

图 16.2 中 ABG 为弱碱滴定强酸的曲线. 如用氨水滴定 HCl：

$$H^+ + Cl^- + NH_3 \rightleftharpoons NH_4^+ + Cl^-$$

化学计量点后，多余的 $NH_3 \cdot H_2O$ 是难离解的，它的离解又被滴定产物 NH_4^+ 所抑制，故化学计量点后溶液的导电为恒定值，不随滴定剂的加入而增加.

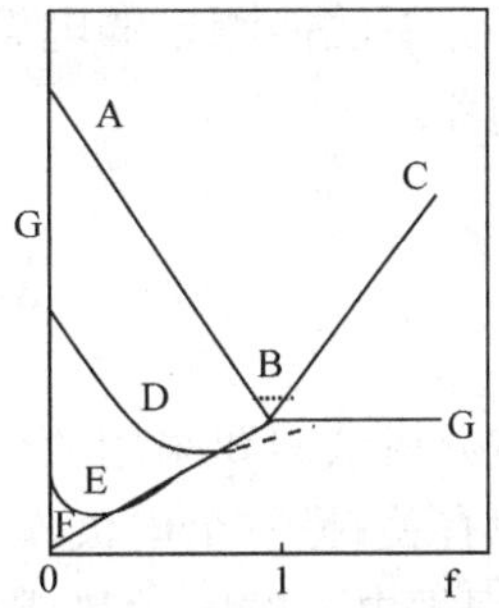

图 16.2　酸碱电导滴定曲线

ABC. 强碱滴定强酸；DBC. 强碱滴定弱酸（$K_a = 10^{-3}$）；EBC. 强碱滴定弱酸（$K_a = 10^{-5}$）；FBC. 强碱滴定弱酸（$K_a = 10^{-7}$）；ABG. 弱碱滴定强酸；DBG. 弱碱滴定弱酸.

强碱 MOH 滴定弱酸 HA，由于弱酸的离解常数小，电导起始值比较低，离解过程中由于产物 A^- 又进一步抑制了弱酸 HA 的离解，电导会继续降低，达到一个最低点（此点并非化学计量点）后，由于 M^+ 和 A^- 量的增加而电导快速增加. 化学计量点后，过量碱的存在，电导又更快的上升. 化学计量曲线转折点不明显. 若改用弱碱滴定，由于化学计量点后电导值不变，化学计量曲线转折点会比较明显.

电导滴定还能用于 NaOH 滴定强酸与弱酸的混合酸，得到两个转折点：第一个为强酸，第二个为弱酸. 酸碱电导滴定可用于滴定极弱的酸或碱（$K = 10^{-10}$），如硼酸、苯酚、对苯二酚等. 也能用于滴定弱酸或弱碱盐，以及强弱混合酸. 在普通滴定分析或电位滴定分析中，这些都是无法进行的，它是导电滴定的一大优点.

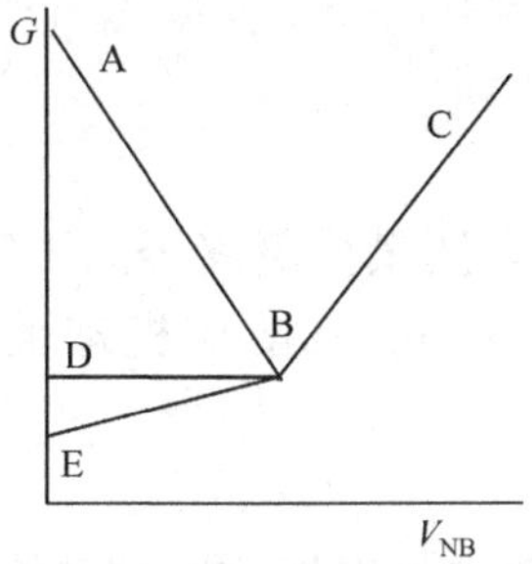

图 16.3　沉淀电导滴定曲线

ABC. $\lambda_M > \lambda$；DBC. $\lambda_M = \lambda$；EBC. $\lambda_M < \lambda_N$；B. 等当点.

(2) 沉淀滴定

若用 NB 滴定剂滴定物质 MA，其沉淀

反应为

$$M^+ + A^- + N^+ + B^- \longrightarrow MB\downarrow + N^+ + A^-$$

在等当点前溶液中的 M^+ 为被 N^+ 取代. 沉淀滴定曲线如图 16.3 所示. 当 $\lambda_N = \lambda_M$ 时,在等当点前,溶液的电导为常数. 等当点后,过量的滴定剂使电导呈直线上升,滴定曲线如图 16.3 中 DBC 所示. 当 $\lambda_M > \lambda_N$ 时,则得 V 形滴定曲线. 如图 16.3 中 ABC 所示. $\lambda_M < \lambda_N$ 时的滴定曲线则为 EBC.

电导分析法能测定弱电解质的离解常数、微溶性盐的溶度积等,也可以作为色谱的检测器.

§16.2　电位分析法

电位分析法需要采用两个电极,一个电极作为指示电极,它的电位与被测定物质的浓度有关;另一个电极作为参比电极,它的电位保持恒定. 两个电极和试液组成电池,根据电池的电动势或指示电极的电极电位的变化对试样进行分析.

§16.2.1　离子选择电极

原则上金属基电极均可以作为电位分析中指示电极,但是用得最多的是膜电极-离子选择电极. 离子选择电极的电位 φ_{ISE} 是膜电位 φ_M 和内参比电极电位 φ_i 之和,且 φ_i 是定值,据式(15.22)对 M^{n+} 离子,其离子选择电极的电位为

$$\varphi_{ISE} = \varphi_M + \varphi_i = k + \frac{RT}{nF}\ln a_{外} \tag{16.11}$$

在 298K 时,正离子和负离子选择电极的电位分别为

$$\varphi_{ISE} = k + \frac{0.0591}{n}\lg a_{外} \tag{16.12}$$

$$\varphi_{ISE} = k - \frac{0.0591}{n}\lg a_{外} \tag{16.13}$$

若膜的内外表面性质不一致,将产生不对称电位.

直接电位法是通过测量离子选择电极的电位值来测量待测离子的浓度. 不同类型的离子选择电极的敏感膜材料、性质和形式各不同,其响应机理也各有其特点.

1. 玻璃电极

玻璃电极一般用来测量溶液的 pH 值,也有玻璃电极对锂、钠、钾和银等一价阳离子具有选择响应. 它们的构造及制造方法均类似,其选择性源于玻璃敏感膜的组成不同.

(1) 玻璃电极的构造

玻璃电极是一种用特定配方玻璃吹制成球形的膜电极，敏感膜厚约 0.1mm. 也可根据需要不同而制成平板或锥状的敏感膜. 图 16.4 是一种复合式 pH 玻璃电极，玻璃球内盛有 $0.1\ mol \cdot L^{-1}$ HCl溶液或含有氯化钠的缓冲溶液作为内参比溶液，以氯化银-银丝为内参比电极. 另有参比电极体系，它通过陶瓷塞与试液接触. 这种电极系统将指示电极和参比电极集于一体，使用时不需要外参比电极. 玻璃电极的电阻约为 100～500MΩ. 在玻璃成分中加入氧化铀或氧化钽，可以降低电极的内阻.

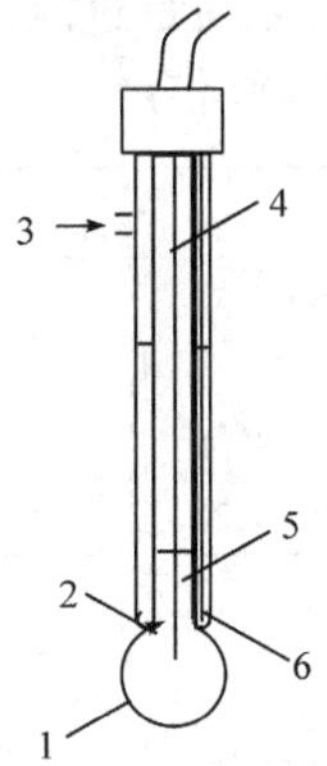

图 16.4　复合式 pH 玻璃电极
1. 玻璃敏感膜；2. 陶瓷塞；3. 填充口；4. 内参比电极；5. 内参比溶液；6. 参比电极体系.

(2) 玻璃膜的响应机理

玻璃膜的主要成分是 SiO_2，构成玻璃的基本骨架. 纯 SiO_2(如石英)结构，不存在可供离子交换的电荷点. 当玻璃膜的成分中存在 Na_2O 时，部分硅氧键断裂，形成带负电荷的硅氧结构，如图16.5所示，Na^+ 离子处在网络骨架中带负电荷点的硅氧结构周围的点位上. 当玻璃电极浸泡在水溶液中，硅氧结构与

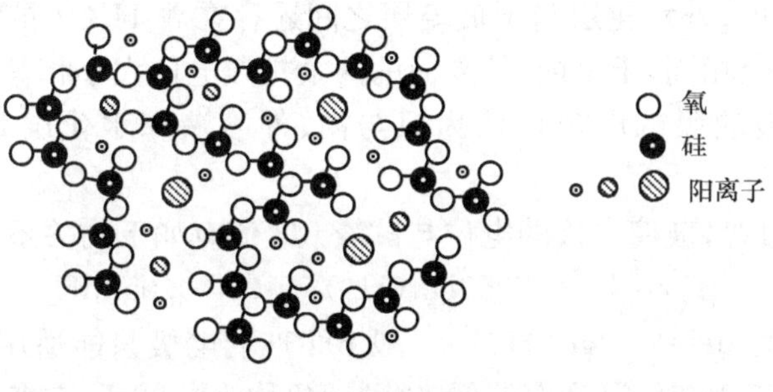

图 16.5　硅酸盐玻璃结构

H^+ 的键合强度远远大于与 Na^+ 的结合强度，因此原来骨架中的 Na^+ 和水中 H^+ 进行交换，其离子交换反应为

$$H^+ + Na^+GI^- \rightleftharpoons Na^+ + H^+GI^-$$

此反应的平衡常数很大，有利于 H^+GI^- 的形成. 在酸性或中性溶液中，玻璃膜表面基本上全部形成类似硅酸的(H^+GI^-)水化层. 此时干玻璃层中的点位仍被 Na^+ 占有，并起着导电作用. 在氢氧化钠溶液中，逆反应使 Na^+ 仍在水化层中占有少数点位. 由水化层表面过渡到干玻璃层，H^+ 的数目逐渐地减小，Na^+ 数目则相应增加. 图 16.6 为水化敏感玻璃膜的分层模式. 在干玻璃(主体)层内，由电荷最少，离子半径最小的 Na^+ 传导电流；在水化层的表面是离子扩散传导电流；水化层和干

玻璃层之间是过渡层，过渡层中 H^+ 的活动性很小，电阻较大，其电阻率是干玻璃层的 1000 倍.

$\varphi_{外}$　　　　$\varphi_{扩散}$　　　　$\varphi_{扩散}$　　　　$\varphi_{内}$

外部溶液	水化胶层	干玻璃层	水化胶层	内部溶液
	← 10^{-4}mm →	← 0.1mm →	← 10^{-4}mm →	
表面点位被 H^+ 交换	点位为 H^+ 和 Na^+ 所占有	点位为 Na^+ 所占有	点位为 H^+ 和 Na^+ 所占有	表面点位被 H^+ 交换

图 16.6　水化敏感玻璃膜的分层模式

水化层表面上 $\equiv$SiOH 的离解平衡，是玻璃膜电位的决定因素：

$$\equiv SiO^- H^+ + H_2O \rightleftharpoons \equiv SiO^- + H_3O^+$$

（水化层）　（溶液）　（水化层）　（溶液）

H_3O^+ 在水化层表面和溶液中进行扩散，破坏了界面附近的正、负电荷的均匀分布，在两相界面形成双电层结构，从而产生了电位差. 由于阴离子和阳离子难以进入玻璃膜的表面，所以玻璃膜对氢离子具有选择性响应.

在玻璃膜的内、外水化层与干玻璃层之间还存在着 H_3O^+ 扩散层，由于内、外水化层的结构完全相同，于是内、外界面的两个扩散电位大小相等，符号相反，结果相互抵消. 因此玻璃膜的电位可认为只与内、外溶液和水化层界面的相间电位有关.

根据式(16.12)，玻璃电极的电位与试液 pH 值有如下的关系式：

$$\varphi_{玻} = k + 0.059\lg a(H^+) = k + 0.059\text{pH} \qquad (16.14)$$

pH 的理论定义为 $\text{pH} = -\lg a(H^+)$. 一般 pH 玻璃电极只能适用于 pH1～10，当试液的 pH 值大于 10 时，测量值偏低，这种现象称为“碱差”. 它来源于 Na^+ 的扩散作用，所以又称为“钠差”. 如果用 Li_2O 代替 Na_2O 制作玻璃膜，由于锂玻璃的硅氧网络中空间较小，钠离子的半径较大，不易进入水化层与氢离子交换，因而避免了钠的干扰，这种电极可测量 pH1～13.5 的溶液.

(3) 阳离子玻璃电极

在玻璃膜中引入三价元素铝、镓、硼等氧化物，可制成对其他一价阳离子具有选择性的电极. 表 16.2 列出几种阳离子玻璃膜及其选择性系数.

钠电极是常用商品阳离子选择电极，也可用于银离子测定. 它以 $1\text{mol}\cdot L^{-1}$ NaCl 溶液为内参比溶液，钠电极的选择性顺序为 $Ag^+ > H^+ > Na^+ \gg K^+, Li^+, \cdots \gg Ca^{2+}$. 使用时借助于控制 pH 值来提高选择性. 例如可在 pH7～10 条件下测定 Na^+，在 pH4～7 条件下测定 Ag^+. 钠电极对 Na^+ 的响应线性范围为 $1\times10^{-7}\ \text{mol}\cdot L^{-1}$～

$1 mol \cdot L^{-1}$，测定银离子的检测限可达 $1\times10^{-9} mol \cdot L^{-1}$.

玻璃电极在使用前，必须在待测离子的稀溶液中浸泡活化 2h 以上，使膜表面的水化层能充分形成，以利于离子的稳定扩散.

表 16.2　阳离子玻璃电极

主要响应离子	玻璃膜组成(摩尔百分数)			电位选择性系数
	Na_2O	Al_2O_3	SiO_2	
Na^+	11	18	71	K^+ 3.3×10^{-3}(pH7)，3.6×10^{-4}(pH11) Ag^+ 500
K^+	27	5	68	Na^+ 5×10^{-2}
Ag^+	11	18	71	Na^+ 1×10^{-3}
	28.8	19.1	52.1	H^+ 1×10^{-5}
Li^+	Li_2O 15	25	60	Na^+ 0.3 $K^+<1\times10^{-3}$

2. 晶体膜电极

这类膜电极是难溶盐的晶体，并且晶体具有离子导电功能. 其中最典型的是氟离子选择电极，如图 16.7 所示. 选择电极的敏感膜是 LaF_3 单晶片制成，为了改善导电性能，晶体中掺杂了 0.1%～0.5% 的 EuF_2 或 1%～5% 的 CaF_2. 膜导电由离子半径小、带电荷较少的晶格离子 F^- 来担任. Eu^{2+} 或 Ca^{2+} 代替晶格中的 La^{3+}，形成了缺陷空穴，降低了晶体膜的电阻. 由于缺陷空穴的大小、形状和分布只能容纳特定的、可移动的晶格离子 F^-，其他离子不能进入空穴，从而使晶体敏感膜具有选择性.

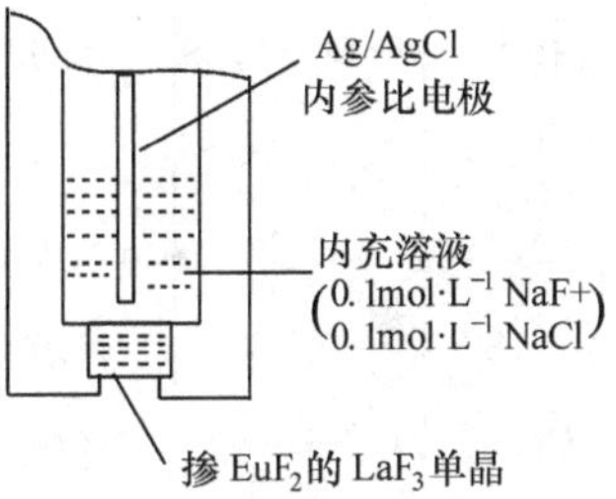

图 16.7　氟离子选择电极

晶体膜表面不存在离子交换作用，所以膜电极在使用前不需浸泡活化. 将膜电极插入待测溶液中，溶液中待测离子能扩散进入膜相缺陷空穴中，膜相缺陷上的离子也可以扩散进入溶液相，因而在两相界面上形成双电层结构. 产生相界面电位

$$\varphi = k - \frac{RT}{F}\lg a(F^-) \tag{16.15}$$

这种电极对 F^- 离子有好的选择性，其线性响应范围为 $5\times10^{-7}\sim1\times10^{-1} mol \cdot L^{-1}$. 除 OH^- 外，一般阴离子均不干扰. 这是因为在晶体表面存在下述化学反应：

$$LaF_3(\text{固}) + 3OH^- \rightleftharpoons La(OH)_3 + 3F^-$$

反应释放出的氟离子将增高溶液中的氟的含量. 实验证明，这种电极最适宜的 pH 范围为 5～5.5. 如 pH 过低，溶液中的 F^- 将会与 H^+ 形成 HF 或 HF_2^-，降低氟离子的活度. 在实际工作中，通常用柠檬酸盐的缓冲溶液来控制 pH 值，柠檬酸盐尚能与铁、铝等离子形成配合物，借此可以消除它们因与氟离子生成配合物而产生的干扰.

难溶盐 Ag_2S 和 AgX(X^- 为 Cl^-，Br^-，I^-)以及 AgS 和 MS(M 为 Cu^{2+}，Pb^{2+}，Cd^{2+})也可制成硫和卤素离子电极. 这些电极是用难溶盐粉末在 10^8 Pa 以上的高压下压成致密的薄片成膜. 电极膜内电荷传递是靠 Ag^+ 离子. 它们的检测下限和选择性与各自难溶盐的溶积度 K_{sp} 有关. 表 16.3 列出了一些商品晶体膜电极的性能参数.

表 16.3　晶体膜电极的品种和性能

电极	膜材料	线性响应浓度范围 /(mol · L^{-1})	适　用 pH 范围	主要干扰离子
F^-	LaF_3+Eu^{2+}	$5\times10^{-7}\sim1\times10^{-1}$	5～6.5	OH^-
Cl^-	$AgCl+Ag_2S$	$5\times10^{-5}\sim1\times10^{-1}$	2～12	Br^-，$S_2O_3^{2-}$，I^-，CN^-，S^{2-}
Br^-	$AgBr+Ag_2S$	$5\times10^{-6}-1\times10^{-1}$	2～12	$S_2O_3^{2-}$，I^-，CN^-，S^{2-}
I^-	$AgI+Ag_2S$	$1\times10^{-7}\sim1\times10^{-1}$	2～11	S^{2-}
CN^-	AgI	$1\times10^{-6}\sim1\times10^{-2}$	>10	I^-
Ag^+，S^{2-}	Ag_2S	$1\times10^{-7}\sim1\times10^{-1}$	2～12	Hg^{2+}
Cu^{2+}	$CuS+Ag_2S$	$5\times10^{-7}\sim1\times10^{-1}$	2～10	Ag^+，Hg^{2+}，Fe^{3+}，Cl^-
Pb^{2+}	$PbS+Ag_2S$	$5\times10^{-7}\sim1\times10^{-1}$	3～6	Cd^{2+}，Cu^{2+} Ag^+，Hg^{2+}，Fe^{3+}，Cl^-
Cd^{2+}	$CdS+Ag_2S$	$5\times10^{-7}\sim1\times10^{-1}$	3～10	Pb^{2+}，Cu^{2+} Ag^+，Hg^{2+}，Fe^{3+}

3. 流动载体电极(液膜电极)

流动载体电极与玻璃电极不同，玻璃电极的载体是固定不动的，流动载体电极的载体是可以在膜中自由流动并穿过膜. 流动载体电极由某种有机液体离子交换剂制成敏感膜. 它由电活性物质(载体)、溶剂(增塑剂)、基体(微孔支持体)构成. 增塑剂将试液与内充液分开，膜中的液体离子交换剂与被测离子结合，并能在膜中迁移. 这时溶液中该离子伴随的电荷相反的离子被排斥在膜相之外，结果引起相界面电荷分布不均匀，在界面上形成膜电位. 其结构如图 16.8 所示.

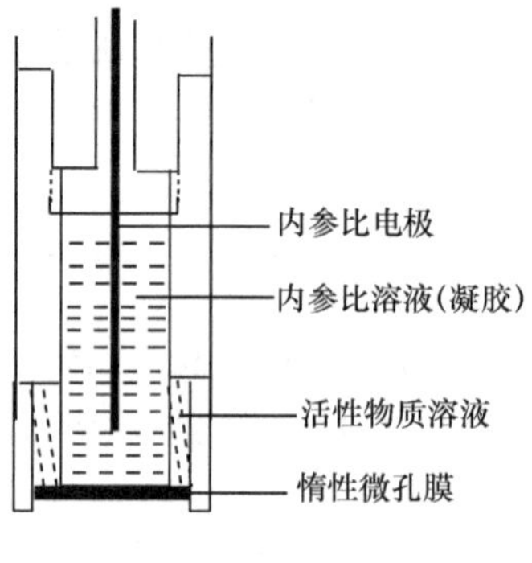

图 16.8　液膜电极

流动载体膜也可制成外观类似固态"固化"膜. 将活性物质溶入有机溶剂(同时起增塑剂作用)后,再加入聚氯乙烯(PVC)粉末,搅匀,再溶于四氢呋喃中,在玻璃板上铺开. 待四氢呋喃挥发后,形成以 PVC 为支持体的薄膜. 将其黏结在有机玻璃电极管的一端,配上内参比电极,便制成 PVC 膜电极. 与一般流动载体膜相比,这种薄膜的寿命和稳定性都有很大的提高.

表 16.4 列出几种带电荷的流动载体电极. 对于带电荷流动载体电极来说,载体与响应离子生成的缔合物越稳定,响应离子在有机溶剂中的淌度越大,选择性就越好. 而活性物质在水相中的分配系数越大,电极灵敏度越高.

表 16.4 带电荷的流动载体电极

离子电极	活 性 物 质	线性响应浓度范围 /(mol · L^{-1})	主要干扰离子
Ca^{2+}	二(正辛基苯基) 磷酸钙溶于苯基磷酸二辛酯	$1\times10^{-5}\sim1\times10^{-1}$	Zn^{2+},Mn^{2+},Cu^{2+}
水硬度 ($Ca^{2+}+Mg^{2+}$)	二癸基磷酸钙溶于癸醇	$1\times10^{-5}\sim1\times10^{-1}$	Na^+,K^+,Ba^{2+},Sr^{2+},Cu^{2+},Ni^{2+},Zn^{2+},Fe^{2+}
NO_3^-	四(十二烷基)硝酸铵	$5\times10^{-6}\sim1\times10^{-1}$	NO_2^-,Br^-,I^-,ClO_4^-
ClO_4^-	邻二氮杂菲铁(Ⅱ) 配合物	$1\times10^{-5}\sim1\times10^{-1}$	OH^-
BF_4^-	三庚基十二烷基氟硼酸铵	$1\times10^{-6}\sim1\times10^{-1}$	I^-,SCN^-,ClO_4^-

另外还有中性载体电极,这种电极与带电荷载体电极在形式和结构上完全相同. 其区别在于:在带电荷载体膜中,载体是带电荷的有机离子,与响应离子生成离子型缔合物;而在中性载体膜中,载体是含有弧对电子的中性有机分子,能与响应离子生成配合阳离子而带电荷. 响应阳离子从溶液相进入膜相生成配合阳离子,破坏了两相界面附近的电荷分布均匀性,产生相间电位. 配合阳离子越稳定,电极的选择性越好. 响应阳离子的萃取常数越大,电极的灵敏度就越高. 作为敏感膜载体的活性物质有抗生素、冠醚化合物、开链酰胺等几类. 表 16.5 列出几种中性载体电极.

表 16.5　中性载体电极

离子电极	中性载体	线性响应范围 /(mol · L^{-1})	主要干扰离子
K^+	缬氨霉素	$1\times10^{-5}\sim1\times10^{-1}$	Rb^+, Cs^+, NH_4^+
	二甲基二苯基 30 -冠醚- 10	$1\times10^{-5}\sim1\times10^{-1}$	Rb^+, Cs^+, NH_4^+
Na^+	三甘酰双苄苯胺	$1\times10^{-4}\sim1\times10^{-1}$	K^+, Li^+, NH_4^+
	四甲氧苯基 24 -冠醚- 8	$1\times10^{-5}\sim1\times10^{-1}$	K^+, Cs^+
Li^+	开链酰胺	$1\times10^{-5}\sim1\times10^{-1}$	K^+, Cs^+
NH_4^+	类放线菌素＋甲基类放线菌素	$1\times10^{-5}\sim1\times10^{-1}$	K^+, Rb^+
Ba^{2+}	四甘酰双二苯胺	$6\times10^{-6}\sim1\times10^{-1}$	K^+, Sr^{2+}

4. 气敏电极

气敏电极用于测定溶液中气体的含量，其结构见图 16.9. 电极的主要部件是微多孔性气体渗透膜，它是由乙酸纤维、聚四氟乙烯、聚偏氟乙烯等材料制成，具有憎水性，但能透气. 测量时，将电极浸入试液，试液中的气体通过渗透膜进入管内中介液，引起电解液中的离子活度变化，这种变化由复合电极进行检测. 复合电极由离子指示电极和参比电极组成.

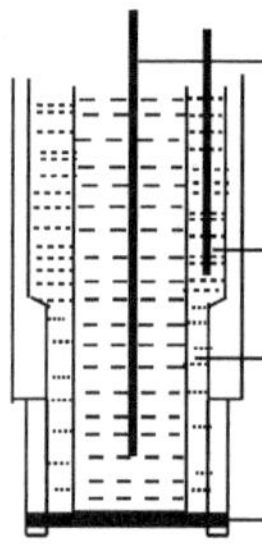

图 16.9　气敏电极

如 CO_2 气敏电极，采用 pH 玻璃电极作为指示电极，中介液为 0.01mol · L^{-1} 碳酸氢钠. CO_2 和水作用生成碳酸，从而影响碳酸氢钠的电离平衡.

$$CO_2 + H_2O \xrightleftharpoons{K_s} H_2CO_3$$

反应的平衡常数为

$$K_s = \frac{a_{H_2CO_3}}{p_{CO_2}} \tag{16.16}$$

$$a_{(H_2CO_3)} = K_s p_{CO_2} \tag{16.17}$$

碳酸和碳酸氢根离子之间的离解平衡为

$$H_2CO_3 \xrightleftharpoons{K_1} HCO_3^- + H^+$$

$$a_{(H^+)} = \frac{K_1 a_{(H_2CO_3)}}{a_{(HCO_3^-)}} \tag{16.18}$$

将式(16.16) 代入式(16.17),得

$$a_{(H^+)} = \frac{K_1 K_s p_{(CO_2)}}{a_{(HCO_3^-)}} \tag{16.19}$$

式中:K_1,K_s为常数;HCO_3^- 的浓度很高,可以看成为常数,因此有

$$a_{(H^+)} = K p_{(CO_2)} \tag{16.20}$$

中介液中氢离子浓度与试液中的 CO_2的分压成正比,可用 pH 玻璃电极来指示氢离子活度,其电位为

$$\varphi = K + \frac{RT}{F}\ln a_{(H^+)} = K' + \frac{RT}{F}\ln p_{(CO_2)} \tag{16.21}$$

根据类似的原理,可以制成 NH_3,NO_2,H_2S,SO_2等气敏电极.

5. 生物电极

生物电极是一种将生物化学和电化学分析相结合而研制成的电极.

(1) 酶电极

将生物酶活性物质覆盖在电极表面上,这层酶活性物质与待测有机物或无机物反应,生成一种能被电极响应的物质.这些与酶反应的物质称为底物,例如,脲在尿素酶的催化下发生反应

$$NH_2CONH_2 + H_3O^+ + H_2O \xrightarrow{\text{尿素酶}} 2NH_4^+ + HCO_3^-$$

氨基酸在氨基氧化酶催化下发生反应

$$RCHNH_2COOH + O_2 + H_2O \xrightarrow{\text{氨基酸氧化酶}} RCOCOO^- + NH_4^+ + H_2O_2$$

反应生成的 NH_4^+ 可用铵离子电极来测定.

制作酶电极,要选择合适的指示电极,还要制成具有催化活性的、水不溶的酶膜,并将其固定在指示电极的表面.固定的方法有吸附、包埋、试剂交联、共价键合等.

(2) 组织电极

动植物的某些组织内存在着某种酶,将这些组织用尼龙网紧贴在电极上,可制成各种组织电极,见表 16.6.

表 16.6　组织电极

组　织	测定对象	使用指示电极
猪肾	谷氨酰胺	NH_3
兔肝	鸟嘌呤	NH_3
黄瓜	谷氨酸	CO_2
大豆	尿素	NH_3,CO_2
香蕉肉	多巴胺	O_2

6. 离子敏感场效应晶体管(ISFET)

这是一种离子选择电极制造工艺和半导体微电子技术相结合的微电子化学敏感元件，既具有离子选择电极对敏感离子响应的特性，又保留场效应晶体管的性能. 金属-氧化物-半导体场效应晶体管(MOSFET) 的结构如图 16.10 所示：在一块 p 型硅衬底上，有两个高掺杂的 n 区，分别作为源极 s 和漏极 d，在两个 n 区之间的硅表面上生长一层很薄的 SiO_2 绝缘层，并在其上覆盖一层铝金属，作为栅极 g. $U_{gs}=0$，并使 U_{ds} 为正电压，则漏极和衬底之间 p-n 结为反向偏置；漏极和源极之间没有导电沟道，漏极电流 $I_d=0$. 若栅源之间加上正电压 U_{gs}，这一电压使栅极和 p 型衬底构成以 SiO_2 为介质的平板电容器，产生垂直向下的电场. p 型硅表面空穴受到电场排斥而移向体内，加大 U_{ds}，电场将 p 型中少数载流子(电子) 吸引到表面，构成漏极和源极之间导电沟道. U_{ds} 的大小将控制 I_d 的大小.

如将 MOSFET 的金属栅极用离子选择电极的敏感膜代替，当它与试液接触并与参比电极组成测量体系，电池的电动势加到 s-g 之间，即膜电位叠加到栅压上，I_d 将与响应离子之间具有类似于能斯特(Nernst) 公式的关系.

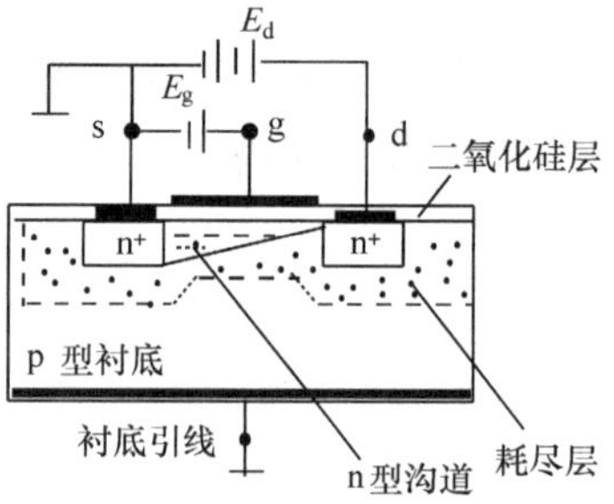

图 16.10　场效应晶体管结构

许多用于离子选择电极的敏感膜材料，如各种晶体膜、PVC 膜和酶膜，都可以作为制造 ISFET 的借鉴. 现已制得 K^+，Ca^{2+}，H^+，卤素离子选择性 ISFET 电极和青霉素敏感的 ISFET 电极. 这类电极有许多优点，它是全固态器件，体积小，易微型化和多功能化，本身具有高输入阻抗和放大功能.

§16.2.2　离子选择电极的性能参数

1. 能斯特响应、线性范围和检测下限

以离子选择电极电位(或电池电动势)对响应离子活度的对数作图，所得的曲线称为校准曲线. 如图 16.11 所示. 校准曲线的响应变化服从能斯特方程，称为能斯特响应. 在一定的活度范围内，校准曲线呈直线，这个活度范围称为离子选择电极响应直线范围，直线的斜率称为级差. 活度较低时，校准曲线逐渐弯曲. 将图中的 CD 和 GF 延长交于 A 点，A 所对应的活度值称为检测下限.

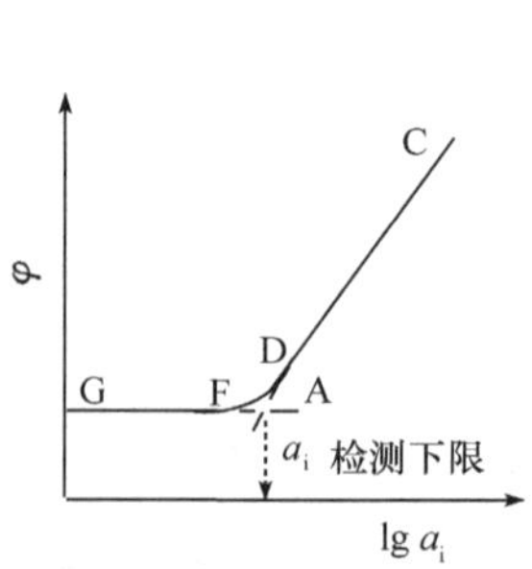

图 16.11　电极校准曲线

2. 选择性系数及其测定

离子选择电极的敏感膜对多种离子有不同程度的响

应，膜电极的响应不是绝对专一的. 除对某特定离子有响应外，溶液中共存的离子也对电极电位有贡献. 这时，电极电位可写成

$$\varphi = 常数 + \frac{2.303RT}{n_iF}\lg(a_i + \sum_j K_{ij}^{pot} a_j^{n_i/m_j}) \tag{16.22}$$

式中：i 为特定离子；j 为共存离子；n_i 为特定离子的电荷数；m_j 为共存离子的电荷数；K_{ij}^{pot} 称为选择性系数，表示 j 离子对 i 离子干扰能力的大小，选择性系数越小，表示 i 离子抗 j 离子干扰的能力越大，但无严格的定量关系. 如果是负离子第二项应取“－”，对正离子第二项才取“＋”. K_{ij}^{pot} 有时也写成 K_{ij}，是与实验条件有关的常数，可以通过分别溶液法或混合溶液法测定，也可以从某些手册中查到.

(1) 分别溶液法

分别配制活度相同的响应离子 i 和干扰离子 j 的标准溶液，并用离子选择电极分别测定其电位值：

$$\varphi_i = k + S\lg a_i$$
$$\varphi_j = k + S\lg K_{ij} a_j$$

S 为电极的实际斜率. 两式相减得

$$\varphi_j - \varphi_i = S\lg K_{ij} + S\lg a_j - S\lg a_i$$

因活度相同 $a_i = a_j$，所以

$$\lg K_{ij} = \frac{\varphi_j - \varphi_i}{S} \tag{16.23}$$

对不同价数的离子，则有

$$\lg K_{ij} = \frac{\varphi_j - \varphi_i}{S} + \lg \frac{a_i}{a_j^{n_i/m_j}} \tag{16.24}$$

(2) 混合溶液法

在响应离子和干扰离子共存时求出选择性系数的方法称为混合溶液法. 它包括固定干扰法和固定响应法.

固定干扰法，配制一系列标准混合溶液，在系列标准溶液中干扰离子的活度固定，响应离子活度是不同的，分别测量它们的电位值，然后将电位值对 pa_i 作图. 如图 16.12 所示. 在直线 CD 段，a_i 显著大于 a_j，a_j 的影响可以忽略. 则有

$$\varphi_j = 常数 + \frac{RT}{n_iF}\ln a_i \tag{16.25}$$

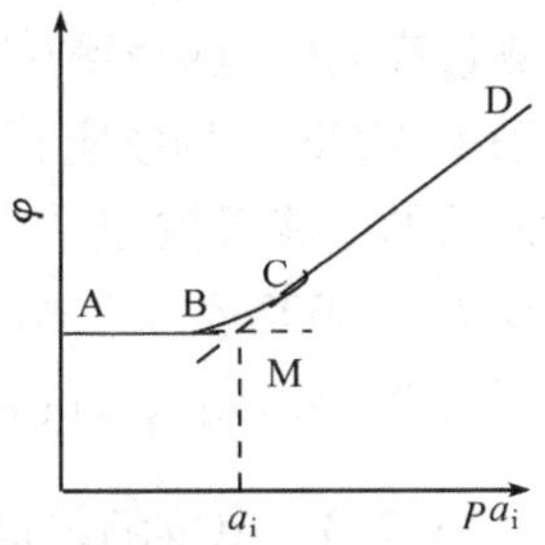

图 16.12　固定干扰法

在直线 AB 段，$a_i \ll a_j$ 时，a_i 可以忽略，电位由 a_j 决定，则有

$$\varphi_j = 常数 + \frac{RT}{n_i F}\ln K_{ij} a_j^{n_i/m_j} \tag{16.26}$$

CD和AB延长相交M，$\varphi_I = \varphi_j$，可得

$$a_i = K_{ij} a_j^{n_i/m_j}$$

$$K_{ij} = \frac{a_i}{a_j^{n_i/m_j}} \tag{16.27}$$

3. 响应时间

离子选择电极的膜电位是响应离子在敏感膜表面建立的双电层结构的结果. 电极达到建立稳定的双电层结构的速度，可用响应时间来表示. 离子选择电极和参比电极一起从接触试液开始，到电极电位稳定(波动在1mV以内)的时间被认为是该电极的响应时间. 该值与响应离子的浓度、扩散速度有关，还和参比电极的稳定性，试液的温度等因素有关. 响应时间快者以毫秒为单位，慢者甚至需要数十分钟，在实际工作中，通常通过搅拌，加快扩散速度，缩短响应时间.

4. 内阻

包括膜内阻、内参比溶液和参比电极的内阻等. 膜内阻是主要的，不同选择电极的内阻值不同，该值的大小直接影响输入阻抗的大小. 为保证测量精度，测量仪表的输入阻抗应与离子选择电极的内阻相匹配. 测量精度可用下式估算：

$$测量精度 = \frac{R_{内}}{R_{内} + R_{入}}$$

式中：$R_{内}$为离子选择电极的内阻；$R_{入}$为测量仪表的输入阻抗. 例如玻璃电极的内阻为$10^8\,\Omega$，要求精度为0.1%，测试仪表的输入阻抗应满足下式要求：

$$\frac{R_{内}}{R_{内} + R_{入}} = 0.1\% = 10^{-3}$$

$$R_{内} + R_{入} \simeq R_{入} \text{ 或 } R_{入} \gg R_{内}$$

$$R_{入} = \frac{R_{内}}{10^{-3}} = 10^{11}\,\Omega$$

测量高内阻电极系统的电动势，应采用高输入阻抗的毫伏计. 高输入阻抗仪表一般采用MOS型场效应管作为仪器的输入级，其输入阻抗高达$10^{13}\,\Omega$. 这样，流经电池回路的电流极微，至少小于10^{-12} A，当电极电阻为100MΩ时，其电动势测量误差仅为0.0001V，仅仅相当于0.002 pH单位. 如电极内阻为$10^8\,\Omega$，要求测量的精确度为0.1%，则仪表的输入阻抗不应低于$10^{11}\,\Omega$.

§16.2.3 电位测量仪表与装置

在电位分析中，由离子选择电极、参比电极和试液组成电池体系，以磁力搅拌

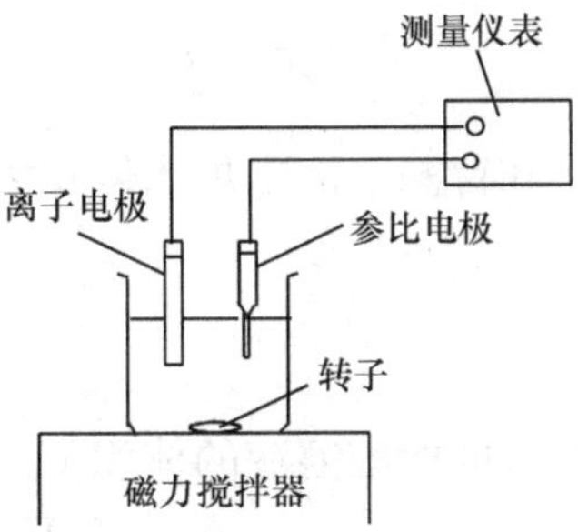

图 16.13　电池测量体系

器搅拌试液，用高输入阻抗仪表如 pH 计或离子计测量电池的电动势，电池测量体系如图 16.13 所示. 测定得到的电动势 E 应为离子选择电极电位 φ_{in}、参比电极电位 φ_r、液接电位 φ_j 的代数和：

$$E = \varphi_{in} - \varphi_r + \varphi_j \qquad (16.28)$$

离子选择电极的内阻很高，因此测量电池电动势不能采用普通电位计来测量. 例如测量 pH 的玻璃电极的内阻高达 $10^8\,\Omega$ 数量级，即使采用高灵敏的检流计，检出电流为 10^{-9} A，此时，流经电极所产生的电压降所引起的误差为

$$\Delta E = \Delta i \cdot R = 10^{-9} \cdot 10^8 = 0.1\text{V}$$

相对酸度的测量来说，0.1V 的误差几乎相当于 2 个 pH 单位.

§16.2.4　定量分析方法

1. 直接电位法

利用离子选择电极的电位值进行定量分析称为直接电位法. 能斯特方程表示的是电极电位与离子活度之间的关系，所以测定的只是响应离子的活度，而不是它的浓度. 对分析化学来说，要求测量的是浓度，而不是活度. 由活度计算出浓度，必须求出活度系数. 精确地求出实验条件下的活度是件很难的工作. 所以，直接电位定量分析一般采用校准曲线法和标准加入法进行测量.

(1) 校准曲线法

大批量试样分析宜采用校准曲线法，系列标准溶液和试液的配制分别用惰性电解质调整总离子强度，如测定 F^- 时，用 TISAB 离子强度缓冲溶液调节试液，使标准和试液的总离子强度相等. 用选定的指示电极和参比电极插入标准溶液，测得电动势 E. 作 E-lg$C$ 或 E-pM 图. 在一定范围内它是一条直线. 然后，测定试液的 E_x，从 E-lg$C$ 图上找出对应的 C_x. 由于试液和标准溶液的总离子强度控制一致，两者的活度系数基本相同，所以，液接电位和不对称电位基本可以通过校准曲线校准.

(2) 标准加入法

对于组成复杂的试样，难于配制合适的标准溶液，采用标准加入法可以克服基体问题. 根据式(16.28)，当样品溶液的体积为 V_x 浓度为 C_x 时，其电动势 E 为

$$E = \left(\varphi^{\ominus} + \frac{RT}{nF}\ln\gamma_x C_x\right) - \varphi_r + \varphi_j$$

$$E=(\varphi^{\ominus}-\varphi_{r}+\varphi_{j})+\frac{RT}{nF}\ln\gamma_{x}C_{x}=K+\frac{RT}{nF}\ln\gamma_{x}C_{x} \tag{16.29}$$

如果在待测溶液中加入体积为V_s浓度为C_s的标准溶液，并用同一电极测得电动势E'，则

$$E'=K+\frac{RT}{nF}\ln\gamma_{x}'C_{x}' \tag{16.30}$$

当加入的标准溶液的体积V_s很小，即$V_x \gg V_s$时，则

$$C_{x}'=\frac{C_{x}V_{x}+C_{s}V_{s}}{V_{x}+V_{s}}\approx C_{x}+\frac{C_{s}V_{s}}{V_{x}}=C_{x}+\Delta C \tag{16.31}$$

显然，标准溶液加入后离子强度基本不变，基体组成变化极小，所以$\gamma_x=\gamma'_x$，又是同一电极，则指示电极电位和参比电极电位都不变，所以，常数K也相等. 综合式(16.29)，(16.30)，(16.31)等三式，得

$$\Delta E=E'-E=\frac{RT}{nF}\ln\frac{C_{x}+\Delta C}{C_{x}}=\frac{S}{n}\lg\frac{C_{x}+\Delta C}{C_{x}}\text{，其中 } S=2.303\frac{RT}{F}$$

经数学变换后有

$$C_{x}=\Delta C(10^{\frac{\Delta EnF}{RT}}-1)^{-1} \tag{16.32}$$

式中，ΔC，ΔE由实验测定，则C_x可以求出.

(3)直接电位法的准确度

在直接电位法中，浓度的相对误差来源于电动势的测量误差. 对式(16.29)进行微分得

$$\mathrm{d}E=\frac{RT}{nF}\cdot\frac{\mathrm{d}C}{C}\quad \text{或} \quad \Delta E=\frac{RT}{nF}\cdot\frac{\Delta C}{C}$$

在25℃时，则有

$$\frac{\Delta C}{C}=\frac{n}{RT/F}\cdot\Delta E\approx 3900\cdot n\cdot\Delta E\% \tag{16.33}$$

浓度测量的相对误差$=\Delta C/C\times100\%=3900\times n\times\Delta\varphi\%$. 当电动势测量误差为0.001V时，对一价离子，其浓度测定的相对误差为4%，对二价离子，其浓度测量的相对误差为8%.

(4) 直接比较法

直接比较法主要用于以活度的负对数($\mathrm{pA}=-\lg a_{A}$)表示结果的测定，如溶液pH的测量. 对试样组分稳定的试液也可以采用此法. 测量仪器通常以pH或pA值作为标度. 测量时，先用一、二个标准活度溶液校准仪器，然后测量试液. 可直接读取试液的pH或pA值. 仪器的一个pA值标度，相当于59.1mV(25℃，对一价离子)或29.5mV(对二价离子)的电位值. 根据试液的温度和电极的响应斜率，可使用温度补偿和斜率校正装置进行来调整能斯特系数.

由于测量 pA 值需要相应的以活度表示的标准溶液，美国国家标准局(NBS)制定了一套标准缓冲液(pH1.7～12.5)，推荐供测定 pH 使用，详见表 16.7.

表 16.7　pH 标准溶液的配制及性能

pH 标准溶夜	标准物质的用量 /(g/1000g 水)	pH (25℃)	使用温度范围 /℃
0.05mol/kg 四草酸氢钾	12.61	1.679	0～95
饱和酒石酸氢钾(25°)	>7	3.557	25～95
0.05mol/kg 柠檬酸二氢钾	11.41	3.776	0～50
0.05mol/kg 邻苯二甲酸氢钾	10.12	4.004	0～95
0.025mol/kg 磷酸二氢钾- 0.025mol/kg 磷酸氢二钠	3.387 3.533	6.863	0～50
0.008695mol/kg 磷酸二氢钾- 0.03043mol/kg 磷酸氢二钠	1.179 4.303	7.415	0～50
0.01667mol/kg 三(羟基甲基) 氨基甲烷- 0.05mol/kg 三(羟基甲基) 氨基甲烷盐酸盐	2.005 7.822	7.699	0～50
0.01mol/kg 硼砂	3.80	9.185	0～50
0.025mol/kg 碳酸氢钠- 0.025mol/kg 碳酸钠	2.092 2.640	10.014	0～50
饱和氢氧化钙(25°)	>2	12.454	0～60

注：标准物质邻苯二甲酸盐于 110℃，磷酸盐于 110～130℃，碳酸盐于 275℃干燥 2h.

2. 电位滴定

电位滴定装置见图 16.14，该装置和电位测量装置基本上是一致的. 在这里仅仅多了一根滴定管. 简单地说，电位滴定法就是以指示电极的电位变化作为滴定终点的"指示剂". 同样，测定指示电极的电位变化必须以指示电极、参比电极和试液组成电池. 当滴定剂加入试液中，被测定离子的浓度将逐渐减少，指示电极的电位产生相应的变化. 在接近终点时，指示电极的电位产生跃变，由此来确定滴定终点.

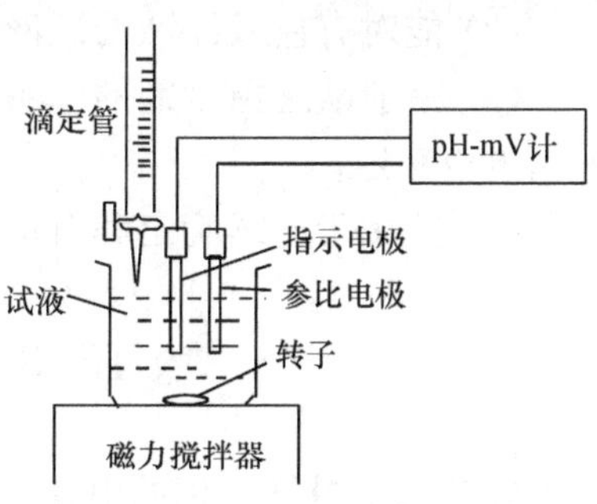

图 16.14　电位滴定仪装置

图 16.15 为电位滴定实验曲线，其中：(a)为一般的滴定曲线，横坐标为滴定剂的体积，纵坐标为指示电极电位值(或电池电动势)，滴定终点为曲线的拐点；(b)为微分滴定曲线，纵坐标改为 $\Delta E/\Delta V$，曲线出现极大值，极大值指示的体积就

是滴定的终点；(c)为二阶微分滴定曲线，纵坐标 $\Delta^2E/\Delta V^2=0$ 的点即为滴定终点. 电位滴定实验曲线描述了滴定过程，根据所描述的过程设计制造自动电位滴定仪，自动控制滴定终点. 当到达终点时，自动关闭滴定装置. 并显示滴定剂用量，自动记录滴定曲线.

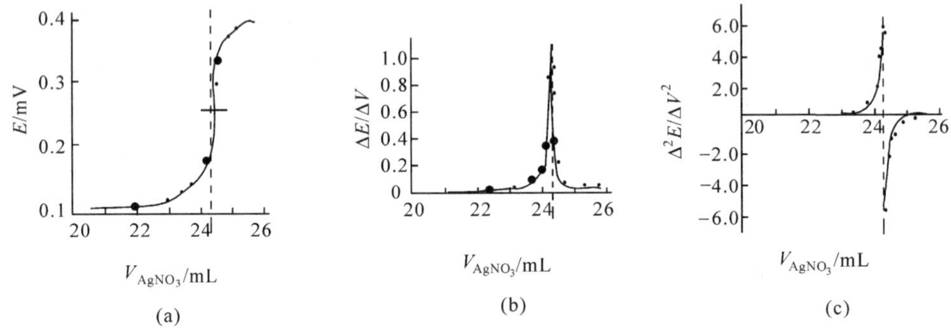

图 16.15　电位滴定实验曲线

(用 0.1000mol · L^{-1} $AgNO_3$滴定 2.433mmol · L^{-1} Cl^-)

(a)E-V 曲线；(b)$\Delta E/\Delta V$-V 曲线；(c)$\Delta^2E/\Delta V^2$-V 曲线.

滴定终点还可以根据终点时的电动势来确定，一般可以从滴定标准溶液获得经验等当点作为终点电动势的依据. 并依据终点电动势自动计算出并显示终点时滴定剂用量.

酸碱滴定时，选择 pH 玻璃电极作为指示电极，采用甘汞电极为参比电极，与试液组成电池. 在氧化还原滴定中，可选择铂电极作为指示电极. 在配合滴定中，采用 EDTA 作为滴定剂，用第三类电极作指示电极. 在沉淀滴定中，如以硝酸银滴定卤素离子时，可用银电极作为指示电极.

电位滴定具有以下的特点：

(1) 与普通容量分析一样，测定的相对误差可低至 0.2%；

(2) 能对有色或浑浊的试液进行滴定；

(3) 一般缺乏指示剂的体系，如某些有机物的滴定需要在非水溶液中进行，可采用电位滴定；

(4) 能用于连续滴定和自动滴定，并适用于微量分析.

§16.3　电解和库仑分析法

电解法是最早出现的电化学分析方法. 用外加电源电解试液，电解后直接称量在电极上析出物质的重量来进行分析的方法，称为电重量法. 电解法还可以用于物质的分离，称为电解分离法. 库仑分析的基本原理和电解法相似，但是它的定量分析依据是电解过程中所消耗的电量.

电重量法只用来分析高含量的物质，而库仑法还可以用于微量物质的分析；与其他分析仪器不同，在分析过程中不需要标准物质或标准溶液.

§16.3.1　电解分析法

将两电极插入试液，加上直流电压，让电流通过溶液，在两极便发生电极反应引起物质的分解，这个过程称为电解. 例如在硫酸铜溶液中，插入两个铂电极，并与直流电源的正极和负极相连接. 当外加电压足够大时，则可以观察到明显的电极反应：

$$\text{阴极}\quad Cu^{2+} + 2e = Cu\downarrow \qquad \text{阳极}\quad 2H_2O = 4H^+ + O_2\uparrow + 4e$$

在阳极上有氧气放出，在阴极有金属铜析出，形成金属镀层.

电解时，在阴极发生还原反应，电解池的阴极应与外加直流电源的负极相连. 在阳极发生氧化反应，阳极应与外加直流电源的正极相连.

1. 分解电压和析出电位

图 16.16(a)为电解装置示意图. 当施加在电解池两极的外加电压很小时，几乎没有电流通过溶液. 当外加电压逐渐升高，则电流略有增加；当达到某一定电压时，如图 16.16(b)中的 D 点，通过电解池溶液的电流明显增大，同时在两极产生电极反应. 随后电流随电压升高而直线上升. 分解电压是指在电极产生电极反应使电解物质在电极上析出所需要的最小外加电压. 图 16.16(b)中的 D 点的电压就是分解电压. 对可逆过程来说，电解物质的分解电压在数值上等于它本身构成的自发电池的电动势. 在电解池中，此电动势称为反电动势，反电动势的方向与外加电压的方向相反，起到阻止电解进行的作用.

例如，将两个铂电极插入硫酸铜溶液时，并不构成自发电池，只有当接上直流电源后，并使外加电压达到分解电压，有极小量的 Cu 和 O_2 分别在阴极和阳极析出. 一旦阴极上有少量铜附着在表面，阳极吸附少量的 O_2，则形成了由铜电极和氧电极组成的自发电池，产生反电动势，阻止电解反应进行. 只有外加电压到达能克服反电动势时，电解才能进行. 外加电压和分解电压之间具有下述关系：

$$\begin{aligned} E_{\text{分}} &= E_{\text{反}} \\ E_{\text{外}} &= iR + E_{\text{分}} \end{aligned} \tag{16.34}$$

式中：$E_{\text{分}}$，$E_{\text{反}}$，$E_{\text{外}}$ 分别为分解电压、反电动势和外加电压；i 为电解电流；R 为回路的总电阻.

向电解池插入一个参比电极，在改变外加电压的同时，测量通过电解池的电流和电位. 得到图 16.17 的析出电位曲线，与图 16.16(b)十分相似. 只有电位到达某

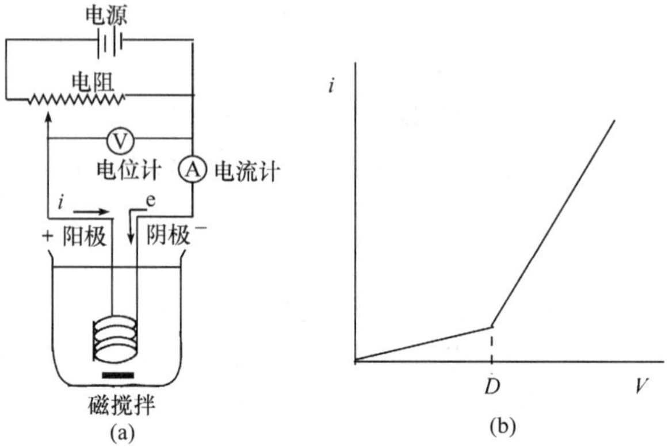

图 16.16　电解装置示意

(a)电解装置；(b)分解电压.

一定值时，电流才随外加电压增高而明显增大. 显然，图 16.17 中的 D'电位就是析出电位. 对于可逆过程，析出电位等于平衡时的电极电位.

仍以上述硫酸铜电解为例，铜离子在阴极获得电子还原为金属铜，水在阳极分解析出氧，形成了自发电池. 在铜极上，电极上的金属铜和溶液中的铜离子之间建立了电极反应平衡：

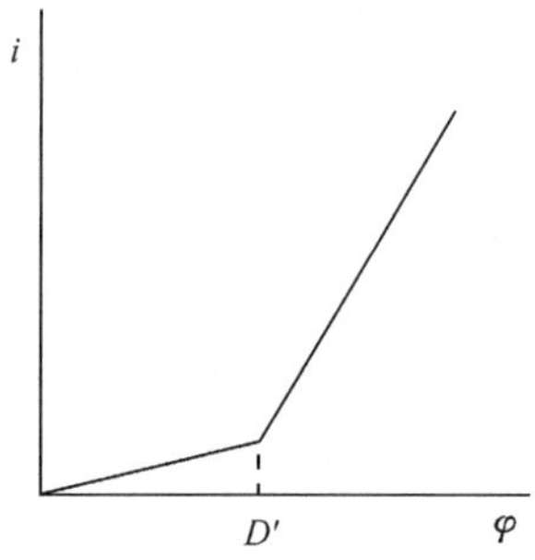

图 16.17　析出电位曲线

$$Cu^{2+} + 2e \rightleftharpoons Cu$$

其平衡电位为

$$\varphi_{平} = \varphi^{\ominus} + \frac{RT}{2F}\ln[Cu^{2+}]$$

若外加电压恰好使阴极的电位 $\varphi_{阴}$ 等于平衡电位 $\varphi_{平}$，则电极反应处于平衡状态，如果 $\varphi_{阴}$ 比 $\varphi_{平}$ 稍负一点，则上述平衡被破坏，为了达到新的反应平衡，使平衡电位维持在新的阴极电位水平，必须减小溶液的铜离子浓度，直至铜离子浓度符合能斯特方程所要求浓度值，使电极上产生铜离子还原为金属铜的电极反应. 因此，析出电位就是平衡时的电极电位. 很明显，要使某一物质在阴极上还原析出，产生连续不断的电极反应，阴极电位必须比析出电位负一点. 同样，要维持连续不断的阳极反应，阳极电位应比析出电位正一点.

电解物质在阴极的析出电位越正，愈易被还原；在阳极析出电位越负，则越易被氧化. 析出电位是相对电极而言，分解电压是对整个电池而言. 对电分析化学来说，只需要了解某一工作电极的情况，因此析出电位比分解电压更有实际意义.

电解池的反电动势等于阳极平衡电位和阴极平衡电位之差. 分解电压等于电池的反电动势，所以分解电压和析出电位具有下述关系.

$$E_{分} = \varphi_{析(阳)} - \varphi_{析(阴)} \tag{16.35}$$

式中，$\varphi_{析(阳)}$，$\varphi_{析(阴)}$分别表示电解池的阳极析出电位和阴极析出电位，也就是各电极的平衡电位，它们可以根据能斯特公式计算.

例 1　在 $1mol \cdot L^{-1}$ HNO_3 介质中电解 $1mol \cdot L^{-1}$ $CuSO_4$ 溶液，计算其分解电压.

解　两电极上的电极反应分别为

阴极：$Cu^{2+} + 2e^- = Cu$

阳极：$2H_2O = 4H^+ + O_2 + 4e^-$

根据能斯特公式计算两电极上析出电位，

$$\varphi_{析(阴)} = \varphi^{\ominus} + \frac{0.059}{2}\lg[Cu^{2+}] = +0.34 + \frac{0.059}{2}\lg 1 = +0.34V$$

$$\varphi_{析(阳)} = \varphi^{\ominus} + 0.059\lg[H^+] \cdot p_{O_2} = +1.23 + 0.059\lg 1 = +1.23V$$

分解电压为　$E_{分} = +1.23 - 0.34 = 0.89V$

但是，由于存在电极的极化现象产生过电位，使电解时的实际分解电压大于理论计算值，式(16.35)应修正为

$$E_{分} = [\varphi_{析(阳)} + \eta_{阳}] - [\varphi_{析(阴)} + \eta_{阴}] \tag{16.36}$$

式中，$\eta_{阳}$，$\eta_{阴}$分别为阳极、阴极的过电位.

2. 电解完全程度与离子析出的次序

电解分析法测定某一离子时，必须考虑共存离子的共沉积问题. 电解分析要求被测定的离子能完全沉积在电极上，而其他共存离子不应在电极上沉积. 电解不完全将引起负误差. 电解使其他离子沉积在电极上将带来正误差.

假如有两种金属离子 A 和 B 存在，A 的析出电位较正. 电解时，A 将首先在阴电极上析出，随着电解的进行，A 离子的浓度将不断地减少，因此阴极电位将不断地变负. 一般认为电解到 A 离子浓度只剩下为原来浓度的 $10^{-4} \sim 10^{-5}$ 倍，算作电解完全. 对二价离子来说，在 25℃时，阴极电位较初始的析出电位要负约 0.15V，此时 B 离子还未到达析出电位，则认为 B 离子尚未在电极析出，B 离子不干扰 A 离子的测定. 对于一价离子，则要析出电位相差为 0.30V，例如，试液中含有 Cu^{2+} 和 Ag^+ 离子，它们的浓度分别为 $1mol \cdot L^{-1}$ 和 $0.01mol \cdot L^{-1}$，以铂为电极进行电解：这时，Ag^+ 的析出电位为

$$\begin{aligned}\varphi_{Ag} &= \varphi^{\ominus}_{Ag^+,Ag} + 0.0591\lg[Ag^+] \\ &= 0.80 + 0.0591\lg 0.01 \\ &= +0.68(V)\end{aligned}$$

Cu^{2+} 的析出电位为

$$\varphi_{Cu} = \varphi^{\ominus}_{Cu^{2+},Cu} + \frac{0.0591}{2}\lg[Cu^{2+}]$$

$$=0.35+\frac{0.0591}{2}\lg 1=0.35\text{V}$$

Ag^+离子析出电位比 Cu^{2+}离子的析出电位为正，Ag^+离子先在电极上析出. 假定电解进行到 Ag^+离子的浓度为原来浓度的 10^{-5}倍. 即$[Ag^+]=10^{-7}\text{mol}\cdot\text{L}^{-1}$. 这时的阴极电位为

$$\varphi_{阴}=\varphi^{\ominus}_{Ag^+,Ag}+0.0591\lg10^{-7}=0.39(\text{V})$$

因此，控制外加电压使阴极电位为+0.39V，可认为 Ag^+离子完全析出，而铜离子则不能析出.

如果两种离子的析出电位不像 Ag^+离子和 Cu^{2+}离子那样有较大的析出电位差，而是析出电位接近，例如铅和锡将同时在电极上析出，所以它们共存时，将彼此干扰.

3. 恒流电解法

恒电流电解是在恒定的电解电流条件下进行电解，称量电极上析出的物质的质量来进行电解重量分析，也可用于分离. 恒电流电解装置如图 16.18 所示. 用直流电源作为电解电源，电解池上的电压可通过可变电阻 R_1来调节，并由电压表 V 指示. 电解电流可从电流表读出. 试液置于电解池中. 一般用铂网作阴极，螺旋的铂丝作阳极并兼作搅拌之用.

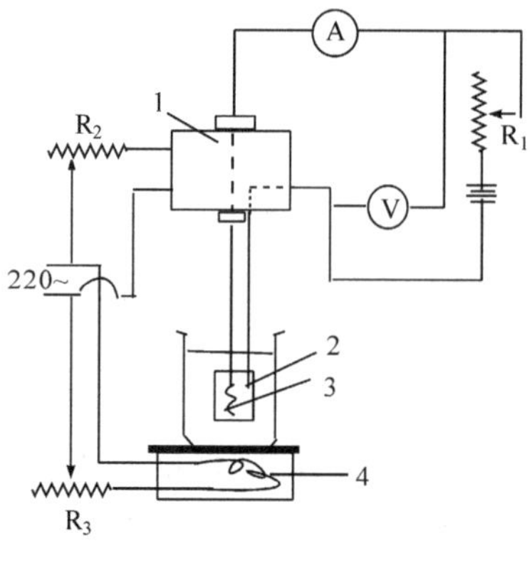

图 16.18　恒电流电解装置

1. 搅拌马达；2. 铂网(阴极)；3. 铂螺旋丝(阳极)；4. 加热器；R_1. 电解电流控制；R_2. 搅拌控制；R_3. 温度控制.

恒流电解法需要不断调控外加电压，且电极反应较快，往往存在较显著的电极极化现象，使电极电位偏离平衡电位较大，被测离子尚未完全沉积析出，干扰离子已在电极析出，这时需要利用"电势缓冲"方法来消除干扰. "电势缓冲"方法是指在试液中加入各种去极化剂，使电极电位稳定不变. 例如在 Cu^{2+}和 Pb^{2+}的混合液中，可加入 NO_3^- 作为去极化剂，在 Cu^{2+}未完全沉积在电极上时防止 Pb^{2+}在电极上沉积. NO_3^- 在阴极上的电极反应为：

$$NO_3^- + 10H^+ + 8e \rightleftharpoons NH_4^+ + 3H_2O$$

NO_3^- 还原电位比 Pb^{2+}更正，而且浓度比较大. 这样，它可以防止 Pb^{2+}在 Cu^{2+}未完全沉积之前在阴极上沉积.

电流电解法装置简单，方法准确度高，但选择性低. 用本法可以测定金属元素有：锌、镉、汞、钴、镍、铅、锡、铜、铋、锑及银等，目前本法主要用于精铜品位的鉴定和仲裁. 一般地说，电流控制较小，镀层较牢固均匀，但是电解完全所需要的时间就

较长.在实际工作中,电流一般控制为 0.5～2A.

4. 控制电位电解法

控制电位法是在控制阴极电位或阳极电位为一定值的条件下进行电解的方法.当试液中存在干扰金属离子,为了防止其在阴极上还原析出,需要采用恒阴极电位电解装置进行测定或分离.这种装置如图 16.19 所示,在电解池中插入参比电极(如甘汞电极),它和工作电极(阴极)构成回路.恒阴极电位电解装置与恒电流电解装置的主要区别是:它有控制和测量阴极电位的设备.在电解过程中,阴极电位可以用电位计或电子毫伏计准确测量,并通过变阻器来调节电解池的电压,使阴极电位保持在特定的数值或一定范围.

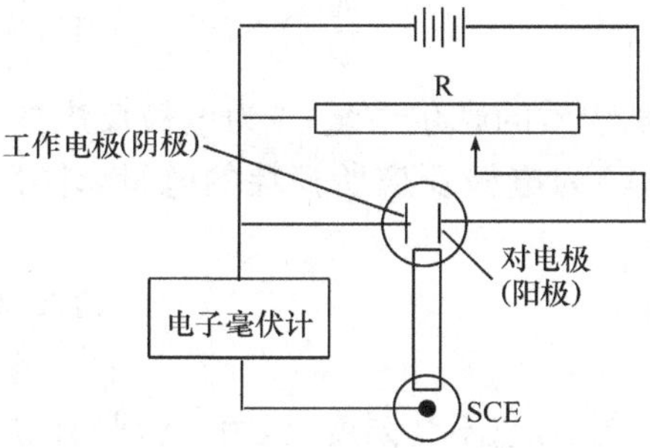

图 16.19　控制阴极电位电解装置示意图

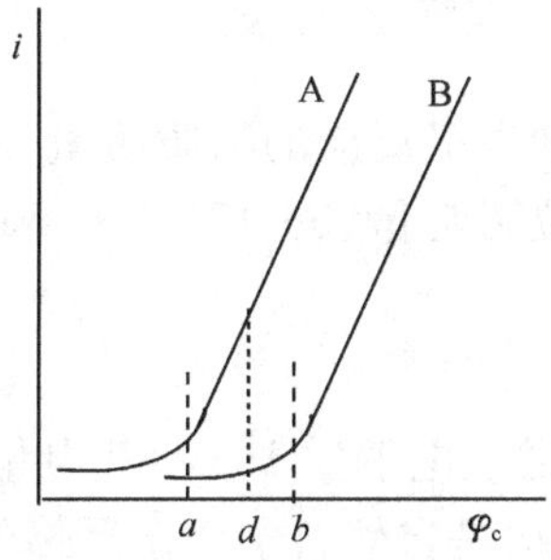

图 16.20　控制阴极电位与析出电位的关系

在电解过程中,开始电解电流较大,随着待测离子在阴极析出,其浓度逐渐降低,电解电流也随之减小,当电流趋于零时,电解完成.

图 16.20 为控制阴极电位与析出电位的关系示意图.图中 A,B 两条曲线分别为 A,B 两种金属离子在电解时的电流和阴极电位之间的关系.a,b 两点分别为 A,B 离子在阴极析出电位.控制阴极电位值必须负于 a 而正于 b,如图中的 d 点,使 A 离子能在阴极析出而 B 离子则不能,达到分离的目的.

恒阴极电位电解的主要特点是选择性较高.可用于分离或测定银(与铜分离),铜(与铋、铅、银、镍的分离),铋(与铅、锡、锑等分离),镉(与锌分离)等.

5. 汞阴极电解分离法

汞阴极电解一般不直接用于定量测定,而是作为一种分离富集手段,除去溶液中的重金属离子.汞阴极电解装置如图 16.21 所示.利用汞作为阴极,能使许多金属离子还原生成汞齐,析出电位正移,容易分离;氢在汞上有较大的过电压,从而扩大电解分离的电压范围.例如,采用汞阴极可将电位较正的 Cu,Pb,Cd 等浓缩在汞中,而与铀分离并提纯铀.用同样的方法可以除去金属离子,制备高纯度的电解质.

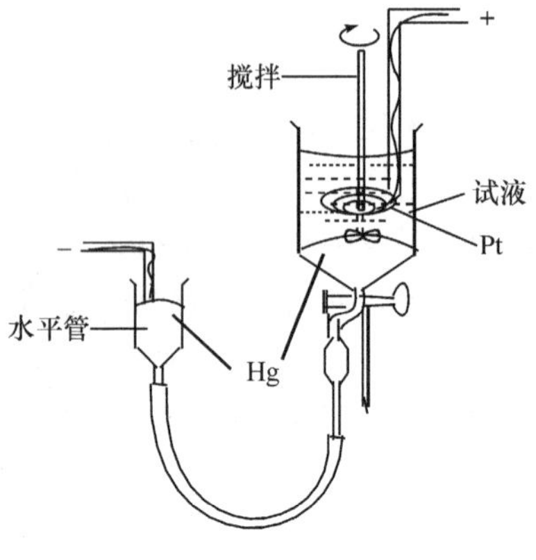

图 16.21　汞阴极电解装置

在酶法分析中，重金属离子的存在可以抑制或使酶失去活性，采用此法可以除去溶液中的重金属离子.

§16.3.2　库仑分析法

1. 法拉第定律

如果在电解过程中物质在电极的反应是惟一的电极反应，那么参加电极反应的物质质量和电极反应所消耗的电量应遵守法拉第定律：

$$m = \frac{M}{nF}Q \tag{16.37}$$

式中：m 为参加电极反应的物质质量；M 为该物质的摩尔质量；n 为电极反应的电子数；F 为法拉第常量（96 487C · mol^{-1}）；Q 为电极反应所消耗的电量，计算公式为

$$Q = it \tag{16.38}$$

若 1A 的电流通过电解质 1s 时，其电量为 1C.

法拉第定律是自然科学中最严格的定律之一，它不受温度、压力、溶剂的性质、电解质的浓度、电极材料等因素的影响. 法拉第定律是库仑分析的定量依据.

2. 恒电位库仑分析

恒电位库仑分析法和恒电位电解法类似，在整个电解过程中，必须控制工作电极的电位为一恒定的值. 由于不是称量在电极上析出的物质的质量，而是测量电解时所消耗的电量，所以要求所消耗的电量能全部用于被测定的物质的电极反应，必须避免在工作电极上发生其他副反应.

在进行库仑分析时，必须在电路上串联一个库仑计，以测量电解过程中所消耗的电量. 恒电位过程中，库仑分析装置如图16.22所示，在电解过程控制工作电极电位保持恒定，使待测物质以 100% 的电流效率进行电解，当电流趋于零时，表明待测物质电解完全. 恒电位电解时，电流随时间而变化，并为时间的复杂函数. 电解过程消耗的电量需采用库仑计或电流-时间积分仪来测量.

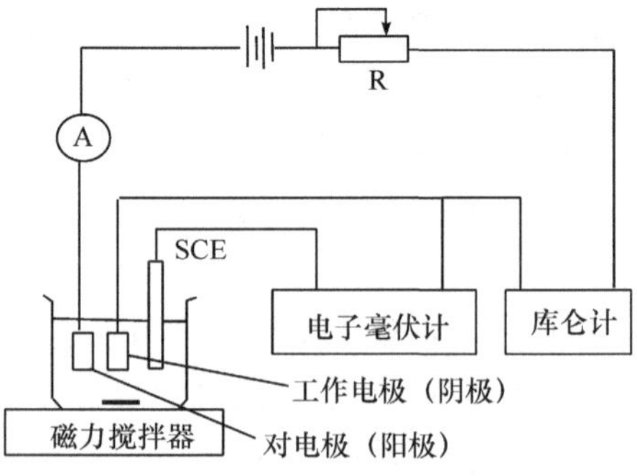

图 16.22　恒电位库仑分析装置

氢氧气体库仑计，其装置见图 16.23，

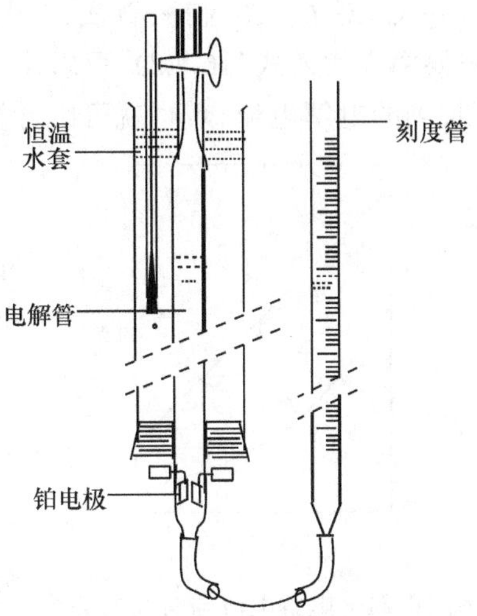

图 16.23 气体库仑计

使用时和控制电位装置串联. 电解管置于恒温水浴中,管内盛有 0.5mol · L^{-1} K_2SO_4 或 Na_2SO_4 电解液,当电流通过时,在 Pt 阳极析出 O_2,在 Pt 阴极析出 H_2,电解前后刻度管中液面之差为氢氧气体的总体积. 在标准状态下,每库仑电量能析出 0.1741mL 氢氧混合气体. 若得到的体积为 V(mL),则消耗的电量 Q 为

$$Q = V/0.1741$$

由法拉第定律计算出被测定物质的质量为

$$m = \frac{VM_r}{0.1741 \times 96485 \times n}$$

式中,M_r 为相对分子质量.

电量的测量还可以用电子积分仪和作图法求出.

(1) 电子积分仪

电子积分仪采用积分线路,根据电解电流计算总电量:

$$Q = \int_0^t i_t \mathrm{d}t \tag{16.39}$$

(2)作图法

在电解时,仅有一种物质在电极上析出,并且电流效率为 100%时,则电流与时间的关系为

$$i_t = i_0 \times 10^{-kt} \tag{16.40}$$

式中:i_0为起始电流;i_t为时间 t 时的电流;k 为常数,与电极和溶液的性质等因素有关.

据式(16.39)和(16.40),有

$$\begin{aligned} Q &= \int_0^t i_0 \times 10^{-kt} \mathrm{d}t \\ &= \frac{i_0}{2.303k}(1 - 10^{kt}) \end{aligned} \tag{16.41}$$

t 增大,10^{-kt}减小,当 $kt>3$ 时,10^{-kt}可以忽略,则

$$Q = \frac{i_0}{2.303k} \tag{16.42}$$

对式(16.40)求对数,得

$$\lg i(t) = \lg i_0 - kt \tag{16.43}$$

以 $\lg i(t)$ 对 t 作图，得一直线，如图 16.24 所示. 直线的斜率为 k，截矩为 $\lg i_0$，将 i_0 和斜率 k 代入式(16.42)，可求出电解所消耗的电量 Q，采用作图法，只需测量几个 t 时刻的电解电流 $i(t)$，就可以计算出电量值，不必等待电解终止.

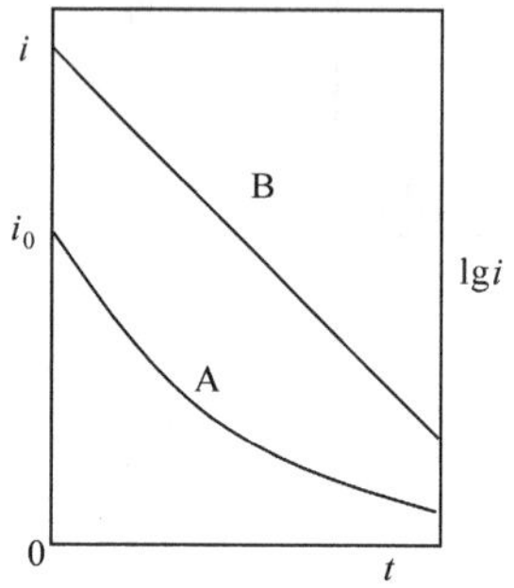

图 16.24　电解电流与时间的关系
A. i-t；B. $\lg i$-t.

恒电位库仑分析法不要求被测物质析出为金属或难溶化合物. 因此可以用于测定进行均相电极反应的物质，特别适合于有机物的分析. 方法的灵敏度和准确度均很高.

3. *库仑滴定法*

库仑滴定法是以恒定的电解电流进行电解，电解效率为 100%. 使电极反应产生一种物质，并能与被测定的物质进行定量的化学反应. 与容量分析方法不同之处在于，滴定剂不是由滴定管加入，而是由电解产生，所以称为库仑滴定法. 库仑滴定法的电解须采用恒流电源电路. 以恒定的电流进行电解，所消耗的电量可以简单地由电流和时间乘积求出(即 $Q = it$). 所以库仑滴定法又称为恒流库仑法.

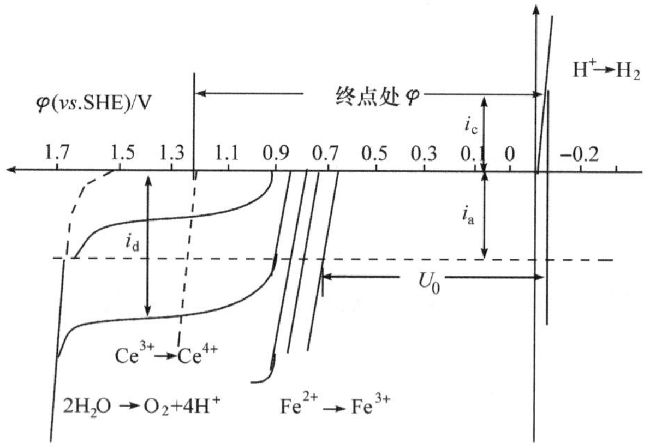

图 16.25　库仑滴定 Fe(Ⅱ)的电流-电位曲线

库仑滴定法的关键之一是确保在恒流条件下电解效率为 100%. 图 16.25 为库仑滴定 Fe(Ⅱ) 的电流-电位曲线. 在恒流条件下，Fe^{2+} 在阳极被氧化

$$Fe^{2+} \longrightarrow Fe^{3+} + e^-$$

这时在阴极发生还原反应

$$H^+ + e \longrightarrow \frac{1}{2}H_2$$

选用电解电流 i_0、阳极电流 i_a、阴极电流 i_c 三者相等，需外加电压 V_0. 随着电解的进行，Fe^{2+} 的浓度下降，V_0 也须随着增大，因而阳极电位就要发生正移. 这可能使在阳极产生溶剂分解反应，析出 O_2：

$$2H_2O \longrightarrow O_2 + 4H^+ + 4e^-$$

使电解过程的电解效率将达不到 100%. 为了确保电解效率 100%，则可在溶液中加入 Ce^{3+}，当 Fe^{2+} 在阳极的氧化电流低于 i_0 时，Ce^{3+} 在阳极被氧化为 Ce^{4+}，提供阳极电流. 在溶液中的 Ce^{4+} 立即同 Fe^{2+} 反应. 本身又被还原为 Ce^{3+}，即

$$Ce^{4+} + Fe^{2+} \longrightarrow Ce^{3+} + Fe^{3+}$$

因此，可以使阳极电位控制在氧析出电位以下，防止氧的析出，而电解所消耗的电量全部消耗在 Fe^{2+} 的氧化上，到达 100% 的电解效率. 该法类似容量分析中用 Ce^{4+} 滴定 Fe^{2+} 的滴定法.

库仑滴定的终点指示是该方法的关键之二，可以采用以下几种方法.

(1) 化学指示剂法

只要库仑滴定体系合适，仍可以使用容量分析使用的指示剂. 如电解碘化钾在阳极生成碘作为滴定剂，来测定溶液中的三价砷，可用淀粉溶液作指示剂，当三价砷完全氧化为五价砷之后，电解生成的过量的碘和淀粉作用，产生蓝紫色的生色反应，指示滴定到了终点.

(2) 电位法

采用电位法指示终点需在电解池中插入指示电极和参比电极构成指示系统，这种装置如图 16.26 所示，指示终点系统与电位滴定装置类似. 恒电流电解电源可以采用 45V 叠层电池，也可以采用直流稳压电源，通过溶液的电解电流用可调电阻器 R 来控制. 为保证 100%的电流效率，需用多孔性套筒将阳极和阴极隔开，对(辅助)电极应置于套筒内，以防止工作电极产生的滴定剂被对电极消耗掉. 电解时间由计时器指示，当滴定达到等当点时，指示电路发出信号，用人工或自动装置切

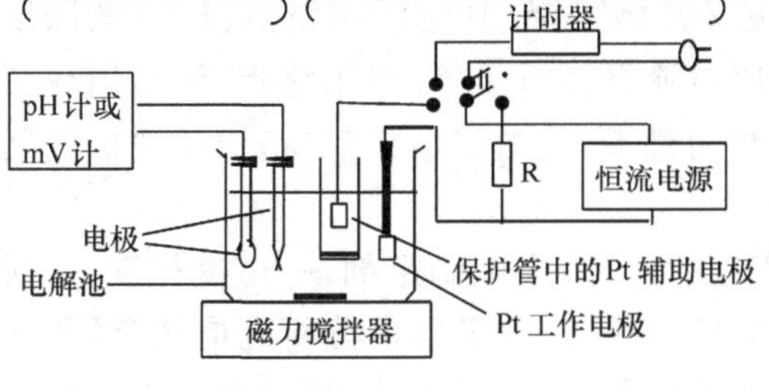

图 16.26　库仑滴定法装置

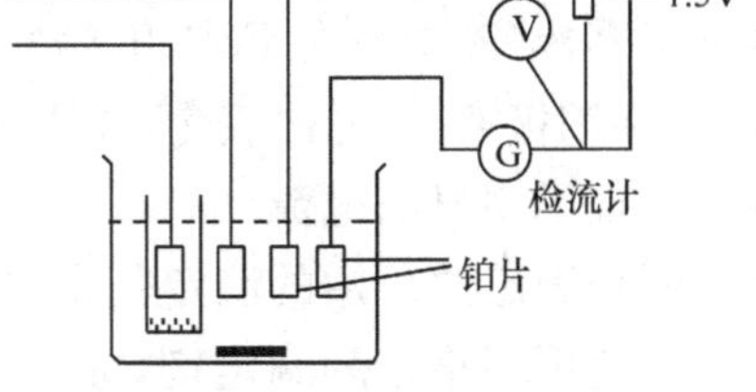

图 16.27　永停终点法装置

断电源,并同时记录终点时间.

(3) 双铂极电流法

这是在电解池中插入一对铂电极,加上一个很小的直流电压.一般为几十毫伏至200mV,如图16.27所示.铂电极提供可逆的氧化还原反应在电极上交换电子的场所,只要在一对铂电极加上很小的电压,在阳极产生氧化电极反应,在阴极产生还原电极反应,就有电流通过双铂极指示电路.对于不可逆氧化还原反应,在一对铂电极上施加的直流电压小于过电压,电极上不产生电极反应,因此没有电流通过.

图16.28为I_2滴定As(Ⅲ)的双铂极电流曲线,在滴定终点前出现的是As(Ⅴ)/As(Ⅲ)不可逆电对.双铂极之间没有明显的电流通过.当I_2过量时,所形成I^{3-}/I^-电对是可逆的,则有明显电流通过双铂极,并随I_2的过量,电流直线上升.

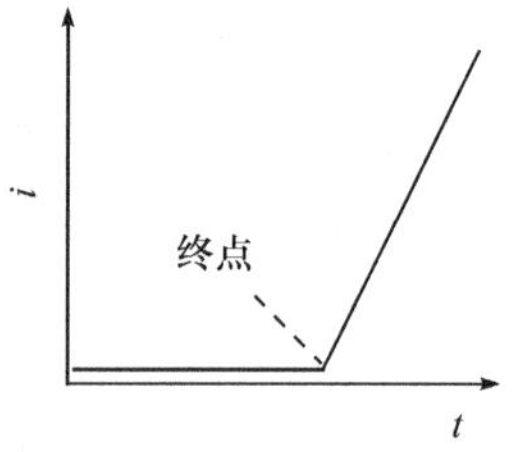

图16.28 I_2滴定As(Ⅲ)的双铂极电流曲线

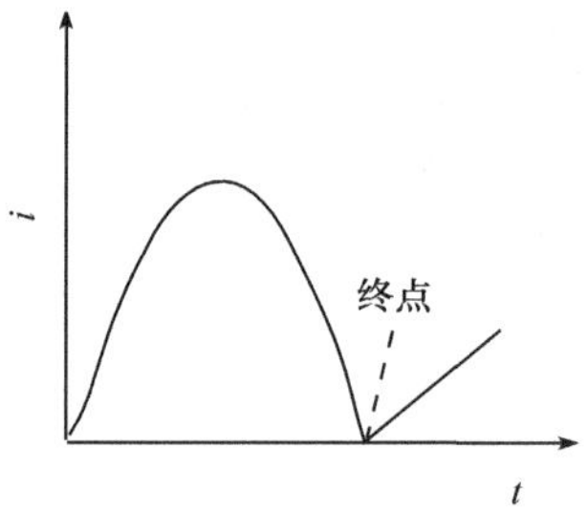

图16.29 Ce^{4+}滴定Fe^{2+}的双铂电极电流曲线

图16.29为Ce^{3+}存在下库仑滴定Fe^{2+}的双铂极电流曲线,滴定前后都是可逆体系.开始,溶液中只有Fe^{2+},没有Fe^{3+}.所以通过电极的电流为零或只有残余电流,随着滴定进行,溶液的Fe^{3+}浓度逐渐增大,通过电极的电流也逐渐增大.在滴定终点的一半以前,Fe^{3+}的浓度是电流的限制因素.过了一半以后,Fe^{2+}浓度减小,便成为电流的限制因素了,所以电流又开始下降.到达滴定终点,Fe^{2+}的浓度接近于零,溶液中只有Fe^{3+}和Ce^{4+},所以电流又接近于零.过了终点,溶液出现了Ce^{4+},在阳极Ce^{3+}可被氧化,在阴极Ce^{4+}可还原,又有了电极反应,双铂电极的回路又出现了明显的电流.

库仑滴定法所用的滴定剂是电解产生的,一边产生滴定剂,一边进行滴定,所以可以使用不稳定的滴定剂,如Cl_2,Br_2,Cu^+等,扩大了容量分析的应用范围.库仑滴定依据的是法拉第定律,电量的计量可以很小,比较精确,所以库仑滴定可以测定微量物质,具有较高的准确度,可作为标准方法.

§16.4　伏安法和极谱法

伏安法是一种特殊的电解方法，由工作电极、参比电极和试液组成电解池，根据电解过程中的电极电位-电流曲线进行分析. 极谱法是伏安法的特例，它使用的工作电极表面很小，试液中分析物的浓度也很小，电解过程造成较明显的浓差极化，使工作电极成为极化电极. 电极表面可以周期性更新. 伏安法可以使用表面积固定的悬汞、石墨、铂等工作电极. 参比电极采用面积比较大、不易极化的电极.

极谱分析法创建于 1922 年，至今，极谱分析理论、技术和应用均得到了迅速发展，继直流极谱法后，相继出现了单扫描极谱、脉冲极谱、转积伏安等各种快捷、灵敏的现代极谱分析技术，使极谱分析法成为电化学分析中极为重要的组成部分. 它的实际应用相当广泛，凡在汞电极上能被还原或被氧化的无机物或有机物，一般都可以用极谱法测定. 极谱法除了用作痕量物质的测定外，也可以研究化学反应机理、电极过程动力学，测定配合物的组成或化学平衡常数等.

§16.4.1　极谱图

极谱分析的装置如图 16.30 所示. 采用直流电源 B、串联可变电阻 R 和滑线电阻 DE 构成电位计回路，调节可变电阻 R，使滑线电阻 DE 全程电压降为 2V. 电解池的两极为滴汞电极 DME 和甘汞电极 SCE. 滴汞电极作为工作电极，通常作为负极，它由贮汞瓶下接一厚壁塑料管，再接一内径为 0.05mm 的玻璃毛细管构成. 汞在毛细管的另一端周期性地长大滴落，调节贮汞瓶的高度，使汞的滴落周期为 3～5s，甘汞电极作为参比电极，它的面积大，电流密度低，没有浓差极化现象，是一种非极化电极. 通过移动接触键将电解池的两极并联在滑线电阻上，使电解池电压调节范围在 0～－2V内，通过灵敏检流计 G 来测量通过电解池的电流. 连续地以 100～200mV · min^{-1}的速度改变两极之间的电压差，记录得到的是电流-电压曲线，称为极谱图.

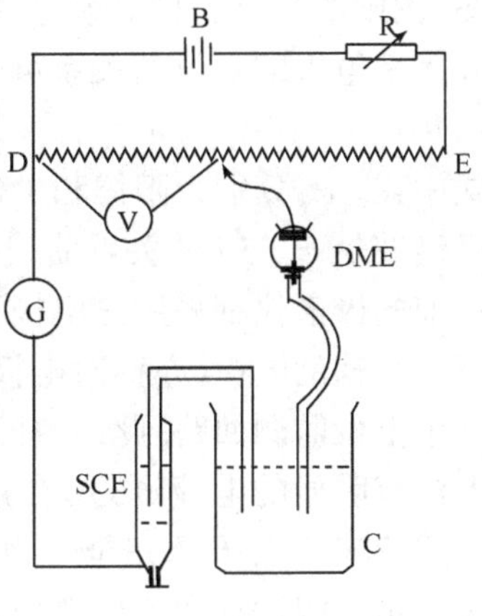

图 16.30　极谱分析装置

图 16.31 为镉离子的极谱图. 电解池中是 $CdCl_2$ 溶液，电位差从 0V 开始逐渐增加，在未达到 Cd^{2+} 的分解电位以前，只有微小的电流通过，这种电流叫残余电流，当电位增加到 Cd^{2+} 的分解电压时，Cd^{2+} 开始在滴汞电极上还原为金属，并与汞生成汞齐.

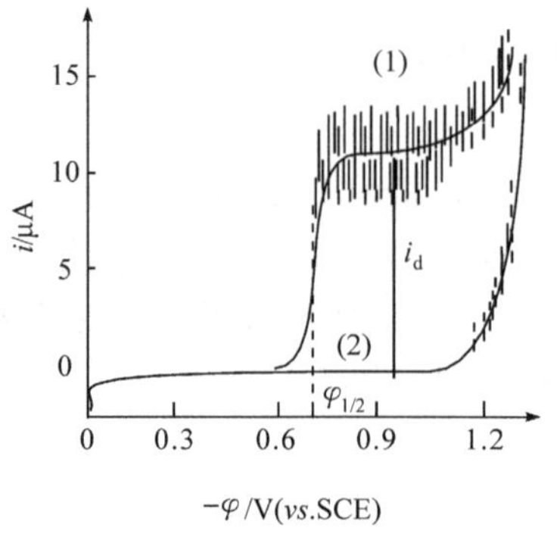

图 16.31　镉离子的极谱图
(1) 0.5mmol·L^{-1} Cd^{2+} +1mol·L^{-1} HCl;
(2)1mol·L^{-1} HCl.

$$Cd^{2+} + 2e \rightleftharpoons Cd(Hg)$$

同时，在阳极上也发生 Hg 的氧化反应生成 Hg_2^{2+}，并和溶液中的 Cl^- 生成甘汞：

$$2Hg + 2Cl^- \rightleftharpoons Hg_2Cl_2 + 2e$$

这时，电位稍稍增加，电流就迅速增加，滴汞表面的 Cd^{2+} 的浓度则迅速减小. 电流的大小取决于 Cd^{2+} 从溶液本体扩散到电极表面的速度. 这种扩散速度与溶液中的离子浓度 C 及电极表面上离子浓度 C^s 之差($C-C^s$)成正比. 当电极电位负到一定程度时，电极表面上的浓度趋于零($C^s=0$)，即离子从溶液本体扩散到电极表面便立即被还原. 那么，电流的大小仅决定于 C，不随电位增加而增加，于是电流到达最大值，称为极限扩散电流，极谱曲线出现电流平台. 根据极限扩散电流的大小可以求得溶液中待测离子的浓度，这就是极谱定量分析的基础. 当电流等于极限扩散电流一半时的电位称为极谱波的半波电位 $\varphi_{1/2}$，对不同的离子，它们的半波电位是不同的，这是极谱定性分析的依据.

由图 16.30 所示意的极谱分析装置所获得的电压-电流曲线不是严格的极谱图，图中所测定的是电解池的分解电压而不是滴汞电极的电位. 电解池的分解电压和滴汞电极的电位的关系可表示为

$$V_0 = \varphi_c - \varphi_w + iR$$

式中：φ_c，φ_w 分别为阳极和工作电极的电极电位；i 为回路的电流；R 为回路的电阻. 极谱波是 φ_w 与 i 的关系曲线. 由图 16.30 所示的装置不可能获得 φ_w 的数据，所以目前的极谱仪都采用三电极系统. 如图 16.32 所示，除工作电极、参比电极之外，尚有一个辅助电极(亦称对电极). 辅助电极一般为铂电极. 辅助电极和工作电极构成一个电位监测回路. 此回路的电阻抗很大，实际上没有明显的电流通过，在该回路中的两电极之间溶液的电压降完全可以忽略，监测回路随时显示电解过程中工作电极对参比电极的电位 φ_w. 应该指出，在现代极谱仪中，要求的不是外加电压 V_0 的线性变化，而是要求 φ_w 以一定的速度变化.

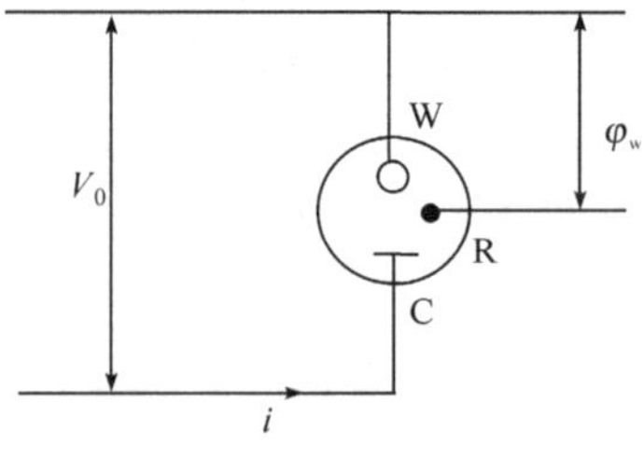

图 16.32　三电极极谱仪电路示意图

§16.4.2　极谱电流

一般极谱测定在静止溶液中进行，溶液中没有对流，此时极谱的极限电流可以认为由三部分组成. 一部分是由扩散力决定的扩散电流，其大小与该离子在电极附近的浓度梯度成正比. 另一部分是由电场力决定的迁移电流，其大小决定该电极附近的浓度梯度成正比. 第三部分是由杂质还原的电解电流和滴汞长大所形成的充电电流组成的残余电流.

1. 迁移电流和支持电解质

迁移电流是由电解池的电极形成的电场，使试样中的正、负离子受到电场作用而迁移所形成的，滴汞电极作为负极对正离子有静电吸引作用，它将使被测定的正离子迁移到电极表面而被还原，形成迁移电流. 在极谱的极限电流中，迁移电流对被分析物质是非专属性的，故应加以消除.

消除迁移电流的方法是在溶液中加入支持电解质. 支持电解质在被测离子可还原的电位范围内，不发生电极反应，所又称为惰性电解质. 常用的支持电解质有氯化钾、氯化铵、硝酸钾等. 一般要求加入支持电解质的浓度要比被测离子浓度大 50～100 倍. 如在 10^{-3}～10^{-5} mol · L^{-1} $ZnCl_2$ 中加入 0.1mol · L^{-1} KCl. 这时电场梯度不仅推动 Zn^{2+} 向滴汞电极移动，同时也推动 K^+ 的移动. K^+ 的浓度比 Zn^{2+} 大得多，电极附近的电荷平衡大部分由 K^+ 来承担. 它在电极上不反应，不形成电流. 这时电场力对 Zn^{2+} 的推动小到可忽略，迁移电流被消除.

2. 扩散电流及其影响因素

在静止的试液中，消除了迁移电流后，极谱电流就完全受可还原离子扩散速度控制，形成扩散电流. 在讨论滴汞电极的表面不断长大所形成的扩散电流之前，先讨论平面电极的扩散电流.

扩散是指在固体、液体或气体介质中由于物质浓度不同而引起的一种方向性的物流运动. 扩散方向是物质从高浓度向低浓度部分移动. 其速度与浓度的大小成正比，也与扩散物质的性质和介质的性质有关. 对电解池电极来说，就是被还原离子从溶液向电极表面移动. 对于平面电极，根据菲克(Fick)第一定律，在 dt 时间内扩散到电极表面的被测离子的摩尔数 dN 应为

$$\mathrm{d}N = DA\frac{\partial C}{\partial x}\mathrm{d}t \tag{16.44}$$

式中：A 为电极的面积(cm^2)；$\frac{\partial C}{\partial x}$为电极表面附近被测离子在 t 时的浓度梯度；D 为扩散系数($cm^2 \cdot s^{-1}$)，是比例常数，与被测离子的性质和试液的性质有关.

在电极附近，被测离子的浓度 C 分布除与距离 x 有关外，还与电解质时间 t 有

关. 根据菲克第二定律，浓度随电解时间的变化可表示为

$$\frac{\partial C}{\partial t} = D\frac{\partial^2 C}{\partial x^2} \tag{16.45}$$

选择一定的初始条件和边界条件，求解以上方程，就可得到扩散物质浓度 C 随时间 t 和距离 x 而变化的函数，即 $C_{x,t}=\varphi(x,t)$，将获得的函数 $\varphi(x,t)$ 对 x 微分，就可以得到电极表面的浓度梯度

$$\left(\frac{\partial C}{\partial x}\right)_{x=0} = \left(\frac{\partial \varphi(x,t)}{\partial x}\right)_{x=0} = \frac{C-C^{s}}{\sqrt{\pi Dt}} \tag{16.46}$$

式中，C^{s} 为电极表面被测离子的浓度，上式可改写为

$$\left(\frac{\partial C}{\partial x}\right)_{x=0} = \frac{C-C^{s}}{\delta} \tag{16.47}$$

其中，$\delta=\sqrt{\pi Dt}$ 称为扩散层的有效厚度. 时间越长，扩散层厚度越大.

根据法拉第定律，扩散电流可表示为

$$i = nF\frac{\mathrm{d}N}{\mathrm{d}t}$$

将式(16.44)代入

$$\begin{aligned} i &= nFAD\left(\frac{\partial C}{\partial x}\right)_{x=0} \\ &= nFAD\frac{C-C^{s}}{\delta} \end{aligned} \tag{16.48}$$

式中，n 为被测离子的电荷数.

当电极电位适当地负移时，达到表面的被测离子立即被还原，所以电极表面的被测离子此时的浓度为零，即 $C^{s}=0$. 则扩散电流为

$$i_{\mathrm{d}} = nFAD\frac{C}{\delta} = nFAD\frac{C}{\sqrt{\pi Dt}} \tag{16.49}$$

此式称为平面电极的科特雷耳(Cottrell)方程.

滴汞电极的汞滴不断生长，它的表面产生相对扩散运动，使有效扩散层的厚度减少.

$$\delta = \sqrt{\frac{3}{7}\pi Dt} \tag{16.50}$$

故

$$i_{\mathrm{d}} = \frac{nFADC}{\sqrt{\frac{3}{7}\pi Dt}} \tag{16.51}$$

滴汞滴下时，电极的表面最大，滴汞的形状几乎是球形的，所以其体积为

$$V_t = \frac{4}{3}\pi r_t^3 \tag{16.52}$$

式中：r_t为滴汞半径；t 为滴汞生长的时间，此期间，滴汞生长的体积为

$$V_t = \frac{mt}{\rho}$$

式中：m 为汞的流量$(g \cdot s^{-1})$；ρ 为汞的密度$(g \cdot cm^{-3})$，由此可求出滴汞的表面面积

$$A_t = 4\pi r_t^2 = 4\pi\left(\frac{3mt}{4\pi\rho}\right)^{2/3} = 0.85m^{2/3}t^{2/3} \tag{16.53}$$

代入式(16.51)，可得

$$i_d = 708nD^{1/2}m^{2/3}t^{1/6} \cdot C \tag{16.54}$$

式中：i_d为最大的扩散电流(μA)；D 为离子的扩散系数$(cm^2 \cdot s^{-1})$；m 为汞在毛细管中的流量$(mg \cdot s^{-1})$；t 为测量电流时所加电位条件下汞滴的落下时间(s)；C 为被测离子的浓度$(mmol \cdot L^{-1})$. 实际上测量仪表记录的不是滴汞寿命最后时刻的最大扩散电流，而是在平均电流附近的波动，为锯齿状，见图 16.33. 平均电流为

$$\bar{i}_d = \frac{1}{t}\int_0^t i_d \mathrm{d}t = 607nD^{1/2}m^{2/3}t^{1/6}C \tag{16.55}$$

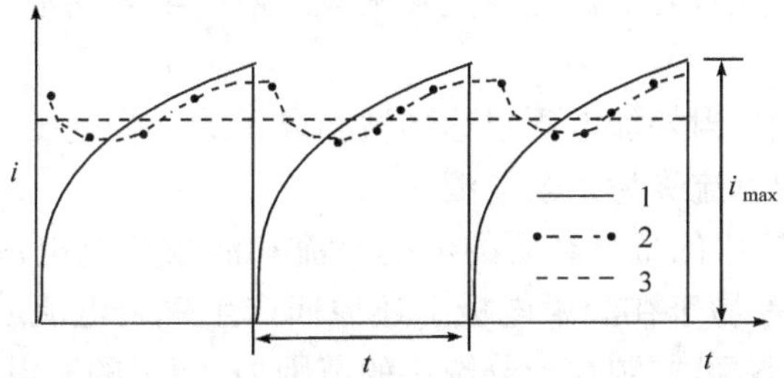

图 16.33　扩散电流随时间的变化

1. 真正的电流-时间曲线；2. 记录仪上的振荡曲线；3. 平均扩散电流.

式(16.54)和式(16.55)称为尤考维奇(Ilkovič)方程，是极谱分析的基本公式. 在汞柱的高度不变的条件下，用同一根玻璃毛细管，扩散电流和被测离子的浓度成正比

$$i_d = KC \tag{16.56}$$

式中，$K=607nD^{1/2}m^{2/3} \cdot t^{1/6}$称为尤考维奇常数.

由式(16.56)可以看出，只有保持扩散电流方程中的常数项 K 不变，才能使扩散电流与被测离子的浓度成正比，影响 K 值的主要因素有：

(1) 毛细管特性

$m^{2/3}t^{1/6}$称为毛细管特性常数. 汞滴的流量 m 与汞柱的高度成正比，$m \propto h$，而

滴下的时间 t 与汞柱的高度成反比，$t \propto 1/h$，于是有

$$i_d = kh^{1/2} \tag{16.57}$$

因此，在实际操作中，应该保持汞柱高度不变. 通常汞柱每增加 1cm，扩散电流约增加 2%. 在分析标准溶液和未知试样时，须用同一毛细管，并在同一汞柱高度下记录极谱图，才能得到准确的数据. 式(16.57)可以用来检验电极反应是否是受扩散速度所控制.

(2) 温度

毛细管的特性常数和扩散系数均受温度的影响. 其中扩散系数受温度影响更为明显. 实验表明，扩散电流的温度系数约为 1.3%·℃$^{-1}$. 因此在实验过程中必须将温度控制±0.5℃之内. 才能保证温度波动带来的误差不大于 1%. 当标准溶液和试样同时进行测定，温度的波动很少，可以忽略，而不须采用恒温装置. 如果扩散电流的温度系数超过 2%·℃$^{-1}$，则扩散电流就可能不完全受扩散速度控制.

(3) 溶液组分

扩散电流方程中的扩散系数的大小与溶液的黏度有关，溶液的黏度越大，扩散系数越小，扩散电流也随之减小. 溶液组分不同，其黏度也不同，从而影响扩散电流. 因此，在实际测定中，要求标准溶液和试样溶液的组分基本一致.

3. 残余电流

在极谱波分析中，当外加电压未达到被测离子的分解电压之前，就有微小的电流通过电解池，这种电流称为残余电流.

残余电流是溶液中的微量杂质的电解电流和滴汞充电电流组成. 溶液中存在微量的 Cu^{2+}，Fe^{3+} 等易于在滴汞电极上还原而产生残余电流. 这部分残余电流可通过试剂提纯来减小，可控制在十分微小的范围内. 滴汞的充电电流是残余电流的主要组成部分，是影响极谱分析灵敏度的主要因素.

滴汞电极和溶液界面形成双电层结构，相当于一个电容器. 电容器所充电荷为

$$q = CV \tag{16.58}$$

式中：C 为双电层结构电容器的电容；V 为施加在电容器上的电压，即滴汞电极与溶液之间的电位. 在滴汞滴落的时间内，可视其值为一定值. 而 C 则随滴汞的长大而增加，它和滴汞的表面积 A 成正比. 随着汞滴周期性的生长和滴落，电容在形成的过程中充电，汞滴下落将电荷带走. 于是有一定量的电流通过，形成了连续不断的残余电流，这种电流又叫充电电流.

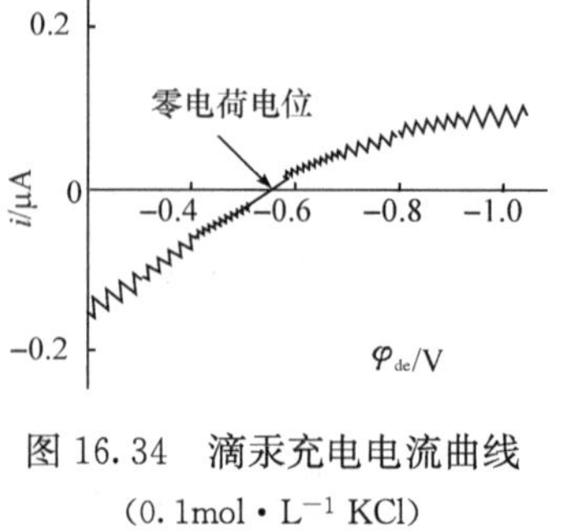

图 16.34 滴汞充电电流曲线
(0.1mol·L^{-1} KCl)

图 16.34 为滴汞充电电流曲线，参比电极为摩尔甘汞电极，其电极电位为−0.56V. 当滴

汞电极的电位值和参比电极相同时，两极之间不存在电动势，汞滴的表面不带电荷，此时的滴汞电极电位称为零电荷电位，汞滴下落不带走电荷，电解池没有电流通过. 当滴汞电极的电位负于零电荷电位时，汞滴带走的是负电荷. 在汞滴生长期，应向它充以负电荷，因此便有电流从滴汞电极经外路流向甘汞电极（正电流）. 当滴汞电极正于零电荷电位时，汞滴带走的是正电荷. 在汞滴生长期，应向它充以正电荷. 此时电流从甘汞电极经外电路流向滴汞电极（负电流）. 由于滴汞电极的汞滴周期性的生长和滴落，这样便形成了连续不断的充电电流. 而且随着滴汞电极电位偏离零电荷电位越大，充电电流也随之增大. 当在滴汞电极存在电极反应时，那么在电解电流上也同时叠加有充电电流.

充电电流的大小为 10^{-7} A 数量级，它相当于浓度为 10^{-5} mol · L^{-1} 物质所产生的扩散电流. 它限制了直流极谱法的灵敏度. 为解决充电电流所引发的问题，促进了新的极谱技术发展，从而产生了诸如方波极谱、脉冲极谱等极谱分析方法.

4. 极谱极大

在进行极谱分析测定时，当外加电压使滴汞电极电位到达被测离子的析出电位之后，极谱电流随外加电压增高而迅速上升到极大值，随后才回到扩散电流的正常值. 极谱波上出现这种比扩散电流大得多的畸峰，称为极谱极大，它的存在影响扩散电流和半波电位的准确测量，因此需要加以消除.

在滴汞电极未完全极化之前，汞滴表面的电荷分布是不均匀的. 接近毛细管末端的汞滴表面，一方面受到末端的屏蔽，使溶液中被测离子不易接近它，另一方面，在汞滴的生长过程中，这部分表面处在相对停止状态. 相反，于汞滴下部的表面，溶液中被测离子可以无阻碍地接近它，而且在汞滴生长期内表面是迎着被测离子扩散方向向前推移. 因此，这两部分的电流密度是不同的. 在毛细管末端的汞滴表面的电流密度小，表面的电荷密度大；汞滴下部的表面电流密度大，其电荷密度小. 汞滴表面的张力和表面电荷密度分布密切相关，电荷密度愈高，其表面张力越小. 由于电荷密度分布不均，使汞滴表面的张力也分布不均. 表面张力大的部分要收缩，表面张力小的部分要扩张. 因此，在汞滴表面出现切向运动，这种切向运动搅动了溶液，加速了被测离子的扩散和还原，形成极大电流. 由于被测离子的迅速消耗，滴汞电极表面被测离子浓度趋于零，电极达到完全浓差极化，电极表面电荷密度分布均匀. 电极电流又立即下降到扩散电流的正常值.

极谱极大可以用表面活性剂来抑制. 在试液中加入表面活性物质，滴汞表面张力大的部位吸附表面活性分子较多，吸附后其表面张力就下降得多，表面张力小的部位吸附得少，表面张力也下降得少. 使滴汞的表面张力趋于均匀，从而可以消除产生极大现象的汞滴表面的切向运动. 常用的表面活性物质有明胶、聚乙烯醇、tritonX-100 及某些有机染料，这样的物质称为极大抑制剂.

5. 氧波

在室温下,空气中的氧在水溶液中的溶解度约为10^{-4}mol · L^{-1}.溶解在溶液中的氧能在滴汞电极上还原产生氧波.还原分二步进行,因而出现两个极谱波:

第一个波为

$$O_2+2H^++2e \longrightarrow H_2O_2 \quad (酸性溶液)$$

$$O_2+2H_2O+2e \longrightarrow H_2O_2+2OH^- \quad (中性或碱性溶液)$$

半波电位($\varphi_{1/2}$)为−0.05V(vs. SCE)

第二个波为

$$H_2O_2+2H^++2e \longrightarrow 2H_2O \quad (酸性溶液)$$

$$H_2O_2+2e \longrightarrow 2OH^- \quad (碱性溶液)$$

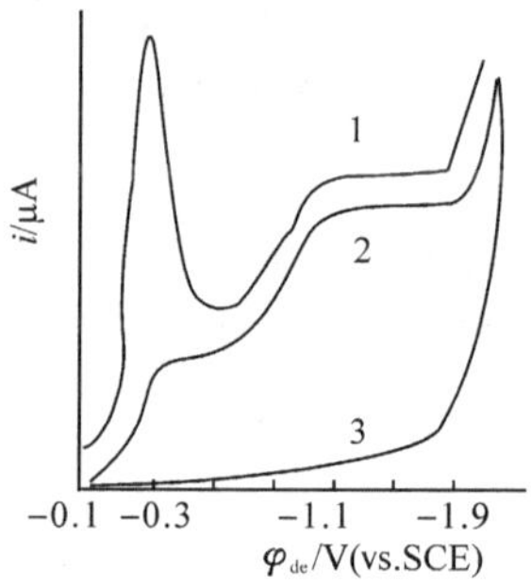

图 16.35 氧的极谱

1. 空气饱和的 0.05mol · L^{-1} KCl 溶液;2. 溶液 1 中加入少量动物胶;3. 溶液 2 中通 N_2除 O_2.

半波电位($\varphi_{1/2}$)为−0.9V(vs. SCE).氧的极谱图如图 16.35 所示,两个还原波覆盖的电位范围较宽,又正是大多数金属离子还原的电位范围.应该设法消除,以免干扰测定.除去溶液中氧的办法有:

(1) 在酸性溶液中通入氢气、氮气或其他惰性气体赶走 O_2.

(2) 在碱性或中性溶液中加入亚硫酸钠,将 O_2 还原,

$$2SO_3^{2-}+O_2 \rightleftharpoons 2SO_4^{2-}$$

在弱酸性或碱性溶液中,也可以加入抗坏血酸还原 O_2,为了防止空气中的氧重新溶解到试液中去,在分析过程中还可以在氮气保护下进行.

另外,在外加电压足够负时,H^+ 在滴汞电极上还原产生氢波.消除氢波的方法是将测定体系由酸性改为中性或碱性溶液,降低 H^+ 浓度.

§16.4.3 极谱波方程

极谱波方程是以数学表达式来描述直流极谱电流与滴汞电极电位之间的关系.

电极反应不同于溶液中的化学反应.在溶液中的氧化还原反应是均相反应,而在电极上的氧化还原反应是非均相反应,它包括一系列连续进行的步骤:

(1) 传质过程:电极反应的电活性物质由溶液向电极界面传递以补充电极反应的消耗.

(2) 前转化过程:电活性物质在界面双电层中被吸附并转化为适合于交换电子的形式(如去水化).

(3) 电化学过程:电活性物质与电极之间的电子转移.

(4) 后转化过程:电化学反应产物在电极表面的转化或解吸产物在电极表面沉积生成新相,或在电极表面形成气泡,或向溶液中传递,或生成汞齐并向电极内扩散.

极谱电流是受电极过程中最慢一步的速率所制约,如受扩散控制的扩散电流,受化学反应控制的动力电流,受吸附控制的吸附电流,所以极谱波可分为可逆波、不可逆波、动力波、吸附波.

1. 金属离子的可逆极谱波方程

(1) 简单金属离子的还原波方程

溶液中的金属离子在滴汞电极上还原为金属,然后溶于汞中形成汞齐. 电极反应可以表示为

$$M^{n+} + ne + Hg \rightleftharpoons M(Hg)$$

其极谱波如图 16.36 中的曲线 2,滴汞电极的电位与金属离子在电极表面的浓度之间可用能斯特方程表示(由于浓度低,可用浓度代替活度):

$$\varphi = \varphi^{\ominus'} + \frac{RT}{nF}\ln\frac{[M^{n+}]_s}{[M(Hg)]_s} \qquad (16.59)$$

式中:$\varphi^{\ominus'}$为条件电位;$[M^{n+}]$是电极表面金属离子的浓度;$[M(Hg)]_s$电极表面汞齐中金属离子的浓度.

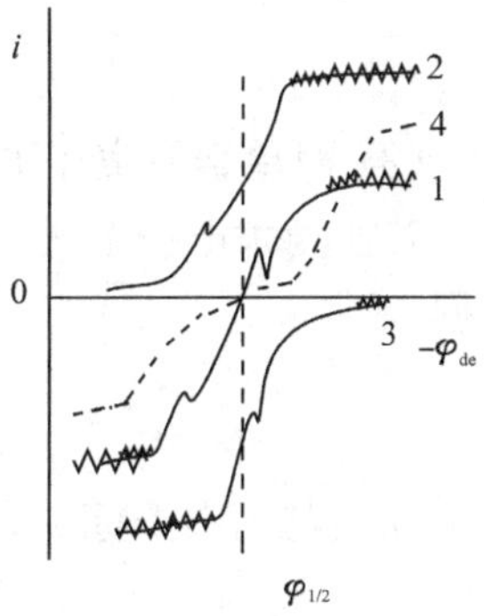

图 16.36 极谱波

1. 综合波;2. 还原波;3. 氧化波;4. 不可逆波.

由于电极反应速度很快,极谱电流 i_c受扩散过程控制. 扩散电流与溶液本体金属离子浓度和电极表面金属离子浓度的梯度成正比,于是有

$$i_c = K([M^{n+}] - [M^{n+}]_s) \qquad (16.60)$$

根据扩散电流尤考维奇方程,即式(16.55),上式中的系数应为

$$K = 607nD^{1/2}m^{2/3} \cdot t^{1/6} \qquad (16.61)$$

当电解反应经历一定时间后,$[M^{n+}]_s \to 0$,极谱电流达到极大值,则

$$(i_d)_c = K[M^{n+}] \qquad (16.62)$$

将式(16.60)与式(16.61)合并,得到

$$[M^{n+}]_s = \frac{(i_d)_c - i_c}{K} \qquad (16.63)$$

滴汞表面汞齐中金属离子的浓度直接正比于极谱电流 i_c,于是有

$$i_c = K'[M(Hg)_s] \qquad (16.64)$$

式中:$K' = 607nD'^{1/2}m^{2/3} \cdot t^{1/6}$,$D'$是金属在汞中的扩散系数. 将式(16.63)与式(16.64)代入式(16.59),得到

$$\varphi = \varphi^{\ominus'} + \frac{RT}{nF}\ln\left[\frac{D'}{D}\right]^{1/2} + \frac{RT}{nF}\ln\frac{(i_d)_c - i_c}{i_c} \tag{16.65}$$

式中，$(i_d)_c$与 i_c 中下标 c 表示阴极还原电流. 按照半波电位的定义，它是指 $i_c=(i_d)_c/2$ 时相应的电极电位. 由式(16.65)可以得到简单金属离子极谱波的半波电位 $\varphi_{1/2}$，

$$\varphi_{1/2} = \varphi^{\ominus'} + \frac{RT}{nF}\ln\left(\frac{D'}{D}\right)^{\frac{1}{2}} \tag{16.66}$$

对于一个特定的体系，在一定实验条件下，$\varphi_{1/2}$ 是一特定的值，只取决于金属离子的性质，而与其浓度无关，可以用作极谱定性分析的依据. 各种情况下的 $\varphi_{1/2}$ 的数值，可从有关手册中查得.

将式(16.56) 代入式(16.65)，得到简单金属离子极谱还原波方程

$$\varphi = \varphi_{1/2} + \frac{RT}{nF}\ln\frac{(i_d)_c - i_c}{i_c} \tag{16.67}$$

(2) 简单金属离子的氧化波方程

若在滴汞电极上进行的电极反应是氧化反应，类似地可以推导出极谱氧化波方程

$$\varphi = \varphi_{1/2} + \frac{RT}{nF}\ln\frac{i_a}{(i_d)_a - i_a} \tag{16.68}$$

式中$(i_d)_a$与 i_a 中下标 a 表示阳极氧化电流. 极谱波如图 16.36 中曲线 3.

(3)综合极谱波方程

若溶液中同时存在两种去极剂，而且两者的氧化电位和还原电位相近，或者同时存在被测物质的氧化态和还原态，则可以得到阳-阴综合极谱波，如图 16.36 中曲线 1 所示，其极谱波方程是：

$$\varphi = \varphi_{1/2} + \frac{RT}{nF}\ln\frac{(i_d)_c - i_c}{i - (i_d)_a} \tag{16.69}$$

式中，$i=i_c+i_a$. 混合极谱波的半波电位是指 $i=\frac{(i_d)_c+(i_d)_a}{2}$时的电极电位

$$\varphi_{1/2} = \varphi^{\ominus} + \frac{RT}{nF}\ln\left(\frac{D''}{D}\right)^{1/2} \tag{16.70}$$

式中，D''和 D 分别是还原态和氧化态的扩散系数.

(4)不溶于汞的金属离子的还原波方程

金属离子在电极上的反应为：

$$M^{n+} + ne \rightleftharpoons M$$

同理，其还原波方程：

$$\varphi=\varphi^{\ominus'}-\frac{RT}{nF}\ln K+\frac{RT}{nF}\ln(i_{\mathrm{d}}-i) \tag{16.71}$$

半波电位为

$$\varphi_{1/2}=\varphi^{\ominus'}-\frac{RT}{nF}\ln K+\frac{RT}{nF}\ln\frac{i_{\mathrm{d}}}{2} \tag{16.72}$$

因 $i_{\mathrm{d}}=kC$，所以

$$\varphi_{1/2}=\varphi^{\ominus'}+\frac{RT}{nF}\ln\frac{C}{2} \tag{16.73}$$

上式表明，当金属离子还原为金属且不溶于汞时，半波电位与金属离子浓度有关.

2. 有机化合物极谱波方程

有机物参加电极反应的多是中性分子，一般有 H^+ 参加反应，其电极反应可表示为

$$R+nH^++ne\rightleftharpoons RH_n$$

R 为氧化态，RH_n 为还原态，对可逆电极反应(大多数为不可逆反应)，其电极电位可写成

$$\varphi=\varphi^{\ominus'}+\frac{RT}{nF}\ln\frac{[R]_{\mathrm{s}}[H^+]^n}{[RH_n]_{\mathrm{s}}} \tag{16.74}$$

同理可以推导出：

半波电位为

$$\varphi_{1/2}=\varphi^{\ominus'}+\frac{RT}{nF}\ln[H^+]^n+\frac{RT}{nF}\ln\left(\frac{D'}{D}\right)^{1/2} \tag{16.75}$$

极谱波方程为

$$\varphi=\varphi_{1/2}+\frac{RT}{nF}\ln\frac{(i_{\mathrm{d}})_{\mathrm{c}}-i}{i-(i_{\mathrm{d}})_{\mathrm{a}}} \tag{16.76}$$

式中，D'，D 分别为氧化态和还原态的扩散系数. $i=i_{\mathrm{c}}+i_{\mathrm{a}}$；只有氧化态时，$(i_{\mathrm{d}})_{\mathrm{a}}=0$；只有还原态时，$(i_{\mathrm{a}})_{\mathrm{a}}=0$. 因此，可以分别得到有机物的还原波方程和有机物的氧化波方程.

3. 金属配合物离子的可逆极谱波方程

金属配合物离子在电极反应上的可以看作两步进行，先是配合离子离解

$$ML_p^{(n-pb)+}\rightleftharpoons M^{n+}+pL^{b-}$$

然后是离解出来的金属离子在电极上还原：

$$M^{n+}+ne+Hg\rightleftharpoons M(Hg)$$

总反应为

$$ML_p^{(n-pb)+}+ne+Hg\rightleftharpoons M(Hg)+pL^{-b}$$

根据配合物离子的离解平衡，有

$$K_d = \frac{[M^{n+}]_s[L^{b-}]_s^p}{[ML_p^{(n-pb)+}]_s} \tag{16.77}$$

式中，下标 s 表示在汞滴表面的离子浓度. 假定配合剂的浓度较大，

$$[L^{b-}]_s \cong [L^{b-}]$$

代入式(16.60)，可得

$$\varphi = \varphi^{\ominus'} + \frac{RT}{nF}\ln K_d + \frac{RT}{nF}\ln\frac{[ML_p^{(n-pb)+}]_s}{[L^{b-}]^p[M(Hg)]_s} \tag{16.78}$$

类似于简单金属离子的情况，可得

$$\varphi = \varphi^{\ominus'} + \frac{RT}{nF}\ln K_d + \frac{RT}{nF}\ln\left(\frac{D'}{D_c}\right)^{1/2} - p\frac{RT}{nF}\ln[L^{b-}] + \frac{RT}{nF}\ln\frac{i_d - i}{i} \tag{16.79}$$

式中：D'为金属汞齐在汞滴中的扩散系数；D_c为配合离子在溶液中的扩散系数.

当 $i=\frac{1}{2}i_d$ 时，其还原波的半波电位为

$$\varphi_{1/2} = \varphi^{\ominus'} + \frac{RT}{nF}\ln K_d + \frac{RT}{nF}\ln\left(\frac{D'}{D_c}\right)^{1/2} - p\frac{RT}{nF}\ln[L^{b-}] \tag{16.80}$$

金属配合离子的还原波方程为

$$\varphi = \varphi_{1/2} + \frac{RT}{nF}\ln\frac{i_d - i}{i} \tag{16.81}$$

由式(16.80)可以看出，金属配合离子的离解常数 K_d越小，配合剂的浓度$[L^{b-}]$越大，金属离子形成配合离子之后，其半波电位负移得越多.

由式(16.70)和式(16.80)可以求出金属配合离子与相应的金属离子的半波电位之差：

$$\Delta\varphi_{1/2} = \frac{RT}{nF}\ln K_d + \frac{RT}{nF}\ln\left(\frac{D}{D_c}\right)^{1/2} - p\frac{RT}{nF}\ln[L^{b-}] \tag{16.82}$$

一般来说，简单金属离子和配合物离子的扩散系数近似相等，即$D\approx D_c$.

$$\Delta\varphi_{1/2} = \frac{RT}{nF}\ln K_d - p\frac{RT}{nF}\ln[L^{b-}] \tag{16.83}$$

在不同的配合剂浓度下，测定 $\Delta\varphi_{1/2}$，作 $\varphi_{1/2}$-lg$[L^{b-}]$关系图，得一直线，由直线的斜率-$p(RT/nF)$可求出配合离子的配位数 p，由直线的截距$(RT/nF)\ln K_d$可求出配合离子的离解常数 K_d.

4. 不可逆极谱波

以上讨论的是可逆极谱波，电极反应速度快，极谱电流受扩散控制. 当电极反应较慢而成为控制步骤时，极谱电流则受电极反应速度控制，这类极谱波为不可逆

波. 同一物质的氧化态和还原态的不可逆波如图 16.36 中曲线 4 所示.

不可逆波与可逆波的波形区别如图 16.37 所示. 对不可逆波来说，在电极电位达到析出电位后，电位继续负移，电极反应的速度慢，没有明显的电流通过，如图中 AB 段所示. 电极电位再逐渐变负，过电位逐渐地被克服，电极反应迅速增加，电极电流也增加，如图中 BC 段所示. 电极电位足够负时，电极反应速度加快，形成完全浓差极化，如图中 CD 段所示. 这时电流仍受扩散控制，这种波也可以用于定量.

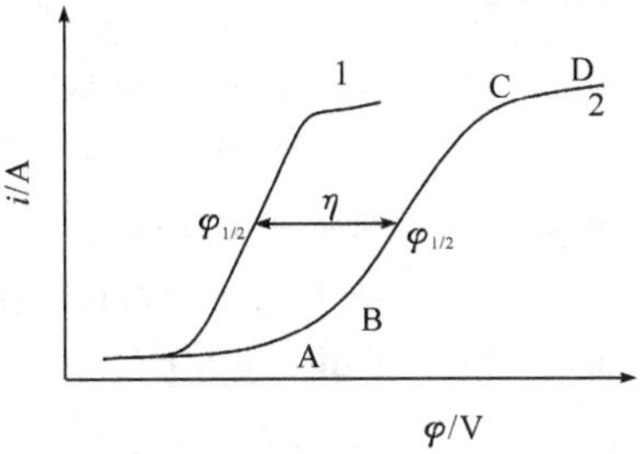

图 16.37　不可逆波的波形
1. 可逆波；2. 不可逆波.

5. 半波电位

半波电位在支持电解质和温度一定时，与电活性物质的浓度无关，是电活性物质的特性极谱参数，作为该电活性物质的定性分析的依据. 表 16.8 列出一些电活性物质的半波电位数据.

表 16.8　极谱半波电位表(25℃)

电活性物质	底　液	价态变化	$\varphi_{1/2}$/V(对 SCE)
Al^{3+}	$0.2mol \cdot L^{-1} Li_2SO_4, 5\times10^{-3} mol \cdot L^{-1} H_2SO_4$	3→0	−1.64
As(Ⅲ)	$1mol \cdot L^{-1}$ HCl	3→0 0→−3	−0.43 −0.60
	$1mol \cdot L^{-1}$酒石酸钠, $0.8mol \cdot L^{-1}$ NaOH	3→5	−0.31
Bi(Ⅲ)	$1mol \cdot L^{-1}$ HCl, 0.01%明胶	3→0	−0.09
	$1mol \cdot L^{-1}$ NaOH, 0.01%明胶	3→0	−1.00
$[CdCl_x]^{(2-x)}$	$3mol \cdot L^{-1}$ HCl	2→0	−0.70
$[Cd(NH_3)_x]^{2+}$	$1mol \cdot L^{-1} NH_3, 1mol \cdot L^{-1} NH_4Cl$	2→0	−0.81
$[Co(NH_3)_6]^{3+}$	$2.5mol \cdot L^{-1} NH_3, 0.1mol \cdot L^{-1} NH_4Cl$	3→2	−0.53
$[Co(NH_3)_5H_2O]^{2+}$	$1mol \cdot L^{-1} NH_3, 1mol \cdot L^{-1} NH_4Cl$	2→0	−1.32
Co^{2+}	$1mol \cdot L^{-1}$ KCl	2→0	−1.3
Cr^{3+}	$1mol \cdot L^{-1} K_2SO_4$	3→2	−1.03
$[Cr(NH_3)_x]^{3+}$	$1mol \cdot L^{-1} NH_3, 1mol \cdot L^{-1} NH_4Cl$, 0.005%明胶	3→2 2→0	−1.42 −1.70
$[Cu(NH_3)_2]^{+}$	$1mol \cdot L^{-1} NH_3, 1mol \cdot L^{-1} NH_4Cl$	1→2 1→0	−0.25 −0.54
Cu^{2+}	$0.5mol \cdot L^{-1} H_2SO_4$, 0.01%明胶	2→0	0.00
Fe^{3+}-柠檬酸	$0.5mol \cdot L^{-1}$柠檬酸钠, $0.05mol \cdot L^{-1}$ NaOH, 0.005%明胶	3→2 2→0	−0.87 −1.62
Fe^{3+}	$0.1mol \cdot L^{-1}$ HCl	3→2	+0.52(Pt 电极)
$[Fe(C_2O_4)_3]^{3-}$	$0.05mol \cdot L^{-1} Na_2C_2O_4, NaClO_4$, pH5.6	3→2	−0.27
Fe^{2+}	$1mol \cdot L^{-1}$ KCl	2→0	−1.30
H^{+}	$0.1mol \cdot L^{-1}$ KCl	1→0	−1.58

续表

电活性物质	底　　液	价态变化	$\varphi_{1/2}$/V(对 SCE)
Hg_2Cl_2	0.1mol·$L^{-1}$$Na_2SO_4$,5×$10^{-3}$mol·$L^{-1}$$H_2SO_4$,1×$10^{-3}$mol·$L^{-1}$$Cl^-$	1→0	+0.25
$[InCl_x]^{(3-x)}$	1mol·L^{-1}HCl	3→0	−0.60
K^+	0.1mol·L^{-1}四甲基氯化铵	1→0	−2.13
Mg^{2+}	四甲基氯化铵	2→0	−2.20
Mn^{2+}	0.1mol·L^{-1}KCl	2→0	−1.50
Mo(Ⅵ)	0.5mol·$L^{-1}$$H_2SO_4$	6→5 5→3	−0.29 −0.84
Na^+	0.1mol·L^{-1}四甲基氯化铵	1→0	−2.10
Ni^{2+}	$HClO_4$,pH0～2	2→0	−1.1
$[Ni(NH_3)_6]^{2+}$	1mol·$L^{-1}$$HN_3$,0.2mol·$L^{-1}$$NH_4Cl$	2→0	−1.06
$[Ni(吡啶)_6]^{2+}$	1mol·L^{-1}KCl,0.5mol·L^{-1}吡啶,0.01%明胶	2→0	−0.78
O_2	缓冲介质,pH1～10	0→−1 −1→−2	−0.05 −0.94
$[PbCl_x]^{(2-x)}$	1mol·L^{-1}HCl	2→0	−0.44
Pb-柠檬酸	1mol·L^{-1}柠檬酸钠,0.1mol·L^{-1}NaOH	2→0	−0.78
S^{2-}	0.1mol·L^{-1}KOH 或 NaOH	→HgS	−0.76
Sb(Ⅲ)	1mol·L^{-1}HCl,0.01%明胶	3→0	−0.15
Sn^{4+}	1mol·L^{-1}HCl,4mol·$L^{-1}$$NH_4Cl$,0.005%明胶	4→0 2→0	−0.25 −0.52
Ti^{4+}	0.2mol·L^{-1}酒石酸	4→3	−0.38
Tl^+	0.02mol·L^{-1}KCl,0.004%明胶	1→0	−0.45
UO_2^{2+}	0.1mol·L^{-1}HCl	6→5 5→3	−0.18 −0.04
Zn^{2+}	1mol·L^{-1}KCl,1mol·$L^{-1}$$NH_3$,1mol·$L^{-1}$$NH_4Cl$,0.005%明胶	2→0 2→0	−1.02 −1.35

§16.4.4　普通极谱定量分析与应用

极谱波的扩散电流大小可用极谱波的波高来表示,波高采用作图法来测量,图16.38 所示为三切线法.这样就能运用尤考维奇方程进行极谱定量分析.定量分析可采用校准曲线法或标准加入法.

进行定量分析首先要选择好底液,即确定电解池内的溶液体系,底液包括支持电解质、极大抑制剂、除氧剂以及为消除干扰和改善极谱波所加的试剂,如 pH 缓冲剂、配合掩蔽剂等.

极谱分析广泛用于测定无机化合物和有机化合物.无机极谱分析主要用于测定纯金属中的微量杂质元素,合金中的各种金属成分,矿石中的金属元素、工业制品、药物、食品中的金属元素,以及动植体内和海水中的微量及痕量金属元素.最常见的极谱分析元素有:Cr,Mn,Fe,Co,Ni,Cu,Zn,Cd,In,Tl,Sn,Pb,As,Sb,Bi 等,这些元素的还原电位在 0V 至 −1.6V 的范围内,易于测定.有时往往可以在一张极谱图上同时得到若干元素的极谱波,如在氨性溶液中可同时测定 Cu,Cd,Ni,Zn 和 Mn.碱金属和碱土金属的还原电位很负,因此很难进行极谱分析.它们的盐类如 KCl,NaCl,Na_2SO_4 常常用作支持电解质.

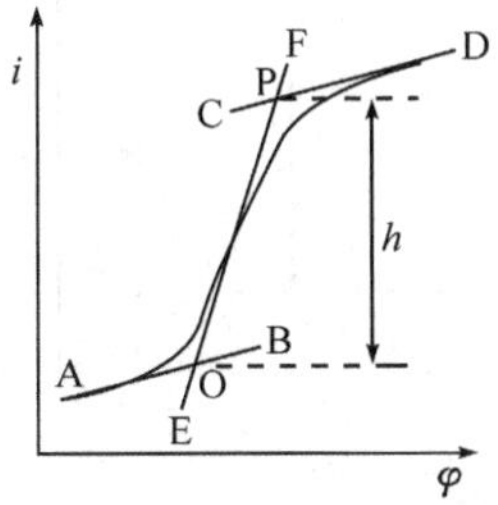

图 16.38　三切线法求波高

极谱分析法对一些有机化合物、高分子化合物、药物和农药等分析也非常有用.能在滴汞电极还原产生极谱波的有机化合物有:共轭不饱和化合物、羰基化合物、有机卤化物、含氮化合物、亚硝基化合物、偶氮化合物、含硫化合物.在药物方面可分析抗生素、维生素、激素、生物碱、磺胺类、呋喃类、和异烟肼等.在农药化工方面可分析六六六、DDT、敌百虫和某些硫磷类农药.在高分子化工方面可分析氯乙烯、苯乙烯、丙烯腈等单体.

有机化合物常常不溶于水,此时可用各种醇或它们和水的混合物作溶剂,加入适量的锂盐或季铵盐作为支持电解质.

极谱法还可以测定配合离子的离解常数和配位数,金属离子在溶液中的扩散系数,以及研究电极过程的可逆性.

§16.4.5　单扫描极谱法

1. 单扫描极谱仪基本电路

单扫描极谱仪也是采用三电极系统,其基本电路如图 16.39 所示.

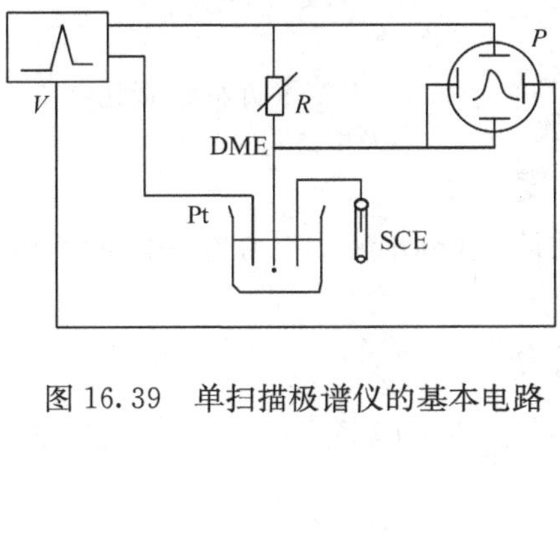

图 16.39　单扫描极谱仪的基本电路

由极化电压产生的扫描电压 V,通过 R 加在电解池的滴汞电极 DME 和对电极 Pt 上.电解过程中产生的电流变化,通过 R 后产生电压降变化,经放大后将其输入至示波器的垂直偏向板上,因此垂直偏向板代表电流坐标.另外参比电极 SCE 和工作电极 DME 之间的电位差经放大后输入至示波器的水平偏向板上,所以水平偏向板代表工作电极的极化电压.普通极谱仪扫描速度一般十分慢,

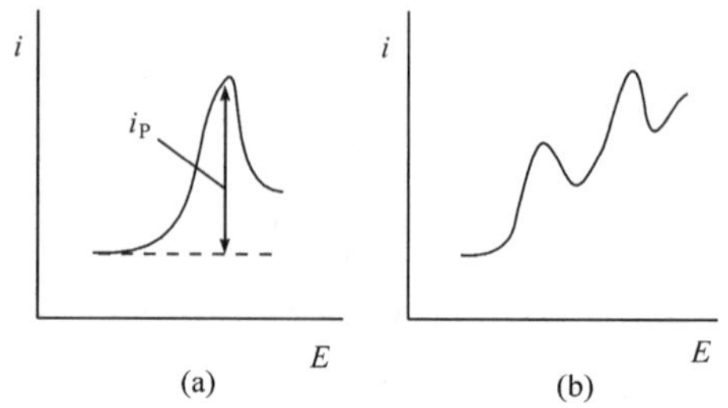

图 16.40　单扫描极谱图
(a)一种物质;(b)两种物质.

约为 200mV · min^{-1},极谱记录的是滴汞电极上的平均电流值. 而单扫描极谱仪是在每滴汞的生长期间仅加上一个极化电压锯齿波脉冲,电压随时间线性增加,其速度约为 250mV · s^{-1}. 于是,在示波器的显示屏上将出现完整的极化曲线,获得单扫描极谱图,如图 16.40 所示.

在单扫描极谱法中,汞滴生长周期约为 7s,初期汞滴的表面面积变化较大,故在生长期最后 2s 的区间,才加上一次扫描电压,一般约为 0.5V(扫描起始电压可任意控制). 为了使滴下时间与扫描同步,在滴汞电极上有敲击装置,每次扫描结束时,自动启动敲击器,将汞滴敲落. 以后汞滴又开始生长,到最后 2s 期间,又进行一次扫描. 汞滴的表面面积 A、极化电压 E 和电流 i 随时间而变化的相互关系见图 16.41.

2. 峰电流的性质

单扫描极谱图呈峰状,这是由极化电压变化速度极快所引起的. 当极化电压达到可还原物质的分解电压时,该物质在电极上迅速还原,形成很大的电流. 然后该物质在电极表面上的浓度急剧下降,而溶液本体中的该物质又来不及扩散至电极表面. 而极化电压变化又很快,这时继续增加电压,电流反而减小,所以形成尖峰. 由于单扫描极谱所产生电流比普通极谱的扩散极限电流大,而且峰状又易于测量,灵敏度也比较大.

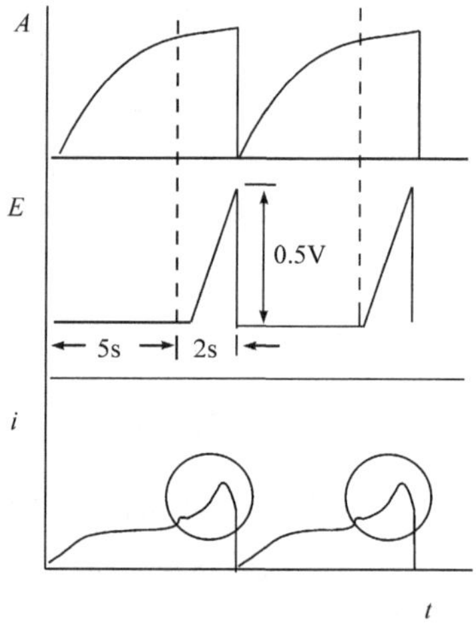

图 16.41　汞滴表面、极化电压及电流与时间的关系

对可逆极谱波来说,峰电流方程式可以表示为

$$i_p = 2.69 \times 10^5 n^{3/2} D^{1/2} v^{1/2} AC \qquad (16.84)$$

式中:i_p为峰电流(A);n 为电极反应电子转移数;D 为扩散系数($cm^2 \cdot s^{-1}$),v 为极化速度($V \cdot s^{-1}$);A 为电极面积(cm^2);C 为待测物质浓度($mol \cdot L^{-1}$). 在一定的底液及实验条件下,峰电流与待测物质的浓度成正比.

峰电位 φ_P与普通极谱波的半波电位的关系为

$$\varphi_p = \varphi_{1/2} - 1.1\frac{RT}{nF} = \varphi_{1/2} - \frac{0.028}{n} \quad (25℃) \qquad (16.85)$$

可见,峰电位是与普通极谱波半波电位有关的常数.

3. 特点与应用

单扫描极谱与普通极谱的基本原理是相同的,一般地说,在普通极谱中能得到的极谱波,亦能用单扫描极谱来进行分析.但是在单扫描极谱中,极化速度很快,电极反应速度对峰电流的影响很大:对可逆电极反应的物质,其极谱图呈明显尖峰状;物质的电极反应速度跟不上极化速度,来不及在电极上还原,所得的极谱图的尖峰状不明显,灵敏度也就较低;物质的电极反应完全跟不上极化速度,所得的图形没有尖峰,甚至不起波.

单扫描极谱的特点是:

(1) 方法快速,由于极化速度快,数秒钟可完成一次测量,并可在显示屏上直接读取峰高值.

(2) 灵敏度较高,对可逆电极反应来说,一般可达 $10^{-7}mol \cdot L^{-1}$.

(3) 分辨能力高,两种物质的峰电位相差 0.1V 以上,就可以分开,采用导数技术,分辨能力更高.

(4) 前放电物质的干扰小,在数百倍甚至数千倍前放电物质存在下,不影响后还原物质的测定.因为在扫描前有 5s 的静止期,相当于在电极表面附近预先进行电解分离.

(5) 氧波的干扰作用大为降低,氧波是不可逆波,电极反应很慢,往往可以不必除去溶液中的氧.

(6) 特别适合于配合物吸附波和具有吸附性的催化波的测定,这使得单扫描极谱分析成为测定许多物质的有力工具.

§16.4.6　极谱催化波和配合物吸附波

在电极反应过程中,常常同时还存在某些化学反应.极谱电流可能受这些化学反应速度所控制.受化学反应速度控制极谱波称为动力波.化学反应和电极反应之间的关系可分为三种类型:

CE 型:化学反应先于电极反应

$$A \xrightleftharpoons{k} B \qquad \text{(化学反应)C}$$

$$B + ne^- \longrightarrow C \qquad \text{(电极反应)E}$$

EC(R)型:化学反应与电极反应平行进行

$$A + ne^- \longrightarrow B \qquad \text{(电极反应) E}$$

$$B + C \xrightleftharpoons{k} A \qquad \text{(化学反应)C}$$

EC 型:化学反应后于电极反应

$$A+ne^- \ B \qquad (电极反应)E$$

$$A+ne^- \longrightarrow B \qquad (电极反应)\ E$$

$$B \overset{k}{\rightleftharpoons} C \qquad (化学反应)\ C$$

与电极反应平行进行的化学反应,通常能显著地提高极谱电流,这类极谱波称为极谱催化波.极谱催化波主要分为两类:(1) 氧化还原反应型催化波;(2) 催化氢波.此外,生成吸附性配合物,也可以增大极谱电流,提高测定灵敏度,这类极谱波称为配合物吸附波.

极谱催化波方法的灵敏度相当高,一般为 $10^{-6} \sim 10^{-8}$ mol · L^{-1},有时可达 10^{-9} mol · L^{-1},甚至 10^{-10} mol · L^{-1}.

1. 氧化还原反应型催化波(平行催化波)

这类催化波的反应机理可表示为

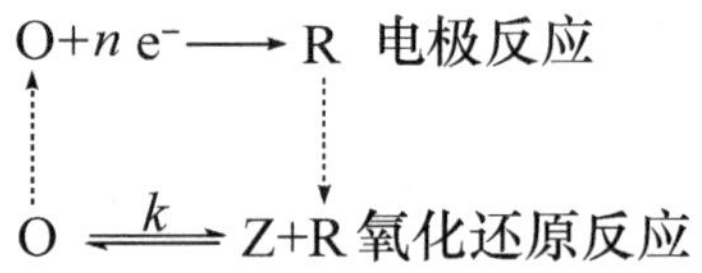

电活性物质的氧化态 O 在电极上还原,生成还原态 R.还原态 R 与溶液中的另一物质 Z(氧化剂)作用,被氧化为 O,再生的 O 又在电极上被还原,如此循环进行,使电流大大增加.在整个循环反应的过程中,物质 O 的浓度没有变化,消耗的是物质 Z.在这里,物质 O 起到催化作用,它的存在催化了 Z 的还原,这样产生的电流称为催化电流.催化电流与催化剂 O 的浓度成正比,可用来测定物质 O 的含量.

物质 Z 应是一种具有很大过电压的氧化剂,当电活性物质的氧化态 O 在电极上还原时,它不能在电极上还原,但是,它应具有很强的氧化性,能迅速地将电活性物质还原态氧化,使之再生为氧化态.

催化电流除受物质 O,R,Z 的扩散速度的影响外,还受物质 Z 氧化 R 的化学反应速度的控制.此化学反应越快,得到催化电流也越大,方法的灵敏度也越高.

这类催化波的电极反应一般应为均相氧化还原反应,电活性物质 O 应具有可变的化合价.一般地讲,催化波的波形与普通极谱波的波形一样.

例如,当 H_2O_2 和 Fe^{3+} 共存时,会产生催化波,其反应机理为

$$Fe^{3+} + e \longrightarrow Fe^{2+} \qquad (电极反应)$$

$$Fe^{2+} + H_2O_2 \longrightarrow OH^- + \cdot OH + Fe^{3+} \qquad (氧化反应)$$

$$\cdot OH + Fe^{2+} \longrightarrow OH^- + Fe^{3+} \qquad (氧化反应)$$

Fe^{3+} 在电极上被还原为 Fe^{2+},Fe^{2+} 立即和过氧化氢作用生成 Fe^{3+} 及自由基 ·OH,自由基 ·OH 又能氧化 Fe^{2+} 生成 Fe^{3+},再生的 Fe^{3+} 又重在电极上被还原.

过氧化氢、硝酸盐、亚硝盐、高氯酸及其盐、氯酸盐和羟胺等常常用作这类催化波的氧化剂.

在滴汞电极上，平行催化波的催化电流方程为

$$i_c = 0.51nFD^{1/2}m^{2/3}t^{2/3}k^{1/2}C_z^{1/2}C_o \tag{16.86}$$

式中：i_c为催化电流；C_z，C_o分别为物质 Z 和物质 O 的浓度；D 为物质 O 的扩散系数；k 为化学反应速度常数，当物质 Z 的浓度一定时，催化电流和物质 O 的浓度成正比，这是定量分析测定物质 O 的依据. 式(16.86)还告诉我们，催化电流的大小和化学反应速度常数 k 密切相关. 化学反应速度常数愈大，催化电流也愈大. 催化电流的温度系数取决于化学反应速度常数的温度系数，一般比较大，约为＋4%～＋5%/℃.

2. 催化氢波

氢在滴汞电极上有很大的过电位. 例如，在 0.1mol·L^{-1}的盐酸溶液中，氢离子在－1.2V 处才开始还原. 某些物质在酸性缓冲液中能降低氢的过电位，使 H^+ 在较正的电位还原，产生氢的催化波. 根据催化波机理的不同，可以分为两类：

(1) 铂族元素的催化氢波

溶液中如果存在痕量铂族元素的化合物，铂族元素的氧化态容易在滴汞电极上还原为金属，并以金属状态沉积在滴汞电极的表面，使电极的表面性质发生变化. 氢在铂族金属上的过电位远远小于在汞上的过电位，因此，氢离子能在较正的电位下被还原，形成催化氢波. 铂族元素的催化氢波的灵敏度因元素不同而各不相同. 钌具有最高的灵敏度，可达 5×10^{-10} mol·L^{-1}，钯与汞能生成汞齐，它的灵敏度最低，仅为 10^{-4}mol·L^{-1}.

铂族元素以配合物形式存在溶液中，不仅具有较高的灵敏度，而且其选择性大大提高. 例如，铂在甲醛和联胺的硫酸介质中，由于生成了 $Pt(CH_2{=}N{-}NH_2)_2^{4+}$ 配合离子，能得到很灵敏的催化氢波，其检测限可达 10^{-10}mol·L^{-1}，仅铑和铱有干扰.

(2) 有机化合物或其金属配合物的催化波

一些含有氧、硫、氮的有机化合物或它们的金属配合物，与溶液中的酸——质子给予体作用，生成质子化产物，它们能吸附在电极上，其中键合到有机化合物上的氢元素受到了活化，易在电极上还原. 在电极上还原的产物又与溶液中的质子给予体作用，再次质子化，形成了一个 H^+ 的还原的催化循环，产生氢催化波. 其反应机理可以表示为

$$B + DH^+ \rightleftharpoons BH^+ + D \qquad \text{(质子化反应)}$$

$$BH^+ + e \longrightarrow B + \frac{1}{2}H_2 \qquad \text{(电极反应)}$$

很明显，在整个循环反应的过程中，B的浓度没有改变，消耗的是质子给予体 DH^+ 中的 H^+，所以这种波也是氢催化波. 与平行催化波不同，催化剂不参加电极反应，催化剂能起到激活 H^+ 的还原，并起到载体作用. 这类氢催化波常用来测定氨基酸、蛋白质.

3. 配合物吸附波

一些阴离子、阳离子或中性分子可强烈吸附在电极上，使其在电极表面上浓度大大高于溶液本体的浓度，故在单扫描极谱法中，能获得较大的电解电流，具有很高的灵敏度，可以用于痕量物质的测定.

配合物吸附波是以配合物形式吸附在电极上，既能测定金属离子能还原的配合物，也能测定配位体能还原的配合物. 后者能间接测定那些析出电位很正或很负的一些金属离子，如钙、镁、稀土等.

配合物吸附波主要有三种类型：

(1) 配合物中的金属离子还原，例如碘离子 I^- 能强烈吸附在电极上，继而引起配合物 CdI_2 的诱导吸附，在电极上还原的是配合物中的 Cd^{2+}，诱导吸附使 Cd^{2+} 还原电流加大.

(2) 配合中的配位体还原，这类反应可以用来测定在电极上很难还原的金属离子，例如 Mg^{2+} 在外加电压下是不能还原的，但是 Mg-络黑 T 配合物在乙二胺介质中产生很灵敏的配合物吸附波，极谱电流是由配合物中的络黑 T 还原产生的. 可测定 $10^{-8}mol \cdot L^{-1}$ 的镁. 这类可还原的基团有偶氮基、亚硝基、酮基和醌式结构等.

(3) 配合物中金属离子和配合体同时还原，如 Cd-卟啉配合物在氢氧化钾介质中，Cd(Ⅱ)和卟啉一起在电极上还原产生配合物吸附波. Cd-卟啉配合物的峰位负于－1.0V，比游离的 Cd^{2+} 和卟啉的还原波还负几百毫伏，在这样的条件下，Cd^{2+} 和卟啉必然一起被还原.

理想的配合物吸附波要求配位体具有疏水基团，使配合物能在电极表面有一定的吸附能力. 且配合物的形成常数要适中，一般配合物形成常数的对数值在 5～8 之间，配合物和配位体的吸附能力应有差别，且两者的析出电位应不同.

配合物吸附波呈峰状曲线，在低浓度时，电流和浓度之间成线性关系. 配合物吸附波的灵敏度可达 10^{-7}～$10^{-8}mol \cdot L^{-1}$，可测定数十种金属离子和阴离子，应用十分广.

在配合物吸附波的反应机理中，还可能同时具有氧化还原型催化波或催化氧波的反应历程，这样，其催化波的灵敏度将非常高.

表 16.9 列出一些主要的极谱催化波和配合物吸附波的体系.

表 16.9　极谱催化波与络合物吸附波的体系示例

被测物质	底液条件	检测限/mol·L^{-1}
Al[1)]	茜素 S,三乙醇胺,亚硫酸钠	2×10^{-8}
As	Na_2SO_4,酒石酸,$CoSO_4$	1×10^{-7}
Au[1)]	苯基硫脲,H_3PO_4,NaCl,DCTA	5×10^{-8}
Be[1)]	铍试剂Ⅲ,NH_4Cl,$NH_3\cdot H_2O$	2×10^{-8}
Bi[1)]	5-Br-PADAP,NaOH	5×10^{-9}
Ca[1)]	铬黑 T,NaOH	5×10^{-8}
Co	丁二肟,$NaNO_2$,NH_4Cl,pH7～8	1×10^{-10}
Cd[1)]	四(4-三甲胺苯基)卟啉,KOH	2×10^{-8}
Cr	$NaNO_2$,乙二胺,明胶,pH9～10	5×10^{-8}
Cu[1)]	KCNS,NH_4Cl,$NH_3\cdot H_2O$,Na_2SO_3	1.5×10^{-7}
Fe	NaOH,三乙醇胺,H_2O_2	2×10^{-7}
Ga[1)]	铜铁试剂,二苯胍	1×10^{-8}
Ge[1)]	氯乙酸,氯乙酸钠,茜素络合剂,$VOSO_4$,EDTA,pH3	1×10^{-8}
In[1)]	HAC,NaOH,抗坏血酸,铜铁试剂	4×10^{-8}
La[1)]	草酸,马来酸,KCl,pH4	5×10^{-7}
Mo	H_2SO_4,苦杏仁酸,$KClO_3$	5×10^{-10}
Nb	杏仁酸,$KClO_3$,$(CH_3)_4NBr$	1×10^{-9}
NO_2^-	NaCNS,Fe^{2+},pH3～4	1×10^{-8}
Pb[1)]	HCl,抗坏血酸,KCNS,KI	1×10^{-8}
Pd[1)]	NaOH,1,2-环己烷二酮二肟	5×10^{-8}
Pt	甲醛,硫酸联氨,H_2SO_4	1×10^{-10}
Re	H_2SO_4,Na_2SO_4,抗坏血酸,硫酸羟胺,TeO_3^{2-}	2×10^{-8}
Rh	HCl,$(CH_2)_6N_4$	5×10^{-11}
Ru	HCl,硫脲	1×10^{-7}
S^{2}[1)]	氨基乙酸,柠檬酸,Cu^{2+}	1×10^{-7}
Sb	Na_2SO_4,$CoSO_4$	2×10^{-7}
Sc[1)]	NH_4Cl,二苯胍,铜铁试剂	2×10^{-7}
Se	$HClO_4$,Na_2SO_3,NH_4Cl,$NH_3\cdot H_2O$,EDTA,KIO_4	6×10^{-9}
Sn	H_2SO_4,KI,抗坏血酸,V(Ⅳ)	3×10^{-7}
Te	H_2SO_4,ReO_4^-	1×10^{-9}
Th[1)]	NH_4Cl,$(NH_4)_2C_2O_4$,二苯胍,聚乙烯醇,铜铁试剂	2×10^{-9}
U[1)]	NH_4Cl,二苯胍,铜铁试剂	1×10^{-9}
V[1)]	HAc,NaAc,铜铁试剂,辛可宁,pH5～5.2	4×10^{-9}
W	H_2SO_4,苦杏仁酸,$KClO_3$,辛可宁	5×10^{-7}
Zn[1)]	乙二胺,酒石酸	5×10^{-8}
稀土总量[1)]	NH_4Cl,铜铁试剂,聚乙烯醇	5×10^{-8}

1)为配合物吸附波;其他均为催化波.

§16.4.7 溶出伏安法

溶出伏安法是一种高灵敏度的电化学分析方法，灵敏度可达 $10^{-7} \sim 10^{-11}$ mol · L^{-1}. 它将化学富集和测定有机地结合起来. 溶出伏安法的操作分两步：第一步是预电解，第二步是溶出.

(1)预电解是在恒电位下、搅拌的溶液中进行，并将痕量组分富集到电极上. 时间需严格控制. 富集后，让溶液静止 30～60s，即为休止期，再用各种极谱方法在极短时间内溶出.

(2)溶出时，工作电极发生氧化反应的称为阳极溶出伏安法；发生还原反应的称为阴极溶出伏安法. 溶出峰电流大小与被测物质的浓度成正比.

电解富集的电极有悬汞电极，汞膜电极和固体电极. 汞膜电极面积大，同样的汞量做成厚度为几十纳米到几百纳米的汞膜，其表面极比悬汞大，电积效率高.

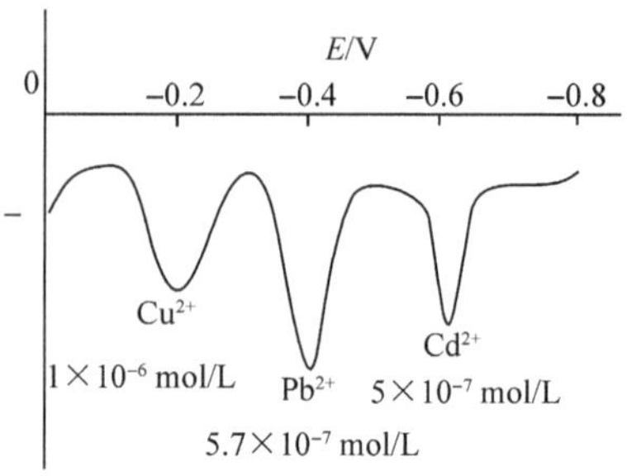

图 16.42　酸性介质中铜、铅、镉的溶出伏安曲线

图 16.42 是在盐酸介质中测定痕量的铜、铅、镉的例子. 首先将悬汞电极的电位固定在−0.8V 电解，一定时间后，此时溶液中的一部分 Cu^{2+}，Pb^{2+}，Cd^{2+} 在电极上还原，并生成汞齐. 富集在悬汞滴上. 电解完毕后，使悬汞电极的电位均匀地由负向正变化，当电位到达镉汞齐氧化的电位时，产出镉的氧化电极反应，形成其氧化电流. 当电位继续变正，电极表面的镉汞齐氧化速度增快，氧化电流增加到达一峰值时，电极表面的镉汞齐的浓度减小，汞滴内部的镉汞齐的扩散控制氧化速度，使电流开始减小，随着汞滴的镉汞齐浓度减小，氧化电流也迅速减小. 这样就形成了峰状的溶出伏安曲线. 同样，在悬汞电极电位继续变正时，将相继出现铅、铜的溶出峰.

这里，电解富集时，悬汞电极作为阴极，溶出时，则作为阳极，称之为阳极溶出法. 溶出伏安法还可以测定阴离子，如氯、溴、碘、硫等. 它们能和汞生成难溶盐. 悬汞电极可以作为阳极来电解富集，并作为阴极进行溶出，这样做叫作阴极溶出法.

§16.4.8 交流、方波和脉冲极谱技术

1. 交流极谱技术

交流极谱技术是在普通直流极谱电压上叠加一个几十毫伏的小振幅低频正弦电压，然后测量通过电解池的交流电流. 交流极谱的装置如图 16.43 所示. 通过电解池的电流在电阻 R 上产生电压降，其交流成分经电容 C 与直流成分分开，再经

放大器放大，整流滤波，直接被记录下来，得到如图 16.44 所示的交流极谱曲线.

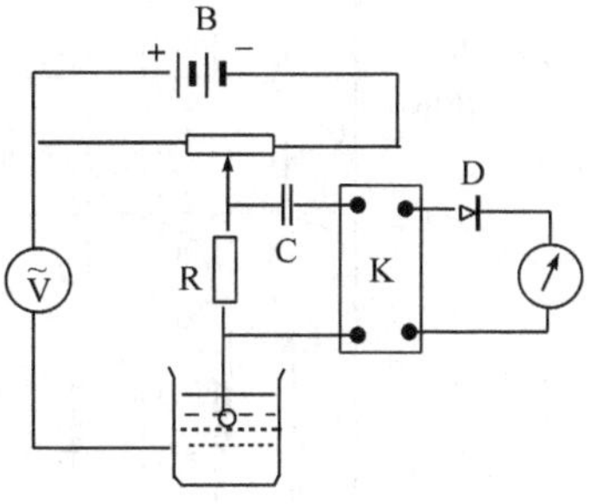

图 16.43 交流极谱装置

在直流电压达到分解电压之前，待测物质不在电极上还原，电流不受交流成分影响，在直流电压达到极限电流区域时，极谱电流由待测物质的扩散速度所控制，电流值基本上恒定. 当叠加交流电压在直流极谱曲线的陡峭区，正弦交流电压位于正半周时，使极化电极的电压比未叠加要更正些，而正弦交流电压处在负半周时，则要更负一些，由此使产生的还原电流比未叠加时要大些或小些. 这一电流变化成分通过放大、整流、滤波后被记录下来. 因此交流极谱波为锯齿状峰形，锯齿是由于汞滴的周期性滴落所造成的.

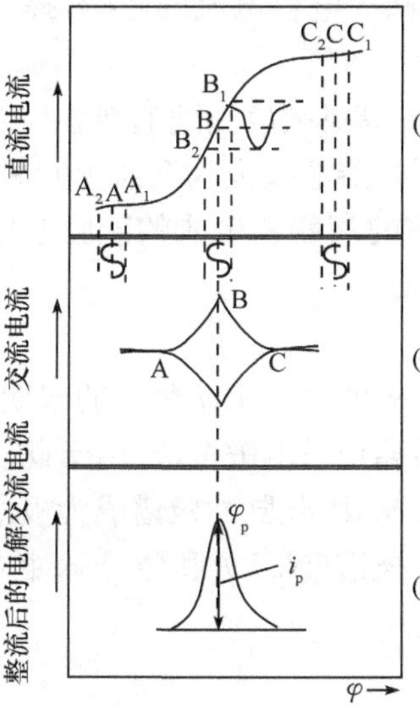

图 16.44 交流极谱曲线

交流极谱波的峰电位 φ_p 与普通极谱的半波电位 $\varphi_{1/2}$ 相同. 峰电流为

$$i_p = \frac{n^2F^2}{4RT}D^{1/2}A\omega^{1/2}C\Delta V \qquad (16.87)$$

式中：ω 是所叠加的交流电的角频率；ΔV 为交流电压的振幅；其他符号具有通常的含义.

交流极谱的特点是：波呈峰形，分辨能力较高，可以分辨电位相差 40mV 的两个极谱波. 交流极谱对可逆波较灵敏，氧波是不可逆波，灵敏度低，氧波的干扰可以不考虑.

交流电可以通过滴汞表面与溶液界面的双电层所构成的电容，也就是说，极谱电流中的交流成分中包含有较大的电容电流，它限制了最低可检测浓度. 但是，电容电流的相位超前于所叠加的交流电压相位 90°，可逆电极过程的法拉第交流电流的相位则与所叠加的交流电压的相位相同. 利用相敏技术，可以完全消除电容电流所造成的影响，检出限得到相应的改善.

2. 方波极谱技术

方波极谱技术是指将频率为 225～250Hz，振幅为 10～30mV 的方波电压叠加在普通极谱的直流线性扫描电压上，并在方波电压改变方向的瞬间记录通过电解池的电流.

方波极谱的灵敏度比交流极谱高. 这是由于方波极谱是在充电电流充分衰减

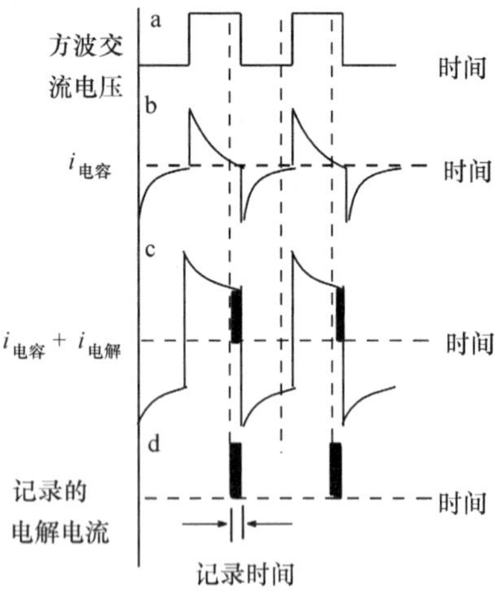

图 16.45　方波极谱消除电容电流的原理

条件下才记录电解电流，减少了充电电流的影响. 方波极谱消除电容电流的原理如图 16.45 所示.

电容电流 i_c 是随时间 t 按指数衰减的，即

$$i_c = \frac{V_s}{R}e^{-t/RC}$$

式中：V_s 为方波电压振幅；R 包括溶液在内的整个回路的电阻；C 为滴汞电极与溶液的界面双电层电容. 而法拉第电解电流 i_f 是随时间 $t^{-1/2}$ 衰减的，比 i_c 要慢，因此在方波电压改变方向前的某一时刻记录极谱电流，就可明显减少电容电流的影响，提高测定的信噪比.

方波极谱的分辨率较好，灵敏度也高. 但进一步提高灵敏度受到毛细管噪声的影响. 在汞滴下落时，毛细管内的汞向上回缩，与此同时溶液被吸入毛细管尖端，在其内壁形成一层液膜. 每一次汞滴下落所引起汞回缩的高度和生成的液膜厚度是不规则的，因此使体系的电流发生变化，形成噪声电流.

3. 脉冲极谱技术

脉冲极谱是在缓慢变化的直流电压上，在滴汞电极的每一汞滴生长的末期，叠加一个小振幅的周期性脉冲电压，并在电压衰减的后期记录电解电流. 由于此法使电容电流和毛细管的噪声电流充分衰减，提高了信噪比，因此脉冲极谱成为极谱方法中灵敏度较高的方法之一. 脉冲极谱分为常规脉冲极谱（NPP）和微分脉冲极谱（DPP）两种类型.

（1）常规脉冲极谱

它是在给定的直流电压上，在每一汞滴的生长末期，叠加一个矩形脉冲电压，脉冲振幅随时间呈线性增加，振幅范围在 0～2V 间，脉冲宽度（持续时间）τ 为 40～60ms. 在脉冲的后期测量电流，所得的常规脉冲极谱波呈台阶形，如图 16.46 所示.

（2）微分脉冲极谱

它是在线性变化的直流电压上，在每一汞滴的生长末期，叠加一个振幅 ΔV 为 5～100mV 的矩形脉冲电压，脉冲宽度为 40～80ms. 在每次叠加脉冲前 20ms 和终止前 20ms 内测量电流，记录两次测量的电流差值，得到如图 16.47 所示微分脉冲极谱波. 极谱波的峰值在普通直流极谱的半波电位处.

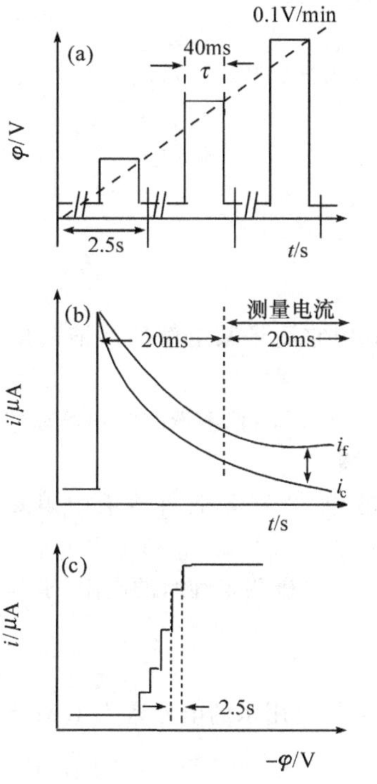

图 16.46　常规脉冲极谱图

(a)激发信号;(b)汞滴上电流-时间关系;(c)常规脉冲极谱波.

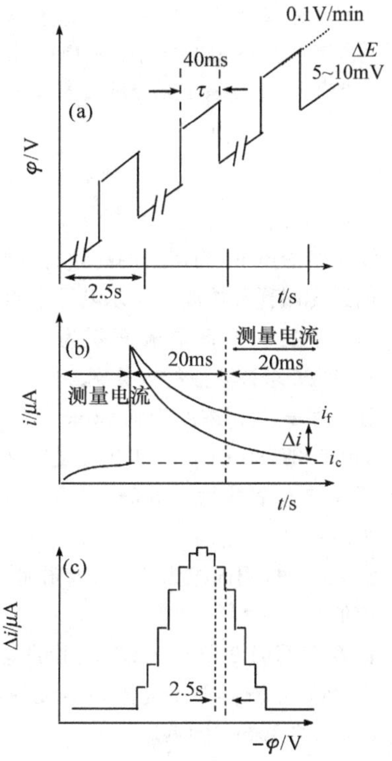

16.47　微分脉冲极谱

(a)激发信号;(b)汞滴上电流-时间关系;(c)微分脉冲极谱波.

注:图 16.46,图 16.47 中脉冲衰减曲线前画有虚线者表示测量时间.

(3) 脉冲极谱的特点

① 灵敏度高.对电极反应为可逆的物质,灵敏度约为 10^{-8}mol · L^{-1};对不可逆的物质,亦可达 10^{-6}～10^{-7}mol · L^{-1};若与溶出技术相结合,灵敏度可提高到 10^{-10}～10^{-11}mol · L^{-1}.

② 分辨能力强,两个峰电位极差 25～30mV,亦可分开.

③ 前放电物质的存在量允许浓度比待测物质高 50 000 倍时,亦不干扰.

④ 对不可逆波的灵敏度也很高,分辨率也好,很适合于有机物分析.

⑤ 脉冲极谱也是研究电极过程动力学的有力工具.

参 考 文 献

[1]　高小霞等.电分析化学导论.北京:科学出版社,1986

[2] 赵藻藩,周性尧,张悟铭,赵文宽. 仪器分析. 北京:高等教育出版社,1990

[3] 方惠群,史坚. 仪器分析原理. 南京:南京大学出版社,1994

[4] 北京大学化学系 仪器分析教学组. 仪器分析教程. 北京:北京大学出版社,1997

习题与思考题

习 题

1. 测定溶液电导,为何采用高频交流电源?
2. 简述无限稀释的离子摩尔电导率的含义,如何计算?
3. 电导池的两平行电极面积为 1.25cm^2,间距为 1.50cm,用它测得某电解质溶液的电阻 1.09kΩ. 求该溶液的电导率.
4. 在 25℃时测得浓度为 0.02mol · L^{-1}的 KCl 溶液的电阻为 404.6Ω,该溶液的电导率标准值为0.002768S · cm^{-1}. 求出测量时使用的电导率的电导池常数.
5. 用电导池常数为 0.53cm^{-1}的电导池测定硝酸溶液的电导 22.7mS,计算溶液中硝酸的浓度.
6. 在 25℃时,用面积为 1.11cm^2 相距 1.00cm 的两平行的铂黑电极测定纯水的电阻,求其理论值.
7. 计算 25℃时 0.1mol · L^{-1}乙酸的电阻率.
8. 在 25℃时测得 $BaSO_4$ 饱和溶液的电导率为 4.58μS · cm^{-1},所用水的电导率为 1.52μS · cm^{-1},求 $BaSO_4$ 的 K_{sp}.
9. 用 0.01mol · L^{-1}的 NaOH 电导滴定 100mL 浓度为 0.001mol · L^{-1}的 HCl 溶液. 在滴定过程中,忽略溶液体积变化,计算在加入滴定剂的体积为 0.00,2.00,4.00,5.00,8.00,10.00,12.00,14.00,16.00,18.00mL 时溶液的电导率,并绘制滴定曲线.
10. 用 0.01mol · L^{-1}的 NaOH 滴定 0.001mol · L^{-1}的乙酸,不考虑稀释效应,计算等当点的电导率.
11. 电位分析的依据是什么? 可以分为哪两类?
12. 构成电位分析法的化学电池中的两电极称为什么? 各自的特点是什么?
13. 离子选择电极的电极电位是如何形成的?
14. 气敏电极在构造上与一般离子选择电极有什么不同之处?
15. 评价离子选择电极质量参数有哪些? 并简述其含义.
16. 电导滴定和电位滴定各有何特点?
17. 电重量法和库仑分析的共同特点是什么? 有什么区别?
18. 计算 0.1mol · L^{-1}硝酸银在 pH=1 的溶液中的分解电压.($\eta_{Ag}=0$;$\eta_{O_2}=+0.40V$)
19. 控制电位和控制电流库仑分析法是如何达到库仑分析的基本要求的?
20. 库仑滴定法为什么又称为恒电流库仑分析法?
21. 电解池的电阻为 1.5Ω,阴极析出电位为+0.281V,阳极析出电位为+1.531V,电解电流为 0.500A,应施加的外电压为多少?
22. 电解硝酸铜时,溶液起始浓度为 0.5mol · L^{-1},电解结束时的溶液浓度为 10^{-6}mol · L^{-1},计算电解过程中工作电极的电位变化值的大小.

23. 电解 0.200mol·L^{-1}的含 Pb^{2+}溶液,溶液缓冲至 pH=5，电解池的电流为 0.500A,铂电极的面积为 10cm^2,在阳极上放出氧气(101 325Pa),氧的超电压为+0.77V;在阴极析出 Pb,假定电解池的电阻为 0.80Ω,$\varphi^{\ominus}_{Pb^{2+},Pb}=-0.1264V$. 试计算：

(1) 电池的理论电动势(零电流时)；

(2) 电阻电压降；

(3) 开始电解时的外加电压；

(4) 当 Pb^{2+}的浓度下降到 0.010mol·L^{-1}时,电解所需要的外加电压为多少？

24. 用控制电位电解某物质,初始电流为 2.20A，电解 8min 后,电流下降至 0.29A,问当物质析出 99.9%时所需要的时间.

25. 用库仑滴定测定水中的酚,取 10mL 水样经酸化后加入溴化钾,电解氧化产生的溴与酚反应：$C_6H_5OH + 3Br_2 \longrightarrow Br_3C_6H_2OH + 3HBr$ 通过恒定电流为 15.0mA，经过 8min20s 到达终点,计算水中酚的含量(酚的相对分子质量:94.11).

26. 用库仑滴定测定某有机酸的摩尔质量,溶解 0.0231g 纯净试样于乙醇-水混合溶剂中,以电解产生的 OH^-进行滴定,通过恒定电流 0.0472A,经过 402s 到达终点. 计算有机酸的摩尔质量.

27. 极谱分析和伏安分析法是特殊情况下的电解法. 请简述其特点.

28. 名词解释：

极谱极限电流,扩散电流,迁移电流,残余电流,充电电流,极谱极大,氧波.

29. 尤考维奇方程的数学表达式是什么？指出各符号的意义.

30. 简述极谱波方程及方程中 $\varphi_{1/2}$的意义,$\varphi_{1/2}$有什么特点？有什么用途？

31. 如何运用金属配合物可逆极谱波方程求配合物的配位数和解离常数？

32. 在 0.10mol·L^{-1} KCl 溶液中,Pb^{2+}离子的浓度为 2.0×10^{-3}mol·L^{-1},极谱分析得到 Pb^{2+}的扩散电流为 20μA,所用毛细管的 $m^{2/3}\cdot t^{1/6}$为 250$mg^{2/3}\cdot s^{1/6}$. 极谱分析的电极反应为 $Pb^{2+} + 2e \longrightarrow Pb$. 计算 Pb^{2+}离子在此溶液中的扩散系数.

33. 在溶液样品中测定 Pb 的极谱波,在 $m=2.50$mg·s^{-1}和 $t=3.40$s 条件下,所测定的扩散电流为 6.7μA,调整毛细管的高度使 $t=4.00$s,相应的 $m=2.60$m·s^{-1}. 求新条件下 Pb 的扩散电流为多少？

34. Pb(Ⅱ)在 3mol·L^{-1}盐酸溶液中还原,所产生极谱波的半波电位为-0.46V,现在滴汞电极电位为-0.70V 时(已完全浓差极化)测得下列各溶液的电流值如下：

溶液	电流/μA
(1) 6mol·L^{-1}HCl 25.00mL,稀至 50.00mL	0.15
(2) 6mol·L^{-1}HCl 25.00mL,加试液 10.00mL,稀至 50.00mL	1.23
(3) 6mol·L^{-1}HCl 25.00mL,加 1×10^{-3}mol·$L^{-1}$$Pb^{2+}$标准溶液 5.00mL,稀至 50.00mL	0.94

计算试液中的铅含量(mg/mL),在本实验中能采用哪些方法除氧？

35. 在 0.10mol·L^{-1} $NaClO_4$溶液中,Zn 的半波电位 $\varphi_{1/2}$为 0.998V(vs. SCE),当加入乙二胺使

其浓度为 0.04mol · L^{-1}后，$\varphi_{1/2}$为－1.309V，在 0.10mol · L^{-1} $NaClO_4$和 1.96mol · L^{-1} $NaClO_4$的乙二胺溶液中 Zn 的半波电位 $\varphi_{1/2}$为－1.45V. 问 Zn 与乙二胺配合物的化学式和其解离常数为多少？

36. 极谱催化波有哪几种类型，简述各类催化电极反应过程.
37. 普通极谱的局限性是什么？单扫描极谱、交流极谱、方波极谱和脉冲极谱有什么改进？
38. 简述溶出伏安法的原理及其特点.
39. 在 0.10mol · L^{-1} NaOH 溶液中，用阴极溶出伏安法测定 S^{2-}，以悬汞电极为工作电极，在－0.40V时电解富集，然后溶出. (1)请分别写出富集和溶出的电极反应式；(2)画出它的溶出伏安曲线.

思考题

1. 将单扫描极谱在汞滴将下落前 2s 才加上扫描电压，如果加上的电压不是锯齿状而是方波状，将可能出现什么现象？
2. 请根据电导分析方法设计一种气体中 CO_2分析仪.

三、分离分析篇

第 17 章　色谱分析法[1~5]

色谱分析法是由俄国植物学家茨维特首创，他采用石油醚作为流动相，携带植物色素流经以碳酸钙为固定相的分离柱，经过一段时间后，不同的植物色素在分离柱上形成不同的“色谱”，故称这种分离方法为色谱分析法. 现代色谱分析法的种类繁多，许多混合物样品都能找到适合的色谱分析法进行分离分析. 目前色谱分析法已广泛地应用于许多领域，成为十分重要的分离分析手段. 所有的色谱分析方法都有一个共同的特点，即必须具备两个相：固定相和流动相. 流动相携带混合物流经固定相，由于混合物中各组分与固定相相互作用的强弱存在差异，因此不同组分在固定相滞留的时间长短不同，故按先后不同的时间次序从色谱柱流出，从而达到分离的目的.

§17.1　概　　述

色谱分离不仅仅用于混合物的分离分析，也可以用来进行物质纯化制备，前者称为分析色谱，后者称为制备色谱.

色谱分析法可以按不同的方式进行分类：

1. 按两相状态分类

流动相为气体的称为气相色谱(GC)，流动相为液体的称为液相色谱(LC). 气相色谱又可分为气-固色谱(GSC)和气-液色谱(GLC). 气-固色谱的固定相为固体吸附剂，气-液色谱的固定相为附着在惰性固定载体表面上的一薄层液体有机化合物. 同样，液相色谱也可分为液－固色谱(LSC)和液-液色谱(LLC). 流动相为介于气体和液体之间的超临界流体的色谱称为超临界流体色谱(SFC). 将固定液键合在载体表面，这种化学键合固定相的色谱称为化学键合相色谱(CBFC).

2. 按分离机理分类

分离机理是指被分离物质与固定相相互作用的过程. 利用组分在固体吸附剂上的吸附能力的强弱进行分离的方法称为吸附色谱. 利用组分在固定液中溶解度的差异而进行分离的方法称为分配色谱. 利用组分在离子交换树脂(固定相)上的亲和力的大小不同达到分离的方法称为离子交换色谱. 利用组分的分子大小不同在多孔固定相中有选择渗透而达到分离的方法称为凝胶色谱或尺寸排阻色谱. 利

用固定在载体上的固化分子对组分的专属性亲和力的不同进行分离的方法称为亲和色谱，亲和色谱常用来分离蛋白质.

3. 按固定相的形状分类

色谱分离在柱上进行的称为柱色谱. 色谱分离在平板状的薄层上进行的称为平板色谱，或称为薄层色谱，色谱分离在滤纸上进行的称为纸色谱，色谱分离在毛细管内进行的称为毛细管色谱，毛细管色谱实质上也是一种柱色谱.

另外有些色谱分析法是按色谱操作的特征来命名的，如高压（高效）液相色谱、程序升温气相色谱、程序升压气相色谱等.

上述色谱分析法的分类，可归纳于表 17.1.

表 17.1　色谱分析法分类

流动相	气体	气体	液体	液体	液体	液体	液体	液体	超临界流体
固定相	液体	固体（吸附剂）	液体	液体 / 吸附剂（固体）	固体：吸附剂	固体：键合固定相	固体：多孔固体	固体：离子交换剂	键合固定相
固定相形状	柱	柱	柱	薄层 纸	柱	柱	柱	柱	柱
名称	气-液色谱 (GLC)	气-固色谱 (GSC)	液-液色谱 (LLC)	薄层色谱 纸色谱 (TLC) (PC)	液-固色谱 (LSC)	键合相色谱 (CBPC)	凝胶色谱 (GPC)	离子交换色谱 (IEC)	超临界流体色谱 (SFC)

§ 17.2　色谱流出曲线及其术语

§ 17.2.1　色谱流出曲线

柱色谱分析中，先将样品注入色谱柱头，然后将流动相引入柱头，让其携带样品流经固定相. 样品中各组分由于与固定相作用力的大小不同，以不同的速度沿着柱子向前移动. 在移动的过程中，样品各组分在流动相中的浓度和在固定相中的浓度是处在动态分配平衡状态. 在一定的温度和压力下，组分在流动相和固定相之间达到平衡时的浓度之比称为分配系数：

$$K = \frac{C_s}{C_m} \tag{17.1}$$

式中，C_s和 C_m分别代表组分在固定相和流动相中的浓度. 分配系数大的组分在柱上移动速度慢；分配系数小的组分在柱上移动速度快. 由检测器测定流出柱体的流动相中各组分浓度，以检测器的信号强度对时间作图，可获得色谱流出曲线——色谱图. 一般地说，色谱流出曲线的形状与该组分等温分配曲线的形状有关. 等温分配曲线是描述在等温条件下分配系数随组分浓度变化的规律. 典型的分配等温曲线有三种——直线型、凸线型和凹线型，见图 17.1(a). 相应的色谱洗出曲线也有三种，如图 17.1(b)所示. 对称的流出曲线称为正常色谱峰，非对称的流出曲线称为不正常色谱峰，其中，前沿陡峭后沿拖尾的流出曲线称为拖尾峰，前沿平伸后沿陡峭的流出曲线，称为前伸峰.

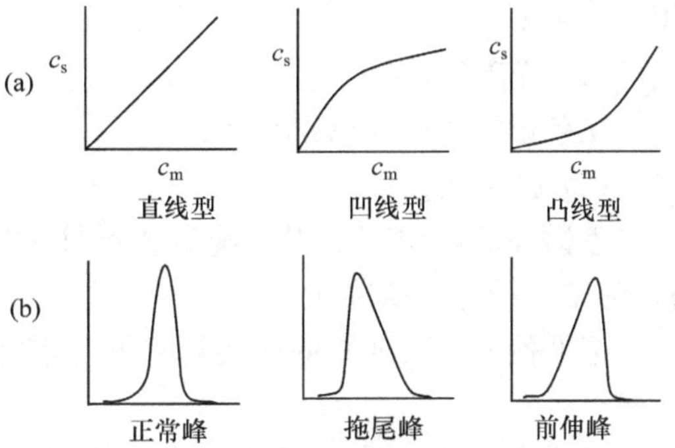

图 17.1　三种吸附等温曲线和对应的色谱峰形状

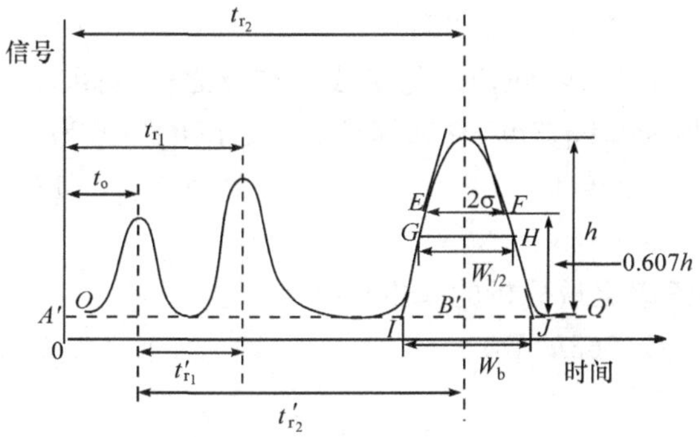

图 17.2　典型色谱流出曲线

如果进样量很少，浓度很低，各组分的等温分配曲线在线性范围内，则其色谱峰是对称的. 如图 17.2 所示. 这种色谱峰可用高斯(Gauss)正态分布曲线表示

$$C=\frac{C_0}{\sigma\sqrt{2\pi}}\cdot\exp\left[-\frac{1}{2}\left(\frac{t-t_r}{\sigma}\right)^2\right]\qquad(17.2)$$

式中：C 为某组分在不同时间 t 时分离柱出口的浓度；C_0 为进样浓度；t_r 为对应于浓度峰值的保留时间；σ 为流出曲线的标准偏差.

§17.2.2　基本术语

1. 基线

在实验条件下，只有纯流动相(没有样品组分)经过检测器的信号——时间曲线称为基线. 通常为一水平线. 操作条件不稳定或探测器及其附件的工作状态的变化，使基线朝一定方向缓慢变化，称为基线漂移. 各种偶发因素使基线起伏不定的现象，称为噪声.

2. 色谱峰

色谱峰是指高出基线的凸起部分的流出曲线. 色谱峰有峰高、区域宽度和峰面积三个主要参数.

(1) 峰高(h)

从色谱峰顶到基线的距离.

(2) 区域宽度

色谱峰的区域宽度用来衡量色谱柱的效率及反映色谱分离过程的动力学因素,常用三种方法来表示.

标准偏差(σ):即 0.607 倍峰高处色谱峰宽度的一半,如图 17.2 中 EF 距离的一半.

半峰宽($W_{1/2}$):色谱峰高一半处的宽度.如图 17.2 中 GH 之间的距离,它与标准偏差的关系为

$$W_{1/2} = 2\sigma\sqrt{2\ln 2} = 2.354\sigma \tag{17.3}$$

峰底宽(W_σ):从色谱两侧的拐点作切线,两切线与基线的交点之间的距离,如图 17.2 中 IJ 的距离称峰底宽,亦称为基线宽度,它和标准偏差之间的关系为

$$W_\sigma = 4\sigma \tag{17.4}$$

(3) 峰面积(A)

色谱峰与基线围成的面积,是色谱定量分析的基本依据.

$$A = 1.065h\, W_{1/2} \tag{17.5}$$

3. 保留值

(1) 死时间(t_o)

指不在固定相中滞留的组分从进样开始到其峰顶所对应的时间,如图 17.2 中 $O'A'$,它正比色谱柱的空隙体积.因为该组分不被固定相吸附或溶解,不进入固定相中,故其移动速度和流动相的移动速度相近.利用死时间可以测定流动相的平均线速 u

$$u = \frac{L}{t_o} \tag{17.6}$$

式中,L 为色谱柱长.

(2) 保留时间(t_r)

指组分从进样到柱后出现极大点的时间,如图 17.2 中 OB'.所以组分在柱内的线性移动速度 u_s 为

$$u_s = \frac{L}{t_r} \tag{17.7}$$

(3) 调整保留时间(t'_r)

指扣除死时间后的组分保留时间,即

$$t'_r = t_r - t_o \tag{17.8}$$

显然，调整保留时间 t'_r 是组分在固定相中停留的总时间.

保留时间是色谱定性的基本依据，但它和流动相的流速相关. 因此，有时又用保留体积来表示保留值.

(4) 死体积(V_o)

是指不被固定相滞留的组分从柱后流出的流动相的体积. 实际上，死体积是柱管内固定相颗粒之间的空隙、色谱仪管路中接头间的空间以及检验器的空间的总和. 死体积可由死时间 t_o 和色谱柱出口的流动相(载气)的体积流速 $\bar{u}$(mL/min)来计算.

$$V_o = t_o \cdot \bar{u} \tag{17.9}$$

(5) 保留体积(V_r)

指组分从柱后流出的流动相体积，即从进样开始到被测组分在柱后出现浓度极大值点时所通过的流动相的体积. 保留体积和保留时间之间的关系为

$$V_r = t_r \cdot \bar{u} \tag{17.10}$$

(6) 调整保留体积(V'_r)

扣除死体积后的组分保留体积

$$V'_r = V_r - V_o = t'_r \cdot \bar{u} \tag{17.11}$$

载气流速大，保留时间相应降低，两者乘积仍为常数. 因此，死体积、保留体积和调整保留体积与流动相(载气)的流速无关.

(7) 相对保留值($\gamma_{2,1}$)

是指两组分调整保留值之比，是一个无量纲量：

$$\gamma_{2,1} = \frac{t'_{r(2)}}{t'_{r(1)}} = \frac{V'_{r(2)}}{V'_{r(1)}}$$

相对保留值与柱温及固定相性质有关，与柱径、柱长、填充情况及流动相流速无关，广泛用作定性的依据. 在定性分析中，通常以某一个色谱峰作为标准峰(S)，然后再求出其他组分峰(i)对标准峰(S)的相对保留值，此时用符号 α 表示，即

$$\alpha = \frac{t'_{r(i)}}{t'_{r(S)}} \tag{17.12}$$

通常标准色谱峰的调整保留值为前出峰，即 $t'_{r(i)} > t'_{r(S)}$. 所以 α 总是大于 1. 相对保留值往往可以作为固定相的选择性的指标，又称为选择因子.

4. 保留值与分配系数的关系

(1) 容量因子 k

容量因子又称为分配比. 在温度和压力一定，组分在两相之间的分配达到平衡时，组分在两相中的质量比，即

$$k=\frac{m_s}{m_m}=\frac{C_sV_s}{C_mV_m} \tag{17.13}$$

式中：下标 s，m 分别表示固定相和流动相；V 表示体积.

上式可知，在给定的分离体系中，k 值越大，组分在固定相中的量越多，该组分在色谱柱中移动越慢，相当于柱的容量大；其次，它不仅随柱温、柱压有关，而且与流动相和固定相的体积有关，可以通过改变 V_s 来改变分配比. 我们知道，组分的分离最终决定于组分在两相间的相对量，而不是相对浓度，因此分配比 k 是衡量分离体系对组分分离能力的重要参数.

容量因子 k 值可以直接从色谱图测得，即

$$k=\frac{t_r-t_o}{t_o}=\frac{t_r'}{t_o}=\frac{V_r'}{V_o} \tag{17.14}$$

(2) 容量因子 k 与分配系数 K 的关系：

联合式(17.1)和(17.13)两式，有

$$K=\frac{C_s}{C_m}=\frac{m_s/V_s}{m_m/V_m}=k\cdot\frac{V_m}{V_s}=k\cdot\beta$$

$$k=\frac{m_s}{m_m}=K\frac{V_s}{V_m} \tag{17.15}$$

式中，V_s 为固体相的“有效体积”. 它在不同类型的色谱中有不同的含义，在分配色谱，V_s 系指固定液的体积；在吸附色谱中 V_s 是指吸附剂的表面积；在离子交换色谱中则为离子交换剂的交换容量；在凝胶色谱中为多孔固定相的孔容量. V_m/V_s 又称为相比(β)，它反映色谱柱柱型的特征.

(3) 保留比 R_s 与容量因子 k 的关系

组分在柱内移动的快慢可用相对于流动相在柱内移动线性速度来表示，即

$$R_s=\frac{u_s}{u} \tag{17.16}$$

式中：u 为流动相线速度；u_s 为组分在柱内的线速度；称为保留比，由式(17.6)和式(17.7)，可得

$$R_s=t_o/t_r \tag{17.17}$$

保留比 R_s 亦称为滞留因子.

保留比 R_s 的大小反映出该组分在流动相的分配比例数. 例如，不被固定相滞留组分的 R_s 值为 1，即该组分 100%分配在流动相中. 用组分在流动相的分配比例数表示，保留比可表示为

$$R_s=\frac{m_m}{m_s+m_m}=\frac{1}{k+1} \tag{17.18}$$

(4) 容量因子 k、分配系数 K 与选择因子 α 的关系

由式(17.12),式(17.14)和式(17.15),两组分的选择因子可用下式表示:

$$\alpha = \frac{t'_{r(2)}}{t'_{r(1)}} = \frac{k_{(2)}}{k_{(1)}} = \frac{K_{(2)}}{K_{(1)}} \tag{17.19}$$

该式表明,选择因子 α 把实验测量值与热力学性质的分配系数 K 联系在一起. 选择因子对固定相的分离能力具有实际意义,当两组分的分配比或分配系数相等时,则 $\alpha=1$,说明两组分的色谱峰重合. 两组分的 k 或 K 相差越大,则分离得越好. 因此,两组分具有不同的分配系数是色谱分离的先决条件.

(5) 保留方程

由式(17.14)和式(17.15),可以得出

$$t'_r = t_o k = t_o K \frac{V_s}{V_m}$$

$$t_r = t_o\left(1 + K\frac{V_s}{V_m}\right) \tag{17.20}$$

式(17.20)称为保留方程,是色谱分析的基本公式之一. 该式表明,在色谱柱确定之后,固定相和流动相的体积都为定值,组分的保留时间只取决于组分的分配系数,分配系数越大的组分在色谱柱中滞留时间越长.

§17.3　塔板理论

§17.3.1　塔板理论的基本假设

塔板理论把色谱柱类比为精馏塔,沿用精馏塔中的塔板概念和方法来处理色谱分离过程. 塔板理论解释了为什么流出曲线呈高斯正态分布,论证了保留值与分配比的关系,引入了理论塔板数作为分离柱效率(简称柱效)的衡量指标.

根据精馏塔分馏的过程,塔板理论对色谱柱的分离过程作了相应的假设:

(1) 色谱柱由完全相同不连续的体积单元组成,每个体积单元为一个理论塔板.

(2) 所有的组分开始都存在于第 0 号塔板中,忽略塔板之间的纵向分子扩散.

(3) 每一块塔板中的流动相的空间为塔板体积(ΔV_m),流动相从柱头以一个个 ΔV_m 为单位脉冲式的注入.

(4) 前一塔板中的流动相进入下一塔板中后,组分在塔板的分配立即达到平衡.

(5) 分配系数在每一个塔板中都为常数,与组分的浓度无关,即分配等温线为直线型.

§17.3.2　流出曲线方程

根据以上的假设，在色谱分离过程中，被分离的组分在各塔板中的分配可计算如下：

假设色谱柱是由 5 块塔板($n=5$，n 为柱子的塔板数)组成，并以 r 表示塔板编号，$r=0,1,2,\cdots n-1$；某组分的分配比 $k=1$.

开始时，单位质量，$m=1$(1mg 或 1μg)的某组分加到第 0 号塔板上，分配平衡后，由于 $k=1$，则 $m_s=m_m$，所以 $m_s=m_m=0.5$. 当一份塔板体积($1\Delta V_m$)的流动相进入 0 号塔板时，将流动相携带所含的组分进入第 1 号塔板上，此时 0 号塔板中固定相中 m_s部分组分及 1 号塔板流动相中的 m_m部分组分，将各自在两相间重新分配. 故 0 号塔板所含组分总量为 0.5，其中两相各为 0.25；而 1 号塔板所含组分总量同样为 0.5，其中在两相中的分配亦各为 0.25. 以后每当一个新的塔板体积的流动相脉动进入色谱柱时，上述过程就重复一次，如下表所示.

塔板号		0	1	2	3
进样	m_m/m_s	$\frac{0.5}{0.5}$			
进流动相 $1\Delta V_m$	m_m/m_s	$\frac{0.25}{0.25}$	$\frac{0.25}{0.25}$		
进流动相 $2\Delta V_m$	m_m/m_s	$\frac{0.125}{0.125}$	$\frac{0.125+0.125}{0.125+0.125}$	$\frac{0.125}{0.125}$	
进流动相 $3\Delta V_m$	m_m/m_s	$\frac{0.063}{0.063}$	$\frac{0.063+0.125}{0.125+0.063}$	$\frac{0.125+0.063}{0.063+0.125}$	$\frac{0.063}{0.063}$

按着上述分配过程，对于塔板数 $n=5$，$k=1$(即 $p=0.5$，$q=0.5$)，$m=1$(m 为组分量)的体系，随着脉动进入色谱柱的流动相体积的增加，组分分布在柱的各塔板内的总量见表 17.2.

经过 N 次转移后，被分离的组分分配在各塔板中的组分含量符合$(m_s+m_m)^N$二项式分布. 如 $N=4$，$k=1$ 时，展开式为

$$m_s^4+4m_s^3m_m+6m_s^2m_m^2+4m_sm_m^3+m_m^4$$

对于各塔板上的组分分布计算得：0.063，0.25，0.375，0.25，0.063，由二项式展开的值与表 17.2 一致. 在二项式展开式的各项中，m_s的指数从 $N,N-1,\cdots$依次递减为 0，m_m的指数依次从 $0,1,\cdots$增至 N. 二项式展开式各项的系数可看作权重系数. 居中各项的系数随 N 的增大而剧烈增大，如 $N=15$，二项式展开后共有 16 项，各项系数为：1，15，105，455，1365，3003，5005，6432，6432，5005，3003，1365，455，105，15，1. 展开次数越多居中各项的权重系数越大.

表 17.2　组分在 $n=5,k=1,m=1$ 柱内任一板上分配表

分配 \ 塔板号 r / 载气板体积数 N	0	1	2	3	4	柱出口
$N=0$	1	0	0	0	0	0
1	0.5	0.5	0	0	0	0
2	0.25	0.5	0.25	0	0	0
3	0.125	0.375	0.375	0.125	0	0
4	0.063	0.25	0.375	0.25	0.063	0
5	0.032	0.157	0.313	0.313	0.157	0.032
6	0.016	0.095	0.235	0.313	0.235	0.079
7	0.008	0.056	0.165	0.274	0.274	0.118
8	0.004	0.032	0.111	0.22	0.274	0.138
9	0.002	0.018	0.072	0.166	0.247	0.138
10	0.001	0.010	0.045	0.094	0.207	0.124
11	0	0.005	0.028	0.070	0.151	0.104
12	0	0.002	0.016	0.049	0.110	0.076
13	0	0.001	0.010	0.033	0.08	0.056
14	0	0	0.005	0.022	0.057	0.040
15	0	0	0.002	0.014	0.040	0.028
16	0	0	0.001	0.008	0.027	0.020

以注入流动相的塔板体积数 N 为横坐标，以流出的组分的分数 x 为纵坐标，可得图 17.3 的流出曲线图. 由图 17.3 可以看出，流出曲线呈峰形，但不对称，这是因为色谱柱的塔板数太少. 当 $n>50$ 时，就可以得到对称的峰形曲线. 从理论上来说，当 n 足够地大，二项式分布完全可以用正态分布来表示，此时分配比及前沿和后沿流动相的组分的平衡次数的差别对流出曲线的影响甚小. n 越大，流出曲线越趋于正态分布.

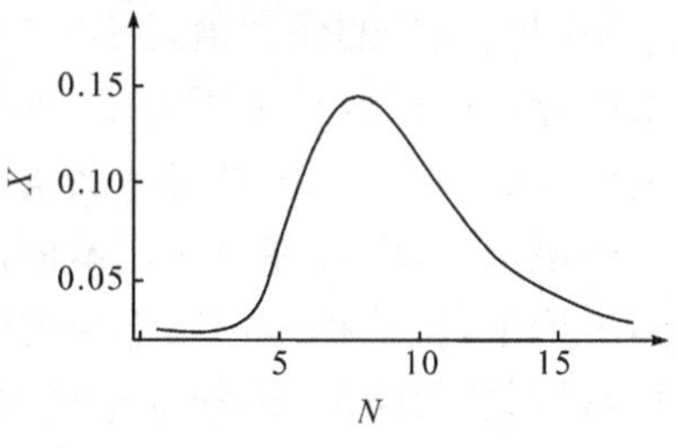

图 17.3　组分从 $n=5$ 柱中的流出曲线

塔板理论导出的流出曲线的另一表达式为

$$C=\frac{\sqrt{n}m}{\sqrt{2\pi}V_r}\cdot\exp\left[-\frac{n}{2}\left(1-\frac{V}{V_r}\right)^2\right] \tag{17.21}$$

式中：m 为组分的质量；V_r为保留体积；V 为从色谱柱流出的流动相体积；n 为理论塔板数；C 为流出液中组分的浓度. 当 $V=V_r$时，浓度最大，即

$$C_{max}=\frac{\sqrt{n}m}{\sqrt{2\pi}V_r} \tag{17.22}$$

式中，C_{max}为流出曲线的峰高；可见，峰高正比于组分进样量 m.

§17.3.3 塔板数

色谱柱的柱效主要通过塔板数来衡量，塔板数越多，表示色谱柱的分离能力越强. 从理论上可推导出理论塔板数 n 与保留时间、半峰宽和峰底宽的关系：

$$n=5.54\left(\frac{t_r}{W_{1/2}}\right)^2=16\left(\frac{t_r}{W}\right)^2 \tag{17.23}$$

从而求得理论塔板高度 H，即

$$H=\frac{L}{n} \tag{17.24}$$

式中，L 为色谱柱长度，由式(17.23)和式(17.24)可以看出，色谱峰越窄，塔板数就越多，理论塔板的高度 H 就越小，柱效越高. 塔板数 n 和理论塔板高度 H 是描述柱效的指标.

由于 t_o(死时间)与各组分和固定相相互作用无关，应从保留值 t_r中扣除，用t_r'才能充分反映色谱柱的效能. 用 t_r'代替 t_r后，计算出来的塔板数称为有效塔板数 n_{eff}；计算出的塔板高度称为有效塔板高度 H_{eff}.

$$n_{eff}=5.54\left(\frac{t_r'}{W_{1/2}}\right)=16\left(\frac{t_r'}{W}\right)^2 \tag{17.25}$$

$$H_{eff}=\frac{L}{n_{eff}} \tag{17.26}$$

不同的组分的保留值是不同的，同一根色谱柱在同一条件下，采用不同组分的保留值计算塔板数和塔板高度，其结果显然是不同的. 因此，在用塔板数和塔板高度说明柱效时，应注明是对什么组分而言.

应该指出，塔板理论的基本假设是不符合色谱柱的实际分离过程的. 在实际的分离过程中，流动相是连续不断的注进柱内的，各组分的纵向扩散也影响色谱峰的扩宽，是不能忽略的. 塔板理论提出了计算和评价柱效的参数，却不能解释其影响因素，也不能说明在不同的流速下，所求出的理论塔板数为何不同，因而塔板理论的应用受到了限制.

§ 17.4　速率理论

从本质上讲,塔板理论的缺陷在于忽视了组分分子在两相中的扩散和传质的动力学过程. 荷兰学者范第姆特(Van Deemter)等针对塔板理论的缺陷,提出了色谱柱动力理论:速率理论. 他们吸收了塔板理论板高的概念,充分考虑到组分在达到分配平衡的实际速率,即充分考虑组分在两相的扩散传质过程,从而较好地从动力学基础上解释影响板高的各种因素. 该理论对气相和液相色谱柱都适用.

速率理论指出,色谱峰扩宽受三个动力因素的控制,它们分别为涡流扩散、分子扩散和传质阻力,用板高方程表示为

$$H = A + \frac{B}{u} + Cu \tag{17.27}$$

式中:u 为流动相的平均线速;常数 A,B,C 分别代表涡流扩散项系数、分子扩散项系数和传质阻力项系数. 该式表明,在流动相的平均线速 u 一定时,只有 A,B,C 较小时,H 才能小,柱效才会高. 反之色谱峰将扩宽、色谱柱的柱效将下降.

§ 17.4.1　涡流扩散项 A

在填充色谱柱中,固定相为细小的颗粒状填充物,它们在柱内的排列不是有规则的,当流动相通过细小颗粒之间不规则的空隙时,其流动方向不断改变,使组分分子在前进中要经过颗粒之间的"缝"(两颗粒之间的间隙)和"穴"(多颗粒之间的间隙),因而形成紊乱的类似'涡流'的流动,故称为涡流扩散. 组分分子在柱中的涡流扩散如图 17.4 所示.

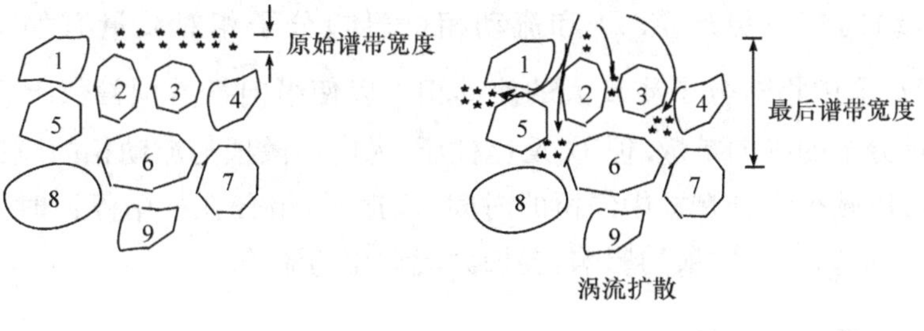

图 17.4　色谱柱中涡流扩散

由于填充物颗粒的形状各异、大小不同以及填充的松紧不均匀,使组分中的不同分子在柱中经过的通道的宽窄和长度各不相同,使其在柱中的停留时间各不相同,引起了色谱峰变宽. 色谱峰因此而变宽的程度可表示为

$$A = 2\lambda d_p \qquad (17.28a)$$

式中：d_p为填充物颗粒的平均直径；λ 为不规则因子. 涡流扩散项 A 与 d_p和 λ 有关，与流动相的性质、线速度和组分的性质无关. 要减少涡流扩散来提高柱效，应采用细小而均匀的填料，填充松紧必须均匀一致. 空心毛细管不存在涡流扩散，即 $A=0$.

§17.4.2　分子扩散项 B/u(纵向扩散项)

纵向扩散的动力来自组分在流动相中的浓度梯度. 流动相中组分浓度较高的部分将向浓度较低的部分扩散. 组分注入柱头时，其浓度分布如图 17.5 所示. 开始，组分在柱头分布非常集中，随着流动相的移动，集中分布的组分必须自发地沿浓度梯度分布的方向朝前和向后扩散，造成谱带扩宽. 分子扩散项系数为

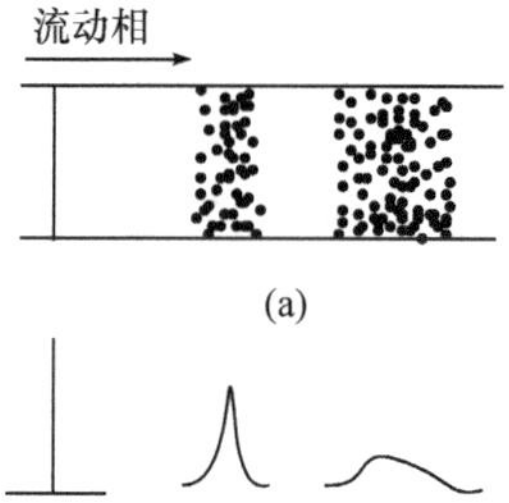

图 17.5　纵向分子扩散谱带扩宽
(a)柱内谱带；(b)响应信号.

$$B = 2\gamma D_g \qquad (17.28b)$$

式中，γ 是填充内流动相扩散路径的弯曲因素，亦称弯曲因子，反映了固体相颗粒的几何形状对分子扩散的阻碍情况，一般小于 1. D_g为组分在流动相的扩散系数($cm^2 \cdot s^{-1}$)，D_g与许多因素有关，首先与流动相的性质密切相关. 在液相色谱中，液体的黏度比气体要大得多，其 D_g比气相色谱中的要小 10^5倍. 因此，在液相色谱中组分的纵向扩散较小，一般可以忽略. 在气相色谱中，组分的纵向扩散较严重，用氢气作流动相，纵向扩散更严重. D_g 和流动相(气体)分子相对质量有如下的关系：$D_g \propto 1/\sqrt{M}$. 采用相对分子质量大的流动相可以使纵向扩散项常数 B 降低. 柱温升高将加重分子的纵向扩散. 但 D_g反比柱压. 纵向扩散项与流动相的流速成反比，增大流速可以减小组分在柱中停留的时间，流速慢，组分在柱中停留时间长，纵向扩散就大. 降低纵向扩散项的影响，要加大流动相的流速.

§17.4.3　传质阻力项 Cu

色谱分离是基于组分在流动相和固定相的分配比的差异. 组分在两相之间的分配是一个动态平衡过程，如图 17.6 所示. 组分从流动相进入固定相不是瞬时完成的，流动相中不同部位的组分分子也不可能以同等概率进入固定相. 组分分子从固定相返回流动相也需一定的时间，这种传质过程的速率大小将影响色谱峰扩展

的程度. 传质阻力是指传质速率对色谱柱柱效的影响.

传质速率受到两相界面的动力学速率的控制. 气相色谱的气体为流动相，液相色谱以液体为流动相，它们的传质过程不完全相同.

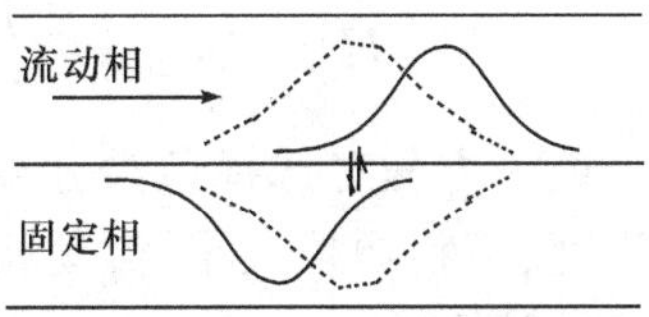

图 17.6　局部非平衡使谱带扩宽
虚线为平衡浓度(谱带中心)；
实线为实际浓度.

1. 气-液色谱的传质阻力系数

气-液色谱的流动相是气体，固定相是附着在惰性载体颗粒表面的一层液体. 传质阻力系数 C 包括气相传质过程中的阻力系数 C_g 和液相传质过程中的阻力系数 C_l.

气相传质过程是指组分的分子从气相移动到固定相表面的过程，在这一过程中，组分将在两相之间进行质量交换，即进行浓度分配. 有的组分分子来不及进入两相界面，就随气相继续向前移动，有的进入界面. 而在界面中的组分分子有的来不及返回气相，仍滞留在液相中，有的则进入气相被带走. 这样，相对理想的平衡状态而言，该进入液相的来不及进入液相，该返回气相的来不及返回. 在两个界面上不能在瞬时达到平衡，引起了滞后现象，从而引起色谱变宽，对填充柱，气相传质阻力系数 C_g 为

$$C_g = \frac{0.01k^2}{(1+k)^2} \cdot \frac{d_p^2}{D_g} \tag{17.28c}$$

式中：d_p 为填充颗粒的平均直径；D_g 为组分在载气流中的扩散系数；k 为容量因子. 采用粒度小的填充物和相对分子质量小的气体作流动相，可以减小 C_g，提高柱效.

液相传质过程是组分分子从两相界面移动到液相的内部，或从液相内部移动到界面，达到分配平衡的传质过程. 这一过程也需要一定的时间，在此时间内，气相中组分分子仍随气相继续移动，于是造成峰的扩展. 液相传质阻力系数为

$$C_l = \frac{2}{3} \cdot \frac{k}{(1+k)^2} \cdot \frac{d_f^2}{D_l} \tag{17.28d}$$

式中：d_f 为固定相液膜的厚度；D_l 为组分分子在液相中的扩散系数. 降低附着在填充颗粒表面的固定液的量可以降低液膜的厚度，但容量因子 k 也随之变小；而 k 的变小又会使 C_l 增大. D_r 减小可使 C_l 变小，在固定液一定时，液膜厚度将随载体颗粒的比表面(单位体积载体颗粒的总表面)增加而降低. 因此，一般采用比表面较大的载体来降低液膜厚度. 载体的比表面不能太大，载体的比表面太大，有可能使惰性载体演变为活性载体，活性载体的吸附作用将造成拖尾峰，不利于分离. 提高柱温可以增大 D_l，但是 k 值也随之减小. 为了保持适当的 C_l 值，应控制适宜的柱温.

将 A,B,C 代入式(17.27)，可得在范第姆特方程(色谱柱板高方程)：

$$H = 2\lambda d_p + \frac{2\gamma D_g}{u} + \left[\frac{0.01k^2}{(1+k)^2} \cdot \frac{d_p^2}{D_g} + \frac{2kd_f^2}{3(1+k)^2 D_l}\right]u \tag{17.29}$$

这一方程对选择色谱分离条件具有实际指导意义，它指明了色谱柱的填充均匀程度、填料颗粒大小、流动相的种类及移动速度、固体相液膜的厚度以及柱温等对柱效的影响.

2. 液相色谱的传质阻力系数(C)

液相色谱的流动相是液体，固定相是多孔性固体，它的传质阻力系数 C 包括液相传质阻力系数 C_m 和固相传质阻力系数 C_s. 其中 C_m 又包括两项：流动的流动相传质阻力和滞留的流动相传质阻力.

$$C_m = \frac{\omega_m \cdot d_p^2}{D_m} + \frac{\omega_{sm} d_p^2}{D_m} \tag{17.30}$$

式中，右边第一项为流动的流动相的传质阻力，这种阻力造成的峰的扩宽如图17.7所示. 当流动相经过柱内填充物时，流动相在界面附近的流速比路径中央的流速要慢，另一方面，液体分子运动速度比气体分子运动速度慢很多，因此组分的分子也随流动相的不均匀流动向前移动. 不能像气体分子那样由于分子运动而偏离流动相的流动方向. 同时，离固定相界面越近的液相中的组分分子越容易扩散到界面进行质量交换，从而使流动相在路径中央的组分浓度大于在路径边缘的组分浓度，造成谱峰的扩宽. 这种传质阻力对板高的影响与固定相粒度 d_p 的平方成正比，与组分分子在流动相中的扩散系数 D_m 成反比. ω_m 是常数，由填料的性质和填充柱的性质所决定的因子.

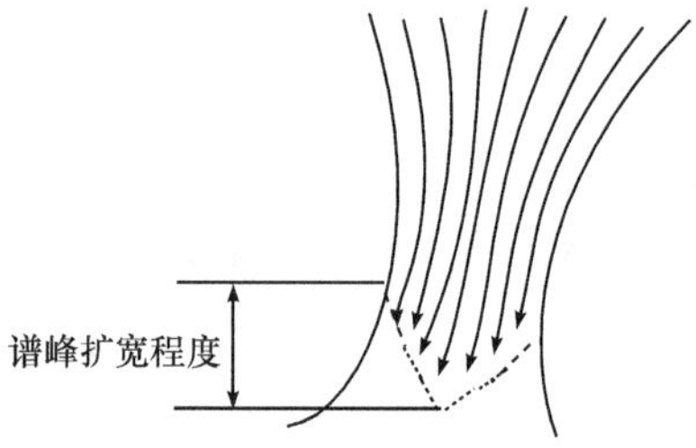

图 17.7　流动区域中流动相的传质阻力

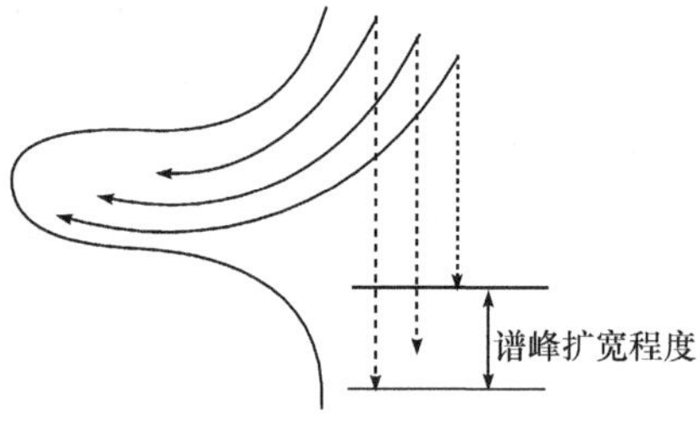

图 17.8　流动相滞留区域的传质阻力

式(17.30)右边第二项为滞留的流动相的传质阻力. 如图 17.8 所示. 这是由于夥粒状填料使部分流动相滞留在一些局部，这部分滞留的流动相的液体一般是不随流动相而移动的. 流动相经过这部分液体时，流动相中的组分分子不能与固定相直接进行质量交换，传质速率显然要慢，从而造成了谱峰加宽. 式中 ω_{ms} 也是一常数，它与滞留的流动相空间结构及所占的体积分数和固定相的容量因子有关.

综合上述分析，要降低液相传质阻力系数就要求色谱柱的固定相填料颗粒尽可能的细小而均匀，微粒的孔径要大，色谱柱的填充要致密，这样才能增大比表面，使流动相和固定相接触面积增大，流动相流通的路径细小而均匀，滞留的流动相所占的体积分数尽可能小，从而达到提高传质速率的目的. 高效液相色谱的固定相设计就是基于这一考虑.

固定相传质阻力系数 C_s 可表示为

$$C_s = \frac{\omega_s d_f^2}{D_s} \tag{17.31}$$

式中，d_f 为固定相颗粒表面上的一层液膜的厚度；D_s 为组分在液膜内扩散系数. ω_s 是与容量因子 k 有关的常数.

对液-液色谱来说，范第姆特方程式可表达为

$$H = 2\lambda d_p + \frac{2\gamma D_m}{u} + \left(\frac{\omega_m d_p^2}{D_m} + \frac{\omega_{sm} d_p^2}{D_m} + \frac{\omega_s d_f^2}{D_s}\right)u \tag{17.32}$$

式(17.32)与气液色谱速率方程式(17.29)基本一致，主要差别在于传质阻力项. 对液-液色谱来说，影响柱效的主要因素是传质阻力项.

§17.4.4　流动相线速度对板高的影响

以不同流速下测得的板高对流动相线速度作图，原则上可以得到如图 17.9 所示的 H-u 曲线. 该图较形象地表明：(1)涡流扩散与线速度无关；(2)在低流速区，纵向扩散占主导地位；(3)在高流速区，传质阻力占主要地位.

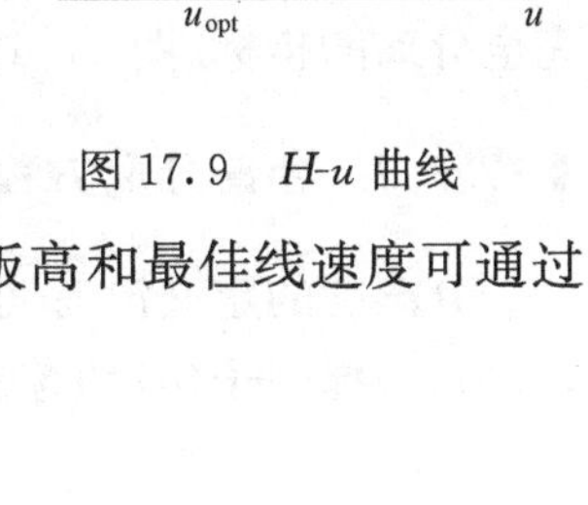

图 17.9　H-u 曲线

对气相色谱而言，当分子纵向扩散占主导地位时，应选择相对分子质量较大的 N_2，Ar 作为载气，使组分在流动相中有较小的扩散系数. 当传质阻力占主导地位时，需要提高质量交换速率，此时应选择相对分子质量小的 H_2，He 作载气，使组分具有较大的扩散系数. 这样才能提高柱效.

H-u 曲线有一最低点，该点对应的板高 H 值最小，其线速度为最佳线速度，此时可得最佳柱效. 最小的板高和最佳线速度可通过对式(17.27)微分，并令其等于零，求得

$$\frac{dH}{du} = -\frac{B}{u^2} + C = 0$$

$$u_{opt} = \sqrt{\frac{B}{C}} \tag{17.33}$$

$$H_{min} = A + 2\sqrt{BC} \tag{17.34}$$

范第姆特色谱方程对选择最佳分离条件具有普遍意义，表明了色谱柱填充的均匀程度、固定相粒度大小、流动相的种类和线速、固定相液膜的厚度以及柱温等对柱效的影响.

§17.5 分离度与基本色谱分离方程

§17.5.1 分离度

图 17.10 说明了柱效和选择性对分离的影响. 图中(a)表示两色谱峰距离近，且峰形宽、彼此重叠严重，表明柱效和选择性都不好. 图中(b)的色谱峰彼此相距较远，但峰形也很宽，表明选择性好，但柱效低. 图中(c)色谱峰距离虽小，但彼此不重叠，表明柱效很好，选择性满足分离的要求. 由此可见，单独用柱效或选择性不能反映组分分离的真实情况. 分离度是一个既能反映柱效又能反映分离选择性的指标.

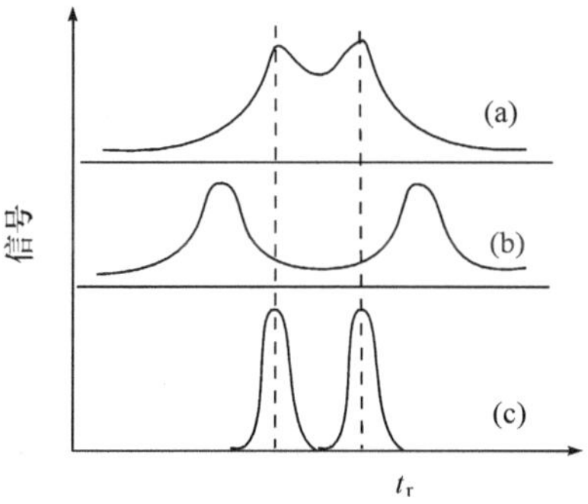

图 17.10 柱效和选择性对分离的影响

分离度 R 也称为分辨率，或称为分辨度，它定义为相邻两色谱峰的保留值之差与两峰底宽总和的一半的比值，即

$$R=\frac{t_{r_2}-t_{r_1}}{\frac{1}{2}(W_1+W_2)}=\frac{2(t_{r_2}-t_{r_1})}{W_1+W_2} \tag{17.35}$$

R 值越大，表明两相邻色谱峰分离得越好. $R=1$ 时，分离程度可达 98%，$R<1$，两峰有部分重叠，$R=1.5$ 时，分离程度可达 99.7%. 通常用 $R=1.5$ 作为相邻色谱峰完全分离的指标. 图 17.11 表示不同分离度的相邻色谱峰的分离程度.

§17.5.2 色谱分离方程

分离度的定义没有明显地反映出控制因素对它的影响. 实际上，分离度是受柱效(n)，选择因子(α)和容量因子(k)的控制，它们之间的关系可以表示为

$$R=\frac{\sqrt{n}}{4}\left(\frac{\alpha-1}{\alpha}\right)\left(\frac{k}{1+k}\right) \tag{17.36}$$

用有效理论塔板数 n_{eff} 代替理论塔板数 n，上式可改写为

$$R=\frac{\sqrt{n_{\mathrm{eff}}}}{4}\cdot\left(\frac{\alpha-1}{\alpha}\right) \tag{17.37}$$

式(17.36)和式(17.37)是基本色谱分离方程的不同表达式.

基本色谱分离方程式将柱效(理论塔板数 n)、选择因子 α 和分离度 R 三者的关系联系在一起,知道其中两个参数,就能计算出第三个参数. 例如,一根柱长 1m 的柱子,分离组分 1 和 2,得到一色谱图. 从色谱图数据获得死时间 $t_o=5\text{min}$,两组分的保留时间 $t_1=45\text{min}$,$t_2=49\text{min}$,半峰宽 $W_1=W_2=5\text{min}$,欲得到 $R=1.2$ 的分离度,有效塔抵数应为多少,色谱柱需要多长?

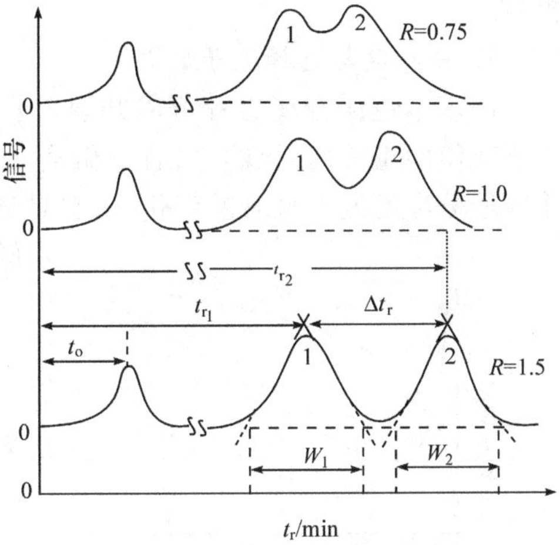

图 17.11　不同分离度时色谱峰的分离程度

首先求出选择因子(组分 2 对组分 1 的相对保留值)

$$\alpha=\frac{t_2'}{t_1'}=\frac{t_2-t_o}{t_1-t_o}=\frac{49-5}{45-5}=1.1$$

再据式(17.35)计算出分离度 R

$$R=\frac{49-45}{5}=0.8$$

最后据式(17.26)计算出 1m 长的柱子有效塔板数

$$n_{\text{eff}}=16\left(\frac{t_2'}{W}\right)^2=16\times\left(\frac{49-5}{5}\right)^2=1239$$

欲使分离度 R 达到 1.2,所需有效塔板数可据式(17.37)计算

$$n_{\text{eff}}=16\times R^2\times\left(\frac{\alpha}{\alpha-1}\right)^2=16\times1.2^2\left(\frac{1.1}{0.1}\right)^2=2788$$

因此,分离度达到 $R=1.2$ 所需柱长为

$$L=2788/1239=2.25(\text{m})$$

1. 分离度与柱效的关系

由式(17.36)可知,当固定相确定后,被分离的两组分相对保留值 α 一定,则分离度取决于理论塔板数 n. 这时,对于理论板高一定的柱子,分离度的平方与柱长成正比,即

$$\left(\frac{R_1}{R_2}\right)^2=\frac{n_1}{n_2}=\frac{L_1}{L_2}\tag{17.38}$$

上式说明,用较长的柱子可以提高分离度,但同时延长了分离时间. 所以,提高分离度的最好办法是降低塔板高度,一根性能优良的色谱分离柱,应具有较高的理论塔

板数.

2. 分离度与选择因子的关系

由基本色谱分离方程可以知道,当 $\alpha=1$ 时,$R=0$,这时,无论怎样提高柱效,也不能使两组分离.显然,只有 α 偏离 1 越大,选择性越好,研究表明,α 的微小变化能使分离度发生显著的变化.一般是通过改变流动相和固定相的性质和组成或降低柱温,可有效地增大 α 值.

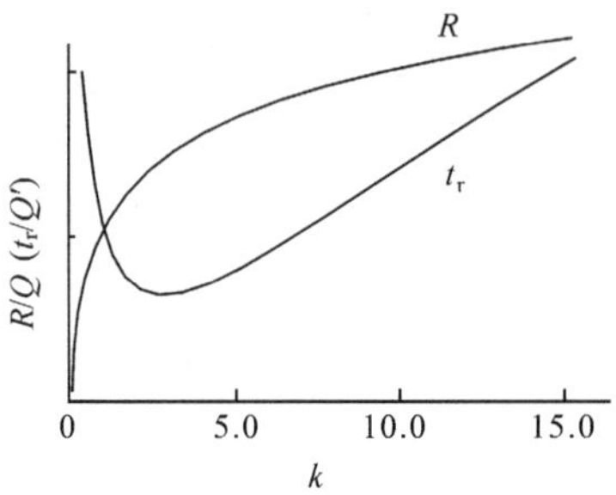

图 17.12　R/Q-k 的关系曲线

3. 分离度与容量因子的关系

如果设 $Q=\frac{\sqrt{n}}{4}\left(\frac{\alpha-1}{\alpha}\right)$,则式(17.36)可改写为

$$R=Q\cdot\frac{k}{1+k} \tag{17.39}$$

图 17.12 为 R/Q-k 的关系曲线,该图说明,当 $k>10$ 时,随容量因子增大,分离度的变化出现平台,表明 R 的改善是有限的.一般选择 k 值为 2～10 最宜.对气相色谱,可通过提高柱温来选择适宜的 k 值.而对液相色谱来说,通常是改变流动相的性质来控制 k 值.图 17.13 表明流动相的组成对色谱分离的影响.

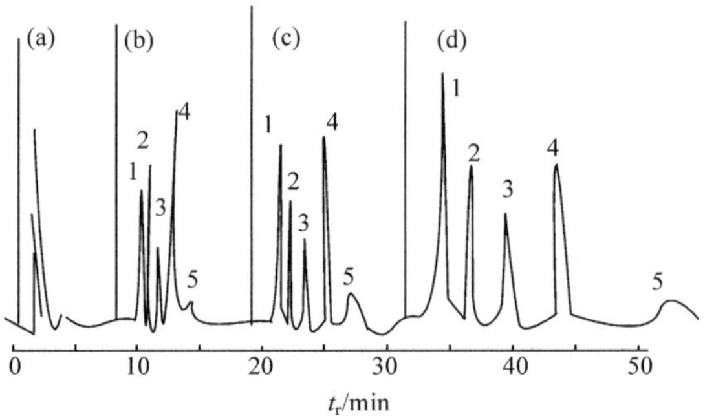

图 17.13　流动相的组成对色谱分离的影响

(a)70%甲醇,30%水;(b)60%甲醇,40%水;

(c) 50%甲醇,50%水;(d) 40%甲醇,60%水.

峰:1. 9,10-蒽醌;2. 2-甲基-9,10-蒽醌;

3. 2-乙基-9,10-蒽醌;

4. 1,4-二甲基-9,10-蒽醌;

5. 2-特丁基-9,10-蒽醌.

4. 分离度和分离时间的关系

分离时间与分离度及其他因素的关系如下式：

$$t_{\mathrm{r}}=\frac{16R^{2}H}{u}\left(\frac{\alpha}{1-\alpha}\right)^{2}\frac{(1+k)^{3}}{k^{2}} \tag{17.40}$$

设

$$Q'=\frac{16R^{2}H}{u}\left(\frac{\alpha}{1-\alpha}\right)^{2}$$

则

$$t_{\mathrm{r}}=Q'\frac{(1+k)^{3}}{k^{2}} \tag{17.41}$$

由图 17.12 中 t_{r}/Q'-k 关系曲线可以看出，当 $k=2\sim5$ 时，可以较短的时间取得较好的分离度.

参 考 文 献

［1］ 方惠群，史坚. 仪器分析原理. 南京：南京大学出版社，1994

［2］ 北京大学化学系 仪器分析教学组. 仪器分析教程. 北京：北京大学出版社，1997

［3］ 赵藻藩，周性尧，张悟铭，赵文宽. 仪器分析. 北京：高等教育出版社，1990

［4］ Robert D Braun 著，北京大学化学系，清华大学分析中心，南开大学测试中心译. 最新仪器分析技术全书. 北京：化学工业出版社，1990

［5］ 赵瑶兴，孙祥玉. 光谱解析与有机结构鉴定. 合肥：中国科技大学出版社，1992

习题与思考题

习　题

1. 色谱图上的色谱峰流出曲线能说明什么问题？
2. 在色谱分析中，实验室之间可通用的定性参数是什么？
3. 在色谱峰流出曲线上，两峰之间的距离决定于相应两组分在两相间的分配系数还是扩散速度？为什么？
4. 反映色谱柱柱型特性的参数是：(1)分配系数；(2)分配比；(3)相比；(4)保留值.
5. 指出下列哪些参数的改变会引起相对保留值的增加，为什么？(1) 柱长增加；(2)相比增加；(3)降低柱温；(4)降低流动相速度.
6. 对某一组分来说，在一定的柱长下，色谱峰的宽窄主要决定于组分在色谱柱中的
   (1) 保留值；(2)扩散速度；(3)分配比；(4)理论塔板数.
7. 衡量色谱柱柱效能的指标是什么？衡量色谱柱选择性的指标是什么？
8. 柱效能和柱的分离度有什么区别和联系？
9. 在某气液色谱柱上组分 A 流出需 15.0min，组分 B 流出需 25.0min，而不溶于固定相的物质 C 流出需 2.0min. 问：
   (1) 组分 B 相对于组分 A 的相对保留时间是多少？

(2) 组分 A 相对于组分 B 的相对保留时间是多少？

(3) 组分 A 在柱中的容量因子是多少？

10. 在一根长 3m 的色谱柱上分离二组分，得到的调整保留时间分别为 13 min 和 16 min，而且后者的基线宽度为 1 min. 如果使二组分的分离度达 1.5，应用多长的色谱柱？

11. 有 A，B 两组分，其调整保留时间分别为 62s 和 71.3s，要使 A，B 两组分完全分离，所需要的有效塔板数是多少？如果有效塔板高度为 0.2cm，应用多长的色谱柱？

12. 已知 A，B 两组分的分配系数分别为 8.8 和 10，当它们通过相比 $\beta=90$ 的填充柱时，能否达到基本分离？为什么？（基本分离时的分离度为 1）

13. 用气相色谱进行分离时，当两峰分离达 98%时，要求分离度至少为多少？

14. 在一根理论塔板数为 8100 块的色谱柱上，异辛烷和正辛烷的调整保留时间分别为 800s 和 815s，设$\{(k+1)/k\}\approx 1$. 试问：

(1) 上述两组分在此柱子上的分辨率是多少？

(2) 调整保留时间不变，当分辨率为 1.00 和 1.5 时，所需要的有效塔板数各是多少？

15. 在某色谱分析中得到如下数据：保留时间为 5.0min，死时间为 1.0min，液相体积为 $2.0cm^3$，柱出口载气流速为 $50cm^3 \cdot min^{-1}$. 试计算：

(1) 容量因子；(2) 死体积；(3) 分配系数；(4) 保留体积.

16. 长度相等的两根色谱柱，其范第姆特方程常数如下：

	A	B	C
柱子 1	0.18cm	$0.40cm^2/s$	0.24s
柱子 2	0.05cm	$0.50cm^2/s$	0.10s

(1) 如果载气流速为 0.50cm/s，那么，这两根柱子给出的理论塔板数哪个大？

(2) 柱子 1 的最佳流速是多少？

17. 当色谱柱温为 150℃时，其范第姆特方程常数为 $A=0.08cm$，$B=0.15cm^2/s$，$C=0.03s$，这根柱子的最佳流速是多少？所对应的最小塔板高度是多少？

18. 在气相色谱分析中，实验室之间可通用的定性参数是什么？

19. 一色谱图中有六个色谱峰，从进样开始量计记录纸的距离(cm)，各谱峰位距离为

空气	正己烷	环己烷	正庚烷	甲苯	正辛烷
2.2	8.3	14.6	15.9	18.7	31.5

计算甲苯和正辛烷的保留指数.

20. 解释下列名词：

响应信号；相对响应值；绝对校正因子；相对校正因子；归一化法.

21. 相对校正因子和柱操作条件有关吗？为什么？相对校正因子是无量纲量，为什么它的数值又和计量单位有关？

22. 采用等体积进样，已知 CO_2 气体的体积分数为 80%，40%，20%的色谱峰高分别为 100mm，50mm，25mm，现一等体积样品的 CO_2 的峰高为 75mm，此样品中的 CO_2 气体的体积分数为多少？

思考题

1. 根据保留比 R_s 和分配比 k 的定义证明

$$R_s = \frac{t_o}{t_r} = \frac{1}{1+k}$$

2. 试证明理论塔板数(n_L)和有效塔板数(n_{eff})的关系式为

$$n_L = \left(\frac{1+k}{k}\right)^2 \cdot n_{eff}$$

第 18 章　色谱类分析仪[1~5]

色谱类分析仪包括：气相色谱仪(GC)和各种液相色谱仪(LC). 所谓各种液相色谱仪是指纸色谱、薄层色谱及各种液相柱色谱等. 近年来，液相柱色谱采用颗粒十分细的高效固定相，并采用高压泵输送流动相，全部操作仪器化. 这种新的色谱法称为高效液相色谱法，所使用的仪器则为高效液相色谱仪(HPLC). 本章主要介绍 GC 仪和 HPLC 仪.

色谱仪是以分离为主的分析仪器，虽然分离时气、液试样有差异，不同的色谱仪的结构组成有独自的要求与特点，但各种色谱仪的结构原理基本相同：

试样传输系统 ⟶ 进样系统 ⟶ 分离系统(分离柱) ⟶ 检测系统

§18.1　仪器结构

§18.1.1　试样传输系统

色谱的试样传输系统的作用是传输流动相，无论是气体流动相还是液体流动相，在分离分析过程中，保证流动相流速稳定是基本的. 由于气、液流动相的个体差异，试样传输系统的结构各不相同.

1. GC 仪的试样传输系统

图 18.1 为 GC 仪的结构示意. 图 18.1(1)是单柱单气路 GC 结构，是一种恒温分析；图 18.1(2)是双柱双气路 GC 结构，可进行程序升温，能补偿固定液的流失并使基线稳定，目前多数 GC 仪采用此结构.

GC 试样传输系统的主要辅助装置是净化装置和稳压恒流装置. 净化装置用来提高载气的纯度. 主要用活性炭、硅胶、分子筛、105 催化剂等净化剂，分别除去载气烃类杂质、水分、氧气等. 稳压恒流装置保证载气流速在 30～100mL/min，变化波动<1%.

2. HPLC 仪的试样传输系统

在 HPLC 中，固定相的颗粒十分细，流动相为具有一定黏度的液体，因此要使流动相以一定的流速通过色谱柱，必须配备高压输液系统. 高压输液系统由储液罐、高压泵、过滤器、压力脉动阻力器等组成，如图 18.2 所示的 HPLC 仪的结构中，高压泵是主要部件之一.

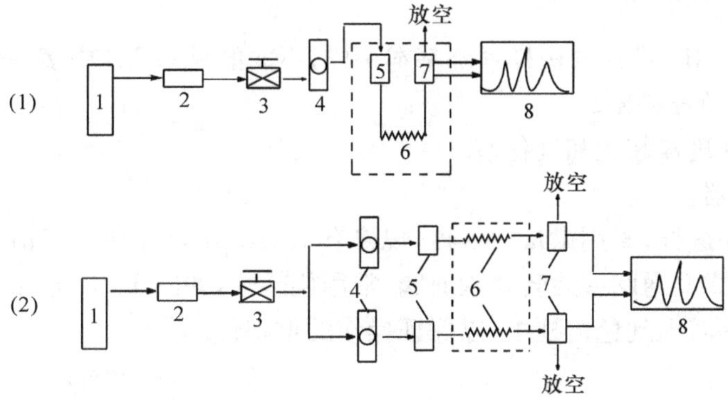

图 18.1　气相色谱仪结构示意图

(1)单柱单气路；(2)双柱双气路；虚线为恒温区域.

1. 气瓶；2. 净化器；3. 气体调节阀；4. 转子流速计；5. 气化室；6. 色谱柱；7. 检测器；8. 放大记录.

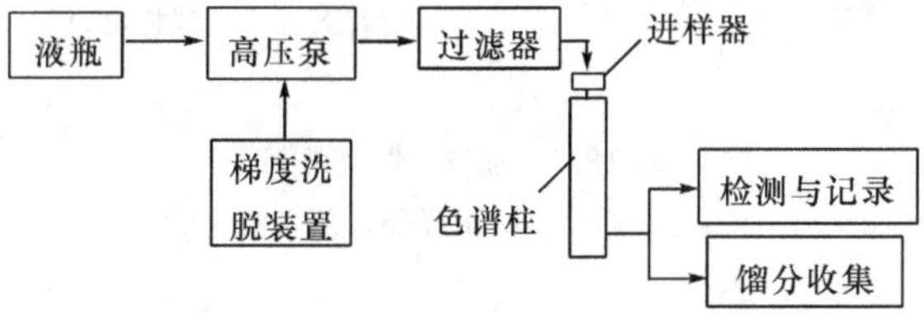

图 18.2　高效液相色谱仪结构示意图

HPLC 仪的高压泵应具有以下性能：

(1)有足够的压力，使流动相能顺利通过色谱柱，通常其压力范围为 250～400kg/cm^2；

(2)输出量恒定，其精度应在 1%～2%之间；

(3)流动相的流量可调，对分析色谱一般为 3mL/min，制备色谱为 10～20 mL/min；

(4)压力平稳，脉动小.

常用高压泵分恒流泵和恒压泵两种. 恒流泵在操作条件下，输出流量保持恒定，而与色谱柱引起的阻力变化无关. 恒压泵能保持输出压力恒定，而流量随色谱系统阻力变化而定，这导致保留时间的重现性差，所以目前较少使用. 恒流泵又分机械注射泵和机械往复泵，应用较多的为机械往复泵.

§18.1.2 进样系统

GC 仪和 HPLC 仪的进样系统基本一样，不同的是 GC 仪中多一个气化室.

1. GC 仪的进样系统

进样包括进样装置和气化室.

(1)进样器

液体样品进样，采用微量注射器，规格有 1μL，5μL，10μL 和 50μL. 气体样品进样，采用推拉式六通阀或旋转式六通阀，常用旋转式，如图 18.3 所示. 进样应快速、准确地将样品转入到色谱柱中，以保证操作的重现性.

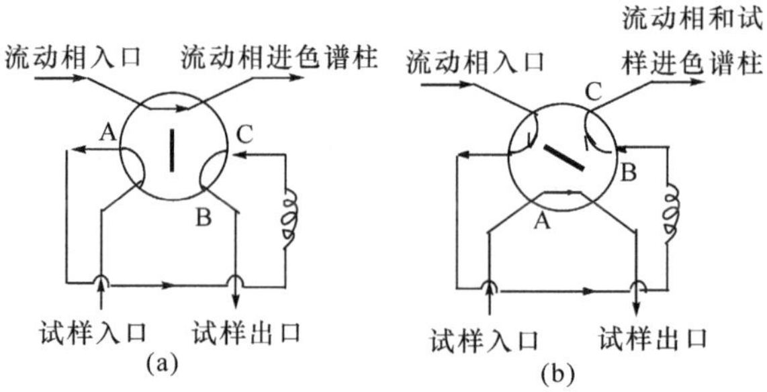

图 18.3 旋转式六通阀

(a)取样位；(b)试样导入色谱柱.

(2)气化室

将液体样品气化的装置，由一金属块制成. 要求气化室的死体积尽可能的小，其热容量要大，温度足够高，而且无催化效应，保证样品在瞬间气化，且不分解，并迅速进入柱头，尽量减小柱前谱带扩宽.

2. HPLC 仪的进样系统

进样是高效液相色谱柱前展宽的主要因素之一. 因此 HPLC 对进样技术要求很严. 常用进样方式与 GC 仪一样：

(1)注射进样

在色谱柱顶端装有耐压弹性隔膜，进样只能在低压或停流状态下进行，用微量注射器刺穿隔膜将试样注入色谱柱. 其优点是装置简单价廉，死体积小，柱效高. 缺点是进样量小，易漏液，重现性差.

(2)高压六通阀进样

高压六通阀的结构完全与气相色谱中所采用的六通阀相同. 进样量准确，重现性好. 能在高压状态进样，易于自动化. 缺点容易造成谱峰柱前扩宽.

§18.1.3　分离系统

分离系统即色谱柱，是色谱仪的核心部分.

1. GC 仪的分离系统

GC 色谱柱主要有两类：填充柱和毛细管柱.

(1)填充柱

填充柱由不锈钢或玻璃制成，内装固定相，管内径一般为 2～4mm，长度 1～10m，形状有 U 形和螺旋形，后者一般要求螺旋直径和内径之比为 15∶1 到25∶1.

(2)毛细管柱

毛细管柱为空心柱，可分为涂壁、多孔层和涂载体空心柱，呈螺旋形. 涂壁空心柱是将固定液均匀涂在内径为 0.1～0.5mm 的毛细管内壁而成，其材料可以是不锈钢、玻璃或石英. 毛细管柱渗透性好，传质阻力小，柱子可以长达几十米. 与填充柱相比，其分离效率高(理论塔板数可达 10^6)，样品用量少，分析速度快. 但柱容量低，要求检测器的灵敏度高，并且高质量的毛细管柱制备难.

色谱分离效率与柱长、柱径和柱形有关，此外还与所选用的固定相和柱填料的制作技术以及操作条件等因素有关.

2. HPLC 仪的分离系统

同 GC 一样，HPLC 仪的色谱柱包括柱管和固定相两部分. 柱管材料有玻璃、不锈钢、铝、铜以及内衬光滑的聚合材料的其他金属. 其中玻璃管耐压有限，采用优质不锈钢制作较为普遍. 一般色谱柱长 5～30cm，内径 4～5mm，凝胶色谱柱内径 3～12mm，而制备色谱柱内径则可达 25mm.

一般淋洗溶剂在进入色谱分离柱之前，先通过前置柱. 前置柱与分离柱都装填相同的固定相，淋洗溶剂通过前置柱后被柱中固定相饱和，这样在流经分离柱时不再洗脱柱中的固定相，保证分离柱的性能不受影响.

HPLC 柱的填料颗粒粒径一般约为 3～10μm，填充常采用匀浆法. 先将填料调成匀浆(一种悬浮液)，在高压泵的作用下，快速将其压入装有洗脱液的色谱柱中，经冲洗后，即可备用.

§18.1.4　检测系统

样品经色谱柱分离后，各组分按其不同的保留时间，顺序地进入检测器，检测器将其转化为电信号，并经放大传递给记录仪. 色谱中的检测器，一般要求其具有灵敏度高、噪声低、线性范围宽，响应快、死体积小、对温度和流速的变化不敏感等特性.

1. GC 仪的检测器

GC 检测器有两大类:浓度型检测器和质量型检测器. 检测器的响应值与组分的浓度成正比,属于浓度型检测器. 检测器的响应正比于单位时间内进入检测器的质量. 属于质量型检测器. 表 18.1 列出四种常用 GC 检测器的性能指标.

表 18.1　四种常用 GC 检测器的性能

检测器	热导	火焰离子化	电子捕获	火焰光度
类型	浓度型	质量型	浓度型	质量型
性质	通用	通用	选择	选择
灵敏度	10^4mV · mL/mg	10^{-2}mV · s/g	800A · mL/g	400 mV · s/g
检出限	2×10^{-6}mg/mL	10^{-12}g/s	10^{-14}g/mL	10^{-12}g/s (对磷)
最小检测浓度	0.1μg/g	1ng/g	0.1ng/g	10ng/g
线性范围	10^4	10^7	$10^{-2}\sim10^{-4}$	$10^3\sim10^4$(对磷)
适用范围	有机物和无机物	含碳有机物	卤素及亲电子物质农药	含硫、磷化合物农药残留物

(1)热导检测器(TCD)

热导检测器结构简单,性能稳定,几乎对所有物质都有响应,通用性好,而且线性范围广,价格便宜,因此它是应用最广的最成熟的检测器. 其不足之处是灵敏度低.

① 热导池结构和工作原理

热导检测器是依据各种物质和载气的导热系数不同,采用热敏元件进行检测. 检测器的主体为热导池,它由池体和热敏元件组成,有双臂和四臂热导池两种(见图 18.4). 四臂热导池的灵敏度比双臂热导池高,目前气相色谱仪器都采用由四根金属丝组成的四臂热导池. 四臂热导池中的二臂为参比臂,另二臂为测量臂,将参比臂和测量臂接入惠斯通电桥,由恒定的电流加热,组成热导池测量电路,如图 18.5 所示. 图 18.5 中 R_2,R_3 为参比臂,R_1,R_4 为测量臂,在钨丝温度相同时,$R_1=R_2$,$R_3=R_4$. 电源给电桥提供恒定电压(一般为 9～24V) 以加热钨丝. 当载气以恒定速度通过热导池,池内产生的热量和被载气带走的热量相等,热导池处于动态热平衡状态,此时钨丝温度恒定,其电阻值不变. 调节电路的调零电阻使电桥处于平衡:当参比臂和测量臂只有载气通过时,对两臂的影响相同,电桥应处在平衡状态,即 $R_1\cdot R_4=R_2\cdot R_3$. 据电桥原理,此时 A,B 两点的电位差为零,无信号输出. 进样后,由于试样和载气的混合气的导热系数不同于纯载气,改变了测量臂的热传导条件,使测量臂的钨丝电阻值随之起了变化,于是参比臂和测量臂的电阻值不相等,电桥不平衡，因而有信号输出. 混合气的热导系数与纯载气的热导系数相差越大，输出信号就越大.

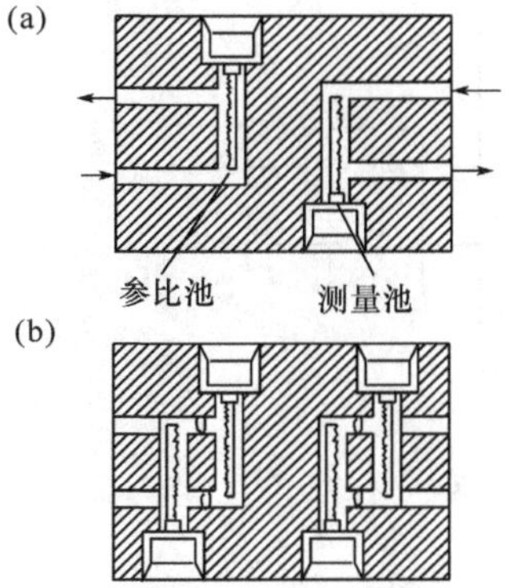

图 18.4　热导池示意图

(a) 双臂热导池；(b) 四臂热导池.

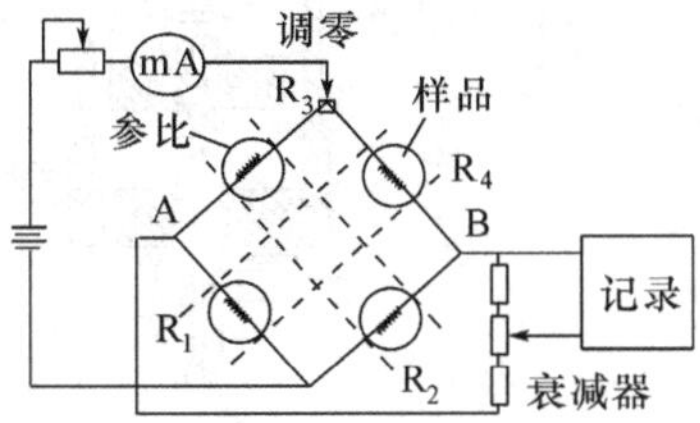

图 18.5　热导池惠斯通测量电路

② 影响热导检测器灵敏度因素

(a)桥电流：桥电流增大，能增大钨丝和池体的温差，气体就容易将钨丝的热传出去，检测器的灵敏度就提高. 响应值与工作电流的三次方成正比. 所以，增大电流有利于提高灵敏度. 但电流太大，会影响钨丝的寿命. 一般桥电流控制 100～200mA，N_2为载气时为 100～150mA，H_2为载气时为 150～200mA.

(b)池体温度：降低池体温度，可使钨丝与池体的温差加大，有利于提高灵敏度. 但池体温度不能过低，以免试样组分在检测器中冷凝. 池体温度一般不低于柱温.

(c)载气种类：载气和试样的导热系数相差越大，灵敏度越高. 故选择导热系数大的氢气和氦气作载气，有利于提高灵敏度. 如用氮气作载气，有些试样(如甲烷)的导热系数比它大，就会出现倒峰.

(d)热敏元件的电阻值和电阻温度系数：电阻值高、电阻温度系数大的热敏元件，灵敏度高. 钨丝是目前广泛采用的热敏元件，它的电阻率为 $5.5\times10^{-6}\Omega\cdot cm$，电阻温度系数为 $6.5\times10^{-3}cm\cdot\Omega^{-1}\cdot℃^{-1}$. 为防止钨丝氧化，可在其表面镀上金或镍.

(2)火焰离子化检测器(FID)

火焰离子化检测器简称氢焰检测器，其结构简单，灵敏度高(为热导检测器的10^3倍)，死体积小，响应快，线性范围宽，稳定性好，是目前最常用的检测器之一. 利用含碳有机化合物在火焰中燃烧产生离子，在外电场的作用下，使离子形成离子流，根据离子流产生的电信号的强度，检测色谱分离组分. 但它仅对含碳有机化合物有响应,对某些物质,如永久性气体、水、一氧化碳、二氧化碳、氮的氧化物、硫化氢等物质不产生信号或信号很弱.

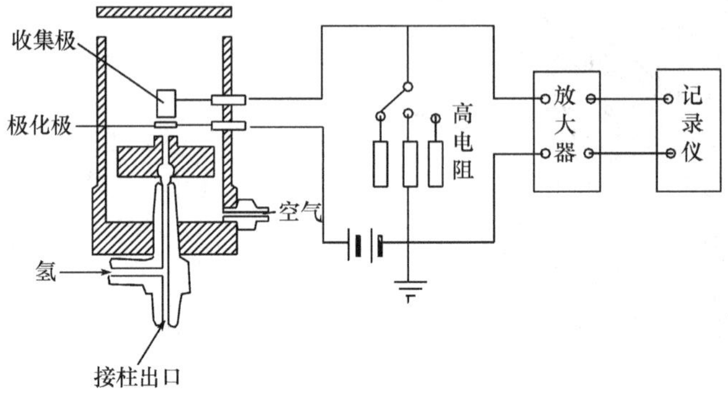

图 18.6 氢火焰离子化检测器示意图

① 氢焰检测器的结构

氢焰检测器结构如图 18.6 所示.它的主要部件是离子室,用不锈钢制成.离子室的下部,有气体入口和石英喷嘴,在喷嘴上面有极化极(发射极)和收集极等元件.工作时,首先在空气存在时使点火线圈通电,点燃氢焰,当被测组分由载气带出色谱柱后,再进入喷嘴前先与氢气混合.组分随载气进入火焰区,发生离子化反应,产生电子、正离子,在电场的作用下,分别向极化极和收集极定向移动而形成电流,经放大,由记录仪记录得到色谱图.

② 火焰离子化机理

目前普遍认为火焰离子化不是热电离,而是化学电离.在火焰中含碳有机物先形成自由基,然后与氧作用产生正离子,接着再与水反应生成 H_3O^+ 离子.例如苯在氢火焰中的化学电离反应为

$$C_6H_6 \xrightarrow{\text{裂解}} 6 \cdot CH$$

$$3O_2 + 6 \cdot CH \longrightarrow 6CHO^+ + 6e$$

$$6CHO^+ + 6H_2O \longrightarrow 6CO + 6H_3O^+$$

(3)电子捕获检测器(ECD)

电子捕获检测器是一种选择性很强的检测器,对具有电负性物质(如含卤素、硫、磷、氮等物质)有很高的灵敏度,是目前分析痕量电负性有机物最有效的检测器.它的缺点是线性范围窄,且易受实验条件影响,重现性较差.

实际上它是一种放射性离子化检测器,其结构如图 18.7 所示.在检测器池体内腔有两个电极和一个 β 放射源,内腔中央有不锈钢棒作为正极,池体为阴极,β

放射源贴在阴极壁上. 在两极施加直流或脉冲电压. 当载气(如 N_2) 进入检测池内,β 放射线使其电离,产生游离基和自由电子:

$$N_2 \xrightarrow{\beta} N_2^+ + e$$

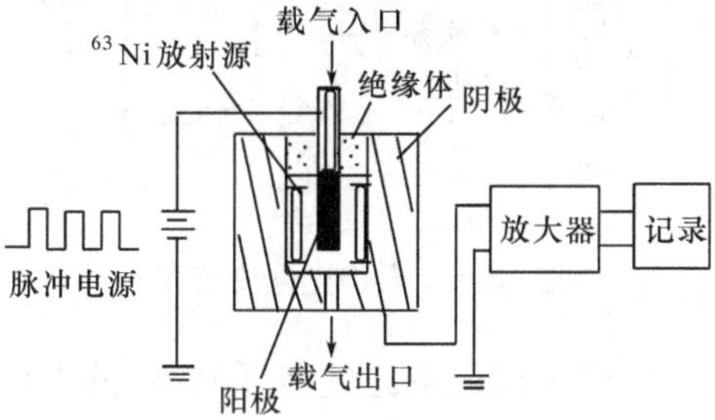

图 18.7　电子捕获检测器

这些电子在电场的作用下向正极移动,形成恒定的电流即基流. 当电负性物质进入检测器池体内腔,能捕获低能电子,生成负离子,即

$$AB + e \longrightarrow AB^- + E$$

负离子的迁移速度很慢,从而使基流下降,产生负信号. 形成倒峰. 试样组分浓度越大,捕获电子的概率越大,倒峰越大;组分中电负性元素电负性越强,捕获电子的能力越大,倒峰也越大.

(4) 火焰光度检测器

又称为硫磷检测器,是一种对含硫、磷有机化合物具有高选择性和高灵敏度的质量型检测器,其检出限可达 $10^{-12}\mathrm{g \cdot s^{-1}}$(对 P)或 $10^{-11}\mathrm{g \cdot s^{-1}}$(对 S). 可用于大气中痕量硫化物以及农副产品、水中纳克级有机磷和有机硫农药残留量的测定.

检测器由燃烧系统和光学系统构成,见图 18.8. 燃烧系统类似火焰离子化检测器. 光学系统包括石英窗、滤光片和光电倍增管. 石英窗保护滤光片不受水气和燃烧产物的侵蚀. 它实质上是一种化学发光检测器. 硫、磷化合物在富氢火焰中燃烧时,生成化学发光物质,发出特征波长的光. 例如,含硫化合物在富氢火焰中发生以下反应:

$$RS + 2O_2 \longrightarrow CO_2 + SO_2$$

$$2SO_2 + 4H_2 \longrightarrow 4H_2O + 2S$$

$$S + S \xrightarrow{390℃} S_2^* \text{(化学发光物质)}$$

$$S_2^* \longrightarrow S_2 + h\nu$$

激发态硫分子 S_2^* 返回到基态时发射出特征波长 λ_{max} 为 394nm 的光. 磷则生成化学发光的 HPO 碎片,发射出 λ_{max} 为 526nm 的特征光谱. 通过光学系统及光电倍增管

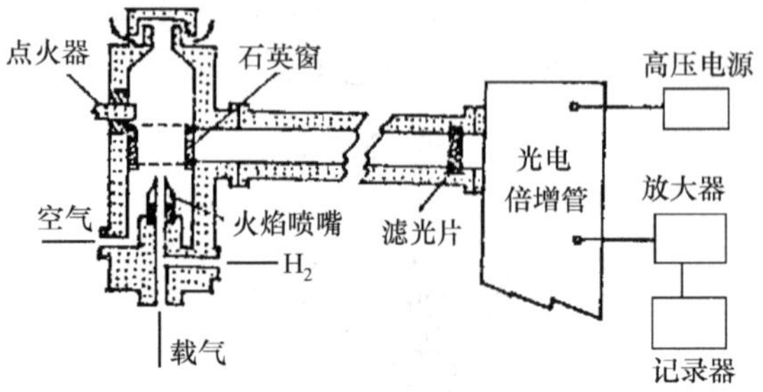

图 18.8　火焰光度检测器

转换为电信号,经放大后由记录仪记录这些特征光谱,分别检测出硫和磷.

2. HPLC 仪的检测器

HPLC 检测器有两种基本类型:溶质(选择性)检测器和总体(普通)检测器.溶质性检测器仅对被分离组分的物理或物理化学特性有响应.属于这类检测器的有紫外、荧光、电化学检测器等.总体检测器对试样和淋洗液总的物理或物理化学特性有响应,属于这类检测器的有示差折光、电导检测器.表 18.2 列出 HPLC 常用检测器及其特性.

表 18.2　液相色谱常用检测器及其性能

检测器	紫外	折光	氢火焰	荧光	放射性	极谱	电导	红外
类型	选择性	普通	普通	选择性	选择性	选择	选择性	选择性
能否用作梯度洗脱	能	否	能	能	能	—	否	能
线性范围	5×10^4	10^4	$\sim10^5$	$\sim10^3$	大	10^4	2×10^4	10^4
对适当样品灵敏度(g/mL)	5×10^{-10}	5×10^{-7}	5×10^{-7}	$10^{-9}\sim10^{-10}$	50 (Ci/mL)	10^{-10}	10^{-8}	10^{-6}
对流速敏感性	无	无	有	无	无	有	有	无
对温度敏感性	低	10^{-4}℃	可忽略	低	可忽略	1.5%/℃	2%/℃	低

(1)紫外检测器

紫外检测器是 HPLC 中应用最广泛的一种检测器,适用于对紫外光(或可见光)有吸收的样品.紫外检测器灵敏度比较高,通用性较好,但要求溶剂对所选择的波长无吸收.

近年来,已发展的光电二极管阵列紫外检测器,采用计算机快速扫描采集数据,可获得三维色谱图.

(2)荧光检测器

许多化合物具有天然荧光,在一定激发条件下,荧光强度与物质浓度成正比,所以荧光检测器是一种选择性很强的检测器.适于稠环芳烃、甾族化合物、酶、氨基酸、维生素、色素、蛋白质等荧光物质的测定.其灵敏度高,检出限可达 10^{-12}～10^{-13} g · cm^{-3},比紫外检测器高出 2～3 个数量级;缺点是应用范围有限.

(3)示差折光率检测器

根据其工作原理,可分偏转式和反射式两种.偏转式基于折射率随着介质成分变化而变化,当入射角不变,则光束的偏转角是流动相(介质)中成分变化的函数.所以,测量折射角偏转值的大小,就可得到试样的浓度.

折光率是物质的物理特性,所以,示差折光率检测器是一种通用型检测器.主要缺点是对温度变化敏感,且不能用于梯度洗脱.

(4)电导检测器

电导检测原理是监测物质在介质中电离后电导率的变化,从而测定电离物质的含量.电导检测受温度影响比较大,要求有恒温装置.其缺点是在 pH＞7 后不灵敏.

近年来,发展的 HPLC 新型检测器有质谱检测器、傅立叶红外检测器、光散射检测器等,由于价格昂贵,应用有限.

§18.1.5　其他辅助系统

所谓辅助系统,是在完善提高仪器的分析性能过程中,色谱分析仪在上述四大系统上增加的辅助装置.根据分析要求,GC 仪与 HPLC 仪均有各自独特的辅助设备.

1. GC 仪的温控系统

温度是 GC 仪分析的重要操作条件之一,从进样到检测完毕都必须控温,温度的选择与控制直接影响色谱柱的选择性、分离效率与检测器的灵敏度及稳定性.所以,温控系统是气相色谱的主要辅助设备.

GC 温控系统是用来设定、控制、测量气化室、色谱柱以及检测室三处的温度.而色谱柱温度控制的方式有恒温和程序升温两种.程序升温是指在一个分析周期内,柱温随时间由低温向高温作线性或非线性变化,使各组分在最佳柱温下流出色谱柱,以达到改善分离效果,缩短分析时间的目的.当样品为沸点范围很宽的混合物时,往往需要采用程序升温进行分析.

气化室温度应控制试样瞬间气化而又不分解.一般气化室温度较柱温高10～50℃.

除氢焰离子检测器外,所有其他检测器对温度变化十分敏感,尤其是热导池检测器，微小的温度变化将直接影响检测器的灵敏度和稳定性．因此，检测室的控温精度要求优于±0.1℃.

2. HPLC仪的辅助设备

HPLC仪的辅助设备依使用要求不同而异．通常附属装置包括脱气、梯度淋洗、再循环、恒温、自动进样、馏分收集以及数据处理等．它们均属仪器的选用部件，使用得当，会大大增加色谱仪的功能和提高工作效率.

梯度淋洗装置是一种重要的附属装置，利用它可将两种或两种以上的能互溶但具有不同性质的淋洗液，按程序随时间以一定比例混合，连续改变色谱柱中淋洗液的极性或离子强度、pH等，从而改变待测组分的保留值，提高分离效率，加快分离速度．梯度淋洗和气相色谱中的程序升温十分相似．这种方式主要应用于组分之间分配比（容量因子）相差极大的复杂的混合物分离.

§18.2 色谱固定相

§18.2.1 GC的固定相

GC的固定相分为两类：一类是气-液色谱的液体固定相（包括固定液和载体），另一类是气-固色谱的固体吸附剂.

1. 气-液色谱固定相

气-液色谱固定相由载体和固定液组成，载体（担体）为固定液提供一个大的惰性表面，使固定液能在其表面展成薄而均匀的液膜，成为分配平衡中的一相.

(1)载体

① 载体的要求

载体应该是一种颗粒状的多孔性、化学惰性物质，并具有一定的表面结构和特性．对载体的一般要求是：

(a)单位重量的载体要有较大的表面，即比表面积要大.

(b)具有化学惰性，不与样品成分、固定液起化学反应；表面没有活性，即表面吸附或催化作用非常小，但有较好的浸润性.

(c)热稳定性好.

(d)要有合适的孔隙结构，最好制成球状颗粒，粒度大小一致，以利于填充均匀和两相间的快速传质分离.

(e)要有一定的机械强度，保证固定相在制备和填充过程中不破碎.

② 载体的类型

大致可分为硅藻土和非硅藻土两类．硅藻土载体是目前气相色谱常用的一种载体，它是由称为硅藻的单细胞海藻骨架组成，主要成分是二氧化硅和少量无机盐. 根据制作方法不同，又分为红色载体和白色载体.

红色载体是将硅藻土与黏合剂在 900℃煅烧后，破碎过筛制得. 因含有氧化铁而呈红色，故称红色载体，如 201 和 202 载体系列、6201 系列、美国的 C—22 系列、Chromosorb P 系列以及 Gas Chrom R 系列等. 其特点是机械强度大，孔隙密集，孔径较小（约 2μm），比表面积大（约 $4m^2/g$）. 适用于涂渍高含量固定液，分离非极性或弱极性物质. 对强极性化合物有较强的表面吸附和催化活性，对极性物质会因吸附而产生严重拖尾.

白色载体是将硅藻土与 20％的碳酸钠（助熔剂）煅烧而成，使氧化铁转化为硅酸盐，因此而呈白色. 这类商品载体有 101 和 102 系列、英国的 Celite 系列、Chromosorb M 系列等. 它的比表面积较小（$1\ m^2/g$），孔径较大（约 8μm），吸附性和催化性小. 适宜于涂渍低含量固定液，分离极性物质.

非硅藻土载体有：有机玻璃微球载体、氟载体、高分子多孔微球等. 这类载体用于特殊分离，如氟载体用于极性样品和强腐蚀性物质 HF，Cl_2 等分析. 但由于表面的非浸润性，其柱效较低.

③ 载体的表面处理

硅藻土载体表面不是完全惰性的，具有活性中心，如硅醇基（Si—OH），并含有少量金属氧化物，如氧化铝、氧化铁等. 如果涂渍的固定液量较少，不能将所有吸附中心和催化中心完全遮盖，将会产生色谱峰拖尾. 对于萜烯和含氮杂环化合物等化学性质活泼的试样，有可能发生化学反应和不可逆吸附. 因此，使用前要进行化学处理，以改善孔隙结构，屏蔽活性中心. 处理方法有酸洗、碱洗、硅烷化、添加减尾剂等.

(a)酸洗　可用 $3\sim6mol \cdot L^{-1}$ 盐酸浸煮载体，过滤，水洗至中性，甲醇淋洗，脱水烘干. 可以除去无机盐，Fe，Al 等金属氧化物，适用于分析酸性物质.

(b)碱洗　用 5％～10％NaOH 的甲醇溶液回流或浸泡，然后用水、甲醇洗至中性. 可除去氧化铝，用于分析碱性物质.

(c)硅烷化　用硅烷化试剂与载体表面的硅醇基反应，使其转化为硅烷醚，以除去表面的氢键作用力. 如：

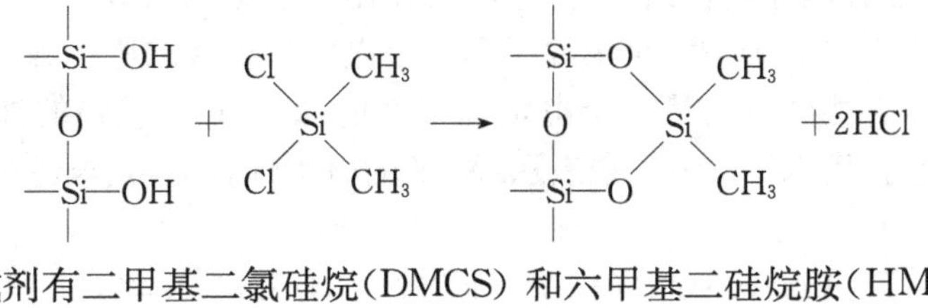

常用硅烷化试剂有二甲基二氯硅烷（DMCS）和六甲基二硅烷胺（HMDS）等.

(2)固定液

① 固定液的一般要求

首先要求固定液具有较好的选择性. 其选择性可用相对调整保留值 $\gamma_{2,1}$ 来衡量. 对于填充柱,$\gamma_{2,1}>1.15$,对于毛细管柱,$\gamma_{2,1}>1.08$. 其次,要求对试样各组分有适当的溶解能力、具有良好的热稳定性和化学稳定性,在操作的温度下具有较低蒸气压,以免流失过快. 固定液一般为高沸点有机物,能均匀地涂在载体的表面上,呈液膜状态.

② 固定液与组分分子间的作用力

在气液色谱中,气相为惰性载气,组分在载气中浓度很低,载气分子与组分分子以及组分分子之间的作用力极小,可以忽略. 在液相中,组分的浓度也很低,组分分子间的作用力也可以忽略. 而必须注意的是液相组分与固定液的分子间作用力,这种作用力反映了组分在固定液中的热力学性质,作用力大的组分的溶解度大,分配系数也相应地大.

分子之间的作用力包括有定向力、诱导力、色散力和氢键作用力四种,前三种称为范德瓦耳斯力,是由电场作用引起的. 而氢键力则与它们不同,是特殊的范德瓦耳斯力. 此外,固定液和被分离组分间还可能存在形成化合物或配合物的键合力.

(a)定向力　极性分子之间的永久偶极间的静电吸引力. 极性固定液和极性试样分子之间的作用力主要是定向力. 被分离组分的极性越大,与极性固定液间的相互作用力越强,该组分的保留时间越长.

(b)诱导力　当极性分子与非极性分子共存时,在极性分子的永久偶极电场作用下,非极性分子极化而产生诱导偶极,它们之间的作用力称为“诱导力”. 在分离非极性分子和可极化的混合物时,可用极性固定液的诱导作用来分离它们. 例如,苯和环己烷的沸点很接近,分别为 80.10℃和 80.80℃,用非极性固定液很难分离它们,但苯较环己烷容易被极化,采用极性固定液,能使苯产生诱导偶极,这样苯的保留时间比环己烷的大,因而得以分离.

(c)色散力　在非极性分子间虽然不存在定向力和诱导力,但是其分子具有瞬间偶极矩. 由于电子运动及原子核的振动而形成瞬间偶极矩,带有一个同步电场能使周围分子极化,被极化的分子反过来加剧瞬间偶极变化的幅度,产生色散力. 采用非极性固定液分离非极性组分,分子间的作用力就是色散力.

(d)氢键力　当分子中一个氢原子和一个电负性很大的原子 X(如 F,O,N 等)构成共价键时,它能同时与另一个电负性很大的原子 Y 形成强的静电吸引力,这种力叫作氢键力,用 X—H…Y 来表示. X,Y 的电负性越大,其氢键力越强,这类氢键的键强顺序为

$$\mathrm{F{-}H\cdots F > O{-}H\cdots F > O{-}H\cdots N > N{-}H\cdots N > N{\equiv}C{-}H{-}N\cdots N}$$

③ 固定液的特性

固定液的特性主要指它的选择性或极性，用它来描述和区别固定液的分离特征. 目前大都采用相对极性和固定液特征常数表示.

(a)相对极性　规定非极性固定液角鲨烷的极性为 0，强极性固定液 β,β'-氧二丙腈的极性为 100. 然后，选择一对组分(如正丁烷-丁二烯或环己烷-苯) 来进行试验，分别测定它们在以氧二丙腈、角鲨烷和待测固定液的色谱柱上的相对保留值，将其取对数，得到：

$$q=\lg\frac{t_{\mathrm{r}}'(\text{丁二烯})}{t_{\mathrm{r}}'(\text{正丁烷})} \tag{18.1}$$

待测固定相的相对极性为

$$P_{\mathrm{x}}=100-\frac{100(q_1-q_{\mathrm{x}})}{q_1-q_2} \tag{18.2}$$

式(18.2) 中的下标 x，1，2 分别表示待测固定液、氧二丙腈和角鲨烷，由此得到各种固定液的相对极性在 0～100 之间. 将其分为五级，每 20 单位为一级，0～+1 之间叫非极性固定液(可用"一" 表示)，+2 级为弱极性固定液，+3 级为中等极性，+4，+5 级为强极性. 表 18.3 列出常用固定液的相对极性数据.

表 18.3　常用固定液的相对极性

固 定 液	相对极性	级 别	固 定 液	相对极性	级 别
角鲨烷	0	0	XE-60	52	+3
阿皮松	7～8	+1	新戊二醇丁二酸聚酯	58	+3
SE-30，OV-1	13	+1	PEG-20M	68	+3
DC-50	20	+2	PEG-600	74	+4
己二酸二辛酯	21	+2	己二酸聚乙二醇酯	72	+4
邻苯二甲酸二壬酯	25	+2	己二酸二乙二醇酯	80	+4
邻苯二甲酸二辛酯	28	+2	双甘油	89	+5
聚苯醚 OS-124	45	+3	TCEP	98	+5
磷酸二甲酚酯	46	+3	β,β'-氧二丙腈	100	+5

(b)固定液特征常数　用相对极性不能全面反映组分与固定液分子间的全部作用力. 于是 1966 年 Rohrschneider(罗氏) 罗氏提出用保留指数差值 ΔI 表示固定液的相对极性，并采用五种标准物质来进行测定，保留指数按式(18.3) 进行计算. ΔI 值越大，表示固定液和组分分子之间的作用力越大，固定液的选择性越好. 保留指数差值的表示通式为

$$\Delta I = I_P - I_S \tag{18.3}$$

式中，I_P，I_S分别为任一标准物质在待测定固定液和参比固定液的保留指数. 1970年 McReynolds(麦氏)提出改进方案，选用苯、正丁醇、2-戊醇、1-硝基丙醇、吡啶、2-甲基-2-戊醇、碘丁烷、2-辛烷、二氧六环、顺八氢化茚 10 种物质，在柱温 120℃下分别测定它们在 226 种固定液和角鲨烷上的 ΔI. 归纳后，发现前五种物质足以表达固定液的相对极性，把该五项 ΔI 之和称为总极性. 表 18.4 列出一些常用固定液的麦氏常数.

表 18.4　十二种常用固定液的麦氏常数

固定液	型号	苯 X′	丁醇 Y′	2-戊醇 Z′	1-硝基丙烷 U′	吡啶 S′	平均极性	总极性	最高使用温度/℃
角鲨烷	SQ	0	0	0	0	0	0	0	100
甲基硅橡胶	SE-30	15	53	44	64	41	43	217	300
苯基(10%)甲基聚硅氧烷	OV-3	44	86	81	124	88	85	423	350
苯基(20%)甲基聚硅氧烷	OV-7	69	113	111	171	128	118	592	350
苯基(50%)甲基聚硅氧烷	DC-710	107	149	153	228	190	165	827	225
苯基(60%)甲基聚硅氧烷	OV-22	160	188	191	283	253	219	1075	350
三氟丙基(50%)甲基聚硅氧烷	QF-1	144	233	355	463	305	300	1500	250
氰乙基(25%)甲基硅橡胶	XE-60	204	381	340	493	367	357	1785	250
聚乙二醇-20000	PEG-20 M	322	536	368	572	510	462	2308	225
己二酸二乙二醇聚酯	DEGA	378	603	460	665	658	553	2764	200
丁二酸二乙二醇聚酯	DEGS	492	733	581	833	791	686	3504	200
三(2-氰乙氧基)丙烷	TCEP	593	857	752	1028	915	829	4145	175

④ 固定液分类

气-液色谱中使用的固定液有几百种，具有不同的组成、性质和用途. 科学地将它们分类，对于使用和选择固定液十分重要. 按固定液的极性分类，已如前所述. 此外还有按化学结构分类，即将具有相同的官能团的固定液排列在一起，然后按官能团的类型不同分类. 这样便于按组分与固定液“结构相似” 原则选择固定液. 表 18.5 列出按化学结构分类的各种固定液.

⑤ 固定液选择

选择固定液没有固定不变的规律可循，一般按“相似相溶”原则来考虑. 应用时应据实际情况经过实验来确定.

(a)分离非极性物质　一般选用非极性固定液,试样组分按沸点由低向高顺序流出.试样中含有同沸点的极性组分,它先于非极性组分流出.

表 18.5　按化学结构分类的固定液

固定液的结构类型	极　　性	固定液举例	分离对象
烃　　类	最弱极性	角鲨烷、石腊油	非极性物质
硅氧烷类	极性范围广,从弱极性到强极性	甲基硅氧烷、苯基硅氧烷、氟基硅氧烷、氰基硅氧烷	不同极性物质
醇类和醚类	强极性	聚乙二醇	强极性物质
酯类和聚酯	中强极性	苯甲酸二壬酯	应用比较广泛
腈和腈醚	强极性	氧二丙腈、苯乙腈	极性物质
有机皂土			分离芳香异构体

(b)分离强极性物质　选用极性固定液,试样各组分按极性从小到大的顺序流出.试样中的非极性组分先于极性组分流出.

(c)分离中等极性物质　选用中等极性固定液,试样各组分基本上按沸点由低至高顺序流出.试样中同沸点的极性组分和非极性组分,极性组分与固定液的分子间诱导力起主要作用,因此后于非极性物质流出.

(d)分离能形成氢键的物质　一般选用极性或氢键型固定液,试样组分按与固定液分子间形成氢键能力由小到大的顺序流出.不形成氢键的组分最先流出.

(e)分离具有酸性或碱性极性物质　可选用强极性固定液,并加入少量酸性或碱性填加剂,以减小拖尾.也可以采用带有酸性或碱性基团的高分子微孔球,此时按组分相对分子大小顺序分离.

(f)分离复杂组分　可采用两种或两种以上的混合固定液.

对组分性质不明的未知试样,一般先用五种常用固定进行实验,观察未知物色谱图的分离情况,然后从 12 种常用固定液中选择合适极性的固定液.

2. 气-固色谱固定相(固体吸附剂)

气-液色谱对永久性气体和气态烃类的分离和分析效果并不好,这是因为这些气体在固定液中的溶解度甚小.然而在固体吸附剂上,它们的吸附热差别较大,采用气-固色谱可得到满意结果.

(1)常用的固体吸附剂

主要有强极性的硅胶、弱极性的氧化铝、非极性的活性炭以及具有特殊吸附作用的分子筛等.使用时,依据它们对各种气体的吸附能力差别选择合适的吸附剂.表 18.6 列出常用的几种吸附剂及其性能.

表 18.6 气-固色谱中几种常用吸附剂及其性能

吸附剂（主要成分）	使用最高温度/℃	性质	活化方法	分离特征	备注
活性炭（C）	<300	非极性	粉碎过筛，用苯浸泡几次，以除去其中的硫磺、焦油等. 然后在 350℃以下通蒸气，吹至乳白色物质消失为止. 最后在 180℃烘干备用	分离永久性气体及低沸点烃类，不适合于分离极性物质	商品色谱用活性炭，可不水蒸气处理
石墨化炭黑（C）	>500	非极性	同上	分离气体及烃类，高沸点有机物能获得对称峰形	
硅胶（$SiO_2 \cdot xH_2O$）	<400	氢键型	粉碎过筛后，用 6mol · L^{-1} HCl 浸泡 1～2h，然后用蒸馏水洗至无氯离子. 在 180℃下烘 6～8h. 装柱后在使用前在 200℃以下通载气活化 2h	分离永久性气体及低级烃	商品谱色用硅胶，只需在 200℃以下活化处理
氧化铝（Al_2O_3）	<400	弱极性	200～1000℃以下烘烤活化	分离烃类及有机异构体. 在低温下可分离氢的同位素	
分子筛（$xMO \cdot yAl_2O_3 \cdot zSiO_2 \cdot nH_2O$）	<400	极性	粉碎过筛后，用前在 350～550℃下活化 3～4h，或在 350℃真空下活化 2h	特别适合于永久性气体分离和惰性气体分离	
多孔共聚物（GDX）	200	聚合时原料不同，极性也不同	170～180℃下去水，在 H_2 或 N_2 中活化 10～20h	分离气体和液体中水，CO，CO_2，CH_4，低级醇以及 H_2S，SO_2，NH_3，NO_2 等	

(2)人工合成固定相

高分子多孔微球是一种人工合成的多孔共聚物，它既是载体又起固定液作用，可在活化后直接使用，也可以作为载体在其表面涂渍固定液后使用. 在人工合成时可控制孔径大小及表面性质，微球颗粒均匀，因而色谱柱容易填充均匀，数据重现性好. 在无液膜存在下，不存在“流失”，有利于大幅度程序升温. 这种固定相特别适合于有机物中的痕量水的分析，也可用于多元醇、脂肪酸、腈类、胺类的分析.

高分子多孔微球分为极性和非极性两类. 非极性是由苯乙烯、二乙烯苯共聚而成，如国产的 GDX 1 型和 2 型，国外的 Chromosorb 系列等. 极性是在苯乙烯、二乙烯苯共聚物中引入极性官能团，如国产的 GDX 3 型和 4 型，国外的 Porapak N 等.

§18.2.2　HPLC 的固定相

HPLC 根据分离机制不同，有多种分离类型，如，液-液分配色谱、液-固吸附色谱、离子交换色谱、空间排阻色谱以及亲和色谱等. 不同类型色谱固定相的要求与特点不一样.

1. 液-固吸附色谱固定相

液-固色谱是以固体吸附剂为固定相，吸附剂通常是些多孔固体微粒，在它们的表面存在吸附中心. 依据试样组分在固定相的吸附作用不同来进行分离.

固体吸附剂可分为极性和非极性两大类. 极性吸附剂包括各种无机氧化物，如硅胶、氧化铝、氧化镁、硅酸镁和分子筛等. 非极性吸附剂最常见的是活性炭.

极性吸附剂还有酸性和碱性之分. 酸性吸附剂，如硅胶和硅酸镁等，优先吸附碱性组分(如胺类). 碱性吸附剂有氧化铝和氧化镁等，它们优先吸附酸性组分，如吡咯衍生物等.

硅胶是应用最广的一种固定相，主要用于分离溶于有机溶剂中的极性至弱极性的化合物. 硅胶的活性中心有一定的排列规律，因此可用于分离某些几何异构体. 硅胶又可分为表孔硅胶、无定形全多孔硅胶、球形全多孔硅胶及堆积硅珠等类型.

目前广泛使用 3～10μm 的全多孔硅胶，它具有粒度小，孔穴浅，试样容量大的优点. 在吸附柱中硅胶柱的柱效高.

高分子多孔微球，又称有机胶，作为固定相可用于分离芳烃、杂环、甾体、生物碱、油溶性维生素、芳胺、醛、酚、酯、醚等. 由苯乙烯和二乙烯苯交联而成，微球表面为芳烃基团. 这种固定相的柱效低，但选择性和峰形好.

2. 液-液分配色谱固定相

分配色谱的固定相是一种分散在很细的惰性载体(担体)上或硅胶上的液体，这种色谱称为液-液色谱，它的固定相和流动相互不相溶. 固定相是被分离组分的良好的溶剂，而流动相则是一种很差溶剂. 试样各组分就是在两相中分配系数的差异导致其分离.

一般地说，气相色谱中的固定液也可以在液-液色谱中使用，而且涂渍固定液的方法也基本一样，即将固定液浸渍在载体或微球吸附剂上. 但是，液-液色谱中的流动相参与选择作用，流动相的极性的微小变化，都会使组分的保留出现较大的改变. 因此，在液-液色谱中只需几种不同极性的固定液即可，常用的有 β,β'-氧二丙腈、聚乙二醇、角鲨烷等.

固定相为极性，流动相为非极性的液相色谱称为正相液相色谱. 固定相为非极性，流动相为极性的液相色谱称为反相液相色谱.

3. 键合相色谱固定相

采用化学反应将固定液键合到载体表面上，所形成的固定相称为键合固定相. 它的优点是在洗脱过程中不流失，化学稳定性好；在 pH 2～8 范围不变质；热稳定性也好，能在 70℃以下使用；载样量大，适合于梯度洗脱等. 键合相不仅只起分配作用，也有一定的吸附作用. 目前高效液相色谱柱采用的填料 80%以上为键合固定相.

一般采用硅胶为基体，利用硅胶表面的硅醇基(Si—OH) 与有机分子之间成键，可得到各种性能的固定相. 表面覆盖度(参加反应的硅醇基占硅胶表面硅醇基总数的比例) 决定键合相是分配为主还是吸附为主. 表面覆盖度大，分配为主；表面覆盖居中，既有分配又有吸附. 键合上去的有机基团可以是非极性、极性和离子交换等基团.

(1)非极性键合相

键合相表面为非极性烃基，如十八烷基、辛烷基、甲基、苯基等. 由于需采用强极性溶剂为流动相，所以非极性键合相又称为反相键合相. 在反相键合相色谱中，极性大的组分先流出，极性小的组分后流出.

当用极性溶剂为流动相来分离含有极性基团的有机化合物时，分子中的非极性部分和固定相表面的疏水基之间产生缔合作用，使它在固定相得到保留. 另一方面分子中的极性部分受到流动相的极性部分的作用，使它离开固定相，减小保留. 所以，分子在色谱柱上保留行为取决于这两种作用力之差.

非极性烷基键合相还常用作为反相离子对色谱固定相. 离子对色谱是基于离子对萃取分配平衡，比如，水中的正离子 B^+_{aq}(一种碱) 和水中的反离子 P^-_{aq}结合形成离子对$(B^+P^-)_{org}$，由于体积大，又无净电荷，具有显著的疏水性，能优先溶于极性有机溶剂中. 选择合适的反离子，并调节至合适的浓度，就能有效地将正离子或负离子萃取到有机相中去.

(2)极性键合相

硅胶表面键合的是极性有机基团. 常用的强极性基团有 CN，NH_2，双羟基等，一般用于正相色谱. 主要用来分离异构体，极性不同的化合物，特别适合于分离不同类型的化合物. 由于使用低极性有机溶剂作为流动相，容易达到平衡. 所以，适合于梯度洗脱. 保留值的重现性及峰的对称性优于以硅胶为填料的吸附色谱.

常用的中等极性有醚基键合相，可以作正相或反相色谱的固定相，这要视流动相的极性而定.

(3)离子性键合相

当以薄壳型或全多孔微粒型硅胶为基质，化学键合各种离子交换基团，如 $—SO_3H$，$—CH_2NH_2$，—COOH，$—CH_2N(CH_3)Cl$ 等，形成了离子性键合相. 事实上，这种填料是一种新型离子交换剂.

键合相色谱的最大优点是，可以通过改变流动相的组成和种类来有效地分离非极性、极性和离子型化合物. 表 18.7 列出不同种类样品分离中的化学键合固定相的选择.

表 18.7　化学键合固定相的选择

样品种类	键合基团	流动相	色谱类型	实例
低极性 溶解于烃类	$—C_{18}$	甲醇/水 乙腈/水 乙腈/四氢呋喃	反相	多环芳烃 甘油三脂、类脂、脂溶性维生素 甾族化合物、氢醌
中等极性 可溶于醇	—CN $—NH_2$	乙腈、正已烷 氯仿 正已烷 异丙醇	正相	脂溶性维生素、甾族、芳香醇、胺、类脂止痛药 芳香胺、酯、氯化农药、苯二甲酸
	$—C_{18}$ $—C_8$ —CN	甲醇、水 乙腈	反相	甾族、可溶于醇的天然产物、维生素、芳香酸、黄嘌呤
强极性 可溶于水	$—C_8$ —CN	甲醇、乙腈、水、 缓冲溶液	反相	水溶性维生素、胺、芳醇、抗菌素、止痛药
	$—C_{18}$	水、甲醇、乙腈	反相离子对	酸、磺酸类染料、儿茶酚胺
	$—SO_3^-$	水与缓冲溶液	阳离子交换	无机阳离子、氨基酸
	$—NR_3^+$	磷酸缓冲溶液	阴离子交换	核苷酸、糖、无机阴离子、有机酸

4. 离子交换色谱固定相

离子交换色谱固定相是离子交换剂，其基质大致分为三大类：合成树脂（聚苯乙烯）、纤维素和硅胶. 基质上带有能离解的官能团基，按官能团基的性质，离子交换剂分为阳离子交换剂和阴离子交换剂. 再根据官能团基的离解度的大小还有强弱之分（见表 18.8）. 其中强阳离子交换剂和强阴离子交换剂较稳定，它们在高效液相色谱中应用较多.

表 18.8　离子交换剂上的官能基团

类型	官能团	类型	官能团
强阳离子交换剂 SCX	$—SO_3H$	强阴离子交换剂 SAX	$—N^+R_3$
弱阳离子交换剂 WCX	$—CO_2H$	弱阴离子交换剂 WAX	$—NH_2$

常用离子交换剂固定相大致有以下几种：

(1)多孔型离子交换树脂

它主要是聚苯乙烯和二乙烯苯的交联聚合物，聚合物中的二乙烯苯的含量称为交联度，直径一般为 5～10μm，有微孔型和大孔型之分[见图 18.9(a)、(b)]. 微孔型交联度高，骨架紧密，孔穴小. 大孔型除有微孔外，还有大孔结构. 多孔型离子交换剂具有交换基团多，有较高的交换容量，且对温度稳定性好. 离子交换树脂有固体电解质之称，随着树脂中的离子溶剂化程度不同，离子交换树脂的溶胀大小不一样. 在分离过程中离子交换剂的溶胀变化往往致使传质速度慢，柱效低，难以实现快速分离.

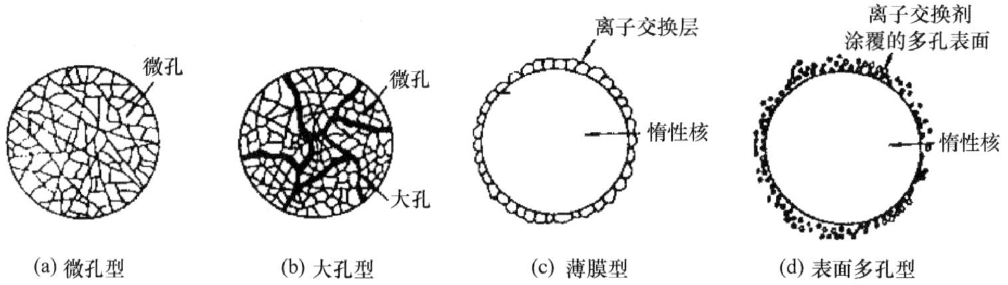

图 18.9　离子交换剂固定相

(2)薄膜型和表面多孔型离子交换树脂

薄膜型离子交换树脂是在直径约 30μm 的固体惰性核上，凝聚 1～2μm 厚的树脂层，如图 18.9(c) . 表面多孔型离子交换树脂是在惰性核上覆盖一层微球硅胶，然后采用机械方法或化学键合方法，在微球硅珠上涂上一层很薄的离子交换膜，如图 18.9(d).

这两类离子交换树脂很少发生溶胀，传质速度快，具有高的柱效，能实现快速分离. 但表层上的离子交换树脂量有限，交换容量小，柱子容易超负荷.

(3)离子交换键合固定相

上一节已提及过键合相离子交换树脂，它有两种类型. 一种是键合薄壳型，其载体是薄壳玻珠. 另一种是键合微粒载体型，它的表面是多孔微粒硅胶. 后者是一种优良的离子交换剂固定相. 它的优点是机械性能稳定，可使用小粒度固定相和高柱压实现快速分离.

5. 空间排阻色谱固定相

空间排阻色谱(或者尺寸排阻色谱)又称为凝胶渗透色谱,它的固定相是一种凝胶.所谓凝胶是指含有大量液体的柔软而富有弹性的物质.其惰性表面有许多大小不同的孔穴,并具有立体网状结构.凝胶的孔穴大小和试样的分子大小相当.对于太大的分子,不能进入孔穴而被排斥;小分子则完全相反,可以自由进出孔穴;居中的分子可渗入较大的孔穴,但受到较小孔穴的排斥;其结果试样组分按相对分子质量降低次序被洗脱.主要应用于研究分散性聚合物的相对分子质量的分布情况.凝胶色谱固定相种类很多,一般分为软性、半刚性和刚性凝胶三类,表 18.9 列出常用的一些固定相.

表 18.9　常用空间排阻色谱固定相

类　型	材　料	型　号	流　动　相
软性凝胶	葡萄糖	Sephadax	水
	聚苯乙烯	Bio-Bead-S	有机溶剂
半刚性凝胶	聚苯乙烯	Styragel	有机溶剂(丙酮和醇除外)
	交联聚乙烯醋酸酯	EMgel type OR	有机溶剂
刚性凝胶	玻璃珠	CPG-10	有机溶剂和水
	硅　胶	Porasil	有机溶剂和水

(1)软性凝胶

如葡萄糖凝胶、琼脂糖凝胶,都具有较小的交联结构,其孔穴吸入大量溶剂,并能溶胀到它们干体的许多倍.它们适用于水溶性溶剂作流动相,一般用于小分子质量的分析,不宜于用于高效液相色谱中.

(2)半刚性凝胶

如高交联度的聚苯乙烯(styragel),比软性凝胶稍耐压,溶胀性不如软性凝胶.常以有机溶剂为流动相,用于高效液相色谱,但流速不宜大.

(3)刚性凝胶

如多孔硅胶、多孔玻璃等,它们既能用水溶性溶剂,又能用有机溶剂作流动相,可在较高压强和较高流速下操作.一般控制压强<7MPa,流速≤1mL/s,否则影响凝胶孔径,造成不良影响.

6. 亲和力色谱固定相

亲和力色谱是利用生物大分子与固定相表面存在特异性亲和力,进行选择性分离的一种方法.固定相载体可以是有机填料或无机填料,在其表面上先键合一种具有一般反应性能的所谓间隔臂(如环氧、联氨等),然后再连接上配基(如酶、抗原或激素等).这种固定相表面上固载化的配基只能和具有亲和力特性吸附的某种生物大分子相互作用而被保留,无亲和力的不被保留.

许多生物大分子化合物具有这种亲和特性,如酶和其底物,抗原与其抗体,激素与受体,RNA 和及其互补的 DNA 等.当含有亲和物质的复杂混合物试样随流动相经过固定相时,亲和物就和配基结合而被保留,其他组分先流出色谱柱.

§18.3　色谱分离条件的选择

§18.3.1　气相色谱分离条件的选择

选择最佳气相色谱操作条件,应以色谱分离方程式和范第姆特速率理论为指导.

1. 柱长选择

柱长应适当,增加柱长虽然可以增大理论塔板数,但是同时也使峰变宽,分析时间延长.一般情况下,柱长选择以使组分能完全分离,分离度达到所期望的值为准.具体方法是选择一根极性适当,任意长度色谱柱进行实验,测定两组分的分离度,然后依据基本色谱分离方程式,来确定达到期望分离度的柱长.

例如,在一根柱长为 1m 的色谱柱上测得两组分的分离度 R 为 0.68,要使它们完全分离($R=1.5$),可按式(17.38) 计算:

$$L_2 = L_1\left(\frac{R_2}{R_1}\right)^2 = 1\text{m}\times\left(\frac{1.5}{0.68}\right)^2 = 4.87\text{m}\approx 5\text{m}$$

计算结果表明:在选定的条件下,色谱柱长为 5m 左右才能使分离度达 1.5.

2. 载气及流速的选择

根据范第姆特方程可以求出载气的最佳流速及所对应的最小塔板高度,即

$$u_{\text{opt}}=\sqrt{\frac{B}{C}} \tag{17.33}$$

$$H_{\min}=A+2\sqrt{BC} \tag{17.34}$$

上式中的常数 A,B,C 可由实验 H-u 曲线求出.

范第姆特方程指出,当 u 较小时,分子扩散项 B/u 是影响柱效的主要因素,此时宜采用分子质量大的气体作载气(如 N_2,Ar),以使组分在载气中有较小的扩散系数.当 u 较大时,传质阻力 Cu 起主导作用,宜采用相对分子质量小的气体作载气(如 H_2、He),使组分有较大的扩散系数;减小传质阻力,提高柱效.当然,选择载气还必须考虑所采用的检测器.

3. 柱温选择

柱温是气相色谱操作重要参数,柱温对柱效的影响是双向的.柱温高有利于加

快液相、气相的传质速率，降低传质阻力；有利于降低塔板高度，提高柱效. 但是柱温增高同时加剧纵向扩散，从而导致柱效下降. 另一方面柱温高还会增大固定液的蒸发流失. 为了提高选择性，改善分离，往往希望柱温较低. 但是，这又会增长分析时间. 所以柱温选择要兼顾几方面的因素，根据实际情况而定. 一般原则是：在使最难分离组分有尽可能有好的分离的前提下，适当低的柱温，以保留时间适宜，峰形不拖尾为宜.

对于宽沸程多组分混合物，一般采用程序升温进行分析. 图 18.10 为宽沸程试样在恒温和程序升温的分离结果的比较.

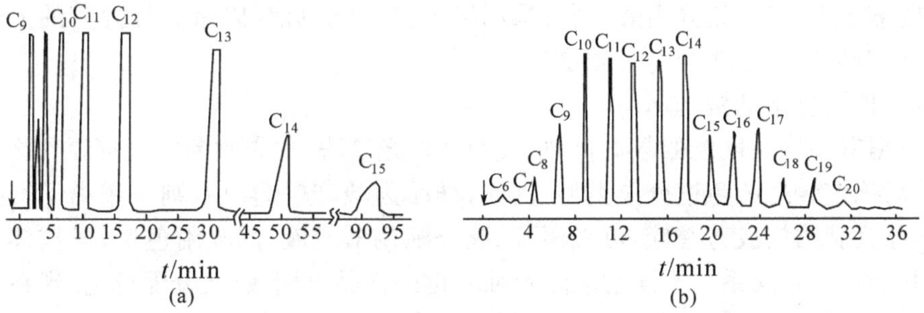

图 18.10　正构烷烃恒温和程序升温色谱图比较

(a) 恒温 150℃；(b) 程序升温 50～250℃，8℃/min.

4. 载体粒度选择

由速率理论方程式可知，载体粒度直接影响涡流扩散和传质阻力. 随着载体粒度减小，柱效明显提高. 但粒度过小，阻力将明显增大，使柱压降也显著增大，对操作带来不便. 一般载体粒度为柱径的 1/20～1/25 为宜.

5. 进样时间和进样量

进样必须快，如果进样时间太长，试样原始宽度变大，色谱峰随之变宽，对分离不利. 进样时间一般在 1s 内.

进样量随色谱柱内径、柱长及固定液用量的不同而异. 在实际分析中，最大允许量应控制在半峰宽基本不变，而峰高与进样量呈线性关系为宜. 如果进样量超过最大允许量，峰形变宽，线性关系会被破坏. 一般地说，色谱柱内径越大、越长、固定液用量越多，允许进样量越大.

§18.3.2　液相色谱分离条件选择

1. 分离类型的选择

HPLC 可供选择的固定相及流动相选择都有自身的特点和应用范围. 选择分离类型应根据分离分析的目的、试样的性质和量的多少、现有设备条件等来确定最合适分离方法.

(1)依据相对分子质量选择

一般的液相色谱(吸附、分配及离子交换)最适合的相对分子质量范围 200～2000. 对于相对分子质量大于 2000 的样品,则用空间排阻色谱较佳.

(2)根据溶解性能选择

弄清样品的溶解性能是十分有用的. 如果样品可溶于水并属于能离解的物质,以采用离子交换色谱为佳;如果样品溶于烃类(如苯或异辛烷),则可采用液固吸附色谱;如果样品溶于四氯化碳,则大多数可采用常规的分配或吸附色谱分离;如果样品既溶于水,又溶于异丙醇,则可采用液一液分配色谱,以水和异丙醇的混合物为流动相,以憎水性化合物为固定相.

(3)根据分子结构选择

依据有关样品性能的数据资料,或用红外光谱法,预先判断样品存在什么官能团. 然后确定合适的色谱分离类型. 例如,样品为酸、碱化合物,则采用离子交换色谱;样品为脂肪族或芳香族,可采用液-液分配色谱或液-固吸附色谱;异构体采用液-固吸附色谱;同系物不同官能团及强氢键的样品可用液-液分配色谱. 现在将其列入表 18.10,作为选择分离类型的参考.

表 18.10　液相色谱分离类型选择参考表

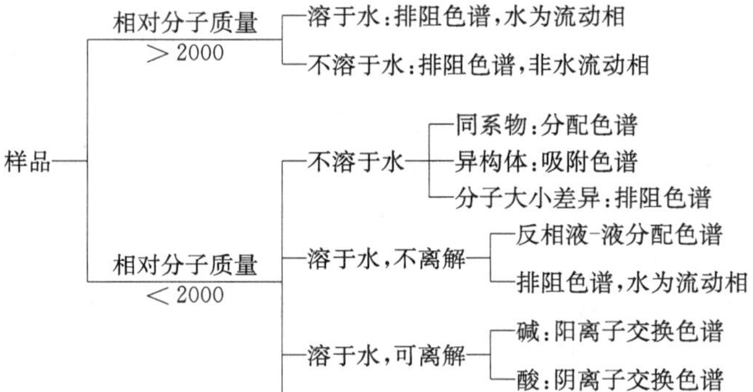

2. 流动相的选择

(1)液相色谱中流动相的一般要求

①化学稳定性好. 与样品不发生化学反应;与固定相不发生不可逆作用,应保持色谱柱效或柱的保留性能长期不变.

② 对样品组分具有合适的极性和良好的选择性.

③ 必须与检测器相适应,例如,采用紫外检测器,所选用的检测波长(工作波长)应比溶剂的紫外截止波长更长. 所谓溶剂的紫外截止波长是当小于紫外截止

波长的辐射通过溶剂时，溶剂对辐射产生强烈吸收，此时溶剂被看作是光学不透明的，它严重干扰组分的吸收测量. 表 18.11 列出了部分常用溶剂的紫外截止波长.

表 18.11　部分常用溶剂的紫外截止波长

溶剂	正己烷	二硫化碳	四氯化碳	苯	氯仿	二氯甲烷	四氢呋喃	丙酮	乙腈	甲醇	水
紫外截止波长/nm	190	380	265	210	245	233	212	330	190	205	187

④ 高纯度，不纯的试剂会引起基线不稳定，或产生"伪峰".

⑤ 低黏度，溶剂黏度过高，使压力增加，不利于分离；黏度过低，容易产生气泡；常用低黏度溶剂有丙酮、乙腈、甲醇等.

(2)液-固色谱的流动相

在液-固吸附色谱中，流动相称为洗脱剂. 对极性大的组分采用极性强的洗脱剂；反之，采用极性弱的洗脱剂. 用溶剂强度参数 ε° 来表示溶剂极性强度. ε° 越大，洗脱剂的极性越强. 对于给定吸附剂固定相，一般是通过控制溶剂极性强度来控制组分的容量因子 k 值. 但是，不同纯度溶剂的 ε° 值相差较大，从一种纯溶剂换成另一种，往往不能有效地控制 k 值. 若选用两种溶剂极性强度不同的溶剂按不同配比混合，可得到一系列 ε° 值间隔较小的混合溶剂，从而可提供合适的溶剂极性强度和容量因子. 表 18.12 中的 ε° 值最小和最大的二种溶剂混合溶液作流动相，调整配比可使试样组分的 k 值有较大的变化范围.

表 18.12　常用溶剂的极性强度参数

溶剂	ε°	溶剂	ε°	溶剂	ε°
氟烷	−0.25	苯	0.32	乙腈	0.65
正戊烷	0.00	氯仿	0.40	吡啶	0.71
石油醚	0.01	甲乙酮	0.51	正丙醇	0.82
环己烷	0. 04	丙酮	0.56	乙醇	0.88
四氯化碳	0.18	二乙胺	0.63	甲醇	0.95

在实际工作中，溶剂的选择需通过实验来确定，合理配制二元溶剂，精细控制组分的 k 值，有可能使大多数样品组分实现良好分离. 如果组分的 k 值范围很宽，则应采取梯度洗脱.

(3)液-液色谱的流动相

在液-液分配色谱中，流动相与固定相的极性差异越大越好. 正相分配色谱的流动相是以烃类(如己烷、庚烷等)为主，加入少量极性溶剂(如氯仿、甲醇等)改变流动相的极性和组成.反相分配色谱流动相是以水为主,再加入能与水混溶的有机溶剂,通过改变有机溶剂的组成,调整试样组分的容量因子,改善分离效率.甲醇是最常用的有机溶剂,其次是乙醇和四氢呋喃.

(4)键合相色谱

键合相色谱中固定相很稳定,不容易流失,适合于梯度洗脱.不同键合相色谱流动相的选择可参见表 18.7.

在非极性键合相色谱中,若用水-甲醇、水-乙腈溶液为流动相,可分离极性物质;若用水和无机盐的缓冲溶液作流动相,可以分离易离解的物质,如有机酸、有机碱、酚类等.从而克服正相吸附色谱分离这些物质时的柱效低和容易产生拖尾峰等缺点.

在极性键合相色谱中,常在非极性或小极性溶剂(如烃类)中加入适量的极性溶剂(如氯仿、醇、乙腈等)为流动相,分离异构体、极性化合物等.

(5)离子交换色谱流动相

离子交换色谱流动相通常是盐类的缓冲溶液.通过改变流动相的 pH、缓冲溶液的类型、离子强度、以及加入有机溶剂、配合剂都会改变分离选择性,提高分离效果.

流动相 pH 值大小控制酸碱离解平衡,从而控制了酸、碱组分的离子百分数.离子的比例越大,k 值越大;反之,k 值就小.若组分都以分子形式存在,则不被固定相保留.弱酸或弱碱的保留值取决于流动相的 pH 值.流动相的 pH 值是通过加入缓冲剂来调控.

流动相的离子强度增加,溶剂强度增大,组分的保留值减小.改变缓冲剂的浓度,或加入另一种盐类,可以改变流动相的离子强度,而保持流动相的 pH 值不变.组分的保留值受流动相的盐类总浓度控制.流动相盐类总浓度增加,即阳离子和阴离子的总数增加,使组分的保留值减小,强酸、强碱及其盐类样品,改变离子强度是控制保留值的最有效的方法.

离子交换树脂的基体离子对不同离子的亲和力不同,因而不同离子有不同的保留值.

对阴离子交换树脂,各种阴离子的保留能力次序为:柠檬酸根离子$>SO_4^{2-}>C_2O_4^{2-}>I^->HSO_4^->NO_3^->CrO_4^{2-}>Br^->SCN^->Cl^->$甲酸盐$>$乙酸盐$>OH^->F^-$.所以用柠檬酸根离子作流动相,各组分阴离子的保留值最小,反之,用氟离子作流动相,组分的保留值最大.

对阳离子交换树脂,各种阳离子的保留能力顺序为:$Fe^{3+}>Ba^{2+}>Pb^{2+}>Sr^{2+}>Ca^{2+}>Ni^{2+}>Cd^{2+}>Cu^{2+}>Co^{2+}>Zn^{2+}>Mg^{2+}>UO_2^{2+}>Tl^+>Ag^+>Cs^+>Rb^+>K^+>NH_4^+>Na^+>H^+>Li^+$.加入配合剂,可以利用不同阳离子的配合常

数差别，提高分离的选择性. 配合常数大的阳离子，由于以配合物或配合离子存在，以金属离子存在的比例减小，k 值也随之减小. 调节流动相的 pH 值或利用配位体缓冲溶液(金属离子的盐与其配合物配制的溶液)控制配位体浓度，从而可以控制阳离子以配合物存在的比例. 充分利用配合剂的选择，提高分离效率.

(6)空间排阻色谱流动相

在空间排阻色谱中，流动相的选择不是为了提高色谱柱的选择性，而是为了使样品更好地溶解，或是为了减少流动相黏度，提高柱效. 选用低黏度的流动相，其沸点要比柱温高 25～50℃，而且应与选用的固定相和检测器相匹配. 例如，采用聚苯乙烯为固定相，不利用强极性溶剂(醇类、丙酮、二甲亚砜、水)为流动相. 以硅胶为固定相，可选用的流动相很多. 此时，利用水溶液为流动相，其 pH 值应控制 2～8. 5 范围内，因为在高 pH 值和高离子强度，硅胶会加速溶解.

常用的流动相有四氢呋喃、甲苯、二甲基甲酰胺、氯仿、水等. 利用水作流动相的空间排阻色谱称为凝胶过滤色谱，适合于水溶样品. 以有机溶剂为流动相，称为凝胶渗透色谱，适合于非水溶样品.

§18. 4　仪器性能指标

色谱仪实际上是由分离和检测两大部分组成. 仪器性能指标应包括上述两部分. 分离性能的衡量已在第 17 章中介绍，本节主要介绍检测性能指标. 一个优良检测器应具有以下几个性能指标：灵敏度高、检出限低、死体积小、响应迅速、线性范围宽、稳定性好.

§18. 4. 1　灵敏度 *S*

灵敏度定义为响应信号 R 对进入检测器的组分量 C(浓度或质量)的变化率，即

$$S=\frac{\Delta R}{\Delta C} \tag{18.4}$$

在实际工作中，我们常常以测量色谱图峰面积来计算检测器的灵敏度. 对于浓度型检测器灵敏度计算公式为

$$S_c=\frac{A_i C_2 F'_c}{w_i C_1} \tag{18.5}$$

式中：S_c为灵敏度($mV \cdot mL \cdot mg^{-1}$)；$A_i$为色谱峰面积($cm^2$)；$C_2$为记录仪灵敏度($mV \cdot cm^{-1}$)；$F_c{}'$为检测器入口处载气流速($mL \cdot min^{-1}$)；$w_i$为进入检测器样品量(mg)；$C_1$为记录移动速度($cm \cdot min^{-1}$).

对于气体样品，进样量以体积 mL 表示，则灵敏度的单位为 $mV \cdot mL \cdot mL^{-1}$

对于质量型检测器，其灵敏度的计算公式为

$$S_m = \frac{60C_2A_i}{w_iC_1} \tag{18.6}$$

式中：S_m为灵敏度($mV \cdot s \cdot g^{-1}$)；w_i为进入检测器样品量(g)；60 为分秒换算系数.

例如，进样 0.5μL 纯苯，得色谱峰高 $h = 6.25cm$，半峰宽 $W_{1/2} = 0.25cm$，苯的相对密度为 $0.88g \cdot cm^{-3}$，记录纸走速 $C_1 = 0.5cm \cdot min^{-1}$，检测器入口处载气流速 $F_c' = 30cm^3 \cdot min^{-1}$，记录仪满量程为 10mV，满量程宽度为 25cm，检测器的灵敏度的计算如下：

$$w_i = 0.5 \times 10^{-3} cm^{-3} \times 0.88 \times 10^3 mg \cdot cm^3 = 0.44mg$$

$$C_2 = 10mV/25cm = 0.4mV \cdot cm^{-1}$$

$$A_i = 1.065h \cdot W_{1/2} = 1.065 \times 6.25cm \times 0.25cm$$

将上述各式代入式(18.5)，得

$$S_c = \frac{1.065 \times 6.25cm \times 0.25cm \times 0.4mV \cdot cm^{-1} \times 30cm^3 \cdot min^{-1}}{0.44mg \times 0.5cm \cdot min^{-1}}$$

$$= 90.8mV \cdot cm^3 \cdot mg^{-1}$$

§18.4.2 检出限

检出限的定义是：能产生二倍于噪声信号($2R_N$)时，单位时间进入检测器的试样量(质量或体积). 浓度型检测器检出限为

$$D_c = 2R_N/S_c \tag{18.7}$$

式中，D_c的物理意义是每毫升载气中含有能产生二倍于噪声信号的溶质毫克数.

质量型检测器的检出限为

$$D_m = 2R_N/S_m \tag{18.8}$$

D_m的物理意义是每秒钟进入检测器的溶质克数，恰好产生 2 倍于噪声信号.

§18.4.3 最小检测量

在实际工作中，检测器不可能单独使用，它总是与柱、气化室、记录仪以及连接管道等组成一个色谱体系. 那么，最小检测量是相对于整个色谱系统而言，是指产生二倍于噪声峰高时，色谱体系(即色谱仪)的所需进样量. 对于由浓度型检测器组成的色谱系统，其最小检测量(单位为 mg)为

$$w_c^0 = \frac{1.065W_{1/2}F_c'}{C_1} \cdot D_c \tag{18.9}$$

对于由质量型检测器组成的色谱系统，其最小检测量（单位为 g）为

$$w_{\mathrm{m}}^{0}=\frac{1.065W_{1/2}60}{C_1}\cdot D_{\mathrm{m}} \tag{18.10}$$

可见，最小检测量与检出限是两个不同的概念：检出限只能衡量检测器的性能；而最小检测量不仅与检测器的性能有关，还与色谱柱和操作条件有关.

§18.4.4　线性范围

检测器的线性范围定义为检测器的响应信号呈线性时最大和最小进样量之比，或最大允许进样量（浓度）与最小允许进样量（浓度）之比. 同一检测器对不同组分的线性范围是不同的，不同种类的检测器的线性范围差别很大.

§18.4.5　响应时间

响应时间是指某组分进入检测器后输出信号到达应响应值的 63%所需要的时间. 检测器的死体积小，电路系统的滞后现象小，响应就快. 一般都应小于 1s.

§18.5　定性和定量分析

色谱图中每个峰的保留值原则上代表样品中的一组分. 每个峰的面积的大小与样品组分的含量成正比. 一般地说，色谱分析时应对大多试样进行预处理，使之成为适合色谱分析的样品.

§18.5.1　定性分析

色谱定性分析的依据是色谱峰的保留值，在同样条件下，与标准物质对照确定. 对于复杂的混合物，单靠色谱法对未知组分进行鉴定不能得到令人信服的结论. 近年来，色谱与质谱、光谱等联用，充分发挥了色谱高效分离能力，结合质谱、光谱的鉴别能力，为未知物的定性分析开辟了广阔的前景.

1. 用已知纯物质进行对照分析

用已知纯物质的混合物和未知样品进行对照分析，或用纯物质作为标志加入到未知样品中和未加纯物质作标志的样品进行对照分析，比较在相同条件下所获得的色谱图，如图 18.11，这是最常用的方法.

在同样的条件下，被测样品中色谱峰的保留值和标准物色谱峰的保留值一致时，可以判定它们是同一物质. 但是，有时不同组分的色谱峰也可能具有相同的保留值. 所以单柱定性结论并不十分可靠. 若能采用选择性不同的两根或两根以上的柱子再次进行对照，则定性分析更准确.

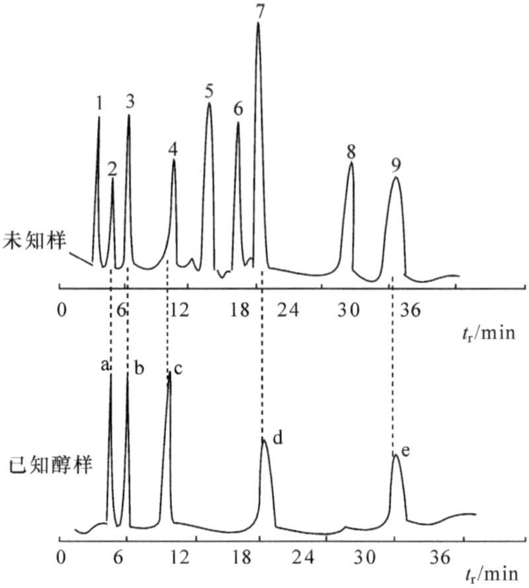

图 18.11　用已知纯物质和未知样品对照分析示意图

1～9. 未知物的色谱峰

a. 甲醇峰；b. 乙醇峰；c. 正丙醇峰；d. 正丁醇峰；e. 正戊醇峰.

在实际工作中，要求在完全相同的条件下进行对照实验是十分困难的. 在相同的条件下进行重复实验，通常同一组分的保留值在一定范围波动. 相对保留值的波动范围比保留值的波动范围小得多，所以，在色谱定性分析中，利用相对保留值比直接利用保留值更方便可靠. 利用相对保留值要求找一个基准物质作为计算相对保留值的基准. 在色谱分析中，可用流动相的前沿作为基准；也可以选择色谱图第一个色谱峰的保留值作为基准；最好所选用的基准物质的保留值邻近于待测组分的保留值.

2. 利用保留值的规律性进行定性

无纯的物质进行对照分析时，必须利用文献资料和经验规律来进行定性. 以下两个定性方法是气相定性常采用的方法.

(1)碳数规律

大量实验证明，在一定温度下，同系物的调整保留时间的对数与分子中碳原子数成线性关系，即

$$\lg t_r{}' = A_1 n + C_1 \qquad (18.11)$$

式中：A_1 和 C_1 是常数；n 为分子中的碳原子数($n \geqslant 3$). 该式表明，如果知道某一同系物中两个或更多组分的调整保留值，则可根据上式推知同系物中其他组分的调整保留值.

(2)沸点规律

同族具有相同碳数碳链的异构体化合物，其调整保留时间的对数和它们的沸点呈线性关系，即

$$\lg t_r' = A_2 T_b + C_2 \tag{18.12}$$

式中：A_2 和 C_2 均为常数；T_b为组分的沸点(K). 由此可见，根据同族同数碳链异构体中几个已知组分的调整保留时间的对数值，可求得同族中具有相同碳数的其他异构体的调整保留时间.

3. 根据保留指数进行定性

Kovats 保留指数是广泛采用的定性指标. 根据固定相和柱温直接与文献值对照，而不需要标准物质.

人为规定正构烷烃的保留指数为其碳数乘 100，如正己烷和正辛烷的保留指数分别为 600 和 800. 至于其他物质的保留指数，则可采用两个相邻正构烷烃保留指数进行标定. 测定时，将碳数为 n 和 $n+1$ 的正构烷烃加入样品 x 中进行分析，若测得它们的调整保留时间分别为 $t_r'(C_n)$，$t_r'(C_{n+1})$和 $t_r'(x)$且 $t_r'(C_n)<t_r'(x)<t_r'(C_{n+1})$时，则组分 x 的保留指数可按下式计算，即

$$I_x = 100 \cdot \left[n + \frac{\lg t'_r(x) - \lg t_r'(C_n)}{\lg t_r'(C_{n+1}) - \lg t_r'(C_n)}\right] \tag{18.13}$$

同系物组分的保留指数之差一般应为 100 的整数倍. 一般说来，除正构烷烃外，其他物质保留指数的$\frac{1}{100}$并不等于该化合物的含碳数. 利用式(18.13)求出未知物的保留指数，然后与文献值对照，即可实现未知物的定性.

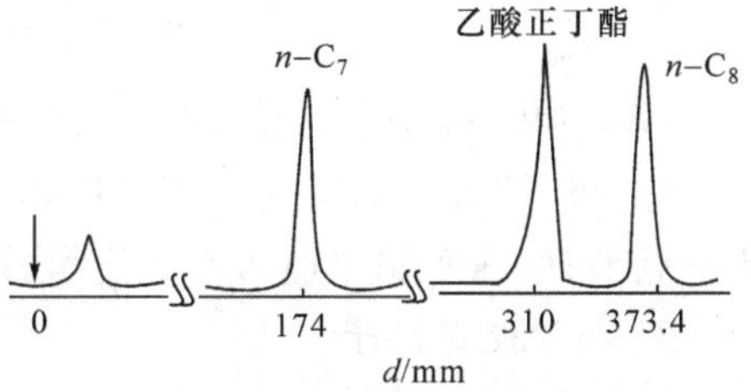

图 18.12　保留指数测定示意图

例 1　图 18.12 为乙酸正丁酯在阿皮松 L 柱上的流出曲线(柱温 100℃). 由图中测得调整保留距离为：乙酸正丁酯 310.0mm，正庚烷 174.0mm，正辛烷 373.4mm，求乙酸正丁酯的保留指数.

解　已知 $n=7$

$$I_x = 100 \times \left[7 + \frac{\lg 310.0 - \lg 174.0}{\lg 373.4 - \lg 174.0}\right] = 775.6$$

即乙酸正丁酯的保留指数为 775.6. 在与文献值对照时，一定要重现文献值的实验条件，如固定液、柱温等. 而且要用几个已知组分进行验证.

不同领域的各种色谱分离方法，同类物质的保留值都有内在的规律性联系，这种内在规律性联系以及文献提供的数据和自己的实验获得的资料，都能成为定性分析的有用的依据. 对成分较复杂的物质，其色谱图的结构：峰的个数、位置、形状

以及峰的强弱，都是该物质区别其他物质的定性依据.

§18.5.2 定量分析

在一定色谱条件下，组分 i 的质量(m_i)或其在流动相中的浓度，与检测器响应信号(峰面积 A_i 或峰高 h_i)成正比：

$$m_i = f_i^A A_i \tag{18.14}$$

或

$$m_i = f_i^h h_i \tag{18.15}$$

式中，f_i^A 和 f_i^h 是绝对校正因子. 这是色谱定量分析的依据.

1. 响应信号的测量

(1) 峰高测量

色谱峰的峰高是其峰顶与基线之间的距离，测量方法比较简单.

(2) 对称形峰面积测量

峰高乘以半峰宽法.

$$A_i = 1.065 \cdot h_i \cdot W_{\frac{1}{2}} \tag{18.16}$$

(3) 不对称的峰面积测量

峰高乘以平均峰宽法

$$A_i = \frac{1}{2} h_i (W_{0.15} + W_{0.85}) \tag{18.17}$$

式中：$W_{0.15}$ 和 $W_{0.85}$ 分别是峰高 0.15 和 0.85 处的峰宽值.

峰面积的大小不易受操作条件如柱温、流动相的流速、进样速度等的影响. 从这一点来看，峰面积更适于作为定量分析的参数.

2. 定量校正因子

(1) 绝对校正因子

从式(18.14)和(18.15)可知，组分 i 的峰面积和峰高的绝对校正因子分别为

$$f_i^A = \frac{m_i}{A} \tag{18.18}$$

和

$$f_i^h = \frac{m_i}{h} \tag{18.19}$$

由此可见，绝对校正因子是指组分 i 通过检测器的量与检测器对该组分的响应信号之比. m_i 的单位可以是重量、摩尔或体积(对气体).

很明显，绝对校正因子受仪器及操作条件的影响大，故其应用受到限制；在实际定量分析中，一般常采用相对校正因子.

(2) 相对校正因子

相对校正因子是指组分 i 与标准组分 s 的绝对校正因子之比，即

$$f_{is}^{A}=f_{i}^{A}/f_{s}^{A}=\frac{A_s \cdot m_i}{A_i \cdot m_s} \tag{18.20}$$

$$f_{is}^{h}=f_{i}^{h}/f_{s}^{h}=\frac{h_s \cdot m_i}{h_i \cdot m_s} \tag{18.21}$$

式中：f_{is}^{A}和 f_{is}^{h}分别为组分 i 的峰面积和峰高相对校正因子；f_{s}^{A} 和 f_{s}^{h} 分别为标准组分 s 的峰面积和峰高绝对校正因子，其他符号的含义同前.

相对校正因子的测量：准确称量被测组分和标准物质，混合后分离，分别测量其峰面积，计算相对校正因子，多次测量，取其平均值.

必须注意，相对校正因子是一个无量纲量，但它的数值与采用的计量单位有关，也与所用检测器有关. 另外，由于绝对校正因子很少使用，因此，一般文献上提到的校正因子，就是相对校正因子.

(3) 相对响应值

相对响应值(S_{is})也叫相对应答值，即相对灵敏度，当计量单位相同时，它们与相对校正因子互为倒数：

$$S_{is}=\frac{1}{f_{is}} \tag{18.22}$$

3. 定量方法

(1) 外标法

外标法是色谱定量分析中较简易的方法，即标准曲线法. 此法的优点是操作简单，因而适于工厂控制分析和自动分析；但结果的准确度取决于进样量的重现性和操作条件的稳定性.

(2) 内标法

当只需测定试样中某几个组分，或试样中所有组分不可能全部出峰时，可采用内标法，具体做法是：准确称取样品，加入一定量某种纯物质作为内标物，然后进行色谱分析，根据被测物和内标物在色谱图上相应的峰面积(或峰高)和相对校正因子，求出某组分的含量，因为

$$\frac{m_i}{m_s}=\frac{A_i f_{is}^{A}}{A_s f_{ss}^{A}} \quad 且 \quad m_i=\frac{A_i f_{is}^{A} m_s}{A_s f_{ss}^{A}}$$

故

$$m_i\%=\frac{m_i}{m}\times 100\%=\frac{A_i A_{is}^{A} m_s}{A_s f_{ss}^{A} m}\times 100\% \tag{18.23}$$

式中：m_s，m 分别为内标物质量和试样质量(注意：m 中不包括 m_s)；A_i，A_s 为被测组分和内标物的峰面积；f_{is}^{A}和 f_{ss}^{A}为被测组分和内标物的相对质量校正因子.

在实际工作中，一般以内标物作为基准，即 $f_{ss}^{A}=1$，此时式(18.23)可简化为

$$m_1\% = \frac{A_i}{A_s} \cdot \frac{m_s}{m} \cdot f_{is}^{A} \times 100\% \qquad (18.24)$$

由式(18.23)可见,内标法是通过测量内标物及欲测组分的峰面积的相对值来进行计算的,因而可以在一定程度上消除操作条件变化所引起的误差.

内标法的要求是:内标物必须是待测试样中不存在的;内标峰应与试样中各组分的峰分开,并尽量接近欲分析的组分.

内标法的缺点,是在试样中增加了一个内标物,这常常给分离造成一定的困难.

(3) 归一化法

归一化法是把试样中所有组分的含量之和按 100%计算,以它们相应的色谱峰面积或峰高为定量参数,通过下列公式计算各组分含量:

$$m_i\% = \frac{A_i f_{is}^{A}}{\sum_{i=1}^{n} A_i f_{is}^{A}} \times 100\% \quad 或 \quad m_i\% = \frac{h_i f_{is}^{h}}{\sum_{i=1}^{n} h_i f_{is}^{h}} \times 100\% \qquad (18.25)$$

当各组分的 f_{is}^{A}相近时,计算公式可简化为

$$m_i\% = \frac{A_i}{\sum_{i=1}^{n} A_i} \times 100\% \qquad (18.26)$$

由上述计算公式可见,使用这种方法的条件是:经过色谱分离后,样品中所有的组分都要能产生可测量的色谱峰.该法的主要优点是:简便、准确;操作条件(如进样量、流速等)变化时,对分析结果影响较小,这种方法常用于常量分析,尤其适合于进样量很少而其体积不易准确测量的液体样品.

§18.6 色谱新技术介绍

§18.6.1 毛细管气相色谱仪

1. 毛细管气相色谱仪结构

毛细管气相色谱仪与一般 GC 色谱仪在结构上十分类似,在 GC 柱前多一个分流或不分流进样器,在 GC 柱后加有尾吹气路.常用的毛细管气相色谱仪大多是单气路,其结构如图 18.13 所示.

毛细管柱具有柱容量小,出峰快的特点,因此在进样和检测方面有些特殊技术要求.它要求在瞬时注入小量样品,对进样技术要求极严,进样器质量好坏直接影响定量分析结果.并要求检测器和记录仪能快速响应,而且检测器具有较高灵敏度.

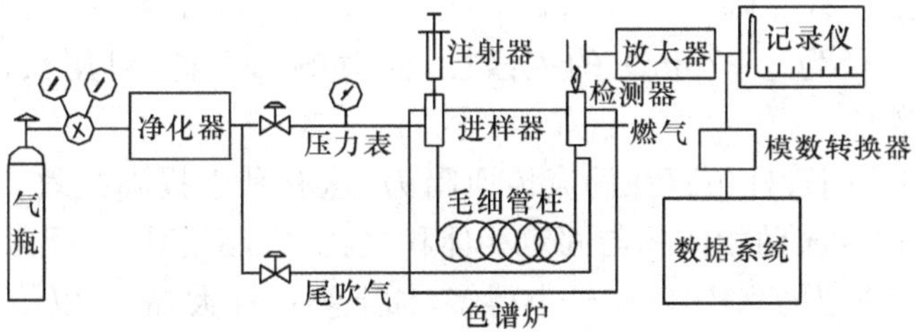

图 18.13　毛细管气体色谱仪结构示意图

2. 毛细管色谱柱分类

毛细管色谱柱的内径小于 1mm，分为填充型和开管型两类. 填充型又分填充毛细管（先在玻璃管内松散地装入载体，拉成毛细管后再涂固定液）和微型填充柱（与一般填充柱相同，只是管径细，载体颗粒在几十至几百微米）. 这类毛细管柱目前已很少使用. 目前普遍使用的是开管型毛细管柱，“开管”是指毛细管中心部位是通畅无阻的. 按固定液涂渍方法不同，开管型可分为以下几类：

(1)涂壁开管柱（WCOT）

这种毛细管柱是将内壁先进行处理，然后再把固定液直接涂渍在内壁上. 现在绝大部分毛细管柱属于这种类型.

(2)多孔层开管柱（PLOT）

在管内壁除一层多孔性吸附剂固体微粒，不再涂固定液. 实际上，这是气固毛细管色谱开管柱.

(3)载体涂渍开管柱（SCOT）

先在毛细管内壁涂一层载体，如硅藻土，然后在载体上再涂以固定液. 这种毛细管柱的液膜厚，固定液量较大，因此柱容量比 WCOT 柱大.

(4)交联型开管柱

它是采用交联引发剂，在高温处理下，将固定液交联到毛细管内壁上. 这类毛细管柱与 WCOT 柱、SCOT 柱相比较，耐温性高，抗溶剂冲刷性强，同时保持高柱效性能. 是目前发展迅速，较理想的一种毛细管柱.

(5)键合型开管柱

用化学方法将固定液键合到经表面处理的毛细管内壁上或管内壁所涂敷硅胶的表面上. 由于固定液是键合上去的，大大提高了柱的热稳定性.

3. 毛细管柱的特点

(1)渗透性好，可使用较长的色谱柱. 开管型毛细管柱对载气的阻力很小，在相同的柱压降条件下，可使用的毛细管色谱柱长比填充柱色谱柱长长得多. 例如

2.4m 长的填充柱，柱压降大约为 2.2×10^6 Pa，在该柱压降条件下，对 WCOT 柱可用长达 192m（内径为 0.27mm）的色谱柱，而对 SCOT 柱，可用长达 250m（内径 0.5mm）的色谱柱.

(2)开管型毛细管柱不存在涡流传质阻力，这有利于提高柱效；开管型毛细管柱的相比率 β（柱内流动相体积与固定相体积之比）大，对相同分配系数 K 值，开管型毛细管柱的容量因子则比填充柱小得多，加上渗透性大，故可以使用很高的载气流速，实现快速分析.

(3)柱容量小，允许进样量少. 进样量取决于柱内固定液含量，毛细管柱涂渍的固定液仅几十毫克，液膜厚度为 0.35～1.5μm，致使柱容量小. 对液体样品，一般进样量为 10^{-2}～10^{-3} μL，故需要采用分流进样技术.

(4)总柱效高. 虽然毛细管柱柱效比填充柱柱效高，但仍在同一数量级水平. 但毛细管柱长比填充柱长大 1～2 个数量级，所以总柱效远高于填充柱. 这样就大大提高了分离复杂混合物的能力.

总之，与填充柱比较，毛细管柱在柱长、内径、固定液液膜厚度、容量以及分离能力上都有较大的差别. 表 18.13 对三种气相色谱柱进行了比较. 为了证明毛细管色谱具有高的分离能力，表 18.14 列出了用三种色谱分离油酸甲酯和硬脂肪酸甲酯的比较.

表 18.13 毛细管柱与一般填充柱的比较

色谱柱种类	WCOT	SCOT	填充柱
长度/m	10～100	10～50	1～5
内径/mm	0.1～0.8	0.5～0.8	2～4
液膜厚度/μm	0.1～1	0.8～2	10
每个峰的容量/ng	<100	50～300	10 000

表 18.14 三种色谱柱分离性能比较

色谱柱种类	WCOT	SCOT	填充柱
柱长 L/m	100	15	2.4
流速 u/(cm · s^{-1})	16	20	8
柱效 H/mm	0.34	0.61	0.73
容量因子 k	2.7	11.2	58.6
理论塔板数 n	2.94×10^5	2.46×10^4	3.29×10^3
分离度 R	10.6(高)	3.87(中等)	1.51(低)
保留时间/(t_r/min)(油酸甲酯)	38.2	153	29.8

§18.6.2　超临界流体色谱仪

超临界流体色谱(SFC) 是指流动相为超临界流体的一种色谱法. 所谓超临界流体是指流动相既不是气体,也不是液体,它的物理性质介于气体和液体之间. 这种色谱技术是 20 世纪 80 年代发展起来的. 它具有独到的优点,能解决部分分离难题. 据权威估计,至今约有全部分离的 25%涉及难以分离的物质,通过超临界流体色谱取得较为满意的结果.

1. 超临界流体色谱仪结构

1985 年出现第一台商品型超临界流体色谱仪,图 18.14 表示了超临界流体色谱结构示意图. 仪器中不少部分类似于 HPLC 仪,但有两点重要差别:

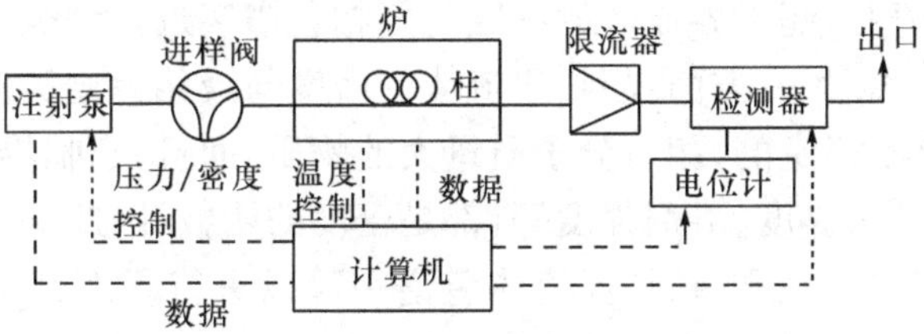

图 18.14　超临界流体色谱仪结构示意图

(1)色谱柱及其恒温控制

用于超临界流体色谱的色谱柱可以是填充柱或毛细管柱. 其中毛细管超临界流体色谱具有特别高的分离效率. 为了提供对流动相的精确温度控制,色谱柱安装在恒温控制的柱炉内.

(2)带有一个限流器(或称反压装置)

限流器一方面能维持柱压在一个合适的压力状态,另一方面通过它将超临界流体转化为气体,然后进入检测器进行测量. 我们可以把限流器看成是超临界流体色谱柱末端延伸部分.

超临界流体色谱仪可以采用 HPLC 仪常用的检测器,如紫外、荧光、火焰光度等. 但它的另一优点是可以采用在 GC 仪中使用的火焰离子化检测器. 火焰离子化检测器对有机物分析具有较高的灵敏度,采用它可以提高超临界流体色谱对有机物测定的灵敏度.

2. 流动相

(1)超临界流体

①物质的临界点

某些纯物质具有三相点和临界点. 纯物质的相图可用图 18.15 表示,在三相点

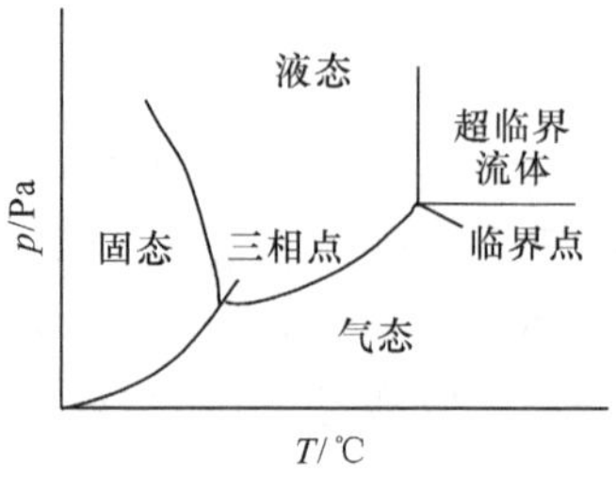

图 18.15　纯物质的相图

条件下,气态、液态和固态处在平衡状态.而物质处在超临界压力和超临界温度以上,物质此时既不是气体,也不是液体,却始终保持为流体.临界点是物质保持为超临界流体状态的最低压力(临界压力)和最低温度(临界温度).在临界温度和临界压力以上,即在超临界状态下,随着压力、温度的升降,物质的密度会发生变化.临界温度和临界压力通常高于三相点.

②超临界流体的特性

超临界流体的物理特性介于气体和液体之间(见表 18.15),对分离十分有利.表 18.15 的数据表明,超临界流体的黏度与气相色谱接近,因此溶质的传质阻力很小,可高效快速分离.另一方面,超临界流体的密度与液相色谱类似,这有利于在较低温度下,分离热不稳定的、相对分子质量大的物质.而且,超临界流体的物理性质和化学性质,如扩散、黏度、溶剂强度等,都是密度的函数.因此,只要改变流体的密度,就可以改变流体的性质.超临界流体色谱中可以进行程序升密度,就如同气相色谱中的程序升温和液相色谱中的梯度洗脱.

表 18.15　超临界流体、气体、液体的物理性质比较

	气　体	超临界流体	液　体
密度/($g \cdot cm^{-3}$)	$(0.62\sim2)\times10^{-3}$	$0.2\sim0.5$	$0.6\sim2$
扩散系数/($cm^2 \cdot s^{-1}$)	$(1\sim4)\times10^{-1}$	$10^{-3}\sim10^{-4}$	$(0.2\sim0.5)\times10^{-5}$
黏度/($g \cdot cm^{-1} \cdot s^{-1}$)	$(1\sim3)\times10^{-4}$	$(1\sim3)\times10^{-4}$	$(0.2\sim3)\times10^{-2}$

(2)压力效应

以超临界流体作为流动相,它的密度随压力增加而增加.对容量因子产生显著影响,即密度增加引起流动相的溶剂效率提高,同时可缩短淋洗时间.例如,对于十六碳烷烃,采用 CO_2 作为流动相,当压力由 7.0×10^5 Pa 增加到 9.0×10^6 Pa,淋洗时间由 25min 缩短到 5min.在超临界流体色谱中,通过程序升压来实现流体的程序升密.

(3)用作超临界流体的物质

通常作为超临界流体色谱流动相的物质有:CO_2,N_2O,NH_3,n-C_4H_{10},其超临界流体的物理性质列在表 18.16 中.

表中数据表明,这四种流体的临界压力和温度在实验室条件下较容易实现;这些流体的高密度特性,使它们具有溶解大量非挥发性分子的能力.例如 CO_2 流体能

表 18.16　一些超临界流体的性质

流 体	临界点温度 /℃	临界点压力 /($\times10^6$Pa)	临界点的密度 /($g\cdot cm^{-3}$)	在 4×10^7Pa 下的密度 /($g\cdot cm^{-3}$)
CO_2	31.1	72.9	0.47	0.96
N_2O	36.5	71.7	0.45	0.94
NH_3	132.5	11.28	0.24	0.40
n-C_4H_{10}	152.0	37.5	0.23	0.50

很好溶解 5～30 个碳原子的正烷烃和多环芳烃. CO_2流体是最广泛使用的流动相，它无色、无味、无毒，容易获得，并且价廉，对各类有机物都是一种很好的溶剂. 而且它在紫外区是透明的，流动相允许对温度、压力有较宽的选择范围. 有时可在其流体中加入 1%～5%的甲醇，以改进分离的选择因子.

除表 18.16 列出的流体之外，作流动相的还有乙烷、戊烷、二氯二氟甲烷、二乙基醚和四氢呋喃等.

3. 超临界流体色谱的特点

(1)与高效液相色谱比较

超临界流体色谱柱效是高效液相色谱的 3 倍. 而且前者的最小塔板高的线流速是后者的 4 倍左右，见图 18.16. 因此超临界流体色谱分离时间比高效液相色谱短，见图 18.17.

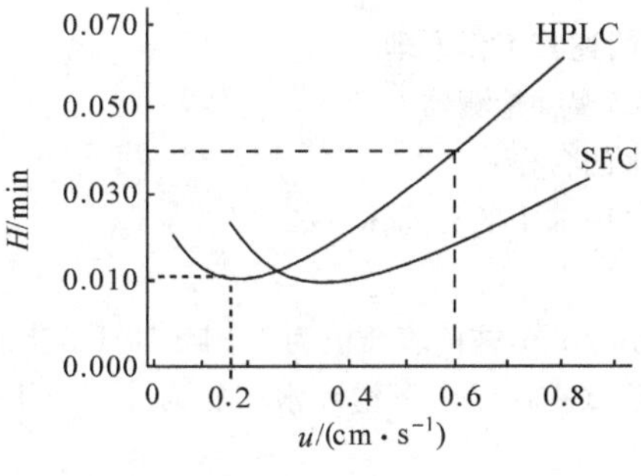

图 18.16　HPLC 与 SFC 的 H-u 关系曲线比较

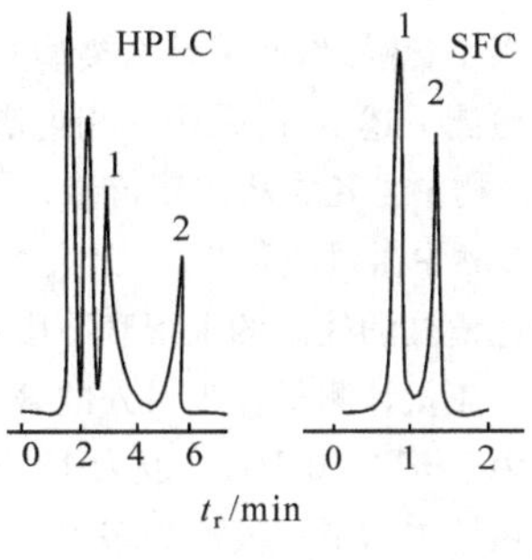

图 18.17　HPLC 与 SFC 色谱图比较

(2)与气相色谱比较

超临界流体色谱的峰宽比气相色谱窄，这是因为流体的黏度处在液体和气体之间. 另外，在超临界流体色谱中流动相不仅载带溶质移动，而且与溶质产生相互作用，影响分离的选择因子. 加之，溶质溶于超临界流体，可以把它比拟为溶质在气相中挥发，大分子物质在流动相的分压很大. 这样，可以在比气相色谱低得多的温

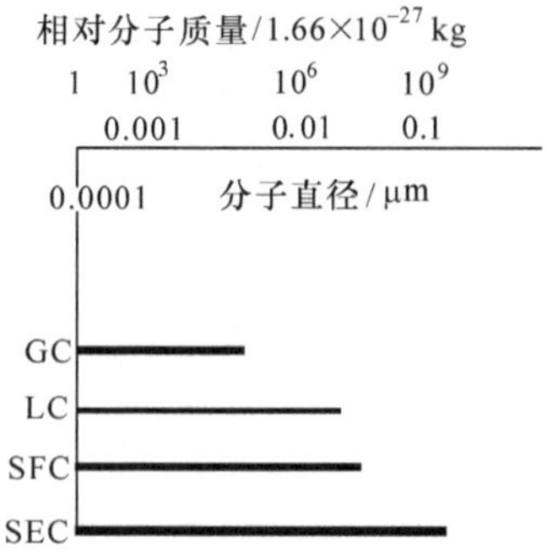

图 18.18 各种色谱法测定相对分子质量范围比较

度下，实现对大分子物质、热不稳定化合物、高聚物等有效分离.

(3)应用范围广泛

图 18.18 描绘了 SFC 与 GC，LC，SEC(空间排阻色谱) 测定分子质量的范围比较. 该图表明在分离测定时，适应的分子质量范围 SFC 比 GC 大几个数量级，基本与 LC 相当. 虽然低于 SEC，但 SFE 的选择性大大优于 SEC.

超临界流体色谱被广泛应用于天然物质、药物、表面活性剂、多聚物、高聚物、农药、炸药和火箭推动剂等物质的分离和分析.

参考文献

[1] 王彦吉，宋增福. 光谱分析与色谱分析. 北京：北京大学出版社，1995

[2] 胡之德，范必威. 分离科学与技术概论. 成都：四川科学技术出版社，1996

[3] 方惠群，史坚. 仪器分析原理，第一版，南京大学出版社，1994

[4] 北京大学化学系仪器分析教学组. 仪器分析教程. 北京：北京大学出版社，1997

[5] 赵藻藩，周性尧，张悟铭，赵文宽. 仪器分析. 北京：高等教育出版社，1990

习题与思考题

习 题

1. 火焰离子、热导检测属什么类型检测器? 分别简述其工作原理.
2. 为了检测下述组分，采用气相色谱分析时宜选择哪种检测器?
   (1) 作物中含氯农药的残留量；　(2) 酒中水的含量；
   (3) 啤酒中微量硫化物；　(4) 苯和二甲苯中的异构体.
3. 气相色谱柱的柱温的上限和下限各取决什么?
4. 用皂膜流量计测得柱出口处的载气流速为 30mL/min，柱前表压值为 1.34×10^5 Pa，当时的大气压为 1.01×10^5 Pa，柱温为 127℃，室温为 27℃(在该温度下饱和水蒸压为 3.55×10^3 Pa)，载气在柱中的平均流速为多少?
5. 如何选择气相分离条件? 影响分离度的最主要因素是什么?
6. 什么是化学键合相，它的优点是什么?
7. 什么是梯度淋洗? 它和气相色谱的程序升温有何异同?
8. 在液相色谱中，提高柱效的途径有哪些? 其中最主要途径是什么?
9. 指出下列色谱法最宜分离的物质种类：
   (1) 气-液色谱；(2) 气-固色谱；(3) 正相色谱；(4) 反相色谱；(5) 液-固色谱；(6) 离子交换色谱；(7) 凝胶色谱.

10. 分离下列物质宜采用何种液相色谱方法？

(1) 蒽与菲；(2) CH_3CH_2OH 和 CH_3CH_2CHOH；(3) Ba^{2+} 和 Sr^{2+}；

(4) C_4H_9COOH 和 $C_5H_{11}COOH$；(5) 高相对分子质量的葡糖苷.

11. 以正丁烷基-丁二烯为基准，在氧二丙腈和角鲨烷上测得相对保留值分别为 6.24，0.95，试求正丁烷基-丁二烯的相对保留值为 1 时固定液的极性 P.

12. 一色谱分析中，组分 B 的保留指数为 882.3，组分 A 在相邻的两种正构烷烃之间流出，三者的调整保留时间分别为 10，11，12min，最先流出的正构烷的保留指数是 800，求出组分 A 的保留指数，并指出 A，B 是否可能是同系物.

13. 氢气为流动相，20％聚乙二醇 20 000 涂布于 Chromosorb W 上作固定相，分离正己醇、正庚醇、正辛醇、正壬醇，它们的保留时间的顺序如何？为什么？

14. 指出下列物质在正相色谱和反相色谱中的洗脱顺序：

(1) 正己烷、正己醇、苯；　(2) 乙酸乙酯、乙醚、硝基丁烷.

15. 在毛细管色谱和液相色谱中，范氏方程中各项对柱效的影响有哪些项显著不同？

16. 比较气相色谱、液相色谱和超临界色谱的特点.

思考题

1. 色谱仪实际上是由分离和检测两大部分组成. 请将所有的色谱检测技术进行总结，然后根据已学过的知识，设计几种新的色谱检测器.

2. 色谱淋洗曲线由计算机给出时，计算机如何判断色谱峰的起始点和终止点？

3. 两相邻色谱峰相互重叠严重，如何进行谱峰分解分别进行定量分析？

第 19 章　质 谱 分 析[1~5]

§19.1　质谱分析法的原理及基本过程

质谱仪是一种测量带电粒子质荷比的装置，利用带电粒子在电场和磁场中运动(偏转、漂移、振荡)行为进行分离与测量. 在离子源中样品分子被电离和解离，电离后成为带单位正电荷的“分子离子”(用 M^{+} 表示). 解离后生成一系列的碎片，这些碎片可能带正电荷形成碎片离子、或带负电荷或呈中性.

将分子离子和碎片离子引入到一个强的正电场中，使之加速，加速电位通常用到 6～8kV，此时所有带单位正电荷的离子获得的动能都一样，即

$$eV=\frac{mv^2}{2} \tag{19.1}$$

由于动能达数千电子伏(eV)，可以认为此时各种带单位正电荷的离子都有近似相同的动能. 但是，不同质荷比的离子具有不同的速度，利用离子不同质荷比及其速度差异，质量分析器可将其分离，然后由检测器测量其强度. 记录后获得一张以质荷比(m/z)为横坐标，以相对强度为纵坐标的质谱图.

质谱分析的基本过程可以分为四个环节：(1)通过合适的进样装置将样品引入并进行气化；(2)气化后的样品引入到离子源进行电离，即离子化过程；(3)电离后的离子经过适当的加速后进入质量分析器，按不同的质荷比(m/z)进行分离；(4)经检测、记录，获得一张谱图. 根据质谱图提供的信息，可以进行无机物和有机物定性与定量分析、复杂化合物的结构分析、样品中同位素比的测定以及固体表面的结构和组成的分析等.

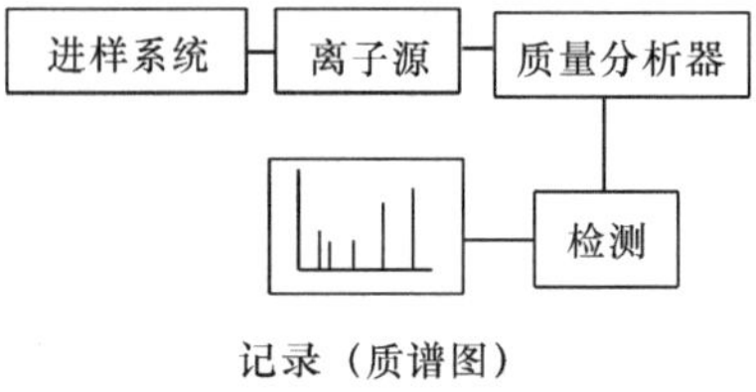

图 19.1　质谱分析法的基本过程

上述过程可归纳在图 19.1 中. 质谱分析的四个环节中核心是实现样品离子化. 不同的离子化过程，降解反应的产物也不同，因而所获得的质谱图也随之不同. 而质谱图是质谱分析的依据.

§19.2　样品离子化方法

§19.2.1　电子轰击离子化(EI)

电子轰击法是通用的电离法.它是用高能电子流轰击样品分子,产生分子离子和碎片离子.首先,高能电子轰击样品分子,使之电离:

$$M+e \longrightarrow M^{+}+2e$$

式中:M 为待测分子;M^+ 为分子离子或母体离子.高能电子束所产生的分子离子 M^+ 的能态较高的那些分子,将进一步裂解,释放出部分能量,产生质量较小的碎片离子和中性自由基:

$$M+ \begin{cases} \nearrow M_1^{+}+N_1 \\ \searrow M_2^{+}+N_2 \end{cases}$$

式中:N_1,N_2 为自由基;M_1^+,M_2^+ 为较低质量的离子.如果,M_1^+,或 M_2^+ 仍然具有较高的内能,它们将进一步裂解,直至离子的能量低于化学键的裂解能.

图 19.2 为电子轰击离子化示意图.灯丝发射的热电子经灯丝和阳极之间 70V 电压加速,成为轰击能为 70eV 的电子束,它进入离子化室轰击由进样系统引入离子化室的样品分子,一般分子中的共价键的电离电位约 10eV.样品分子被具有 70eV 的能量的电子轰击,产生裂解反应,生成分子离子和碎片离子.接着这些离子在电场的作用下,被加速之后进入质量分析器.

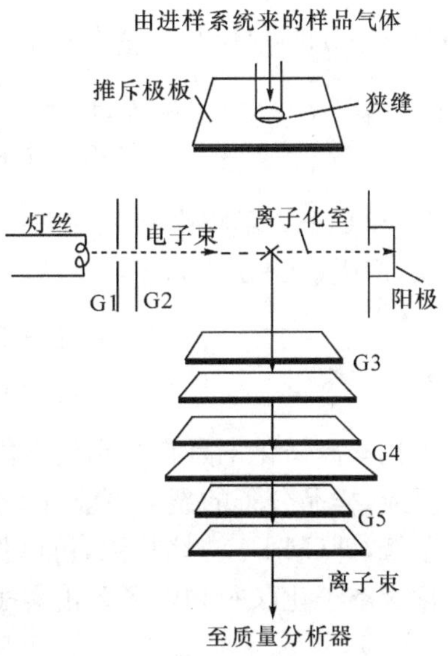

图 19.2　电子轰击离子化示意图

电子轰击离子化使用最广泛.文献中已积累了大量这方面的质谱图和数据,可以作为鉴定物质的依据.这种离子化的效率高,电子电离源的结构简单,这个方法的缺点是分子离子的谱峰很弱或不出现,大量的分子离子由于具有较高的内能,被进一步裂解为碎片离子,使获得的质谱图的碎片离子的谱峰较多,增大了质谱图的解析难度.

§19.2.2　化学离子化(CI)

质谱分析的基本任务之一是获取样品分子的相对质量.电子轰击离子化过于激烈,使分子离子的谱峰很弱,不利于相对分子质量测定.化学离子化是比较温和的电离方法,它是在样品被电子轰击之前,先被反应气稀释,稀释比约为 10^4. 因此,样品分子被电子直接轰击的概率极小,所生成的离子主要来自反应气分子.作为反应气的物质有甲烷、异丁烷、NH_3、He、Ar 和 H_2O. 反应气离子再和样品分子作用,使样品分子电离.以甲烷为例,发生的反应可以表示如下:

$$CH_4 + e \longrightarrow CH_4^+ \cdot + 2e$$
$$CH_4^+ \cdot \longrightarrow CH_3^+ + H \cdot$$

$CH_4^+ \cdot$,CH_3^+ 很快与大量存在的 CH_4 分子再反应:

$$CH_4^+ \cdot + CH_4 \longrightarrow CH_5^+ + CH_3 \cdot$$
$$CH_3^+ + CH_4 \longrightarrow C_2H_5^+ + H_2$$

CH_5^+ 和 $C_2H_5^+$ 不与中性甲烷进一步反应,而与进入电离室的样品分子(R—CH_3)碰撞,产生$(M+1)^+$离子:

$$R—CH_3 + CH_5^+ \longrightarrow R—CH_4^+ + CH_4$$
$$R—CH_3 + C_2H_5^+ \longrightarrow R—CH_4^+ + C_2H_4$$

由于化学离子化不是直接利用高能电子轰击,而是依靠二次离子和样品分子之间的反应,样品分子的裂解可能性大为减少,使质谱峰的数目随之减少,而且,准分子离子峰,即$(M+1)^+$峰很强,可以提供样品分子的相对质量这一重要信息.图 19.3 为化学离子化(CI)和电子轰击离子法(EI)所获得的质谱图的比较.

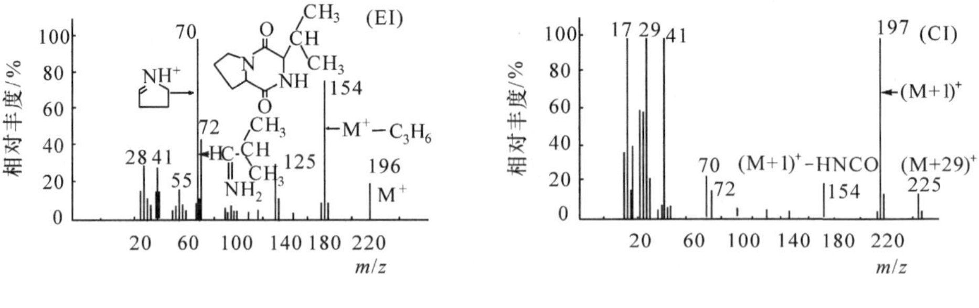

图 19.3　化学离子化(CI)和电子轰击离子法(EI)所获得的质谱图的比较

§19.2.3　场致离子化(FI)

场致离子化是利用强电场诱发样品分子电离. 强电场是由两个尖细的电极组成,其间的电压梯度约为 $10^7 \sim 10^8 \mathrm{V \cdot cm^{-1}}$. 流经电极之间的样品分子若具有偶极矩或能极化的化学键,巨大的电场梯度将导致这类样品分子电离,电离之后被阳极排斥出电离室并加速经过狭缝进入质量分析器.

场致离子化要达到较高的电离效率,要求阳极前端非常锐,才能使电压梯度到达样品分子电离要求. 通常采用经过特殊加工过的电极,在电极的表面造出一些微碳针($<1\mu$m),长满大量微碳针的电极称为多尖端阵列电极,在这样电极上电离效率比普通电极高几个数量级.

场致离子化的能量约为 12eV,是一种十分温和的电离技术,产生的碎片离子很少. 碎片离子通常是热分解或电极附近的分子—离子碰撞反应所产生的,主要是分子离子和$(\mathrm{M}+1)^+$离子,图 19.4 为场致电离离子化(FI)与电子轰击离子化(EI)比较,它的特点是分子离子峰强度很大,有时能观察到准分子离子峰.

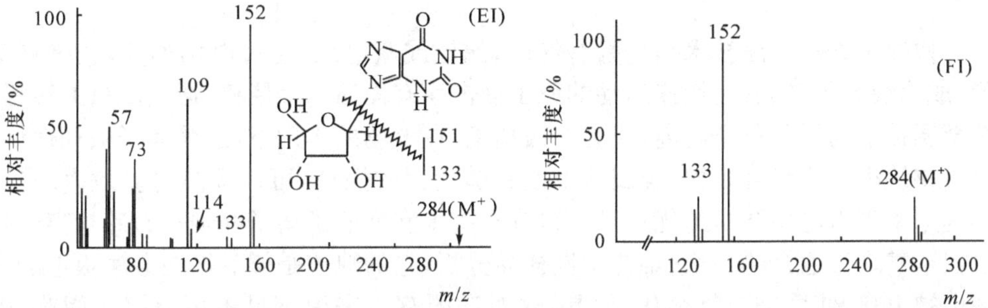

图 19.4　场致电离与电子轰击质谱图
(黄嘌呤核苷的质谱图)

§19.2.4　场解吸电离(FD)

场解吸电离十分类似于场致离子化. 它的阳极的表面长满"金属胡须"(长约 0.01mm). 将样品溶液加在阳极表面,并将溶剂蒸发除去. 在强电场的作用,离子直接从阳极表面解吸. 与前面三种离子化技术相比较,场解吸是最弱的一种电离技术,一般只产生分子离子峰和准分子离子峰,碎片峰极小,如图 19.5 所示,它适合于热不稳定的非挥发性化合物的质谱分析.

从结构分析来说,要求质谱图有适当的碎片峰. 若有条件,最好同时获得电子轰击离子化、化学离子化和场解吸电离三种质谱图,从而可以获得相对分子质量和分子结构的信息,有助于对未知物的鉴定.

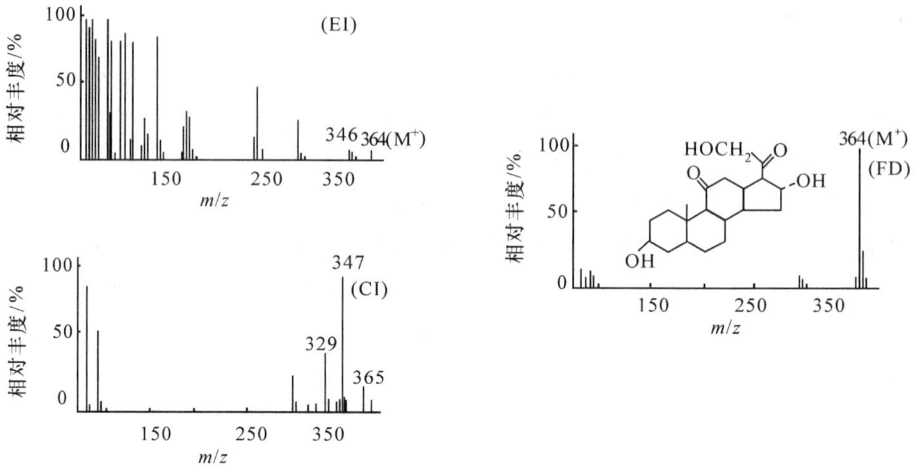

图 19.5　场解吸电离质谱图(二氢可的松的质谱图)

§ 19.2.5　快速原子轰击

快原子轰击电离技术是让稀有气体,如氙或氩电离,通过电场加速,获得高动能,成为快原子.然后让快速运动的原子撞击涂有样品的金属板,通过能量的转移,使金属板上的样品分子电离,成为二次离子.在电场的作用下,这些离子被加速后,通过狭缝进入质量分析器.金属板上面布满尖锐的探针,可以提高电离效率.采用快速原子轰击电离技术的优点是:(1)分子离子和准分子离子峰强;(2)碎片离子峰也很丰富;(3)适合热不稳、难挥发性样品分析,它的缺点是样品涂在金属板上的溶剂也被电离,使质谱图复杂化.但是,这对谱图解析来说不是不可克服的困难.图 19.6 为快速原子轰击质谱图.

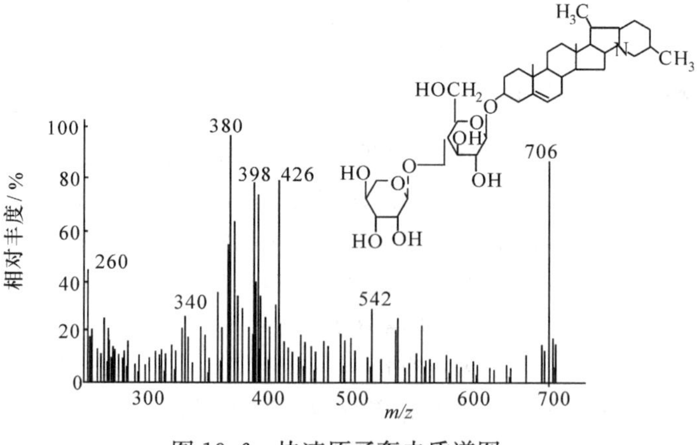

图 19.6　快速原子轰击质谱图

§19.2.6　火花电离

对于金属合金或离子型残渣之类的非挥发性无机试样，不能使用以上离子化技术，欲使非挥发性的无机试样蒸发电离，需要很高的温度. 火花电离技术可提供相宜的高温，在这种高温下，无机元素大多数以离子状态存在. 火花电离技术是向一对电极施加 30kV 脉冲射频电压，电极在高压火花放电的作用下产生局部高温，使电极上的试样蒸发电离. 经适当的加速后进入质量分析器. 火花电离质谱分析可以同时分析测定 60 种元素. 尽管存在同位素和多电荷离子，质谱图仍然比发射光谱的光谱图要简单得多. 一般线性范围都比较宽，对所有的元素的灵敏度都很高，可达 10^{-9}.

§19.3　离子峰的主要类型

质谱图中出现的离子峰，归纳起来有下面几种类型：分子离子峰、同位素离子峰、碎片离子峰、重排离子峰、亚稳离子峰及多电荷离子峰等.

§19.3.1　分子离子峰

分子失去了一个电子而生成的离子称为“分子离子”或“母离子”，相应的质谱峰称为分子离子峰或母峰. 分子离子峰具有以下特点：

(1)分子离子峰通常出现在质荷比最高的位置，存在同位素峰时例外. 分子离子峰的稳定性决定于分子结构. 芳香族、共轭烯烃及环状化合物等分子离子峰强(图 19.7)；脂肪醇、胺、硝基化合物及多侧链等很弱，甚至不出现(图 19.8).

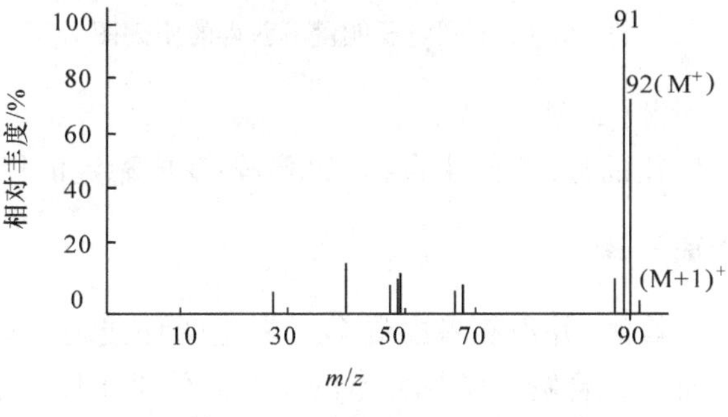

图 19.7　甲苯的质谱图

(2)分子离子峰左边 3～14 原子质量单位范围内一般不可能出现峰，因为同时使一个分子失去三个氢分子几乎不可能，而能失去的最小基团通常是甲基，即

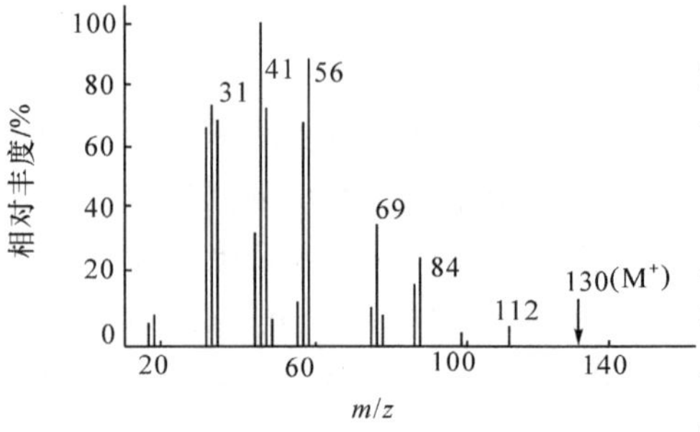

图 19.8　正辛醇的质谱图

$(M-15)^+$峰. 在 M－3 至 M－14,M－21 至 M－24 范围内出现的峰不是分子离子峰.

(3) 凡是分子离子峰应符合“氮规则”. 氮规则表明相对分子质量为偶数的有机化合物一定含有偶数个氮原子或不含氮原子;相对分子质量为奇数的,则只能含奇数个氮原子.

分子离子峰的主要用途是确定化合物相对分子质量. 利用高分辨率质谱仪给出精确的分子离子峰质量数,是测定有机化合物相对分子质量的最快速、可靠的方法之一.

当分子离子峰不出现时,可以采用以下办法:

①降低电子轰击的能量,可以减少分子离子进一步裂解的可能性,从而增强分子离子峰. 同时,还可使某些不重要碎片峰消失,使图谱清晰,图谱解析难度减少(图 19.9).

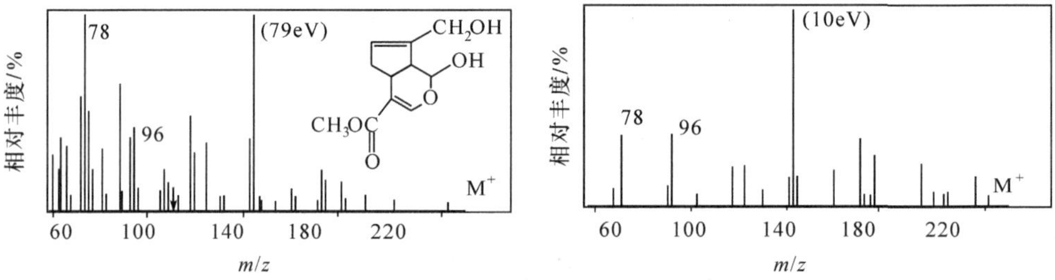

图 19.9　不同电子能量下获得的质谱图

②更换其他离子源(如图 19.4).

③采用化学衍生化的方法,使化合物(如醇)转变成稳定的衍生物(如酯).

§19.3.2　同位素离子峰

在讨论分子离子峰时,并没有考虑许多元素是两种或两种以上同位素的混合物. 表 19.1 列出了有机化合物中常见元素的天然同位素丰度. 从表中可以看出,各元素的最轻同位素的天然丰度最大. 一般说来,与物质相对分子质量有关的分子离子峰 M,是由最大丰度的同位素所产生的. 由于质谱仪的灵敏度很高,因此,在质谱图上,也会出现一个或多个由重同位素组成的分子离子峰,即同位素离子峰. 在一般情况下,能观察到同位素峰,其m/z为(M+1),(M+2)等. 图19.10是甲烷

表 19.1　常见元素的天然同位素丰度

元素[1]	最大丰度同位素	相对于 100 份最大丰度同位素的其他同位素的丰度[2]	
氢	^{1}H	^{2}H	0.016
碳	^{12}C	^{13}C	1.08
氮	^{14}N	^{15}N	0.37
氧	^{16}O	^{17}O	0.04
		^{18}O	0.20
硫	^{32}S	^{33}S	0.78
		^{34}S	4.40
氯	^{35}Cl	^{37}Cl	32.5
溴	^{79}Br	^{81}Br	98.0

1) 氟(^{19}F)、磷(^{34}P)和碘(^{127}I)无其他天然同位素存在；

2) 数值是指每 100 个最大丰度同位素原子所存在的该同位素的平均原子数，因此，对于每 100 个^{12}C 原子平均将有 1.08 个^{13}C 原子存在.

CH_4 的质谱图，图中 m/z 16 的分子离子峰，是由最大丰度的同位素组成的分子离子$[^{12}C^{1}H_4]^+$ 产生的；m/z 17 即(M+1)的同位素峰，是由分子离子$[^{13}C^{1}H_4]^+$ 和$[^{12}C^{1}H_3{}^{2}H]^+$ 共同形成的.

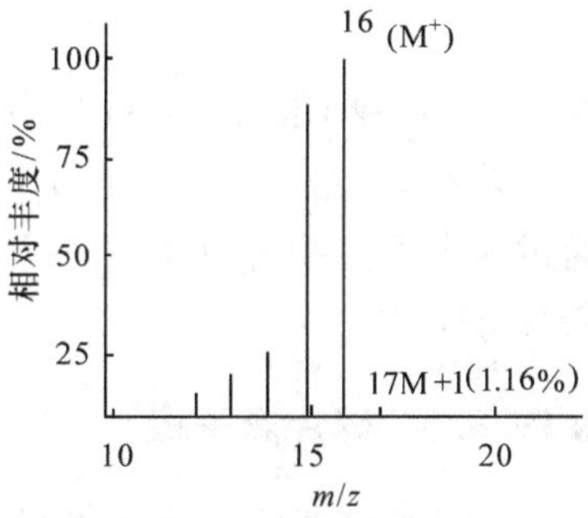

图 19.10　甲烷的质谱图

同位素离子峰的相对强度是可以估算的. 对于含有碳、氢、氧和氮元素组成的有机化合物，其分子式可写成 $C_wH_xN_yO_z$，其同位素离子峰$(M+1)^+$、$(M+2)^+$与分子离子峰 M^+ 的相对强度之比可采用下式计算：

$$\frac{I_{M+1}}{I_M}=1.08w+0.02x+0.37y \qquad (19.2)$$

$$\frac{I_{M+2}}{I_M}=\frac{(1.08w+0.02x)^2}{200}+0.20z \qquad (19.3)$$

对含硫的有机化合物，由于^{34}S 的丰度较大(4.40)，故在其图谱上能够检测到 M+2 峰. 同样，用类似于式(19.3)的方法，可以计算$\frac{M+2}{M}\times 100$ 值. 例如，分子式为 C_5H_5NS 的化合物：

$$\frac{M+2}{M}\times 100=\frac{(5\times 1.08+5\times 0.02)^2}{200}+1\times 4.40$$

↑

分子中含硫的个数

$$=0.15+4.40=4.55$$

上面计算式中的系数：1.08，0.02，0.37，0.20，4.40 分别是 ^{13}C，^{2}H，^{15}N，^{18}O，^{34}S 相对于它们最大丰度同位素的丰度百分数(见表 19.1).

对于含卤素的有机化合物，氟和碘是单一同位素. ^{35}Cl 和 ^{37}Cl 的丰度比约为 3∶1，^{79}Br 和 ^{81}Br 的丰度比约为 1∶1，由此可见，后面这两个元素的重质同位素丰度很大，且彼此相差两个质量单位，故分子中含有多个氯和溴的有机化合物，将有非常强的 M+2，M+4，M+6 等同位素离子峰. 采用二项展开式 $(a+b)^n$，可以计算分子离子峰和同位素离子峰的强度比. 这里，a 是轻质同位素的丰度，b 是重质同位素的丰度，n 是分子中同种卤原子的个数.

例如，当 $n=3$ 时，二项展开式的 $a^3+3a^2b+3ab^2+b^3$. 如果分子中含 3 个氯原子，因 $a=3$，$b=1$，则

$$\begin{aligned} a^3+3a^2b+3ab^2+b^3 &= 3^3+3\times 3^2\times 1+3\times 3\times 1^2+1^3 \\ &= 27+27+9+1 \end{aligned}$$

即 M∶M+2∶M+4∶M+6 近似为 27∶27∶9∶1.

若有多种元素存在时，则以 $(a+b)^n\cdot(a'+b')^{n'}$，…计算.

通过测定质谱图上分子离子峰与同位素离子峰的强度比，利用上述关系式，可以推断其分子式.

§19.3.3　碎片离子峰

碎片离子是由于离子源的过高能量，使分子中的某些键进一步断裂而形成. 利用碎片离子提供的信息，有助于推断分子结构. 图 19.11 为正丁酸甲酯的质谱图.

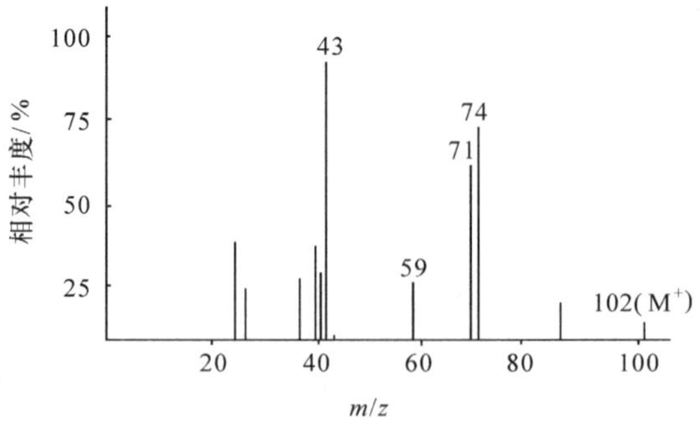

图 19.11　正丁酸甲酯的质谱图

m/z 43，m/z 71 和 m/z 59 的碎片离子是由下列裂解过程产生的：

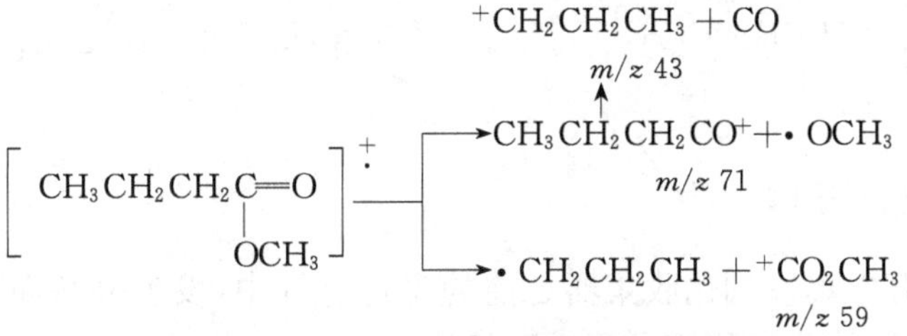

一般地说，支链（特别是长支链）最容易断裂为游离基；酮、醛、酸、酯、酰胺容易发生 α 开裂；醇、醚、胺、苯环容易发生 β 断裂；卤化物容易发生 C—X 键断裂。理解了碎片离子产生的机理，就可以有助于结构的推断.

§19.3.4　重排离子峰

在两个或两个以上键的断裂过程中，某些原子或基团从一个位置转移到另一个位置所生成的离子，称为重排离子. 质谱图上相应的峰为重排离子峰，转移的基团常常是氢原子，在图 19.11 中的 m/z 74 峰就是重排的结果.

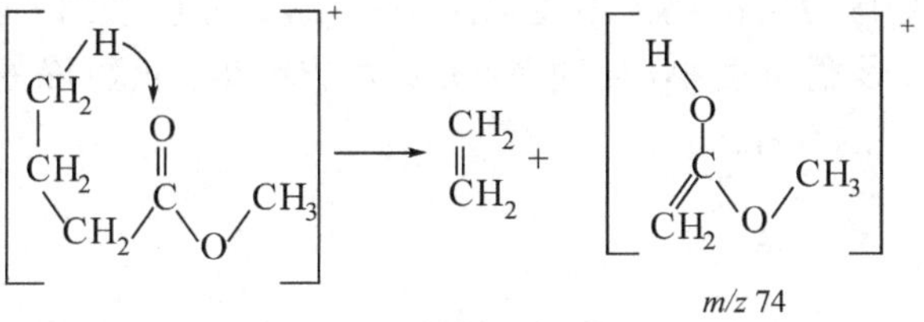

重排的类型很多，其中最常见的一种是麦氏重排（McLafferty rearrangement），这种重排形式可以归纳如下：

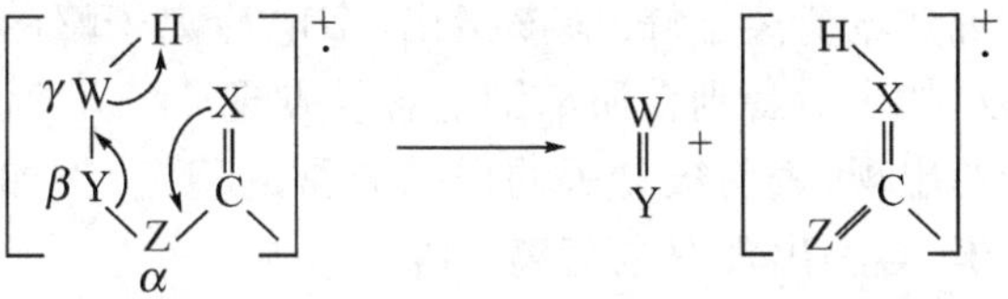

可以发生这类重排化合物有：酮、醛、酸、酯和其他含羰基的化合物，含 P＝O，>S＝O 的化合物以及烯烃和苯环化合物等. 不难看出，发生这类重排所需的结构特征是，分子中有一个双键以及在 γ 位置上有氢原子. 例如正丁基苯的质谱图中出现 m/z 92 峰，是由于发生 α 断裂，并重排一个氢原子：

或者

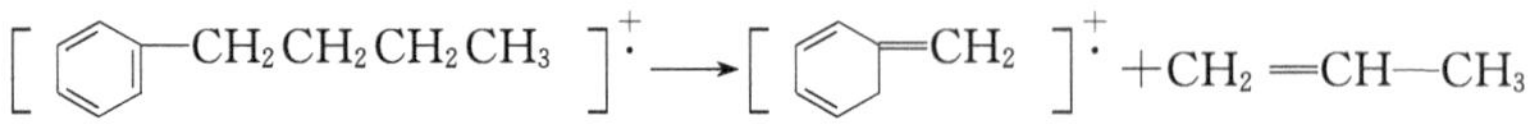

m/z 92

§19.3.5 亚稳离子峰

离子在离开电离室到达收集器之前的飞行过程中,发生分解而形成低质量的离子所产生的峰,称为亚稳离子峰或亚稳峰.

质量为 m_1 的母离子,不仅可以在电离室中进一步裂解生成质量为 m_2 的子离子和中性碎片,而且也可以在离开电离室后的自由场区裂解为质量等于 m_2 的子离子,由于此时该离子具有 m_2 的质量,具有 m_1 的速度 v_1,故它的动能为 $\frac{1}{2}m_2v_1^2$,所以这种离子在质谱图上将不出现在 m_2 处,而是出现 m_2 低的 m^* 处,它们三者的关系可以用下式计算:

$$m^* = (m_2)^2/m_1$$

由于在自由场区分解的离子不能聚焦于一点,故在质谱图上,亚稳离子峰比较容易识别. 它的峰形宽而矮小,且通常 m/z 为非整数. 亚稳峰的出现,可以确定 $m_1^+ \rightarrow m_2^+$ 开裂过程的存在.

§19.3.6 多电荷离子峰

分子失去一个电子后,成为高激发态的分子离子,为单电荷离子. 有时,某些非常稳定的分子,能失去两个或两个以上的电子,这时在质量数为 $\frac{m}{nz}$(n 为失去的电子数)的位置上,出现多电荷离子峰. 应该指出,多电荷离子峰的质荷比,可能是整数,也可能不是整数,如为后者则在质谱图上容易发现.

多电荷离子峰的出现,表明被分析的样品异常的稳定. 例如,芳香族化合物和含有共轭体系的分子,容易出现双电荷离子峰.

参 考 文 献

[1] 唐恢同. 有机化合物的光谱鉴定. 北京:北京大学出版社,1992

[2] 方惠群,史坚. 仪器分析原理. 南京:南京大学出版社,1994

[3] 北京大学化学系 仪器分析教学组. 仪器分析教程. 北京:北京大学出版社,1997

[4] 赵藻藩,周性尧,张悟铭,赵文宽. 仪器分析. 北京:高等教育出版社,1990

[5] Robert D Braun 著,北京大学化学系,清华大学分析中心,南开大学测试中心译. 最新仪器分析技术全书. 北京:化学工业出版社,1990

习题与思考题

习　题

1. 质谱分析的基本依据是什么?

2. 分子离子峰和碎片离子峰的基本特征是什么? 高质量质谱图是不是碎片离子峰越少越好? 为什么? 当不出现分子离子峰该怎么办?

3. 何谓重排离子峰和亚稳离子峰? 各有什么特点?

4. 某化合物的分子离子峰的 m/z 为 32,其(M+1)/M 峰强度比例为 0.85,试指出该化合物是 CH_4O 还是 N_2H_4.

5. 计算下列化合物的(M+2)/M 及(M+4)/M 的比例:
   $C_7H_5Br_2$,CH_2Cl_2,C_2H_4BrCl(忽略^{13}C,^{1}H 的影响)

6. 判断下述化合物的质谱图可能有几种碎片离子峰,哪种最丰富?

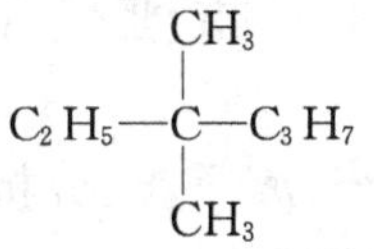

7. 某伯胺类化合在 m/z 为 30 处出现谱峰,试问下述两种结构中哪种与此相符?

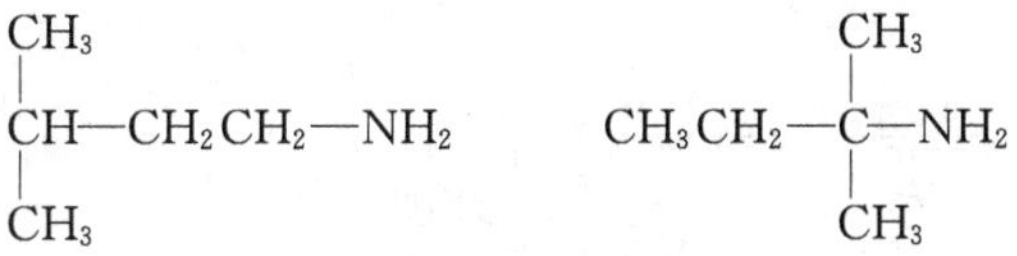

8. 下述开裂过程中形成的亚稳离子峰将出现在多大的 m/z 位置.

$$C_6H_5—C≡O^+ \longrightarrow C_6H_5^+ + CO$$

9. 图 19.12 所示的质谱图,提出该化合物分子结构.

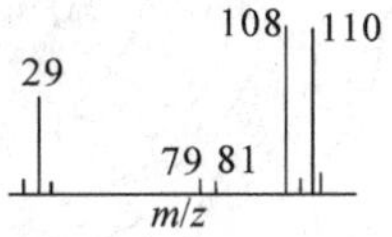

图 9.12　未知化合物的质谱图

10. 氯化硝基酚获得的化合物的同位素的峰强度比例为 M∶M+2∶M+4=9∶6∶1,问化合物分子中含有多少个氯原子?

思考题

在正丁烷的质谱图中,在 m/z 31.9 观察到一个亚稳离子峰,请提出产生这个亚稳离子峰的反应机理.

第 20 章　质　谱　仪[1~5]

根据质量分析器的工作原理，质谱仪可分为动态仪器和静态仪器两大类型. 在静态仪器中，质量分析器采用稳定磁场，按空间位置将不同质荷比(m/z)的离子分开，如单聚焦和双聚焦质量谱仪. 在动态仪器中，质量分析器采用变化的电磁场，按时空来区分不同质荷比的离子，如飞行时间和四极滤质器式质谱仪.

§20.1　质谱仪的组成

典型的质谱仪一般由进样系统、离子源、分析器、检测器和记录系统等部分组成，此外，还包括真空系统和自动控制数据处理等辅助设备. 图 20.1 为单聚焦质谱仪的示意图.

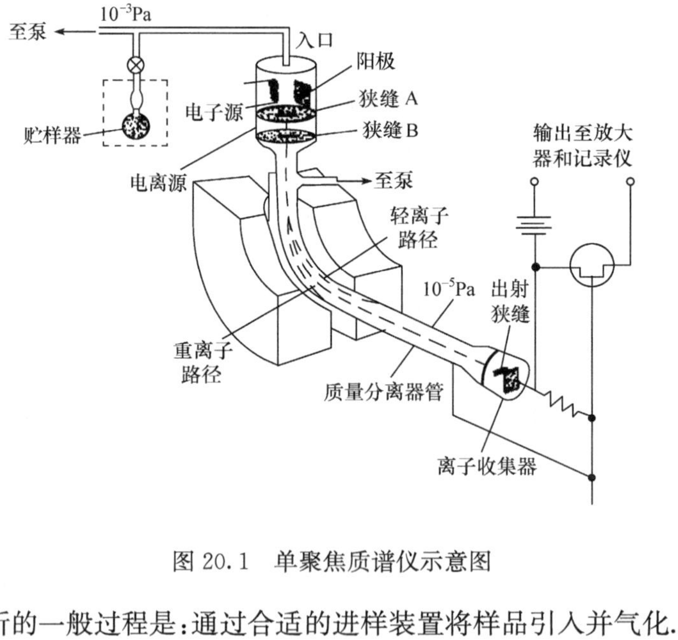

图 20.1　单聚焦质谱仪示意图

质谱分析的一般过程是：通过合适的进样装置将样品引入并气化. 然后将气化样品引入到离子源进行电离. 电离后首先将正负离子分开，并借助几百至几千伏的电压将正离子加速. 经过加速后的离子束进入质量分析器，按不同的质荷比(m/z)

将不同离子分离,并分别进入检测器,产生电信号并经放大,记录不同质荷比的离子的电信号强度,即可获得质谱图. 很明显,质谱图的信号强度与达到检测器的离子数目成正比.

§20.1.1 真空系统

质谱仪的离子产生及经过系统必须处于高真空状态(离子源的真空度应达 $1.3\times10^{-4}\sim1.3\times10^{-5}$ Pa,质量分析器的真空度应达 1.3×10^{-6} Pa). 若真空度过低,则会造成离子源的灯丝损坏,本底增高,副反应过多,从而干扰离子源的调节,使质谱图复杂化,同时还会产生加速电极放电等问题. 一般质谱仪都采用机械泵预抽真空后,再用高效率扩散泵连续运行以保持真空. 现代质谱仪采用分子泵可获得更高的真空度.

§20.1.2 进样系统

进样系统将样品引入离子源时,既要重复性非常好,还要不引起离子源的真空度的降低. 目前常用的进样装置有间歇式进样系统、直接探针进样及色谱进样系统. 一般质谱仪都配有前两种进样系统,以适应不同样品的进样要求.

1. 间歇式进样系统

该系统可用于气体、液体和中等蒸气压的固体进样,图 20.2 为该系统的一个典型设计示意图.

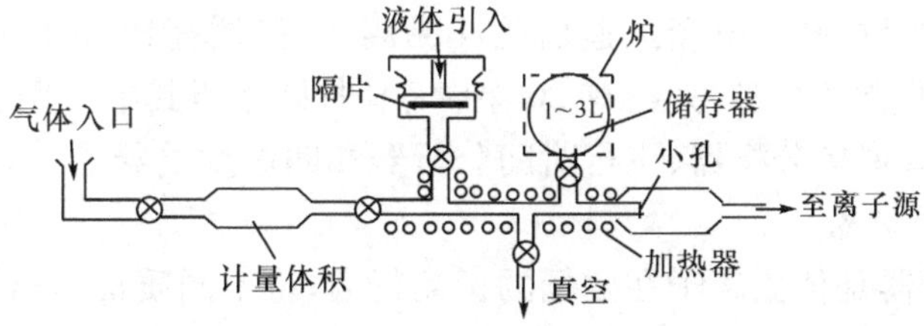

图 20.2 典型间歇式进样系统

液体和固体样品(10~100μg)通过可拆卸的试样管引入试样贮存器中,加热贮存器,使试样在低气压条件下气化. 试样最好在操作温度下具有 1.3~0.13Pa 的蒸气压. 由于进样系统的压强比离子源的压强大几个数量级,样品分子可以通过分子漏隙(带有一个微孔的玻璃或金属膜片) 以分子流的形式进入高真空的离子源中.

2. 直接探针进样

对那些在间歇式进样系统的操作条件下无法气化的固体,热敏性固体、以及非挥发性液体试样,可直接引入离子源中. 图 20.3 为一直接引入系统.

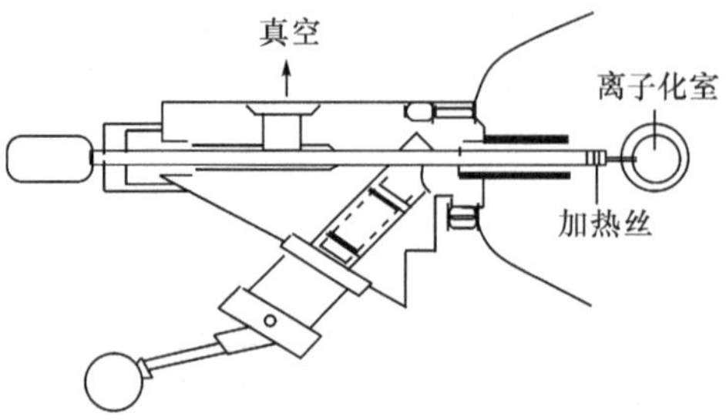

图 20.3　直接探针进样系统

将装有试样的小杯放入探针的针管内,通过真空闭锁装置将探针针头插入离子源,试样杯可以加热或冷却.由于离子源的高真空,故不需很高温度就会有足够多的样品气化,并进入离子源中.直接进样只需微量（1ng）的样品.在很多情况下,将低挥发性物质转化为高挥发性的衍生物,然后进行质谱分析,这也是一个有效途径.

§20.1.3　离子源

离子源是将引入的气态样品分子转化为离子的装置,是质谱仪的心脏.不同的样品分子应采用不同的裂解方法(参考§19.2).裂解反应获得的离子应充分反应试样的组成,才能获得简明清晰的质谱图.因此,可以将离子源看作为比较高级的反应器.能反映试样组成的裂解反应称为特征裂解反应,它应在很短时间(～1μs)内发生,才能快速获得质谱.

§20.1.4　质量分析器

质量分析器是质谱仪的重要组成部分,位于离子源和检测器之间,其作用是将离子源产生的并经过高压电场加速后的样品离子,按质荷比(m/z)的不同将其分开.质量分析器的类型很多,大约有 20 余种.本书只介绍其中应用较广泛的四种:单聚焦分析器、双聚焦分析器、飞行时间分析器和四极滤质器.

1. 单聚焦分析器

单聚焦分析器是依据离子在磁场的运动行为,将不同质量的离子分开.常见的单聚焦分析器采用 180°,90°或 60°三种圆形离子束通路,图 20.1 所示的为 90°圆形离子束通路.具有相同质量和不同发散角的离子束经过磁场发生偏转之后,又可以重新聚在一起,所以磁场具有方向聚焦作用.设离子质量为 m、电荷为 z 的正离子进入分析器之前,在离子源受到电压为 V 的电场加速,若忽略裂解反应产生正离子的初始能量,则该离子在进入分析器之前的动能为

$$\frac{1}{2}mv^2=zV \tag{20.1}$$

式中,v 为离子的运动速度.进入分析器后,由于磁场 H 的作用,使其运动方向发生偏转,改作圆周运动.只有离子的离心力 $mv^2 \cdot r^{-1}$ 与离子在磁场中所受到的向心力 Hzv 相等时,离子才能飞出弯曲区,即

$$Hzv=\frac{mv^2}{r} \tag{20.2}$$

式中,r 为离子圆周运动的轨道半径.由式(20.1)和(20.2)中消去 v,整理得到

$$\frac{m}{z}=\frac{H^2r^2}{2V} \tag{20.3}$$

从式(20.3)可以看出,若磁场 H 和加速电场的电压 V 不变,离子运动的圆周半径仅取决于离子本身的质荷比(m/z).因此具有不同质荷比的离子,由于运动半径的不同而被分析器分开.为使具有不同的质荷比的离子依次通过分析器出口狭缝,到达检测器,可采用固定加速电压 V 而连续改变磁场强度 H(称为磁场扫描)方法,或采用固定磁场强度 H 而连续改变加速电压(称为电扫描)方法.

单聚焦分析器的缺点是分辨率较低,设计良好的单聚焦分析器的分辨率可达5000.它只适合于离子能量分散较小的离子源,如电子轰击源、化学电离源.

2. 双聚焦分析器

在单聚焦分析器中,离子源产生的离子在进入加速电场之前,其初始能量并不为零,且各不相同.具有相同的质荷比(m/z)的离子,其初始能量存在差异,因此,通过分析器之后,也不能完全聚焦在一起.为了解决离子能量分散的问题,提高分辨率,可采用双聚焦分析器.

所谓双聚焦,是指同时实现方向聚焦和能量聚焦.在磁场前面加一个静电分析器.静电分析器由两个扇形圆筒组成,在外电极上加正电压,内电极加上负电压(见图 20.4).

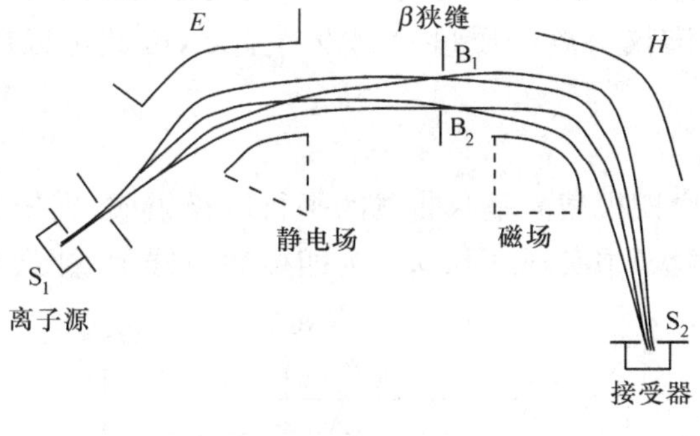

图 20.4 双聚焦分析器

在某一恒定的电压条件下,加速的离子束进入静电场,不同动能的离子具有运动曲率半径不同,只有运动曲率半径适合的离子才能通狭缝 β,进入磁分析器.更准确地说,静电分析器将具有相同速度(或能量)的离子分成一类.进入磁分析器之后,再将具有相同的质荷比(m/z)而能量不同的离子束进行再一次分离.

双聚焦分析器的分辨率可达 150 000，相对灵敏度可达 10^{-10}. 能准确地测量原子的质量，广泛应用于有机质谱仪中.

3. 飞行时间分析器

这种分析器是用非磁方式进行离子分离，从离子源飞出的离子动能基本一致，在飞出离子源后进入一根长约 1m 的无磁漂移管，离子在加速后的速度为

$$v=\left(\frac{2Vz}{m}\right)^{1/2} \tag{20.4}$$

此离子达到无漂移管另一端的时间为

$$t=L/v \tag{20.5}$$

所以，具有不同的 m/z 的离子到达终点的时间差为

$$\Delta t=L\left(\frac{1}{v_1}-\frac{1}{v_2}\right)=L\,\frac{\sqrt{(m/z)_1}-\sqrt{(m/z)_2}}{\sqrt{2V}} \tag{20.6}$$

由此可知，Δt 取决于 m/z 的平方根之差.

如果连续电离和加速将导致检测器连续输出，这种信号无法获得有用的信息. 所以，飞行时间分析器采用脉冲法产生正离子，其频率约为 10kHz. 并以相同的频率脉冲加速电场加速，被加速后的离子按不同的质荷比以不同的时间通过漂移管达到检测器，信号馈入一个水平扫描频率与电场脉冲频率一致的示波器上，从而得到质谱图. 用这种仪器，每秒钟可以得到多到 1000 幅的质谱图.

从分辨率、重现性和质量鉴定来说，飞行时间分析器不及上述分析器，但是快速扫描质谱的性能，使得此类分析器可用于研究快速反应以及与气相色谱联用. 而且飞行时间分析质谱仪对离子质量检测没有上限，因此可以用于大质量离子的分析.

4. 四极滤质器

四极滤质器是由四根截面呈双曲线的平行电极组成. 离子的质量分离是在电极形成四极场（射频场）中实现. 图 20.5 为四极滤质器示意图（图中电极用圆形电

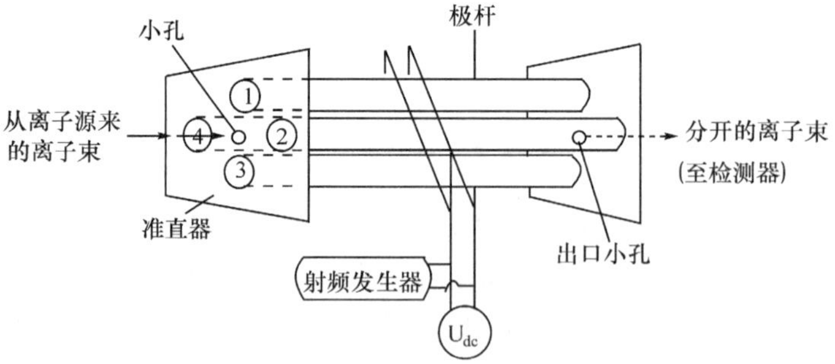

图 20.5　四极滤质器示意图

极代替). 被加速后的离子束穿过对准四根电极之间空间的小孔.

在四根电极加上直流电压 U 和射频电压 $V = V_0\cos\omega t$，在极间形成一个射频场. 离子进入此射频场后，受到电场力的作用其中只有合适的 m/z 的离子的振荡是稳定的，可以顺利通过射频场进入检测器. 只要改变 U 和 V_0 并保持 U/V_0 比值恒定时，可实现不同 m/z 的检测.

§20.1.5 检测与记录

质谱仪常用的检测器有法拉第杯、电子倍增器和闪烁计数器、照相底板等.

1. *法拉第杯*

法拉第杯是其中最简单的一种，其结构如图 20.6 所示. 法拉第杯与质谱仪其他部分保持一定的电位差，以捕获离子. 当离子通过一个或多个抑止栅极进入杯中时，将在高电阻 R 上产生大的压降，并经放大记录. 法拉第杯的入口狭缝是用来控制进入杯中离子的种类，阻止不需要的离子进入杯中. 调节入口狭缝的宽度，可以在一定程度上改变质谱仪的分辨率. 进入法拉第杯的离子可能打出二次电子，二次电子飞出杯外会引起质谱峰畸形. 为抑止二次电子飞出杯外，在法拉第杯上加有一个负电压的抑止栅极.

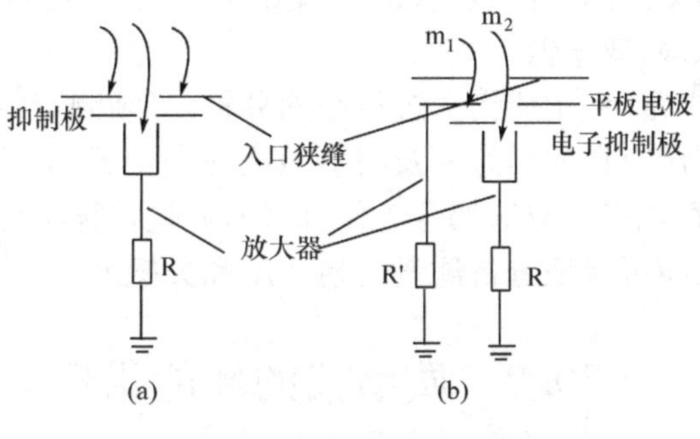

图 20.6 法拉第杯的结构原理图

(a)单接受器；(b)双接受器.

用于同位素测定的质谱仪常用双接受器，见图 20.6 (b)，借以提高测量的精度. 双接受器是由法拉第杯和接收板组成，m_1 由平板电极接收，m_2 由法拉第杯接受. 这种双接受器可检测含量为 $10^{-5} \sim 10^{-6}$ 的低丰度同位素.

法拉第杯的优点是简单可靠，配以适当的放大器，可以检测 $\sim 10^{-15}$ A 的离子流.

2. *电子倍增器*

电子倍增器种类很多，图 20.7 是一种静电式电子倍增器. 一定能量的离子轰击阴极产生二次电子，二次电子在电场作用下，依次轰击下一级电极而被倍增放大.电子倍增器有 10～20 级,放大倍数为 10^5～10^8.电子通过倍增器的时间很短,利用它可实现高灵敏、快速测定.但是,随着电子倍增器使用时间增长,放大增益逐步减小,这种现象称为电子倍增器质量歧视效应.

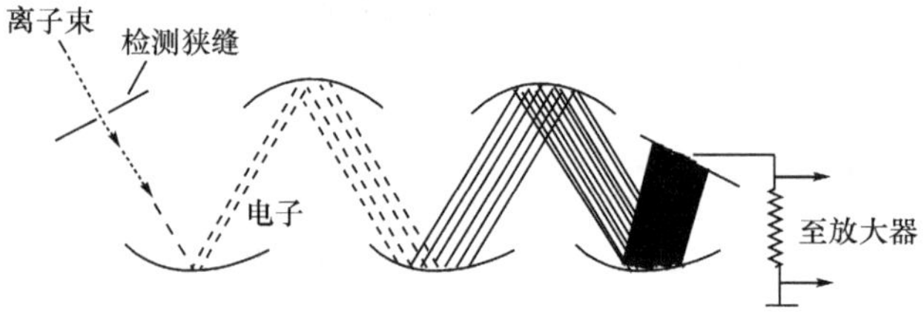

图 20.7 电子倍增器示意图

近代质谱仪中常采用隧道电子倍增器,倍增原理相似.因为它的体积小,多个隧道电子倍增器可以串联使用,可同时检测多个不同质荷比离子,从而大大提高了分析效率.

3. 照相检测

照相检测是无机质谱仪中应用最早的检测方式.主要用于火花源双聚焦质谱仪.其优点是无需测量总离子流强度,也不需要整套电子线路,且灵敏度可以满足一般要求.但操作麻烦,效率低.

质谱信号非常丰富,利用质谱图进行结构分析,必须测定每一质谱峰的质量和峰高,而且须迅速记录获得的信息和及时对数据进行处理.因此,现代质谱仪都配置有较高性能的计算机来完成这部分工作.此外,通过计算机可以对仪器条件与操作进行严格监控,从而可保证分析测量的精密度和灵敏度.

§20.2 质谱仪的性能指标

§20.2.1 质量测定范围

质谱仪的质量范围是指仪器所测离子的质荷比范围.离子带一个电荷,其质荷比范围就是可测的相对分子质量或相对原子质量范围.在非精确测量质量场合下,常用"质量数" 表示离子的质量大小.某原子的质量数为该原子中质子和中子的总数,离子的质量数等于组成离子的原子质量数之和.

测定气体用的质谱仪,一般质量测量范围 2～100,而有机质谱仪一般从几十到几千,现代质谱仪甚至可以研究分子质量达几十万的生物样品.

§20.2.2 分辨率

质谱仪的分辨率是指仪器分开相邻质量数离子的能力.一般的定义是:对两个

等强度的相邻峰，当两峰之间的峰谷不大于其峰高的 10%时(图 20.8)，认为两峰已基本分开，其分辨率为

$$R=\frac{m_1}{m_2-m_1}=\frac{m_1}{\Delta m} \tag{20.7}$$

式中，m_1，m_2为质量数，且 $m_1<m_2$. 该式表明，相邻两峰的质量相差较小时，要求仪器具有较大的分辨率.

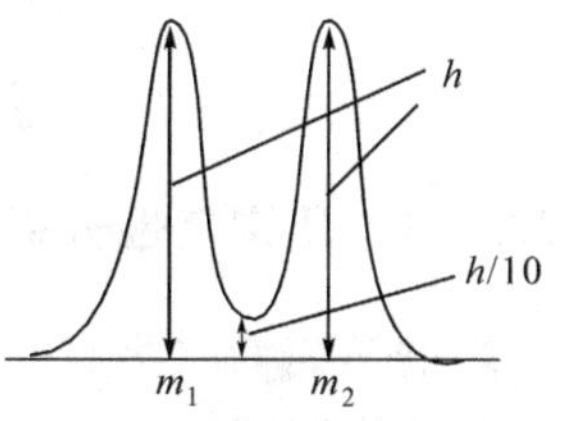

图 20.8　质谱仪 10%峰谷分辨率

例如，要鉴别 N_2^+ ($m/z=28.006$)，CO^+ ($m/z=27.995$) 的两个峰，仪器的分辨率至少应为 $R_{\text{need}}=\frac{27.995}{28.006-27.995}=2545$. 但是，若鉴别 NH_3^+ ($m/z=17$)，CH_4^+ ($m/z=15$) 两个峰，仪器的分辨率只需 7.5.

分辨率在 10 000 以下称为低分辨率，在 10 000 以上称为中分辨率或高分辨率，表 20.1 列出几种典型质谱仪的质量范围和分辨率

表 20.1　几种典型质谱仪比较

类　　型	近似质量范围	近似分辨率
双聚焦	2～5000	10 000～20 000
	1～240	1000～2500
单聚焦	1～1400	1500
	2～700	500
	2～150	100
飞行时间	1～700	150～250
	0～250	130
四极滤质器	2～100	100
	2～80	20～50

§20.2.3　灵敏度

质谱仪的用途不同，表示灵敏度的方法也不同. 有绝对灵敏度、相对灵敏度和分析灵敏度几种表示方法.

有机质谱仪常采用绝对灵敏度，表示仪器能检测的最小样品量，目前有机质谱仪的灵敏度可优于 10^{-10} g. 无机质谱仪常采用相对灵敏度，表示仪器能分析的样品中杂质最低相对含量，某仪器的灵敏度为 10^{-9}，表示仪器可测定样品中杂质的最低含量是样品的 10^9 分之一. 同位素分析用的质谱仪采用的丰度灵敏度，实际上是一种相对灵敏度. 相对灵敏度有时是指同时检测出的大组分与小组分的含量之比. 质谱仪的分析灵敏度是指输入仪器的样品量与仪器输出信号之比.

§20.3 质谱分析与应用

§20.3.1 质谱定性分析

质谱是纯物质鉴定的有力工具之一,其中包括相对分子质量的测定、化学式的确定及结构鉴定等.

1. 相对分子质量的测定

对挥发性化合物的相对分子质量的测定,质谱分析是目前最好的方法.它不仅分析速度快,而且能精确地给出相对分子质量.采用双焦质谱仪可以精确到小数点后四位.

一般地说,除同位素峰外,分子离子峰是质谱图中最高质荷比的峰,分子离子峰的质量就是样品的相对分子质量.但是实际中并不能如此简单,这是由于分子离子峰往往不稳定,因而观测不到分子离子峰,看到的是其碎片离子峰.另外,有些化合物的热稳定性差,在气化时就被热分解,这样得到的是化合物热分解产物的质谱图.因此,要确认最高质荷比的峰是否分子离子峰,需要了解分子离子峰所具有的一些性质.

(1)除同位素之外,最高质量的峰还可能是质子化的离子$(M+H)^+$峰(醚、酯、胺等),也可能是去质子化离子$(M-H)^+$峰(芳醛、醇等)以及缔合离子$(M+R)^+$峰.

(2)分子离子峰必须符合氮律.在含C,O,H,N的化合物中,不含氮或含偶数氮原子的分子质量数为偶数,含有奇数氮原子的分子质量数为奇数.这是因为组成有机化合物的主要元素C,H,O,N,S,P,卤素等中,只有氮的化合价(一般为3)是奇数而质量数为偶数.

(3)存在合理的中性碎片损失.在有机化合物分子中,经电离分子可能损失一个H,CH_3,H_2O,C_2H_4,…等碎片,因而产生M−1,M−15,M−18,M−28,…等碎片峰.而不可能出现M−3至M−14,M−21至M−24范围内的碎片峰.若出现这些峰,则此峰不是分子离子峰.

(4)在电子轰击源中,降低电子轰击电压,分子离子峰的相对强度应增加,若不增加,则不是分子离子峰.另外,采用化学电离源等软的离解方法,可以加大分子离子峰的强度.

分子离子峰的相对强度直接与分子离子的稳定性有关,其顺序大致为

芳香环>共轭烯>烯>脂环>羰基化合物>直链碳氢化合物>醚>脂>胺>酸>醇>支链烃.

在同系物中,相对分子质量越大,其分子离子峰相对强度应越小.

2. 化学式的确定

确认了分子离子峰后,若知道化合物的相对分子质量,就能确定化合物的部分或整个分子的化学式. 其质谱分析方法有两种:用高分辨率的质谱仪确定化学式和利用同位素比求化学式.

(1)用高分辨率的质谱仪确定分子式

高分辨率质谱仪能非常精确地测定分子离子的质荷比(误差可小于 10^{-5}),这样,就可以利用表 20.2 中的确切质量,来计算不同元素组成的分子离子峰的相对分子质量,然后利用质谱仪来区分. 例如,若要区别化学式为 $C_{11}H_{20}N_6O_4$(相对分子质量为 300.154 592) 和 $C_{12}H_{20}N_4O_5$(相对分子质量为 300.143 359)的两种化合物. 它们的相对分子质量仅在非整数部分相差 0.011 233. 采用低分辨质谱仪是不可能区分它们的. 据式(20.7) 计算可知,须用一台分辨率为 27 000 的质谱仪进行测定,就能将这两种化合物区分开来.

表 20.2 几种常见元素同位素的确切质量及其天然丰度

元素	同位素	确切质量	天然丰度/%	元素	同位素	确切质量	天然丰度/%
H	^{1}H	1.007 825	99.98	P	^{31}P	30.973 763	100.00
	^{2}H(D)	2.014 102	0.015	S	^{32}S	31.972 072	95.02
C	^{12}C	12.000 000	98.9		^{33}S	32.971 459	0.85
	^{13}C	13.003 355	1.07		^{34}S	33.967 868	4.21
N	^{14}N	14.003 074	99.63		^{35}S	34.967 079	0.02
	^{15}N	15.000 109	0.37	Cl	^{35}Cl	34.968 853	75.53
O	^{16}O	15.994 915	99.76		^{37}Cl	36.965 903	24.47
	^{17}O	16.999 131	0.03	Br	^{79}Br	78.918 336	50.54
	^{18}O	17.999 159	0.20		^{81}Br	80.916 290	49.45
F	^{19}F	18.998 403	100.00	I	^{127}I	126.904 477	100.00

拜诺(Beynon) 等人列出不同数目 C,H,O 和 N 组成的各种分子式精密相对分子质量表(具有小数点后三位数). 因此,将高分辨率质谱仪测得精确相对分子质量与拜诺表进行核对,就可以将化合物的化学式范围大大缩小. 再配合其他分析信息,则可从中得到最合理的化学式. 此外,还可以从 Merck Index(第 9 版)找到所有化合物的精密相对分子质量(精确到小数点后六位数),进行进一步核对.

(2)由同位素比求化学式

拜诺还依据式(19.2) 和(19.3) 计算了相对分子质量为 500 以下的只含 C,H,O 和 N 的化合物的 M+1 和 M+2 同位素峰与分子离子峰的相对强度,并编制为表格，表 20.3 列出拜诺表中 M=102 的部分内容. 求化学式时，只要质谱图中的分子离子峰足够强，能准确测定分子离子峰和 M+1，M+2 同位素峰，计算出 M+1，M+2 峰相对于 M 峰的百分数，就能根据拜诺表确定可能的经验化学式. 例如，若在质量数为 102 有分子离子峰，且 M+1 和 M+2 同位素峰的相对强度分别为 7.81%和 0.35%. 据表 20.3，可以认为化合物的可能化学式为 $C_6H_2N_2$，C_7H_2O，C_7H_4N，因为相对分子质量为偶数，依据氮律，可以排除 C_7H_4N 的可能. 然后再依据碎片离子峰，或其他信息如红外光谱、核磁共振谱的数据，即可确定化合物的化学式.

表 20.3　拜诺表中 M=102 部分数据

	M+1	M+2		M+1	M+2
$C_5H_{10}O_2$	5.64	0.53	$C_6H_{14}O$	6.75	0.39
$C_5H_{12}NO$	6.02	0.35	C_7H_2O	7.64	0.45
$C_5H_{14}N_2$	6.39	0.17	C_7H_4N	8.01	0.28
$C_6H_2N_2$	7.28	0.23	C_8H_6	8.74	0.34

对含 Cl，Br，S 等元素的化合物的离子峰相对强度可由 $(a+b)^n$ 展开式计算，式中 a、b 分别为元素轻、重同位素相对丰度，n 为分子中该元素的原子数. 例如，在 CH_2Cl_2 中，对元素 Cl 来说，可近似地看为 $a=3$，$b=1$，$n=2$，所以，分子离子峰与同位素峰的相对强度之比为 9∶6∶1，若有多个元素存在，则以 $(a+b)^n(a'+b')^{n'}$，…计算(详见第 19 章).

对于含有 Cl，Br，S 等元素的化合物，其质谱图的(M+2)/M 的值明显地较大. 例如，有机化合物的质量数 M 为 104，质谱图中 $(I_{M+1}/I_M)\%=6.45$，$(I_{M+2}/I_M)\%=4.77$. M+2 同位素峰相对强度较大，表明有 Cl，Br，S 等存在. 但 $32.5>(I_{M+2}/I_M)\%>4.44$(参考表 19.2)，说明未知物分子中不含 Cl，Br，只含有一个 S 原子. 但是拜诺表中只列出有关 C，H，O，N 的有机物的数据. 所以实验数据中应扣除 S 的贡献：

$$(I_{M+1}/I_M)\%=6.45-0.80=5.65;$$

$$(I_{M+2}/I_M)\%=4.77-4.44=0.33;$$

剩余质量 $M=104-32=72$

查拜诺表中 M=72 有关化学式，共有 15 个元素组合，与上述计算值最接近的 C_5H_{12}(M+1 峰为 5.6%，M+2 峰为 0.13%)，所以化学式可能为 $C_5H_{12}S$.

3. 结构鉴定

纯物质结构鉴定是质谱最成功的应用领域，通过对谱图中各种碎片离子、亚稳离子、分子离子的化学式、m/z、相对峰高等信息，根据各类化合物裂解规律，找出产生碎片离子的途径，从而可拼凑出整个结构. 再对照其他分析方法，进行验证，得出可靠结论.

另一种方法是在相同实验条件下获得已知物质的标准图谱，通过图谱比较来确认样品分子结构.

§20.3.2 质谱定量分析

1. 同位素示踪分析

分子的同位素标记对有机化学及生命科学领域中的化学机理和动力学研究十分重要，在进行这一研究前必须测定标记同位素的量，质谱分析是进行这方面研究常用的方法之一. 如确定氘代苯的纯度，通常可用质谱图中的 $C_6D_6^+$，$C_6D_5H^+$，$C_6D_4H_2^+$ 等分子离子峰的相对强度来进行. 对其他涉及标记同位素探针、同位素稀释及同位素年代测定，都可以通过测定同位素离子峰相对强度来进行. 后者是地质、考古等工作中经常进行的质谱分析，一般可通过测定 $^{36}Ar/^{40}Ar$（^{40}Ar 是由半衰期为 1.3×10^9 a 的 ^{40}K 之 K 俘获所产生的）的离子峰的相对强度之比求出 ^{40}Ar，从而推算出年代.

2. 无机痕量分析与质谱表面分析

火花源的发展使质谱分析可应用于无机固体分析，成为金属合金、矿物等分析的重要方法. 它能分析周期表中的几乎所有的元素，灵敏度极高，可检出或半定量测定 10^{-9} 范围内浓度. 无机质谱图简单，各元素的灵敏度大致相当，应用十分方便.

电感耦合等离子光源引入质谱仪（ICP-MC）之后，有效地克服了火花源的不稳定、重现性差、离子流随时间变化等缺点，使其在无机痕量分析中得到了广泛的应用.

固体表面的元素组成分析是现代研究的一个重要领域. 二次离子质谱法（secondary ion mass spectrometry，SIMS）或离子探针质量分析（ion-microprobe mass analysis）是表面分析的有用工具，它是利用离子束源来轰击固体表面，使表面一定深度内样品原子产生溅射，而产生二次离子，以适当方式将其引入质谱仪进行分析.

典型的 SIMS 仪器如图 20.9 所示，仪器由离子枪和质谱仪两部组成. 离子枪是利用电子轰击源使工作气体（Ar，O_2，N_2，Xe）电离，所产生的正离子经 5～20kV 电场加速，通过四极透镜（电场）和磁场组成的离子光学系统，进行质谱纯化并聚焦为直径可调的离子束. 离子枪伸入质谱仪的样品室,用质谱纯化过的离子束轰击样品表面,在表面产生原子和离子蒸发,一些气化了的原子获得能量后也能电离形成离子,将产生的二次离子引入四极滤质器,进行质谱分析.

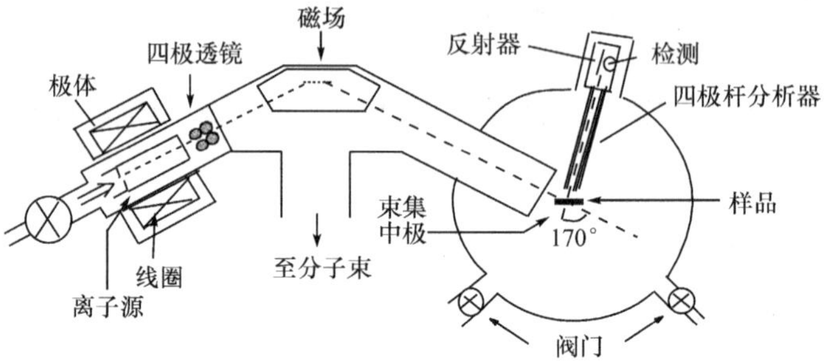

图 20.9　SIMS 仪器结构图

由于表面溅射产生的二次离子的组成的变化和表面的元素组成的变化存在差异,所以一般通过表面扫描来尽可能地减小这种效应的影响. 尽管如此,由于能获得固体表面以及一定深度内的所有同位素(H 到 U) 的定性和定量信息(10^{-15}g),该方法在冶金、地质和半导体材料等领域应用很多.

激光微探针质谱法(Laser microprobe mass spectometry) 是另外一种质谱表面分析法,它是利用钕- YAG 激光器产生的可调高能(能量密度可达 $10^{10}\sim10^{11}$ W/cm^2)直径为 0.5μm、波长为 266nm 的辐射,进行表面蒸发和离子化,再引入质谱分析. 一般仪器还配有一束低功率的氦氖激光($\lambda=632.8$nm) 用于微区照明,从而获得选定微区的离子信息. 激光微探针技术灵敏度极高(10^{-20}g),微区分辨率(约 1μm) 及分析速度均好. 其典型应用有测定青蛙神经纤维上 Na/K 浓度比、视网膜上的钙分布、牙体组织中氟浓度分布、氨基酸分析及高分子表面研究等.

3. 混合物定量分析与色谱-质谱联用

早期质谱的应用很多是研究石油工业中挥发性烷烃的分析. 在分析过程中,保持总离子流恒定,并且使得到每张质谱图所用的试样或标样的量为固定值. 记录标样和试样中所有组分的质谱图,选择混合物中每个组分的一个共有的峰,样品的峰高设为各组分共有的这个特定的 m/z 峰的峰高之和,从各组分标样中测定得到各组分的分析灵敏度,解数个联立方程,可求得混合物各组分浓度.

上述方法用于多组分混合物分析,既费时,又易引入测量误差和计算误差,故现在采用先分离后,再引入质谱仪进行分析,常用的分离方法为色谱法. 色谱法是有效的分离技术,而质谱是有效的鉴定技术,色谱-质谱联用则提供了一个对复杂化合物进行高效的定性定量工具.

(1)气相色谱-质谱联用(GC-MS)

GC-MS 是常用的一种联用技术，在商品质谱仪中这种技术设备占相当大部份、从毛细管色谱柱流出的成分可直接引入质谱仪的离子化室，但从填充柱流出成分必须经过分子分离器，降低气压并浓缩样品(见图 20.10).

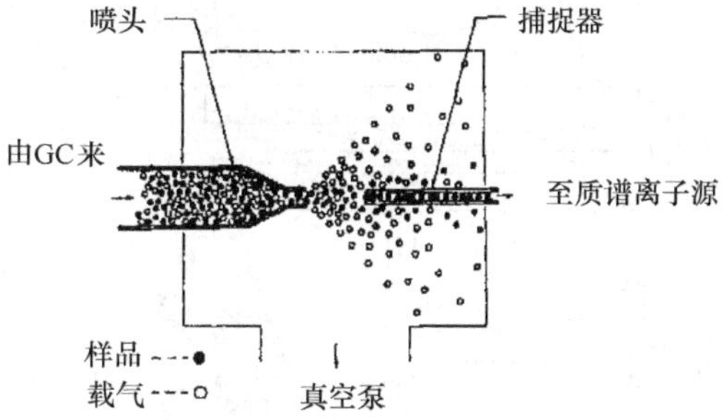

图 20.10　喷射式分子分离器

在分子分离器中，来自气相色谱仪的载气和样品组分经一小孔喷射进入喷射腔中，样品组分的分子质量较大，将在惯性作用下继续直线运动，因而进入捕捉器并被引入离子源. 载气由于质量较小扩散速率较快，容易被真空泵抽走. 必要时可使用多次喷射，经分子分离器之后，50%以上的样品组分被浓缩并进入离子源，并且压力由 1.0×10^5 Pa 降至 1.3×10^{-2} Pa.

在离子源出口狭缝安装总离子流检测器，组分经离子源电离之后流经总离子流检测器，将产生离子流信号，经放大记录后成为色谱图. 同时当某组分出现时，总离子流检测器发出触发信号，启动质谱仪开始扫描而获得该组分的质谱图.

GC-MS 的应用十分广泛，从环境污染分析、食品香味分析鉴定到医疗诊断、药物代谢研究等. GC-MS 已成为国际奥林匹克委员会进行药检的有力工具之一.

(2)液相色谱-质谱联用(LC-MS)

LC-MS 联用的关键技术是如何有效地除去液相色谱流动相而不损失样品组分. 目前广泛采用离子喷雾(ion spray) 和电喷雾(electrospray) LC-MS 联用接口技术，这两种技术是利用喷雾过程中使雾滴荷电，并使其在气相中蒸发除去流动相，然后将极性和热不稳定的化合物在不发生热降解的情况下引入质谱仪. 典型的 LC-MS接口见图 20.11. 在热喷雾接口中，从高效液相色谱柱流出的液体通过不锈钢柱直接进入喷雾器，在喷雾器中靠高压空气或氮气的喷射形成细雾，细雾在同轴加热管内气化，进入大气压条件下化学电离源反应区电离，样品离子再进入质谱仪分析. 这种接口方法可用于热稳定性较好的化合物的分析.

在离子喷雾接口中，流动相液体进入一个带高电压的喷雾器，也是靠高压气体喷射成雾，所形成的细雾带高电荷，当雾滴蒸发时，经过一个非常低的能量转换，形

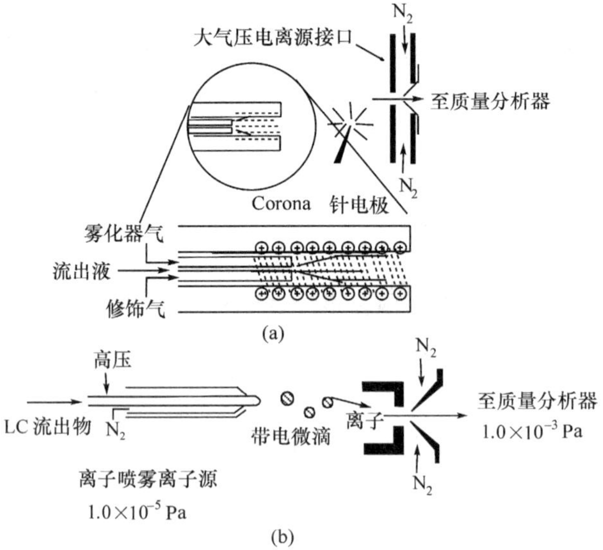

图 20.11 两种典型 LG-MS 接口

(a)热喷雾型;(b)离子喷雾型.

成含有一个或多个电荷的离子,进入质谱仪可以进行 pg 级分子全分析,这对只有极少量的、可供使用的样品,诸如生物分析中应用极为重要.

参 考 文 献

[1] 唐恢同. 有机化合物的光谱鉴定. 北京:北京大学出版社,1992

[2] 方惠群,史坚. 仪器分析原理. 南京:南京大学出版社,1994

[3] 北京大学化学系仪器分析教学组. 仪器分析教程. 北京:北京大学出版社,1997

[4] 赵藻藩,周性尧,张悟铭,赵文宽. 仪器分析. 北京:高等教育出版社,1990

[5] Robert D Braun 著. 北京大学化学系,清华大学分析中心,南开大学测试中心译. 最新仪器分析技术全书. 北京:化学工业出版社,1990

习题与思考题

习 题

1. 采用单聚焦分析器,固定加速离子束的电压进行磁扫描,磁场强度由弱增强,指出质谱峰检出的顺序,为什么?
2. 质谱峰的强度单位是单位时间进入检测器的粒子数吗?
3. 基于分子离子峰的强度对相分子质量分别为 260.2504,250.2140,260.1201,260.0922 的化合物进行定量分析,需要质谱仪具有多大的分辨率?
4. 某化合物的 M 为 114,$(M+1)/M$ 峰强度之比为 7.7%,$(M+2)/M$ 峰强度之比为 0.46%,查

拜诺表 M 为 114 的化学式如下表所示，并列出相应的峰强的比例：

	$M+1$	$M+2$		$M+1$	$M+2$
$C_6H_{12}NO$	7.01	0.42	$C_7H_{14}O$	7.83	0.47
$C_6H_{14}N_2$	7.47	0.24	$C_7H_{16}N$	8.20	0.29
$C_7H_2O_2$	8.26	0.21			

试问该化合物最可能的化学式是哪一种，为什么？

5. 简述用于无机痕量分析和表面分析的几种电离源.
6. 简述色-质联用接口技术的工作原理.

思考题

质谱也是一个分离分析技术，请从分离原理和仪器结构两方面表述其与色谱技术的异同.

四、数据处理与分析应用篇

第 21 章　信号与数据处理[1~4]

§21.1　信 号 处 理

§21.1.1　信号与噪声

在化学测量领域中，样品的分析信号是分析仪器对一定激励所产生的响应.但在分析过程中，其他因素也可能使分析仪器输出信号，这其中有背景信号、空白信号和噪声信号.背景信号是指样品中非待测组分产生的响应；空白信号是没有样品时试剂的仪器响应；噪声信号是测量过程中各种随机变量的波动所产生的仪器信号输出.这些信号都与待测物质无关，是干扰信号.样品信号、空白信号及背景信号都因噪声信号存在而在一定范围内波动.这种波动是一种随机分布，因为噪声信号是随机的，其期望值为零.

空白信号和背景信号的存在，将使测量结果出现误差，所以在进行测量时均需进行背景校正和空白校正，即扣除背景、扣除空白.噪声信号存在使测量结果出现不确定性，结果的不确定性不能校正，但能尽量减小.一般用不确定度来表示不确定性的大小.分析信号处理主要是减少噪声信号的干扰，提高信噪比，改善分析信号的质量.减少噪声的干扰方法很多，但各种方法均不可能完全将噪声除去.在噪声减少的同时还应尽量避免造成分析信号失真.

通常将消除噪声波动的干扰称为滤波.滤波的目的是将分析信号从总的响应信号中提取出来.常用的滤波方法有两类：

1. *模拟量直接滤波*

当信号与噪声的频率特性差异很大，噪声频率变化范围较小时，可以采用滤波器有效地将噪声消除掉，这是利用仪器内硬件电路来实现.但是，硬件电路滤波的缺点是很难按信号和噪声的变化而任意改变.未配置微机的分析仪器一般采用这种方式消除噪声.

2. *软件滤波*

配置微机的分析仪器一般采用软件滤波.按一定时间间隔对模拟信号采样，并将其转为数字信号，由计算机按滤波软件程序进行处理.这种软件滤波消除噪声的方法不但可以任意改变其滤波特性，而且计算机能贮存完整的实验数据，可以灵活地采用不同的方法处理，适用性很强.本节主要讨论软件滤波.软件滤波分均值滤波和平滑滤波.

§21.1.2 均值滤波

如果仪器响应信号是可重复的，那么可以进行简单的多次平行测定. 通过计算其平均值(平均信号)以降低噪声，从而提高信噪比. 因为随机噪声期望值为零，因此进行多次平行测定，可以使平均噪声趋于零，从而达到降低噪声的目的. 基于多次测定，并在线求出均值而滤除噪声的方法称为均值滤波法. 均值的一般计算公式为

$$\overline{x}_N = \sum_{i=1}^{N} \frac{x_i}{N} = \frac{1}{N}\sum_{i=1}^{N} x_i \tag{21.1}$$

式中，x_i为第 i 次测量的响应信号值. 直接利用上述计算式，每次测量的信号值都需占用计算机的内存，而且只有多次测量结束后才能计算. 欲利用该式在线求均值，必须每测定一次后全部重新进行累加，十分繁琐. 为了实现在线控制，应改用迭代(递归)算法：

$$\overline{x}_N = \frac{1}{N}(x_1 + x_2 + \cdots + x_{N-1} + x_N) = \frac{N-1}{N}\overline{x}_{N-1} + \frac{x_N}{N}$$

$$\overline{x}_N = \overline{x}_{N-1} + \frac{1}{N}(x_N - \overline{x}_{N-1}) \tag{21.2}$$

利用上式，每得到一个新的 x_N 值后，只要利用上一次计算的平均值 $\overline{x}_{N-1}$，就能计算出新的平均值，而不必将原来的 $N-1$ 次测量重新一一计算，因此也不必将每次测量结果存储起来，即可实现在线监测和控制，又可大大节省计算机内存.

例如，利用分析仪器测定某试样的响应值，连续测量 20 次，测量结果列入表 21.1. 利用式(21.2)计算每次测定时的均值，均值随测量次数增加的变化规律如图 21.1 所示. 该图清楚表明，噪声的起伏很大，但随着测量次数增加，均值的变化逐渐趋于平稳，噪声不断减小，最后趋于零.

表 21.1 测定值与滤波均值

No	测定值	均值	No	测定值	均值	No	测定值	均值	No	测定值	均值
1	0.184	0.184	6	0.188	0.191	11	0.183	0.191	16	0.187	0.191
2	0.188	0.191	7	0.196	0.191	12	0.185	0.190	17	0.189	0.191
3	0.182	0.188	8	0.181	0.190	13	0.191	0.190	18	0.195	0.191
4	0.191	0.189	9	0.200	0.191	14	0.197	0.191	19	0.189	0.191
5	0.203	0.192	10	0.195	0.191	15	0.202	0.191	20	0.195	0.191

均值滤波也适用于快速扫描.在进行扫描时,必须使每次扫描起点一致,扫描步进幅度一致,同时要求仪器具有相应的高扫描精度.否则会导致累加平均后的数据失真.在多次扫描的过程中,要求试样是稳定的.如果试样稳定性差,前后扫描的试样组成发生了变化,累加平均就失去了意义.

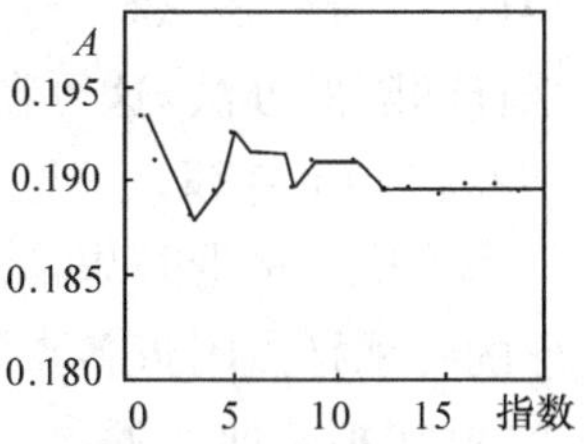

图 21.1　均值滤波趋势图

§21.1.3　平滑滤波

一般地说,消除某一波形或曲线中的噪声干扰,可采用平滑滤波.平滑滤波是基于将波形的某一小区间内用平滑(连读)的线性函数表示.所以使用平滑滤波应十分慎重,使用不当,往往会使波形失真.例如采集信号的区间过大,将会丢失分析信号.同均值滤波一样,平滑滤波只是对有限测量点进行平滑处理,因此只能减小噪声信号,而不能消除噪声.

1. 单纯移动平均法

各种将数据进行平滑处理的方法中,单纯移动平均法是最简单的一种.它的基本根据是假定在某一很小区间内,仪器的响应为常数,图 21.2 为单纯移动平均法的原理图.

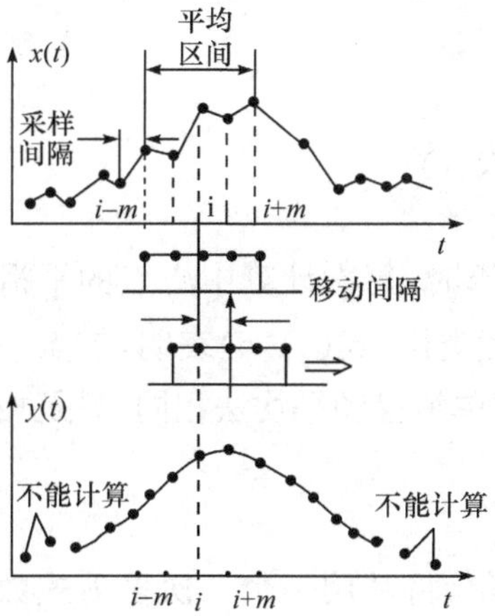

图 21.2　单纯移动平均原理图

对一个波形进行若干个等间距点采样,得到图 21.2 所示的各离散数据点.单纯移动平均假定第 i 点的数据是其前后各 m 个数据点的平均值.每次参加平均的数据点一共为 $N=2m+1$ 个,单纯移动平均的计算式为

$$\overline{x}(i)=\frac{1}{N}\sum_{j=-m}^{m}x(i+j) \tag{21.3}$$

所谓移动,就是当对第 i 点进行计算后,再移到下一个第 $i+1$ 点,按同样的方法对其进行计算,求出 $\overline{x}(i+1)$,这样逐次移动一个点,直到最后.由于累加平均,测量信号中的随机变量引起的噪声的平均值趋于零,因此采用多次测量求平均值的方法可以减少噪声的影响.由于每次计算平均值需要 $2m+1$ 个数据点,所以平滑后的波形的数据点和原始采样数据点不一致,由图可以看出,波形的最左侧和最右侧各有 m 个数据点,不能计算移动平均值.

移动平均法,只适用于因随机变量引起的噪声的处理.平均点越多减小噪声效果越好. 一般取 8～30 个点，更精确的甚至取 40～75 个点. 为避免失真，可采用减小采样间隔的办法，这可在保持信号区间一定时，增加平均点数.

2. 多项式平滑

为了提高平滑效果，减少波形失真，常采用多项式平滑法. 多项式平滑是假定波形的各采样点附近各点相关，为一段多项式曲线，然后采用最小二乘法进行曲线拟合，并按拟合曲线的参数估计值计算各数据点的平滑值. 经过平滑后的数据可以舍去叠加在原始数据中的部分噪声.

(1)三点一次平滑

将原始波形采集得到的离散数据按每相邻三点组成一个数据子集，用每个数据子集拟合为以一次多项式，一次多项式的数学模型为

$$R=\beta_0+\beta_1 x \tag{21.4}$$

三个等距离的采样点为 x_{-1}，x_0，x_{+1}，将三点的 x_i 和 R_i 分别代入模型(21.4)中，得三个方程式，根据最小二乘法求出式(21.4)中参数 β_0，β_1 的估计值，得到平滑后各数据点计算通式

$$\begin{cases} R_{-1}^{*}=\dfrac{1}{6}(5R_{-1}+2R_0-R_{+1}) \\ R_0^{*}=\dfrac{1}{6}(2R_{-1}+2R_0+2R_{+1}) \\ R_{+1}^{*}=\dfrac{1}{6}(-R_{-1}+2R_0+5R_{+1}) \end{cases} \tag{21.5}$$

式中，R_0^{*} 为平滑后的信号. 实际进行多项式平滑计算时，每次计算中心点的平滑值 R_0^{*} 之后，右移一个点再计算下一点的平滑值，以此类推. 式(21.5)表明，三点一次平滑中心点的平滑值为三点信号的算术平均值，与单纯移动平均法相同，只是相对移动平均法来讲，三点一次的 $m=1$.

(2)五点二次平滑

将原始数据每相邻五个数据点组成一个数据子集，将其用一个二次多项式数学模型来拟合，就是五点二次平滑. 五个等距离点为 x_i，$i=-2，-1，0，+1，+2$，对应的信号为 R_{-2}，R_{-1}，R_0，R_{+1}，R_{+2}. 其中 R_0 为中心点 x_0 对应的信号. 二次多项式的数学模型为

$$R=\beta_0+\beta_1 x+\beta_2 x^2 \tag{21.6}$$

同样将五个点的数据代入式(21.6)中，并用最小二乘法求出数学模型中的参数的估计值，则可利用所得到的最近似的二次多项式函数计算五点的平滑值：

$$
\begin{cases}
R_{-2}^{*}=\dfrac{1}{35}(31R_{-2}+9R_{-1}-3R_{0}-5R_{+1}+3R_{+2}) \\
R_{-1}^{*}=\dfrac{1}{35}(9R_{-2}+13R_{-1}+12R_{0}+6R_{+1}-5R_{+2}) \\
R_{0}^{*}=\dfrac{1}{35}(-3R_{-2}+12R_{-1}+17R_{0}+12R_{+1}-3R_{+2}) \\
R_{+1}^{*}=\dfrac{1}{35}(-5R_{-2}+6R_{-1}+12R_{0}+13R_{+1}+9R_{+2}) \\
R_{+2}^{*}=\dfrac{1}{35}(3R_{-2}-5R_{-1}-3R_{0}+9R_{+1}+31R_{+2})
\end{cases}
\tag{21.7}
$$

实际上，在进行平滑计算时，每次只需计算中心点的平滑值 R_0^*，然后向后移一点，再计算下一个子集中心点的平滑值. 由式(21.7)中可以看出，中心点的平滑值是子集各数据点的加权平均值，各项权重系数分别为－3，12，17，12，－3. 归一化常数为权重系数之和，等于 35. 基于这一点，多项式平滑又称为加权移动平均法.

采用五点三次多项式拟合，称为五点三次平滑. 采用最小二乘法可以得到相应的三次多项式近似方程，类似地可以求出各点的平滑值的计算式. 就中心点的平滑值而言，五点三次平滑的加权系数和五点二次平滑完全一致. 由于平滑只计算中心点，所以五点三次平滑和五点二次平滑实质上是相同的.

为了提高平滑效果，可增加数据子集中的数据数目. 表 21.2 为 5 到 13 点二(三)次中心点平滑值的加权系数，可以从表中直接查出权重系数，各系数之和为归一化因子，因而可以计算出中心点的平滑值. 平滑点的增加，可以提高滤除噪声的效果，但是同时增加了波形失真的可能. 因此选择平滑点数目应十分慎重，增多平滑数据点的同时最好相应增加采集数据的密度.

表 21.2　5～13 点平滑权重系数

点数	−6	−5	−4	−3	−2	1	0	1	2	3	4	5	6
5					−3	12	17	12	−3				
7				−2	3	6	7	6	3	−2			
9			−21	14	39	54	59	54	39	14	−21		
11		−36	9	44	69	84	89	84	69	44	9	−36	
13	−11	0	9	16	21	24	25	24	21	16	9	0	−11

§21.2　傅里叶变换

在波谱分析中，常规的波谱图是一种用频率函数表示的曲线，是用单色器进行波长扫描获得的.这种获取波谱图的方法通常需要相当长的时间,影响方法的精度;另一方面利用单色器的结果是将大部分能量排除在窗口之外,影响方法的灵敏度.

波谱的重要性质之一是其强度还可以用时间函数表示.作为时间函数,可以直接利用复合光,而得到含有各色光信号信息.但这种信号必须进一步处理,将其转换为常规的波谱图.傅里叶变换就是处理这种信息的重要的数学工具,可以将波谱的时间函数和频率(或空间)函数进行互换.

§21.2.1　基本原理

如果有一个时间函数 $h(t)$,$f(t)$是以 2π 为周期的复函数.对于频率 f 的任何一个值都能满足下列积分:

$$H(f)=\int_{-\infty}^{\infty}h(t)\exp(-j2\pi ft)\mathrm{d}t$$

则 $H(f)$就是 $h(t)$的傅里叶变换,其中 t 为时间变量,f 为频率变量,$H(f)$是频率的函数.

而 $h(t)$是 $H(f)$的逆变换,其定义为

$$h(t)=\int_{-\infty}^{\infty}H(f)\exp(j2\pi ft)\mathrm{d}f$$

即我们可以从一个时间函数的傅里叶变换[频率函数 $H(f)$]确定这个时间函数,反之亦然.$H(f)$和 $h(t)$称为傅里叶变换对,记为 $h(t)\Longleftrightarrow H(f)$.

波谱的时间函数和频率函数均为复函数,复函数可以分解为三角函数的线性组合,因此,傅里叶变换实质上是一种线性变换,即

$$h_1(t)+h_2(t)\Longleftrightarrow H_1(f)+H_2(f)$$

其物理意义是:一个复合频率的波谱可从观察这个复合波谱的时间函数中变换出来.

§21.2.2　离散傅里叶变换

傅里叶变换包括解析方法(傅里叶级数,傅里叶积分)和代数方法(离散傅里叶变换).在实验测量中所获得的数据是离散数据,利用这些试验数据来进行数值计算,将复杂的波形分解为一系列的谐波,这里所用的傅里叶变换是指离散傅里叶变换.

在实验过程中,所观察的 $h(t)$函数可表示为离散形式:

$$h_n=h(n\Delta t)\delta(t-n\Delta t)\qquad(n=1,2,3,\cdots N-1)$$

式中：Δt 为采样时间间隔；N 决定了观察 h_n 所需要的时间和 $H(f)$ 中的频率分辨能力 Δf，即

$$\Delta f = \frac{1}{N\Delta t}$$

相应的傅里叶变换表达为

$$H(f) = \sum_{n=0}^{N-1} h_n \exp(-j2\pi f n \Delta t)$$

因为频率分布范围为 $0 \sim f_{\max}$，所以其中共有 $f_{\max}/\Delta f$ 个点，则 $H(f)$ 表示为离散函数 H_k

$$H_k = \sum_{n=0}^{N-1} h_n(-j2\pi kn/N) \quad (k = 0,1,2,\cdots,N-1) \tag{21.8}$$

其逆变换为

$$h_n = \frac{1}{N}\sum_{k=0}^{N-1} H_k \exp(j2\pi kn/N) \quad (n = 0,1,2,\cdots,N-1) \tag{21.9}$$

§21.2.3　快速傅里叶变换

无论按式(21.8)由 h_n 求 H_k 还是按式(21.9)由 H_k 求 h_n，都可归结于计算

$$G_n = \sum_{k=0}^{N-1} g_k W^{nk} \quad (n = 0,1,2,\cdots,N-1) \tag{21.10}$$

式中，$W=\exp(-j2\pi/N)$ 或 $W=\exp(j2\pi/N)$，$\{g_k\}(k=0,1,2,\cdots,N-1)$ 是已知复数系列. 如果按式(21.10)直接计算 G_n，需要 N 次复数乘法和 N 次复数加法，于是计算全部 G_n，共需要 N^2 次乘法和 N^2 次加法. 如果 N 较大，则 N^2 就很大. 因此在计算机未问世之前，离散傅里叶变换只有理论上的意义，得不到实际应用. 计算机问世之后，直接运用式(21.10)进行计算，所花费的代价也太大. 直到 1965 年，Cooley 和 Tuley 提出了快速傅里叶变换的算法，大大提高了运算速度，才使问题得到解决，从而使傅里叶变换得到了广泛的应用.

傅里叶快速变换的核心是减少乘法的次数. 表面上看，全部 G_n 的计算有 N^2 个 W^{kn} 的项，而在这 N^2 个项中实际上只有 N 个不同值的 $W^0, W^1, \cdots, W^{N-1}$. 减少乘法的次数通过同类项合并来实现，即将拥有相同的 $W^r(0 \leqslant r \leqslant N-1)$ 项归类，先将同类项的 g_k 加起来，然后再与 W^r 相乘. 这样就可以大量减少乘法的运算次数.

若将 N 的数选为 $N=r^t$，那么快速傅里叶变换所需的运算次数为

$$N(r,t) = rN\log_r N = \frac{r}{\log_2 r} N\log_2 N \tag{21.11}$$

当 $r=3$，对于确定的 N，式(21.11)中的系数 $N\log_2 N$ 达到最小值. 但是，人们通常选择 $r=2$，在这种情况下，快速傅里叶时变换所需的运算次数为 $2N\log_2 N$. 显然它

比离散傅里叶变换的 N^2 次乘法和 N^2 次加法运算的次数要少得多.

快速傅里叶变换在仪器分析中的直接应用有傅里叶变换红外光谱(FTIR)、脉冲傅里叶变换核磁共振波谱(PFTNMR)、傅里叶变换质谱(FTMS)等.

§21.2.4 傅里叶变换平滑

在仪器分析中,快速傅里叶变换应用于试验数据的平滑处理更为普遍. 首先将时域信号(t)变换到频率域信号(f),即将实测的波形 $x(t)$ 时域函数变换为波形的频谱函数 $X(V)$. 由于信号的频率域和噪声的频率域不同,用一个矩形滤波函数 $W(V)$ 与得到的频谱函数相乘,以滤除信号的频率域以外的信号,一般是滤除高频部分,得到平滑后的频谱函数 $Y(V)$. 然后用逆傅里叶变换得到平滑后的波形 $y(t)$. 上述平滑过程可用图 21.3 加以说明. 由于傅里叶变换平滑利用信号和噪声频率的特性差异进行信噪分离,所以能除去其他方法难以除去的周期性噪声.

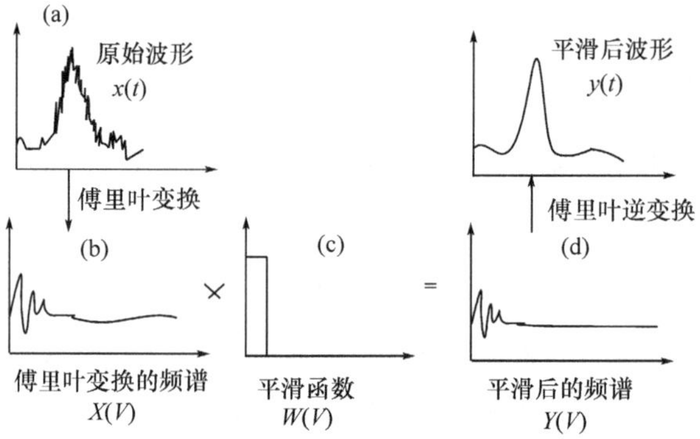

图 21.3 傅里叶变换平滑示意图

§21.3 基础校正理论

校正理论是化学计量学的重要组成部分. 所谓校正就是利用化学测量数据和已有知识构成数学模型,确定模型参数,然后用这个模型去预测某些信息(如浓度)的方法.

经典分析化学中利用标准曲线法进行浓度测定的过程就是化学计量学中的单变量校正过程. 它是利用不同浓度的标准溶液所得的分析信号(如吸光度)和已有知识(如比尔定律)构造一个线性数学模型(吸光度-浓度关系),而后利用最小二乘法求出其中参数,进而预测未知物浓度信息. 单变量校正要求采用的分析方法具有完全选择性,否则必须进行掩蔽或分离.

在分析测定中,很多情况下存在多组分不经分离或掩蔽而同时测定,这里就存在一个多变量校正问题. 现代分析仪器的自动化,大量数据的采集和传输已成为事实;微机的问世使复杂计算困难得以解决;多道分析仪器技术使多维数据信息的获得成为可能. 这些技术的进步为多元校正方法提供了技术基础.

§21.3.1　单变量校正

单变量校正包括校正曲线法和标准加入法.

1. 标正曲线法

(1) 曲线参数的确定

校正曲线法(calibration curve method,简称 CCM)要求在分析测定的条件下,测量体系的响应信号只与待测物的含量及不可控的随机噪声有关,才可以依据在线性动态范围内的一组浓度与响应信号的实验观察值来构造线性校正模型. 考虑到随机因素的影响,单变量线性校正模型一般可以表示为

$$R=\beta_0+\beta_1 C+\varepsilon \tag{21.12}$$

式中:R 为测量体系的响应信号;C 为待测物浓度;ε 为随机误差;β_0 和 β_1 是数学模型中待估计的参数. β_0 和 β_1 的估计是基于一系列实验数据 (C_1,R_1),(C_2,R_2),…,(C_n,R_n),采用最小二乘法得到. 必须指出,该法的成功一定要满足下述两个条件:

①各次试验(测量)中的随机误差是相互独立的,且服从正态分布 $N(0,\sigma^2)$,即随机误差的正态分布期望期为 0,其标准差为 σ. 一般地说,在分析测量过程中,存在大量的独立随机变量. 根据统计学中心极限定理,大量独立随机变量之和具有近似于正态分布.

②因变量 R 是可观察的随机变量,自变量 C 一般视为非随机变量;所以,R 的误差完全是由随机因素引起的,其误差大小完全由误差项 ε 决定. 显然,自变量如果也含随机误差,其方差 σ_C^2 应大大小于 ε 的方差 σ_ε^2,即 $\sigma_C^2 \ll \sigma_\varepsilon^2$.

在分析化学中,自变量多是标准溶液的浓度. 在配制标准溶液时,浓度的相对误差小于 0.1%是可以实现的,而仪器的测量相对误差一般约为 1%,甚至更小. 所以,这上述条件在分析化学中一般都能满足.

根据式(21.12)校正模型出发,求出参数 β_0 和 β_1 的估计值. 对 n 次测量可以构成以下一组联立方程:

$$\begin{aligned} R_1 &= \beta_0+\beta_1 C_1+\varepsilon_1 \\ R_2 &= \beta_0+\beta_1 C_2+\varepsilon_2 \\ \cdots & \qquad\qquad \cdots \\ R_n &= \beta_0+\beta_1 C_n+\varepsilon_n \end{aligned} \tag{21.13}$$

据最小二乘法的原理,使误差的平方和最小时的 β_0 和 β_1 的值为其估计值,即

$$Q(\beta_0,\beta_1)=\sum_{i=1}^{n}\varepsilon_i^2=\sum_{i=1}^{n}[R_i-(\beta_0+\beta_1C_i)]^2 \tag{21.14}$$

求 $Q(\beta_0,\beta_1)$ 最小时的 β_0 和 β_1 的值,则要使式(21.14)对 β_0 和 β_1 分别求偏微分,并令其等于零,再求解其方程,即

$$\frac{\partial Q}{\partial \beta_0}=2\sum_{i=1}^{n}[R_I-(\beta_0+\beta_1C_i)]=0$$

$$\frac{\partial Q}{\partial \beta_1}=2\sum_{i=1}^{n}[R_i-(\beta_0+\beta_1C_i)]\cdot C_i=0 \tag{21.15}$$

式(21.15)的解为

$$b_1=\frac{\sum_{i=1}^{n}(C_i-\overline{C})(R_i-\overline{R})}{\sum_{i=1}^{n}(C_i-\overline{C})^2} \tag{21.16a}$$

$$b_0=\overline{R}-b_1\overline{C} \tag{21.16b}$$

式中:C_i、R_i 分别为各次实验中标准溶液浓度及其响应观察值;$\overline{C}$,$\overline{R}$ 为浓度和响应的平均值;b_0 和 b_1 为 β_0 和 β_1 的估计值. 于是从该组数据得到的校正方程为

$$R=b_0+b_1C \tag{21.17}$$

作 R-C 的关系图就得分析测定中常用的校正曲线. 这条校正曲线在纵坐标的截距为 b_0,相当于 $C=0$ 时的响应值,可看成为空白值;b_1 是曲线的斜率,被定义为方法的灵敏度,b_1 越大,灵敏度越高.

例如,用次甲基蓝与二氯乙烷萃取光度法测定硼,得到表 21.3 的数据,作吸光度 A-C 浓度关系图,得到图 21.4 上各数据点,采用线性校正模型 $A=\beta_0+\beta_1C$ 拟合这组数据,则可求出参数 β_0 和 β_1 的估计值.

表 21.3　次甲基蓝与二氯乙烷光度法测硼

浓度 C(μg/60mL)	0.5	1.0	2.0	3.0	4.0	5.0
吸光度 A	0.14	0.16	0.28	0.38	0.41	0.54

由这组实验数据计算,得 $\overline{C}=2.58$,$\overline{A}=0.318$

$$b_1=\frac{\sum_{i=1}^{6}(C_i-\overline{C})(A_i-\overline{A})}{\sum_{i=1}^{6}(C_i-\overline{C})^2}=0.088$$

$$b_0=\overline{A}-b_1\overline{C}=0.318-0.088\times2.58=0.091$$

所以拟合的校正方程为

$$A=0.091+0.088C$$

图 21.4 中的直线就是所求的校正曲线.

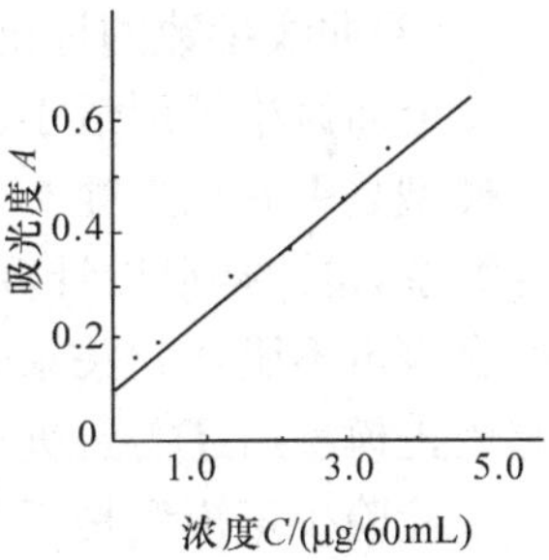

图 21.4　光度法测硼校正曲线

(2)校正模型的精度

据统计推导,因变量 R 的标准偏差的估计值为

$$S_R=\sqrt{\sum_{i=1}^{n}(R_i-\hat{R})^2/(n-2)} \qquad (21.18)$$

式中:R_i 为对应于 C_i 的响应的实验观察值;$\hat{R}$ 为根据校正方程计算得到的对应于 C_i 的响应值;$n-2$ 为自由度. b_0 和 b_1 的标准偏差的估计值为

$$S_{b_0}=S_R\sqrt{\frac{\sum_{i=1}^{n}C_i^2}{n\sum_{i=1}^{n}(C_i-\overline{C})^2}} \qquad S_{b_1}=S_R\sqrt{\frac{1}{\sum_{i=1}^{n}(C_i-\overline{C})^2}} \qquad (21.19)$$

由上式可以看出,要使 b_0 和 b_1 具有较高的精密度,即让它们的校准偏差估计值较小,则应使因变量 R 的标准偏差的估计值小. 此外应有较多的数据点,且 C_i 的取值范围尽量地大,使 C_i 和 $\overline{C}$ 有较大的距离. 只有 b_0 和 b_1 具有高的精密度,才会有高精密度的测定结果.

据校正方程 $R=b_0+b_1C$,当未知试样响应为 R_0,试样中待测组分浓度的估计值为

$$\hat{C}_0=(R_0-b_0)/b_1$$

由于 b_0 和 b_1 都含有随机误差,因而由 R_0 计算获得的 C_0 必然也存在随机误差. 如果分析测定进行 m 次平行试验,测量后的平均的响应值为 $\overline{R}_0$,C_0 的标准偏差的估计值为

$$S_{C_0}=\frac{S_R}{b_1}\left[\frac{1}{m}+\frac{1}{n}+\frac{(\overline{R}_0-\overline{R})^2}{b_1^2\sum_{i=1}^{n}(C_i-\overline{C})^2}\right]^{1/2} \qquad (21.20)$$

式中,$\overline{C}$ 和 $\overline{R}$ 为 n 次校正试验测量的标准溶液的平均浓度及平均响应值. 上式表明:分析测定结果 C_0 的精密度与未知样平行测定次数 m、校正实验点数目 n、校正实验的自变量 C 取值在线性范围内分布的宽度、测量响应值的精密度以及试样响应值与校正实验的平均响应值靠近程度都有密切关系. 因此,要想获得较好的分析测定结果,应重视提高仪器的测量精密度,减小校正曲线中的随机误差,称取合适的试样量.

(3)曲线参数的评价

上面讨论了用最小二乘法从一组实验数据建立起线性校正模型.那么这一校正模型是否有意义呢？实际上,对于任意一组实验数据,即使 R 和 C 并不服从线性关系,也同样可以计算出参数 b_0,b_1的值,并建立起校正模型.显然用一个线性模型去表示不服从此关系的实验数据是没有意义的.因此从一组实验数据出发,建立起校正模型后还需要进行模型检验视其是否有意义.

检验校正模型是否有意义,可以依靠专业知识,了解因变量 R 随自变量 C 变化的内在规律.分析工作者应具有这方面的知识.

从统计学的角度也能判断校正模型是否有意义,方法之一为相关分析.相关分析是用统计量相关系数来分析变量之间相关关系的方法.相关系数 ρ 的定义为

$$\rho = \frac{\sum_{i=1}^{n}(C_i - \overline{C})(R_i - \overline{R})}{\left[\sum_{i=1}^{n}(C_i - \overline{C})^2 \cdot \sum_{i=1}^{n}(R_i - \overline{R})^2\right]^{1/2}} \tag{21.21}$$

相关系数的取值范围为 $0 \leqslant |\rho| \leqslant 1$.若 $|\rho| = 1$ 表示 C 和 R 完全线性相关,全部实验点均在校正曲线上;若 $0 < |\rho| < 1$,表示 C 和 R 之间有某种程度的线性关系;$|\rho|$ 越接近于1,各实验点离校正曲线越近,线性相关关系越好;$\rho = 0$,说明 R 与 C 完全没有线性关系;因此线性校正模型完全没有意义.分析化学中的校正曲线一般都有很好的相关关系,绝大多数情况下相关系数值 $\rho > 0.99$.相关系数 ρ 的取值与校正曲线和实验点的关系示意如图 21.5.

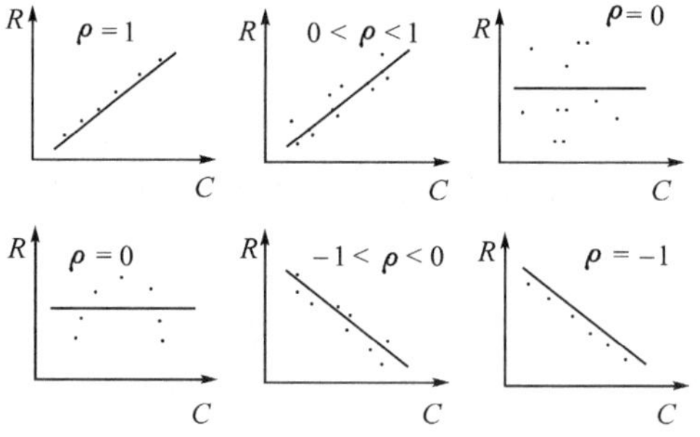

图 21.5　相关系数的意义

在统计学中,检验校正模型是否有意义的另一种方法是方差分析.方差分析将校正过程中响应 R 的测量值的波动用总误差平方和 S_T表示：

$$S_T = \sum_{i=1}^{n}(R_i - \overline{R})^2 \tag{21.22}$$

R 值的波动是由于两个方面的原因引起的,一方面是自变量 C 的变化,这方面引起的 R 值的波动用回归平方和 S_H 表示：

$$S_H = \sum_{i=1}^{n} (\hat{R}_i - \overline{R})^2 \tag{21.23}$$

式中：$\hat{R}_i$ 是校正曲线上各点的响应值；R_i 是实验测定响应值；$\overline{R}$ 是各次实验值的平均值；S_H 是总误差平方和 S_T 的一部分. 另一方面是随机误差及除浓度 C 以外其他因素的影响，这方面影响引起 R 的波动用剩余平方和 S_Y 表示：

$$S_Y = \sum_{i=1}^{n} (R_i - \hat{R}_i)^2 \tag{21.24}$$

S_T 可表示为 S_H 和 S_Y 之和：

$$S_T = S_H + S_Y \tag{21.25}$$

对于单变量校正，S_T 的自由度为 $n-1$，S_H 的自由度为 1，S_Y 的自由度为 $n-2$.

要检验校正模型是否有意义，也就是要检验 R 和 C 之间的线性关系是否显著. 显然，若 R 的变化与 C 的变化无关，说明 R 和 C 无相关关系. 因此可用统计量：

$$F = \frac{S_H/1}{S_Y/(n-2)} \tag{21.26}$$

来检验 R 和 C 之间相关关系的显著性. 如果 S_H 相对于 S_Y 不太大，说明由于 C 的变化而引起 R 的变化的程度不比随机误差等因素引起 R 的变化明显，这说明 R 和 C 之间相关关系不显著，也就是说 R 的变化并不是由于 C 对它的线性影响造成的，而是由于实验误差或别的原因造成的，因此 R 和 C 不是线性相关的.

从统计学上可知，统计量 F 服从自由度 $f_1=1, f_2=n-2$ 的 f 分布，因此对于给定的显著水平 α，若计算得到的 F 大于 F 分布表中的临界值 $F_a(f_1, f_2)$，则说明 R 和 C 之间有显著的线性相关关系，校正模型是有意义的，反之若计算值 $F < F_a(f_1, f_2)$，则表明 R 和 C 没有显著的相关关系，因此校正模型是没有意义的.

下面分别用相关分析法和方差分析法检验上例用次甲基蓝与二氯乙烷萃取光度法测定硼的实验浓度数据和吸光度线性关系是否显著.

先计算相关系数 ρ，

$$\rho = \frac{\sum_{i=1}^{n} (C_i - \overline{C})(R_i - \overline{R})}{\left[\sum_{i=1}^{n} (C_i - \overline{C})^2 \cdot \sum_{i=1}^{n} (R_i - \overline{R})^2\right]^{1/2}} = \frac{1.336}{\sqrt{15.21 \times 0.1197}} = 0.990$$

计算结果表明，R 和 C 之间有高度相关关系.

再计算 F 值，

$$S_H = \sum_{i=1}^{n} (\hat{R}_i - \overline{R})^2 = 0.1173$$

$$S_Y = \sum_{i=1}^{n} (R_i - \hat{R}_i)^2 = 0.0024$$

$$F = \frac{S_H/1}{S_Y/(n-2)} = 195$$

查 F 分布表，当给定显著性水平 $\alpha=0.05$ 时，$F_{0.05}(1,4)=7.71 << F$，所以 R 和 C 之间有显著相关关系，校正模型是有意义的.

(4)校正曲线检出限

在分析化学中，各种仪器分析方法通常都用来测定低含量物质. 检出限是评价仪器分析方法的一个重要标志. 在分析化学中一个分析方法的检出限定义为：在一定的置信水平(99.7%)下，能可靠地检测出待测定物质的最小量或最小浓度. 它由最小检测信号导出.

设测定的空白信号均值为 R_B，在检出限时测定信号均值为 R_{LD}，根据检出限的定义，

$$R_{LD} - R_B = KS_B \tag{21.27a}$$

式中置信水平取 99.7%时，$K=3$. 与 R_{LD}相应的最小量 q_{LD}或最小浓度 C_{LD}则分别表示为

$$q_{LD} = \frac{R_{LD}-R_B}{b_1} = \frac{3S_B}{b_1} \quad 或 \quad C_{LD} = \frac{R_{LD}-R_B}{b_1} = \frac{3S_B}{b_1} \tag{21.27b}$$

在前面讨论用最小二乘法对校正模型的参数进行估计时，其中要满足的条件之一是每个实验点的响应应有相同的方差. 同样，空白值的方差也应相同. 在校正过程中，响应值的标准差可用式(21.18)中的 S_R 估计，显然空白值的标准差 S_B 也可以用 S_R 来代替.

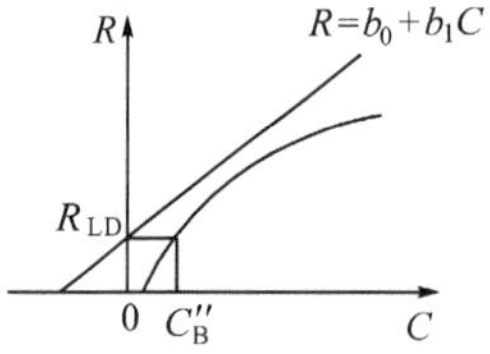

图 21.6　校正曲线和检出限

校正模型中的参数 b_0，实际是校正曲线在纵轴 R 上的截距，即浓度 $C=0$ 时的响应值，显然 b_0 可以作为空白信号 R_B 的估计值. 由于 b_0 是由 n 个点校正得到的，显然要比一次空白测定要准确得多. 由上讨论，可以把校正曲线的检出限表示为

$$R_{LD} = b_0 + 3S_R \tag{21.28}$$

那么，在一定的置信度下，当被测物浓度为 0 时的响应值的范围如图 21.6 所示，若空白溶液的响应为 R_{LD}，则 R_{LD}所对应的浓度置信区间为[0,C_B^u]，其中 C_B^u 是与 R_{LD}对应的浓度上限. 在置信度为 $1-a$ 时，对于信号 R_{LD}，相应的被测组分的浓度超过 C_B^u 的可能性极小，故 C_B^u 可视为由校正曲线得到的检出限.

2. 标准加入法

标准加入法(standard addition method,SAM)适于校正试样的基体干扰. 校正曲线法中校正模型的 β_0 和 β_1 常常是与基体相关的参数. 在发射光谱、原子吸收、极谱分析等测定中,经常出现与基体效应有关的校正问题. 采用校正曲线法,则要求标准溶液和试样溶液的组成相同. 实际上,在许多情况下是难以找到与待测样品有相同基体的标样. 人们可以采用基体配制法,即在标准溶液中加入人工配制的基体来克服基体效应的影响. 但是,更方便的克服基体效应的方法是采用标准加入的校正方法,即在样品中加入标准. 标准加入法的校正曲线通常如图 21.7 所示,其中两曲线之间是校正曲线的置信区域.

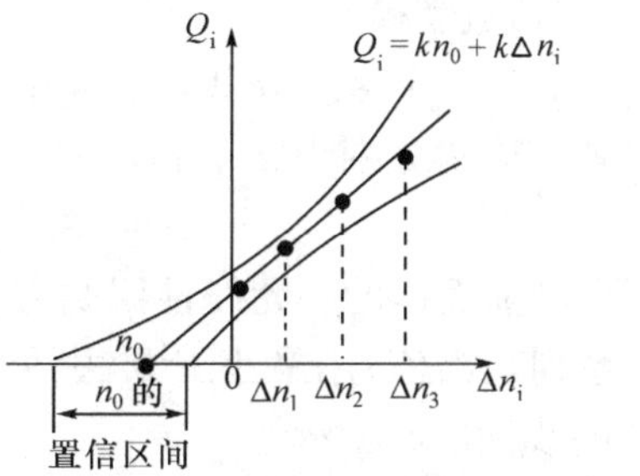

图 21.7　标准加入法

设试样溶液中待测组分的浓度为 C_0,在加入标准溶液之前测得的响应值为 R_0,若响应与浓度之间存在线性关系,且不存空白值(常数项为零),则响应与浓度关系可表示为

$$R_0=kC_0=k\frac{n_0}{V_0} \tag{21.29}$$

式中:n_0 为待测物的量;V_0 为试样的初始体积. 在对试样进行第 i 次加入后,若加入标准的累积总量为 Δn_i,累计加入的体积为 ΔV_i,则第 i 次标准加入后的响应为

$$R_i=k\left[\frac{n_0+\Delta n_i}{V_0+\Delta V_i}\right] \tag{21.30}$$

令 $Q=R_i(V_0+\Delta V_i)$ 为加入标准后经体积校正的响应值,则

$$Q_i=kn_0+k\Delta n_i \tag{21.31}$$

显然式(21.31)仍为一个线性模型. 作 Q-Δn 关系曲线,得到一个斜率为 k,截距为 kn_0 的直线,该直线外推到 $Q=0$ 处,则有 $kn_0=-k\Delta n_i$,所以可得待测物的量为

$$n_0=-\Delta n_i$$

即直线与横坐标的交点处所对应的 Δn_i 值就是待测物的量 n_0.

由图 21.7 可以看出,待测物的量 n_0 是处于远离校正曲线中心点($\overline{n}$,$\overline{Q}$)的端点处,由上一节可知,在远离校正曲线中心点的两端预报精密度比较差. 显然,标准加入法使 n_0 总处在校正曲线的端点处,因而使其预报精密度不够理想,这是标准加入法的缺点.

§ 21.3.2　多变量校正方法

多变量校正的方法有多种,其中应用最广泛的是多元线性回归(multiple linear regression,简称 MLR)校正. 为克服基体的影响,可采用通用标准加入法.

1. 多元线性回归校正

(1)数学模型

对于一个多组分共存的复杂体系,某一测量信号与多个因素有关,假设响应为 y,各个因素分别为 x_1, x_2, …, x_n,如果响应 y 与各因素之间为线性关系：

$$y=\beta_0+\beta_1 x_1, +\beta_2 x_2+\cdots+\beta_n x_n \tag{21.32}$$

则可与前面讲的一元线性回归方法相似,通过对 y 和各自变量 $x_i(i=1,2,\cdots,n)$的一系列观察值,用最小二乘法估计模型的参数 $\beta_0,\beta_1,\beta_2,\cdots\beta_n$,从而建立起 y 对各 x_i 的线性回归方程.

由于响应观测值的测量往往含有误差,所以根据最小二乘法原理估计参数是从下式所示的多元线性回归模型出发的.

$$y=\beta_0+\beta_1 x_1+\beta_2 x_2+\cdots+\beta_n x_n+\varepsilon \tag{21.33}$$

式中:$\beta_0,\beta_1,\beta_2,\cdots\beta_n$叫回归系数;$\varepsilon$ 为服从正态分布 $N(0,\sigma^2)$的随机误差. 因此对于 m 次试验观测值有下列方程组：

$$\begin{cases} y_1=\beta_0+\beta_1 x_{11}+\beta_2 x_{12}+\cdots+\beta_n x_{1n}+\varepsilon_1 \\ y_2=\beta_0+\beta_1 x_{21}+\beta_2 x_{22}+\cdots+\beta_n x_{2n}+\varepsilon_2 \\ \qquad\cdots\qquad\qquad\cdots \\ y_m=\beta_0+\beta_1 x_{m1}+\beta_2 x_{m2}+\cdots+\beta_n x_{mn}+\varepsilon_m \end{cases} \tag{21.34}$$

其中,$m\geqslant n$. 式(21.34)是含 $n+1$ 个未知数 β_0,β_1,β_2, $\cdots\beta_n$的由 m 个方程组成的方程组,可根据最小二乘法原理估计各参数 $\beta_0,\beta_1,\beta_2,\cdots\beta_n$的值. 式(21.34)若用矩阵表示. 可表示为

$$Y=X\beta+\varepsilon$$

其中

$$Y=(y_1\ y_2\cdots\ y_m)'$$

$$X=\begin{pmatrix} 1 & x_{11} & x_{12} & \cdots & x_{1n} \\ 1 & x_{21} & x_{22} & \cdots & x_{2n} \\ & & \cdots\ \cdots & & \\ 1 & x_{m1} & x_{m2} & \cdots & x_{mn} \end{pmatrix}$$

$$\beta=(\beta_0,\beta_1,\beta_2,\cdots\beta_n)',\varepsilon=(\varepsilon_1\varepsilon_2\cdots\varepsilon_m)'$$

(2)参数的最小二乘估计

根据最小二乘法原理,求式(21.34)中各参数的估计值,即为求使式(21.34)中各误差的平方和有极小值时的一组解,即 $\sum_{i=1}^{m}\varepsilon_i^2\rightarrow\min$

令 $Q(\beta_0,\beta_1,\beta_2,\cdots,\beta_n)=\sum_{i=1}^{m}\varepsilon_i^2=\sum_{i=1}^{m}[y_i-(\beta_0+\beta_1 x_{i1}+\beta_2 x_{i2}+\cdots+\beta_n x_{in})]^2$

欲使 $\sum_{i=1}^{m}\varepsilon_i^2$ 有极小值，则要

$$\begin{cases}\dfrac{\partial Q}{\partial\beta_0}=-2\sum_{i=1}^{m}[y_i-(\beta_0+\beta_1x_{11}+\beta_2x_{12}+\cdots+\beta_nx_{in})]=0\\ \dfrac{\partial Q}{\partial\beta_1}=-2\sum_{i=1}^{m}[y_i-(\beta_0+\beta_1x_{11}+\beta_2x_{12}+\cdots+\beta_nx_{in})]x_{i1}=0\\ \cdots\qquad\cdots\\ \dfrac{\partial Q}{\partial\beta_n}=-2\sum_{i=1}^{m}[y_i-(\beta_0+\beta_1x_{i1}+\beta_2x_{i2}+\cdots+\beta_nx_{in})]x_{in}=0\end{cases}\tag{21.35}$$

解正规方程组(21.35)，可得 $n+1$ 各未知数 $\beta_0,\beta_1,\beta_2,\cdots\beta_n$ 的值. 式(21.35)左边的系数矩阵为

$$\begin{pmatrix} m & \sum x_{i1} & \sum x_{i2} & \cdots & \sum x_{in}\\ \sum x_{i1} & \sum x_{i1}^2 & \sum x_{i1}x_{i2} & \cdots & \sum x_{i1}x_{in}\\ \cdots & \cdots & \cdots & & \cdots\\ \sum x_{in} & \sum x_{i1}x_{in} & \sum x_{in}x_{i2} & \cdots & \sum x_{in}^2\end{pmatrix}=\boldsymbol{X'X}$$

式(21.35)右边的常数项为

$$\begin{pmatrix}\sum y_i\\ \sum x_{i1}y_i\\ \cdots\\ \sum x_{in}y_i\end{pmatrix}=\boldsymbol{X'Y}$$

所以式(21.35)的矩阵形式为

$$\boldsymbol{X'X\beta}=\boldsymbol{X'Y}\tag{21.36}$$

当 $\boldsymbol{X'X}$ 的逆矩阵 $(\boldsymbol{X'X})^{-1}$ 存在，且 $m\geqslant n+1$ 时，$\boldsymbol{\beta}$ 的估计为 $\boldsymbol{B}$，

$$\boldsymbol{B}=(\boldsymbol{X'X})^{-1}\boldsymbol{X'Y}\tag{21.37}$$

其中 $\boldsymbol{B}=(b_0b_1b_2\cdots b_n)'$，各 b_i 为对应 β_i 的估计值.

当得到式(21.33)回归模型中各参数的估计值后，即建立起了响应 y 与各变量 x_i 之间的回归方程：

$$y=b_0+b_1x_1+b_2x_2+\cdots+b_nx_n\tag{21.38}$$

根据式(21.38)可由一组 x_i 对 y 作出预报.

(3)回归模型的显著性检验

以上从假设的线性模型(21.33)出发，用最小二乘法由一组试验观测值得到了参数估计值，建立了回归模型(21.38). 回归方程是否有意义，必须经过统计上的显

著性检验.

在多元线性回归中,线性假设的显著性检验分别可对回归方程和各回归系数进行. 回归方程的显著性检验是从 $x_1x_2\cdots x_n$ 这 n 个变量的总体效果考虑,这一组变量与 y 之间线性关系是否显著,而各回归系数的显著性检验,是只检验其中某一个变量 x_i 与 y 之间的线性关系是否显著,分别可采用下列方法进行显著性检验.

① 回归方程的显著性检验

根据方差分析的思想,将响应 y 的数据的波动,即 y 的总误差平方和 S_T 分解为两个部分,一部分是由于各自变量的变化而引起的 y 的波动,即回归平方和 S_H,另一部分是由于随机误差或其他未知因素所引起的 y 的波动,即剩余平方和 S_Y.

$$S_T = \sum_{i=1}^{n}(y_i - \overline{y})^2$$

$$S_H = \sum_{i=1}^{n}(\hat{y}_i - \overline{y})^2 \tag{21.39}$$

$$S_Y = S_T - S_H = \sum_{i=1}^{n}(y_i - \hat{y}_i)^2$$

S_T,S_H,S_Y 的自由度分别为 $m-1$,n 和 $m-n-1$ (m 为重复次数,n 为样本数). 式(21.39)中 y_i 为响应 y 各次试验观测值,$\overline{y}$ 是各次 y_i 观测值的平均值,$\hat{y}_i$ 是各 y_i 的回归值,即是得到回归方程式(21.38)后,将各组自变量观测值带入式(21.39)计算得到的响应值.

对于给定的一组观测值,可计算 S_T,S_H 和 S_Y 的值,通过对 S_H 和 S_Y 相对大小的比较来衡量回归效果. 根据统计学知识,作统计假设 $H_0:\beta_1=\beta_2=\cdots=\beta_n=0$,可以证明统计量

$$F=\frac{S_H/n}{S_Y/(m-n-1)} \tag{21.40}$$

服从自由度为 n 和$(m-n-1)$的 F 分布,因此对于给定的显著性水平 α,若 F 的计算值大于查表得到的临界值 $F_a(n,m-n-1)$,则表明在 α 显著性水平上拒绝假设 H_0,即各回归数不同时为零,说明从总体上说回归模型式(21.38)是有意义的. 否则,若 $F_{计算}\leqslant F_a(n,m-n-1)$则表明回归模型无显著意义.

② 各回归系数的显著性检验

为了观察各个自变量对 y 是否有显著的线性相关性,有时需要对各个回归系数进行显著性检验. 如需检验第 i 个变量 x_i 与 y 之间线性关系的显著性,则可检验假设 $H_0:\beta_i=0$,若假设成立,说明第 i 个变量 x_i 与 y 之间并没有显著的线性关系. 由统计学知,在假设 H_0 下,统计量

$$t_i=\frac{b_i}{\sqrt{c_{ii}}\cdot\sqrt{S_Y/(m-n-1)}} \tag{21.41}$$

服从自由度为$(m-n-1)$的 t 分布. 其中 c_{ii} 为矩阵$(X'X)^{-1}$的第 i 个对角元素. 因此对于给定的显著性水平 α,由一组 y 和自变量的观测值,可计算 t_i 的观测值,若$|t_i|$值大于 t 分布的 $1-\alpha/2$ 分位点 $t_{\alpha/2}(m-n-1)$,则拒绝假设 H_0,说明第 i 个变量 x_i 的回归系数不为零,即 x_i 与 y 之间有线性关系. 若计算的 t_i 值小于查表值 $t_\alpha(m-n-1)$,则说明 x_i 与 y 之间无显著性的线性关系,因而可以从回归方程删去该变量 x_i 后重新建立回归模型. 通过回归系数的显著性检验可对回归方程中各变量的重要性有所了解.

(4)相关分析

在多元线性回归中,当要考察全部 n 个变量与 y 之间线性相关程度时,也常用复相关系数来评价. 复相关系数 R 定义为

$$R=\sqrt{\frac{S_H}{S_T}}=\sqrt{1-\frac{S_Y}{S_T}} \tag{21.42}$$

由于式(21.42)中的 S_H 是回归方程中 n 个自变量对 y 方差的贡献,显然,当 $S_H=0$,即 $R=0$ 时,说明全部自变量对 y 的方差没有贡献,因而 y 与各自变量无关. 反之,若 $S_Y=0$,即 $R=1$ 时,说明 y 的方差是全部由 n 个自变量贡献的,因而各自变量与 y 完全相关. 通常 $0\leqslant R\leqslant 1$,R 越接近 1,表明 y 与各自变量相关关系好.

(5)利用回归方程进行预报

通过参数估计及显著性检验,建立了回归模型式(21.38)后,可用该方程进行预报,即对于一组自变量的给定值 $x_{10},x_{20},\cdots,x_{n0}$,代入方程可得

$$\hat{y}_0=b_0+b_1x_{10}+b_2x_{20}+\cdots+b_nx_{n0} \tag{21.43}$$

$\hat{y}_0$ 为真值 y_0 的估计值.

对于给定的置信度 $1-\alpha$,y_0 的置信区间为

$$\hat{y}_0\pm t_{\alpha/2}(m-2)\cdot\sigma\sqrt{1+\frac{1}{m}+\sum_{i=1}^{n}\sum_{i=1}^{n}(x_{i0}-\overline{x}_i)(x_{j0}-\overline{x}_j)c_{ij}}$$

其中 $\sigma=\sqrt{S_Y/(m-n-1)}$,$c_{ij}$ 是矩阵$(X'X)^{-1}$中的第 i 行第 j 列的矩阵元.

在分析测试中,求出 n 个组分的浓度值 $C_i(i=1,2,\cdots,n)$是利用式(21.38)进行逆运算,由 $m(\geqslant n)$个测试点的测量数据 $y_i(i=1,2,\cdots,m)$,可以建立 m 个联立方程组. 用矩阵方程式表示为

$$\boldsymbol{BC}=\boldsymbol{Y} \tag{21.44}$$

其中 $\boldsymbol{C}=(1C_1C_2\cdots C_n)'$，$\boldsymbol{Y}=(y_1y_2\cdots y_m)'$，$\boldsymbol{B}$ 为灵敏度系数矩阵：

$$\begin{bmatrix} b_{01} & b_{11} & \cdots & b_{n1} \\ b_{02} & b_{12} & \cdots & b_{n2} \\ \vdots & \vdots & \vdots & \vdots \\ b_{0m} & b_{1m} & \cdots & b_{nm} \end{bmatrix}$$

矩阵方程运算过程为，式(21.44)先左乘转置矩逆阵 $\boldsymbol{B}'$，再左乘 $\boldsymbol{B}'\boldsymbol{B}$ 的逆阵 $(\boldsymbol{B}'\boldsymbol{B})^{-1}$，则有：

$$\boldsymbol{C}=(\boldsymbol{B}'\boldsymbol{B})^{-1}\boldsymbol{B}'\boldsymbol{Y} \tag{21.45}$$

获得了灵敏度系数矩阵 $\boldsymbol{B}$ 后，就能利用式(21.45)计算各组分的浓度. 一般地说，数据测试点足够多，噪声信号引起的随机误差将会减小. 但是，灵敏度系数的精度如果不高，将严重增加测量结果的不确定度.

2. 通用标准加入法

对多元线性回归校正法来说，存在基体效应产生的干扰. 可将单变量标准加入法推广到多组分同时测定，校正多组分共存体系存在的基体效应干扰，这就是所谓通用标准加入法(generalized standard addition method，简写为 GSAM).

设未知试样含有 n 种对分析信号有贡献的组分，各组分的原始浓度为 $C_i(i=1,2,3,\cdots,n)$，向此未知试样中进行 m 次多组分标准溶液同时加入，每加入 1 次，在 p 个通道分别测定其响应值，若多元体系的空白值为零，响应信号满足于线性加和性条件，则有

$$\boldsymbol{R}=\boldsymbol{C}\boldsymbol{B} \tag{21.46}$$

式中：$\boldsymbol{R}$ 为响应矩阵；$\boldsymbol{C}$ 为浓度矩阵；$\boldsymbol{B}$ 为灵敏度系数矩阵. 各次标准溶液加入后，响应矩阵和浓度矩阵可以具体表示为

$$\boldsymbol{R}=\begin{bmatrix} r_{01} & r_{02} & \cdots & r_{0p} \\ r_{11} & r_{12} & \cdots & r_{1p} \\ \vdots & \vdots & \ddots & \vdots \\ r_{m1} & r_{m2} & \cdots & r_{mp} \end{bmatrix}=\begin{bmatrix} r_{01} & r_{02} & \cdots & r_{0p} \\ r_{01}+\Delta r_{11} & r_{02}+\Delta r_{12} & \cdots & r_{0p}+\Delta r_{1p} \\ \vdots & \vdots & \ddots & \vdots \\ r_{01}+\Delta r_{m1} & r_{02}+\Delta r_{m2} & \cdots & r_{0p}+\Delta r_{mp} \end{bmatrix}$$

$$\boldsymbol{C}=\begin{bmatrix} c_{01} & c_{02} & \cdots & c_{0n} \\ c_{11} & c_{12} & \cdots & c_{1n} \\ \vdots & \vdots & \ddots & \vdots \\ c_{m1} & c_{m2} & \cdots & c_{mn} \end{bmatrix}=\begin{bmatrix} c_{01} & c_{02} & \cdots & c_{0n} \\ c_{01}+\Delta c_{11} & c_{02}+\Delta c_{12} & \cdots & c_{0n}+\Delta c_{1n} \\ \vdots & \vdots & \ddots & \vdots \\ c_{01}+\Delta c_{m1} & c_{02}+\Delta c_{m2} & \cdots & c_{mn}+\Delta c_{mn} \end{bmatrix}$$

各组分在 p 个通道的灵敏度系数矩阵为

$$\boldsymbol{B}=\begin{bmatrix} b_{11} & b_{12} & \cdots & b_{1p} \\ b_{21} & b_{22} & \cdots & b_{2p} \\ \vdots & \vdots & \ddots & \vdots \\ b_{n1} & b_{n2} & \cdots & b_{np} \end{bmatrix}$$

矩阵 $\boldsymbol{R}$ 和 $\boldsymbol{C}$ 中各行元素分别减去原始响应 $\boldsymbol{R}_0=(r_{01}r_{02}\cdots r_{0p})$ 和原始浓度 $\boldsymbol{C}_0=(C_{01}C_{02}\cdots C_{0n})$，得 m 次标准加入后的响应增量矩阵和浓度增量矩阵

$$\Delta R=\begin{bmatrix} \Delta r_{11} & \Delta r_{12} & \cdots & \Delta r_{1p} \\ \Delta r_{21} & \Delta r_{22} & \cdots & \Delta r_{2p} \\ \vdots & \vdots & \ddots & \vdots \\ \Delta r_{m1} & \Delta r_{m2} & \cdots & \Delta r_{mp} \end{bmatrix},\qquad \Delta C=\Delta\begin{bmatrix} \Delta c_{11} & \Delta c_{12} & \cdots & \Delta c_{1n} \\ \Delta c_{21} & \Delta c_{22} & \cdots & \Delta c_{2n} \\ \vdots & \vdots & \ddots & \vdots \\ \Delta c_{m1} & \Delta c_{m2} & \cdots & \Delta c_{mn} \end{bmatrix}$$

据式(21.46)，有

$$\Delta\boldsymbol{R}=\Delta\boldsymbol{C}\cdot\boldsymbol{B} \tag{21.47}$$

若浓度矩阵和响应矩阵均乘以体积校正项，则可得经体积校正后的响应式[见式(21.30)]

$$\Delta\boldsymbol{Q}=\Delta\boldsymbol{N}\cdot\boldsymbol{B} \tag{21.48}$$

式中：$\Delta\boldsymbol{Q}=\Delta\boldsymbol{R}(V_0+\Delta V)$；$\Delta\boldsymbol{N}=\Delta\boldsymbol{C}(V_0+\Delta V)$，$V_0$ 为试样的原始体积，ΔV 为每次加入混合标准溶液的体积. 在 m 次加入混合标准溶液中，各组分每次加入量矩阵 $\Delta\boldsymbol{N}$ 为已知，每次加入后在 p 个分析通道所测得的响应增量 $\Delta\boldsymbol{R}$ 也为已知，因此，可以计算出体系的系数矩阵

$$\boldsymbol{B}=(\Delta\boldsymbol{N}'\Delta\boldsymbol{N})^{-1}\Delta\boldsymbol{N}'\Delta\boldsymbol{Q} \tag{21.49}$$

获得系数矩阵 $\boldsymbol{B}$ 后，可据原始响应 $\boldsymbol{R}_0=(r_{01}r_{02}\cdots r_{0p})$，计算出未知样中各组分的原始浓度 $\boldsymbol{C}_0=(c_{01}c_{02}\cdots c_{0m})$

$$\boldsymbol{C}_0=\boldsymbol{R}_0\boldsymbol{B}'(\boldsymbol{B}\boldsymbol{B}')^{-1} \tag{21.50}$$

若采用体积校正后的响应和浓度(含量)矩阵，则为

$$\boldsymbol{N}_0=\boldsymbol{Q}_0\boldsymbol{B}'(\boldsymbol{B}\boldsymbol{B}')^{-1} \tag{21.51}$$

要使校正步骤(21.49)和预报步骤(21.50)或(21.51)能正常进行，要满足 $m\geqslant n$，$p\geqslant n$的条件，否则无法求得.

应当指出，通用标准加入法中各次混合标准的加入要注意 $\Delta\boldsymbol{N}$ 矩阵中各次加入量应无线性关系，否则 $\Delta\boldsymbol{N}$ 矩阵的病态导致预报失败.

§21.4　化学模式识别初步

化学模式识别是化学计量学(Chemometrics)的重要组成部分. 特别是在分析

仪器高度发达的今天,化学测量所获得的数据多数都是高维的,其中蕴含有丰富的"直观"和"隐含"的化学信息.人类必须借助计算机对这些信息进行识别与判断,尽可能从分析数据中最大限度地提取有用的信息,以便对研究对象的某些"隐含"性质作出估计和判断.化学模式识别就是借助计算机来揭示隐含在化学测量数据内部规律的一种多元分析技术.

"模式"是指某一类事物的特有的一组特征,依据不同事物之间不同的特征,就能将它们区分为不同类别.化学模式识别基于一组描述物质或事物特征,其中主要来源于分析数据,对物质或事物进行分类.简单的化学模型识别,可以在分析测量的基础上,凭人们的直觉的识别能力就能作出判断,如某人是否患有肝炎,就可通过检验该人血液中的转氨酶的特征的测量进行判断.又如,要区分羰基化合物和单烷基乙炔两类不同化合物,则可采用红外光谱分别测量它们在 $1720cm^{-1}$ 和 $3300cm^{-1}$ 处的吸光度,确定所测得的二维数据点在二维平面图上的分布位置,如图 21.8 所示,数据点落在位于右下方区域则为羰基化合,数据点落在左上方区域则为单烷基乙炔.但是许多化学问题要用多个特征来描述,因此这类化学模式识别属于高维空间中的分类问题,需要运用数学与统计学方法,借助计算机来判断多维数据点在高维空间中的分布状态,来预报未知样本的性质或判断未知样本属哪一类模式,因而产生各种计算机模式识别方法.

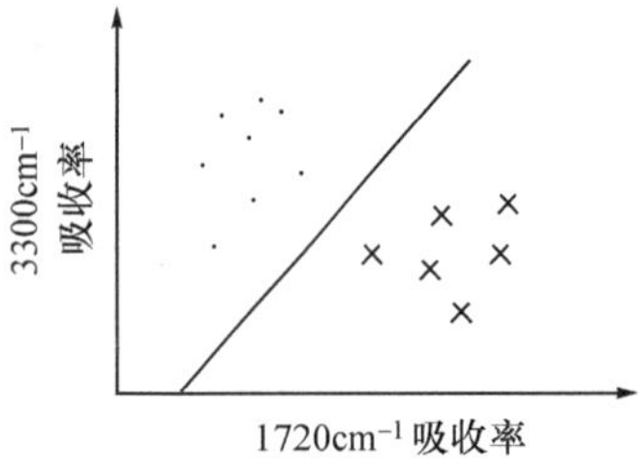

图 21.8　二维模式识别示意图

模式识别方法可分为有管理识别方法和无管理识别方法.有管理识别方法须先将已知样本集分为两部分,一部分为训练集,类似于校正理论中的校正集,用来训练计算机建立具体的分类判别方法,类似于校正理论中获得的校正方程,另一部分为预报集,用来检验建立的分类判别方法的识别能力.有管理识别方法有因子分析(特征提取)、判别分析、K 最近邻法(K-nearst neighbour,简称 KNN 法)、相似分析(SIMCA)法等.无管理识别方法则不需训练集,如最小生成树法,聚类分析等.

本节不准备详细讨论化学模式识别的原理,只打算介绍化学模式识别的基本概念,从而使人们认识到:分析化学随着分析仪器高度发展的同时,随着数学和统计学的应用而向纵深发展,从而可进一步从尽可能少的分析数据中提取尽可能多的有用信息.

§21.4.1　数据预处理

化学模式识别的基本依据是样本集数据矩阵 $\boldsymbol{X}_{n\times p}$.数据矩阵 $\boldsymbol{X}_{n\times p}$ 表示样本集

有 n 个样本，每个样本有 p 个观测变量，它的质量好坏直接关系到计算结果，决定判别的成败."质量"一方面是指数据本身的质量，另一方面是指数据集的质量，如果作为训练集的数据矩阵，人为地过于集中(缩小了)或扩大数据变化域(比如均值、方差)，都会降低模式识别的能力. 数据矩阵中的每个数据点的 p 个观测量之间不仅量纲不同，而且，其绝对值大小也可能有几个数量级的差异，例如研究宇宙铁陨石分类，以样本中的各种元素含量作为特征变量，其中镍的含量约为 50 000μg/g 数量级，而镓的含量约为 50μg/g 数量级. 若镍和镓的含量的变化数量相同，但其影响相差很远. 镓的含量变化 10μg/g，其影响相当于镍的含量变化为 10 000μg/g. 另外有的数据没有计量性质，如颜色分为红、黄、白等. 如果不对这样的数据处理，直接用来分类，可能得到错误结果. 下面介绍几种常用的预处理方法.

1. 中心化变换

中心化变换也称均值化处理，就是将原数据集的每一个元素减去该元素所在列的均值的操作

$$x'_{ij} = x_{ij} - \overline{x}_j \quad (i = 1,2,3,\cdots,n; j = 1,2,3,\cdots,p) \tag{21.52}$$

式中：x_{ij} 为原始量测值，是原数据矩阵 $\boldsymbol{X}$ 中第 i 行第 j 列的元素；x'_{ij} 是均值中心化处理后的第 i 行第 j 列的元素；$\overline{x}_j$ 是矩阵 $\boldsymbol{X}$ 中第 j 列 n 个样本的平均值. 在样本数据集中特征或变量类型基本相同，大小范围基本一致，比如 $\boldsymbol{X}$ 全部是由光谱数据构成时，常采用此法. 中心化变换后的数据 x'_{ij} 具有每一列的均值都等于零的性质.

2. 对数变换

当 $x_{ij}>0$ 时，对每一个元素作对数运算的操作，可以是常用对数或自然对数，也可以是其他正整数为底的对数

$$x'_{ij} = \ln(x_{ij}) \qquad (x_{ij}>0) \tag{21.53}$$

当变量或特征的动态范围较大，比如相差几个数量级时，常采用此法.

3. 数据正规化变换

将原样本数据矩阵的各元素减去该元素所在列的最小值后再除以该列元素的极差(该列元素最大值与最小值之差)的操作称正规化变换

$$x'_{ij} = \frac{x_{ij} - \min(x_j)}{\max(x_j) - \min(x_j)} \tag{21.54}$$

式中，$\min(x_j)$和 $\max(x_j)$是原始数据矩阵列 $\boldsymbol{X}$ 中第 j 列中最小值和最大值. 这种方法可将量纲不一，范围不同的各种变量或特征数据表达为值均在 0～1 范围内的数据. 该法不仅适用于同类型同范围大小的原始数据集，也适用于不同数据类型和范围大小差别较大的数据集的预处理. 本方法的缺点是：若存在一个很大的数，会

使处理后的其余的数据趋于一致. 因此,有个别离群数值存在时,应考虑其取舍问题.

4. 数据标准化处理

数据标准化处理也称均值方差化或方差归一化. 将原样本数据矩阵中各元素减去该列元素的均值后再除所在列元素的标准差的操作,变换公式为

$$x'_{ij}=\frac{x_{ij}-\overline{x}_j}{S_J} \tag{21. 55}$$

其中

$$\overline{x}_j=\frac{1}{n}\sum_{i=1}^{n}x_{ij}, \qquad S_J=\sqrt{\frac{1}{n-1}\sum_{i=1}^{n}(x_{ij}-\overline{x}_j)^2}$$

式中:x_{ij} 为数据矩阵 $\boldsymbol{X}_{n\times p}$ 第 i 行第 j 列的元素,x'_{ij} 为其归一化后的元素,S_J 和 $\overline{x}_j$ 分别为数据矩阵 $\boldsymbol{X}$ 第 j 列元素的标准偏差和均值. 经过标准化预处理的变量(一列元素)权重相同,均值都为 0,方差或标准差都为 1. 这是一种应用范围比正规化处理更广泛的预处理技术.

5. 加权重和组合

加权重仅在有管理的方法中使用. 其方法是可用一定的经验式统计,给比较重要的变量赋予较大的权重值.

组合是将原来的变量按照一定的方式如变量相加、变量相减等进行组合以产生新的变量等.

下面举一简单实例,以观察和分析数据预处理的效果.

例 1 设有 10 个样本,每个样本由 2 个特征构成的数据矩阵,具体数据见表 21.4. 由表可知,矩阵中各特征或变量变化范围相差较大,分布也很不均匀. 试对这些数据进行中心化、对数化、正规化和标准化预处理.

解 先计算数据矩阵(数据表行列对应矩阵行列)中每列元素的均值、标准差、最大值和最小值

$$\overline{x}_1=\frac{1}{n}\sum_{i=1}^{n}x_{i1}=\frac{1}{10}(4.03+8.30+8.36+\cdots+8.90)=7.18$$

$$\overline{x}_2=\frac{1}{n}\sum_{i=1}^{n}x_{i2}=\frac{1}{10}(75.5+57.5+63.0+\cdots+62.5)=50.9$$

$$S_1=\sqrt{\frac{1}{n-1}\sum_{i=1}^{n}(x_{i1}-\overline{x}_1)^2}$$

$$=\sqrt{\frac{1}{10-1}[(4.03-7.18)^2+(8.30-7.18)^2+\cdots]}=2.13$$

表 21.4　10 样本 2 变量原始数据及其预处理结果

No	原始数据		均值化		对数化		正规化		标准化	
1	4.03	75.00	−3.15	24.10	1.39	4.32	0.01	1.00	−1.48	1.53
2	8.30	57.50	1.12	6.60	2.12	4.05	0.80	0.66	0.53	0.42
3	8.36	63.00	1.18	12.10	2.12	4.14	0.81	0.76	0.56	0.77
4	8.91	37.50	1.73	−13.40	2.19	3.62	0.91	0.26	0.81	−0.85
5	6.70	47.00	−0.48	−3.90	1.90	3.85	0.50	0.45	−0.22	−0.25
6	4.88	54.00	−2.30	3.10	1.59	3.99	0.17	0.59	−1.08	0.20
7	8.32	32.00	1.14	−18.90	2.12	3.47	0.80	0.16	0.54	−1.20
8	3.95	24.00	−3.23	−26.90	1.37	3.18	0	0	−1.52	−1.71
9	9.42	56.50	2.24	5.60	2.24	4.03	1.00	0.64	1.05	0.36
10	8.90	62.50	1.72	11.60	2.19	4.14	0.90	0.75	0.81	0.74
均值	7.18	50.90								
标准差	2.13	15.71								
最大值	9.42	75.00	2.24	24.10	2.24	4.32	1.00	1.00	1.05	1.53
最小值	3.95	24.00	−3.23	−26.90	1.37	3.18	0	0	−1.52	−1.71

同理，可求第 2 列元素的标准差. 原始数据阵各列均值、标准差、最大值和最小值结果列入表 21.4 第 11～14 行.

然后按式(21.52)～(21.55)分别进行均值化、对数化、正规化、标准化处理，其结果全部列入表 21.4 中. 比如第一个样本第 1 个变量即第 1 列的处理结果如下：

中心化：$x'_{11}=x'_{ij}=x_{ij}-\overline{x}_j=x_{11}-\overline{x}_1=4.03-7.18=-3.15$

对数化：$x'_{11}=x'_{ij}=\ln(x_{ij})=\ln(x_{11})=\ln(4.03)=1.39$

正规化：$x'_{11}=\dfrac{x_{11}-\min(x_1)}{\max(x_1)-\min(x_1)}=\dfrac{4.03-3.95}{9.42-3.95}=0.01$

标准化：$x'_{11}=\dfrac{x_{11}-\overline{x}_1}{S_1}=\dfrac{4.03-7.18}{2.13}=-1.48$

若将原始样本数据矩阵及经预处理后的数据矩阵中每一列数据的分布情况作成示意图 21.9，则可看出原始数据与各种经过预处理的数据分布已有本质的不同，不管哪一种处理方法的数据分布都基本上将范围统一在同一水平.

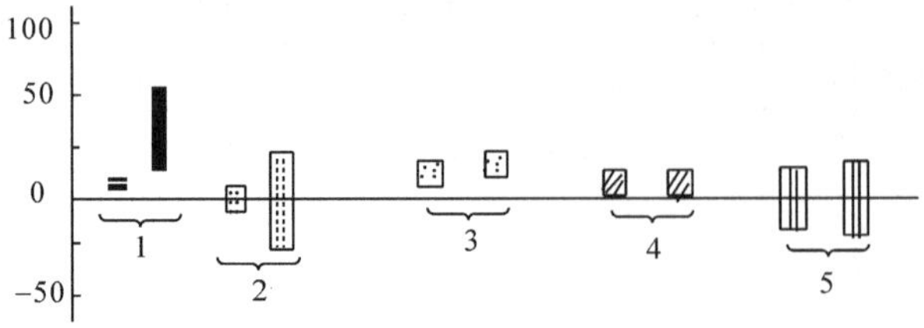

图 21.9　原始数据及其预处理后的数据范围分布示意图

1. 原始数据阵；2. 均值化；3. 对数化；4. 正规化；5. 标准化.

§21.4.2　特征选择或提取

从某种意义上讲，在模式识别中特征提取是最关键的一步. 试想由于特征选择或提取失败而构成的原始数据阵的质量显然是不会高的，那么基于此数据矩阵的模式识别方法也一定难以取得成功. 因此，特征选择或提取至关重要. 比如从一个化工厂的大量现场岗位数据中选择提取对产率影响较大的变量（特征）对于寻找优化产率区域（模式）是至关重要的. 在化学模式识别中，用作特征的主要是化学量测数据，一般需根据化学量测实际和经验加以选择，目前主要选择以下几种特征：

（1）拓扑特征　此类特征主要由分子二维联接表派生出来. 如原子及键的属性，计数，原子的联接度，以及由此得到的各种各样的拓扑指数等.

（2）几何特征　由分子的三维模型派生出来，其中包括惯性动量，分子体积，分子表面积和分子的立体参数等.

（3）电子特征　如原子电荷，原子的半径，原子实半径，键的强度等.

（4）物理化学参数　如化合物的沸点，表面张力，疏水性等.

（5）化合物的谱图特征　如^{13}C-NMR 波谱的化学位移，红外光谱的振动频率，质谱中的质荷比，色谱保留值等等.

（6）化学组成　如某些物质的元素定性与定量结果等各种无机化学组成和有机化学组成等.

在实际工作中，可以提取一种特征，也可以进行多类特征的相互组合，其原则是以得到良好分类结果为宗旨. 而在另一些情况下，可能特征数很多，此时则须对所选特征或变量数进行压缩.

特征数的压缩在特征选择过程中是非常重要的一步. 通过压缩，应使特征数降低到最小. 因为当有些不必要特征或变量引入模式时，不仅与分类无关，而且往往导致分类结果变差. 一般说来，特征数应大大小于样本数，如果以 n 和 p 分别表示样本数和特征数，那么一般应满足：$(n/p)\geqslant 10$.

在特征选择中，一些方法属于统计方法，如数据偏差、因子分析等，以所得结果为依据来确定或选择比较重要的特征. 另一些方法是测试特征对分类结果的影响，影响大者选之，否则弃之. 特征的选择在模式识别中尽管研究的很广泛，但至今尚无通用的理论可以遵循. 应用较广的特征选择方法有下述几种.

1. 偏差权重法

对于分类而言，偏差大的变量或特征比偏差小的特征作用更大. 偏差通常以特征 j 的标准偏差 S_j 或方差 V_j 描述

$$V_j = \frac{1}{n-1}\sum_{i=1}^{n}(x_{ij} - \overline{x}_j)^2 = S_j^2 \tag{21.56a}$$

根据"物以类聚"的原则，同一类样本之间的偏差即类内方差 $V_{j,I}$ 较小，而类与类之间的偏差称类间偏差 $V_{j,O}$ 较大，因此可定义权重因子 g_j 为

$$g_j = \frac{V_{j,O}}{V_{j,I}} \tag{21.56b}$$

显然，g_j 值越大则变量或特征 j 就越重要，应当优先选取.

2. 费歇尔(Fisher)比率法

特征 j 的 Fisher 比率 F_j 定义为

$$F_j = \frac{(\overline{x}_{j,1} - \overline{x}_{j,2})^2}{S_{j,1} + S_{j,2}} \tag{21.57}$$

式中：$\overline{x}_{j,1}$，$\overline{x}_{j,2}$ 分别为类 1 和类 2 中变量或特征 j 的均值；$S_{j,1}$，$S_{j,2}$ 分别是类 1 和类 2 中变量 j 的标准差(也可以是方差)；F_j 值越大，表明该变量 j 对于两类而言差别越大，应优先选用.

3. 概率比率法

概率比率定义为

$$R_j = \lg\frac{p_{j,1}}{p_{j,2}} \tag{21.58}$$

式中，$p_{j,1}$ 和 $p_{j,2}$ 分别是第 j 个特征在类 1 和类 2 中出现的概率. 那些在 2 类中均不出现或出现次数很少或出现概率相同($R_j = 0$)的特征对两类而言几乎没有差别，应该剔除. R_j 的绝对值越大，表明该变量在两类中概率差别越大，应当优先选择.

4. 主成分分析法

上述规则所选的特征变量之间可能存在相关，如果变量之间存在相关关系，不但不能增加分类信息，反而增加了计算工作量. 一般要求样本数 n/变量数 $p \geqslant 3$

(最好≥10),特征变量数目的增加,势必增大样本容量 n,从而大大增大实验工作量.因此,在进行模式识别分类之前,应先消除变量间的相关关系.变量之间存在相关关系可以通过原始变量的线性组合,构成为数较少的不相关的新变量代替原始变量,且又能保留原来多个变量所包含的分类信息.这种处理问题的方法叫做主成分分析(principal component analysis).

下面以二维情况为例,对照线性回归说明主成分分析的基本思想.对于具有两个特征变量 x_1,x_2 的 n 个样本(模式点)(x_{i1},x_{i2}),$i=1,2,3,\cdots,n$,散点图如图 21.10 所示.用矩阵表示为

$$\boldsymbol{X}=\begin{bmatrix} x_{11} & x_{12} \\ x_{21} & x_{22} \\ \vdots & \vdots \\ x_{n1} & x_{n2} \end{bmatrix} \quad 或 \quad \boldsymbol{X}'=\begin{pmatrix} x_{11} & x_{21} & \cdots & x_{n1} \\ x_{12} & x_{22} & \cdots & x_{n2} \end{pmatrix}$$

线性回归是求一条对 n 个点拟合直线 $\hat{x}_2=a+bx_1$,使拟合的误差平方和

$$Q=\sum_{i=1}^{n}(x_{i2}-\hat{x}_{i2})^2$$

最小[图 21.10(a)],即数据点在直线两边"波动"最小.

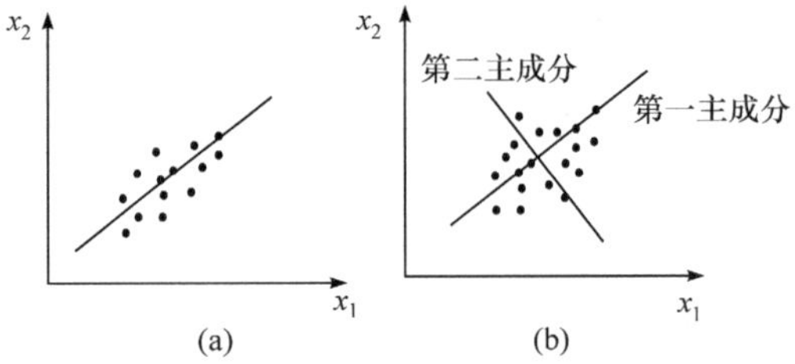

图 21.10　主成分分析的基本思想

主成分分析首先对原始数据矩阵各变量进行均值化或标准化预处理,得到均值化或标准化数据矩阵 $\boldsymbol{X}$.然后根据偏差权重规则,在原坐标系的数据点中,寻找数据点"波动"最大的方向作为新的坐标轴方向,即新的特征变量,数据点在该坐标轴的坐标即为第一主成分 θ_{i1}($i=1,2,\cdots,n$).第二个方向与新的坐标轴正交且最能反映数据的"波动",以这个方向作为第二个新坐标方向,数据点在此坐标轴上的坐标即为第二主成分 θ_{i2}($i=1,2,\cdots,n$) [图 21.10(b)].二维数据点在特征变量坐标轴的坐标可用矩阵 $\boldsymbol{\theta}$ 表示:

$$\boldsymbol{\theta}=\begin{bmatrix} \theta_{11} & \theta_{12} \\ \theta_{21} & \theta_{22} \\ \vdots & \vdots \\ \theta_{n1} & \theta_{n2} \end{bmatrix} \quad 或 \quad \boldsymbol{\theta}'=\begin{pmatrix} \theta_{11} & \theta_{21} & \cdots & \theta_{n1} \\ \theta_{12} & \theta_{22} & \cdots & \theta_{n2} \end{pmatrix}$$

$\boldsymbol{\theta}$ 矩阵第 i 列称为第 i 主成分，简称主成分 $\boldsymbol{\theta}_i$，$\boldsymbol{\theta}_i$ 又称为 i 主成分得分向量.

原始变量有 p 个，其数据矩阵 $\boldsymbol{X}$ 为 $n\times p$ 阶，将其变换为新变量(主成分)数据矩阵 $\boldsymbol{\theta}$，$\boldsymbol{\theta}$ 也是 $n\times p$ 阶. 由线性代数可知，这是对原变量进行正交变换

$$\begin{bmatrix}\theta_{11} & \theta_{21} & \cdots & \theta_{n1}\\ \theta_{12} & \theta_{22} & \cdots & \theta_{n2}\\ \vdots & \vdots & \ddots & \vdots\\ \theta_{1p} & \theta_{2p} & \cdots & \theta_{np}\end{bmatrix}=\begin{bmatrix}\beta_{11} & \beta_{12} & \cdots & \beta_{1p}\\ \beta_{12} & \beta_{22} & \cdots & \beta_{p2}\\ \vdots & \vdots & \ddots & \vdots\\ \beta_{p1} & \beta_{p2} & \cdots & \beta_{pp}\end{bmatrix}\cdot\begin{bmatrix}x_{11} & x_{21} & \cdots & x_{n1}\\ x_{12} & x_{22} & \cdots & x_{n2}\\ \vdots & \vdots & \ddots & \vdots\\ x_{1p} & x_{2p} & \cdots & x_{np}\end{bmatrix}$$

即

$$\boldsymbol{\theta}'=\boldsymbol{BX}' \tag{21.59a}$$

其中

$$\theta_{ij}=\sum_{k=1}^{p}\beta_{jk}\cdot x_{ik} \tag{21.59b}$$

矩阵 $\boldsymbol{B}$ 为 $p\times p$ 阶，称为特征向量矩阵.

据式(21.56a)主成分 $\boldsymbol{\theta}_i$ 的方差可表示为

$$\lambda_i=\frac{1}{n-1}\sum_{k=1}^{n}\theta_{ki}^2$$

矩阵 $\boldsymbol{\theta}$ 的协方差矩阵 $\mathrm{Var}(\boldsymbol{\theta})$ 可表示为

$$\mathrm{Var}(\boldsymbol{\theta})=\frac{1}{n-1}\boldsymbol{\theta}'\boldsymbol{\theta}$$

协方差矩阵 $\mathrm{Var}(\boldsymbol{\theta})$ 中的元素为

$$\frac{1}{n-1}\sum_{k=1}^{n}\theta_{ik}\cdot\theta_{jk}=\begin{cases}\lambda_i, i=j\\ 0, i\neq j\end{cases}$$

这是由于要求新变量(各主成分)正交，不同主成分得分向量之间的相关系数 $r_{i,j}=0$，所以矩阵 $\boldsymbol{\theta}$ 的协方差矩阵的对角元素为 λ_i，非对角元素为 0，为对角矩阵：

$$\boldsymbol{\Lambda}=\mathrm{Var}(\boldsymbol{\theta})=\frac{1}{n-1}\boldsymbol{\theta}'\boldsymbol{\theta}=\frac{1}{n-1}\boldsymbol{BX}'\boldsymbol{XB}'=\boldsymbol{BCB}' \tag{21.60}$$

对角矩阵 $\boldsymbol{\Lambda}$ 的第 i 个对角元素 λ_i 为第 i 个主成分 $\boldsymbol{\theta}_i$ 的方差，$\boldsymbol{C}=\boldsymbol{X}'\boldsymbol{X}/(n-1)$ 为原变量 $\boldsymbol{X}$ 的协方差矩阵. 由矩阵理论知，λ_i 为矩阵 $\boldsymbol{C}$ 的特征值，$\boldsymbol{B}$ 矩阵的第 i 行为对应于 λ_i 的特征向量 $\boldsymbol{B}_i$.

主成分 θ_i 的方差 λ_i 可视为第 i 主成分对原变量方差(原始数据信息量)的贡献. 故可将矩阵 $\boldsymbol{\Lambda}$ 的对角元素按从大到小次序排列，矩阵 $\boldsymbol{B}$ 的行也作相应的调整，由式(21.59)得到的 $\theta_1,\theta_2,\cdots,\theta_p$ 也就按其对原始数据信息贡献从大到小排列. 删除贡献小的主成分，即达到了保留原始数据信息的条件下，由少数不相关的新变

量取代原来数目较多的相关变量的目的. 这种求主成分数的方法称为因子分析法.

归纳起来,主成分分析的计算步骤一般为:

(1)对原始数据矩阵各变量进行均值化或标准化预处理,得到均值化或标准化数据矩阵 $\boldsymbol{X}$.

(2)计算出样本的相关矩阵 $\boldsymbol{C}=\boldsymbol{X}'\boldsymbol{X}/(n-1)$.

(3)用非线性迭代偏最小二乘法(NIPALS)算法或雅可比(JACOBI)算法求出矩阵 $\boldsymbol{C}$ 的特征值矩阵 $\boldsymbol{\Lambda}$ 和特征向量矩阵 $\boldsymbol{B}$.

(4)将特征值从大到小排列,使 $\lambda_1>\lambda_2\cdots>\lambda_p$,并对应地调整特征向量的顺序. 使第一主成分 θ_1 方差最大,其次是第二主成分 θ_2,…,最小方差的主成分为第 p 个主成分 θ_p.

(5)选出方差最大的 A 个主成分,使之包含原始数据的大部分信息. 一般选取 A 个主成分的累积方差贡献大于总方差的 85%,即 $\sum_{j=1}^{A}\lambda_j\Big/\sum_{j=1}^{p}\lambda_j\geqslant 85\%$.

(6)选择相应的 A 个主成分的特征向量 $\boldsymbol{B}_k(k=1,2,\cdots,A)$,得到 A 个独立的线性组合新变量,

$$\begin{bmatrix}\theta_{11} & \theta_{21} & \cdots & \theta_{n1}\\ \theta_{12} & \theta_{22} & \cdots & \theta_{n2}\\ \cdots & \cdots & \cdots & \cdots\\ \theta_{1A} & \theta_{2A} & \cdots & \theta_{nA}\end{bmatrix}=\begin{bmatrix}\beta_{11} & \beta_{12} & \cdots & \beta_{1p}\\ \beta_{21} & \beta_{22} & \cdots & \beta_{2p}\\ \cdots & \cdots & \cdots & \cdots\\ \beta_{A1} & \beta_{A2} & \cdots & \beta_{Ap}\end{bmatrix}\cdot\begin{bmatrix}x_{11} & x_{21} & \cdots & x_{n1}\\ x_{12} & x_{22} & \cdots & x_{n2}\\ \cdots & \cdots & \cdots & \cdots\\ x_{1p} & x_{2p} & \cdots & x_{np}\end{bmatrix} \tag{21.61a}$$

其中

$$\theta_{ij}=\sum_{k=1}^{P}\beta_{jk}\cdot x_{ik} \tag{21.61b}$$

利用特征向量矩阵 $\boldsymbol{B}$ 和主成分得分向量矩阵 $\boldsymbol{\theta}$ 还可以进行回归运算,$\boldsymbol{X}=\boldsymbol{\theta}\boldsymbol{B}$,即

$$\begin{bmatrix}x_{11} & x_{12} & \cdots & x_{1p}\\ x_{21} & x_{22} & \cdots & x_{2p}\\ \cdots & \cdots & \cdots & \cdots\\ x_{n1} & x_{n2} & \cdots & x_{np}\end{bmatrix}=\begin{bmatrix}\theta_{11} & \theta_{12} & \cdots & \theta_{1A}\\ \theta_{21} & \theta_{22} & \cdots & \theta_{2A}\\ \cdots & \cdots & \cdots & \cdots\\ \theta_{n1} & \theta_{n2} & \cdots & \theta_{nA}\end{bmatrix}\cdot\begin{bmatrix}\beta_{11} & \beta_{12} & \cdots & \beta_{1p}\\ \beta_{21} & \beta_{22} & \cdots & \beta_{2p}\\ \cdots & \cdots & \cdots & \cdots\\ \beta_{A1} & \beta_{A2} & \cdots & \beta_{Ap}\end{bmatrix} \tag{21.62a}$$

其中

$$x_{ij}=\sum_{k=1}^{A}\beta_{kj}\cdot\theta_{ik} \tag{21.62b}$$

主成分回归运算只选用了 A 个主成分及相应的特征向量，所获得的数据和原始数据存在差异. 如果变换到原来的坐标系，还应进行数据预处理的逆运算.

主成分分析的目的是将数据降维，以排除重叠信息. 所以，主成分分析法又是模式识别的基础.

§21.4.3 相似系数和距离

前已述及，在模式识别中是根据"物以类聚"的原则进行样本分类的. 即性质或特征或变量相似的样本聚为一类，那么如何评价样本的相似性？化学模式识别中常用相似系数表示相似性或以距离大小表示相异性. 相似性与相异性是相关的，相异性越大，相似性就越小，反之亦然，有了相似性的量度或相异性的量度，就有可能进行模式分类. 下面以两个样本 $\boldsymbol{x}_i$ 和 $\boldsymbol{x}_j$，每个样本矢量都以 p 个特征描述的情况说明模式识别中常用的相似系数和距离的有关知识.

1. 相似系数

(1)夹角余弦

两样本在模式空间中构成的矢量间的夹角余弦定义为

$$\cos\alpha_{i,j} = \frac{\sum_{k=1}^{p} x_{ik}x_{jk}}{\sqrt{(\sum_{k=1}^{p} x_{ik}^2)(\sum_{k=1}^{p} x_{jk}^2)}} \tag{21.63}$$

显然，夹角 $\alpha_{i,j}$ 越小，两样本在模式空间中靠得越近，因而相似性越大. 例如进行谱图比较时，两张谱图完全相同($\alpha=0$)，$\cos\alpha_{i,j}=1$，在模式空间中两样本聚集为一点；完全不同时，$\cos\alpha_{i,j}=0$，两样本在模式空间中完全分开.

夹角余弦可从两矢量的点积来理解：$\boldsymbol{x}'_i \cdot \boldsymbol{x}_j = \|\boldsymbol{x}_i\| \cdot \|\boldsymbol{x}_j\| \cos\alpha_{i,j}$

(2)相关系数

$$r_{i,j} = \frac{\sum_{k=1}^{p}(x_{ik}-\overline{x}_i)(x_{jk}-\overline{x}_j)}{\sqrt{[\sum_{k=1}^{p}(x_{ik}-\overline{x}_i)^2][\sum_{k=1}^{p}(x_{jk}-\overline{x}_j)^2]}} \tag{21.64}$$

式中，$\overline{x}_i$ 和 $\overline{x}_j$ 分别为第 i 个和第 j 个样本的均值. $r_{i,j}$ 越接近于 1，相似性越大.

(3)指数相似系数

$$r_{i,j} = \frac{1}{p}\sum_{k=1}^{p}\exp\left[-\frac{3}{4}\frac{(x_{ik}-x_{jk})^2}{S_k^2}\right] \tag{21.65}$$

式中，S_k 表示第 k 个变量的标准偏差.

(4)非参数法

$$r_{i,j}=\frac{\sum_{k=1}^{p}\min(x_{ik},x_{jk})^2}{\sum_{k=1}^{p}\max(x_{ik},x_{jk})^2} \tag{21.66a}$$

$$r_{i,j}=\frac{\sum_{k=1}^{p}\min(x_{ik},x_{jk})^2}{\frac{1}{2}\sum_{k=1}^{p}\max(x_{ik},x_{jk})^2} \tag{21.66b}$$

$$r_{i,j}=\frac{\sum_{k=1}^{p}\min(x_{ik},x_{jk})^2}{\sum_{k=1}^{p}\sqrt{x_{ik},x_{jk}}} \tag{21.66c}$$

式中，$\min(x_{ik},x_{jk})$和 $\max(x_{ik},x_{jk})$分别是两个样本中 k 的最小值和最大值. 如果 $\boldsymbol{x}_i$和 $\boldsymbol{x}_j$相似，上述相关系数接近于 1，否则接近于 0.

2. 距离

度量两个样本在模式空间的远近，可应用几何学中距离的概念，两个样本之间的距离越近，两者越相似；反之，两者相似性越小.

设样本 $\boldsymbol{x}_i$和 $\boldsymbol{x}_j$之间的距离为 $D(\boldsymbol{x}_i,\boldsymbol{x}_j)$，作为距离必须满足以下几个条件：

① 当 $\boldsymbol{x}_i=\boldsymbol{x}_j$时，$D(\boldsymbol{x}_i,\boldsymbol{x}_j)=0$，即同一个样本距离为 0；

② 当 $\boldsymbol{x}_i\neq\boldsymbol{x}_j$，$D(\boldsymbol{x}_i,\boldsymbol{x}_j)>0$，即不同样本间距离大于 0；

③ $D(\boldsymbol{x}_i,\boldsymbol{x}_j)=D(\boldsymbol{x}_j,\boldsymbol{x}_i)$，即距离没有方向性；

④ $D(\boldsymbol{x}_i,\boldsymbol{x}_j)\leqslant D(\boldsymbol{x}_i,\boldsymbol{x}_k)+D(\boldsymbol{x}_k,\boldsymbol{x}_j)$，即两点间距离最短.

化学模式识别中常用的距离指标有：

(1)明考斯基距离

$$D_{ij}=\left[\sum_{k=1}^{p}|x_{ik}-x_{jk}|^q\right]^{\frac{1}{q}} \tag{21.67a}$$

式中，D_{ij}表示两个样本 $\boldsymbol{x}_i$和 $\boldsymbol{x}_j$之间的距离.

特别是，当 $q=1$ 时，又称绝对距离或城市街区距离或 Manhattan 距离

$$D_{ij}=\sum_{k=1}^{p}|x_{ik}-x_{jk}| \tag{21.67b}$$

当 $q=2$ 时，称欧氏距离(Euslidean distance)

$$D_{ij} = \sqrt{\sum_{k=1}^{p}(x_{ik} - x_{jk})^2} \tag{21.67c}$$

(2)马氏距离

$$D_{ij}^2 = (\boldsymbol{x}_i - \boldsymbol{x}_j)^{\mathrm{T}} V^{-1} (\boldsymbol{x}_i - \boldsymbol{x}_j) \tag{21.68}$$

式中 V^{-1} 是协方差矩阵 **V** 的逆,协方差矩阵 **V** 的元素 v_{lm} 是

$$v_{lm} = \frac{1}{n-1}\sum_{k=1}^{n}(x_{kl} - \overline{x}_l)(x_{km} - \overline{x}_m)$$

(3)切比雪夫距离

$$D_{ij} = \max|x_{ik} - x_{jk}| \qquad (1 \leqslant k \leqslant p) \tag{21.69}$$

(4)兰氏距离

$$D_{ij} = \frac{\sum_{k=1}^{p} | x_{ik} - x_{jk} |}{\sum_{k=1}^{p}(x_{ik} + x_{jk})} \tag{21.70}$$

上式一般在 x_{ik} 和 x_{jk} 是同号时使用.

显然,上述相似性或距离的计算一般采用计算机编程来完成,这不是本书讨论范围,有兴趣者可查阅相关资料.

§21.4.4　K 最近邻法

K 最近邻法(K-nearest neighbor,简称 KNN)也是一种有管理的分类方法,其原理简单、方法实用,在化学领域中得到广泛应用.在特征或变量模式空间中,每一个样本可看做该空间中 1 个点,一个未知样本的分类可通过检查与它距离最近的一些已知样本点的类别及其数量加以判别.KNN 方法正是依据化学模式识别中的“同类样本在模式空间中相互较靠近”的基本假设进行分类的.靠近待判别未知样本的某类样本数越多,距离越近,未知样本属于该类的可能性就越大.为了进行定量判别,可先找出待分类样本的最近邻,并事先约定最近邻区域中的训练集样本数.如果只取 1 个最近邻样本点,即样本数等于 1,则称 1NN 方法;如果只取 2 个最近邻样本点,即样本数等于 2,则称 2NN 方法;依次类推,如果该样本数为 K,则称为 K 最近邻法,简称 KNN 法.

为了找到这个含有 K 个训练集中的样本的最近邻,需要计算该未知样本点和所有训练集样本点之间的距离.然后从最小距离开始计样本数,一直计到有 K 个样本数为止,此时所对应的距离就为最近邻的最小距离.如果在这个最小距离区域

中，包含第 1 类训练集中的样本数多，距离又小，则可判待分类样本为第 1 类；若包含第 2 类的样本数多，距离小，则判未知样本属于第 2 类；依次类推.

如果仅考虑两类划分问题，则可按下式计算所谓判别函数 S：

$$S=\sum_{i=1}^{k}\frac{S_j}{D_i}\quad 或\quad S=\sum_{i=1}^{k}\frac{S_j}{D_i^2} \tag{21.71}$$

式中，S_i是第 i 个样本的取值. 当 i 属于第 1 类时取“＋1”，当 i 属于第 2 类时取“－1”(也可相反). D_i是未知样本点到最近邻样本点 i 的距离. 显然在相同样距离的情况下，哪一类样本越多，总 S 值就正得越多或负得越多；在相同样本数的情况下，D_i值越大即距离越远，相似性越小，对总 S 的贡献($1/D_i$)也就越小. 因此，如果由式(21.71)计算出来的 S 值为正，则未知样本属于第 1 类；如果 S 值为负，则属于第 2 类.

KNN 法计算非常简单，只需计算每个待分类样本点与所有训练集样本点之间的距离即可. 下面引一简单实例说明 KNN 法的计算处理过程.

例 2　设有 3 个训练集样本和 1 个检验集样本，每个样本都由 3 个变量描述，并设样 1 和样 3 属于第 1 类，样 2 属于第 2 类，结果见表 21.5. 请用 KNN 法决定检验集样本属于何类?

表 21.5　量测集数据矩阵

	样号	变量 1	变量 2	变量 3
训	1	0.6	0.1	0.2
练	2	0.5	0.6	0.7
集	3	0.1	0.2	0.3
检验集	4	0.5	0.6	0.6

解　因训练集样本数少，首先选最近邻 $K=3$. 然后按式(21.67c)的欧氏距离公式计算待分类样本 4 与训练集中 3 个样本之间的距离：

$$\begin{aligned}D_1&=\sqrt{\sum_{j=1}^{p}(x_{4j}-x_{1j})^2}\\&=\sqrt{(0.5-0.6)^2+(0.6-0.1)^2+(0.6-0.2)^2}=0.65\end{aligned}$$

同理，可求得：$D_2=0.32$，$D_3=1.64$；然后计算判别函数 S

$$S=\sum_{i=1}^{k}\frac{S_i}{D_i}=\frac{+1}{0.65}+\frac{-1}{0.32}+\frac{-1}{1.64}=-0.024<0.$$

因而检验集样本 4 属于第二类.

不难看出，当样本变量数比较多如 10 个或更多个变量和训练集样本较多，利用KNN 法计算距离或判别函数的工作量就很大，因而宜采用计算机程序完成.

KNN 法的优点是它不要求模式集合(数据分布或模式空间中的样本点集)是线性可分的,也不需要单独的训练过程,新的模式或样本直接加入到模式集合中也很容易,而且还能处理不止两类的多类问题,因此用起来很方便.缺点是它不能压缩变量的数目,因而比较适用于较低维的数据集.此外,选择 K 值大小不同时,未知样本的分类结果可能不同.但如何选择值通常由具体情况而定,目前尚无规律可依.例如在图 21.11 中,当选 $K=1$ 时即采用 1NN 时,未知样本判为类 1,采用 3NN 时则属于类 2,而用 5NN 时则又属于类 1.下面举一例说明 KNN 法的具体应用.

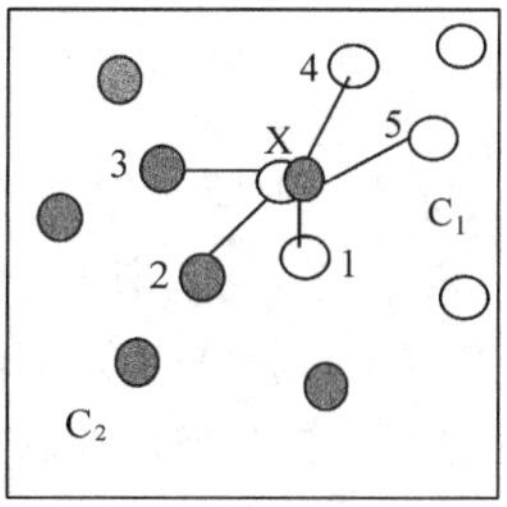

图 21.11　不同 K 值对分类的影响

C_1 为第 1 类;C_2 为第 2 类;X 为未知样本.

例 3　为探索微量元素与冠心病的关系,有人测定了 13 例冠心病人与 13 例健康人血中 Sr,Cu,Mg,Ca 等四种元素的含量,并记冠心病为第 1 类,正常人为第 2 类,将两类前面各 10 例作为训练集[表 21.6(a)],后 3 例为检验集[表 21.6(b)].请按 KNN 法进行分类.

解　以四元素含量为 4 个变量.根据 KNN 法基本原理,先计算每一个检验集样本(共 6 个)与训练集中所有样本(共 20 个)的距离.比如第 1 个检验集样本[表 21.6(b)中样本 T1]与第 1 个训练集样本[表 21.6(a)中样本 S1]间的欧氏距离为

$$D_{11}=\sqrt{\sum_{k=1}^{p}(x_{1k}-y_{1k})^2}$$

$$=\sqrt{(0.04-0.07)^2+(0.98-1.13)^2+(46.2-31.4)^2+(6.32-7.19)^2}$$

$$=14.826$$

其中,y 代表检验集数据.同理,可求得该检验样本及其他检验样本与各个训练集样本之间的距离,结果列入表 21.6(c)(为简便,未作预处理).

为便于选择 KNN 中的最近邻样本数 K,先将每个检验样本与训练集样本的 20 个距离按从小到大的顺序进行排列,结果列入表 21.6(d);进而选择不同的最近邻数 K,按式(21.67)计算每一个检验集样本的判别函数 S;最后根据 S 的正负对检验样本归类.如果 S 大于 0,归为第 1 类;如果 S 小于 0,归为第 2 类.当选 $K=2$ 时,根据表 21.6(d)可知检验样本 T1 最近邻的训练集样本 S8 和 S10,其距离分别为 1.832 和 2.530,则该样本 T1 的判断函数 S_1 为

$$S_1 = \sum_{i=1}^{k} \frac{S_i}{D_i} = \frac{1}{1.832} + \frac{-1}{2.530} > 0$$

因此，样本 T1 属于第 1 类，判别正确. 同理可计算检验样本 T2 等等的判别函数 $S_2<0$，属于第 2 类，其他各检验样本的分类结果见表 21.6(e). 当选择 $K=4$ 时，样本 T1 的 4 个最近邻训练集样本为 S8，S10，S2 和 S11，距离分别为 1.832，2.530，2.833，3.217，则判别函数 S4 大于 0，属于第 1 类；同理可求得其他 5 个检验集样本的判别函数，其结果是 T2，T3 都大于 0，属于第 1 类；而 T4，T5 和 T6 都小于 0，属于第 2 类. 选择各个不同 K 值，通过计算程序计算所有检验样本的判别函数，其归类结果并不完全一致，部分结果见表 21.6(e). 如何选择 K 值在 KNN 法中是一个比较重要的问题，它决定着分类结果的正确与否. 然而，至今为止还没有明显规律指导选择 K 值，一般情况是 K 值不宜太小.

表 21.6(a)　训练集样本测定结果

样本	Sr	Cu	Mg	Ca	归类	样本	Sr	Cu	Mg	Ca	归类
S1	0.04	0.98	46.20	6.32	1	S11	0.03	0.53	31.90	4.07	2
S2	0.05	0.58	32.90	4.85	1	S12	0.03	0.75	53.10	6.48	2
S3	0.01	0.80	50.90	6.48	1	S13	0.05	0.79	36.40	4.53	2
S4	0.04	0.92	55.50	6.27	1	S14	0.04	0.72	50.00	4.07	2
S5	0.03	1.56	43.20	5.45	1	S15	0.04	0.81	65.40	6.18	2
S6	0.03	0.74	59.20	7.13	1	S16	0.05	0.64	53.60	4.23	2
S7	0.02	0.75	41.60	4.56	1	S17	0.08	0.60	63.50	6.00	2
S8	0.02	0.82	33.20	7.06	1	S18	0.07	0.61	44.60	4.49	2
S9	0.04	0.94	36.80	6.21	1	S19	0.10	0.75	68.40	7.11	2
S10	0.05	0.87	33.70	6.17	1	S20	0.06	0.65	62.10	7.34	2

表 21.6(b)　检验集样本测定结果

样本	Sr	Cu	Mg	Ca	归类	样本	Sr	Cu	Mg	Ca	归类
T1	0.07	1.13	31.40	7.19	1	T4	0.09	0.88	70.80	7.78	2
T2	0.06	0.87	35.90	5.53	1	T5	0.09	0.73	70.10	6.94	2
T3	0.10	1.10	33.60	7.18	1	T6	0.04	0.57	36.70	3.74	2

表 21.6(c)　6 个检验样本到训练集样本的距离

$D_{i,j}$	检验 1	检验 2	检验 3	检验 4	检验 5	检验 6
1	14.826	10.331	12.630	24.644	23.909	9.853
2	2.833	3.090	2.488	38.014	37.259	3.959
3	19.516	15.030	17.317	19.943	19.206	14.464
4	24.118	19.614	21.920	15.374	14.617	18.973
5	11.935	7.333	9.766	27.707	26.954	6.794
6	27.803	23.355	25.603	11.619	10.902	22.755
7	10.541	5.783	8.426	29.377	28.599	4.971
8	1.832	3.104	0.509	37.607	36.900	4.831
9	5.492	1.130	3.348	34.036	33.309	2.500
10	2.530	2.291	1.042	37.135	36.408	3.872
11	3.217	4.272	3.590	39.078	38.308	4.812
12	21.715	17.227	19.516	17.748	17.006	16.628
13	5.674	1.121	3.868	34.553	33.786	0.873
14	18.864	14.176	16.697	21.129	20.304	13.305
15	34.017	29.507	31.817	5.633	44.762	28.805
16	22.402	17.749	20.222	17.564	16.721	16.907
17	32.126	27.605	29.927	7.519	6.668	26.895
18	13.483	8.766	11.335	26.407	25.618	7.936
19	37.002	32.539	34.802	2.495	1.709	31.879
20	30.704	26.263	28.504	8.714	8.010	25.654

表 21.6(d)　6 个检验样本到训练集样本距离的排序结果

样本	检验 1	样本	检验 2	样本	检验 3	样本	检验 4	样本	检验 5	样本	检验 6
S8	1.832	S13	1.121	S8	0.509	S19	2.495	S19	1.709	S13	0.873
S10	2.530	S9	1.130	S10	1.402	S15	5.633	S15	4.762	S9	2.500
S2	2.833	S10	2.291	S2	2.488	S17	7.519	S17	6.668	S10	3.872
S11	3.217	S2	3.090	S9	3.348	S20	8.714	S20	8.010	S2	3.959
S9	5.492	S8	3.104	S11	3.590	S6	11.619	S6	10.902	S8	4.812
S13	5.674	S11	4.272	S13	3.868	S4	15.374	S4	14.617	S11	4.831
S7	10.541	S7	5.783	S7	8.426	S16	17.564	S16	16.721	S7	4.971
S5	11.935	S5	7.333	S5	9.766	S12	17.748	S12	17.006	S5	6.794

续表

样本	检验 1	样本	检验 2	样本	检验 3	样本	检验 4	样本	检验 5	样本	检验 6
S18	13.483	S18	8.766	S18	11.335	S3	19.943	S3	19.206	S18	7.936
S1	14.826	S1	10.331	S1	12.630	S14	21.129	S14	20.304	S1	9.853
S14	18.864	S14	14.176	S14	16.697	S1	24.644	S1	23.909	S14	13.305
S3	19.516	S3	15.030	S3	17.317	S18	26.407	S18	25.618	S3	14.464
S12	21.715	S12	17.227	S12	19.516	S5	27.707	S5	26.954	S12	16.628
S16	22.402	S16	17.749	S16	20.222	S7	29.377	S7	28.599	S16	16.907
S4	24.118	S4	19.614	S4	21.920	S9	34.036	S9	33.309	S4	18.973
S6	27.803	S6	23.355	S6	25.603	S13	34.553	S13	33.786	S6	22.755
S20	30.704	S20	26.263	S20	28.504	S10	37.135	S10	36.408	S20	25.654
S17	32.126	S17	27.605	S17	29.927	S8	37.607	S8	36.900	S17	26.895
S15	34.017	S15	29.507	S15	31.817	S2	38.014	S2	37.259	S15	28.805
S19	37.002	S19	32.539	S19	34.802	S11	39.078	S11	38.308	S19	31.879

表 21.6(e) 选择不同 K 值时检验集样本的归类

样本	T1	T2	T3	T4	T5	T6
原归类	1	1	1	2	2	2
$K=1\sim2$	1	2	1	2	2	2
$K=8,10\sim13,15\sim17$	1	1	1	2	2	1
$K=3\sim7,9,14,18\sim20$	1	1	1	2	2	2

§21.4.5 SIMCA 方法

SIMCA(statistical isolinear multicategory analogy 或 soft independent modelling of class analogy)方法又称相似分析，是 1976 年由瑞典化学家 Wold. S 提出，并很快受到普遍重视，现已在化学中得到广泛应用的化学模式识别方法. SIMCA 除了有分类和判别等功能外，还可用于建立数学模型，对于许多研究工作者都具有指导意义.

SIMCA 算法用于模式识别分类的基本思路是:对训练集中每一类样本量测数据矩阵分别进行主成分分析，建立每一类的主成分回归数学模型，然后在此基础上对未知样本进行分类，即分别试探将该未知样本与各类样本数学模型进行拟合，以确定其属于哪一类或不属于任何一类. 由此可知，SIMCA 不仅适用于 2 类的分类问题，而且也适用于 3 类及 3 类以上或某样本同时属于 2 类或多类的分类问题. 在化学领域,未知样本同时属于几个类的情况常常存在. 例如,根据光谱数据确定化合物有何种基团时,某种化合物可能含有基团 A,也可能含有基团 B,则该化合物将同时属于 2 个类,而在一般有管理分类方法,比如 KNN 法中,通常总是假定每个样本仅属于一类.

本节仅介绍 SIMCA 方法用于模式识别的情况,基本 SIMCA 方法有两个主要步骤,第一步先建立每一类的主成成分回归模型,第二步以未知样本逐一去拟合各类的主成分模型,进而进行判别分类.

1. 对训练集中每一类建立主成分模型

设训练集有 N 个样本,每个样本由 p 个变量或特征描述,共有 Q 类,每一类所含的样本数为 n_q,有 $N=\sum_{q=1}^{Q} n_q$,整个训练集样本数据矩阵记为 $\boldsymbol{X}_{N\times p}$. 现考察训练集中的某一个类 q,该类含 n_q 个样本(p 个变量或特征描述),可以用矩阵 $\boldsymbol{X}n_{q\times p}$ 表示,其元素 x_{ik}($i=1,2,\cdots,p$;$k=1,2,\cdots,n_q$),可用各特征间量中的元素 β_{ia} 和各得分向量中的元素 θ_{ak} 描述,据式(21.62b)主成分模型可表示为

$$x_{ik}^{(q)}=\overline{a}_i^{(q)}+\sum_{a=1}^{A}\beta_{ia}\cdot\theta_{ak}+\varepsilon_{ik}^{(q)} \tag{21.72}$$

式中,$\overline{a}_i^{(q)}$ 为第 q 类中 n_q 个样本第 i 个变量的均值,其值等于

$$\overline{a}_i^{(q)}=\frac{1}{n_q}\sum_{k=1}^{n_q}x_{ik}^{(q)}$$

而 A 为该类样本数据矩阵的主成分数,β_{ia} 和 θ_{ak} 是为使偏差 ε_{ik} 达到极小时的参数.

这个模型是扣除了 x_{ik} 中同类第 i 个变量各样本的均值 $\overline{a}_i^{(q)}$ 及量测误差 ε_{ik} 部分后,将代表各样本之间真正差异的部分作主成分分析所得的结果. 模型中主成分数 A 所代表的就是各样本的诸变量所张开的模式空间的实际维数. A 不能取得太小,以免丢失某些重要信息,也不能取得太大以免将误差贡献当成了有用信息,而出现夸大了的分类现象. A 的大小可用因子分析法确定,或利用交互检验法(cross validation)进行判断.

属于第 q 类的样本数据矩阵 $\boldsymbol{X}n_{q\times p}$ 进行主成分分解的方法参见特征提取一节中主成分分析,但在进行主成分分解之前一定要对原始数据矩阵 $\boldsymbol{X}n_{q\times p}$ 进行均值中心化处理(此处按行处理,即每一元素减去所在行的均值[$\overline{a}_i^{(q)}$]而不是列的均值)以消除平均值 $\overline{a}_i^{(q)}$ 的影响. SIMCA 法常用 NIPALS 算法求出属于第 q 类的样本数据矩阵 $\boldsymbol{X}n_{q\times p}$ 的特征值及特征向量,进而计算与变量对应的 β_{ia} 和与样本对应的 θ_{ak},并用交互检验法或主成分分析中判别主因子数的方法确定主成分 A 数. 为了对数据矩阵进行有效的主成分分解,至少应有 5 个样本属于 q 类(n_q 至少为 5),最好是样本数为 10 或 10 以上.

SIMCA 方法建立式(21.72)主成分回归模型的基本过程如下：

(1)数据矩阵 $\boldsymbol{X}_{N\times p}$ 的标准化

当各个变量数据来源不同时，彼此间差别可能很大，必须进行数据的预处理，通常应对变量按行进行标准化处理，以保证每一变量的均值为 0，方差为 1(至少应进行均值化处理).

(2)主成分分解

对经过合适预处理的数据矩阵进行主成分分解，求取特征值及相应特征向量(载荷)和得分向量等. 详见特征提取一节中主成分分析.

(3)确定主成分数 A

确定主成分数 A 可用多种方法，本节主要讨论交互检验(cross validation，简称 CV). 交互检验法的基本步骤如下：

① 首先将属于 q 类数据矩阵 $\boldsymbol{X}$ 中 n_q 个样本数据分成 n 个子集(或数据组). 在分组中要尽可能考虑到样本的代表性，采用随即抽样的方式进行. 如第 q 类假定有 25 个样本，设分成 8 个子集(或 8 个组)，按随机方式得第一组为，9，17，25 号样本，第二组为 2，10，18 等，第三组为 3，11，19 等，直到第 8 组，比如为 8，16，24 号样本等.

② 分组后，先将第一组样本从训练集除去，作为检验集样本. 设除去一组后的样本数据矩阵为 $\boldsymbol{X}^-$，样本数为 n_g^-.

③ 对 $\boldsymbol{X}^-$ 进行主成分分解，并以 $A=1,2,3,\cdots$ 等去拟合或复原 $\boldsymbol{X}^-$.

④ 运用③步中建立的模型去拟合除去的样本(组)，并计算不同 A 值下样本方差. 并求得样本组中各样本的偏差平方和 ΔA.

⑤ 将刚除去的样本组重新放回数据阵 $\boldsymbol{X}^-$.

⑥ 从数据阵除去下一组样本，回到③步继续运算. 直到每一组均被除去一次，则到第⑦步.

⑦ 对每一个 A 值，将 ΔA 加和(共 n 个 ΔA)得到 D_A，以 D_A 对 A 值作图，最小值对应的 A 值即为主成分数.

应当指出的是，交互检验法也可将训练集的每一个样本作为 1 个子集(组). 然后取 $n-1$ 个样本构成的子集进行主成分分析以构造校正模式，建立相应模型，而以余下的 1 个子集(1 个样本)作检验集或预测集，用构造的模型及相应参量进行预测，并计算预测数据与实际数据之差即预测残差. 每一个子集轮流作 1 次预测集，经 n 次后，将所有预测残差平方加和，得预测残差平方和(predictive residual error sum of squares，PRESS). 如果取个数不等的特征向量(不同 A 值)来构造校正模型，则在所取特征向量个数少于实际主成分数时，由于模型中没有包括某些实际存在的主成分比如独立组分的信息，预测误差必定较大，即 PRESS 较大；如果取特征向量的个数超过了体系中实际存在的独立组分数时，则由于引进了多余的误差，PRESS 也将较大，只有在所取特征矢量数恰好等于体系中真实存在的独立组分数(主成分数)时，PRESS 才最小. 因而以不同 A 值的预测残差平方和 PRESS 对 A 值作图时，有一最小值，它所对应的 A 即为主成分数.

(4)主成分模型中 β 与 θ 等参数的确定

在数据矩阵 $\boldsymbol{X}$ 进行均值中心化处理后进行主成分分解得到 $\boldsymbol{B}$ 和 $\boldsymbol{\theta}$ 矩阵后，主成分回归模型式(21.72)中 β_{ia} 和 θ_{ak}，则分别对应于 $\boldsymbol{B}$ 矩阵第 i 行第 a 列的元素和 $\boldsymbol{\theta}$ 矩阵中第 a 行第 k 列的元素值.

2. 未知样本测试

判别一个新的检验模式 $\boldsymbol{u}$ 即未知样本 $x_{iu}(i=1, 2, 3, \cdots, p)$是否属于 q 类可用多元线性回归法. 用 x_u 去拟合第 q 类的主成分回归模型，由于是未知样本，得分 θ_{ak} 与原来训练集构造的模型不同，以 c_a 表示

$$x_{iu} = \overline{a}_i^{(q)} + \sum_{a=1}^{A_q} c_a \cdot \beta_{ia}^{(q)} + \varepsilon_{iu}^{(q)} \tag{21.73a}$$

上式可简记为

$$\boldsymbol{X}=\boldsymbol{BC}+\boldsymbol{E} \tag{21.73b}$$

式中：c_a 为以多元线性回归拟合时所得的回归系数；$\beta_{ia}^{(q)}$ 是在建立第 q 类主成分模型时求得的对应于特征向量 i 的元素. 式(21.73a)或式(21.73b)中的拟合系数通过最小二乘法可得

$$\hat{\boldsymbol{C}}=(\boldsymbol{B}'\boldsymbol{B})^{-1}\boldsymbol{B}'\boldsymbol{X} \tag{21.74}$$

求得这个拟合系数之后，就可求得该样本的拟合值

$$\hat{\boldsymbol{X}}=\boldsymbol{BC} \tag{21.75}$$

这个未知样本 $\boldsymbol{u}(x_{iu})$ 拟合第 q 类的结果的好坏，可由偏差 $\varepsilon_{iu}^{(q)}$ 的平方和或标准偏差 $S_u^{(q)}$ 表示：

$$S_u^{(q)} = \left[\frac{1}{p-A_q}\sum_{i=1}^{p}(\varepsilon_{iu}^{(q)})^2\right]^{1/2} \tag{21.76}$$

在 SIMCA 中第 q 类的总体标准偏差可表示为

$$S_0^{(q)} = \left[\frac{1}{(n_q-A_q-1)\cdot(p-A_q)}\sum_{i=1}^{p}\sum_{k=1}^{n_q}(\varepsilon_{ik}^{(q)})^2\right]^{1/2} \tag{21.77}$$

其中：$\varepsilon_{iu}^{(q)}=x_{iu}-\hat{x}_{iu}$；$\varepsilon_{ik}^{(q)}=x_{ik}-\hat{x}_{ik}$($k$ 为类内样本). $S_u^{(q)}$ 实际上是未知样本 $\boldsymbol{u}$ 与 q 类距离的度量，将它与 q 类的总体标准偏差 $S_0^{(q)}$ 比较，若 $S_u^{(q)}$ 和 $S_0^{(q)}$ 的大小差不多，则表示该模式 $\boldsymbol{u}$ 属于该类(q)；反之，则表示该模式 $\boldsymbol{u}$ 不属于该类(q).

判别未知样本 $\boldsymbol{u}$ 是否属于 q 类，还有其他方法. 如，F 显著性检验，拟合值与样本之间的相关系数大小的判别等等，有兴趣者可参阅文献[5,6].

判别未知样本的模式的类型一般有下述三种情况：

① 若该模式到某一类(q)模型的距离很短，小于临界值，且它与其他各类模型的距离都很远，大大超过临界值，那么该模式的类别属于 q 类，而且仅属于 q 一类.

② 该模式到几个类的数学模型的距离都很近，则该模式同时属于这几个不同的类. 产生这种现象的原因有二：一是所选择的变量不足以将这些类分开，增加特征变量可能会使分类改善；另一个原因是该模式实际上确实属于不同的类，就像一个化合物有不同的基团一样，

③ 若该模式到任何已知类的距离都很远，它不属于任何已知类，是一个未知的新类.

SIMCA 法还可以计算类间的相似度，进行变量之间的重要性测量和样本相关性测量. 读者可参阅文献[5,6].

§21.4.6 线性降维与显示技术

在化学模式识别中，每一个样本都由多个变量来描述，特征空间都是高维空间，远远超过人类视觉判别能力. 另一方面人类视觉在二维、三维空间有很强的识别能力. 因此借助降维和显示技术投影到二维空间或三维空间，就能充分利用人类视觉能力直接进行模式识别. 本节将介绍线性降维与显示技术.

线性降维与显示技术是基于主成分分析，它能将多个变量或分析通道的样本量测数据矩阵分解为两个小矩阵，即得分矩阵和特征矩阵的乘积，得分矩阵和特征矩阵都可用等于或少于主成分数的新变量进行描述. 也就是说，主成分分析方法可以把多维空间中的数据矩阵简化到由正交坐标系构成的低维空间(在丢失原始数据信息最少的情况下，最多维数等于主成分数)来表示. 基于主成分分析的线性降维与显示技术称为 K-L 变换. K-L 变换将高维空间中原 p 个坐标 x_1，x_2，x_3，…，x_p 的线性组合变换为二维空间的两个坐标 y_1，y_2 或三维空间的 3 个坐标 y_1，y_2，y_3，并且 y_1 和 y_2 或 y_1，y_2，y_3 相互正交.

设 p 维空间中 n 个点的数据矩阵 $\boldsymbol{X}$ 为

$$\mathrm{X}_{n\times p}=\begin{bmatrix} x_{11} & x_{12} & \cdots & x_{1p} \\ x_{21} & x_{22} & \cdots & x_{2p} \\ \vdots & \vdots & \cdots & \vdots \\ x_{n1} & x_{n2} & \cdots & x_{np} \end{bmatrix}$$

它的协方差阵为

$$\boldsymbol{C}=\{C_{ij}\}=\left\{\frac{1}{n-1}\sum_{k-1}^{n}(x_{ki}-\overline{x}_i)(x_{ki}-\overline{x}_j)\right\}$$

$$= \frac{1}{n-1}\boldsymbol{X}'\boldsymbol{X} \quad (i,j = 1,\ 2,\ 3,\ \cdots,\ p)$$

式中，$\overline{x}_j$ 是 p 维空间中第 j 个变量 n 个点的均值或重心

$$\overline{x}_j = \frac{1}{n}\sum_{k=1}^{n} x_{kj} \quad j = 1,\ 2,\ 3,\ \cdots,\ p$$

将上述协方差阵的特征值(λ)及对应的特征向量构成的特征矩阵 $\boldsymbol{B}$. 为了在低维空间中进行样本点的显示，取与两个最大的特征值 λ_1 和 λ_2 相对应的特征向量 $\boldsymbol{B}_1$ 和 $\boldsymbol{B}_2$ 来计算新的坐标 y_1 和 y_2. 据式(21.61b)，其线性组合为

$$y_{k1} = \sum_{j=1}^{p}\beta_{1j}\cdot x_{kj} \quad 及 \quad y_{k2} = \sum_{j=1}^{p}\beta_{2j}\cdot x_{kj}$$

式中，β_{1j}，x_{kj} 分别表示第一特征向量的第 j 个元素和原样本矩阵的第 k 个样本第 j 个元素. 由上式可以计算出 n 个 y_{k1} 和 y_{k2} 值，以 y_{k1} 中的 k 个元素对 y_{k2} 中的 k 个元素作图即主成分 PC1-PC2 图，可得到二维空间样本点的表示，从而可直观的观察到分类情况.

根据具体情况也可以取 1,3;2,3 等等与特征值相对应的特征向量构成二维主成分图. 若取 3 个特征向量，可得到三维空间中的分类情况.

在实际分类中，主成分数大于 2 或 3 时，必然会产生比较大的误差. 使低维空间中的分类结果的可信度受到影响. 因此，一般计算应取前 2 个或 3 个主成分作图，可信度比较高. 可信度常用下式表示：

$$\text{Satio} = \frac{\lambda_1 + \lambda_2}{\sum_{j=1}^{p}\lambda_j} \times 100$$

考虑到化学模式识别中，样本数一般大于特征数，所以在上面加合式有 p 项，即 p 个特征值. 上式中计算的比率越大，前两个主成分对原始数据的贡献越大，代表性越强，在低维空间中丢失信息越少，分类就越接近实际. 为保证一定的准确性，这个比率一般应大于 80%.

例如，曾经有人测定了 30 位老年性白内障和正常晶体样本中的 Ca，Mg，Na，K，Mn，Fe，Cu，Zn 等元素的含量，通过线性降维，获得二主成分投影图(图 21.12). 图中的数字表示各样本点的所属类别. 若未经降维处理，仅根据各元素的含量，无法对 30 份样本进行归类，亦无法用二维显示直观表达其类别. 尽管前 2 个主成分的方差之和只有 48.45%，其可信度只有 48.45%，但二主成分投影图中各类样本点的分布表明，各类样本已充分分开.

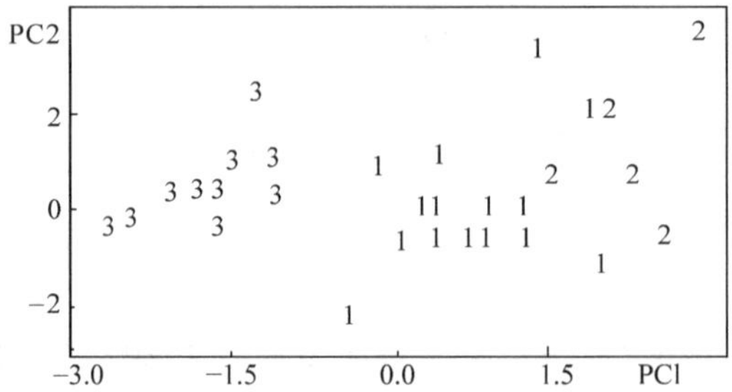

图 21.12　白内障二主成分投影图

§21.4.7　聚类分析

聚类分析不需要训练集,是无管理模式识别方法的典型代表,实用价值大,特别适用于样本归属不知道的情况.假定样本集合是不连续的,那么,此样本集合可以看做是包含未知的若干个性质不同的子集,即不同的类.聚类分析的目的就是寻找这些子集.其基本思想是:在多维模式空间中,任何一个子集内部样本之间的相似性即类内相似性,大于不同子集之间的相似性即类与类之间的相似性.或者通俗地说,就是“物以类聚”.例如,同类化合物在中模式空间中应靠得更近些,彼此之间的距离小些;相反,不同类的化合物,彼此之间的距离大些.要实现“物以类聚”,首先必须选定相似性的度量标准.前面介绍的各种距离都可以作为聚类分析中样本之间的相似性的度量,距离越近表示相似性越大,越容易聚在一起,形成一类.必须指出的是:选用不同的相似性的度量标准,聚类分析的结果可能不同,甚至相差比较大.聚类分析的数学处理方法很多,主要有系统聚类法和动态聚类法两大类.本节主要介绍系统聚类法的基本思想,其他方法可参阅相关文献.

1. 基本原理

首先将待聚类的样本集的 N 个样本各自看成一类,然后,定义样本与样本之间的距离或相似性的度量以及类与类之间的距离后进行聚类.聚类开始时,每个样本自成一类,类与类之间的距离及样本与样本之间的距离是相同的,选择距离最小的一对或相似性最大的一对样本合并成一个新类,再计算新类和其他所有类的距离;比较各个距离后,将距离最小的两类又合并成一个新类,如此下去,直到使所有样本集中的样本归为一类为止.整个聚类过程,进行了 $N-1$ 个合并新类的操作,并得到了 $N-1$ 个并类距离.这 $N-1$ 个合并过程可以用称为谱系图的聚类图来表达.

2. 类间距离的定义与系统聚类方法

在聚类分析过程中,开始聚类时样本之间的距离常用欧氏距离、马氏距离、兰氏距离等表示. 但是,当两样本合并成新类后样本与类或类与类之间的距离如何表示,到目前为止,定义类与类之间的距离的方法有很多种,相应的系统聚类分析方法也有好多种. 常用的有最短距离法、最长距离法、中间距离法、重心法、类平均法及方差平方和法等等. 下面仅介绍最短距离法、最长距离法、中间距离法.

(1)最短距离法

设样本 x_i和样本 x_j之间的距离为 d_{ij},D_{pq}表示第 p 类(G_p)与第 q 类(G_q)之间的距离,并且 x_i属于 G_p,x_j属于 G_q, 则最短距离法定义类与类之间的距离为

$$D_{pq}=\min(d_{ij})\quad (x_i\in G_p, x_j\in G_q)$$

上式表明:两类之间的距离等于两类中两个靠得最近的样本之间的距离. 显然,开始时有 $D_{pq}=d_{ij}$;然后选择最小的 D 合并(设为 D_{pq}),则 G_p与 G_q合并成一个新类 G_r(在这里将 G_p与 G_q合看成是两个广义样本来定义类与类之间的距离),即 $G_r=\{G_p, G_q\}$;再计算新类 G_r与其他类 G_k的距离. 重复后面两步,直至所有样本形成一类为止.

例 4　为了计算简便,设有 5 个样本,假定每一个样本仅有一个特征变量描述,其值分别为:1.0, 2.0, 4.5, 6.0, 8.0. 请用最短距离法定义类间距离,并将 5 个样本逐一聚类.

解　聚类分析的一般步骤如下:

① 计算全部样本之间的距离. 为简便将样本之间的距离用绝对距离表示,如第 1,2 两个样本之间的距离计算为 $d_{12}=d_{21}=|x_{i1}-x_{j1}|=|1-2|=1.0$

同理,可计算其他各两两之间的距离,并列在表 21.7(a).

② 定义类与类之间的距离. 用最短距离法.

③ 逐步归类. 开始时 5 个样本自成一类,即有 5 类,类之间的距离即为样本距离,$D_{ij}=d_{ij}$. 利用表 21.7(a)中样本间的距离数据,可知样本 x_1(属于 G_1类)和样本 x_2(属于 G_2类)之间的距离最小(表中带 * 者,$d_{12}=1$),因此首先选择第 G_1类和 G_2类合并为新类 G_6;然后计算 G_3, G_4, G_5和 G_6各类两两之间的距离,得表 21.7(b). 在计算 G_6和 G_3的距离时,由于 G_6类中有两个样本. 它们与 G_3的距离分别为 $d_{31}=3.5$ 和 $d_{32}=2.5$,按最短距离法定义类与类之间的距离,则应取 2.5 为两类 G_6和 G_3的距离,即 $G_{36}=2.5$. 同理,可求得 G_6和 G_4以及 G_6与 G_5之间的距离为 4 和 6,而不是 5 和 7. 由表 21.7(b)可知,G_3与 G_4距离最小,将其合并成新类 G_7;再计算 G_7, G_6,G_5,三个类两两间的距离,结果见表 21.7(c). 表中 G_7及 G_6与 G_5间的距离计算同上,但是 G_7与 G_6 两类之间的距离因每类都有 2 个样本,所以,应先考察 d_{13}, d_{14}, d_{23}, d_{24} 2 个样本之间距离的大小. 由表 21.7(a)可知,4 个距离中最短为 2.5,即 $D_{67}=2.5$. 由表 21.7(c)可知,G_5与 G_7两类之间的距离最小,又合并成新类 G_8,计算 G_6和 G_8之间的距离,取 6 个样本距离 d_{13}, d_{14}, d_{15}, d_{23},d_{24}和 d_{25}中最小者为

其类间距离，由表 21.7(a)可知，$D_{68}=d_{23}=2.5$；最后 G_6 和 G_8 合并成一类. 聚类过程完成.

上述过程可用谱系图或聚类图来表达. 如图 21.13 显示为 5 个样本聚类过程谱系图.

表 21.7(a)　5 个样本原始距离

D_{ij}	x_1	x_2	x_3	x_4	x_5
x_1	0				
x_2	1*	0			
x_3	3.5	2.5	0		
x_4	5	4	1.5	0	
x_5	7	6	3.5	2	0

表 21.7(b)　4 个类之间的最短距离

$\min(G_i, G_j)$	G_6	G_3	G_4	G_5
$G_6=\{x_1, x_2\}$	0			
$G_3=\{x_3\}$	2.5	0		
$G_4=\{x_4\}$	4	1.5*	0	
$G_5=\{x_5\}$	6	3.5	2	0

表 21.7(c)　3 个类的最短距离 D_2

$\min(G_i, G_j)$	G_6	G_7	G_5
$G_6=\{x_1, x_2\}$	0		
$G_7=\{x_3, x_4\}$	2.5	0	
$G_5=\{x_5\}$	6	2*	0

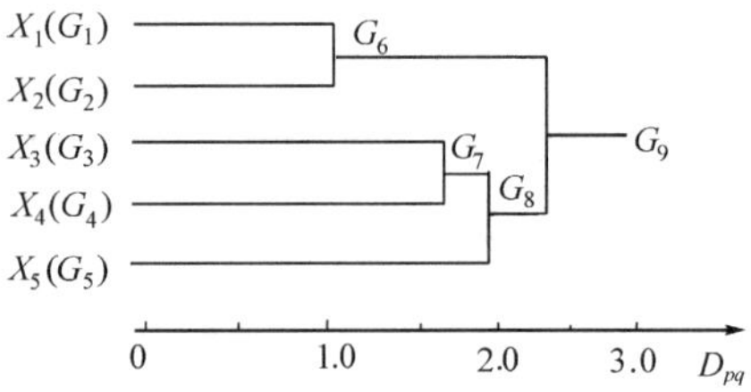

图 21.13　5 个样本聚类过程谱系图

(2)最长距离法

类 G_p 与 G_q 之间的距离 D_{pq} 用两类之间离的最远的样本之间的距离 d_{ij} 来表示

$$D_{pq}=\max(d_{ij}) \qquad (x_i \in G_p, x_j \in G_q)$$

聚类步骤与最短距离法相同. 首先选择距离最近的 2 个样本或两类(设为 G_p 与 G_q)合并成一个新类 G_r，即 $G_r=(G_p, G_q)$. 再按两类中样本和样本之间的各距离中最大者计算新类 G_r 与其他类 G_k 之间的距离，再以两类之间的距离最近者合并成新类；如此重复，直至所有样本形成一类为止.

(3)中间距离法、平均距离法

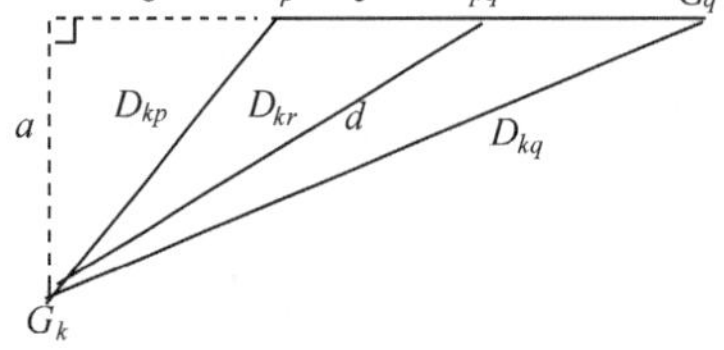

图 21.14　中间法计算距离示意图

在中间距离法中，新类 G_r 与类 G_k 之间的距离既不用最短距离，也不用最长距离，而是用最远和最近之间的中间距离. 如图 21.14 中显示的 D_{kr} 所示. 设已将 G_p 与 G_q 合并成新类 G_r，并设 G_p 与 G_k 的距离小于 G_q 与 G_k 的距离，即 $D_{kp}<D_{kq}$；若按最短距离法，有 $D_{kr}=D_{kp}$；若按最长距离法，有 $D_{kr}=$

D_{kq}. 而若按中间距离法，则类与类之间的距离 D_{kr} 取图 21.14 中三角形的中线(d)对应的距离 D_{kr} 表示.

$$a^2 = D_{kp}^2 - b^2 = d^2 - (b+c)^2 = D_{kq}^2 - (b+2c)^2$$

由初等几何定理可知：$d^2 = D_{kp}^2 + 2bc + c^2 = D_{kq}^2 - 2bc - 3c^2$

$$2d^2 = D_{kp}^2 + D_{kq}^2 - 2c^2 = D_{kp}^2 + D_{kq}^2 - \frac{D_{pq}^2}{2}$$

故中间距离法取　$D_{kr}^2 = d^2 = \frac{D_{kp}^2}{2} + \frac{D_{kq}^2}{2} - \frac{D_{pq}^2}{4}$

为新类 G_r 与其他类 G_k 的中间距离. 若只取前两项计算距离，则称平均距离，相应的系统聚类方法称为平均距离法. 所以平均距离定义为

$$D_{kr}^2 = d^2 = \frac{D_{kp}^2}{2} + \frac{D_{kq}^2}{2}$$

对上述中间距离或平均距离的计算公式稍加分析就可以看出，新距离的计算公式只与前一次的聚类的距离有关，与其他各起始距离无关，具有迭代法的性质，很容易用计算机编程实现.

参 考 文 献

[1] 陆晓华. 化学计量学. 武汉：华中理工大学出版社，1997

[2] 刘树深，易忠胜. 基础化学计量学. 北京：科学出版社，1999

[3] 王尊至. 数值分析基本教程. 哈尔滨：哈尔滨工业大学出版社，1993

[4] 国家质量技术监督局计量局. 测量不确定度评定与表示指南. 北京：中国计量出版社，2000

[5] 许禄. 化学计量学方法. 北京：科学出版社，1997

[6] 李金宗. 模式识别导论. 北京：高等教育出版社，1994

习题与思考题

习　题

1. 测定结果不确定性可以校正吗？为什么？试从样品分析测试操作，叙述产生测定结果不确定性的各种因素.
2. 产生分析测试误差的可能因素有哪些？其中哪些误差可以校正？给出测定结果误差定义，它和测定结果不确定性有什么区别？
3. 几种软件滤波方法的共同点是什么？如果数据点间隔略宽，采用哪种平滑滤波较宜？多点二次平滑的数据点越多将产生什么样的正效应和负效应？
4. 列举光分析中有哪些内容以图示方式表述过波谱的时域函数.
5. 简述傅里叶变换的含义以及快速傅里叶变换与傅里叶变换的区别.
6. 式(21.13)为一组线性方程式，式(21.16)为该组线性方程的解，试用矩阵方程表述求解过程.
7. 为什么式(21.18) 中测量数据的标准差的自由度为 $n-2$，而不是 $n-1$.

8. 提高测量结果的精度，即减小测量结果的不确定性，应注意哪些因素的影响.
9. 用文字叙述式(21.22)，式(21.23)，式(21.24)中 S_T，S_H，S_Y的含义，相关内容所述的“误差”与误差的定义是否一致，为什么？
10. 试利用式(21.22)，式(21.23)，式(21.24)所表示的方差，说明主成分分析中的原变量矩阵 $\boldsymbol{X}$ 与主成分得分矩阵 $\boldsymbol{\theta}$ 中各变量之间的关系有哪些不同？
11. 主成分分析是利用矩阵方程 $\boldsymbol{\theta}'=\boldsymbol{B}\boldsymbol{X}'$ 进行正交变换，对特征向量矩阵 $\boldsymbol{B}$，$\boldsymbol{B}'$(转置矩阵)$=\boldsymbol{B}^{-1}$(逆阵)，证明：$\boldsymbol{\theta}=\boldsymbol{X}\boldsymbol{B}'$，$\boldsymbol{X}=\boldsymbol{\theta}\boldsymbol{B}$.
12. 在 SIMCA 模式识别法中确定主成分数采用交互检验法有何优点？

思考题

1. 叙述分析方法的检测限与空白值分布和空白值重复性分布之间的关系. 校准曲线法的检出限和第 12 章 X 射线测量的检出限有何不同？为什么？
2. 利用式(21.45)进行多元线性回归方程组测量多元组分的含量，各组分的测量标准差如何估计？

第22章　分析应用[1~6]

我们知道，化学分析是在对物质的"认知"过程中产生并发展起来的，是在回答"是什么"和"有多少"的过程中逐渐完善与丰富起来的. 20世纪60年代仪器分析的崛起，使我们对物质世界的"认知"产生了一个飞跃，从表面到微区、从常量到微量、从组成到结构、从状态到形貌、从静态到动态等等，通过综合的仪器分析在上述领域均能对物质世界进行透彻的了解. 所以，仪器分析水平在一定程度上能反映科学技术发展的水平. 这句话实际上有两层含义：其一是说分析仪器是化学、光学、电学、磁学、机械及计算机科学等现代科学综合发展的产物，仪器本身就是科技水平的标志；其二是说能充分利用现代仪器分析技术，全面、准确地认识物质世界，从而进一步促进科学技术的纵深发展. 这种对物质世界的认知能力从另一角度反映了科学技术的发展水平.

在全面学习掌握现代分析仪器的方法原理、仪器结构以及基本操作后，能充分利用各种分析仪器，结合其他分析技术，全面准确地对未知物质进行综合分析；提出认知物质的可靠信息，是仪器分析教学的最终目的. 本章将对分析仪器的综合应用进行基本介绍；对与之相关的其他分析技术进行简单介绍.

§22.1　分离技术

原则上讲，科学的取样与制样是分析测定首先要解决的问题. 科学取样是指所取的样品能充分地代表分析测定的对象，取样不科学，样品不能充分代表分析测定对象，其分析测定结果就无任何价值. 在分析测试工作者不参与取样工作的情况下，所获得的测定结果仅仅是相对样品而言，而不是针对分析测定对象总体. 因此应据实际情况，在规定的期限内保存好样品，以备必要时重复分析测定. 科学制样是指将样品制备为适合分析测定要求的试样. 一般地讲，制样越简单，引入的随机误差的机会就越少，越有利于获得准确度好的分析测定结果. 但是对于复杂的天然和人工产品的分析来说，往往由于试样组分复杂、性质近似，各组分彼此干扰其分析测定. 因此在分析测定之前，必须将有关组分分离，才能获得准确的测定结果.

因此，对某些分析样品来说，分离技术是综合分析过程中的最基本的一步. 由于分析目的不同，对分离的要求及采用的技术亦不同. 以测定物质的结构和性质为目的，主要是为了得到纯的待测物质，通常注意样品的纯度，而不一定要求分离技术的高效率和高精度；当分离要求用于物质中各组分含量的测定时，则要求分离技术应具有高分离效率、高精度和高回收率等；而且，同样组分不同基体时，分离的手段和步骤也不一样；在采用仪器方法进行分离时，往往与各种化学手段结合，才能获得满意的分离结果. 所以，分离技术的选择与应用具有很大的经验性和目的性.

§ 22.1.1 分离方法的分类与选择

1. 分离方法的分类

按化学、物理过程或分离操作过程可以将分离方法分为很多类型，但为了简化起见，就其本质而言，可将分离方法分为相分离和传质分离两大类型.

相分离对象是两相混合物，分离原理是相平衡原理. 如蒸发、蒸馏、吸附、萃取、浸出、干燥、沉淀、结晶等，都是在非均相中进行. 利用两相平衡组成不相等原理，常常采用平衡理论作为处理手段，并将有关参数归纳于效率中，使之符合实际需要，所以又称为平衡分离过程.

传质分离是在相间有质量传递发生，这种分离既可以在均相又可以在非均相中进行. 例如，在均相中进行分离时，常基于微粒、离子和分子等迁移速度不同而达到分离的目的. 该类常用的技术有渗透、反渗透、电渗析、电泳、毛细管电泳、膜分离等技术. 由于有传质发生，这类分离以传质速率控制为主.

分离过程中的相平衡过程和速率控制过程并不是截然分开的，随着分离技术的发展，上述两过程在同一分离技术中共存互补，已是屡见不鲜. 例如，在毛细管电泳技术或色谱分离技术中，相平衡过程和速率控制过程均对分离效率和分离度起着支配作用，只是在不同的条件、不同的对象、不同的体系中，起主导作用的控制过程不同而已.

2. 分离方法的选择

分离方法的选择一般要结合需要和可能来考虑，分离对象的性质、后续分析要求属于需要；分离对象的含量范围以及所有的、能利用的分离技术属于可能.

(1)样品的性质

分离对象的物理和化学性质对分离均有影响. 对分离过程起基本作用的物理性质是分子、离子或粒子的体积、形状、偶极矩、极化强度、电荷、半径等；起作用的化学性质是溶解性如何、水溶性还是脂溶性、离子型还是非离子型、热稳定性如何、挥发性如何等等. 例如，蒸馏是取决于分子之间引力强弱的挥发度或蒸气压力差；萃取取决于分子的偶极矩和极化度强弱所决定的溶质在互不溶两相中的溶解度的大小；沉淀或结晶分离取决于溶质在溶剂中溶解度的大小等等.

对于组分复杂性质近似的样品，首选的分离技术是色谱，但此时组分的亲水性或疏水性、离子型还是非离子型、高沸点还是低沸点等对选择不同的色谱技术又十分重要. 例如，高沸点和热不稳定样品，宜用高效液相色谱技术；样品组分具有挥发性的宜用气相色谱技术；离子型组分或在一定条件下可以改变分子离子比例的样品，一般可考虑采用离子色谱或电泳等分离技术；相对分子质量或分子体积差别大的样品，可考虑用尺寸排阻色谱技术等等.

(2)分离目的

分离目的是指后续分析的需要. 首先，考虑后续分析需要的样品量是多少，需要的量比较大应考虑用制备型分离技术；样品量太少或十分珍贵时应考虑用微量分离技术，如毛细管电泳等方法；若样品中待分析组分含量太低时，还要考虑分离与富集相结合，保证后续分析有足够的样品量. 其次，要考虑分离后的样品是用于定性还是用于定量，用于定量时，则要考虑分离方法要有足够的精密度和准确性；涉及到方法的准确性，还必须考虑设计分离步骤越少越好，引入的误差也会越小. 最后，还应将能耗、物耗以及时间消耗等经济因素与实验室设备条件等因素结合起来考虑. 所以，为了设计科学合理的分离方法，必须对样品的来源、性质、实验最终目的以及现有实验技术等等要有全面了解.

§22.1.2 仪器分离技术的应用

1. 制备分离技术

对分析化学来说，制备分离是为了获得足够多的适合于分析测定需要的试样. 制备分离技术有很多，如共沉淀富集、络合分离、溶剂萃取、离子交换、薄层色谱、泡沫吸附、膜分离等等都可用作制备分离. 本节主要介绍已讨论过的仪器制备分离技术.

(1)制备气相色谱

在制备型气相色谱法中的关键是增大进样量，以获得高产量的纯化合物. 为了实现这一目的，不得不损失分离度和分析速度. 增加样品容量的办法是：增加分离柱体积. 对于简单体系的分离，常采用的柱子为 1～3m×6～10cm(内径)；对于复杂分离，常采用 10～30m×0.5～1.5cm(内径). 通常进样体积约为 0.1～10.0mL. 由于样品量过大而难以实现瞬时气化，因此，对 0.1mL 左右的易挥发液体样品，可以降低进样速度，慢慢推入；对于比较大量的样品，可以在气化器与柱之间，增加一个蒸发装置，其内部填充玻璃珠，以增加热容量和减少死体积. 分离一般在恒温条件下进行，因为柱内径过大，使用程序升温时的径向温度梯度过大，除非使用长的窄内径柱，而且升温速度要慢. 从柱后分流器流出的组分通入冷阱后收集. 制备气相色谱对载体性能要求不高，但固定液的涂布量高，一般为 20%～25%. 常用的检测器为热导池和氢火焰离子化检测器，它们只是为了监测柱内组分的分离情况.

(2)制备液相色谱

用液相色谱分离制备样品时，多采用反相液相色谱技术，即所用固定相的极性小，流动相的极性大. 如常用 C_{18} 键合的硅胶作固定相，水-甲醇作流动相是典型的反相液相色谱技术. 反相色谱柱中改变流动相组成、进行梯度洗脱和恢复柱子分配平衡都容易实现，可以使柱子的使用寿命延长、保证实验的重复性.

制备型液相色谱和分析型液相色谱相比，除了柱子加粗、进样量加大外，其他操作条件也有相应的改变. 表 22.1 列出了两种色谱操作条件的比较.

表 22.1　制备色谱和分析色谱操作条件比较

操 作 参 数	分析型	制备型	操 作 参 数	分析型	制备型
柱长/cm	25	50	流量/(mL/min)	1	20
内径/mm	4.5	22	压力/MPa	1.4	5.5
颗粒大小/μm	10	10	孔隙体积/ml	2.97	129
填充量/g	2.5	120	最大允许样品量/mg	0.25～2.5	12～120

色谱柱加粗能减少流动相在分离柱中管壁流速与中心流速的差异，使色谱流出峰的展宽减小，有利提高分离柱效；当加大进样量则使柱效迅速下降，如图 22.1

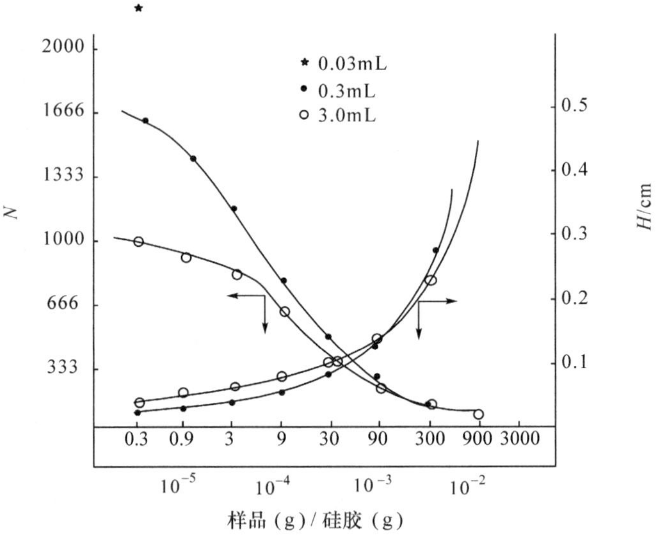

图 22.1　柱效与进样量的关系

色谱柱：i. d. 330mm×2.6mm 不锈钢柱管，干法填充 22～33μm 的硅胶，90g；流动相：环己烷，20mL/min；试样：乙酰丙酮；进样量：0.3～3mL；k'：0.8；检测器：UV.

所示. 由图可知，要保持足够高的分离效率，必须使柱负荷(样品量/吸附剂量)保持在 $1:10^{4\sim5}$. 柱填料增加，流动相流速必须增加到 10 mL/min，试剂消耗极大. 实践中可采用减少进样量，增加进样次数，用多次累计进样方法制备 mg 级纯样品.

制备色谱主要为后续分析提供纯样品，但对于复杂基体样品的制备，样品上柱之前要进行预净化处理，以保护色谱柱，延长其使用寿命. 预净化处理可以用简单的经典色谱法或者其他化学预分离技术.

经色谱分离后，流动相中的溶剂有时也被浓缩在“纯品”之中，使“纯品”产生“后生杂质”，这种“后生杂质”可能来自溶剂，也可能来自容器，还可能来自色谱柱中的残留物，甚至空气中的飘尘也可以使“纯品”污染. 所以，色谱制备的纯品往往要根据具体情况进行“后处理”以除去“后生杂质”.

(3)超临界流体色谱技术

超临界流体色谱(supercritical fluid chromatography, SFC)是以超临界流体二氧化碳或液氨等作为流动相，在毛细管分离柱内实现高效分离；可在较低的柱温下工作，适于那些热不稳定、极性极大、沸点较高、分子量较大的样品的分离制备. 其柱效和分离速度较 GC 和 LC 高；其检测与色谱检测器通用；流动相在常压下容易挥发，容易除尽；所以非常适于后续分析纯品的制备. 目前，SFC 与 GC 或 LC 联用商品化仪器已广泛用于环境样品与材料样品中微量物质的分离制备.

2. 分析分离技术

分析分离技术是指将试样中干扰组分与待测组分彼此分离的技术. 分析分离用的主要仪器方法有 GC，HPLC 和 HPCE(HPCE 就是高效毛细管电泳，HPCE 前面没有讨论，本节将作简单介绍). GC 法主要用于可气化的、小分子量的化合物的分析分离；HPLC 法主要用于气化时易分解的、大分子量物质的分析分离；HPCE 主要用于荷电或非荷电粒子以及生物大分子的分析分离. 而所有的分析分离都要求有足够高的分离效率和良好的分离选择性.

根据式(17.36)和式(17.37)，可知，分离选择性即$(\alpha-1)$项是由组分热力学因素决定的，通过变更固定相或流动相来控制，基本要求是 $\alpha\neq1$，当 $\alpha\leqslant1.2$ 时，属于比较难分的情况；对于分离效率，即$\sqrt{n}$项，是由动力学因素决定的，通过改变流速、改变柱长、粒度等因素来调整，对于待分离组分，柱子必须达到起码的理论塔板数. 两者有一定的联系，如高的分离效率，有助于改善选择性，但高效率不一定与好选择性相关. 在实践应用中，分离选择性是首选的，是分析分离必须保证的. 本节根据分析实践，介绍一些分离选择性改善技术.

(1)色谱技术

提高色谱技术的分离选择性首先是分离方式的正确选择；其次是流动相的选择，最后是洗脱技术的改进.

①分离方式选择

以分子量大小对分离方法进行分类，一般把相对分子质量大于 2000 以上的称为大分子和高分子化合物，主要采用凝胶色谱法进行分子质量分级分离. 分子质量小于 2000 的化合物可利用它在水中和有机溶剂中的溶解性进行分类. 如极性大的水溶性化合物、在水中可解离的离子化合物，可用不同类型的离子交换树脂作柱填料，以离子色谱法进行分离；在水中溶解但不解离的化合物，如糖类，可以甲醇或乙腈一水作流动相，采用反相色谱法进行分离.

醇水不溶的弱极性和非极性样品的分离，主要用吸附色谱法，如微粒全多孔硅胶(球型、无定型、堆集硅珠等)，氰基键合硅胶作正相色谱分离. 氨基键合相与硅胶的性质有很大的差异，硅胶是微酸性吸附试剂，而氨呈微碱性，在酸性流动相中，表现出弱的阴离子交换性质，同时因氨基具有形成氢键的能力，用乙腈-水作流动相时，可用于单糖、双糖和多糖的分离.

②流动相的选择

流动相的洗脱强度是受溶剂总溶解度参数(δ_T)控制，但其分离选择性是受扩散溶解度参数(δ_d)、偶极取向溶解度参数(δ_0)、偶极诱导溶解度参数(δ_{in})以及酸、碱溶解度参数(δ_a,δ_b)控制. 例如，δ_d大的流动相中芳烃、卤代芳烃及其同系物将先流出；δ_0大的流动相中，优先与偶极矩大的分子作用，如硝基化合物、腈类等先流出；δ_a大的流动相中，优先与碱性样品作用，如胺、亚砜等先流出；δ_b大的流动相中，优先与酸性样品作用，如酸类、酚类物质先流出.

因此，选择一种适当的δ_T的流动相(或混合流动相)后，将样品的容量因子值调整到最佳范围(一般 $1 \leqslant k' \leqslant 10$). 然后再通过 δ_d,δ_0,δ_a和 δ_b的选择，达到提高分离选择性的目的. 表 22.2 给出了部分化合物的溶解度参数.

表 22.2 化合物的溶解度参数

No	化合物	δ_T	δ_d	δ_o	δ_a	δ_b
1	甲醇	15.85	7.18	6.72	7.18	12.9
2	乙醇	13.65	7.46	4.29	5.17	11.3
3	丙醇-1	12.27	7.65	3.54	4.12	10.0
4	丙醇-2	12.37	7.59	3.12	4.21	10.2
5	丁醇-1	11.47	7.71	2.64	3.15	9.1
6	特丁醇	10.53	7.65	2.47	2.51	6.1
7	正辛醇	9.13	8.00	1.49	1.85	4.6
8	$CHCl_3$	9.87	8.12	1.95	1.54	3.1
9	CCl_4	9.19	8.22	0.29	0.34	3.0

续表

No.	化合物	δ_T	δ_d	δ_o	δ_a	δ_b
10	CH_2Cl_2	10.68	7.96	3.67	1.92	4.3
11	1,2-二氯乙烷	10.64	8.11	3.71	1.68	3.3
12	二恶烷	10.65	7.95	0.43	1.47	17.1
13	正己烷	7.74	7.74	0.02	0	0
14	正庚烷	7.91	7.91	0.03	0	0
15	硝基甲烷	13.83	7.63	9.58		
16	正戊烷	7.65	7.65	0.03	0	0
17	2,2,4-三甲基戊烷	7.33	47.33	0.04	0	0
18	四氢呋喃	9.88	7.96	2.97	0.78	16.3
19	苯	9.71	8.51	0.16	0.18	10.4
20	乙酰苯	10.79	8.74	3.80	0.27	13.1
21	苯甲醛	11.34	8.80	4.38	1.15	13.9
22	苯基氰	11.38	8.69	5.42	0.94	13.1
23	苯胺	12.21	9.04	2.30	3.49	8.9
24	二苯酮	10.87	9.15	2.79	1.11	12.0
25	吡啶	11.12	8.56	3.94	0.91	19.1
26	甲苯	9.53	8.47	0.32	0.29	10.2
27	乙苯	9.35	8.47	0.34	0.15	10.6
28	苯酚	12.76	8.33	2.52	5.20	8.7
29	甲乙酮	9.96	47.60	5.12	0.58	15.0
30	丙酮	10.51	7.44	6.14	0.90	16.6
31	环己酮	10.76	8.16	4.57	0.61	13.9
32	二甲亚砜	13.45	8.34	9.49	1.32	21.4
33	二乙醚	7.92	7.38	1.68	0.19	14.0
34	二丁醚	8.26	7.77	0.86	0.30	11.9
35	乙酸乙酯	9.57	7.55	2.32	0.26	13.5
36	乙酸甲酯	10.19	7.44	2.83	40.51	15.0
37	*N*,*N*-二甲基苯胺	10.29	8.87	1.43	1.58	8.0
38	*N*-甲基苯胺	11.69	8.93	1.85	3.28	8.2
39	乙腈	13.15	7.33	10.27	0.39	17.6
40	水	25.52	7.22	15.35	16.35	10.9

另外，作为流动相的溶剂，其黏度有一定的要求，黏度高的流动相会引起谱带展宽和压降增大，低黏度能保持高的柱效，一般要求黏度小于 2cP[1)]. 虽然提高操作温度可以降低黏度，但这种方法不方便也不常用. 低沸点化合物其黏度比较小，是常用的流动相试剂. 如果使用紫外可见分光检测，应避免使用对紫外有吸收的流动相. 表 22.3 列出常用溶剂的各种参数值，以供参考.

表 22.3　溶剂性质[1)]

名称	M	t_b	n	UV	ρ	η	ε	μ	γ
丙 酮[2)]	58.1	56	1.357	330	0.791	0.322	20.7	2.72	23
乙 腈	41.0	82	1.342	190	0.787	0.358	38.8	3.37	29
二噁烷	88.1	101	1.420	215	1.034	1.26	2.21	0.45	33
乙 醇	46.1	78	1.359	205	0.789	1.19	24.7	1.66	22
异丙醇	60.1	82	1.375	205	0.785	2.39	19.9	1.68	21
甲 醇	32.1	65	1.326	205	0.792	0.584	32.7	1.66	22
正丙醇	60.1	97	1.383	205	0.804	2.20	20.3	1.65	23
四氢呋喃	72.1	66	1.404	210	0.889	0.51	7.58	1.70	27.6
水	18.0	100	1.333	170	0.998	1.00	78.5	1.84	73

1) M 为溶剂相对分子质量；t_b 为溶剂在 1atm 时的沸点(℃)；n 为 25℃ 时的折光率；ρ 为 20℃时的密度/(g/cm^3)；UV 为紫外吸收波长/nm，1cm 厚的纯样品的光密度对于空气测定 1 单位下的波长(nm)；η 为 20℃时的黏度(厘泊)；ε 为介电常数；μ 为偶极矩[deb(德拜)]；γ 为表面张力(dyn/cm^3)；

2) 表明丙酮不适宜使用紫外吸收检测器.

③梯度洗脱技术应用

梯度洗脱是利用程序控制增加流动相的洗脱强度，使极性范围较宽的混合物得到良好的分离. 将两种或两种以上洗脱能力不同、但可互溶的溶剂，按一定时间程序改变它们的混合比例，以连续式或阶梯式的变化，使混合物实现分离的技术. 一种二元体系的梯度洗脱示意图如图 22.2 所示. 图中洗脱能力比较弱的 A 溶剂，按一定程序与洗脱能力强的 B 溶解混合，对色谱柱作梯度洗脱. 溶剂变化梯度曲线 1 为线性梯度洗脱；曲线 2，3 为凸形和凹形梯度洗脱；曲线 4 为阶梯形梯度洗脱. 其中线性梯度增加流动相的强度，这是一种好的、成熟的梯度洗脱方法，它不仅能使所有的峰单独出现，而且其分辨率也好；如果线性梯度方法不能使溶质得到好的分离效果，可采用阶梯状的梯度洗脱方法或应用多种流动相的梯度洗脱方法，如图 22.3 所示. 此图是薄荷油的多阶梯度洗脱，洗脱程序为：(1)5min 正庚烷；(2)梯度到二氯甲烷；(3)梯度到二氯甲烷－10％异丙醇；(4)梯度到 1∶1 的二氯甲烷-异

1) 1cP＝10^{-3}Pa·s，下同.

丙醇.

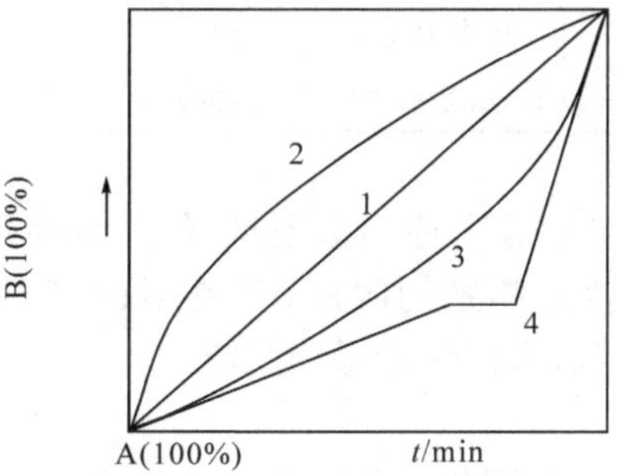

图 22.2　梯度洗脱示意图
（A,B 二元体系）
1. 线性梯度；2,3. 非线性梯度；4. 程序梯度.

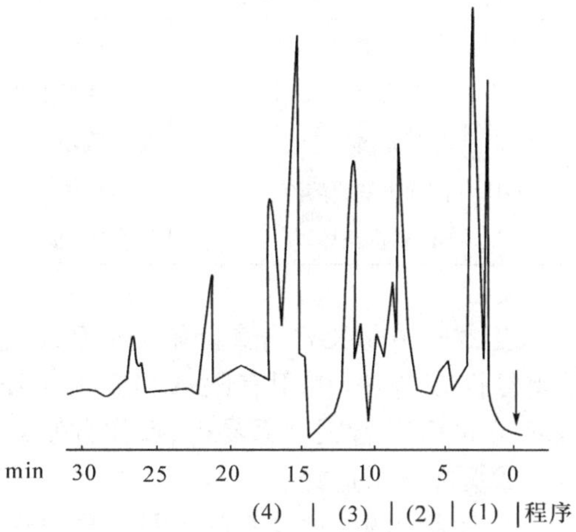

图 22.3　薄荷油的多阶梯度洗脱
柱：硅胶 Si100（30cm×4.2mm）；
流速：2mL/min，254nm 紫外检测.

梯度洗脱对溶剂纯度要求比较高，所以使用溶剂时，必须经过仔细提纯处理.

(2)电泳技术

电泳技术是依据试样组分的电化性质的差异，在电场作用下不同组分具有不同的迁移速度而将其分离的技术. 20 世纪 80 年代初期高效毛细管电泳的兴起，由于其极高的分离效率，使传统的电泳技术获得了新生. 近年来，在环保、材料、食品、卫生以及生命科学领域已经获得极为广泛的应用. 本节主要介绍毛细管电泳（CE）技术改善分离选择性的基本思路.

高效毛细管电泳技术是在很细的毛细管（直经一般为 10～100μm）的两端施加直流高压电的（可达 75kV，一般使用 30kV），组分在管中根据离解特性、所带的电荷、分子量的大小以及与柱内填充物的作用，产生不同的迁移速度，从而使各组分得以分离. 与色谱技术类似，外加电压、毛细管内径、毛细管长、毛细管内壁修饰等因素均能改善分离选择性，但是外加电压的升高有限，毛细管的更换与修饰不是经常性操作，所以使用最多、操作最为方便还是分离模式与缓冲体系的选择.

① 分离模式的选择

CE 技术最大的优点是在同一台仪器上可以进行不同模式的 CE 分离，每种模式都有独自的分离范围与分离特征，如表 22.4 所示.

表 22.4 CE 分离模式、应用范围与分离特征

CE 模式	毛细管中填充物	应用范围	主要分离特征
CZE	电解质溶液	荷电粒子	同一电解质溶液中有效迁移速率差异
MECC	电解质溶液，表面活性剂	非极性或极性化合物	假固定相中分配差异
CGE	筛分介质	蛋白质，肽	筛分介质中分子量差异
CITP	前导电解质溶液	荷电粒子	不同电解质中淌度差异
CIEF	pH 梯度载体	蛋白质，肽	pH 梯度载体中等电点的差异

表 22.4 中，CGE 分离因筛分介质填充的毛细管分离柱制备困难、使用寿命短且重复性较差，其使用有限；CITP 和 CIEF 受缓冲体系的限制，其使用也有限；CZE 与 MECC 皆因体系易得、操作方便、应用面宽，所以使用最为广泛.

②缓冲体系选择

毛细管中的缓冲体系除了具有导电作用外，主要调节组分的有效迁移速率，达到有效分离目的.

电渗流（EOF）是 CE 分离的泵动力，受缓冲体系 pH 值的影响很大. 电泳是指在电场作用下，物质在液体介质作定向移动. 电渗流是指在电场的作用下，毛细管中移动相（液体）与固定相的界面存在电位所引起液体相的定向移动. 一般 pH 值减小，EOF 减小，分离选择性改善；但是，决定缓冲体系 pH 值的范围首先考虑还是依据样品溶质的性质. 如蛋白质的分离，在空管条件下，必须选择体系的 pH>pI 值，否则，吸附严重，甚至堵管. 一般选择体系的 pH 值在样品的 pK_a 值附近分离，有利于分离选择性的改善.

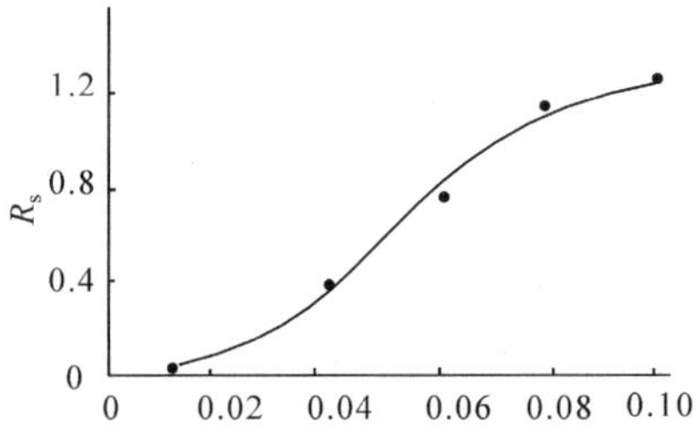

图 22.4 缓冲体系浓度对 CE 分离选择性的影响

缓冲体系浓度对 CE 分离选择性的影响如图 22.4 所示：浓度增加，降低体系的 EOF，可以改善分离选择性；但浓度过大后，体系焦耳热（电流通过电泳管时所产生的热量）增加，导致区带增宽，使分离度下降. 在 MECC 中，添加到缓冲体系中的表面活性剂的浓度，对分离影响更为直接，直接影响组分的容量因子.

缓冲体系组分对 CE 分离选择性的影响很大，组分既能同管壁作用，改变其 ζ 电位（管内固定相与流动相界面之间电位），从而改变体系的 EOF；又能与待测组分作用，改变其有效迁移速率，从而改善分离选择性. 如图 22.5所示，由于磷酸与管壁有较强的作用，所以能改善重组人体细胞生成素的分离度. 而硼砂体系能将分子量相同的纤维二糖、麦芽糖、乳糖、蔗糖进行有效的

CE 分离，就是利用硼酸能与这几种二糖中的羟基络合，生成稳定性不同的络合物而达到有效分离.

缓冲体系中添加不同试剂对 CE 分离选择性的改善十分有效，如尿素能扩大 MECC 的分离时间窗口，从而改善分离选择性；三乙醇胺能改变弱酸性物质在胶束中的分配而达到改善分离选择性的目的等等. 实际上利用添加剂改善 CE 分离选择性的实质，还是缓冲体系组分对 CE 分离选择性的影响，在很多文献中都归纳为添加剂的效应. 这些添加剂包括：有机试剂、无机盐、两性离子、手性试剂、葡萄糖、金属离子以及表面活性剂(从广泛意义上说 MECC 分离中的表面活性剂也是添加剂的效应)等等，其范围之广、应用之灵活、作用机理之复杂在分析领域是十分突出的，这也是 CE 分离应用广泛的原因之一. 分析是一门实验科学，添加剂的应用与作用机制没有固定的模式，同一添加剂在不同的条件下，其作用与机制，甚至分离效果都不一样. 所以添加剂的选择与应用必须将文献、经验及实践三者结合起来.

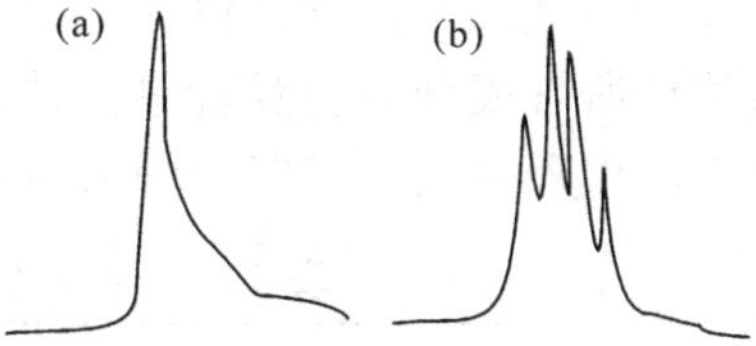

图 22.5　缓冲体系组分对 CE 分离选择性的影响

(a)0.1mol · L^{-1}乙酸盐，pH4.0；
(b)0.1mol · L^{-1}乙酸盐＋磷酸盐，pH4.0；
样品：重组人体促进细胞生成素.

§ 22.2　试样组成分析技术

样品成分分析是指对组成样品物质的主要成分和次要成分进行定性和定量的准确回答，它是一切分析的基础. 部分元素的主含量和微含量的定性、定量分析问题，传统的化学分析方法已经得到部分解决. 但是，采用仪器分析技术，对上述问题的回答不仅准确、方便，检出能力更强，而且还能在不损坏样品的情况下，对样品局部区域的组成元素的含量和状态进行多维分析，即不仅回答“是什么”和“有多少”的问题，还能指出元素的存在状态与位置. 例如，用高能电子束与物质相互作用，产生的特征 X 射线可以对样品表面 1μm 直径、1μm 深度范围的空间给出组成元素状态分布信息.

§ 22.2.1　元素总量分析

对样品中各组成元素定性后的总量测定，是目前各领域中样品分析的必选项目. 其分析的最大特点是：不必考虑组成元素的存在形式，只要求准确回答存在元素的含量. 因此，在采用分析仪器对样品进行元素组成的定性定量分析时，首先必须了解样品的溶解性、热稳定性等，以便选择合适的样品处理方法，保证样品在处理过程中既没有污染又没有组分的丢失；其次，要了解样品的来源、用途等，据此大致估计所含成分类型及含量大致范围，以便选择合适的分析方法. 表 22.5 给出了常用的仪器方法进行成分分析时的应用范围、分析特点与样品要求.

表 22.5 部分仪器方法成分分析特征与试样特点

仪器方法	分析范围	分析特点	检出限(g/g)	样品要求
原子发射光谱	周期表中 70 多种元素(除谱线在紫外区的非金属元素和激发温度特别高的几种金属元素外)	多元素同时测定，分析含量范围：10%～微量组分		
直流电弧	低熔点元素，难熔矿物	定性、半定量，	10^{-3}～10^{-6}	固体或粉末
交流电弧	低熔点元素，难熔矿物	分析精度 5%左右，	10^{-4}～10^{-6}	固体或粉末
高压火花	金属和合金、难激发元素	分析精度 5%左右，	10^{-4}～10^{-6}	固体或粉末
ICP	原子发射光谱所有元素	分析精度 1%左右	10^{-7}～10^{-10}	溶液进样
X 射线荧光光谱	周期表中 5～92 号元素，特别适于矿样及稀土元素分析	多元素同时测定，分析范围：主含量～微量 分析精度：5%～10%	10^{-5}～10^{-9}	样品无损，粉末压片，熔融或溶液
原子荧光光谱	部分金属元素	单元素定量，线性范围：3～5 个数量级 分析精度：1%左右	10^{-4}～10^{-11}	溶液进样
原子吸收光谱	金属元素及部分非金属元素	单元素痕量分析		溶液进样
火焰原子化	金属元素及部分非金属元素	分析精度：1%左右	10^{-6}～10^{-8}	溶液进样
电热原子化	金属的难熔氧化物	分析精度：5%左右	10^{-9}～10^{-12}	溶液或固体进样
低温原子化	Hg 及能形成易挥发的氢化物，如 Ge，Sn，As，Se 等	分析精度：1%左右	10^{-8}～10^{-11}	溶液进样
化学分析	具有电活性组分或化合物，	不仅能作成分分析，还能作元素状态分析及反应过程研究		
电位	离子型化合物，尤其是碱金属和一价阴离子的测定.	分析范围：主含量～微量 分析精度：1%～0.2%	10^{-5}～10^{-9}	溶液样、气体样
库仑分析	50 多种元素及化合物的测定	分析精度：0.01%～0.005%	10^{-8}～10^{-11}	溶液样
极谱	金属离子或阴离子	多元素同时测定， 分析精度：3%～5%	10^{-9}～10^{-12}	溶液样

从表 22.5 我们可以知道，成分定性常用的仪器分析技术是原子发射光谱和

X 射线荧光光谱;痕量组分定量常用的仪器分析技术是原子吸收光谱;多元素同时定量常用的技术是 ICP 和极谱分析. 作为成分分析方法,近年来,发展了部分仪器联用分析技术,如 ICP-MS 联用用作元素定性分析、HPLC-AAS 联用用作元素定量分析、HPLC-AES 联用用作元素定量分析等等,这些联用技术,充分利用了各仪器自身特点,使分析方法更为完备.

利用分析仪器进行成分分析,理论上比较简单,但在实际分析中,不同的体系、不同的分析对象、不同的含量范围、采用不同的仪器方法技术,产生的干扰影响是不同的. 为了保证结果的准确性,不同的仪器方法必须采用不同的干扰抑制处理外,测定操作中的平行试验、回收试验以及分析数据的误差分析等是必不可少的环节.

表 22.5 列出的仪器方法多是无机成分总量分析,没有涉及有机化合物的碳、氢、氧、氮、硫等含量的分析. 有机化合物的碳、氢、氧、氮、硫总量的测定比较简单,采用元素分析仪对上述组分可以同时进行精密的测定:采用燃烧法,让其生成相应的氧化物,分别通过热导检测器和红外检测器进行检测. 而有机化合物的分析与识别主要是基团的定位与空间构象分析,这将在结构分析中介绍.

§22.2.2　表面分析

对样品表面或浅表面进行局部元素分析的主要仪器方法是光电子能谱法和电子探针分析(电子探针分析本书没有介绍,这里也不作介绍). 光电子能谱技术通过元素内层电子结合能的精确测定,从而对元素进行定性和定量分析. 如图 22.6 所示. 但这种结合能受元素的价态和元素所处的化学环境而发生位移,对这种"化学位移"的监测,就能确定元素的价态或结合态,即对元素进行状态分析. 光电子能谱技术作元素分析或元素状态分析时最突出的特点是:无损分析,即样品不被破坏. 能谱技术用于元素状态分析将在下一节详细介绍.

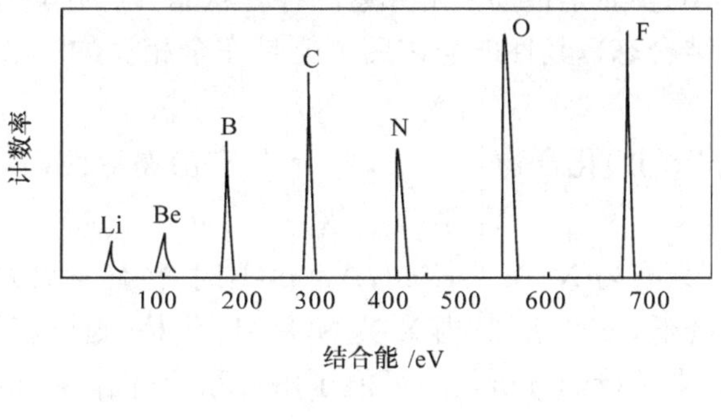

图 22.6　第二周期元素 1s 电子的 XPS 谱图

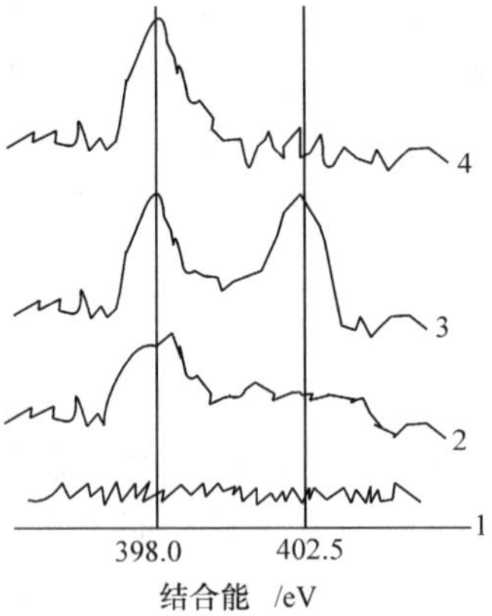

图 22.7　Ni 表面吸附 NO 后的 N_{1s}/XPS 分析图

1. 预氧化 Ni 表面；2. 在 1.33×10^{-2} Pa 下连续吸附 NO 气体；3. 在 6.65×10^{-2} Pa 下连续吸附 NO 气体；4. 加温至 500K.

光电子能谱分析中，采用不同的激发源，表面分析的范围与特点不同. 如紫外激发源的光电子能谱(UPX)主要用于表面元素的化合价态分析；高能电子束作激发源的俄歇电子能谱(SAEC)和二次离子质谱(SIMS)既可以作表面元素分析又可以作元素的化合价态分析，而且表面分析的深度和空间分辨能力也各不相同，表 22.6 将这些表面分析技术的特点进行简单归纳.

表面分析的一个重要应用是在催化剂表面吸附研究，图 22.7 为 Ni 表面吸附 NO 后的 N_{1s}/XPS 分析图. 由图可以明显看出：在 Ni 表面吸附 NO 的量和形式是随温度和压力的改变而改变的.

表 22.6　几种表面分析技术性能比较

方法	入射粒子/发射粒子	提供信息	空间分辨率	灵敏度
SAES	高能电子束/俄歇电子	元素或元素状态分析	0.2μm	0.3%
UPS	紫外光/光电子	元素状态分析	3mm	1%
XPS	X 射线/光电子	元素或元素状态分析	0.1mm	0.3%
SIMS	高能离子/溅射离子	元素或元素状态分析	0.5μm	0.1%～0.001%

§ 22.3　试样结构分析技术

试样结构分析的实质是透彻了解元素的存在状态. 因为同一元素，在不同的状态下(包括价态和结合态)，其性能与作用可能是完全相反的. 如 Pt(Ⅱ)的配合物中，已经证明顺式 Pt(Ⅱ)化合物

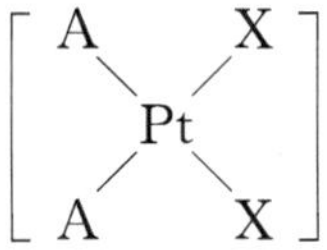

具有治癌活性，而反式 Pt(Ⅱ)化合物具有毒性；而且，只有当 X＝Cl^-，Br^-，A＝NH_3 时，抗癌活性最高；当 A 被烷基代替，其抗癌活性降低，毒性增加；当 X 被 NO_3^-，I^- 代替，则抗癌活性降低，毒性增加. 所以，仅完成元素总量的分析是不可能了解元素个体作用，也不能透彻了解物质性能. 元素状态分析可以说是认知物质的核心，元素状态分析包括元素的价态和结合状态的分析，元素的价态只反映元素自身的状态，而元素的结合状态在反映元

素的价态的同时，还能反映元素所处的环境. 虽然如此，在很多场合下，还是需要对单个元素的价态进行监测，尤其是化学过程的研究，元素价态的变化或分布是很重要的. 所以，进行元素的价态和结合状态分析时，试样处理过程必须以不破坏样品中元素的存在状态为准则. §22.1 中介绍的有关分离技术是元素状态分析的基础.

§22.3.1　分离鉴定技术

利用§22.1.2 中介绍的分离分析技术可以直接解决很多复杂样品的分析识别问题. 采用标准与试样在同一条件下进行对照分析，可以实现元素结合状态的定性和定量分析. 这种分析是一种已知目标组分的分析，操作起来比较简单. 但是，当对样品组分一无所知的情况下，必须将分离技术与鉴定技术联用，以获得多方面的信息，对元素状态进行鉴定. 这种分析不仅仪器操作严格，而且，信息的处理尤其重要.

1. 气相色谱-质谱(GC-MS)联用技术

商品化的气相色谱-质谱联用仪，实际上是将质谱作为色谱的检测器，二者结合，优势互补，最大限度地发挥了色谱分离质谱定性的专长，构成了一种崭新的分析手段，能准确地提供化合物的分子质量，元素组成和分子式等结构信息.

(1)谱图的获得和数据预处理

要获得一张正确的气-质联用谱图，选择正确的色谱和质谱参数是首要的. 色谱参数主要是程序升温条件，质谱参数主要是扫描质量范围、扫描速度以及总离子流基线和峰的阈值. 对待分析组分的分子质量范围要有大概估计：过低的质量范围使谱图不完整；过高的质量范围导致扫描速度降低，或每个色谱峰的采样数降低. 此外，离子源的温度必须恰当：温度过高使分子离子的剩余内能增加，从而影响脂肪族化合物分子离子峰强度，使谱图变形.

数据的预处理包括两个内容：一是将已有的数据加工成利用谱图解析形式的图和表格；二是利用低分辨谱图中同位素峰的丰度对未知样品作元素定性分析，少数情况下可推测它的元素组成. 没有标准谱图的未知物的解析，数据处理是重要的. 本底的扣除是谱图检索的基础，传统的本底的扣除方法是在峰尖累加样品峰，但对部分叠加的峰应取各自二侧处累加它们的样品峰，目的是尽量减小另一个峰的干扰.

(2)分子离子峰的判断

无论是谱图检索还是解析都需要正确判断分子离子峰. 分子离子峰的确定一般有三种方法. 一是数据分析，一般在电子轰击源中，将谱图最高质量处的峰当做分子离子峰. 根据氮规则法：除自由基分子外的有机化合物，含有偶数氮原子(不含氮在内)的分子量一定是偶数;奇数氮原子化合物的分子量一定是奇数.根据裂解规则法:质量差值在3～14和21～25之间可以认为最高质量的离子并不是分子离子峰,或者这一对离子并非来自同一个分子.二是化学衍生法,这是一种结构修饰的方法,如羧基变成酯类,氨基变成酰胺类,羟基变成三甲基硅烷键等增加分子离子峰的强度,或者形成能明确辨认分子峰的强碎片峰.不仅如此,化学衍生还能提高检测样品的灵敏度和增加样品的蒸气压,有利于GC-MS分析.最后还可以采用仪器法,如测定亚稳峰,从子离子求母离子,降低电子能量,改变离子化方法等技术来帮助判断分子离子.

(3)标准谱图与检索

大部分的GC-MS分析是获得低分辨的质谱图,因此确定未知色谱峰归宿的有效捷径是进行谱库检索.谱库检索的成功取决于三个因素:一是谱库的容量,目前有NIST和Wiley二种谱库,前者有62 000个化合物的电子轰击电离谱,后者有11 844个化合物约14 000张谱图;二是一张可靠的质谱图是检索的基础,由此才能获得高的匹配率;三是结果的可靠性有赖于标准样品或标准柱的保留时间.

有时候即使获得高的匹配率,还不能确定被鉴定化合物的正确结构,这是因为有各种异构体,它们的谱图很相似,仅在某些峰的相等强度上有些差异,而这些差异容易被掩盖.因此检索的结果提供了匹配率极为相近的几个结果,单纯依靠匹配率的微小差异很难判断其正确结构.确认某一色谱峰的归宿,还应当用标准样品在相同实验条件下比较它们的谱图和保留时间.在不能获取标准样品时也还可以借用文献的相对保留时间值作为参数,进行判断.

2. 气相色谱-傅里叶红外光谱(GC-FTIR)联用技术

气相色谱-傅里叶红外光谱联用技术也是既能分离又能鉴定样品.与气-质联用不同的是,它可以使那些在气谱上不能完全分离的化合物在红外光谱上得到良好的分离鉴定.如图22.8是一张气相色谱-傅里叶红外光谱联用分析混合药物的色谱-红外谱图,经过数学处理后的红外谱图(b),将色谱未能分离出来的混合四组分[(a)图,仅有3个峰]很好地反映出来.

又如用GC-FTIR技术对市售的过滤嘴香烟的烟雾进行分析,色谱对19个组分只能分离出12个谱峰[图22.9(a)],经过红外处理后,对7号谱峰的杂质也能进行清晰的检测[图22.9(b)].

3. 液相色谱-质谱(LC-MS)联用技术

同GC-MS联用技术一样,质谱也可作为液相色谱的检测器,不同的是LC是在液相中进行分离,常规的MS在气相中离子化,而且LC中液相体积比较大,气化后体积更大,几乎是常规的MS的进样体积的1000倍.所以,LC-MS联用的接口较GC-MS联用的接口困难,目前已有商品化LC-MS联用仪,但其应用不如

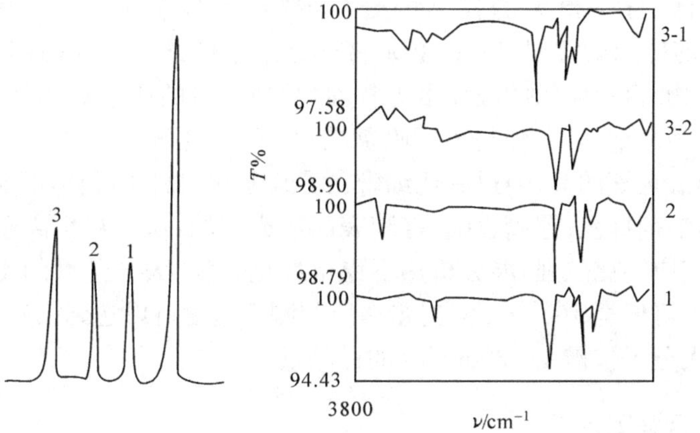

(a)　　　　　　　　(b)

图 22.8　四组分混合药物的 GC-FTIR 分析谱图

(a)色谱分离谱峰；(b)红外谱图(图中 1,2,3 分别对应色谱图中的 3 个谱峰，峰 1 为二甲基富马酸酶；峰 2 为 2 -甲氧基苯酚；3-1 为峰 3 后部分甲基水杨酸，3-2 为峰 3 前部分邻硝基甲苯).

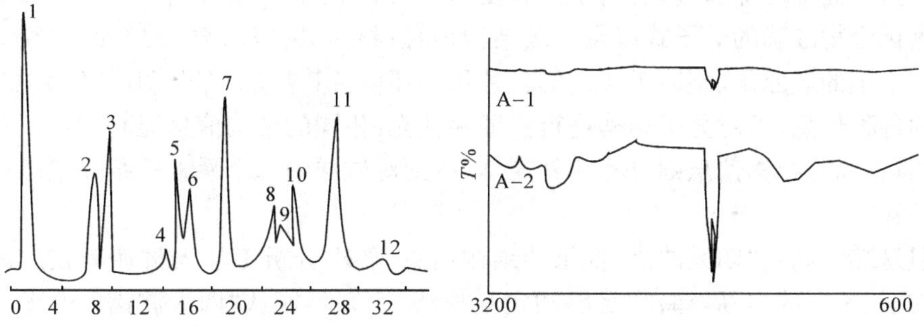

(a)　　　　　　　　(b)

图 22.9　香烟的烟雾的 GC-FTIR 分析谱图

(a)色谱分离峰：1. 甲烷、一氧化碳；2. 二氧化碳、乙烯、乙炔；3. 乙烷；4. 氢氰酸、COS 和其他氰化物；5. 冰烯；6. 甲醇；7. 乙醛；8. 丁烷；9. 异丁烷；10. 丙酮；11. 二甲基丁烯；12. 2,3 -丁二醇、2 -甲基呋喃；(b) 7 号色谱峰(乙醛)的红外谱图：A-1 为未放大的谱图；A-2 为放大后的谱图.

GC-MS广泛.

目前应用较多的 LC-MS 接口有两种，一种是快原子轰击(FAB)接口. 由氩离子枪(或氙离子枪)产生高能量的 Ar^+ 进入充满氩气的电荷交换室，Ar^+ 经共振电荷交换后保持着原来的能量，形成高能量的中性氩原子流，高速氩原子轰击样品分子使之离子化. 这种方法具有比较高的灵敏度，样品用量少，适合于高活性、低蒸气压、热稳定性低、分子量大的样品的分析.缺点是限制 LC 的流速,通常只为 $10\mu L/min$,只能使用微柱型.另外,必须将样品溶于低挥发性的黏稠液体中,形成黏稠液或糊状物.目前所用的液体多为甘油,甘油本身的质谱对样品有干扰,特别在低质量端尤为严重.另一种是离子喷雾接口(ES).色谱柱的流出液经过同轴气体的喷出而形成很细的雾,通过一毛细管在雾滴上施加高压,荷电的雾滴在高压场下运动,由此,溶剂挥发、雾滴收缩,雾滴表面形成高场,从而产生离子的高压场发射.这种方法实应性比较强,能分析热不稳定性化合物、大分子量的蛋白质和多聚核苷酸;检出限可低至 10^{-15}mol,对蛋白质的测定精度可以达到$\pm 1u$;并且样品用量少,对生物大分子仅需 1～200pmol 的样品量.

§22.3.2　波谱鉴定技术

综合利用波谱数据来鉴定元素的化学状态是有机分析的主要内容.通常说的"四大谱"就是指紫外光谱、红外光谱、质谱和核磁共振波谱.这四大波谱在鉴定化合物时各有特点:紫外光谱是从电子能级结构来识别分子中的 π 键,尤其是对共轭 π 键的分子结构进行鉴定;红外光谱是从振动能级结构对分子中的官能团作"指纹"鉴定,并提供环加双键数目(不饱和度)以及杂原子的归宿等结构信息;质谱主要提供化合物准确的分子式以及一级结构信息;核磁共振波谱中的氢谱和碳谱能提供分子中的氢原子、碳原子所处的各种化学环境及其数量.综合利用"四大波谱"提供的各种信息,可对分子结构进行验证和补充:相同的结构信息能起到相互验证的作用;不同的结构信息则可互相补充,以达到对试样中每个元素的结和状态作出准确的鉴定.

但是综合利用"四大波谱"提供的结构信息,要求分析工作人员拥有较广博的化学知识、丰富的实际经验和足够的实验技巧.否则不能从"四大波谱"中正确提取充足的结构信息,甚至,由于不正确地提取结构信息而造成认识的混乱.因此,综合多种谱图信息,对未知物质中的元素状态提出准确的判断,是一个反复实践、反复训练、反复认知从而逐渐达到正确掌握的过程.下面介绍波谱鉴定的基本步骤并结合实例进行解析练习.

1. 波谱鉴定的基本步骤

(1)分子式的确定

一般质谱能提供可靠的分子式,但是有些化合物没有分子离子峰时,必须借助元素分析提供 C,H,N,S 等定量数据进行计算:如果怀疑质谱中某个具有最大的 m/z 值的峰是分子离子峰(元素组成符合奇电子离子的要求,并能合理地由中性碎片丢失而产生的碎片峰),则将此峰的 m/z 值乘以各元素的百分含量,再除以该元素的原子量(不要用质谱中的精确原子量),所得的商都应很接近整数,否则就表

明此 m/z 值不是分子峰或者进行质谱分析时试样纯度有问题. 这是分子离子峰最有力的鉴别方法. 此外,用核磁共振波谱中氢谱数据进行校核,因为 ^1H 的总数应当是氢谱中各组峰面积最简比例式之和的整数倍,如某分子的氢谱有四组峰,其面积之比(积分曲线高度之比)为 1∶2∶2∶3,则该分子中 ^1H 的数目只可能是 8 (1+2+2+3=8)的整数倍,即 8,16,24,…等,如果通过质谱提出的分子式为 $C_9H_{14}O_2$,那么质谱确定的分子式一定有问题. 分子式的确定是有机分析中的第一步,分子式错了,后面的分析不可能正确.

(2)不饱和度的计算

分子式确定后应立即计算不饱和度. 不饱和度是指分子式中含有双键和环的数目,实际上是分子式"缺氢数目"的计算. 不饱和度的计算参见 §11.5.4. 无双键和无环的饱和分子,其不饱和度为零,双键和环为一个不饱和度,叁键为两个不饱和度. 例如分子式为 $C_{14}H_{16}N_2O_2$ 的不饱和度按公式计算为

$$\{(2\times14+2)+2-16\}/2=8.$$

(3)官能团、杂原子及不饱和度的归宿

分子式和不饱和度确定后,综合其他波谱信息,提出分子中可能存在的官能团. 红外谱是官能团鉴定的主要依据,而质谱中的分子离子峰的相对强度、碎片离子系列以及核磁谱中的 ^1H 谱和 ^{13}C 谱等信息的综合判断,给出每个官能团、杂原子及不饱和度的归宿;并利用 ^1H 谱的化学位移值将存在的杂原子合理地连接起来.

(4)分子结构式的确定

将已确定部分逐一拼接,不矛盾地将所有的波谱信息汇总,提出可能的分子结构式. 但分子结构式往往不是惟一的,这时必须根据其他信息对结构式进行筛选. 如最大摩尔吸收系数、加酸、加碱后的红外、紫外变化等等可以否定部分结构式的可能.

2. 识谱综合练习

例 1　图 22.10 是某化合物 $C_7H_7NO_3$ 的核磁 ^1H 谱,红外谱指出分子中含醇羟基和硝基,试提出可能的结构式.

解　(1)计算化合物的不饱和度:

$$\text{不饱和度}=\frac{(2\times7+2)+1-7}{2}=5$$

分子式中有一 NO_2,用了一个不饱和度.

(2)核磁积分曲线之比(即各峰强度之比代表氢的数目之比)为 4∶2∶1,正好与分子式中 7 个 ^1H 相符,一个可被 D_2O 交换的 ^1H 显然是羟基的 ^1H;核磁还清楚地指出一个二取代的苯环(苯环用了四个不饱和度,现在 5 个不饱和度已有归宿了)和一个—CH_2—,从—CH_2—的化学位移值来看,它只能是在苯环和羟基之间,

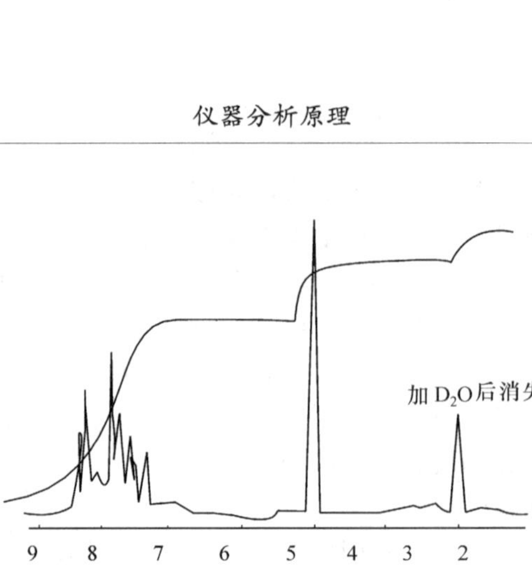

图 22.10　例 1 的核磁[1] H 谱图

即 $—CH_2—OH$.

(3)最后确定$—NO_2$在苯环上的位置，显然它不在对位，因为对位时，苯环上将有 4 个氢成对称的谱图；它也不在间位，否则与硝基相邻的 2 个^1H 的位移值>8，所以，此化合物应该是邻硝基苯甲醇 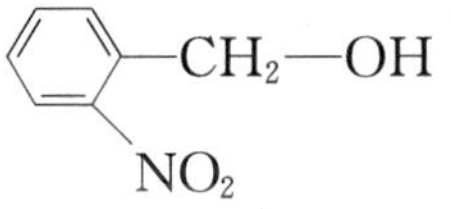

.

例 2　图 22.11 是某化合物的^1H 核磁谱，质谱已确定其分子式为 $C_9H_{12}O_3S$，红外表明有对位二取代的苯环和$—SO_2—$，试指定其结构式.

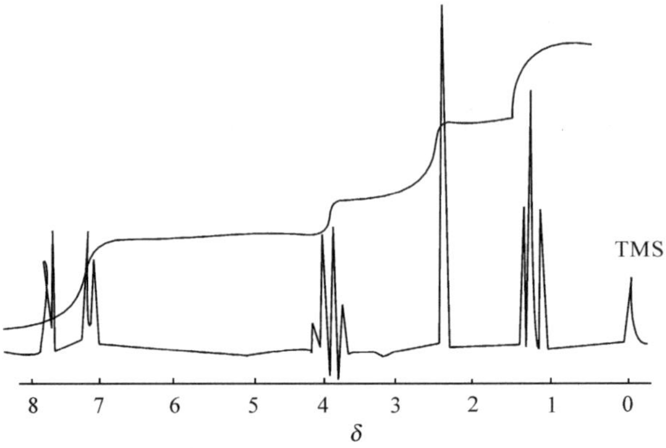

图 22.11　例 2 的^1H 核磁谱图

解　(1)计算化合物的不饱和度：

$$不饱和度=\frac{(2\times9+2)-12}{2}=4$$

苯环将 4 个不饱和度用完了，所以，分子的其他部分应该是饱和的.

(2)积分曲线比为 4∶2∶3∶3，和为 12，与分子式中氢的数目一致. $\delta 7\sim8$ 之间的对称图形(4 个氢)代表对位二取代苯环上的 4 个质子;δ4.0 和 δ1.2 附近的两组峰的偶合图形指出 CH_3CH_2—，它一定是和氧相连(才使 δ 值到 4.0 附近)而成为乙氧基. δ2.4 附近的单重峰是 CH_3—. 至此,已判断有如下结构存在:

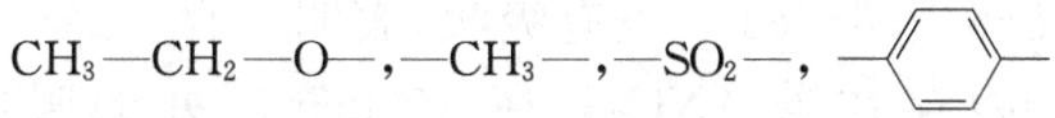

(3)上述结构的拼接只有两种可能:

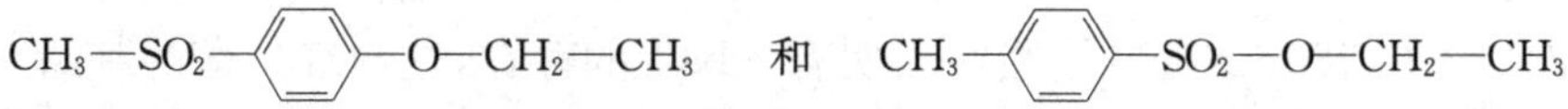

但是,CH_3—的化学位移以及红外中—SO_2—的位置可以确定其结构应该是

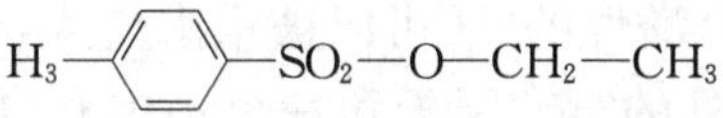

例 3　某化合物没有分子离子峰,由元素分析数据确定它的分子式为 $C_5H_{11}NO_4$,图 22.12～图 22.14 是它的 IR,UV,NMR 数据,试提出可能的结构式.

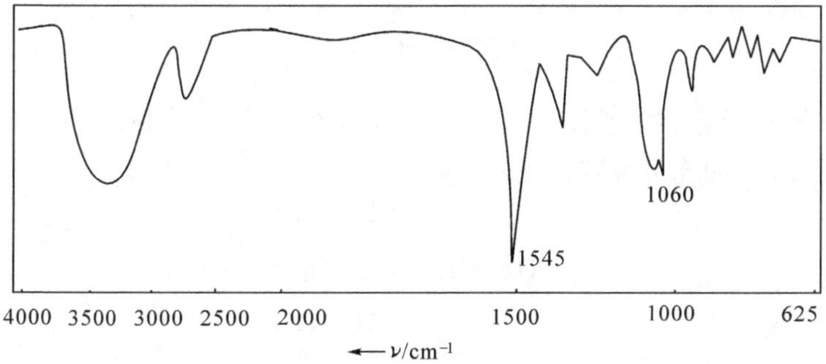

图 22.12　例 3 的红外谱图

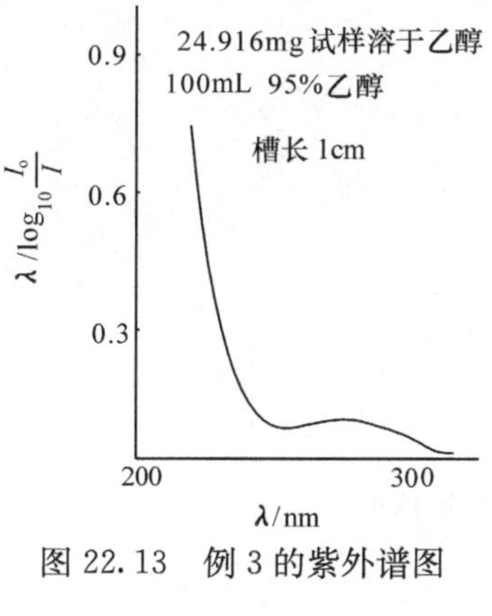

图 22.13　例 3 的紫外谱图

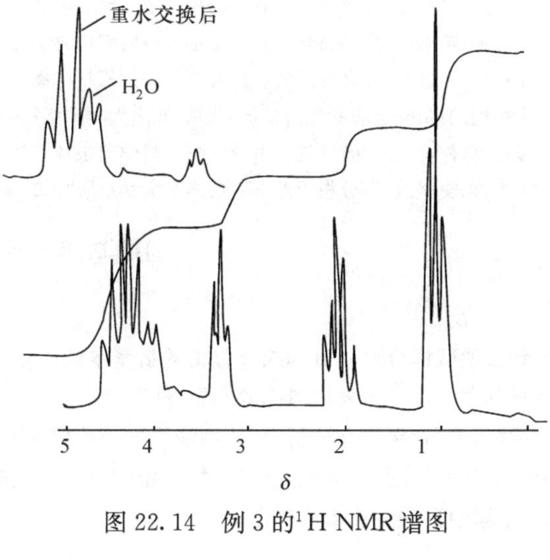

图 22.14　例 3 的 ^{1}H NMR 谱图

解 (1)计算化合物的不饱和度：

$$不饱和度=\frac{(5\times2)+1-11}{2}=1$$

(2)IR 指纹区 1850～1650cm^{-1}没有吸收，表明不存在>C═O，在 1545cm^{-1}处出现强峰表明可能存在着—NO_2，在 1060cm^{-1}处的吸收峰表明可能存在—OH.

(3)UV 在 280nm 处的弱吸收表明有—NO_2的存在，这与红外谱的判断一致.

(4)NMR 中 4 组^{1}H 谱峰的峰面积之比约为 4∶2∶2∶3，分子式中正好有 11 个^{1}H，核磁谱中可知有两个酸性的^{1}H 可以被重水交换，说明分子中有两个—OH. 此时，分子式中除 C，H 以外的“杂”原子和一个不饱和度的归宿得到合理、一致的解释.

(5)核磁^{1}H 谱中还可以判断存在一个连接在四级碳上的乙基：

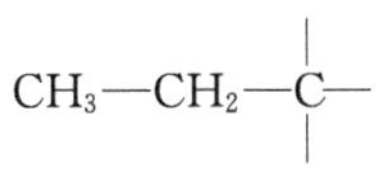

加上已经判断存在的基团：一个—NO_2，两个—CH_2—OH，

所以，只有一种连接方式：

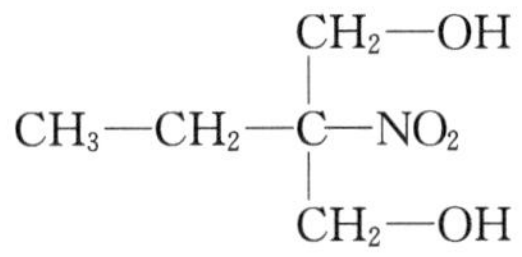

参考文献

[1] 赵瑶兴，孙祥玉. 光谱解析与有机结构鉴定. 合肥：中国科技大学出版社，1992

[2] 胡之德，范必威. 分离科学与技术概论. 成都：四川科学技术出版社，1996

[3] 王敬尊，瞿慧生. 复杂样品的综合分析——剖析技术概论. 北京：化学工业出版社，2000

[4] 唐恢同. 有机化合物的光谱鉴定. 北京：北京大学出版社，1992

[5] 邓延倬，何金兰. 高效毛细管电泳. 北京：科学出版社，1996

[6] 方惠群，史坚. 仪器分析原理. 南京：南京大学出版社，1994

习题与思考题

习 题

1. 为什么说试样分离是试样综合分析的最基本的一步？
2. 选择分离方法时主要应考虑的问题有哪些？
3. 试述“四大谱”在综合分析中，分别能提供哪些信息？
4. 现有下列分析项目，请拟定分析过程(用你所学习过的所有分析技术).

(1)土壤中稀酸溶性铅的测定；

(2)土壤中微量元素的半定量分析；

(3)土壤中有效性硼(即沸水溶性硼)的测定，硼的含量约为 20ng 数量级；

(4)一种天然香料的组成分析；

(5)蔬菜中农药残留量的测定；

(6)复合维生素的分析；

(7)金属表面不同氧化态的分析；

(8)某金属某微区内不同深度的元素分布.

思考题

我们知道，任何分离过程必定伴随着组分的浓集，请用热力学第二定律来描述分离体系中的熵变过程；你认为分离过程与热力学第二定律矛盾吗？